普通高等教育“十二五”规划教材

光纤通信

主　编　钱爱玲　钱显忠　钱显毅
副主编　王保成　毛建军　李青龙

中国水利水电出版社
www.waterpub.com.cn

内 容 提 要

本书系统的介绍了光纤通信的历史与现状、光纤通信的概念、光纤传输理论、光发射机、光接收机、光放大器、光纤通信网络、光调节与复用技术、光纤通信系统设计与施工、光纤测量。

本书编写时力求反映应用型本科学生、卓越工程师培养的要求和理工类专业教学特点，内容由浅入深，循序渐进，基本概念和基本知识准确清晰，突出光纤通信的应用技术，有利于培养卓越工程师专业教学使用。每章后都安排有相关阅读材料和习题，方便读者自学。

本书适应不同的读者，也可以用于高等学校理工类专业教材。

图书在版编目（CIP）数据

光纤通信 / 钱爱玲，钱显忠，钱显毅主编. -- 北京
：中国水利水电出版社，2013.1
普通高等教育“十二五”规划教材
ISBN 978-7-5170-0534-6

Ⅰ. ①光… Ⅱ. ①钱… ②钱… ③钱… Ⅲ. ①光纤通信－高等学校－教材 Ⅳ. ①TN929.11

中国版本图书馆CIP数据核字(2013)第004959号

书 名	普通高等教育“十二五”规划教材 **光纤通信**
作 者	主 编 钱爱玲 钱显忠 钱显毅 副主编 王保成 毛建军 李青龙
出版发行	中国水利水电出版社 (北京市海淀区玉渊潭南路1号D座 100038) 网址：www.waterpub.com.cn E-mail：sales@waterpub.com.cn 电话：(010) 68367658（发行部）
经 售	北京科水图书销售中心（零售） 电话：(010) 88383994、63202643、68545874 全国各地新华书店和相关出版物销售网点
排 版	中国水利水电出版社微机排版中心
印 刷	三河市鑫金马印装有限公司
规 格	184mm×260mm 16开本 22.25印张 555千字
版 次	2013年1月第1版 2013年1月第1次印刷
印 数	0001—3000册
定 价	**45.00**元

前言

为了贯彻落实《国家中长期教育改革和发展规划纲要》和《国家中长期人才发展规划纲要》的重大改革，根据教育部2011年5月发布的《关于“十二五”普通高等教育本科教材建设的若干意见》，本着教材必须符合教育规律和人才成长规律的具有科学性、先进性、适用性，进一步完善具有中国特色的普通高等教育本科教材体系的精神和“卓越工程师教育培养计划”的具体要求，编写了光纤通信教材。

本教材具有以下特色：

(1) 符合教育部《关于“十二五”普通高等教育本科教材建设的若干意见》的精神，具有时代性、先进性、创新性，为培养造就一大批创新能力强、适应经济社会发展需要的高质量各类型工程技术人才和卓越工程师打下良好的数理基础。

(2) 特色鲜明，实用性强，方便读者自学。每章后都安排有相关阅读材料和习题，方便读者自学。将每个知识点紧密结合到相关学科、产业的应用。如第3章“光发射机”后有相关的阅读材料ECL电源开关在数字光发射机调制电路中的应用研究，可以提高学生学习兴趣，适应不同基础的学生自学。

(3) 重点突出、简明清晰、结论表述准确。对光纤通信中涉及的物理定律、定理不求严格证明过程，但对光纤通信中的物理模型建立讲述清晰，结论表达清晰准确，有利于帮助学生建立工程应用中的数理模型、培养学生的形象思维能力和解决实际工程的能力。

(4) 难易适中，适用面广，符合因材施教。适用不同的读者学习和参考，也有利于普通高校教学之用。

(5) 系统性强、强化应用、培养动手能力。本书在编写过程中，在确保光纤通信系统知识的基础上，调研并参考了相关行业专家的意见。特别适用于卓越工程师培养，有利于培养实用型人才。本书有些理论推导部分，在教学时可以删除。

本书共9章，第2至3章由钱爱玲编写，第4章由钱显毅编写，第5章由王保成编写，第6章由李青龙编写，第7章由钱显忠编写，第1章、第8至9章毛建军编写，阅读材料由钱显毅编写，并由钱显毅负责全书统稿。

由于时间仓促，本书中的错误或不妥之处，恳请读者指正，需要PPT请联系QQ：1601907371。

编 者

2012年6月

目　录

第1章 光纤通信的概念

什么是信息？蓝色的天空，飘着白云；今天航班取消了；春天来了，我看到杨树、柳树绿叶等，都是信息。路标：前方的道路不通，请右行。这一是信息，二是一种单向的通信。

什么是通信？人们的日常生活离不开信息交换，比如语言交流、眼神和表情，这些都是通信（Communication），通信的本质就是信息的交流。本章主要介绍了光纤通信的一些基本概念，然后回顾光纤通信（Optical Fiber Communication）的历程，并对现代光纤通信技术作了总结。

耳闻不如目见，目见就是光信息。可见，光传输信息比其他方式传输信息要准、要快，容量要大。光纤通信简单的说，就是依靠光来传输信息。

1.1 光纤通信的概念

1.1.1 光纤通信

自古以来，人类的交流就是依靠各类信息的沟通，通信就是人们的最基本需求之一。这种需求不断地促使人们开始发明能将信息从一个地方迅捷、有效地传送到另一个遥远地方的通信技术。从广义的角度来说，通信就是彼此之间传递信息。

进一步讲，古时候，人们在石土、树木等上做上记号。“记号”可能是一种文字，或者是一种表示什么意义的图形，但“记号”是一种信息。这样处理信息的作用有两个意义：一是保存（信息的存储）；二是传送给后人。

现代的通信一般是指电信（Telecommunication）。（美国电气和电子工程师协会）IEEE对电信的定义是借助诸如电话系统、无线电系统、网络系统、电视系统这样的设备，在相隔一定距离的条件下进行的信息交换。在漫长的现代通信的科学发展道路中，通信经历了电通信（Electrical Communication）和光通信（Optical Communication）两个阶段。广义的电通信指的是一切运用电波作为载体而传送信息的所有通信方式的总称，而不管传输所使用的介质是什么。电通信又可分为有线电通信和无线电通信。类似于电通信，广义的光通信指的是一切运用光波作为载体传送信息的所有通信方式的总称，而不管传输所使用的介质是什么（当然也包括无介质光通信，光在真空中传播，也能进行光通信，就是无介质光通信）。光通信也可以分为利用大气进行通信的无线光通信和利用石英光纤或塑料光纤进行通信的有线光通信。人们则通常把应用石英光纤的有线光通信简称为“光纤通信”。

1970年被多数国家称为“光纤通信元年”。经过近40年的迅猛发展，光纤通信已经逐步从点对点通信向多点对多点的全光高速密集波分复用系统网络推进。从宏观来看，光纤通信主要包括光纤光缆、光电子器件及光纤通信系统设备等3个部分。光电子器件包括有源器件和无源器件。有源器件包括光源（发光二极管和半导体激光器）、光电检测器

(光电二极管和雪崩光电二极管）和光放大器（掺稀土光纤放大器、半导体激光放大器和光纤拉曼放大器等）以及由这些器件组成的各种模块等。无源器件包括光连接器、光耦合器、光衰减器、光隔离器、光开关和波分复用器等。同时还有光电集成（OEIC）和光子集成（PIC）器件。

随着电子材料科学的发展，将会有更多、更理想的光纤通信器件研制出来。

1.1.2 光纤通信系统的组成

光纤通信系统是指信号产生到信号的还原的全过程。如图 1.1 所示是典型的点对点光纤通信链路示意。其关键部分是：由光源和驱动电路组成的光发射机；将光纤包在其中以对光纤起到机械加固和保护作用的光纤；由光检测器和放大电路、信号恢复电路组成的光接收机。一些附加的元件包括光放大器、连接器、接头盒、耦合器和再生中继器（用于恢复信号形状的特性）等。

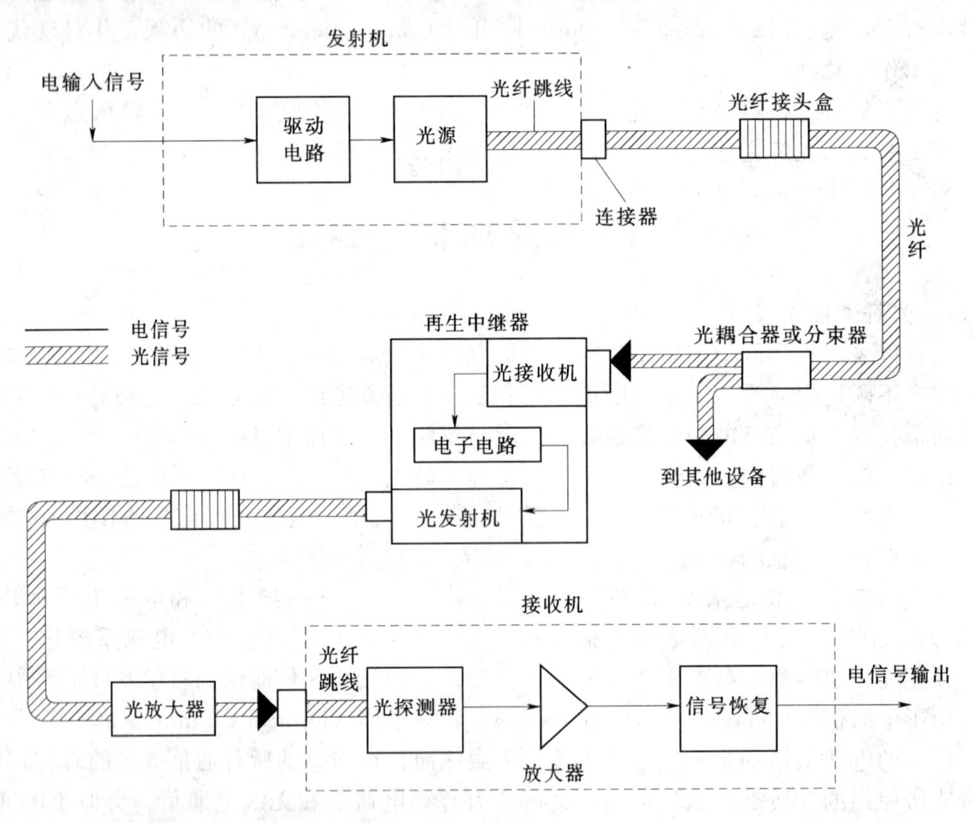

图 1.1 点对点光纤通信链路示意

从图 1.1 可以看出，光纤通信系统存在光—电、电—光的转换，即电子“瓶颈”问题，因而无法满足人们超高速、超宽带及动态通信要求。自从掺铒光纤放大器商用后，波分复用（WDM）系统颇受人们的青睐，构建基于 WDM 的全光通信网络是目前的发展趋势。如图 1.2 所示是目前一个完整的 WDM 系统。其通常包含光收发器、光耦合器、光复用/解复用器、光纤放大器、光上/下分路器、光交叉连接器、光色散补偿装置、光偏振控制装置、光开关、光波长转换器以及其他光通信器件、处理电路模块等，这些问题将在以后逐步讨论。

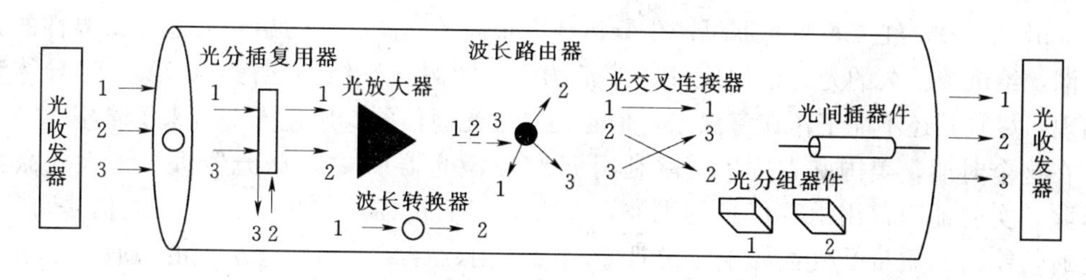

图 1.2 WDM 系统器件

1.2 光纤通信的发展历史

谈起光纤通信的发展，可以追溯到 3000 年前的烽火台。在这方面，人类的祖先是应用光通信的先驱。尽管古希腊也曾用过烽火台，但比中国晚了 200 年。后来出现的灯语、旗语和望远镜等都可以被看做是原始形式的光通信。这种传递信息的方法极为简单但信息量有限。

我国光通信可以说始于公元前 9 世纪，长城修筑的历史可上溯到公元前 9 世纪的西周时期，万里长城上的烽火台就是光通信的例子。据考证：前线观察哨，燃烧 1 处烟火，表示 1 级战斗准备。燃烧 2 处烟火，表示 2 级战斗准备。燃烧 3 处烟火，表示 3 级战斗准备，3 级表示有大战急战。

但严格来说，它们都不能算作真正的光通信。

直到 1880 年，贝尔发明光电话，才可以算是控光通信的雏形。然而贝尔的“光电话”始终没有走上实用化阶段。

究其原因有二：一是没有可靠的、高强度的光源；二是没有稳定的、低损耗的传输介质，无法得到高质量的光通信。自此之后的几十年里，由于无法突破上述两个障碍，加之当时电通信的高速发展，光通信的研究曾一度沉寂。解决光通信的出路在于找到合适的光源及理想的传光介质。这种情况一直延续到 20 世纪 60 年代。

由于当时没有理想的光源和传输介质，这种光电话的传输距离很短，并没有实际应用价值，因而进展很慢。然而，光电话仍是一项伟大的发明，奠定了光通信的基础，它证明了用光波作为载波传送信息的可行性。因此，可以说贝尔光电话是现代光通信的雏型，是光通信的基础。

1.2.1 光纤通信的里程碑

20 世纪 60 年代初期，光纤通信发展史上迎来了第一个里程碑。

1960 年，世界上第一台相干振荡光源——红宝石激光器问世。美国人梅曼（Maiman）发明了第一台红宝石激光器，给光通信带来了新的希望。和普通光相比，激光具有波谱宽度窄，方向性极好，亮度极高，以及频率和相位较一致的良好特性。激光是一种高度相干光，它的特性和无线电波相似，是一种理想的光载波。继红宝石激光器之后，氦—氖（He-Ne）激光器、二氧化碳（CO_2）激光器先后出现，并投入实际应用。激光器的发明和应用，使沉睡了 80 年的光通信进入一个崭新的阶段。

我国光通信技术几乎与世界同步发展，1961 年 9 月，中国科学院长春光学精密机械研究所也研制成功中国第一台红宝石激光器（rubylight amplification by stimulated emission of radiation, laser)，红宝石激光器可产生频谱纯度很高的光波。它的出现激起了世界性的光研究热潮，给沉寂已久的光通信研究注入了活力。1962 年 PN 结砷化镓（GaAs）半导体激光器出现，尽管其还不能工作在室温下，但它还是给光通信的实用化光源带来了希望。

在这个时期，美国麻省理工学院利用 He-Ne 激光器和 CO_2 激光器进行了大气激光通信试验。实验证明：用承载信息的光波，通过大气的传播，实现点对点的通信是可行的，但是通信能力和质量受气候影响十分严重。由于雨、雾、雪和大气灰尘的吸收和散射，光波能量衰减很大。例如，雨能造成 30dB/km 的光波能量衰减，浓雾使光波能量衰减高达 120dB/km。另外，大气的密度和温度不均匀，造成折射率的变化，使光束位置发生偏移。因而通信的距离和稳定性都受到极大的限制，不能实现"全天候"通信。虽然，固体激光器（例如掺钕钇铝石榴石激光器）的发明大大提高了发射光功率，延长了传输距离，使大气激光通信可以在江河两岸、海岛之间和某些特定场合使用，但是大气激光通信的稳定性和可靠性仍然没有解决。

为了克服气候对激光通信的影响，人们自然想到把激光束限制在特定的空间内传输。因而提出了透镜波导和反射镜波导的光波传输系统。透镜波导是在金属管内每隔一定距离安装一个透镜，每个透镜把经传输的光束会聚到下一个透镜而实现的。反射镜波导和透镜波导相似，是用与光束传输方向成 45°角的两个平行反射镜代替透镜而构成的。这两种波导，从理论上讲是可行的，但在实际应用中遇到了不可克服的困难。首先，现场施工中校准和安装十分复杂；其次，为了防止地面活动对波导的影响，必须把波导深埋或选择在人车稀少的地区使用。

由于没有找到稳定可靠和低损耗的传输介质，对光通信的研究再度走入了低潮。

随后人们开始寻找用于激光通信的途径。1965 年，E. Miller 报道了由金属空心管内一系列透镜构成的透镜光波导，可避免大气传输的缺点，但因其结构太复杂且精度要求太高而不能使用。而另一方面，光导纤维的研究正在扎实进行。

早在 1951 年，人们就发明了医疗用玻璃纤维。但这种早期的光导纤维损耗很大，高达 1000dB/km，也不能用作光纤通信的传输介质。1966 年，英国标准电信研究所的华裔科学家 C. K. Kao 博士和 G. A. Hockham，对光纤传输的前景发表了具有重大历史意义的论文《光频率的介质纤维表面波导》。论文分析了玻璃纤维损耗大的主要原因，大胆地预言，只要能设法降低玻璃纤维的杂质，就有可能使光纤的光波能量损耗从 1000dB/km 降低到 20dB/km 甚至更小，从而有可能用于通信。这篇论文鼓舞了许多科学工作者为实现低损耗的光纤而努力。1970 年，美国康宁玻璃公司的 Kapron 博士等三人，经过多次试验，终于研制出传输损耗仅为 20dB/km 的光纤。这是光纤通信发展历史上的又一个里程碑。几乎在同时，室温下连续工作的双异质结 GaAs 半导体激光器研究成功。小型光源和低损耗光纤的同时问世，在全世界范围内掀起了发展光纤通信的高潮。1970 年被人们定为光纤通信元年。中国的光纤通信研究开始于 1974 年。

1985 年，南安普敦大学的 Mears 等人制成了掺铒光纤放大器（EDFA）。1986 年，他们用 Ar 离子激光器做泵浦源又制造出工作波长为 1540nm 的 EDFA。尽管这种用 Ar 离子激光器做泵浦源的光放大器显然不可能在光纤通信中得到应用，但用掺铒光纤得到 1550nm 通信波长的光增益本身，却在全世界引起了广泛的兴趣，掀起了 EDFA 的研究热潮。这是因为 EDFA 的放大区域恰好与单模光纤的最低损耗区域相重合，而且其具有高增益、宽频带、低噪声、增益特性与偏振无关等许多优良特性。这是光纤通信发展史上的一个划时代的里程碑。20世纪90年代初，波长1550nm的EDFA宣告研制成功并能实际推广应用。1994年开始，EDFA进入商用。中国研究EDFA起步较晚，是从90年代开始的。

1989年Meltz G. 等人首次利用光纤的紫外光敏效应（1978年Hill K. 等人首次发现光纤中的光敏特性），采用两束相互干涉的紫外光束从侧面注入光纤的方法制作出谐振波长位于通信波段的光纤光栅（fiber grating）。1993年Hill K. 等人提出了使用相位掩膜法制造光纤光栅，使光纤光栅能灵活地、大批量地制造成为可能。之后，光纤光栅器件逐步走向实用化。光纤光栅技术使得全光纤器件的研制和集成成为可能，从而为进入人们梦寐以求的全光信息时代带来了无限生机和希望。可以说光纤光栅、全光纤光子器件、平面波导器件及其集成的出现是光纤通信发展史上的又一个重要里程碑。

1.2.2 爆炸性发展

光纤通信是现在世界上发展最快的领域，平均每9个月性能翻一番、价格降低一半，其速度已超过了计算机芯片性能每18个月翻一番的摩尔定律的一倍。在短短的30多年间已经经历了五代通信系统的使用。

1977年，世界上第一个商用光纤通信系统在美国芝加哥的两个电话局之间开通，距离为7km，采用多模光纤，工作波长为0.85μm，光纤损耗为2.5～3dB/km，传输速率为44.736Mb/s，这就是通常所说的第一代光纤通信系统。

1977—1982年的第二代光纤通信系统特征是：采用1310nm长波长多模或单模光纤，光纤损耗为0.55～1dB/km，传输速率为140Mb/s，中继距离为20～50km，于1982年开始陆续投入使用，一般用于中、短距长途通信线路，也用作大城市市话局间中继线，以实现无中继传输。

1982—1988年的第三代光纤通信系统采用1310nm长波长单模光纤，光纤损耗可以降至0.3～0.5dB/km，实用化、大规模应用是其主要特征，传输信号为准同步数字系列（PDH）的各次群路信号，中继距离为50～100km，于1983年以后陆续投入使用，主要用于长途干线和海底通信。

1988—1996年的第四代光纤通信系统主要特征是：开始采用1550nm波长窗口的光纤，光纤损耗进一步降至0.2dB/km。主要用于建设同步数字系列（SDH）同步传送网络，传输速率达2.5Gb/s，中继距离为80～120km，并开始采用掺铒光纤放大器（EDFA）和波分复用器（WDM）等新型器件。

1996年至今属于第五代光纤通信系统。主要特征是：采用DWDM技术组建大容量传送平台，单波长信道传输速率已达10Gb/s甚至更高。另外将语音、数据和图像等各种业务和接口融合在统一平台上传送，如多业务传送平台MSTP等。

今后光纤通信将朝着全光传输交换的方向发展，即全光网络，网络更具智能特性。在传送容量和传送距离等性能方面，随着各种光技术及其器件的发展会有更大的突破。

阳光给人类带来了温暖和光明，光纤通信给人类带来了信息交流和情感的沟通，为人类建设和谐社会带来了动力。

1.3 现代光纤通信技术

1.3.1 光纤通信技术特点

在光纤通信系统中，作为载波的光波频率比电波频率高得多，而作为传输介质的光纤又比同轴电缆或波导管的损耗低得多，因此相对于电缆通信或微波通信，光纤通信是利用光导纤维传输光信号来实现通信的，因此比起其他通信方式来说有其明显的优越性。

1. 传输容量大

光纤通信系统的容许频带（带宽）取决于光源的调制特性、调制方式和光纤的色散特性。石英单模光纤在1.31μm波长具有零色散特性，通过光纤的设计，还可以把零色散波长移到1.55μm。在零色散波长窗口，单模光纤都具有几十GHz·km的带宽。另一方面，可以采用多种复用技术来增加传输容量。最简单的是空分复用，因为光纤很细，直径只有125μm，一根光缆可以容纳几百根光纤，12×12=144根光纤的带状光缆早已实现。

这种方法使线路传输容量数十成百倍地增加。就单根光纤而言，采用波分复用（WDM）或光频分复用（OFDM）是增加光纤通信系统传输容量最有效的方法。另一方面，减小光源谱线宽度和采用外调制方式，也是增加传输容量的有效方法。

目前，单波长光纤通信系统的传输速率一般为2.5Gb/s和10Gb/s。采用外调制技术，传输速率可以达到40Gb/s。波分复用（WDM）和光时分复用（TDM）更是极大地增加了传输容量。WDM最高水平为132个信道，传输容量为20Gb/s×132=2640Gb/s，相当于120km的距离传输了3.3×108条话路。

光纤具有极大的带宽，全波光纤（光纤的低损耗和低色散区在1.45～1.65μm波长范围）出现后，它的带宽可达25THz。若以其1/10作为传输频带，则可传输约10^{10}路电话。因此光纤在单位面积上有极大的信号传输能力，即单位面积上的信息密度极高，传输容量极大。

2. 传输损耗小，中继距离长

目前单模光纤在1310nm波长窗口损耗为0.35dB/km，在1550nm窗口损耗为0.2dB/km。而且在相当宽的频带内各频率的损耗几乎一样，因此用光纤比用同轴电缆或波导的中继距离长得多。

石英光纤在1.31μm和1.55μm波长，传输损耗分别为0.50dB/km和0.20dB/km，甚至更低。因此，用光纤比用同轴电缆或波导管的中继距离长得多。目前，采用外调制技术，波长为1.55μm的色散移位单模光纤通信系统，若其传输速率为2.5Gb/s，则中继距离可达150km；若其传输速率为10Gb/s，则中继距离可达100km。

采用光纤放大器、色散补偿光纤，中继距离还可增加。而且，传输的误码率极低（10－9，甚至更小）。

传输容量大、传输误码率低、中继距离长的优点，使光纤通信系统不仅适合于长途干线网而且适合于接入网的使用，这也是降低每公里话路的系统造价的主要原因。

3. 抗干扰性好，保密性强，使用安全

通信用的光纤由电绝缘的石英材料制成，信号载体是光波，有很强的抗电磁干扰能力。光波导结构使光波能量基本上限制在光纤芯子中传输，在芯子外很快地衰减。光纤光缆密封性好，若在光纤或光缆的表面涂上一层消光剂则效果更好，因而信息不易泄露和窃听，保密性好。光纤材料是石英（SiO_2）介质，具有耐高温、耐腐蚀的性能，因而可抵御恶劣的工作环境。

4. 材料资源丰富，用光纤可节约金属材料

制造通常的电缆需要消耗大量的铜和铅等有色金属。以四管中同轴电缆为例，1km四管中同轴电缆约需用460kg铜，而制造1km光纤，只需几十克石英即可。同时制造光

纤的石英丰富而便宜，取之不竭。用光纤取代电缆，可节约大量的金属材料，具有合理使用地球资源的重大意义。

5. 质量轻，可挠性好，敷设方便

相同话路的光缆要比电缆轻90%～50%，而光缆质量仅为电缆质量的1/10～1/20，直径不到电缆的1/5。另外，经过表面涂覆的光纤具有很好的可挠性，便于敷设，可架空、直埋或置入管道。光纤重量很轻，直径很小。即使做成光缆，在芯数相同的条件下，其重量还是比电缆轻得多，体积也小得多。

通信设备的重量和体积对许多领域特别是军事、航空和宇宙飞船等方面的应用，具有特别重要的意义。在飞机上用光纤代替电缆，不仅降低了通信设备的成本，而且降低了飞机的制造成本。例如，在美国A－7飞机上，用光纤通信代替电缆通信，使飞机重量减轻27磅（约12.247kg），相当于飞机制造成本减少27万美元。

当然，光纤通信除了上述优点外，也存在一些缺点。例如，组件昂贵，光纤质地脆，机械强度低，连接比较困难，分路、耦合不方便，弯曲半径不宜太小等。这些缺点在技术上都是可以克服的，它不影响光纤通信的实用。近年来，光纤通信发展很快，它已深刻地改变了通信网的面貌，成为现代信息社会最坚实的基础，并向人们展现了无限美好的未来。

总之，光纤通信不仅在技术上具有很大的优越性，而且在经济上具有巨大的竞争能力，因此其在信息社会中将发挥越来越重要的作用。随着传输容量的增加，由于采用了新的传输媒质，使得相对造价直线下降。因此，光纤通信将会普及到人类生活的各个角落。

1.3.2 现代光纤通信技术角色

21世纪是光子的世纪，是光网络的世纪，通信走向全光网络必然要涉及开发一系列不同于以往传统光纤通信要求的新技术、新器件。

1. 超大容量光纤通信系统

随着计算机网络及其他新的数据传输服务的迅猛发展，长距离光纤传输系统对通信容量的需求增长很快，大约每两年就要翻一番，原有的光纤通信系统的传输容量已成为当前和未来信息业务发展的“瓶颈”，如何最大限度地挖掘光纤通信的潜在带宽已经成为亟待解决的问题。通常，解决的方法有空分复用（SDM）、时分复用（TDM）和波分复用等3种技术。尤其波分复用技术通过采用单根光纤传输多路光信道信号，从而使得光纤的传输能力成倍增加。目前，遍布全球的光缆通信网大都为实用常规光缆（G.652光纤）。采用波分复用技术不仅可以充分利用光纤的带宽进行超大容量的透明传输，可以平滑升级扩容组建全光网络，还可以充分利用现成的、已敷设的光缆，从而节约了光纤资源。显然，波分复用技术已成为当前光纤通信领域的研究热点和首选技术，在未来的全光网络中，波分复用技术是实现全光波长交换和路由的重要基础。如未来能将光时分复用（OTDM）、光码分复用（OCDM）等技术跟波分复用结合起来，光纤通信容量还将有革命性的扩展。

2. 光集成器件和光电集成器件的研究

如同电子集成器件那样，也可以将许多光学器件（特别是半导体的光器件，如半导体激光器、光检测器等）集成在一个衬底上，各器件用半导体光波导互联，制成光集成器件。光电集成器件具有体积小、速度高、可靠性高等优点，发展光集成是光纤通信的必然。

3. 新类型光纤的研究

传统的G.652单模光纤在适应上述高速长距离传送网络的发展需要方面已暴露出力不从心的态势，开发新型光纤已成为开发下一代网络基础设施的重要组成部分。目前，为了适应干线网和城域网的不同发展需要，已出现了色散移位光纤、色散补偿光纤、无水吸收峰光纤（全波光纤）和还未成熟的光子晶体光纤等。此外，为了满足接入网方面的需要，聚合物光纤也应运而生。

4. 解决全网瓶颈的手段——光接入网

光接入网是信息高速公路的“最后一公里”。实现信息传输的高速化，满足大众的需求，不仅要有宽带的主干传输网络，用户接入部分更是关键，光接入网是高速信息流进入千家万户的关键技术。目前应用于光接入网的技术主要有3种，即SDH、PDH和无源光网络（PON）。

1.4　数字光纤通信系统比模拟光纤通信系统

数字光纤通信系统比模拟光纤通信系统具有更多的优点，也更能适应社会对通信能力和通信质量越来越高的要求。数字通信系统用参数取值离散的信号（如脉冲的有和无、电频的高和低等）代表信息，强调的是信号和信息之间的一一对应关系；而模拟通信系统则用参数取值连续的信号代表信息，强调的是变换过程中信号和信息之间的线性关系。这种基本特征决定着两种通信方式的优缺点和不同时期的发展趋势。20世纪70年代光纤通信的应用和80年代计算机的普及，为数字通信的发展创造了极其有利的条件。目前虽有数字通信几乎完全代替模拟通信的趋势，但是模拟通信仍然有着重要的应用。

数字通信系统的优点如下：

(1) 抗干扰能力强，传输质量好。在模拟通信系统中，噪声叠加在信号上，两者很难分开，放大时噪声和信号一起放大，不能改善因传输而劣化的信噪比。数字光纤通信采用二进制信号，信息不包含在脉冲波形中，而由脉冲的“有”和“无”表示。因此，一般噪声不影响传输质量，只有在抽样和判决过程中，当噪声超过一定阈值时，才产生误码率。

(2) 可以用再生中继，传输距离长。数字通信系统可以用不同方式再生传输信号，消除传输过程中的噪声积累，恢复原信号，延长传输距离。

(3) 适用各种业务的传输，灵活性大。在数字通信系统中，话音、图像等各种信息都变换为二进制数字信号，可以把传输技术和交换技术结合起来，有利于实现综合业务。

(4) 容易实现高强度的保密通信。只需要将明文与密钥序列逐位模2相加，就可以实现保密通信。只要精心设计加密方案和密钥序列并经常更换密钥，便可达到很高的保密强度。

(5) 数字通信系统大量采用数字电路，易于集成，从而实现小型化、微型化，增强设备可靠性，有利于降低成本。数字通信系统的缺点是占用频带较宽，系统的频带利用率不高（注：这里没有考虑语音、视频压缩编码和多元制数字调制的作用）。例如，一路模拟电话只占用4kHz的带宽，而一路数字电话要占用20～64kHz的带宽。数字通信系统的许多优点是以牺牲频带为代价得到的，然而光纤通信的频带很宽，完全能够克服数字通信的缺点。因而对于电话的传输，数字光纤通信系统是最佳的选择，模拟通信系统除占用带宽较窄外，还有电路简单、价格便宜等优点。因此，目前的电视传输，广泛采用模拟通信系统。另一方面，由于电视的数字化传输，要求较复杂的技术，特别是当今社会对电视频道数目的要求日益增多，要传输几十甚至上百路电视，需要极复杂的编码和解码技术，设备价格昂贵，因此目前还不能普遍使用。在这种情况下，副载波复用（SCM）模拟光纤通信系统得到很大重视和迅速发展。在这种 SCM 系统中，视频基带信号对射频副载波的调制，可以采用调频（FM）或调幅（AM）。目前，在卫星模拟电视传输中，视频信号对微波的调制采用的是调频（FM），所以连接卫星地面站的干线光纤传输系统要采用 FM/SCM 方式。

但是，世界各国模拟电视信号对无线广播载波的调制，采用的都是单边带调幅（VSB-AM），所以用于电视分配网的光纤传输系统要采用 VSB-AM/SCM 方式，以便和传输到家用电视机的同轴电缆相兼容，组成光纤/同轴混合（HFC）系统。模拟通信系统要求传输信号和信息之间具有良好的线性关系，因此需要输出光功率与驱动电流之间具有极好线性特性的激光器。幸好，目前这种激光器在技术发达国家已投入商业应用，可以传输 60～120 路质量优良的彩色电视信号。

在现有电视设备都是模拟的，而数字电视又未能普遍应用的今天和未来一段时间里，采用 SCM 模拟光纤通信系统传输多路电视，不失为一种明智的选择。

【阅读资料 1】　我国光纤光缆及光无源器件产业的现状与发展

1. 引言

自从光纤通信正式进入电信网络以来，它已经成为现代化通信网的主要支柱之一。近年来，随着光同步数字系列（SDH）、掺铒光纤放大器（EDFA）、密集波分复用（DWDM）等技术的商业化，光纤通信系统的传输容量不断扩大，光纤传输的带宽潜力和技术优越性不断得到挖掘和发挥。与此同时，由于互联网的迅速普及，世界各国纷纷把光纤接入网的发展作为战略性的国策加以重视。因此全球光纤需求量与日俱增，2000 年出现了全球性的光纤短缺。

据报道，2000 年全球光纤的耗用量超过 9000 万芯 km，比 1998 年的 4890 万芯 km 增长 84%。我国光纤光缆的铺设量发展更加迅速，到 2000 年底，全国铺设光缆的光纤总量已接近 3000 万芯 km。2000 年全国光纤耗用量 800 万 km 左右，折合成光缆约 40 万 km。据预测，未来几年全球光纤需求量将以 23%的复合年增长率增长，到 2004 年将达到 1.8 亿芯 km。我国光纤的耗用量到 2005 年时预计也将达到 2300 万芯 km。届时，中国可望成为仅次于美国的世界第二大光纤市场。

光无源器件的销售额在光纤通信系统总投资中的比重不到 5%，但它是整个系统中不可分割的重要组成部分。主要包括光纤连接器、光纤耦合器、波分复用器、光开关、光衰减器和光隔离器等。其中市场规模最大的是光纤连接器，其次是光纤耦合器。据估计，1999 年全球单模和多模式光纤连接器的销售量在 1.5 亿套左右，销售额达 7.165 亿美元。今后几年销售额的年增长率 19%（考虑到价格下降的趋势），到 2004 年将达到 17 亿美元的市场规模。我国光纤连接器的用量及预测，平均年增长率约 30%。

光纤耦合器的销售量约为光纤连接器的 1/4。1999 年全球光纤耦合器的销售额为 3.94 亿美元，预计到 2004 年将达 9.03 亿美元，平均年增长率 18%，考虑到价格下降因素，销售量的年增长率将达 40%左右。我国光纤耦合器 1999 年的销售量约 27.5 万套，同样面临需求迅速增长的形势。

2. 我国仅有少数几台用于光纤生产的设备在运转，供科研试制

我国曾于20世纪80年代中期从国外引进34套光纤预制棒生产设备和17台光纤拉丝机用于光纤生产，耗资约3000多万美元。但由于布点分散，不能形成生产规模，产品成本高，加上生产质量不稳定等原因，这些设备已相继停产。目前仅有少数几台设备还在运转，供科研试制之用。

进入20世纪90年代，我国光缆生产迅速形成规模，但所用光纤绝大多数依赖进口。直到1997年，武汉长飞光纤光缆有限公司形成了70万km的光纤生产能力，上海朗讯科技更实现了实际产销光纤70万km，我国才开始有了自己的光纤产业。近几年除了这两家龙头企业不断扩大生产能力和产量外，国内又新建一批光纤生产企业。

总的来说：

（1）我国光纤生产在过去几年中取得了长足的进步。生产厂家已达十家，生产能力已超过700万km。2000年实际产量约566万km，2001年预计产量可达750万km，已能满足国内光缆生产需求量的70％。

（2）除了武汉长飞光纤光缆有限公司具有实际的光纤预制棒业生产能力外，其余光纤生产企业基本上都是买棒拉丝型企业。

（3）除了现有光纤生产企业纷纷大规模扩大生产能力外，国内还有十几家上市公司或中外合资企业正在上光纤项目，其中有七八家准备上光纤预制棒。如果这些项目多数能够建成并正式投入生产，估计到2005年我国光纤预制棒的生产能力可等效于2000万芯km的光纤，拉丝能力则超过3000万芯km，从而出现供大于求的局面。已有业内权威人士对光纤项目的投资过热现象表示忧虑。

3. 我国光缆产业的现状和发展

我国光缆生产企业约有200家，年生产能力超过70万km。总的来说，我国光缆产业具有以下几个特点：

（1）我国光缆生产企业的生产能力已大大超过市场的需求。

（2）近年来，光缆市场的份额越来越被少数大企业所占有。以1998年为例，按所耗用的光纤芯km数计算，全国十大光缆生产企业的光缆产量占全国市场的70％，1999年更达到80％。说明我国光缆产业正在逐步走向成熟。

（3）以中外合资光缆生产企业为代表的大型光缆生产企业在过去几年中引进了一批关键的先进设备。因此总体来说，国内光缆的生产水平已接近或达到国际先进水平。例如，曾经依赖进口的国家一级干线用光缆，国内不少企业已完全能够生产。国际上热门的新型光缆一旦出现，国内基本上都能及时跟进。例如制造光纤带光缆的关键设备——光纤带成带机国内引进已达30台左右，光纤带光缆所用光纤1998年时已达光缆耗用光纤总量的18％。用于电力线路通信的全介质自承式光缆（ADSS）已在我国光缆生产企业中遍地开花。工艺难度很高的电力线路架空地线复合光缆（OPGW）和短长度海底光缆也已有少数企业能够生产。我国光缆产品已具备一定的竞争力。以1998年为例，我国进口光缆4166万美元，出口光缆仅1803万美元。而2000年我国进口光缆5293万美元，出口光缆则达到了4880万美元。

4. 我国光无源器件产业的现状和发展趋势

光纤通信的迅速发展，特别是近年来光纤接入网越来越接近用户的发展趋势，使光无源器件的用量以每年30％的速度在发展。

就我国来说，光纤连接器的生产企业不下50、60家，年生产能力约160万套，但基本上都不采用进口或国产的散件进行组装，且都是以2.5mm插针为主的FC、ST和SC型连接器。组装光纤连接器的关键元件——氧化锆陶瓷套管大部分需从日本进口。由于光纤连接器生产投资小，技术相对简单，因此生产能力可以迅速扩大，导致价格竞争非常激烈。

国内光纤耦合器的生产主要是用来熔融拉锥型设备制造的熔锥型耦合器，厂家有10多家，年生产能力约40万套。

我国光无源器件产业面临着似乎矛盾而两难的局面：一方面，常规的光纤连接器、光纤耦合器等产品供大于求，价格竞争激烈。然而还有不少新的加入者不断参与到这一领域中来。例如，好几家大型光纤光缆生产企业已宣布投巨资进入光无源器件的生产，他们今后生产的光缆将以跳线和组件的形式提供给用户，从而提高产品的竞争力。这对传统的光纤连接器生产企业来说则无异于是釜底抽薪。另一方面，光无源器件的技术在国际上发展非常迅速，而我国在这方面的科研投入较少，因此差距正在不断扩大。如密集波分复用器、光隔离器、光开关等技术要求高的光无源器件，我国与国外已有明显差距。再比如当前，国外光纤带群接连接器，以及MT-RF、LC等采用1.25mm插针的小型封装（SFF）连接器技术已经成熟，而我国在这方面基本上还是空白。这两方面的问题应当引起业内人士的重视。

5. 小结

综上所述，我国光纤光缆和光无源器件在过去十几年中从小到大，逐步形成了具有一定规模的产业。近期美国经济衰退的影响已波及到光通信产业，使得通信基础网络的建设速度有所放慢。另外，最近信息产业部和国家发展和改革委员会联合下发了《关于清理违规光缆建设项目和整顿长途光缆建设秩序的通知》，这些在短期内不可避免的会对我国光纤光缆和光无源器件产业产生一定的影响。但应该说，光通信业还是处于上升期，市场前景看好。但我们又必须看到，我国光纤光缆和光无源器的常规产品均已处于供大于求的局面，甚至一度十分短缺的光纤也可能在明年开始出现过剩。所以竞争非常激烈，市场占有率正在向少数规模效益好的企业转移。与此形成鲜明对比的是我国光纤连接器的关键零件至今还主要依赖进口，光无源器件在技术发展上已落后于国际先进水平。因此，我国光纤光缆和光无源器件的发展可谓喜忧参半，尚需业内人士共同努力，迎接21世纪的挑战。

【阅读资料2】　信息社会

什么是信息社会？可以说，自从有人类以来的社会，都可以称谓信息社会，因为人类社会在不停的进行着信息交流。但目前国际上对信息社会界定为以计算机为基础的第三次工业革命为信息社会的开始。第三次科技革命是人类文明史上继蒸汽技术革命和电力技术革命之后科技领域里的又一次重大飞跃。它以原子能、电子计算机和空间技术的广泛应用为主要标志，涉及信息技术、新能源技术、新材料技术、生物技术、空间技术和海洋技术等诸多领域的一场信息控制技术革命。这次科技革命不仅极大地推动了人类社会经济、政治、文化领域的变革，而且也影响了人类生活方式和思维方式，使人类社会生活和人的现代化向更高境界发展。正是从这个意义上讲，第三次科技革命是迄今为止人类历史上规模最大、影响最为深远的一次科技革命，是人类文明史上不容忽视的一个重大事件。20世纪80年代以来，国内史学工作者对第三次科技革命史的研究日益深入，相关研究成果不断问世。本文拟对这些研究成果作一概述，以使读者更全面地了解第三次科技革命。详细概念如下。

信息社会是一个大规模地生产和使用信息与知识的社会，也就是知识经济主导的社会。人们普遍认为，要步入信息社会，必须具备以下几方面的条件：第一，信息产业充分发展，具有完善先进的信息基础设施；第二，主要国民经济领域和社会生活实现信息化；第三，知识和信息成为社会发展的巨大资源和主要推动力；第四，劳动力结构出现根本性变化，从事信息相关工作的人数超过就业人数的50%；第五，国民经济总产值中，信息经济的比重约占或超过50%。

从上述概念可以看出，信息科学、通信科学在我们现在社会中的重要性。

【阅读资料3】 光纤到户

光纤到户（FTTH，Fiber to the Home，也称Fiber to the Premises）是一种光纤通信的传输方法。是直接把光纤接到用户的家中（用户所需的地方）。具体说，FTTH是指将光网络单元（ONU）安装在住家用户或企业用户处，是光接入系列中除FTTD（光纤到桌面）外最靠近用户的光接入网应用类型。FTTH的显著技术特点是不但提供更大的带宽，而且增强了网络对数据格式、速率、波长和协议的透明性，放宽了对环境条件和供电等要求，简化了维护和安装。

FTTH的优势主要有5点：第一，它是无源网络，从局端到用户，中间基本上可以做到无源；第二，它的带宽是比较宽的，长距离正好符合运营商的大规模运用方式；第三，因为它是在光纤上承载的业务，所以并没有什么问题；第四，由于它的带宽比较宽，支持的协议比较灵活；第五，随着技术的发展，包括点对点、1.25G和FTTH的方式都制定了比较完善的功能。

在光接入家族，还有FTTB（Fiber to the Building）光纤到大楼，FTTC（Fiber to the Curb）光纤到路边，FTTSA（Fiber to the Service Area）光纤到服务区等。

将光纤直接接至用户家，其带宽、波长和传输技术种类都没有限制，适于引入各种新业务，是最理想的业务透明网络，是接入网发展的最终方式。虽然现在移动通信发展速度惊人，但因其带宽有限，终端体积不可能太大，显示屏幕受限等因素，人们依然追求性能相对占优的固定终端，也就是希望实现光纤到户。光纤到户的魅力在于它具有极大的带宽，它是解决从互联网主干网到用户桌面的“最后一公里”瓶颈现象的最佳方案。

这种光纤通信方式及策略与FTTN（Fiber to the Node）、FTTC（Fiber to the Curb）、HFC（Hybrid Fibre-Coaxial）等也不同，它们都是需要依赖传统的金属电线，包括双绞线及同轴电缆等，作“最后一公里”的资讯传输。

1. 我国光纤通信到户发展策略探索

光纤到户（Fiber to the Home，FTTH）广义上也可称为光纤到用户所在地（Fiber to the Premises，FTTP）。狭义的FTTH指光纤向用户侧的进一步延伸，而且接入网内的分枝段（Drop）的光纤只连接一个用户。FTTH是指将光网络单元（ONU）安装在住家用户或企业用户处，是光接入系列中除（光纤到桌面）FTTD外最靠近用户的光接入网应用类型。

2. 世界各国光纤到户的最新进展

日本是世界上对FTTH最热心、发展最快的国家。

日本FTTH的发展领先，除了政府主导，运营商积极响应的原因之外，还有网络与技术方面的原因。日本网络中的用户环路普遍较短，同时在馈线部分原来存有大量的暗光纤，这为实施FTTH提供了方便。在技术方面，日本开发了自己的PON标准，没有等待ITU的FSAN标准。由于日本的标准中采用了低成本的以太网技术，为部署FTTH较早地提供了技术条件。

美国在宽带和FTTH建设方面并不领先。在宽带部署方面，美国排名11，落后于韩国、加拿大、瑞典等国。但由于用户的需求、FTTH成本的下降以及竞争与持续发展的需要，美国在管制和税收方面已经或正在推出一系列的优惠政策。为了宣传、推动和加速FTTH的发展，美国还新成立了一个非营利的组织——FTTH协会，其成员包括通信公司、计算机公司、网络公司，以及应用、内容与服务提供商等。到目前为止，美国的FTTH建设大潮中已涌现出新兴的房地产开发商、市政当局、国有电力公司、竞争本地运营商（CLEC）和小型传统本地运营商（ILEC）等众多单位的身影。房地产开发商之所以搞FTTH是因为他们发现，敷设光纤与敷设同轴电缆，虽然多花些钱，但FTTH更有利于其房屋的销售。市政当局指定了美国1900多个小社区，它们都拥有自己的电力公司，路线和电杆，在财政上又能得到普遍服务基金（USF）的补贴，所以它们也兴建FTTH。美国电信业协会（TIA）和FTTH协会最近联合宣布，美国的光纤社区已经增加到128个，分布在32个州。FTTH用户明显增加，平均用户定购率超过40%，在某些社区甚至达到75%。

欧洲曾经是光纤接入网试验与部署最早的地区。英国、德国从20世纪80年代末就开始试验和计划部署FTTH，但是由于成本和技术的不成熟以及需求跟不上，早期用PON部署FTTH失败了。到2002年底，欧洲有2个FTTH运营商有比较可观的用户，它们是瑞典的B2公司和意大利的e.biscom公司，前者有7万多个住宅用户，后者有9万多个住宅用户。

从全球看，据Dittberner公司分析，到2013年光纤接入技术的全球投资将从2004年的37亿美元增加到228亿美元。亚太地区将成为全球最大的FTTH市场，占全球总市场的52.8%（即120亿美元）。中国将占到亚太地区市场的将近一半（46%）。中国和印度在未来几年内将成为FTTH的主要投资者。在中国，PON的部署已经开始，网通、电信等运营上正在和各FTTH方案提供商合作在北京、武汉、杭州等大中城市中推广应用，并逐步覆盖全国范围。

3. 我国发展光纤到户存在的主要问题

FTTH是宽带接入的重要发展方向，FTTH是光通信产业发展的新亮点，它涉及器件、系统、网络技术和经济、维护、应用、标准以及法规等多方面，对我国电信运营业和制造业既是机遇也是挑战。目前阻碍我国FTTH产业发展的主要问题有以下几点。

（1）市场需求的培育发展和产业链的逐步形成。FTTH除了提供高带宽外，更重要的是运营商能提供什么具体服务内容让用户需求更高的带宽，使得在既有宽带接入技术无法满足之下，推动用户走向光纤到户。然而，根据2005年7月发布的《2005年中国5城市互联网使用现状及影响调查报告》，用户上网经常使用的服务为看新闻，搜寻引擎，电子信箱。这些服务所需之带宽小，而高带宽服务如视频会议、VOD、多媒体娱乐使用之比例则偏低。因此，在ADSL已可满足现有带宽使用量的市场环境下，高带宽服务的需求引导和普及情况还需要时间。

在宽带产业中，内容提供商、网络运营商、最终用户构筑了一个应用服务产品的价值链。在运营层面之下是众多的软件开发商、终端设备制造商、系统集成商以及和它们相联系的政府、金融、媒体、市场、咨询和服务构建的一个完整的产业链。如何联合产业链条上各个环节，共同建设一个“宽带产业生态圈”需要时间和努力。目前，在很多城市，已经开始实施光纤到户。

(2) 运营商不积极成为FTTH发展的另一个约束。关于FTTH应该由谁来承建的问题也是不容忽视的。FTTH究竟由谁来建，是由建筑方本身还是由某个运营商，是由建筑方选定某个运营商还是由政府来决定，在FTTH普及之前，这些问题都有待解决。总体而言，现阶段的FTTH发展仍处于试验推广阶段，仍未实际商用化。且在整个推广过程中，FTTH作为宽带接入技术的一种，在国内市场xDSL的强势竞争下，在与xDSL竞争内部资源分配时处于较不利的地位，影响运营商对FTTH的投资。不仅测试计划零星，且多由大城市的驻地运营商主导，缺乏美、日运营商般全盘的资源整合与推广，造成示范工程的进行多由光纤通信厂商或其他电信服务商主持，运营商则为被动配合角色。在缺乏运营商大力支持下，国内FTTH推广力度还不够强劲。

(3) 技术和成本瓶颈。首先从技术层面来讲，目前广泛采用的ADSL技术提供宽带业务有一定的优势，与FTTH相比，价格便宜，利用原有铜线网使工程建设简单，对于目前500kbit/s～1mbit/s影视节目尚可满足需求，是FTTH目前推广的主要竞争对手。

从全球范围看，在宽带用户中，66%的用户采用xDSL，在中国这个比例更是高达90%。作为宽带接入理想方式的FTTH，一直没有得到大规模发展的最主要原因就是光纤接入的成本依然比较高。由于光电子器件价格昂贵等因素的制约，FTTH难以普及，我们目前只是在骨干网采用光纤传输，而在“最后一公里”的接入层面采用以太网等多种接入方式。正如简水生院士所言“研制廉价的光电子器件是实现光纤到户的重要任务”。

在日本，FTTH价格与ADSL比要有竞争力。日本光纤到户的负担费用和ADSL相差无几，FTTH的月租约3000日元，相当于国内吃2次肯德基的费用，且初装费全免。而在国内初装费用和运行费用还没有具体的方案，还没有探索出能为我国网民接受的价格。

(4) 政府政策和法规相对滞后，各项标准及需完善。目前我国推广光纤到户的发展基本处于各自为战的状态，各个地方政府政策各不相同，零星破碎，有的地方根本还没有鼓励优惠政策。总之，政府缺少一个宏观的引导和完善的产业政策。此外，有关因特网相关的版权法规也有很多工作要做。

目前，我国FTTH各项标准基本完善。虽然国际电信联盟和美国等相继出版了关于FTTH的各项标准，但是我们如何结合本国实际情况，完善FTTH的技术规范和建设标准，这将为我国FTTH走向商用打下基础。

4. 我国FTTH发展的出路和发展策略

(1) 完善各项技术标准和政府政策法规。标准化工作对FTTH产业发展和降低初装成本和维护成本有直接的影响。接入系统与国情密切有关，在积极参与国际标准化工作同时应加强开发适合我国国情的FTTH系统标准，包括体系结构、光纤类型、使用波长、汇聚层传输技术、接口要求、性能指标、性能监视、网络管理、关键光器件和模块指标、安装操作指南等。尽早制定大楼内包括室内光纤布线规定，用以指导新建建筑物的建设，为FTTH留有应用的余地。另外，FTTH的应用再次提出了接入线路敷设权问题、竞争环境下如何避免重复建设问题，对此《中华人民共和国电信法》或《电信管理条例》应有所规范。

在国内FTTH的建设、发展上，素有“中国光纤之父”美称的赵梓森院士一针见血地指出：制约FTTH的发展因素不是技术问题而是社会问题。光纤发展到家庭需要政府的支持，不但要制定与因特网相关的版权法规而且还要制定对FTTH建设的优惠政策。例如，采用光纤建网可减免税；出台相关鼓励政策推动建设光纤到家庭；政府出面协调各方利益协调。同时发挥市场杠杆作用，让运营商跳出狭隘利益纷争，积极投入到FTTH的试用（Field Test）和商用。政府也要出台完整的FTTH示范和发展计划，验证FTTH技术和产品的成熟性，为未来大规模应用FTTH打下基础。

政府应积极出台相应法规，旨在打破电信业务垄断和消除行业壁垒。光纤传输容量几乎是无限的，FTTH为用户提供综合业务接入不仅是技术上的需要也是提高其投资效益的必经之路，而在我国现有电信运营许可制度下，FTTH为用户提供综合业务接入将非常困难，这无疑将严重阻碍我国FTTH接入技术推广普及。由此可见，打破电信业务垄断和消除行业壁垒是我国FTTH接入技术推广普及的迫切需要。

（2）积极引导和培育市场需求，形成生态产业链。根据CNNIC第16次《中国互联网络发展状况统计报告》显示，目前宽带用户的网络速度满意度较低。这说明，FTTH的高宽带是客户的需求。

又根据目前网民上网主要集中看新闻，搜索引擎，电子邮件的使用，这就需要我们设法引导他们转向需要更带宽要求的VOD、远程诊疗、视频会议等服务和应用。

众所周知，目前FTTH的设备价格还非常高昂，往往一线售价1000美元以上。据了解，在美国FTTH用户每户每月服务费也约为80～100美元，电信运营商的FTTH网络一般两三年可以收回投资。但在中国，情况则完全不同。目前，在国内不少城市，由于激烈的市场竞争，ADSL和基于5类线的LAN宽带接入使用费逐年下降，例如笔者所在城市杭州富阳已降到每年300元以下。个别月使用费较高的地区，如南京也只有880元/年。基于这种宽带接入服务的资费水平根本无法支撑FTTH网络建设和运营，其投资效益可想而知，这是我国电信运营商普遍缺乏热情推广FTTH的最根本原因。可见，在我国推广FTTH应用，除开发低成本的FTTH接入技术与设备外，还应该把市场推广的突破口选择在如别墅区、高档住宅区和高级写字楼（FTTO）等目标市场。因为，现有宽带接入技术很难满足这类目标市场对宽带接入远距离、高带宽、专线接入的要求，同时这些用户对宽带接入具有较高的消费能力，运营商可以根据FTTH能提供高带宽、专线接入优质服务特点适当提高宽带接入月使用费，提高FTTH接入网络投资效益。

FTTH在中国发展的初期阶段需要进行市场细分，针对特定市场进行耕作，集中力量开发集群式新客户和ARPU较高的大客户。

另外，在FTTH产业的发展过程中，运营商、制造商、内容提供商等想靠一己之力做大市场是不可能的。只有产业链上各方紧密合作，才能有效拓展市场。

（3）FTTH业务提供应循序渐进，选择适合我国FTTH发展的技术。目前全球500万线的FTTH用户中，90%以上的FTTH接入网络只提供Internet宽带接入业务。因为FTTH提供传统固定电话成本远远高于现有固定电话技术成本，追求FTTH全业务接入（同时支持宽带上网、有线电视CATV接入和传统固定电话接入，即所为三网合一）在我国还存在行业壁垒，即电信运营商不允许经营CATV业务，反之CATV运营商不许经营传统电信业务（如电话），而且这一现状在未来相当一段时间内无法改变，因此单一运营商无法在FTTH接入网络提供三网合一业务。虽然，在接入网上，光纤替代各种铜质缆线是必然趋势，但一夜之间光纤就彻底替代铜质缆线，所有业务都通过光纤接入是不现实的，也是无法想象的。在推进FTTH过程中，我们必须照顾到传统固网运营商的利益，也要考虑现有的金属线资源，实现平缓过渡。

另外，FTTH主要接入技术中，MC、EPON和GPON均支持三网合一接入，但EPON和GPON技术成熟尚需时日，EPON和GPON这两种标准相互竞争对未来推广存在不确定性。针对我国FTTH市场的特点和成本问题，深圳首迈通信技术有限公司执行总裁黄河振博士认为，FTTH早期应选择基于以太网的点对点接入技术，这种技术成本低，可靠性高，适合我国国情；并且未来可与点对多点的PON技术互为补充。

FTTH在日本等国已经取得了巨大的成功，很多成功经验非常值得借鉴。在我国，FTTH的发展要跨越政策、技术、产品以及内容等一道又一道的槛，在短期内难以达到FTTH生态链良性发展所需临界性规模，而且xDSL的存在和发展也影响了FTTH发展。但是，FTTH是一个方向，特别是PON技术的不断发展、成熟，更是让我们对FTTH增添了一份憧憬与信心。

习　题

1. 光通信就是光纤通信吗？为什么？
2. 与其他通信方式相比较，光纤通信一定具有绝对的优势吗？为什么？
3. 请比较五代光纤通信系统的主要特点与差别。
4. 光纤通信发展至今经历了哪些里程碑？
5. 在使用石英光纤的光纤通信系统中，为什么工作波长只能选择850nm、1310nm和1550nm 3种？
6. 请设想一下光纤通信发展未来。

第2章 光纤传输理论

要使信息量大，而且信息的能量小，又要传输远，往往要借助于介质。光纤是光波传输的信道，也就是光信号传播的介质（媒质）。光纤传输是以激光光波作为信号载体，以光纤作为传输媒介的传输方式。光纤传输技术则是当代通信技术的最新成就，已成为现代通信网的基石。与电缆通信和微波通信等电通信相比，光纤传输具有传输频带宽、传输衰减小、信号串扰弱和抗电磁干扰等优点。因此，在目前的国内国际通信网已构成了一个以光纤通信为主、微波和卫星通信为辅的格局。

分析光波在光纤中的传播问题，根据光的传播性质，可以采用两种理论进行分析：几何光学和波动光学。几何光学用光射线来代表光能量传输的路线，视光射线沿直线传播，在两种媒质的分界面处产生反射和折射（遵循反射和折射定律）。几何光学是一种近似理论，只在频率无限高（波长无限短）时，才是精准的。由于几何光学简单直观，而光波的频率很高（波长很短），因此，对于横截面几何尺寸远大于光波长的多模光纤常用几何学法来分析。

虽然几何光学的方法对光线在光纤中的传播可以提供直观的图像，但对光纤的传输特性只能提供近似的结果。光波是电磁波，只有通过求解由麦克斯韦方程组导出的波动方程分析电磁场的分布（传输模式）的性质，才能更准确地获得光纤的传输特性。

光波是一种电磁波。因此，波动光学把光纤中光波作为经典的电磁波进行研究其理论，它必须满足麦克斯韦方程组和全部边界条件。求解满足边界条件的麦克斯韦方程组，可以得到精确的解析（或数值）形式的结果，也即得到课光纤中容许传播的光波的电磁场的结构形式——模式，从而可以分析光纤的传输特性。

几何光学和波动光学用来分析光线在光纤中的传播各有优点和缺点。几何光学虽然近似，但分析起来比较简易；而波动光学虽然精确，但分析起来要用麦克斯韦方程组来解决问题，比较烦琐。用波动光学理论，要采用很多近似的方法。

2.1 光纤的典型结构及分类

2.1.1 光纤的典型结构

从作用上来说，光纤是光波传输的通道。在通信中，将此通道叫信道，也就是光信号传播的介质（媒质），它具有束缚和传播光能量的作用。从结构上来说，光纤是一种横截面很小的可绕透明的长丝。为了便于工程上安装和敷设，常常将多根光纤组合成光缆。而光缆具有防潮、防酸、防碱等功能，机械强度很高。

单根光纤的典型结构如图 2.1 所示，它主要有纤芯、包层和涂敷层组成。

纤芯是半径为 a、折射率为 n_1 的单固体介质圆柱体。半径 a 的典型数值为几微米到几百微米。纤芯外面有折射率 n_2（$n_2<n_1$）的单固体介质——包层，包层的厚度一般为 $100\mu m$ 左右。包层除了束缚光波（使光波在纤芯内传播）的作用之外，还可以减少由于

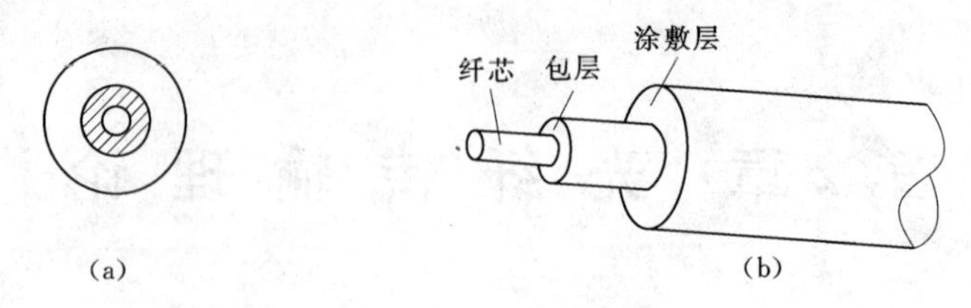

图2.1　单根光纤的典型结构

纤芯表面处介质的不连续性产生的散射损耗，增加光纤的机械强度，并且保护纤芯以避免吸收可能接触到的表面沾染物质。涂敷层的作用是保护光纤不受水汽的侵蚀和机械擦伤，同时还增加光纤的柔韧性。

2.1.2　光纤的分类

目前，光纤的分类主要有3种分类方法：一是按光纤的原材料不同分类；二是按光纤横截面上折射率分布的规律不同分类；三是按光纤中传播模式的数量分类。

1. 按光纤的原材料不同分类

(1) 石英光纤。这种光纤的纤芯和包层均由高纯度的 SiO_2 经掺有适当的杂质制成。石英光纤的损耗低，强度及可靠性高，但价格也较高。目前，石英光纤应用最广泛，我国在通信中，使用石英光纤。

(2) 多组分玻璃光纤。如用纳玻璃（$SiO_2 \cdot Na_2O \cdot CaO$）经适当掺杂制成。这种光纤的损耗度低，但可靠性较差。

(3) 塑料包层光纤。其纤芯用 SiO_2 制成，包层用硅树脂制成。

(4) 全塑光纤。其纤芯和包层均用塑料制成。此类光纤损耗较大，可靠性较差，但价格较低。

2. 按光纤横截面上折射率分布的规律不同分类

(1) 阶跃折射率光纤。纤芯介质的折射率是均匀分布的，在纤芯与包层的分界面处，折射率发生突变。

(2) 渐变折射率光纤。这种光纤的折射率在纤芯中连续变化，在纤芯与包层的分界面处，折射率恰好等于包层介质的折射率。

3. 按光纤中传播模式的数量分类

(1) 单模光纤。在单模光纤中，只有基膜可以传输。

(2) 多模光纤。在一定的工作波长下，光纤除了传播基膜之外，还可以同时传输其他模式。

多模光纤可采用阶跃折射率分布（称为多模阶跃折射率光纤），也可以采用渐变折射率分布（称为多模渐变折射率光纤）。而单模光纤常采用阶跃折射分布（称为单模阶跃折射率光纤）。

就石英光纤而言，大体可分为多模阶跃折射率光纤、多模渐变折射率光纤和单模阶跃折射率光纤3种类型。这也是目前国内常用的3种类型的光纤。随着光纤通信技术的快速发展，新的光导纤维不断研究出来，不久的将来光纤的分类方法也许会发生变化。

表2.1为3种主要类型石英光纤的横截面结构、折射率分布、光的传输路径及有关参数。

表 2.1　　3种主要类型石英光纤的折射率疾风步及有关参数

折射率分布、结构和光路径	芯径（μm）	带宽（MHz·km）	接续	成本
多模阶跃折射率光纤（图：包层、涂敷层、纤芯、光线传播路径；n, n_1, n_2, r, 0；1, 2, 3） 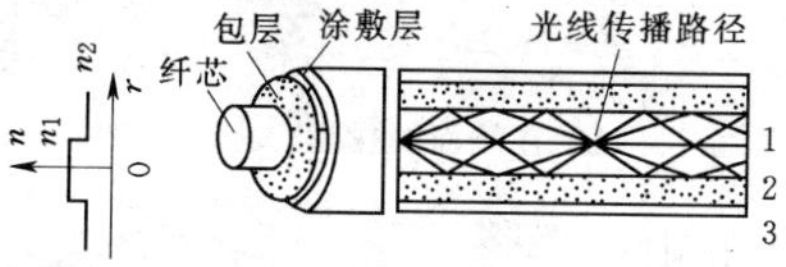	50	<200	较易	较低
多模渐变折射率光纤（图：光线传播路径；n, n_1, n_2, r, 0；1, 2, 3） 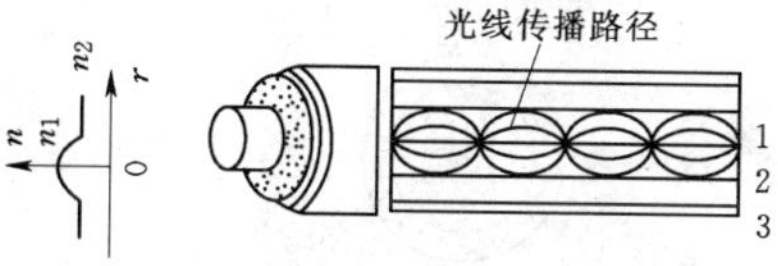	50	200～3000	较易	高
单模阶跃折射率光纤（图：光线传播路径；n, n_1, n_2, r, 0；1, 2, 3） 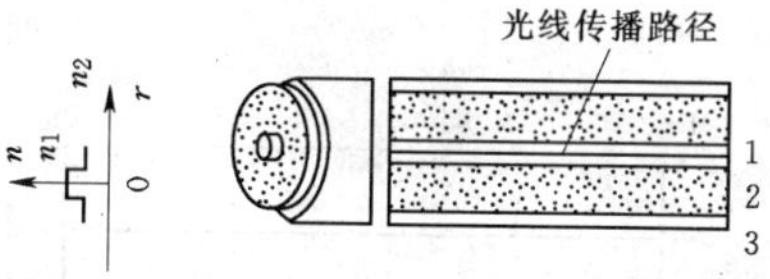	<10	73×10^3	较难	较高

2.2　光纤的传输特性及主要参数

在描述一个人时，常常以人的性别、年龄、身高、出生地、学历及专业背景作为主要参数，而以其爱好，性格等为主要特性，在研究光纤通信时，光纤的传输特性及主要参数也特别重要。在本节首先应用几何光学的基本理论来分析多模光纤中的光的传播路径及有关问题、特性、参数。在后面几节，将利用波动光学理论研究光纤中的光波的电磁场的分布特性及有关性质。

2.2.1　光在光纤中的传输

1. 多模阶跃折射率光纤中的传输

光信息在光纤中传输时，为了减少损耗，必须尽可能的不要发生折射等损耗，因此，全反射现象是光纤传输的基础。光纤的导光特性基于光射线在纤芯和包层界面上的全反射，使光线限制在纤芯中传输。

在多模阶跃折射率光纤的纤芯中，光波（光射线）沿直线传输，在纤芯与包层的分解面处发生全反射而使能量集中在纤芯之内。光纤中有两种光线，即子午光线和斜射光线。子午光线是位于子午面（过光纤轴线的平面）上的光线，而斜射光线是不经过光纤轴线传输的光线。

如图 2.2 所示为阶跃折射率光纤的纤芯中，在子午射线的传输路径。子午射线是与光纤轴线相交的平面折线，它在光纤端面上的投影是一条过轴的直线。

如图 2.3 所示为阶跃折射率光纤的纤芯中某斜射线的传输路径。斜射线是不经过光纤轴线（在纤芯与包层的分界面和焦散面所限定的区域内传输）的空间折线，它在光纤端面上的投影为一组首尾相接的折线。

在一般情况下，阶跃折射率光纤中可以存在两种形式的光射线：子午射线和斜射线。

在光纤（靠发送端一侧）的端面上，以不同角度入射的射线所走的路径不同，进而形

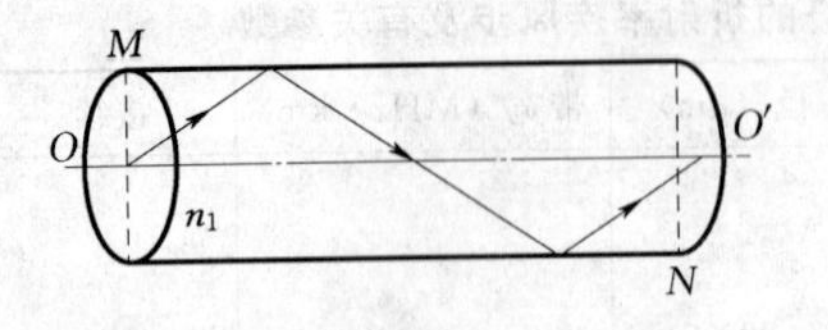

(a) 子午面的传输路径

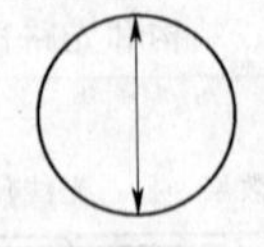

(b) 在端面的投影

图 2.2 阶跃折线率光纤中的子午射线

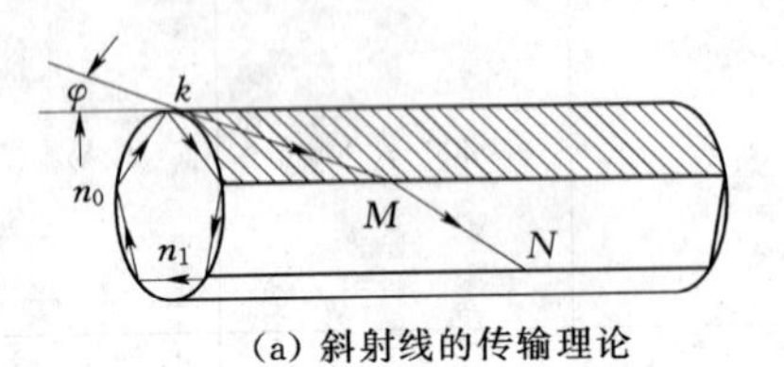

(a) 斜射线的传输理论

焦散面
a_0

(b) 在端面的投影

图 2.3 阶跃折射线光纤中的斜射线

成不同的传输模式。下面以子午射线为例进行分析，以得到一些有用的光纤通信的概念。

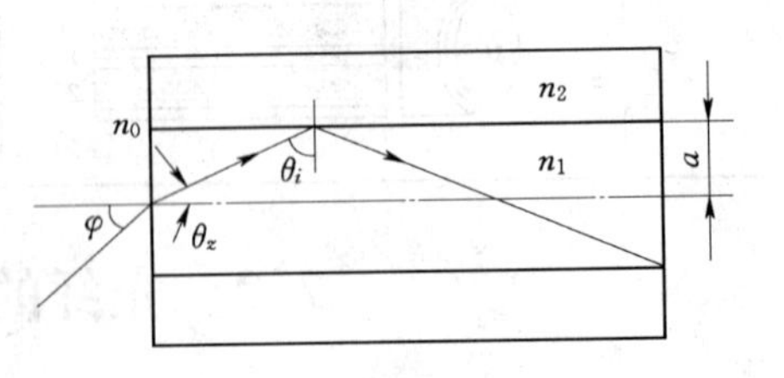

图 2.4 子午射线的传输条件（阶跃光纤）

(1) 光纤通信的传输条件（全反射条件）。如图 2.4 所示，一条子午射线于光纤的端面上一入射角 φ 由光源经空气区域（$n_0=1$）耦合入射到光纤的纤芯中。设纤芯介质的折射率为 n_1，包层介质的折射率为 n_2。根据折射定律，在入射端面两侧，入射角 φ 与折射角 θ_z 应满足如下关系：

$$n_0\sin\varphi=\sin\varphi=n_1\sin\theta_z \tag{2.1}$$

进入纤芯的子午射线必须在纤芯与包层的分界面处发生全反射，才可使光能量被束缚在纤芯内。根据全反射条件，应有：

$$\theta_i>\theta_c=\arcsin\left(\frac{n_2}{n_1}\right) \tag{2.2}$$

式中：$n_2<n_1$，θ_c 为临界角。

由图 2.5 中的几何关系，可得：

$$\theta_i+\theta_z=\frac{\pi}{2}$$

代入式 (2.1) 有：

$$\sin\varphi=n_1\sin\theta_z=n_1\cos\theta_i=n_1\sqrt{1-\sin^2\theta_i}\leqslant n_1\sqrt{1-\sin^2\theta_c}$$

$$=\sqrt{n_1^2-n_2^2}=n_1\sqrt{\frac{n_1^2-n_2^2}{n_1^2}}=n_1\sqrt{2\Delta}$$

传输条件为：

$$\varphi\leqslant\varphi_{\max}=\arcsin\sqrt{n_1^2-n_2^2}=\arcsin n_1\sqrt{2\Delta} \tag{2.3}$$

式中

$$\Delta=\frac{n_1^2-n_2^2}{2n_1^2}=\frac{n_1+n_2}{2n_1}\frac{n_1-n_2}{n_1}\approx\frac{n_1-n_2}{n_1} \tag{2.4}$$

式中：Δ 为相对折射率差。

(2) 光纤的数值孔径（NA）。由式（2.3）可知：n_1 与 n_2 的差别越大，φ_{max} 就越大，表明光纤收集射线的能力越强。由此，定义光纤的数值孔径（记为NA）为：

$$NA=\sin\varphi_{man}=\sqrt{n_1^2-n_2^2}=n_1\sqrt{2\Delta} \tag{2.5}$$

由式（2.5）可见，光纤的数值孔径越大，其收集的光能量就越多。

斜射线的数值孔径比子午射线的数值孔径稍大。一般情况下，通信用的光纤的 n_1 与 n_2 差别较小（称为弱导光纤），其数值孔径也较小。

我国通用的是多模阶跃折射率光纤中的传输方式，主要是这种多模阶跃折射率光纤传输信息量大，光纤制造容易，成本较低等原因。

2. 多模渐变折射率光纤中光的传输

在渐变折射率光纤的纤芯中，介质的折射率随离开轴线的距离呈方幂规律变化。设纤芯半径为 α，取以光纤轴线为 z 轴的圆柱坐标系（ρ，φ，z），则纤芯及包层介质的折射率可以表示为：

$$n(\rho)=\begin{cases}n_0[1-2\Delta(\rho/\alpha)^g]^{\frac{1}{2}} & (\rho<\alpha)\\ n_2(\text{常数}) & (\rho\geqslant\alpha)\end{cases} \tag{2.6}$$

式中：n_0 为纤芯轴线处介质的折线率；n_2（$n_2<n_0$ 且 $n_2\approx n_0$）为包层介质的折射率；$\Delta=\dfrac{n_0^2-n_2^2}{2n_0^2}\approx\dfrac{n_0-n_2}{n_0}$ 为渐变折射率光纤的相对折射率差；g 为折射率分布指数。

适当地选择纤芯介质折射率的分布形式（改变 g 值），可以使入射角不同的光射线有大致相等的时延，从而大大减小群时延差、减小光纤的模式色散，改善渐变折射率光纤的频率特性。在一般情况下，渐变折射率光纤中也可以存在两种形式的光射线：子午射线和斜射线。在渐变折射线光纤中，光射线的传输路径不再是折线，而是连续、弯曲的曲线。

图 2.5 所示为渐变折射率光纤的纤芯中，某子午折线的传输路径以及在光纤端面上折射率的分布。在此情况下，光射线未到达纤芯与包层的分界面就返折回纤芯区。

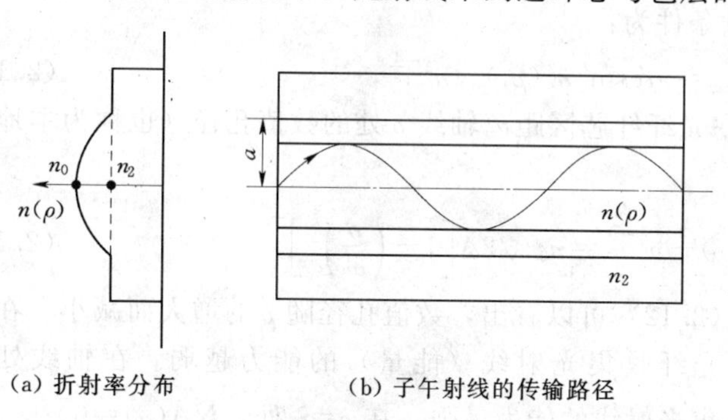

图 2.5 渐变折射率光纤中的子午射线

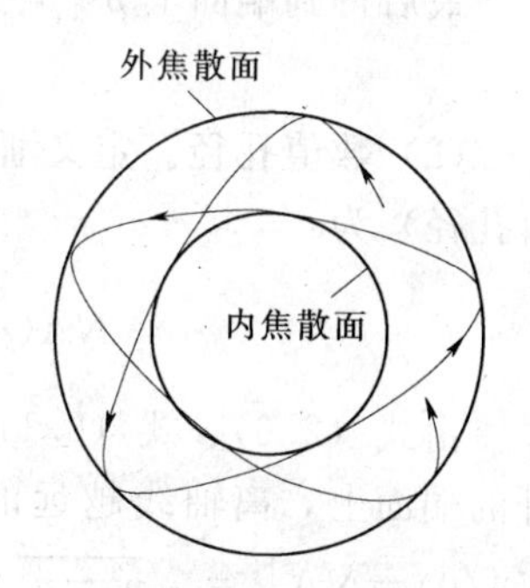

图 2.6 渐变折射率光纤中的斜射线

图 2.6 所示为渐变折射率光纤的纤芯中，某折射线的传输路径在光纤端面上的投影。可以看出，斜射线在外焦面（不一定与纤芯和包层的分界面重合但不会超出分界面之外）与内焦散面之间的空间区域（盘旋着）沿轴线传输并与两焦散面相切。在特殊情况下，如果内、外焦散面重合，则斜射线成为螺旋线。

(1) 传输条件。如图 2.7 所示，一条子午射线于光纤的纤芯端面上的 $\rho=\rho_0$（$\rho_0<a$）

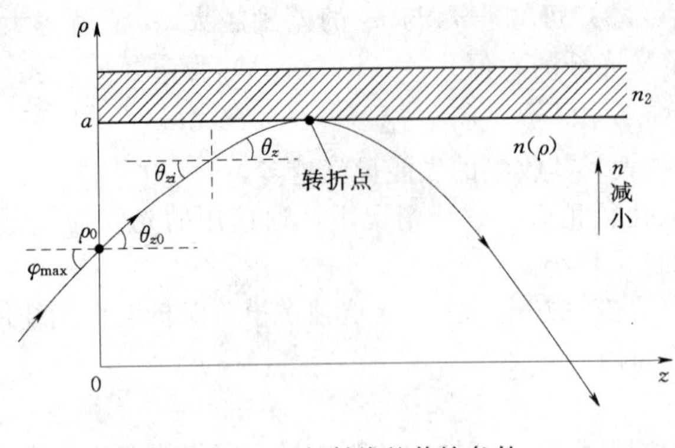

图 2.7　子午射线的传输条件

点，沿临界入射角 φ_{max} 由光源经空气区域（$n_0'=1$）耦合入射到纤芯区域并恰好在纤芯与包层的分界面处折回纤芯。可见，在 $\rho=\rho_0$ 点，凡入射角 $\varphi<\varphi_{max}$ 的子午射线均课满足传输条件。

根据折射定律，在端面（$\rho=\rho_0$）处有：

$$n_0'\sin\varphi_{max}=\sin\varphi_{max}=n(\rho_0)\sin\theta_{z0} \tag{2.7}$$

式中：θ_{z0} 为 $\rho=\rho_0$ 点折线光线的轴向角（也是端面处的折射角）。

另一方面，光射线进入渐变折射率光线的纤芯区之后，由于纤芯区介质的折射率随 ρ 坐标的增大而减小，导致光射线在进行过程中不断的发生折射，其轨迹为曲线（向折射率较大的一侧弯曲）。根据折射定律，应有如下关系：

$$\begin{aligned} n(\rho_0)\sin\theta_{z0}&=n(\rho_0)\sin\left(\frac{\pi}{2}-\theta_{z0}\right)=n(\rho_0)\cos\theta_{z0}=n(\rho)\sin\theta_i \\ &=n(\rho)\sin\left(\frac{\pi}{2}-\theta_{zi}\right)=n(\rho)\cos\theta_{zi}=n(\rho)\cos\theta_z \end{aligned} \tag{2.8}$$

式中：θ_z 为 $\rho=\rho$ 处光射线的轴向角。

特别是在转折点（$\theta_z=\theta_{z转}=0$）有：

$$\left.\begin{aligned} &\rho=\alpha \\ &n(\rho_0)\cos\theta_{z0}=n(a)=n_2 \end{aligned}\right\} \tag{2.9}$$

联立式（2.7）和式（2.9），可得：

$$\sin\varphi_{max}=n(\rho_0)\sin\theta_{z0}=n(\rho_0)\sqrt{1-\cos^2\theta_{z0}}=\sqrt{n^2(\rho_0)-n_2^2} \tag{2.10}$$

最后得到端面上 $\rho=\rho_0$ 处的传输条件为：

$$\varphi\leqslant\varphi_{max}=\arcsin[n^2(\rho_0)-n_2^2]^{\frac{1}{2}} \tag{2.11}$$

（2）数值孔径。定义渐变折射率光纤纤芯区距离轴线 ρ 处的数值孔径（也称为本地数值孔径）为：

$$NA(\rho)=[n^2(\rho)-n_2^2]^{\frac{1}{2}}=n_0\sqrt{2\Delta}\left[1-\left(\frac{\rho}{\alpha}\right)^g\right]^{\frac{1}{2}} \tag{2.12}$$

由式（2.6）、式（2.11）和式（2.12）可以看出，数值孔径随 ρ 的增大而减小。在光纤的端面上，离轴线越远的位置，光纤收集光射线（能量）的能力越弱。在轴线处有 $NA(0)=NA_{max}=\sqrt{n_0^2-n_2^2}$，光纤收集光射线的能力最强。在 $\rho=\alpha$ 处，$NA(\alpha)=0$。

（3）渐变折射率光纤纤芯横截面上的光功率分布。设光源对光纤（端面）均匀照射且光纤勿损耗传输，则纤芯内 $\rho(0\leqslant\rho\leqslant\alpha)$ 处的光功率密度为：

$$p(\rho)=A[NA(\rho)]^2 \tag{2.13}$$

式中：A 为常量（正比于光源的光功率）。

可见，渐变折射率光纤的（本地）数值孔径越大，该处的光功率也越大。另一方面，通过测量（一段不长的）光纤输出端面删的光功率分布，可得到该光纤的 $NA(\rho)$，从而可推求其纤芯介质的折射率 $n(\rho)$，这种方法称为近区场测试法。

比较多模阶跃折射率光纤与渐变折射率光纤的数孔直径可知，多模阶跃折射率光纤的数孔直径较小，渐变折射率光纤的数孔直径较大，而传输条件相同。数孔直径多少也反映出传输信息能力的强弱。

2.2.2　光纤的损耗特性

信号在传输过程中，总是有损耗的，但总是希望减少信号在传输过程中的损耗。光信号要想实现长距离的传输，就必须减少传输中的损耗。因此，光纤的传输损耗是光纤的重要特性之一，它将使传输的光信号产生衰减。当入纤光功率和接收机灵敏度给定之后，光纤的传输损耗就成为决定系统无中继传输距离的重要因素。

在一般情况下，光信号在光纤中（沿 z 轴）传输时，光功率随 z 坐标呈指数规律（均匀）衰减。即：

$$P(z)=P_i e^{-\alpha z} \tag{2.14}$$

式中：P_i 为光纤输入端（$z=0$）由光源耦合进光纤的入纤功率；α 为衰减（损耗）系数。

设光信号在光纤中传输（无中继）的轴向距离为 L，则有：

$$\alpha=\frac{-10}{L\lg e}\lg\frac{P(L)}{P_i}\quad(\mathrm{dB/km}) \tag{2.15}$$

引起光纤损耗的因素非常复杂，衰减损耗系数的具体确定经常依赖于试验测量。降低光纤损耗主要依赖于光纤制造工艺的提高及对光纤材料的研究。下面仅简单说明一下光纤损耗的机理。

对于石英类光纤而言，在 0.8μm 到 1.6μm 波长范围内，产生传输损耗的主要因素：①纤芯和包层物质的吸收损耗，如石英材料的本征吸收和杂质吸收；②纤芯和包层材料的散射损耗，如瑞利散射、受激喇曼散射和受激布里渊散射等引起的损耗；③导波散射损耗（由光纤表面粗糙或随机畸变所致）；④光纤弯曲所产生的辐射损耗。

以上损耗从其机理上又可分为两种不同情况。一种是石英光纤的固有损耗，如石英材料的本征吸收和瑞利散射，这种损耗从机理上限制了光纤所能达到的最小损耗；另一种是石英光纤的非固有损耗，如杂质吸收和导波散射等，它们可以通过材料提纯和改善工艺而减小直至消除。

1. *石英光纤的固有损耗*

（1）石英材料的本征吸收（损耗）。石英材料的本征吸收也是一种损耗，它有两个频带。一个在红外波段（称为红外吸收带），另一个在紫外波段（称为紫外吸收带）。红外吸收是由物质分子的振动引起的。纯石英材料 SiO_2 的 3 个谐振（吸收）峰分别对应波长为 9.1μm、12.5μm 和 21μm。其损耗带尾延伸到 1.5～1.7μm。经掺杂后，掺杂元素与 SiO_2 形成组合谐振造成吸收峰平移。掺 Ge 将使最低吸收波长向高的方向平移，由纯 SiO_2 的 9.1μm 移至 11.0～11.4μm，这种移动对减小光纤通信波段（0.8～1.6μm）中的损耗有利。而掺 B 或掺 P 都将明显加大在 1～2μm 波段的本征红外吸收。

【例 2.1】 掺的石英光纤的红外衰减系数为：

$$\alpha\approx 7.81\times10^{11}\exp(-48.48/\lambda)\quad(\mathrm{dB/km})$$

当 $\lambda=1.55\mu m$ 时，$\alpha\approx0.02$dB/km，其影响较小。但当 $\lambda=1.7\mu m$ 时，$\alpha\approx0.32$dB/km。显然，红外吸收影响了光纤通信的工作波段向更长波长方向扩展。

紫外吸收是由原子跃迁引起的。其吸收峰在波长为 0.16μm 处。但其损耗带尾延伸到波长 1μm 附近，对光纤通信产生一定的影响。

(2) 石英材料的瑞利射线（本征射线）损耗。导致光纤固有损耗的另一因素是瑞利散射，它由光纤介质折射率在微观上的随机起伏所致。在石英光纤的制造过程中，石英材料处于高温熔融状态，分子作为无规律热运动，这使物质的密度不均匀，进而使其不均匀。在冷却过程中，这种不均匀性在一定过程上被固定下来，有如在均匀材料中加了许多“小颗粒”(其几何尺寸远小于光波长)。当光波在光纤中传播时，有些光子要受到这些“小颗粒”的散射，从而形成光功率的损耗。这类散射称为瑞利散射，其损耗衰减系数反比与λ^4。可见，在较长的波段进行光纤通信时，瑞利散射损耗将大为减小。

2. *石英光纤的非固有损耗*

(1) 杂质吸收（损耗）。杂质吸收是指制造光纤的材料不纯净或制造工艺不完善而引入杂质时造成的附加损耗。影响最严重的因素是过渡金属离子吸收和氢氧根（OH^-）离子吸收。这两种吸收都有自己的吸收峰和吸收带。

过渡金属离子在光纤通信的工作波段有较强烈的吸收。它们各有自己的吸收峰，如Cu^{2+}的吸收峰在波长0.8μm附近，Fe^{3+}的吸收峰在波长1.1μm附近。目前，由于原材料的研究、改进及制造工艺的不断完善，过渡金属离子浓度可以大大降低，从而使过渡金属离子的吸收问题得以有效解决。

氢氧根离子的振动吸收是造成光纤杂质吸收损耗的主要原因。在光纤通信波段内，其吸收峰分别在波长0.95μm，1.24μm和1.39μm处。1.39μm处吸收峰最强，1.24μm处次强（为1.39μm处的1/10以下)，0.95μm处吸收峰最低。高度提纯光纤材料是解决氢氧根离子吸收损耗的主要途径。目前，在波长为1.39μm处，氢氧根离子的吸收损耗可以低于0.1dB/km。

(2) 导波散射损耗（弯曲损耗)。光纤的弯曲将使其边界条件发生变化，造成光波的传输条件被破坏，从而形成导波散射损耗。光纤弯曲的曲率半径越小，造成的导波散射损耗越大。在实际工程中，常规定光纤容许弯曲的最小曲靖以限定导波散射损耗不超过所要求的允许值。

另外，在光纤成缆过程中，由于光纤受到压力，可能使光纤轴线产生不规则弯曲（称为微弯)，由此而引起的损耗称为微弯损耗，有时微弯损耗比弯曲损耗还要大。完善光纤成缆的工艺过程可以消除或降低微弯损耗。

(3) 受激散射损耗。当满足一定的阀值条件时，光纤材料中的某些微观粒子将会吸收光能量（产生跃迁）而形成受ji4散射损耗。受激散射又分为受激布里渊散射与受激喇曼散射。其共同特征：只有在传输模式的光功率较大时才能发生且损耗的光功率与传输的光功率呈非线性关系（导致衰减系数为变量)。适当选择纤芯直径或限定入纤光功率在受激散射的阀值光功率以下，可消除受激散射损耗。

3. *石英光纤的总损耗*

综合考虑石英光纤的各种损耗之后，可以得到光纤的总传输损耗，它是光功率（或光波长）的函数。在图2.8中，绘出了石英光纤的衰减（损耗）系数α与光波长λ的关系曲线。

实际上，对低损耗光纤的研究与开发还要受到对光源的研究与开发的制约。早期（20世纪70年代初)，人类首先研制成功了能在室温下正常工作的半导体激光器（GaAlAs)，它发射的光波的中心波长约为0.85μm。围绕着该波长研制的石英光纤，其传输损耗可降低到2dB/km左右，称0.85μm波长段为光纤通信的第一个低损耗窗口。通过理论分析和试验探索，人们发现，在较长波长段，光纤的传输损耗可以进一步降低。通过众多科学家和工程技术人员的共同努力，到了20世纪90年代，已经在波长为1.3μm和1.55μm附近分别实现了损耗为0.5dB/km和0.2dB/km的极低传输损耗，这也受益于在该对应光源和光检测器的研制成功。称1.3μm和1.55μm波长段分别为光纤通信的第二个和第三个低损耗窗口。

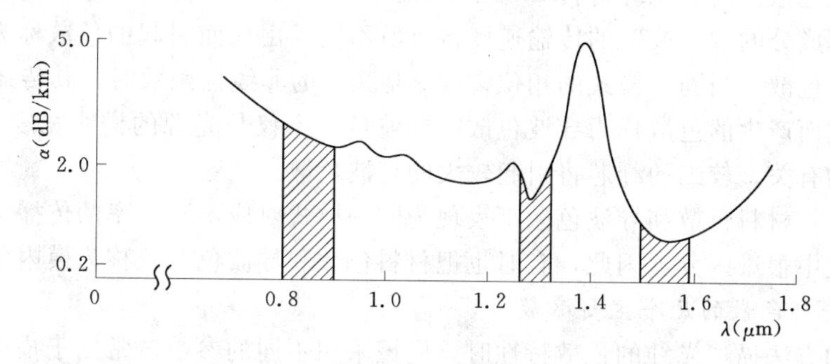

图2.8 光纤通信的3个低损耗窗口

在表2.2中，给出了以$GeO_2-P_2O_5-SiO_2$材料为纤芯的光纤，在不同的低损耗窗口处传输系数α的理论最低极限值及已经达到的最低值。

表2.2 石英光纤的最低损耗

波长 (μm)	单模光纤（Δ≈0.2%）		多模光纤（Δ≈1.0%）		损耗机理
	理论最低极限 (dB/km)	已达到的最低损耗值 (dB/km)	理论最低极限 (dB/km)	已达到的最低损耗值 (dB/km)	
0.85	1.9	1.9	2.50	2.12	固有
1.3	0.32	0.35	0.44	0.42	固有
1.55	0.15	0.154	0.22	0.23	固有

2.2.3 光纤的色散特性

1. 光纤色散的基本概念

光纤色散是一种引起光纤传输信号畸变的物理现象，它是由于光纤所传输信号的不同频率成分和不同模式成分具有不同的群速造成的。色散的存在将光纤中传输的光脉冲展宽，幅度降低，从而导致误码率增加，通信质量较低。当色散一定时，为提高通信质量、降低误码率，就必须增大码间距离，这就限制了系统的通信容量。图2.9所示为光纤色散引起传输光脉冲展宽和幅度衰减的情况。

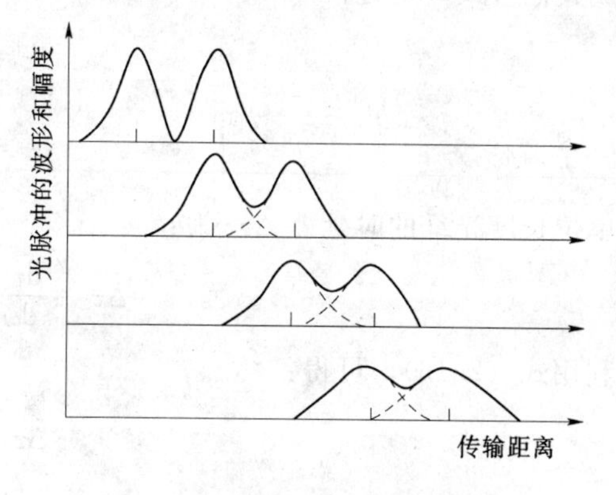

图2.9 光脉冲展宽和幅度衰减

由图2.9可见，传输距离越大，光脉冲展宽和幅度衰减就越严重。因而光纤色散也是决定光纤无中继传输距离的重要因素之一。

由于光纤中光脉冲信号的能量是由不同频率成分和模式成分的“子波”所携带的，各“子波”具有不同的传输速度，从而造成非常复杂的光纤色散现象。一般情况下，光纤色散可分为如下类型。

（1）模式色散。在多模光纤中，不同的传输模式在同一频率下有不同的群速度，由此特性所引起的色散称为模式色散。采用渐变折射率光纤并适当选择分布指数 g 可以有效地减小模式色散。

（2）材料色散。由于光纤材料 SiO_2 的折射率 $n=n(\lambda)$ 是波长 λ 的非线性函数，光脉冲中不同频率成分的“子波”的传输速度将有所不同，由此而引起的色散称为材料色散。

（3）导波色散。当同一模式的相位常数 β 是频率的非线性函数时，其传播速度将与频率有关，由此而产生的色散称为导波色散。导波色散不仅与光源的谱线宽度 $\Delta\lambda$ 有关，还与光纤的结构有关。较细的纤芯将引起较大的导波色散。

应该指出，材料色散和导波色散都表现为同一模式对应不同频率的传播速度不同，这种特征在测量中很难区分，因此，有时也把材料色散和导波色散统称为模内色散。

2. 描述光纤色散的几个主要参数

用不同的方法描述光纤的色散特性时，应该采用不同的参数。常用于描述光纤色散特性的参数有最大时延差 $\Delta\tau$，脉冲展宽 σ 和光纤的带宽 B（基带 3dB）。

最大时延差描述已调光波中速度最快与速度最慢的“子波”（传输同样的距离）的时延之差，时延差越大，光纤的色散越严重。脉冲展宽在时域中描述光纤色散对传输光信号的影响。

（1）光纤的时延差。设光纤中传输的已调光波信号的带宽与光源的谱宽同为 Δf（除线宽极窄的分布反馈式和多量子井等类型的半导体激光器外，一般光源均可满足要求），则同一模式携带的光能量在光纤中的传输速度（群速）为：

$$v_g=\frac{d\omega}{d\beta}\quad（在频率\ f\ 处取值）$$

式中：ω 为角频率；β 为光波的相位常数。

单位长度光纤上的时延 τ_0 为：

$$\tau_0=\frac{1}{v_g}=\frac{d\beta}{d\omega} \tag{2.16a}$$

利用关系式 $k_0=\frac{2\pi}{\lambda}=\omega\sqrt{\mu_0\varepsilon_0}=\frac{\omega}{c}=\frac{2\pi f}{c}$（$\lambda$ 为真空波长，c 为真空中的光速），可将 τ_0 写成其他形式，则有：

$$\tau_0=\frac{1}{c}\frac{d\beta}{dk_0} \tag{2.16b}$$

$$\tau_0=\frac{-\lambda^2}{2\pi c}\frac{d\beta}{d\lambda} \tag{2.16c}$$

单位长度光纤的时延差 $\Delta\tau_0$ 为：

$$\Delta\tau_0=\frac{d\tau_0}{d\omega}\Delta\omega=\frac{d\tau_0}{d\omega}2\pi\Delta f \tag{2.17}$$

利用式（2.16），可得：

$$\Delta\tau_0=\frac{d^2\beta}{d\omega^2}\Delta\omega \tag{2.18a}$$

$$\Delta\tau_0=\frac{d^2\beta}{dk_0^2}\frac{k_0}{c}\frac{\Delta f}{f} \tag{2.18b}$$

$$\Delta\tau_0=\frac{-\Delta\lambda}{2\pi c}\left(2\lambda\frac{d\beta}{d\lambda}+\lambda^2\frac{d^2\beta}{d\lambda^2}\right)\tag{2.18c}$$

在式（2.18）中，频率 f 近似取中心频率 f_0 值，真空波长 λ 近似取中心波长 λ_0 值（仅在材料色散的零色散波长附近，此种近似的误差较大）。单位长度光纤的时延差 $\Delta\tau_0$ 的单位是 ps/km。

色散系数 D 定义为：

$$D=\Delta\tau_0/\Delta\lambda\tag{2.19}$$

式中：$\Delta\lambda$ 为光源的线宽。色散系数 D 的单位是 ps/(km·nm)。

（2）光纤的带宽（基带 3dB）。用最大时延差来描述光纤的色散特性是比较粗糙的。更精确的方法是把光纤视为一个二端口网络来分析其色散特性。在频域中用光纤的频率响应 $H(\omega)$ 描述，在时域中用光纤的脉冲响应 $h(t)$ 描述。

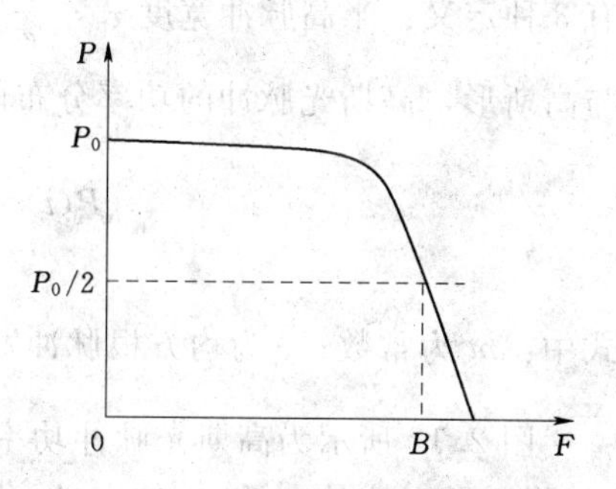

图 2.10 光纤的基带 3dB 带宽

当光纤存在色散时，在频域中，它对基带光信号的作用相当于一个低通滤波器，其相应的 3dB 带宽即为光纤的带宽（基带 3dB），如图 2.10 所示（F 为调制频率，P 为峰值光功率）。3dB 带宽是使峰值功率降低为零调制频率对应的值 P_0 的一半的带宽，用 B 表示。

设光纤的长度为 L，则单位长度光纤的基带 3dB 带宽 B_0 为：

$$B_0=BL \text{ 或 } B=B_0/L\tag{2.20}$$

B 的单位是 MHz（或 GHz）；B_0 的单位是 MHz·km（或 GHz·km）。

对于多模光纤，由于模式耦合即转换可使色散效应得以补偿而有所减弱，其带宽可用式（2.21）计算，即：

$$B=B_0/L^q\tag{2.21}$$

式中：$0.5<q<1$，一般可取 $q=0.7$。

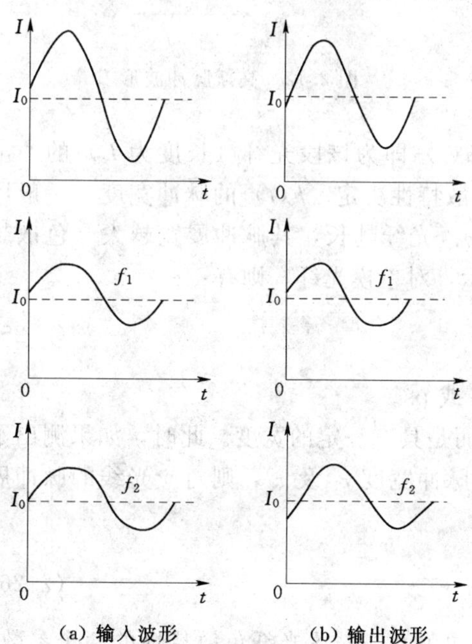

图 2.11 光纤色散所引起的衰减

在光纤系统的接收端，需经光电转换把光功率转换成光生电流，因此，常用到 3dB（功率）带宽这一参数。由于光生电流正比于光功率，因此，3dB 光带宽相当与 6dB 带宽。光纤的色散失真越严重，其带宽 B 越窄。

为说明光纤的（基带 3dB）带宽的物理意义，设光纤中传输光信号的最高频率和最低频率分别为 f_1 和 f_2，用频率为 F 的正弦波对光源进行强度 I 调制，强度调试就是使光的强度（单位面积上通过的光功率）与调制信号的幅度成正比变化。基带信号以相同的方式对光源谱线中的每一频率成分进行强度调制，调制后的输入波形（在光纤的发送端）如图 2.11（a）所示。由于未经过光纤传输，频率为 f_1、f_2

的已调光信号同相位，对应的合成光信号最强。当光信号在光纤中传输一段距离 L 之后，由于色散效应，两不同频率的“子波”散开，有了相位差，对应的合成光信号幅度下降，如图 2.11（b）所示。该相位差由光纤的时延差 $\Delta\tau_0$ 和基带调制频率 F 共同决定。对于给定的光纤（$\Delta\tau_0$ 确定），调制频率越高，相位差越大，衰减越严重。可见，光纤对基带信号的作用相当于低通滤波器，其频率响应曲线（输出光强 I 与基带频率 F 的关系）应与如图 2.11 所示的曲线相似。

（3）光纤的脉冲展宽。为了定义脉冲展宽 σ，首先应定义脉冲宽度。常用的脉冲宽度有 3 种定义：半高脉冲宽度 τ_n，$\frac{1}{e}$脉冲宽度 τ_e 和均方根脉冲宽度 τ。实际的光脉冲均接近与高斯形，高斯光脉冲的功率分布函数可以表示为：

$$P(t)=\frac{1}{\sqrt{2\pi\tau}}e^{\frac{-(t-m)^2}{2\tau^2}}=P_0 e^{\frac{-(t-m)^2}{2\tau^2}} \tag{2.22}$$

式中：m 为常数；τ 为均方根脉冲宽度；$P_0=\frac{1}{\sqrt{2\pi\tau}}$为脉冲的幅度。

图 2.12 所示为高斯光脉冲功率的分布曲线（波形）及对应的 τ_n 和 τ_e 的定义。

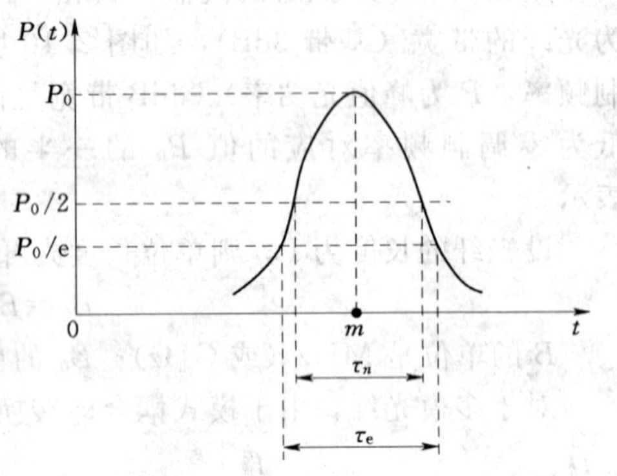

图 2.12 高斯脉冲波形

利用式（2.22），令 $P(t)=\frac{P_0}{2}$ 及 $P(t)=\frac{P_0}{e}$，可求出高斯脉冲的半高脉冲宽度 τ_n 及$\frac{1}{e}$脉冲宽度 τ_e 与均方根脉冲宽度 τ 的关系。则有：

$$\tau_n=2\sqrt{2\ln 2}\tau=2.355\tau \tag{2.23}$$

$$\tau_e=2\sqrt{2}\tau=2.828\tau \tag{2.24}$$

现在来定义光纤的脉冲展宽。设光纤的输入端输入一个单位冲击光脉冲 $P_i=\delta(t)$，沿光纤传输距离 L 后输入光脉冲为 $P_0(t)=h(t)$，则 $h(t)$ 即为该段光纤（长度为 L）的冲击响应。如果忽略传输损耗，$h(t)$ 将仅由光纤的色散特性决定。$h(t)$ 的脉冲宽度（一般用均方根脉冲宽度表示）即为该段光纤的脉冲展宽 σ。光纤越长，其脉冲展宽越大（色散越严重）。如果单位长度光纤的脉冲展宽用 τ_o 来表示，对单模光纤，则有：

$$\sigma=\sigma_0 L \tag{2.25}$$

σ_0 的单位为 ns/km 或 ps/km；σ 的单位为 ns 或 ps。

在一般情况下，输入光脉冲并非冲击脉冲，而是具有一定的宽度。此时，如果测出了输入光脉冲 $P_i(t)$ 及输出光脉冲 $P_0(t)$ 的均方根脉冲宽度 τ_1 及 τ_2，则对应光线的脉冲展宽为：

$$\sigma=\sqrt{\tau_2^2-\tau_1^2} \tag{2.26}$$

光纤的基带 3dB 宽度 B 与脉冲展宽 σ 是从不同角度来描述光纤色散特性的两个参数。利用傅里叶变换或反变换，可由光纤的冲击响应 $h(t)$ 及脉冲展宽 σ 求出相应的频率响应及带宽B，或反之。对于高斯响应系统，σ与B之间有如下关系，即：

$$B=\frac{\sqrt{\ln 2}}{\pi\sigma\sqrt{2}}=\frac{\sqrt{0.5\ln 2}}{\pi\sigma}=\frac{0.1874}{\sigma} \tag{2.27}$$

式（2.26）和式（2.27）可以通过做本章习题2.25得到证明。

3. 多模阶跃折射率光纤中子午光线的最大时延差

利用几何光学理论，可以计算多模阶跃折射率光纤中子午光线的最大时延差，从而粗略地表示模式色散引起的失真的程度。

如图2.4所示，设光纤的长度为L，在光纤的入纤端面上，平行与轴线入射（$\varphi=0$）的光射线在光纤中的传输路径最短（$L_{\min}=L$），对应的时延最小［$\tau_{d\min}=L/(c/n)$］；以临界角（$\varphi=\varphi_{\max}$）入射的光射线在光纤中的传输路径最长（$L_m=L/\sin\theta_c$），对应的时延最大［$\tau_{d\max}=L/(c/n_1)\sin\theta_c$］。因此，最大时延差为：

$$\Delta\tau_{d\max}=\tau_{d\max}-\tau_{d\min}=\frac{L}{c/n_1}\left(\frac{1}{\sin\theta_c}-1\right)$$

利用式（2.2）和式（2.4），可得：

$$\Delta\tau_{d\max}=\frac{Ln_1}{c}\frac{n_1-n_2}{n_2}\approx\frac{Ln_1}{c}\Delta \tag{2.28}$$

单位长度光纤的最大时延差为：

$$\Delta\tau_{o\max}=\frac{\Delta\tau_{d\max}}{L}=\frac{n_1\Delta}{c} \tag{2.29}$$

式（2.28）和式（2.29）描述了阶跃折射率光线中子午光线模式色散引起的失真。可以看出最大时延差与光纤的相对折射率差Δ成正比，使用弱导光纤（$n_1>n_2$，$n_1\approx n_2$，$\Delta\ll 1$）有助于减小模式色散。

4. 多模渐变折射率光纤中子午光线的模式色散

渐变折射率光纤介质的折射率在纤芯区连续变化，适当选择纤芯介质的折射率分布形式，可使以不用入射角在光纤端面上进入光纤纤芯的子午光线有大致相等的时延，从而大大减小时延差（一般可达阶跃折射率光纤的1%左右）。而子午光线自聚焦则是一种理想情况。

（1）子午光线的自聚焦（双曲正割折射率分布）。在图2.8中，给出了渐变折射率光纤的一个子午面。在光射线由入纤端面进入纤芯区之后，根据折射定律，应满足如下关系，即：

$$n(\rho_0)\cos\theta_{z0}=N_0=n(\rho)\cos\theta_z \tag{2.30}$$

式中：$N_0=n(\rho_0)\cos\theta_{z0}$。

式（2.30）适用于所有子午光线，对于每一条确定的子午光线，N_0为常数。

在如图2.13所示的子午光线的传输路径上取一线微分元$\mathrm{d}l$，则有：

$$\mathrm{d}l=\sqrt{(\mathrm{d}\rho)^2+(\mathrm{d}z)^2};\cos\theta_z=\frac{\mathrm{d}z}{\mathrm{d}l}=\frac{\mathrm{d}z}{\sqrt{(\mathrm{d}\rho)^2+(\mathrm{d}z)^2}}$$

代入式（2.30），可得：

$$n(\rho)\frac{\mathrm{d}z}{\sqrt{(\mathrm{d}\rho)^2+(\mathrm{d}z)^2}}=N_0 \tag{2.31}$$

再利用式（2.6），得纤芯区（$\rho<\alpha$）的子午光线轨迹微分方程，即：

$$\mathrm{d}z=\frac{n_0\,\mathrm{d}\rho}{[n^2(\rho)-N_0^2]^{1/2}} \tag{2.32}$$

对于按双曲线正割折射率分布的渐变折射率光纤有：

$$n(\rho)=n_0\,\mathrm{sech}(A\rho)=n_0/\cosh(A\rho) \tag{2.33}$$

式中：n_0 为光纤轴线上介质的折射率；A 为常数（常数 $A=\frac{\sqrt{2\Delta}}{a}$）。

将式（2.33）代入式（2.32），经积分即得双曲正割折射率光纤中子午光线的轨迹方程，即：

$$z=\int\frac{N_0\,\mathrm{d}\rho}{\sqrt{n_0^2\,\mathrm{sech}^2(A\rho)-N_0^2}}=\frac{1}{A}\int\frac{N_0\,\mathrm{d}(A\rho)\cosh(A\rho)}{\sqrt{n_0^2-N_0^2\cosh^2(A\rho)}}+C$$

引入积分中间变量 $x=\frac{N_2\sinh(A\rho)}{\sqrt{n_0^2-N_0^2}}$，可得最后积分结果为：

$$z=\frac{1}{A}\arcsin\left[\frac{N_0\sinh(A\rho)}{\sqrt{n_0^2-N_0^2}}\right]+C \tag{2.34a}$$

即：

$$\sin[A(z-C)]=\frac{N_0\sinh(A\rho)}{\sqrt{n_0^2-N_0^2}} \tag{2.34b}$$

在图 2.13 中，绘制了由式（2.34）所确定的对应于某一给定的 A 值的子午光线轨迹。

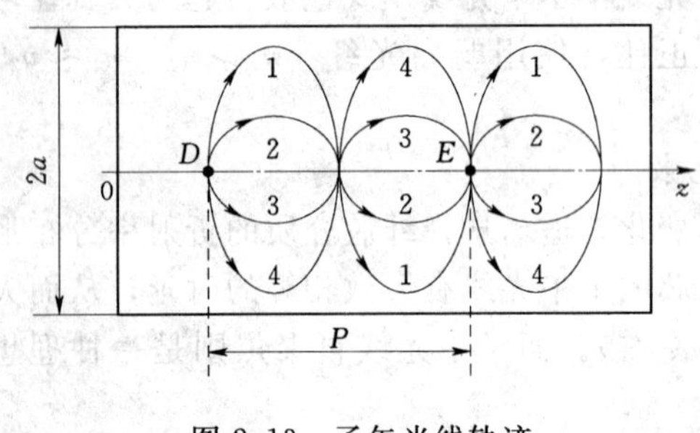

图 2.13 子午光线轨迹

由图 2.13 可以看出，所有光射线轨迹随 z 坐标的变化周期（称为空间周期或节距）都为 P。所有光射线都在 $z=C+\frac{P}{2}=\frac{1}{2}(2C+\frac{\pi}{A})$ 处与光纤的轴线（z 轴）相交，称光射线的这种特性为自聚焦性。凡具有自聚焦性的光射线，尽管其传输的路径和速度互不相同，但是，它们却具有相同的轴向速度，进而有相同的时延。具有自聚焦性的光纤通信系统将没有模式色散。

（2）近轴子午光线的自聚焦（抛物线型折射率分布）。当折射率分布指数 $g=2$ 时，渐变折射率光纤纤芯中介质的折射率为：

$$n(\rho)=n_0\sqrt{1-(A\rho)^2} \tag{2.35}$$

式中：$A=\frac{\sqrt{2\Delta}}{a}$。称 $g=2$ 的情况为平方律型或抛物线型折射率分布。这种折射率分布的渐变光纤中的子午光线虽不能完全自聚焦，但其中的近轴子午光线可实现自聚焦，从而大大减小模式色散。

根据费玛原理，任意光射线在介质中的传输轨迹应该满足下面的射线方程，即：

$$\frac{\mathrm{d}}{\mathrm{d}l}\left(n\frac{\mathrm{d}r}{\mathrm{d}l}\right)=\nabla n \tag{2.36}$$

式中：r 为光射线轨迹上点的位置矢径；$\mathrm{d}l$ 为轨迹上的线微分元。

在图 2.8 中给出的子午面内，则有：

$$r=\hat{p}\rho+\hat{z}z,\mathrm{d}l=\sqrt{(\mathrm{d}\rho)^2+(\mathrm{d}z)^2}$$

式中：$\hat{p}$，$\hat{z}$ 分别表示圆柱坐标系中第 1 和第 3 坐标的单位矢量。

利用式（2.35），可得：

$$\nabla n(\rho)=\hat{p}\frac{\partial n(\rho)}{\partial\rho}=-\hat{p}A^2n_0^2\rho/n(\rho)$$

对近轴子午光线，有如下近似关系，即：

$\frac{\mathrm{d}\hat{p}}{\mathrm{d}z}\approx 0$（轨迹几乎平行于 z 轴）；$\frac{\rho}{a}\approx 0$，$n\approx n_0$；$\mathrm{d}l\approx\mathrm{d}z$

把以上各关系式代入式（2.36），可得：

$$\frac{\mathrm{d}}{\mathrm{d}l}\left(n\frac{\mathrm{d}r}{\mathrm{d}l}\right)\approx\frac{\mathrm{d}}{\mathrm{d}z}\left(n\frac{\mathrm{d}r}{\mathrm{d}z}\right)=n\frac{\mathrm{d}^2r}{\mathrm{d}z^2}=n\left(\rho\frac{\mathrm{d}^2\hat{p}}{\mathrm{d}z^2}+2\frac{\mathrm{d}\hat{p}}{\mathrm{d}z}\frac{\mathrm{d}\rho}{\mathrm{d}z}+\hat{p}\frac{\mathrm{d}^2\rho}{\mathrm{d}z^2}\right)\approx$$

$$\hat{p}n\frac{\mathrm{d}^2\rho}{\mathrm{d}z^2}=\nabla n=-\hat{p}A^2n_0^2\rho/n$$

即：

$$\frac{\mathrm{d}^2\rho}{\mathrm{d}z^2}=-A^2\rho \tag{2.37}$$

式（2.37）即近轴子午光纤在抛物线折射率光纤的纤芯区的轨迹微分方程。其一般解为：

$$\rho(z)=B_1\cos(Az)+B_2\sin(Az) \tag{2.38}$$

取光线的入纤端面在 $z=0$ 处，设某光线在 $z=0$ 端面上 $\rho=\rho_0$ 处以斜率 $\frac{\mathrm{d}\rho}{\mathrm{d}z}=\rho_0'$ 进入纤芯，则该近轴子午光线轨迹方程的特接为：

$$\rho(z)=\rho_0\cos(Az)+\frac{\rho_0'}{A}\sin(Az) \tag{2.39}$$

图 2.14 所示为 $\rho_0=0$ 和 $\rho_0'=0$ 两种情况对应的光线的轨迹。

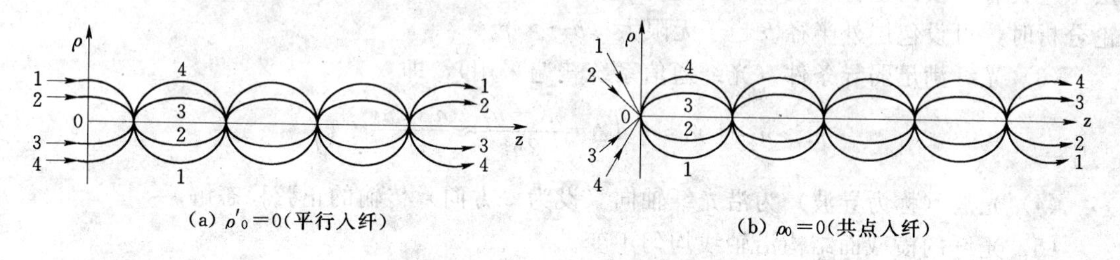

图 2.14　近轴子午光线的传输轨迹

由图 2.14 可见，这两种情况的光线可以分别自聚焦，聚焦点都在 z 轴上。虽然两种情况下聚焦点不同（间距为$\frac{\pi}{A}$），但它们的空间周期（节距）同为 $P=\frac{2\pi}{A}$。因此，它们有相同的轴向速度，不会形成模式色散。

近一步还可以证明（通过做本章习题 2.16），只要 $\rho_0=$常数（共同入纤）或$\rho_0'=$常数

（平行入纤），对应的光线均可自聚焦。虽然对应的聚焦点不在 z 轴上，但都与 $\rho_0=0$ 或 $\rho_0'=0$ 情况的聚焦点在同一垂直与光纤轴线（z 轴）的平面内。因此，这些光线具有相同的轴向速度，不会形成模式色散。

将双曲正割折射率［由式（2.33）给出］进行幂级数展开，可得：

$$n(\rho)=n_0\left[1-\frac{1}{2}(A\rho)^2+\frac{5}{24}(A\rho)^4+\cdots\right] \tag{2.40}$$

再将抛物线型折射率［由式（2.35）给出］进行幂级数展开，可得：

$$n(\rho)=n_0\left[1-\frac{1}{2}(A\rho)^2-\frac{1}{8}(A\rho)^4+\cdots\right] \tag{2.41}$$

把式（2.40）与式（2.41）进行比较可知，对弱导光纤 $\left(A\rho=\frac{\sqrt{2\Delta}}{a}\ll1\right)$，忽略"$A\rho$"的高次项后，两式将有相同的形式 $n(\rho)\approx n_0\left[1-\frac{1}{2}(A\rho)^2\right]$。因此，有理由认为，抛物线型折射率（$g=2$）光纤应该具有较小的模式色散。

2.3 阶跃折射率光纤的模式理论

光波是一种电磁波。根据麦克斯韦电磁场与电磁波理论，光波在光纤中传播的详细情况只能通过求解（满足特定边界条件的）麦克斯韦方程组来得到（称为波动光学理论）。光纤作为圆柱形介质导波，其内导波（光波）的求解过程非常复杂。本节重点介绍满足弱导条件的阶跃折射率光纤的两种分析方法：矢量解法和标量近似解法。由于本节内容数学推导过程比较复杂，仅仅要求作为阅读材料。

2.3.1 矢量解法

1. 前提条件

（1）取以光纤轴线为 z 轴的圆柱坐标（ρ，φ，z）。

（2）设光纤纤芯半径为 a；纤芯介质的折射率为 n_1；光纤包层外半径为 b；包层介质的折射率为 n_2。实际上，纤芯中导波的电磁场应具有沿横向坐标 ρ 振荡形式的解，而在包层中应具有沿横向坐标 ρ 衰减形式的解，导波的能量绝大部分集中于纤芯中。因此，在理论分析时，可设包层外半径 b 趋于无限大（$b\to\infty$）。

（3）光纤满足弱导条件（光纤通信系统普遍采用），即：

$$n_1>n_2 \text{ 且 } n_1\approx n_2\left(\Delta=\frac{n_1^2-n_2^2}{2n_1^2}\approx\frac{n_1-n_2}{n_1}\ll1\right)$$

（4）光波（称为导波）为沿光纤轴向（设为 $\hat{z}$ 方向）传输的正弦稳态解。

（5）光纤的横截面结构沿轴线均匀不变。

2. 导波方程

（1）纵向场分量方程（纵向方程）。由前提条件，光纤中导波的复域电磁场可以表示为：

$$E=\hat{\rho}E_\rho+\hat{\varphi}E_\varphi+\hat{z}E_z=E_m(\rho,\varphi)\mathrm{e}^{-j\beta z} \tag{2.42a}$$

$$H=\hat{\rho}H_\rho+\hat{\varphi}H_\varphi+\hat{z}H_z=H_m(\rho,\varphi)\mathrm{e}^{-j\beta z} \tag{2.42b}$$

式中：β 称为传播常数（或相位常数）。

特别有纵向分量（E_z 和 H_z）的表达式：

$$E_z = E_{zm}(\rho,\varphi)e^{-j\beta z} \tag{2.43a}$$

$$H_z = H_{zm}(\rho,\varphi)e^{-j\beta z} \tag{2.43b}$$

在均匀介质中，复域麦克斯韦方程组为：

$$\nabla\times E = -j\omega\mu_0 H \tag{2.44a}$$

$$\nabla\times H = j\omega\varepsilon E \tag{2.44b}$$

$$\nabla\cdot E = 0 \tag{2.44c}$$

$$\nabla\cdot H = 0 \tag{2.44d}$$

对式（2.44a）两端取旋度并利用式（2.44b）和式（2.44c），可得：

$$\nabla\times(\nabla\times E) = \nabla\times(\nabla\cdot E) - \nabla^2 E = \omega^2\mu_0\varepsilon E$$

即：

$$\nabla^2 E + \omega^2\mu_0\varepsilon E = \nabla^2 E + k^2 E = 0 \tag{2.45a}$$

同理，可得：

$$\nabla^2 H + k^2 H = 0 \tag{2.45b}$$

式中

$$k = \omega\sqrt{\mu_0\varepsilon} = \omega\sqrt{\mu_0\varepsilon_0}\sqrt{\varepsilon_r} = k_0\sqrt{\varepsilon_r} = k_0 n \tag{2.45c}$$

$n=\sqrt{\varepsilon_r}$为光纤中介质的折射率。可见，电场和磁场皆满足矢量波动方程，称相应的解法为矢量解法。

式（2.45a）和式（2.46a）为矢量微分方程，将其在圆柱坐标系中展开，可得 $\hat{z}$ 分量（E_z 和 H_z）满足的微分方程分别为：

$$\frac{1}{\rho}\left[\frac{\partial}{\partial\rho}\left(\rho\frac{\partial E_z}{\partial\rho}\right) + \frac{\partial}{\partial\rho}\left(\frac{1}{\rho}\frac{\partial E_z}{\partial\rho}\right)\right] + k_c^2 E_z = 0 \tag{2.46a}$$

$$\frac{1}{\rho}\left[\frac{\partial}{\partial\rho}\left(\rho\frac{\partial H_z}{\partial\rho}\right) + \frac{\partial}{\partial\rho}\left(\frac{1}{\rho}\frac{\partial H_z}{\partial\rho}\right)\right] + k_c^2 H_z = 0 \tag{2.46b}$$

式中

$$k_c = \sqrt{k^2 - \beta^2} = \sqrt{k_0^2 n^2 - \beta^2} \tag{2.46c}$$

式（2.46）即为纵向场分量（E_z 和 H_z）满足的微分方程（称为纵向场分量方程或纵向方程）。在光纤系统确定后，利用边界条件即可求出导波电磁场的纵向分量（E_z 和 H_z）。

（2）横向场分量方程（横纵关系）。将式（2.44a）展开，令两侧对应分量相等，可得：

$$\frac{\partial E_z}{\partial\varphi} - \frac{\partial}{\partial z}(\rho E\varphi) = -j\omega\mu_0\rho H_\rho \tag{2.47a}$$

$$\frac{\partial E_\rho}{\partial z} - \frac{\partial E_z}{\partial\rho} = -j\omega\mu_0 H_\varphi \tag{2.47b}$$

将式（2.44b）展开并令两侧对应分量相等，可得：

$$\frac{\partial H_z}{\partial\varphi} - \frac{\partial}{\partial z}(\rho H\varphi) = -j\omega\mu_0\rho E_\rho \tag{2.47c}$$

$$\frac{\partial H_\rho}{\partial z} - \frac{\partial H_z}{\partial\rho} = -j\omega\mu_0 E_\varphi \tag{2.47d}$$

联立式（2.47）可解得：

$$E_\rho=\frac{-j}{k_c^2}\left(\frac{\omega\mu_0}{\rho}\frac{\partial H_z}{\partial\rho}+\beta\frac{\partial E_z}{\partial\rho}\right) \tag{2.48a}$$

$$E_\varphi=\frac{j}{k_c^2}\left(\omega\mu_0\frac{\partial H_z}{\partial\rho}-\frac{\beta}{\rho}\frac{\partial E_z}{\partial\rho}\right) \tag{2.48b}$$

$$H_\rho=\frac{j}{k_c^2}\left(\frac{\omega\varepsilon}{\rho}\frac{\partial E_z}{\partial\rho}-\beta\frac{\partial H_z}{\partial\rho}\right) \tag{2.48c}$$

$$H_\varphi=\frac{-j}{k_c^2}\left(\omega\varepsilon\frac{\partial E_z}{\partial\rho}+\frac{\beta}{\rho}\frac{\partial H_z}{\partial\rho}\right) \tag{2.48d}$$

式（2.48）即为横向场分量满足的方程（称为横纵关系）。由式（2.46）求出导波的纵向场分量之后，再利用式（2.48）即可求得导波的全部横向场分量。式（2.46）和式（2.48）构成分析光纤中导波电磁场分布的基本方程（称为导波方程）。

（3）光纤中可能出现的导波模式。由于光纤由介质材料构成，它既不是双导体传输线也不是金属波导管，因此，在光纤中不可能存在称为横电磁波（TEM）模式，但可能存在横电（TE）和横磁（TM）等模式，还可以存在混合模式：HE 和 EH，这两类混合模式的特点是 E_z 和 H_z 分量都不为零。

3. 阶跃折射率光纤中导波的电磁场解

（1）导波的纵向场分量解。求解式（2.46）之类微分方程的一种有效的数学方法是分离变量法。由于 E_z 和 H_z 满足同型微分方程，其解必与 $\psi(\rho,\varphi)e^{-j\beta z}$ 同型，而 ψ 满足微分方程有：

$$\frac{1}{\rho}\left[\frac{\partial}{\partial\rho}\left(\rho\frac{\partial\psi}{\partial\rho}\right)+\frac{\partial}{\partial\rho}\left(\frac{1}{\rho}\frac{\partial\psi}{\partial\rho}\right)\right]+k_c^2\psi=0 \tag{2.49}$$

根据分离变量发的思路，应该令 ψ 具有如下表示形式，即：

$$\psi(\rho,\varphi,z)=F_1(\rho)F_2(\varphi)F_3(z)=F_1(\rho)F_2(\varphi)e^{-j\beta z} \tag{2.50}$$

将式（2.50）代入式（2.49）中经整理后，可得：

$$\left[\frac{\rho^2}{F_1}\left(\frac{d^2F_1}{d\rho^2}+\frac{1}{\rho}\frac{dF_1}{d\rho}\right)+\rho^2k_c^2\right]+\left[\frac{1}{F_2}\frac{d^2F_2}{d\varphi^2}\right]=0$$

欲使上式对任意的 ρ，φ 均成立，其左侧两个方括号中的项必须分别等于互为负值的常数，从而有：

$$\frac{d^2F_2}{d\varphi^2}=-m^2F_2 \tag{2.51a}$$

$$\frac{d^2F_1}{d\rho^2}+\frac{1}{\rho}\frac{dF_1}{d\rho}+(k_c^2-m^2/\rho^2)F_1=0 \tag{2.51b}$$

式中：m 为常数。

式（2.51a）的解为：

$$F_2(\varphi)=e^{jm\varphi} \tag{2.52a}$$

注意到光纤是圆柱（对称）形波导，为保证场的唯一性，导波的电磁场随 φ 坐标的变化规律必须以 2π 为周期。因此，式（2.52a）中的 m 应取自然数，即：

$$m=0,1,2,\cdots \tag{2.52b}$$

式（2.51b）为贝赛尔方程，其解为贝赛尔函数，根据纤芯区和包层区导波电磁场的不同分布要求可以确定对应解的具体形式。

在纤芯区（$0 \leqslant \rho < a$，$k = k_1 = \omega \sqrt{\mu_0 \varepsilon_0} \sqrt{\varepsilon_{r1}} = k_0 \sqrt{\varepsilon_{r1}} = k_0 n_1$），导波的场量应随径向坐标 ρ 呈振荡形式，而第一、二类（正实参量）贝赛尔函数具有此种特征。此时应有：

$$k_{c1}^2 = k_1^2 - \beta^2 = k_0^2 n_1^2 - \beta^2 > 0 \quad (k_{c1}\text{为正实数}) \tag{2.53a}$$

另外，在芯轴处（$\rho = 0$），导波的场量应为有限值，致使纤芯区导波的电磁场不能取第二类（正实参数）贝赛尔函数解。综上所述，定义正实参数 u 为：

$$u = a k_{c1} = a \sqrt{k_0^2 n_1^2 - \beta^2} > 0 \tag{2.53b}$$

再令中间变量 $x = \dfrac{u\rho}{a}$，则式（2.51b）变成了典型的贝赛尔方程。即：

$$\frac{\mathrm{d}^2 F_1(x)}{\mathrm{d}x^2} + \frac{1}{x}\frac{\mathrm{d}F_1(x)}{\mathrm{d}x} + \left(1 - \frac{m^2}{x^2}\right) F_1(x) = 0$$

其在纤芯区的解为第一类 m 阶贝赛尔函数 $J_m(x)$。即：

$$F_1(x) = J_m(x) = \sum_{i=0}^{\infty} (-1)^i \frac{1}{i!(m+i)!}\left(\frac{x}{2}\right)^{m+2i} \tag{2.53c}$$

最后得纤芯区纵向场分量解为：

$$\left.\begin{aligned} E_{z1} &= A' J_m\left(\frac{u\rho}{a}\right) \mathrm{e}^{jm\varphi} \mathrm{e}^{-j\beta z} \\ H_{z1} &= B' J_m\left(\frac{u\rho}{a}\right) \mathrm{e}^{jm\varphi} \mathrm{e}^{-j\beta z} \end{aligned}\right\} \tag{2.53d}$$

式中：A'和B'为常量。

在包层区（$a < \rho < b = \infty$，$k = k_2 = \omega \sqrt{\mu_0 \varepsilon_0} \sqrt{\varepsilon_{r2}} = k_0 \sqrt{\varepsilon_{r2}} = k_0 n_2$），导波的场量应随径向坐标 ρ 呈衰减特征，而第一，二类修正贝赛尔函数具有此种特征。此时应有：

$$k_{c2}^2 = k_2^2 - \beta^2 < 0 \quad (k_{c2} = j\sqrt{\beta^2 - k_2^2}\text{为虚数}) \tag{2.54a}$$

另外，在远离纤芯（$\rho \to \infty$）处，导波的场量应趋于零，致使包层中导波的电磁场不能取第一类修正贝赛尔函数解。综上所述，定义正实参数量 ω 为：

$$\omega = a\sqrt{\beta^2 - k_2^2} = a\sqrt{\beta^2 - k_0^2 n_2^2} > 0 \tag{2.54b}$$

再令中间变量 $y = \dfrac{\omega\rho}{a}$，则式（2.51b）变成了虚参量贝赛尔方程，即：

$$\frac{\mathrm{d}^2 F_1(y)}{\mathrm{d}y^2} + \frac{1}{y}\frac{\mathrm{d}F_1(y)}{\mathrm{d}y} - \left(1 + \frac{m^2}{y^2}\right) F_1(y) = 0$$

其在包层区的解为第二类 m 阶修正贝赛尔函数 $K_m(y)$，即：

$$F_1(y) = K_m(y) = \mathrm{sech}\left(\frac{1}{2}m\pi\right)\int_0^{\infty} \cos(y\sinh t)\cosh(mt)\,\mathrm{d}t \tag{2.54c}$$

最后得包层区纵向场分量解为：

$$E_{z2} = C' K_m\left(\frac{\omega\rho}{a}\right)[A_1 \cos m\varphi + A_2 \sin m\varphi]\mathrm{e}^{-j\beta z} \tag{2.54d}$$

$$H_{z2} = D' K_m\left(\frac{\omega\rho}{a}\right)[A_1 \cos m\varphi + A_2 \sin m\varphi]\mathrm{e}^{-j\beta z} \tag{2.54e}$$

式中：A_1、A_2、C'、D'为常数。求出光纤中电磁场的纵向分量之后，利用横综关系式（2.48）即可求出对应的全部横向场量。

（2）特征方程。在纤芯与包层的分界面（$\rho = a$）处，无面电流存在，电场强度和磁场强度的切向分量均应连续。

首先，由 $E_{z1}(\rho=a)=E_{z2}(\rho=a)$ 及 $H_{z1}(\rho=a)=H_{z2}(\rho=a)$，可得：

$$A'J_m(u)=C'K_m(\omega),B'J_m(u)=D'K_m(\omega)$$

记：

$$A=A'J_m(u)=C'K_m(\omega) \tag{2.55a}$$

$$B=B'J_m(u)=D'K_m(\omega) \tag{2.55b}$$

则有：

$$E_{z1}=\frac{A}{J_m(u)}J_m\left(\frac{u\rho}{a}\right)[A_1\cos m\varphi+A_2\sin m\varphi]\mathrm{e}^{-j\beta z} \tag{2.55c}$$

$$E_{z2}=\frac{A}{K_m(u)}K_m\left(\frac{u\rho}{a}\right)[A_1\cos m\varphi+A_2\sin m\varphi]\mathrm{e}^{-j\beta z} \tag{2.55d}$$

$$H_{z1}=\frac{B}{J_m(u)}J_m\left(\frac{u\rho}{a}\right)[A_1\cos m\varphi+A_2\sin m\varphi]\mathrm{e}^{-j\beta z} \tag{2.55e}$$

$$H_{z2}=\frac{B}{K_m(u)}K_m\left(\frac{u\rho}{a}\right)[A_1\cos m\varphi+A_2\sin m\varphi]\mathrm{e}^{-j\beta z} \tag{2.55f}$$

对介质有 $\mu=\mu_0$，再利用横纵关系式（2.48），可得：

$$E_{\varphi1}=-j\left(\frac{a}{u}\right)^2\left[\frac{J_m\left(\frac{u\rho}{a}\right)}{J_m(u)}\frac{jAm\beta}{\rho}-\frac{B\omega\mu_0 u}{a}\frac{J'_m\left(\frac{u\rho}{a}\right)}{J_m(u)}\right][A_1\cos m\varphi+A_2\sin m\varphi]\mathrm{e}^{-j\beta k} \tag{2.56a}$$

$$E_{\varphi2}=-j\left(\frac{a}{\omega}\right)^2\left[\frac{K_m\left(\frac{u\rho}{a}\right)}{K_m(u)}\frac{jAm\beta}{\rho}-\frac{B\omega\mu_0\omega}{a}\frac{K'_m\left(\frac{\omega\rho}{a}\right)}{K_m(\omega)}\right][A_1\cos m\varphi+A_2\sin m\varphi]\mathrm{e}^{-j\beta k} \tag{2.56b}$$

$$H_{\varphi1}=-j\left(\frac{a}{u}\right)^2\left[\frac{J_m\left(\frac{u\rho}{a}\right)}{J_m(u)}\frac{jBm\beta}{\rho}+\frac{A\omega\varepsilon_0 u n_1^2}{a}\frac{J'_m\left(\frac{u\rho}{a}\right)}{J_m(u)}\right]\mathrm{e}^{jm\varphi}\mathrm{e}^{-j\beta k} \tag{2.56c}$$

$$H_{\varphi2}=j\left(\frac{a}{\omega}\right)^2\left[\frac{J_m\left(\frac{\omega\rho}{a}\right)}{J_m(\omega)}\frac{jBm\beta}{\rho}-\frac{A\omega\varepsilon_0\omega n_1^2}{a}\frac{K'_m\left(\frac{\omega\rho}{a}\right)}{K_m(\omega)}\right]\mathrm{e}^{jm\varphi}\mathrm{e}^{-j\beta k} \tag{2.56d}$$

最后，由 $E_{\varphi1}(\rho=a)=E_{\varphi2}(\rho=a)$ 及 $H_{\varphi1}(\rho=a)=H_{\varphi2}(\rho=a)$，可得：

$$A\frac{jm\beta}{a}\left(\frac{1}{u^2}+\frac{1}{\omega^2}\right)-B\frac{\omega\mu_0}{a}\left[\frac{1}{u}\frac{J'_m(u)}{J_m(u)}+\frac{1}{\omega}\frac{K'_m(\omega)}{K_m(\omega)}\right]=0 \tag{2.57a}$$

$$A\frac{\omega\varepsilon_0}{a}\left[\frac{n_1^2}{u}\frac{J'_m(u)}{J_m(u)}+\frac{n_2^2}{\omega}\frac{K'_m(\omega)}{K_m(\omega)}\right]+B\frac{jm\beta}{a}\left(\frac{1}{u^2}+\frac{1}{\omega^2}\right)=0 \tag{2.57b}$$

在上面的方程组中，欲使 A 和 B 有非零解，其系数行列式必须为 0，即：

$$\omega^2\mu_0\varepsilon_0 n_2^2\left[\frac{1}{u}\frac{J'_m(u)}{J_m(u)}+\frac{1}{\omega}\frac{K'_m(\omega)}{K_m(\omega)}\right]\left[\frac{n_1^2}{n_2^2}\frac{J'_m(u)}{uJ_m(u)}+\frac{K'_m(\omega)}{\omega K_m(\omega)}\right]=m^2\beta^2\left(\frac{1}{u^2}+\frac{1}{\omega^2}\right)^2 \tag{2.57c}$$

利用 $k_2^2=\omega^2\mu_0\varepsilon_0 n_2^2=\beta^2-\frac{\omega^2}{a^2}$ 及 $\frac{u^2}{a^2}=k_1^2-\beta^2$ 经过复杂的计算，可由式（2.57c）得到如下的关系式，即：

$$\left[\frac{1}{u}\frac{J'_m(u)}{J_m(u)}+\frac{1}{\omega}\frac{K'_m(\omega)}{K_m(\omega)}\right]\left[\frac{n_1^2}{n_2^2}\frac{J'_m(u)}{uJ_m(u)}+\frac{K'_m(\omega)}{\omega K_m(\omega)}\right]=m^2\left[\frac{n_1^2}{n_2^2}\frac{1}{u^2}+\frac{1}{\omega^2}\right]\left[\frac{1}{u^2}+\frac{1}{\omega^2}\right] \tag{2.57d}$$

对满足弱导条件的光纤（称为弱导光纤），有近似关系 $n_1\approx n_2$，$\frac{n_1^2}{n_2^2}\approx1$，式（2.57d）简化为：

$$\frac{1}{u}\frac{J'_m(u)}{J_m(u)}+\frac{1}{\omega}\frac{K'_m(\omega)}{K_m(\omega)}=\pm m\left(\frac{1}{u^2}+\frac{1}{\omega^2}\right) \tag{2.58}$$

式中：$J'_m(x)=\frac{\mathrm{d}J_m(x)}{\mathrm{d}x}$，$K'_m(x)=\frac{\mathrm{d}K_m(x)}{\mathrm{d}x}$。

式（2.58）就是阶跃折射率（弱导）光纤的特征方程。通过特性方程，可以进一步研究阶跃折射率（弱导）光纤中可能存在的导波模式及对应的传输条件等问题。

4. 阶跃折射率光纤中导波的传输条件

（1）归一化频率。归一化频率 V 定义为：

$$V=\sqrt{u^2-\omega^2} \tag{2.59a}$$

利用式（2.53b）和式（2.54b），可得归一化频率的其他表达式。即：

$$V=k_0a\sqrt{n_1^2-n_2^2}=\frac{2\pi a}{\lambda_0}\sqrt{n_1^2-n_2^2}=\frac{2\pi an_1}{\lambda_0}\sqrt{2\Delta}=\frac{2\pi a}{\lambda}\sqrt{2\Delta}=$$

$$\frac{2\pi f_0a}{c}\sqrt{n_1^2-n_2^2}=\left(\frac{2\pi a}{c}NA\right)f_0 \tag{2.59b}$$

由式（2.59b）可见，V 与光波的中心频率 f_0 成正比。因此，常称 V 为归一化频率。归一化频率综合反映了光纤的各种参数（a，n_1，n_2）的影响，它在光纤的理论分析中具有重要的作用。

（2）导波的传输条件（导行条件）。式（2.53b）和式（2.54b）共同确定了阶跃折射率光纤中导波的传输条件，用传输常数 β 表示为：

$$k_2=k_0n_2<\beta<k_0n_1=k_1 \tag{2.60a}$$

导波能够传输的物理特征是光能量被束缚在纤芯区；场量在纤芯区随径向坐标 β 呈振荡形式，而在包层区则必须呈衰减形式；远离纤芯时，场量→0。有贝赛尔函数的渐进公式，当 $y=\frac{\omega\rho}{a}\gg1$ 时，包层区场景$\propto K_m(y)\approx\sqrt{\frac{\pi}{2y}}\mathrm{e}^{-y}$。可见，$\beta\to k_2$ 时，$\omega\to0$，光能量因大量扩散到包层区而导致对应的模式无法在纤芯区有效传输，称此情况（$\omega=0$）为临界截止状态（此时有 $\beta=k_2$）。而当 $\beta<k_2$ 时，由式（2.54b）知，$\omega=ja\sqrt{k_2^2-\beta^2}$ 为纯虚数，此时，包层区场量随径向坐标 ρ 呈传输状态。光能量无法沿光纤轴线（$\hat{z}$ 方向）传输［实际上为沿径向（$\hat{\rho}$ 方向）辐射］，称此情况对应的模式处于截止状态。当 β 满足式（2.60a）时，ω 为正实数，包层区场量随径向坐标 ρ 呈指数规律衰减，光能量被有效的束缚在纤芯区并沿光纤轴线传输。综上所述，可得境界截止条件为：

$$\omega=0 \tag{2.60b}$$

$$V=\sqrt{u^2+\omega^2}\xrightarrow{(\omega\to0)}u_c=V_c \tag{2.61a}$$

式中：V_c 称为归一化截止频率，它的具体值可由在不同模式所对应的特征方程中令 $\omega\to0$ 求得。

用 ω 或 V 可以等价的表示式（2.60a）所给出的传输条件（导行条件），即：

$$\omega>0 \tag{2.61b}$$

$$V>V_c=u_c \tag{2.61c}$$

在理论分析中，常用由归一化频率 V 所表示的传输（导行）条件。

5. 阶跃折射率（弱导）光线中的各种导模

首先经定性分析可知，在阶跃折射率光纤中可能存在两大类模式：其一对应 $m=0$ 情况；另一为 $m\neq 0$ 情况。

当 $m=0$ 时，将存在的横磁模 TM_{0q} 和横电模 TE_{0q}，q 表示径向模数 [$J_0(u)$ 的根的序号]，$q=1$，2，…由式（2.48），式（2.55）及式（2.57）可知：对 TM_{0q} 模有 $A\neq 0$，$B=0$，$H_z=E_\varphi=H_\rho=0$，E_z，E_ρ 及 H_φ 不为零；对 TE_{0q} 模有 $B\neq 0$，$A=0$，$H_z=E_\varphi=H_\rho=0$，H_z，H_ρ 及 E_φ 不为零。TM_{0q} 模与 TE_{0q} 模互相独立无关。$m=0$ 表示 TE 波和 TM 波的场量与 φ 坐标无关（绕光纤轴线旋转对称）。

当 $m\neq 0$ 时，E_z 和 H_z 皆不为零，称为混合模。规定：在式（2.58）给出的特征方程中，右端取正号对应于 EH_{mq} 混合模；右端取负号对应于 HE_{mq} 混合模。

下面利用特征方程来分析各类模式的截止条件。

（1）TE_{0q} 模式。此时有 $A=0(E_z=0)$；$B\neq 0(H_z\neq 0)$。由式（2.57a）及式（2.57b）（注意到 $m=0$）可知，必须有：

$$\frac{1}{u}\frac{J_0'(u)}{J_0(u)}+\frac{1}{\omega}\frac{K_0'(\omega)}{K_0(\omega)}=0 \tag{2.62a}$$

为了分析该模式的截止特性，应当令 $\omega\rightarrow 0$，此时有：

$$K_0(\omega)\approx\ln\frac{2}{\omega},K_0'(\omega)\approx\frac{-1}{\omega}$$

$$\frac{1}{\omega}\frac{K_0'(\omega)}{K_0'(\omega)}\approx\frac{-1}{\omega^2}/\ln\frac{2}{\omega}\rightarrow-\infty$$

为使式（2.62a）成立（当 $\omega\rightarrow 0$ 时），必须有：

$$J_0(u)=0 \tag{2.62b}$$

$J_0(u)$ 的前 3 个根（按由小到大的顺序）分别为 $u_{01}=2.405$；$u_{02}=5.520$ 及 $u_{03}=8.654$。它们分别决定了 TE_{01}、TE_{02} 及 TE_{03} 模式的截止频率。

在式（2.59a）中，令 $\omega\rightarrow 0$，即可确定各模式对应的截止频率。

对 TE_{01} 模而言，当 $\omega\rightarrow 0$ 时，归一化频率 V 应趋于归一化截止频率 V_{01c}，而此时，TE_{0q} 模式的特征方程式（2.62）中的变量 u 应趋于 $J_0(u)$ 的第一个根（u_{01}）。即有：

$$V\xrightarrow[(\omega\rightarrow 0)]{}V_{01c}=u_{01}=2.405 \tag{2.63a}$$

同理得 TE_{0q} 模的归一化截止频率为：

$$V_{0qc}=u_{0q} \tag{2.63b}$$

另一方面，欲使 TE_{0q} 模导行，必须使 $\omega>0$。利用式（2.59）及式（2.63），可得 TE_{0q} 模的导行条件。用归一化频率表示为：

$$V_{0q}=k_0a\sqrt{n_1^2-n_2^2}=\sqrt{u_{0q}^2+\omega^2}>u_{0q}=V_{0qc} \tag{2.64a}$$

或者，用实际频率 f_0 表示为：

$$f_{00q}=\frac{cV_{0q}}{2\pi aNA}>\frac{cV_{0qc}}{2\pi aNA}=\frac{cu_{0q}}{2\pi aNA} \tag{2.64b}$$

（2）TM_{0q} 模式。此时有 $B=0(H_z=0)$，$A\neq 0(E_z\neq 0)$。由式（2.57a）及式（2.57b）（$m=0$）可知，必须有：

$$\frac{n_1^2}{u}\frac{J_0'(u)}{J_0(u)}+\frac{n_2^2}{\omega}\frac{K_0'(\omega)}{K_0(\omega)}=0 \tag{2.65a}$$

仿 TE_{0q} 模的研究过程，当令 $\omega\rightarrow 0$，应有：

$$J_0(u)=0 \tag{2.65b}$$

可见，当临近截止（$\omega\to 0$）时，TM_{0q}模和 TE_{0q}模有相同的特征方程。从而可知，TM_{0q}模与 TE_{0q}模有完全相同的截止频率（$V_{0qc}=u_{0q}$）及导行条件。

应该指出，当离开截止时，由于式（2.65a）与式（2.62a）不同，由两式所确定的 TM 波与 TE 波的传播常数也不相同，导致两种模式彼此分离。显然，只有在弱导条件（$n_1>n_2$，且 $n_1\approx n_2$）下，TM 波和 TE 波才有近似相同的特征方程［式（2.65a）与式（2.62a）相同］，从而具有近似相同的传播特性。

综上所述，无论阶跃折射率光纤是否满足弱导条件，其内的 TM_{0q}模式与 TE_{0q}模式都有相同的截止波长及导行条件，两者为简并模式。

（3）HE_{mq}（混合）模式（$m\geqslant 1$）。在弱导条件下，于式（2.58）右端取负号，即 HE_{mq}模的特征方程。即：

$$\frac{1}{u}\frac{J'_m(u)}{J_m(u)}+\frac{1}{\omega}\frac{K'_m(\omega)}{K_m(\omega)}=-m\left(\frac{1}{u^2}+\frac{1}{\omega^2}\right) \tag{2.66a}$$

利用附录 2 中的递推公式 $uJ'_m(u)=-mJ_m(u)+uJ_{m-1}(u)$ 及 $\omega K'_m(\omega)=-mK_m(\omega)+\omega K_{m-1}(\omega)$，可把特征方程式（2.66a）简化为：

$$\frac{J_{m-1}(u)}{uJ_m(u)}=\frac{K_{m-1}(\omega)}{\omega K_m(\omega)} \tag{2.66b}$$

对于 HE_{1q}模（$m=1$），特征方程为：

$$\frac{J_0(u)}{uJ_1(u)}=\frac{K_0(\omega)}{\omega K_1(\omega)}$$

令 $\omega\to 0$ 并利用 $K_0(\omega)$ 及 $K_1(\omega)$ 的渐进公式，可得：

$$\frac{J_0(u)}{uJ_1(u)}=\frac{K_0(\omega)}{\omega K_1(\omega)}\approx\frac{\ln\frac{2}{\omega}}{\omega\ \frac{1}{\omega}}\to\infty$$

即有：

$$J_1(u)=0 \tag{2.66c}$$

$J_1(u)$ 的前 4 个根（按由小到大的顺序）分别为 $u_{11}=0$［因 $J_0(0)\neq 0$，故可取零根］，$u_{12}=3.832$，$u_{13}=7.016$ 及 $u_{14}=10.174$。它们分别决定了 HE_{11}，HE_{12}，HE_{13}及 HE_{14}模式的截止频率，即：

$$V_{1qc}=u_{1q}\quad(q=1,2,\cdots) \tag{2.67a}$$

HE_{1q}的导行条件，用归一化频率表示为：

$$V_{1q}=k_0a\sqrt{n_1^2-n_2^2}=\sqrt{u_{1q}^2-\omega^2}>u_{1q}=V_{1qc} \tag{2.67b}$$

由于 $u_{11}=0$，所以，HE_{11}模的截止频率为零。HE_{11}模是任何弱导光纤中永不截止的模式（称为主模或基模）。

对于 HE_{mq}（$m\geqslant 2$）模，令 $\omega\to 0$，利用 $K_m(\omega)$ 及 $K_{m-1}(\omega)$（小自变量）的渐进公式，可将式（2.66b）化简为：

$$\frac{J_{m-1}(u)}{uJ_m(u)}=\frac{K_{m-1}(\omega)}{\omega K_m(\omega)}=\frac{2^{m-2}(m-2)!\ /\omega^{m-1}}{\omega\times 2^{m-1}(m-1)!\ /\omega^m}=\frac{1}{2(m-1)} \tag{2.68}$$

由式（2.68）可解出 HE_{mq}（$m\geqslant 2$）模式的截止频率。

【例 2.2】 试证明：在弱导条件下，HE_{2q}模式与 TE_{0q}（TM_{0q}）模式为简并模式。

证明： 对于 HE_{2q}模，在弱导条件下，临界截止（$\omega\to 0$）时的特征方程［利用式

(2.68)] 为:

$$\frac{J_1(u)}{uJ_2(u)}=\frac{1}{2}$$

利用递推公式 $uJ_2(u)=2J_1(u)-uJ_0(u)$，可得:

$$uJ_2(u)=2J_1(u)=2J_1(u)-uJ_0(u)$$

即得:

$$J_0(u)=0$$

可见，HE_{2m}模式在临界截止状态（$\omega\to 0$）下的特征方程与 TE_{0m}（TM_{0m}）模式完全相同，它们具有相同的截止频率和导行条件，从而为简并模式。

(4) EH_{mq}（混合）模式（$m\geqslant 1$）。在弱导条件下，于式（2.58）右端取正号，即得 EH_{mq}模式的提出方程:

$$\frac{1}{u}\frac{J'_m(u)}{J_m(u)}+\frac{1}{\omega}\frac{K'_m(\omega)}{K_m(\omega)}=m\left(\frac{1}{u^2}+\frac{1}{\omega^2}\right) \tag{2.69a}$$

利用递推公式 $uJ'_m(u)=-mJ_m(u)+uJ_{m-1}(u)$ 及 $\omega K'_m(\omega)=-mK_m(\omega)+\omega K_{m-1}(\omega)$，可把特征方程式（2.69a）简化成:

$$\frac{J_{m+1}(u)}{uJ_m(u)}=\frac{-K_{m+1}(\omega)}{\omega K_m(\omega)} \tag{2.69b}$$

令 $\omega\to 0$ 并利用 $K_m(\omega)$（小自变量）的渐进公式，可得:

$$\frac{J_{m+1}(u)}{uJ_m(u)}=\frac{-K_{m+1}(\omega)}{\omega K_m(\omega)}\approx\frac{-2^m m!\ /\omega^{m+1}}{\omega\times 2^{m-1}(m-1)!\ /\omega^m}=\frac{-2m}{\omega^2}\to-\infty$$

即得:

$$J_m(u)=0 \tag{2.70}$$

式（2.70）即为 EH_{mq}模式临界截止状态下的特征方程。由于当 $m\geqslant 1$ 时，$J_m(u)$ 与 $J_{m+1}(u)$ 均为零根，导致$\frac{J_{m+1}(u)}{uJ_m(u)}$不一定能趋于无穷大，因此，式（2.70）中不能取零根。

由式（2.66c）和式（2.70）可见，$HE_{1(q+1)}$模式与 EH_{1q}模式（$q\geqslant 1$）有相同的截止频率和导行条件，它们为简并模式（注意：HE_{11}模式的截止频率为零）。

为了便于分析个模式截止频率的排列情况，见表 2.3 中列出了较低贝赛尔函数的前几个非零根（u_{mq}）。

表 2.3　　贝赛尔函数的根

m	q				
	1	2	3	4	5
0	2.405	5.520	8.654	11.792	14.931
1	3.832	7.016	10.173	13.323	16.470
2	5.136	8.417	11.620	14.796	17.960
3	6.379	9.761	13.015	16.224	19.410

(5) 截止频率分布图。由各种模式在临界截止状态的特征方程和表 2.2，可求出不同模式对应的归一化截止频率（V_c）的值，在利用导行条件 $V=\sqrt{u^2+\omega^2}>u=u_{mq}=V_{mqc}$ [u_{mq}为 $J_u(u)$的第 q 个根]，即可画出各种模式可以导行（传输）的区域图（称为截止频

率分布图），如图 2.15 所示。

由截止频率分布图可得单模传输 HE_{11} 模式的条件为：

$$V=k_0 a\sqrt{n_1^2-n_2^2}=\left(\frac{2\pi a}{c}NA\right)f_0<2.405 \tag{2.71}$$

【例 2.3】 已知某阶跃折射率（弱导）光纤的参数为 $a=4\mu m$，$n_1=2.25$，$\Delta=0.002$，当真空中的光波波长分别为：

（1）$\lambda_0=1.55\mu m$ 时

（2）$\lambda_0=1.30\mu m$ 时

（3）$\lambda_0=0.85\mu m$ 时

试判断该光纤中可能传输哪些导模。

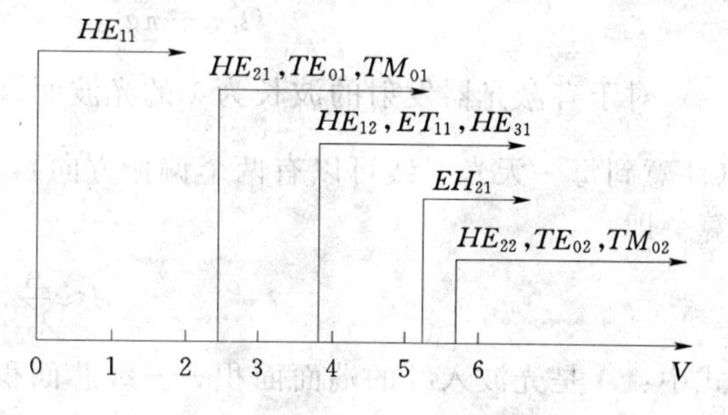

图 2.15 阶跃折射率弱导光纤截止频率图

解： $V=k_0 a\sqrt{n_1^2-n_2^2}=k_0 a n_1\sqrt{2\Delta}=\dfrac{2\pi a n_1}{\lambda_0}\sqrt{2\Delta}$

（1）当 $\lambda_0=1.55\mu m$ 时，$V=2.307<2.405$，该光纤将单模传输 HE_{11} 模式。

（2）当 $\lambda_0=1.30\mu m$ 时，$V=2.751<3.832$，由图 2.15 可知，该光纤可传输 HE_{11}、HE_{21}、TE_{01} 和 TM_{01} 4 种模式。

（3）当 $\lambda_0=0.85\mu m$ 时，$V=4.208<5.135$，由图 2.15 可知，该光纤可传输 HE_{11}、HE_{21}、TE_{01}、TM_{01}、HE_{12}、EH_{11} 和 HE_{31} 7 种模式。

【例 2.4】 试证明：HE_{31} 模式与 HE_{12} 模式和 EH_{11} 模式为简并模式。

证明： HE_{12} 模式和 EH_{11} 模式的归一化截止频率均为 $J_1(u)$ 的第一个非零根（3.832）。对于 HE_{3q} 模式，由式（2.68）可得其临界截止状态（$\omega\to 0$）下的特征方程为：

$$J_2(u)=\frac{u}{4}J_3(u)$$

利用递推公式 $J_3(u)=\dfrac{4}{u}J_2(u)-J_1(u)$，可得：

$$\frac{J_3(u)}{J_2(u)}=\frac{4}{u}=\left[\frac{4}{u}J_2(u)-J_1(u)\right]\Big/J_2(u)$$

即有：

$$J_1(u)/J_2(u)=0$$

注意到 $J_1(u)$ 与 $J_2(u)$ 均有零根，上式欲成立，必须有：

$$J_1(u)=0 \quad (u\neq 0)$$

综上可知，HE_{3q} 模式的归一化截止频率应为 $J_1(u)$ 的低 q 个非零根，而 HE_{31} 模式归一化截止频率则应为 $J_1(u)$ 的第一个非零根（3.832），进而可知 HE_{31} 模与 HE_{12} 模和 EH_{11} 模为简并模式。进一步还可推论：$HE_{1,q+1}$、HE_{1q} 和 HE_{3q} 为简并模式。

在一般情况下，光纤系统确定（a，λ_0，n_1 及 n_2 已知后），其对应的归一化频率 V 可求。进而从理论上即可确定阶跃折射率（弱导）光纤中可能存在的所用传输模式。但在实际工程中，当归一化频率 V 值较大时，光纤中可传输的导模的数量也随之增多，此时，准确地确定光纤可传输的各种导模的模式将遇到数学方面的困难。下面给出的多模阶跃折射率光纤中传输导模的数量 M 与归一化频率 V 的近似关系式。

设阶跃折射率光纤中输出的导模的数量 M 较大，入射到光纤（入纤）端面的光射线位于式（2.3）给出的最大入射角（$\varphi_{max}=\arcsin NA\geqslant\varphi$）之内，由几何光学理论可知，这样的光射线就会入纤传输（形成对应的传输模式）。实际上，光纤的数值孔径 NA 很小（在弱导条件下，$n_1>n_2$，$n_1\approx n_2$，$NA\ll 1$），因此有 $\sin\varphi_{max}=NA\approx\varphi_{max}$。于是，光纤的（入纤）最大入射立体角为：

$$\Omega_{max}=\pi\varphi_{max}^2\approx\pi NA^2=\pi(n_1^2-n_2^2)$$

对于有激光器发射的波长为 λ 的光波而言，单位立体角中光波的模式数量等于 $\frac{A}{\lambda^2}\times 2$（注意到每一天光射线可以有两个偏振方向），因此，进入光纤传输的模式总数可由下式估算。即：

$$M\approx\frac{A}{\lambda^2}\times 2\Omega_{max}$$

式中：A 是光波入纤的端面面积——纤芯面积。
最后得

$$M\approx\frac{A}{\lambda^2}\times 2\Omega_{max}=\frac{2\pi^2 a^2}{\lambda^2}(n_1^2-n_2^2)=\frac{V^2}{2} \tag{2.72}$$

后面还将用波动光学理论来推求阶跃折射率（弱导）光纤中导模数量的估算公式，所得结果与上面用几何光学理论推求的结果有一定的差异。

2.3.2 标量近似解法*

1. 前提条件

（1）取以光纤轴线为 z 轴的圆柱坐标（ρ，φ，z）。

（2）设光纤纤芯半径为 a，纤芯介质的折射率为 n_1；光纤包层外半径为 b，包层介质的折射率为 n_2。在理论分析时，考虑到导波电磁场量在包层中应随径向坐标 ρ 呈衰减关系，可视包层外半径 b 趋于无限大（$b\to\infty$）。

（3）光波（称为导波）为沿轴向（设为 $\hat{z}$ 方向）传输的正弦稳态解。

（4）光纤的横截面结构沿轴线均匀不变。

（5）光纤满足弱导条件：$n_1>n_2$ 且 $n_1\approx n_2$。

（6）导波具有“准 TEM 波”特性。电磁场的纵向分量 E_z 和 H_z 远远小于对应的横向分量（E_x，E_y 和 H_x，H_y），而场的横向分量是线极化的。此时，电场的横向分量将只有 E_y（或只有 E_x），而对应磁场的横向分量将只有 H_x（或只有 H_y），且横向电磁场量由波阻抗相联系，即 $\frac{E_x}{H_y}=\frac{-E_y}{H_x}=\eta=\sqrt{\frac{\mu_0}{\varepsilon}}$。按照本条件，横向电场及横向磁场皆满足波动方程，称响应的解法为标量近似解法。

2. 标量解法的场方程

设“准 TEM 波”的横向电场为沿 y 轴方向极化的，则由前提条件可将光纤中波导的复域电磁场近似表示为：

$$E=E_m(\rho,\varphi)e^{-j\beta z}=\hat{y}E_y+\hat{z}E_z=\hat{y}E_{ym}(\rho,\varphi)e^{-j\beta z}+\hat{z}E_{zm}(\rho,\varphi)e^{-j\beta z} \tag{2.73a}$$

$$H=H_m(\rho,\varphi)e^{-j\beta z}=\hat{x}H_x+\hat{z}H_x=\hat{x}H_{xm}(\rho,\varphi)e^{-j\beta z}+\hat{z}H_{zm}(\rho,\varphi)e^{-j\beta z} \tag{2.73b}$$

E 和 H 皆应满足式（2.45）给出的波动方程，且横向量（E_y 与 H_x）之间的关系如下：

$$E_y=-\eta H_x\quad\left(\eta=\sqrt{\frac{\mu_0}{\varepsilon}}\text{为波阻抗}\right) \tag{2.74}$$

由矢量波动方程（$\nabla^2 E+k^2 E=0$）可得电场的横向分量（E_y）满足的标量波动方程为：

$$\nabla^2 E_y+k^2 E_y=0 \tag{2.75a}$$

在圆柱坐标系中展开上式，可得：

$$\frac{1}{\rho}\frac{\partial}{\partial\rho}\left(\rho\frac{\partial E_y}{\partial\rho}\right)+\frac{\partial^2 E_y}{\partial\varphi^2}+k_c^2 E_y=0 \tag{2.75b}$$

式中：$k_c=\sqrt{k^2-\beta^2}=\sqrt{k_0^2 n^2-\beta^2}$，$\beta$为传播常数。

利用复域中麦克斯韦方程组，可推出纵向场分量（E_z，H_z）与横向场分量（E_y，H_x）之间的关系式（称为横纵关系）。

将方程$\nabla\times H=j\omega\varepsilon E$在直角坐标系中展开，令方程两端的$z$方向分量相等，得：

$$E_z=\frac{j}{\omega\varepsilon}\frac{\partial H_x}{\partial y}=\frac{-j}{\eta\omega\varepsilon}\frac{\partial E_y}{\partial y}=\frac{-j}{k_0 n}\frac{\partial E_y}{\partial y} \tag{2.76a}$$

同理，由方程$\nabla\times H=-j\omega\mu_0 H$，可得：

$$H_z=\frac{j}{\omega\mu_0}\frac{\partial E_y}{\partial x}=\frac{j}{k\eta}\frac{\partial E_y}{\partial x}=\frac{j}{k_0\eta_0}\frac{\partial E_y}{\partial x} \tag{2.76b}$$

式中：$\eta_0=\sqrt{\frac{\eta_0}{\varepsilon_0}}$为真空波阻抗，$k_0=\omega\sqrt{\mu_0\varepsilon_0}$。式（2.76）即可纵横关系式。

利用边界条件，先求出式（2.75b）的解E_y，再利用式（2.74）及式（2.76）即可求出导波的全部电磁场量。

3. 标量近似解

由于式（2.75b）与式（2.49）具有完全相同的形式，因此，标量近似解的E_y应与矢量解法中的E_z具有完全相同的形式。由式（2.55c）及式（2.55d），可得：

$$E_{y1}=\frac{A}{J_m(u)}J_m\left(\frac{u\rho}{a}\right)e^{jm\varphi}e^{-j\beta z}=\frac{Ae^{-j\beta z}}{J_m(u)}J_m\left(\frac{u\rho}{a}\right)[A_1\cos m\varphi+A_2\sin m\varphi] \tag{2.77a}$$

$$E_{y2}=\frac{A}{K_m(u)}K_m\left(\frac{w\rho}{a}\right)e^{jm\varphi}e^{-j\beta z}=\frac{Ae^{-j\beta z}}{K_m(\omega)}K_m\left(\frac{w\rho}{a}\right)[A_1\cos m\varphi+A_2\sin m\varphi] \tag{2.77b}$$

式中：E_{y1}为纤芯区（$\rho<a$）的横向电场，E_{y2}为包层区（$a<\rho<b\rightarrow\infty$）的横向电场，$m$取自然数（$m=0$，1，2，…），$\mu$由式（2.53b）给定，$\omega$由式（2.54b）给定，$J_m(x)$为第一类$m$阶贝赛尔函数［由式（2.53c）给出］，$K_m$为第二类$m$阶修正贝赛尔函数［由式（2.54c）给出］。

横向磁场（只有H_x分量）可由式（2.74）求得，即：

$$H_{x1}=\frac{-Ae^{-j\beta z}}{\eta_1 J_m(u)}J_m\left(\frac{u\rho}{a}\right)[A_1\cos m\varphi+A_2\sin m\varphi]\quad(\rho<a) \tag{2.78a}$$

$$H_{x2}=\frac{-Ae^{-j\beta z}}{\eta_2 K_m(\omega)}K_m\left(\frac{\omega\rho}{a}\right)[A_1\cos m\varphi+A_2\sin m\varphi]\quad(a<\rho<b\rightarrow\infty) \tag{2.78b}$$

由纵横关系式（2.76），并利用直角坐标与圆柱坐标间的变换关系和贝赛尔函数的递推关系，经较复杂的推导，最后可得纵向场分量为：

$$E_{z1}=\frac{jAue^{-j\beta z}}{2k_1 aJ_m(u)}\left\{J_{m+1}\left(\frac{u\rho}{a}\right)[A_1\sin(m+1)\varphi+A_2\cos(m+1)\varphi]\right.$$
$$\left.+J_{m-1}\left(\frac{u\rho}{a}\right)[A_1\sin(m-1)\varphi+A_2\cos(m-1)\varphi]\right\}\quad(\rho<a) \tag{2.79a}$$

$$E_{z2}=\frac{jA\omega e^{-j\beta z}}{2k_2 aK_m(\omega)}\left\{K_{m+1}\left(\frac{\omega\rho}{a}\right)[A_1\sin(m+1)\varphi+A_2\cos(m+1)\varphi]\right.$$
$$\left.-K_{m-1}\left(\frac{\omega\rho}{a}\right)[A_1\sin(m-1)\varphi+A_2\cos(m-1)\varphi]\right\}\quad(a<\rho<b)\tag{2.79b}$$

$$H_{z1}=\frac{-jAue^{-j\beta z}}{2k_0\eta_0 aJ_m(u)}\left\{J_{m+1}\left(\frac{u\rho}{a}\right)[A_1\cos(m+1)\varphi+A_2\sin(m+1)\varphi]\right.$$
$$\left.-J_{m-1}\left(\frac{u\rho}{a}\right)[A_1\cos(m-1)\varphi+A_2\sin(m-1)\varphi]\right\}(\rho<a)\tag{2.80a}$$

$$H_{z2}=\frac{-jA\omega e^{-j\beta z}}{2k_0\eta_0 aK_m(\omega)}\left\{K_{m+1}\left(\frac{\omega\rho}{a}\right)[A_1\cos(m+1)\varphi+A_2\sin(m+1)\varphi]\right.$$
$$\left.+K_{m-1}\left(\frac{\omega\rho}{a}\right)[A_1\sin(m-1)\varphi+A_2\cos(m-1)\varphi]\right\}\quad(a<\rho<b)\tag{2.80b}$$

4. 标量近似解的提出方程

利用电磁场在纤芯与包层分界面（$\rho=a$）处的边界条件可以得到特征方程。

在 $\rho=a$ 处，令 $E_{z1}=E_{z2}$（近似取 $n_1=n_2$），可得：

$$\frac{u}{J_m(u)}\{J_{m+1}[A_1\sin(m+1)\varphi+A_2\cos(m+1)\varphi]+J_{m-1}(u)[A_1\sin(m-1)\varphi+A_2\cos(m-1)\varphi]\}$$
$$=\frac{\omega}{K_{m-1}(\omega)}\{K_{m+1}(\omega)[A_1\sin(m+1)\varphi+A_2\cos(m+1)\varphi]-K_{m-1}(\omega)$$
$$[A_1\sin(m-1)\varphi+A_2\cos(m-1)\varphi]\}$$

欲使上式对任意的 φ 坐标值（$0\leqslant\varphi<2\pi$）皆成立，其 $\sin(m\pm1)\ \varphi$ 或 $\cos(m\pm1)\ \varphi$ 项的系数必须相等。令 $\sin(m\pm1)\ \varphi$ 或 $\cos(m\pm1)\ \varphi$ 项的系数相等，可得：

$$uJ_{m+1}(u)/J_m(u)=\omega K_{m+1}(\omega)/K_m(\omega)\tag{2.81a}$$

令 $\sin(m-1)\ \varphi$ 或 $\cos(m-1)\ \varphi$ 项的系数相等，可得：

$$uJ_{m-1}(u)/J_m(u)=-\omega K_{m-1}(\omega)/K_m(\omega)\tag{2.81b}$$

式（2.81）就是标量近似解的特征方程，可以证明式（2.81a）与式（2.81b）等价的，具体分析问题时，只用其一即可。

5. 标量近似解的导波模式（LP_{mq} 模）

由于标量近似解的横向场是极化的，因此称其为 LP 模（Linearly polarized mode，即线极化模）。

由特征方程式（2.81）解出 $u(\omega)$，即可确定传播常数 β 及归一化频率 v，从而可以确定纤中的导模并分析其相关特征。下面分析在临界截止（$\omega\to0$）和远离截止（$\omega\to\infty$）两种特殊情况下，标量近似解的模式及特性，借以了解在一般情况下的标量近似场解及其性质。

（1）LP 模的传输（导行）条件。在 LP 模的特征方程式（2.81b）中，令 $\omega\to0$（临界截止），即可确定对应模式的归一化截止频率。

当 $\omega\to0$ 时，$K_m(\omega)$ 的渐进公式为：

$$K_0(\omega)\approx\ln(2/\omega)$$
$$K_m(\omega)\approx2^{m-1}(m-1)!\ \omega^{-m}=K_{-m}(\omega)\quad(m\geqslant1)$$

代入式（2.81b）中，当 $\omega\to0$ 时，记 $u=u_c$，得：

$$u_cJ_{m-1}(u_c)/J_m(u_c)=0\tag{2.82a}$$

式中，u_c 应是 $J_{m-1}(u)$ 的根，而不是 $J_m(u_c)$ 的根，即：

$$J_{m-1}(u_c)=0, J_m(u_c)\neq 0 \tag{2.82b}$$

由式（2.82）解出的一系列 u_c 值就是对应的 LP_{mq} 模的归一化截止频率。

当 $m=0$ 时，对应与 LP_{0q} 模，由于 $J_0(0)\neq 0, J_{-1}(u_c)=J_1(u_c)=0$，所以 u_c 应为 $J_1(u)$的系列根（含零根），即：

$$u_c=u_{0qc}=0, 3.832, 7.016, 10.173, \cdots$$

它们分别为 LP_{01}、LP_{02}、LP_{03}、LP_{04}、…模的归一化截止频率。可见，LP_{01} 模的截止频率为零（永不截止）。

当 $m\geqslant 1$ 时，对应于 LP_{mq} 模，由于 $J_m(0)=0$，所以 u_c 只能取 $J_{m-1}(u_c)$ 的系列（非零）根。

例如，对 $m=1$ 有 $u_c=u_{1qc}=2.405$，5.520，8.654，…它们分别为 LP_{11}、LP_{12}、LP_{13}、…模的归一化截止频率。

见表 2.4 中列出了一些较低阶数 LP_{mq} 模的归一化截止频率（$V_{mqc}=u_{mqc}$）值。

表 2.4　LP_{mq} 模的归一化频率

m	q				
	1	2	3	4	5
0	0	3.832	7.016	10.173	13.323
1	2.405	5.520	8.654	11.792	14.931
2	3.832	7.016	10.173	13.323	16.470
3	5.136	8.417	11.620	14.796	17.960
4	6.379	9.761	13.015	16.224	19.410

LP_{mq} 模的传输（导行）条件为：

$$V>V_{mqc}=u_{mqc} \tag{2.83}$$

单模传输 LP_{01} 模的条件为：

$$V<V_{11c}=u_{11c}=2.405 \tag{2.84}$$

在矢量解法中，所得的主模为 HE_{11} 模式，其归一化截止频率为零，与标量近似解中的 LP_{01} 模相对应。实际单模光纤中的工作模式为 HE_{11}，而 LP_{01} 仅是一种近似模式。

（2）LP 模在大 V 值情况下的传输特征。前面得到结论：LP_{mq} 模截止（临界）时，有 $V=V_{mqc}(\omega=0, u=u_{mqc}=V_{mqc})$；$LP_{mq}$ 模导行时，有 $V>V_{mqc}(\omega>0, u>u_{mqc}=V_{mqc})$。现在研究 LP_{mq} 模在导行状态下，参量 u 的变化趋势。

在极限情况下，令 $V\to\infty$，由式（2.59b）知，应有 $\frac{a}{\lambda_0}\to\infty$，（当光波波长确定时）对应于 $a\to\infty$，这相当于光波在折射率为 n_1 的无限大自由空间中传播的情况，此时应有 $\beta\to k_1=k_0 n_1$，代入式（2.54b），可得：

$$\omega=a\sqrt{\beta^2-k_0^2 n_2^2}=\frac{2\pi a}{\lambda_0}\sqrt{n_1^2-n_2^2}=V\to\infty$$

因此，$K_m(\omega)$ 可用大自变量渐进式表示为：

$$K_m(\omega)\approx\sqrt{\frac{\pi}{2\omega}}\mathrm{e}^{-\omega}\approx K_{-m}(\omega)$$

代入 LP_{mq} 模的特征方程式（2.81b）中，可得：

$$uJ_{m-1}(u)/J_m(u)=-\omega K_{m-1}(\omega)/K_m(\omega)=-\omega\rightarrow-\infty$$

当 $u\rightarrow 0$ 时，由于 $J_1(u)$ 与 u 为同阶无穷小量，所以，上式应简化为：

$$J_m(u)=0\quad(u\text{ 取非零根})\tag{2.85}$$

式（2.82）及式（2.85）表明，对于 LP_{mq} 模，在归一化频率 V，由该模对应的归一化截止频率 V_{mqc} 增至无穷大的过程中，其对应的 u 参量至将由 V_{mqc} 值增大至 $J_m(u)$ 的第 q 个（非零）根的值（记为 u_{mq}）。即对 LP_{mq} 模有：

$$V_{mqc}<V<\infty$$

$$V_{mqc}<u<u_{mq}$$

在前面的表 2.2 中列出了部分 u_{mq} 值。

如图 2.16 所示给了几个较低阶模式（LP_{mq} 模及矢量解法中的模式）的 u 参数的变化范围。

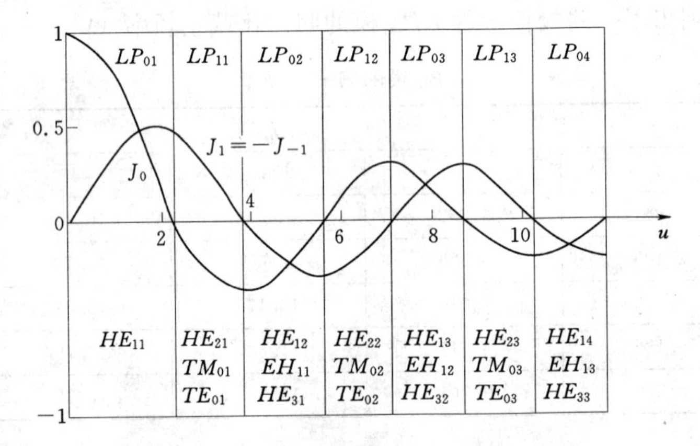

图 2.16　几个低阶模式的 u 参量变化范围

6. *LP* 模的功率分布

通过计算 LP 模所携带的光功率在纤芯和包层中的分配比例，可以反映光能量在纤芯区的集中程度。由于包层的传输损耗大于纤芯，所以，光纤的传输损耗也与光功率在纤芯与包层中的分配比例有关。

利用式（2.77）和式（2.78）可以求得纤芯和包层中的轴向坡印亭矢量的时间平均值，即：

$$S_{z1}=\frac{-1}{2}E_{y1}H_{x1}^{*}=\frac{|A|^2}{2\eta_1 J_m^2(u)}J_m^2\left(\frac{u\rho}{a}\right)[|A_1|^2\cos m\varphi+|A_2|^2\sin m\varphi]\quad(\rho<a)$$

$$S_{z2}=\frac{-1}{2}E_{y2}H_{x2}^{*}=\frac{|A|^2}{2\eta_2 K_m^2(\omega)}K_m^2\left(\frac{\omega\rho}{a}\right)[|A_1|^2\cos m\varphi+|A_2|^2\sin m\varphi]\quad(a<\rho<b)$$

将对应的轴向波印亭矢量分别在光纤的纤芯和包层的横截面上积分，即可求出纤芯区的传输功率 P_1 和包层区的传输功率 P_2：

$$P_1=\int_0^{2\pi}\mathrm{d}\varphi\int_0^a S_{z1}\rho\mathrm{d}\rho=\frac{\pi a^2\ |A|^2U}{4\eta_1}[1-J_{m+1}(u)J_{m-1}(u)/J_m^2(u)]$$

$$=\frac{\pi a^2\ |A|^2U}{4\eta_1}[1+\omega^2K_{m+1}(\omega)K_{m-1}(\omega)/u^2K_m^2(\omega)]\tag{2.86a}$$

$$P_2=\int_0^{2\pi}\mathrm{d}\varphi\int_0^a S_{z2}\rho\mathrm{d}\rho=\frac{-\pi a^2|A|^2U}{4\eta_2}\{1+u^2J_{m+1}(u)J_{m-1}(u)/[\omega^2J_m^2(u)]\}$$

$$=\frac{\pi a^2|A|^2U}{4\eta_2}[K_{m+1}(\omega)K_{m-1}(\omega)/K_m^2(\omega)-1] \tag{2.86b}$$

式中，当 $m=0$ 时，$U=2$；当 $m\neq0$ 时，$U=1$。在推导式（2.86）时用到了特征方程式（2.81）。利用弱导条件$\left(\text{近似取 } n_1=n_2=n,\ \eta_1=\eta_2=\eta=\frac{1}{n}\sqrt{\frac{\mu_0}{\varepsilon_0}}\right)$可求得光纤中传输的总功率为：

$$P_t=P_1+P_2=\frac{-\pi a^2|A|^2U}{4\eta}\left[\frac{V^2J_{m+1}(u)J_{m-1}(u)}{\omega^2J_m^2(u)}\right]$$
$$=\frac{\pi a^2|A|^2U}{4\eta}\left[\frac{V^2}{u^2}\frac{K_{m+1}(\omega)K_{m-1}(\omega)}{K_m^2(\omega)}\right] \tag{2.87}$$

定义纤芯中传输的功率为光纤中传输的总功率之比（对应于 LP_{mq} 模的）为纤芯功率因数（或称为导波效率），记为 η_{mq}，则有：

$$\eta_{mq}=P_{1mq}/P_{tmq}=P_{1mq}/(P_{1mq}+P_{2mq})=(\omega^2/V^2)\{1-J_m^2(u)/[J_{m+1}(u)J_{m-1}(u)]\}$$
$$=(\omega^2/V^2)\left[1+\frac{u^2}{\omega^2}\frac{K_m^2(\omega)}{K_{m+1}(\omega)K_{m-1}(\omega)}\right] \tag{2.88}$$

由式（2.88）可得如下结论：当 V 值很大时，$\omega\approx V$ 也很大，$\eta_{mq}\approx1$，说明此时光能量集中在光纤的纤芯中传输（称为远离截止状态）；在临界截止状态（$V=V_{mqc}$，$\omega\to0$）下，当 $m=0$ 和 $m=1$ 时，$\eta_{0q}\approx\eta_{1q}\approx0$，当 $m\geqslant2$ 时，$\eta_{mq}\approx1-\frac{1}{m}$。可见，对 LP_{0q} 及 LP_{1q} 等低阶模，在截止状态下，光能量几乎完全扩散到包层区。但对于 $m\geqslant2$ 的高阶模（LP_{2q}，LP_{3q} 等），光能量在纤芯中还有相当大的比例。m 越大，η_{mq} 越大，保留在纤芯中的光能量就相对越多。

7. 多模阶跃折射率光纤中导模的数量

光纤通信中使用的多模光纤可以同时传输很多模式，前面曾用几何光学理论求出阶跃折射率光纤中导模数量（M）的估算公式［见式（2.72）］。下面用波动光学理论推求多模阶跃折射率（弱导）光纤中导模数量的估算公式。

（1）模群的概念。在多模光纤中，传输的光功率在很大程度上是由高次模所携带的。而对于高次模，由于其 u 参量值往往很大（例如，对 LP_{23} 模有，$u>V_{23c}=10.173$），因此，可以用第一类贝赛尔函数的大自变量渐进公式来使问题的分析得以简化。

当 $u\gg1$ 时，由式（2.82）可得 $LP_{m+1,q}$ 模在（临界）截止状态的特征方程为：

$$J_m(u)\approx\sqrt{\frac{2}{\pi u}}\cos\left(u-\frac{m\pi}{2}-\frac{\pi}{4}\right)=0 \tag{2.89a}$$

从而得到 $LP_{m+1,q}$ 模的归一化截止频率为：

$$V_{m+1,qc}=u_{mq}=\frac{\pi}{2}\left(m+2q+\frac{3}{2}\right) \tag{2.89b}$$

式中：u_{mq} 是式（2.89a）的第 q 个大数值的根。

由式（2.89b）可见，只要“$m+2q$”为同一值（正整数），对于不同的 m、q 组合，对应的模式都有相同（近似）的归一化截止频率。因此，可近似地认为这些不同的 LP 模是简并的。进而可知，较高次模是分成群的，可以用一个整数 $P(P=m+2q)$ 来表示这个模群的代号（称为模群 P）。在高次模范围内（$P=m+2q$）$\gg1$，近似有：

$$V_{m+1,qc}=u_{m,q}\approx\frac{\pi}{2}P \tag{2.89c}$$

可以证明，对于每一个模群 P，大约有 $P/2$ 种不同的（m，q）组合，每一种（m，q）组合又对应 4 种简并模式（E_x 及 E_y 各对应 $\cos m\varphi$ 及 $\sin m\varphi$ 两种场分布）。因此，每个模群 P 包括 $2P$ 个模式。这些模式的传播常数皆可近似表示成：

$$\beta_P=\sqrt{k_0^2n_1^2-\frac{u^2}{a^2}}\approx\sqrt{k_0^2n_1^2-\frac{u_{mq}^2}{a^2}}\approx\sqrt{k_0^2n_1^2-\left(\frac{\pi P}{2a}\right)^2}\quad(>0) \tag{2.90}$$

（2）阶跃折射率光纤中导模的数量。有导行条件表达式（2.60a）。则有：

$$k_2=k_0n_2<\beta<k_0n_1=k_1 \tag{2.91}$$

另外，由式（2.90）可知，模群 P 越大，对应的传播常数 β_P 越小。最高次模群的传播常数应趋于 k_0n_2，即：

$$\sqrt{k_0^2n_1^2-\left(\frac{\pi}{2a}P_{\max}\right)^2}\approx k_0n_2$$

从而，得到模群代号的最大值 $P_{\max}$ 的计算公式为：

$$P_{\max}^2=\frac{4}{\pi^2}k_0^2a^2(n_1^2-n_2^2)=\left(\frac{2}{\pi}V\right)^2 \tag{2.92}$$

阶跃折射率弱导光纤中，导模的总数约为：

$$M\approx\sum_{P=1}^{P_{\max}}(2P)=P_{\max}(P_{\max}+1)\approx\frac{2}{\pi}V\left(\frac{2}{\pi}V+1\right)=\frac{4}{\pi^2}V^2+\frac{2}{\pi}V \tag{2.93}$$

由几何光学理论推出的 M 的估计公式为：

$$M\approx\frac{V^2}{2}$$

虽然波动光学理论是精确的，但在推求式（2.93）的过程中却采用了很多近似。因此，很难判断公式中哪一个更准确，工程中常用式（2.72）来估算阶跃折射率光纤中导模的数量。

2.4 渐变折射率光纤的波动理论

渐变折射率光纤是非均匀的光波导。由于其介质折射率随径向坐标 ρ 变化，使得用波动光学理论求解非常困难。这是因为用麦克斯韦电磁场与电磁波理论来解决问题时，其边界条件的一种连续变化的函数据，其运算起来是非常烦琐的。目前，只对抛物线型折射率分布光纤（$g=2$）可以采用标量近似解法，而对于一般渐变折射率光纤（$g\neq2$），只有对芯径较大且传输模式较多的多模光纤才可以采用量子力学中常用的相位积分法进行合理的近似分析。下面分别介绍这两种近似分析方法。

2.4.1 抛物线型折射率光纤的标量近似解法

1. 前提条件

（1）纤芯折射率按抛物线型分布。在式（2.6）中，令折射率分布指数 $g=2$，既得：

$$n(\rho)=\begin{cases}n_0\sqrt{1-2\Delta(\rho/a)^2}=n_0\left[1-\dfrac{(n_0^2-n_2^2)\rho^2}{n_0^2a^2}\right]^{1/2} & (\rho<A)\\ n_2 & (p\geqslant a)\end{cases} \tag{2.94}$$

（2）导波为沿轴向（$\hat{z}$ 方向）传输的正弦稳态解。

（3）光纤的横截面结构轴线均匀不变。

(4) 折射率随径向坐标变化缓慢，以致导波的电磁场近似满足亥姆霍兹方程。

对后一条件需作特殊解释：为使 $n(\rho)$ 随径向坐标 ρ 作缓慢变化，在式（2.94）中，可以令 $a\gg1$。这将意味着，在具体求解过程中，整个空间都视为纤芯区（$a\to\infty$），折射率（即使在包层区）按抛物线型（$g=2$）变化一直伸展到无穷远处（称此为无界抛物线型光纤）。此时，导波的场量只有一组接——纤芯区接。当归一化频率 V 远离模式的归一化截止频率时，由于导波的能量被较好地集中在光纤的纤芯区。包层的折射率分布的影响可以忽略，这种近似是可行的。

2. 波导的场方程

根据前提条件，在直角坐标系中，光纤中导波的复域电磁场可以表示为：

$$E=E_m(x,y)e^{-j\beta z}=\hat{x}E_x+\hat{y}E_y+\hat{z}E_z=[\hat{x}E_{xm}(x,y)+\hat{y}E_{ym}(x,y)+\hat{z}E_{zm}(x,y)]e^{-j\beta z} \tag{2.95}$$

$$H=H_m(x,y)e^{-j\beta z}=\hat{x}H_x+\hat{y}H_y+\hat{z}H_z=[\hat{x}H_{xm}(x,y)+\hat{y}H_{ym}(x,y)+\hat{z}H_{zm}(x,y)]e^{-j\beta z} \tag{2.96}$$

光纤介质的磁导率为 $\mu=\mu_0$，其介电常数可以表示为：

$$\varepsilon=\varepsilon_0 n^2=\varepsilon_0 n_0^2\left[1-2\Delta\left(\frac{x}{a}\right)^2-2\Delta\left(\frac{y}{a}\right)^2\right] \tag{2.97}$$

从而有：

$$\frac{\nabla\varepsilon}{\varepsilon}=\frac{\nabla(n^2)}{n^2}=\frac{-4n_0^2\Delta}{n^2a^2}(\hat{x}x-\hat{y}y) \tag{2.98}$$

在光纤介质中，复域麦克斯韦方程组为：

$$\nabla\times E=-j\omega\mu_0 H \tag{2.99}$$

$$\nabla\times H=j\omega\varepsilon E \tag{2.100}$$

$$\nabla\cdot D=\nabla\cdot(\varepsilon E)=0 \tag{2.101}$$

$$\nabla\cdot H=0 \tag{2.102}$$

由式（2.98）和式（2.101），可得：

$$\nabla\cdot D=\nabla\cdot(\varepsilon E)=\varepsilon\,\nabla\cdot E+E\cdot\nabla\varepsilon=0$$

$$\nabla\cdot E=-E\cdot\frac{\nabla\varepsilon}{\varepsilon}=-E\cdot\frac{\nabla(n^2)}{n^2}=\frac{4n_0^2\Delta}{n^2a^2}(xE_x+yE_y)$$

从而有：

$$\nabla(\nabla\cdot E)=\hat{x}\left[\frac{4n_0^2\Delta}{n^2a^2}\left(E_x+x\frac{\partial E_x}{\partial x}+y\frac{\partial E_y}{\partial y}\right)-\frac{16n_0^4\Delta^2}{n^4a^4}x(xE_x+yE_y)\right]$$
$$+\hat{y}\left[\frac{4n_0^2\Delta}{n^2a^2}\left(E_y+y\frac{\partial E_y}{\partial x}+x\frac{\partial E_x}{\partial y}\right)-\frac{16n_0^4\Delta^2}{n^4a^4}y(xE_x+yE_y)\right] \tag{2.103a}$$

根据前提条件（令 $a\to\infty$），场量应连续且有限，近似有：

$$\nabla(\nabla\cdot E)=0 \tag{2.103b}$$

对式（2.100）两端求旋度并利用式（2.99），式（2.102）和式（2.97），可得：

$$\nabla\times(\nabla\times H)=\nabla(\nabla\cdot H)-\nabla^2H=-\nabla^2H=k_0^2n^2H$$

即

$$\nabla^2H+k_0^2n^2H=0 \tag{2.104}$$

同理，对式（2.99）两端求旋度并利用式（2.100），式（2.101）和式（2.97），可得：

$$\nabla^2E+k_0^2n^2E=0 \tag{2.105}$$

此时，电磁场的各分量都满足同样形式的亥姆霍兹方程（标量）。用F代表任意一个场分量，应有：

$$\frac{\partial^2 F}{\partial x^2}+\frac{\partial^2 F}{\partial y^2}+\frac{\partial^2 F}{\partial z^2}+k_0^2 n_0^2\left[1-2\Delta\left(\frac{x}{a}\right)^2-2\Delta\left(\frac{y}{a}\right)^2\right]F=0 \tag{2.106}$$

3. 导波的标量近似解

利用分量变量法，设 $F=F_1(x)F_2(y)e^{-j\beta z}$，代入式（2.106）进行变量分离，可得关于 F_1 和 F_2 的两个场微分方程，即：

$$\frac{1}{F_1(x)}\frac{d^2 F_1(x)}{dx^2}-2\Delta k_0^2 n_0^2\left(\frac{x}{a}\right)^2=-m_1^2 \tag{2.107a}$$

$$\frac{1}{F_2(y)}\frac{d^2 F_2(y)}{dy^2}-2\Delta k_0^2 n_0^2\left(\frac{y}{a}\right)^2=-m_2^2 \tag{2.107b}$$

$$m_1^2+m_2^2=k_0^2 n_0^2-\beta^2 \tag{2.107c}$$

式中，m_1 和 m_2 皆为场量。

式（2.107a）和式（2.107b）同行，只需解其中之一即可。在式（2.107a）中，引入参数有：

$$s_0=\sqrt{2a/(k_0 n_0\sqrt{2\Delta})}=a\sqrt{2/V} \tag{2.108a}$$

$$V=k_0 a n_0\sqrt{2\Delta}=k_0 a\sqrt{n_0^2-n_2^2} \tag{2.108b}$$

可得：

$$\frac{d^2 F_1(x)}{dx^2}+\left(m_1^2-\frac{4x^2}{s_0^2}\right)F_1(x)=0 \tag{2.109a}$$

式中：V 为渐变折射率光纤的归一化频率，s_0 与光纤的参数 a，n_0，n_2 及光波的中心频率 f_0 有关；s_0 为渐变折射率光纤的重要参数，具有重要的物理意义。

在式（2.109a）中，令 $x=Xs_0/\sqrt{2}$，$m_1^2 s_0^2/2=2m+1$

可得：

$$\frac{d^2 F_1(X)}{dX^2}+(2m+1-X^2)F_1(x)=0 \tag{2.109b}$$

式（2.109b）即为标准形式的韦伯尔方程，其解为赫米特——高斯函数，即：

$$F_1(x)=C_m H_m(X)e^{-X^2/2}=C_m H_m(x\sqrt{2}/s_0)e^{-(x/s_0)^2} \tag{2.110a}$$

同理，可得式（2.107b）的解为：

$$F_2(y)=D_q H_q(y\sqrt{2}/s_0)e^{-(y/s_0)^2} \tag{2.110b}$$

式中

$$m=\frac{1}{2}\left(\frac{m_1^2 s_0^2}{2}-1\right) \tag{2.110c}$$

$$q=\frac{1}{2}\left(\frac{m_2^2 s_0^2}{2}-1\right) \tag{2.110d}$$

m 和 q 均应取自然数（m，$q=0$，1，2，…），$H_m(x)$ 是 x 为自变量的赫米特多项式，其表达式为：

$$H_m(x)=(-1)^m e^{x^2}\frac{d^m(e^{-x^2})}{dx^m} \tag{2.110e}$$

$H_m(x)$ 也自变量 x 的函数关系随参数 m 变化，m 称为赫米特多项式的阶数。

几个较低阶的赫米特多项式为：

$$H_0(x)=1$$
$$H_1(x)=2x$$
$$H_2(x)=4x^2-2$$
$$H_3(x)=8x^3-12x$$

可见，$H_m(x)$ 是 x 的 m 次多项式。

综上可得纤芯中电磁场的各分量皆为下面形式的标量近似解，即：

$$F=A_{mq}H_m(x\sqrt{2}/s_0)H_q(y\sqrt{2}/s_0)\mathrm{e}^{-(\rho/s_0)^2}\mathrm{e}^{-j\beta z} \tag{2.111}$$

式中：A_{mq}是与 m，q 及激励有关的常数。

在式（2.111）中，m，q 取不同的值将导致不同的场分布，对应不用的导波模——记为 LP_{mq} 模。其中，LP_{00} 模是无界抛物线型光纤中的基膜，在满足合适的条件下，可实现单模传输。LP_{00} 模的电磁场各分量的表达式为：

$$F=A_{00}\mathrm{e}^{-(\rho/s_0)^2}\mathrm{e}^{-j\beta z} \tag{2.112}$$

可见，LP_{00} 模的场是按高斯函数规律分布的。其主要能量都分布在光纤的轴线（纤芯）附近，离开轴线（随着径向坐标 ρ 增加）场量迅速衰减。

在式（2.112）中，令 $\rho=s_0$，可得：

$$|F(\rho=s_0)|=A_{00}/\mathrm{e}$$

可见，s_0 是场强减小至光纤轴线处的$\frac{1}{\mathrm{e}}$或光强（或光功率）减小至光纤轴线处的$\frac{1}{\mathrm{e}^2}$时的 ρ 值。常把 s_0 称为 LP_{00} 模的模场半径（或半宽度）。LP_{00} 模的场分布由 s_0 唯一确定，因此，s_0 是 LP_{00} 模的一个重要参量。当光纤的归一化频率增加时，s_0 将减小，光纤中的高斯光束明显变窄，光功率将显著的向光纤轴线集中。

4. 导模的传播常数

由式（2.107c）、式（2.110c）和式（2.110d），可求得导模 LP_{mq} 的传播常数为：

$$\beta_{mq}^2=k_0^2n_0^2-(m_1^2+m_2^2)=k_0^2n_0^2-[4(m+q+1)/s_0^2] \tag{2.113a}$$

$$\beta_{mq}=[k_0^2n_0^2-4(m+q+1)/s_0^2]^{1/2}=k_0n_0\left[1-\frac{2\sqrt{2\Delta}}{k_0n_0a}(m+q+1)\right]^{1/2} \tag{2.113b}$$

将给定的 m、q 值代入式（2.113），即可求得相应模式 LP_{mq} 的传播常数。

5. 导模的模式数量

由式（2.113b）可见，抛物线型折射率光纤中的导模也是按模群分布的。令 $P=m+q$，则有：

$$\beta_{mq}=\beta_P=k_0n_0\left[1-\frac{2\sqrt{2\Delta}}{k_0n_0a}(P+1)\right]^{1/2} \tag{2.113c}$$

由式（2.113c）知，当 $P=m+q$ 给定时，对于不同的（m，q）组合，对应导模的传播常数相同，这些模式是互相简并的，它们共同组成了模群 P。

模群 P 中的 $P(=m+q)$ 是该模群的编号（该模群的主要特征就是传播常数都是 β_P），编号 P 可取 0 到 P_{max}间的整数值。由式（2.113c）可见，模群 P 的编号越高，传播常数 β_P 就越小，与阶跃折射率光纤类似，渐变折射率光纤中导波的导行条件为：

$$\beta_{min}=k_0n_2<\beta=\beta_P<k_0n_0=\beta_0 \tag{2.113d}$$

当 $\beta_P\rightarrow k_0n_2$ 时，导波（临界）截止，此时，对应模群 P 的编号最大（记为 P_{max}），由式（2.94），式（2.113c）和式（2.108a），可得：

$$\beta_P=\beta_{mq}=k_0 n_2=k_0 n_0\sqrt{1-2\Delta}=k_0 n_0\left[1-\frac{2\sqrt{2\Delta}}{k_0 n_0 a}(P+1)\right]^{1/2} \tag{2.114a}$$

即：

$$P_{\max}=\frac{k_0 n_0 a\sqrt{2\Delta}}{2}-1\approx\frac{k_0 n_0 a\sqrt{2\Delta}}{2}=\frac{V}{2} \tag{2.114b}$$

利用式（2.114）即可求得抛物线型折射率分布光纤中导模的数量 M 的估算公式。首先，可以证明，给定自然数 $P(=m+q)$ 时，所有不同的（m，q）组共有 $P+1$ 种，再考虑到每一个 LP_{mq} 模的场量都有互相垂直的两种线极化情形，即知，一个模群 P 中应有 2（$P+1$）个基本模式。因此，抛物线型折射率分布光纤中总的模式数量为：

$$M=\sum_{P=0}^{P_{\max}}2(P+1)=(P_{\max}+1)(P_{\max}+2)=\frac{1}{4}(V+2)(V+4)\approx\frac{V^2}{4} \tag{2.115}$$

2.4.2 渐变折射率光纤的相位积分解法

相位积分法也称为 WKB 发，它是量子力学中常用的分析方法。当光纤的芯径较大且传输的模式较多时，利用该解法可以求得具有一定精度的场分量的解析表达式，进而分析多模渐变折射率光纤的有关特性。但是，当光纤的芯径小或模式较小时，本解法的精度较差。

1. 前提条件

（1）光纤中介质的折射率按式（2.6）分布，即：

$$n(\rho)=\begin{cases} n_0\sqrt{1-2\Delta\left(\dfrac{\rho}{a}\right)^g}=n_0\left[1-\dfrac{n_0^2-n_2^2}{n_0^2}\left(\dfrac{\rho}{a}\right)^g\right]^{1/2} & (\rho<a) \\ n_2(\text{常数}) & (\rho\geqslant a,\text{视包层延伸至无限远处}) \end{cases}$$

（2）导波为沿轴向（$\hat{z}$ 方向）传输的正弦稳态解。

（3）光纤的横截面结构沿轴线均匀不变。

（4）光纤满足弱导条件（$\Delta\ll 1$）且芯径较大，以使在纤芯区满足 $\left|\dfrac{\mathrm{d}n^2}{\mathrm{d}\rho}\right|\ll 1$。

2. 导波的场方程

在圆柱坐标系中，光纤中导波的复域电场和磁场可分别表示为：

$$E=E_m(\rho,\varphi)\mathrm{e}^{-j\beta z}=\hat{\rho}E_\rho+\hat{\rho}E_\varphi+\hat{z}E_z$$

$$H=H_m(\rho,\varphi)\mathrm{e}^{-j\beta z}=\hat{\rho}H_\rho+\hat{\varphi}H_\varphi+\hat{z}H_z$$

特别地，纵向场分量（E_z，H_z）的表达式为

$$E_z=E_{zm}(\rho,\varphi)\mathrm{e}^{-j\beta z}$$

$$H_z=H_{zm}(\rho,\varphi)\mathrm{e}^{-j\beta z}$$

在介质中，复域麦克斯韦方程组为：

$$\nabla\times H=j\omega\varepsilon E=j\omega\varepsilon_0 n^2 E \tag{2.116a}$$

$$\nabla\times E=-j\omega\mu_0 H \tag{2.116b}$$

$$\nabla\cdot H=0 \tag{2.116c}$$

$$\nabla\cdot D=\nabla\cdot(\varepsilon E)=\varepsilon\,\nabla\cdot E+E\cdot\nabla\varepsilon=0$$

即：

$$\nabla\cdot E=-E\cdot\frac{\nabla(n^2)}{n^2}\approx 0 \tag{2.116d}$$

下面证明式（2.116d）。

在包层区（$\rho\geqslant a$），$n=n_2$ 为常数，式（2.116d）成立。在纤芯区（$\rho<a$），由折射率的分布表达式（2.6），可得：

$$\frac{\nabla(n^2)}{n^2}=\left[\hat{\rho}\frac{\mathrm{d}(n^2)}{\mathrm{d}\rho}\right]/n^2=\frac{\left(-\hat{\rho}\frac{2g\Delta\rho^{g-1}}{a^g}\right)}{\left[1-2\Delta\left(\frac{\rho}{a}\right)^g\right]}$$

利用前提条件（4）：

$$\left|\frac{\mathrm{d}n^2}{\mathrm{d}\rho}\right|=\frac{2g\Delta\rho^{g-1}}{a^g}\ll1$$

可得：

$$\frac{\nabla(n^2)}{n^2}\approx0$$

在实际光纤通信系统中，光纤的折射率分布指数 $g>1$，再注意到实际的场量应为有限值，即知式（2.116d）成立。

综上所述，此时的麦克斯韦方程组全同于均匀介质的情形［如式（2.44）所描述］。进而可知，本系统的场方程与阶跃折射率光纤的矢量解法所得的场方程理应相同。

由式（2.46）知，场的纵向分量（E_z，H_z）应满足如下形式的纵向场方程，即：

$$\left[\frac{1}{\rho}\frac{\partial}{\partial\rho}\left(\rho\frac{\partial F}{\partial\rho}\right)+\frac{\partial}{\partial\rho}\left(\frac{1}{\rho}\frac{\partial F}{\partial\rho}\right)\right]+k_c^2F=0 \tag{2.117a}$$

$$k_c=\sqrt{k^2-\beta^2}=\sqrt{k_0^2n^2-\beta^2} \tag{2.117b}$$

而横向场分量（E_ρ、E_φ、H_ρ、H_φ）则应满足式（2.48）所给出的横纵关系。

3. 导波的解（相位积分法）

首先用分离变法进行变量分离，在式（2.117a）中，令 $F(\rho、\varphi、z)=F_1(\rho)F_2(\varphi)\mathrm{e}^{-j\beta z}$，按与阶跃折射率光纤的矢量解法相同的过程，可得：

$$F_2(\varphi)=[A_1\cos m\varphi+A_2\sin m\varphi]\quad(m=0,1,2,\cdots) \tag{2.118a}$$

$$F(\rho,\varphi,z)=F_1(\rho)[A_1\cos m\varphi+A_2\sin m\varphi]\mathrm{e}^{-j\beta z} \tag{2.118b}$$

$$\frac{\mathrm{d}^2F_1}{\mathrm{d}\rho^2}+\frac{1}{\rho}\frac{\mathrm{d}F_1}{\mathrm{d}\rho}+\left[k_0^2n^2(\rho)-\beta^2-\frac{m^2}{\rho^2}\right]F_1=0 \tag{2.118c}$$

现在，式（2.118c）中的 $n(\rho)$ 在纤芯区是径向坐标 ρ 的函数，因此，无法继续沿用阶跃折射率光纤的矢量解法。下面采用量子力学中常用的相位积分法来求救式（2.118c）。

为便于求解，需进行适当的变量变换。首先令：

$$R(\rho)=\sqrt{\rho}F_1(\rho) \tag{2.119a}$$

则式（2.118c）可简化为：

$$\frac{\mathrm{d}^2R(\rho)}{\mathrm{d}\rho^2}+\left[k_0^2n^2(\rho)-\beta^2-\frac{4m^2-1}{4\rho^2}\right]R(\rho)=0 \tag{2.119b}$$

再令：

$$\beta_0=k_0n_0 \tag{2.119c}$$

$$P(\rho)=\left[k_0^2n^2(\rho)-\beta^2-\frac{4m^2-1}{4\rho^2}\right]\Big/\rho_0^2 \tag{2.119d}$$

最后可把式（2.119b）写成：

$$\frac{\mathrm{d}^2R(\rho)}{\mathrm{d}\rho^2}+\beta_0^2P(\rho)R(\rho)=0 \tag{2.120}$$

根据量子力学的有关理论，一维薛定谔方程式（2.120）具有振荡形式解的条件是

$P(\rho)>0$。令 $P(\rho)=0$ 可解得对应的根为 ρ_1 和 ρ_2，则有：

$$P(\rho)>0 \quad (0<\rho_1<\rho<\rho_2\leqslant a) \tag{2.121}$$

此时，式（2.120）的解才能满足光纤中传导模的要求（在纤芯区随径向坐标 ρ 呈振荡形式，在包层区随径向坐标 ρ 呈衰减形式）。

（1）$\rho_1<\rho<\rho_2$ 区域的场解。设振荡解在 $\rho_1<\rho<\rho_2$ 区域的形式为：

$$R(\rho)=A\mathrm{e}^{-j\beta_0 S(\rho)}\text{（}A\text{ 为场量）} \tag{2.122}$$

把上式代入式（2.120）中，可得：

$$j\beta_0^{-1}\frac{\mathrm{d}^2 S(\rho)}{\mathrm{d}\rho^2}-\left[\frac{\mathrm{d}S(\rho)}{\mathrm{d}\rho}\right]^2+P(\rho)=0 \tag{2.123a}$$

根据“虚拟变量法”，把 $S(\rho)$ 按 $x(=\beta_0^{-1})$ 的幂级数展开，可得：

$$S(\rho,x)=S_0(\rho)+S_1(\rho)x+S_2(\rho)x^2+\cdots \tag{2.123b}$$

$$\frac{\mathrm{d}S}{\mathrm{d}\rho}=S_0'(\rho)+S_1'(\rho)x+S_2'(\rho)x^2+\cdots \tag{2.123c}$$

$$\frac{\mathrm{d}^2 S}{\mathrm{d}\rho^2}=S''_0(\rho)+S''_1(\rho)x+S''_2(\rho)x^2+\cdots \tag{2.123d}$$

$$\left(\frac{\mathrm{d}S}{\mathrm{d}\rho}\right)^2=S'^2_0+2S_0'S''_0x+(S'^2_1+S_0'S_2')x^2+\cdots \tag{2.123e}$$

把上面的展开结果代入式（2.123a）中，可得：

$$[-S'^2_0+P(\rho)]+(jS''_0-2S_0'S_1')x+(jS''_1-S'^2_1-2S_0'S_2')x^2+\cdots=0 \tag{2.124a}$$

注意到光波长非常短，$x=\beta_0^{-1}=\dfrac{1}{k_0n_0}=\dfrac{\lambda_0}{2\pi n_0}\ll 1$，式（2.124a）中关于 x 的高次项可以忽略。若只保留到 x 的一次项，则式（2.124b）简化为：

$$[-S'^2_0(\rho)+P(\rho)]+[jS''_0(\rho)-2S_0'(\rho)S_1'(\rho)]x=0 \tag{2.124b}$$

欲使上式对任意的 x 值成立，应用：

$$-S'^2_0(\rho)+P(\rho)=0 \tag{2.125a}$$

$$jS''_0(\rho)-2S_0'(\rho)S_1'(\rho)=0 \tag{2.125b}$$

式（2.125）的解为：

$$S_0(\rho)=\pm\int\sqrt{P(\rho)}\mathrm{d}\rho+A_1 \tag{2.126a}$$

$$S_1(\rho)=\frac{j}{2}\int\frac{S''_0(\rho)}{S'_0(\rho)}\mathrm{d}\rho=\frac{j}{2}\int\frac{\mathrm{d}[S'_0(\rho)]}{S'_0(\rho)}=\frac{j}{2}\ln S'_0(\rho)+A_2=\frac{j}{2}\sqrt{P(\rho)}+A_2 \tag{2.126b}$$

式中：A_1 和 A_2 为场量。

将式（2.126）代入 $S(\rho,x)$ 的展开式（2.123b）中并保留到 $x(=\beta_0^{-1})$ 的一次项，可得：

$$S(\rho)\approx\left[\pm\int\sqrt{P(\rho)}d\rho+A_1\right]+\frac{1}{\beta_0}\left[\frac{j}{2}\ln\sqrt{P(\rho)}+A_2\right] \tag{2.126c}$$

再把式（2.126c）代入式（2.122）中，最后得：

$$R(\rho)=B[P(\rho)]^{-1/4}\exp\left[\pm j\beta_0\int\sqrt{P(\rho)}\,d\rho+\varphi\right] \tag{2.127}$$

式中：$B=A\mathrm{e}^{jA_2}$；$\varphi=j\beta_0A_1$。

（2）$0<\rho<\rho_1$ 和 $\rho>\rho_2$ 区域的场解。由式（2.121）知，在此区域有 $P(\rho)<0$，场

量随径向坐标 ρ 应呈衰减形式。令：

$$P_1(\rho)=-P(\rho)>0 \quad (0<\rho<\rho_1) \tag{2.128a}$$

$$P_2(\rho)=-P(\rho)>0 \quad (\rho>\rho_2) \tag{2.128b}$$

代入式（2.120）中，可得：

$$\frac{d^2R_{1,2}(\rho)}{d\rho^2}-\beta_0^2P_{1,2}(\rho)R_{1,2}(\rho)=0 \tag{2.129}$$

按照求 $\rho_1<\rho<\rho_2$ 区域场解相同的步骤，同时注意到此区场解的径向衰减特征，可得 $0<\rho<\rho_1$ 区域的场解为：

$$R_1(\rho) = B_1[P_1(\rho)]^{-1/4}\exp[-j\beta_0\int\sqrt{P_1(\rho)}d\rho] \tag{2.130a}$$

$\rho>\rho_2$ 区域的场解为：

$$R_2(\rho) = B_2[P_2(\rho)]^{-1/4}\exp[-j\beta_0\int\sqrt{P_2(\rho)}d\rho] \tag{2.130b}$$

直接把 $P(\rho)=-P_{1,2}(\rho)$ 代入式（2.127）中，并在指数项中取 $\sqrt{-1}=j$，可快捷准确地得到式（2.130）的结果。

把式（2.127）和式（2.130）分别代入式（2.119a）中，再代入式（2.118b）中，即可得到在一级近似情况下导波的纵向场分量（E_z、H_z）的相位积分解。

（3）$\rho=\rho_1$ 和 $\rho=\rho_2$ 位置附近的场解。按照几何光学理论，$\rho=\rho_1$（或 $\rho=\rho_2$）位置相当于在纤芯中进行的光射线因折射而形成的内（或外）焦散面。在两焦散面之间是振荡解区域，在内焦散面内部（$\rho<\rho_1$）和外焦散面外部（$\rho>\rho_2$）为衰减解区域。

在 $\rho=\rho_{1,2}$ 位置附近，当 $P(\rho)$ 缓慢变化时，可用线性函数近似表示为：

$$P_{1,2}(\rho)\approx\pm C'(\rho-\rho_{1,2}) \quad (C'\text{为正实常量}) \tag{2.131}$$

把式（2.131）代入式（2.120）中，经过叫复杂的求解过程，可得在 $\rho=\rho_1$（或 $\rho=\rho_2$）位置附近的解为：

$$R_1(\rho)=[-P_1(\rho)]^{-1/4}\xi_1^{1/4}[C_1A_i(\xi_1)+D_1B_i(\xi_1)] \quad (\rho\leqslant\rho_1) \tag{2.132a}$$

$$R_2(\rho)=[P_1(\rho)]^{-1/4}\xi_2^{1/4}[C_2A_i(-\xi_2)+D_2B_i(-\xi_2)] \quad (\rho\geqslant\rho_1) \tag{2.132b}$$

$$R_3(\rho)=[P_2(\rho)]^{-1/4}\xi_3^{1/4}[C_3A_i(-\xi_3)+D_3B_i(-\xi_3)] \quad (\rho\leqslant\rho_2) \tag{2.132c}$$

$$R_4(\rho)=[-P_2(\rho)]^{-1/4}\xi_4^{1/4}[C_4A_i(\xi_4)+D_4B_i(\xi_4)] \quad (\rho\geqslant\rho_2) \tag{2.132d}$$

$$\xi_1 = \left[\frac{3}{2}\beta_0\int_\rho^{\rho_1}\sqrt{-P_1(\varphi)}d\rho\right]^{2/3} = (\beta_0\sqrt{C'})^{2/3}(\rho_1-\rho) \tag{2.132e}$$

$$\xi_2 = \left[\frac{3}{2}\beta_0\int_{\rho_1}^{\rho}\sqrt{P_1(\rho)}d\rho\right]^{2/3} = (\beta_0\sqrt{C'})^{2/3}(\rho-\rho_1) \tag{2.132f}$$

$$\xi_3 = \left[\frac{3}{2}\beta_0\int_{\rho}^{\rho_2}\sqrt{P_2(\rho)}d\rho\right]^{2/3} = (\beta_0\sqrt{C'})^{2/3}(\rho_2-\rho) \tag{2.132g}$$

$$\xi_4 = \left[\frac{3}{2}\beta_0\int_{\rho_2}^{\rho}\sqrt{-P_2(\rho)}d\rho\right]^{2/3} = (\beta_0\sqrt{C'})^{2/3}(\rho-\rho_2) \tag{2.132h}$$

式中：C_m 和 D_m 为常数（$m=1$、2、3、4）；$A_i(x)$ 和 $B_i(x)$ 为艾里函数，它们是微分方程$\left[\frac{d^2f(x)}{dx^2}+xf(x)=0\right]$的两个衔接。

（4）导模的特征方程。由式（2.132）给出的 $\rho=\rho_1$（或 $\rho=\rho_2$）位置附近的解与由相位积分法取一级近似求得的解（当 $\rho\to\rho_1$ 或 $\rho\to\rho_2$ 时）具有对应一直的渐进形式。利用艾里函数的渐进公式在$\rho=\rho_{1,2}$处解的连续性，可以确定各解中的积分常数之间的关系并到传播传输β必须满足的特征方程。

在光波波段，$\beta_0=k_0n_0=\frac{2\pi n_0}{\lambda_0}\gg 1$，由式（2.132）可知，$\xi_m\gg 1$（$m=1$、2、3、4）。而当$x\gg 1$时，艾里函数的渐进式为：

$$A_i(x)\approx\frac{1}{2\sqrt{\pi}}x^{-1/4}\exp\left(\frac{-2}{3}x^{3/2}\right)$$

$$B_i(x)\approx\frac{1}{2\sqrt{\pi}}x^{-1/4}\exp\left(\frac{2}{3}x^{3/2}\right)$$

$$A_i(-x)\approx\frac{1}{\sqrt{\pi}}x^{-1/4}\sin\left(\frac{2}{3}x^{3/2}+\frac{\pi}{4}\right)$$

$$B_i(-x)\approx\frac{1}{\sqrt{\pi}}x^{-1/4}\cos\left(\frac{2}{3}x^{3/2}+\frac{\pi}{4}\right)$$

在$\rho=\rho_{1,2}$处，场解必须连续，从而有：

$$R_1(\rho_1)=R_2(\rho_1)\quad 及\quad R_3(\rho_2)=R_4(\rho_2)$$

利用式（2.132）即艾里函数的渐进公式，经较复杂的推导，可得LP_{mq}导模的传播常数β_{mq}必须满足的特征方程为：

$$\int_{\rho_1}^{\rho_2}\left[k_0^2n^2(\rho)-\beta_{mq}^2-\frac{4m^2-1}{4\rho^2}\right]^{1/2}\mathrm{d}\rho=\left(q-\frac{1}{2}\right)\pi \tag{2.133a}$$

式中：q取正整数（$q=1$、2、…）。

利用特征方程，可以分析多模渐变折射率光纤中导模的传输特征。

4. 导模的传输特征

(1) 导模的数量。设$m\gg 1$，$q\gg 1$，则可将特征方程式（2.133a）近似表示为：

$$\int_{\rho_1}^{\rho_2}\left[k_0^2n^2(\rho)-\beta_{mq}^2-\frac{m^2}{\rho^2}\right]^{1/2}\mathrm{d}\rho=q\pi \tag{2.133b}$$

式（2.133b）中积分的上、下限ρ_1和ρ_2都是m的函数。当导模的数量较多时，该近似式具有较好的精度。

以m作为模群的代号（称模群m），则模群m中最大的q值应发生在β_{mq}取最小值之时（即$\beta_{mq}=\beta_{\min}\rightarrow k_0n_2$），从而有：

$$q_{\max}=\frac{1}{\pi}\int_{\rho_1(m)}^{\rho_2(m)}\left[k_0^2n^2(\rho)-\beta_{\min}^2-\frac{m^2}{\rho^2}\right]\mathrm{d}\rho \tag{2.134}$$

在各个模群$m(m=0$、1、2…）中，每一个模群都包含了$q_{\max}$个LP模，而每个LP模都存在四重简并（两个互相垂直的线极化波均可能与$\cos m\varphi$或$\sin m\varphi$有关）。因此，光纤中导模的数量为：

$$M=4\int_0^{m_{\max}}q_{\max}\mathrm{d}m \tag{2.135a}$$

由式（2.133b）可知，$m_{\max}$值可以通过令$q\approx 0$，$\beta_{mq}=\beta_{mia}=k_0n_2$而得到，即［令式（2.133b）中的被积函数为零］：

$$m_{\max}\approx\rho\sqrt{k_0^2n^2(\rho)-k_0^2n_2^2} \tag{2.135b}$$

将式（2.135b）和式（2.134）代入式（2.135a）中，当m的取值范围为$0\sim m_{\max}$时，ρ的积分限应取最大范围（$\rho_1=0$，$\rho_2=a$）。可得：

$$M=\frac{4}{\pi}\int_0^{m_{\max}}\mathrm{d}m\int_0^a\left[k_0^2n^2(\rho)-k_0^2n_2^2-\frac{m^2}{\rho^2}\right]^{1/2}\mathrm{d}\rho=\frac{4}{\pi}\int_0^a\mathrm{d}\rho\int_0^{m_{\max}}\frac{1}{\rho}\sqrt{m_{\max}^2-m^2}\,\mathrm{d}m$$

$$=\int_0^a\frac{1}{\rho}m_{\max}^2\mathrm{d}\rho\times\frac{4}{\pi}\int_0^{\pi/2}\cos^2t\mathrm{d}t=\int_0^a\rho[k_0^2n^2(\rho)-k_0^2n_2^2]\mathrm{d}\rho \tag{2.135c}$$

由式（2.6）得：

$$n^2(\rho)=n_0^2\left[1-2\Delta\left(\frac{\rho}{a}\right)^g\right]=n_0^2-(n_0^2-n_2^2)\left(\frac{\rho}{a}\right)^g\quad(\rho<a)$$

把上式代入式（2.135c）中，经积分得：

$$M\approx\int_0^a\rho(k_0^2n_0^2-k_0^2n_2^2)\left[1-\left(\frac{\rho}{a}\right)^g\right]\mathrm{d}\rho=k_0^2(n_0^2-n_2^2)\left(\frac{a^2}{2}-\frac{a^2}{g+2}\right)$$

$$=\frac{g}{2(g+2)}k_0^2a^2(n_0^2-n_2^2)=\frac{g}{g+2}k_0^2a^2n_0^2\Delta=\frac{g}{g+2}\frac{V^2}{2} \tag{2.135d}$$

令 $g\rightarrow\infty$（对应与阶跃折射率光纤），得导模的数量为：

$$M_\infty=\frac{V^2}{2}\quad［与式(2.72)一致］$$

令 $g=2$（对应与抛物线型折射率光纤），得导模的数量为：

$$M_{g=2}=\frac{V^2}{4}\quad［与式(2.115)一致］$$

（2）模群及模群间隔。首先据算常数 $\beta_{mq}(=\beta)$ 满足导行条件［式（2.133d）］时，对应导模的数量。利用是（2.135c），此时有：

$$M=\frac{4}{\pi}\int_0^{m(\beta)}\mathrm{d}m\int_0^{\rho(\beta)}\left[k_0^2n^2(\rho)-\rho^2-\frac{m^2}{\rho^2}\right]^{1/2}\mathrm{d}\rho=\frac{4}{\pi}\int_0^{\rho(\beta)}\mathrm{d}\rho\int_0^{m(\beta)}\frac{1}{\rho}\sqrt{m^2(\beta)-m^2}\,\mathrm{d}m$$

$$=\int_0^{\rho(\beta)}\rho[k_0^2n^2(\rho)-\beta^2]\mathrm{d}\rho$$

式中，$\beta^2=k_0^2n^2[\rho(\beta)]=k_0^2n_2^2\left\{1-2\Delta\left[\frac{\rho(\beta)}{a}\right]^g\right\}$，从而有：

$$\left[\frac{\rho(\beta)}{a}\right]^g=\frac{1}{2\Delta}\left(1-\frac{\beta^2}{\beta_0^2}\right)$$

进而，可得：

$$M(\beta)=\int_0^{\rho(\beta)}\rho\left\{k_0^2n_0^2\left[1-2\Delta\left(\frac{\rho}{a}\right)^g\right]-\beta^2\right\}\mathrm{d}\rho=\int_0^{\rho(\beta)}\left[(\beta_0^2-\beta^2)\rho-2\Delta\beta_0^2\frac{\rho^{g+1}}{a^g}\right]\mathrm{d}\rho=$$

$$(\beta_0^2-\beta^2)\frac{1}{2}\rho^2(\beta)-\frac{2\Delta\beta_0^2a^2}{g+2}\left[\frac{\rho(\beta)}{a}\right]^{g+2}=\frac{1}{2(g+2)}\left[\frac{\rho(\beta)}{a}\right]^2$$

$$[a^2(g+2)(\beta_0^2-\beta^2)-2(\beta_0^2-\beta^2)a^2]=$$

$$\frac{ga^2}{2(g+2)}(\beta_0^2-\beta^2)\left[\frac{\beta_0^2-\beta^2}{2\Delta\rho_0^2}\right]^{2/g}=\frac{g}{g+2}k_0^2n_0^2a^2\Delta\left[\frac{\beta_0^2-\beta^2}{2\Delta\beta_0^2}\right]^{\frac{g+2}{g}} \tag{2.136a}$$

利用式（2.135d），可得：

$$\frac{M(\beta)}{M}=\left[\frac{\beta_0^2-\beta^2}{2\Delta\beta_0^2}\right]^{(g+2)/g} \tag{2.136b}$$

由上式解出 β 为：

$$\beta=\beta_0\left\{1-2\Delta\left[\frac{M(\beta)}{M}\right]^{g/(g+2)}\right\}^{1/2} \tag{2.137a}$$

对于模群 P 应有 $M(\beta_P)\propto P^2$。而当模群代号最大值为 $P_{\max}$ 时应为：

$$M(\beta_P)/M=P^2/P_{\max}^2 \tag{2.137b}$$

代入式（2.137a）中，可得：

$$\beta_P=k_0 n_0\left[1-2\Delta\left(\frac{P}{P_{\max}}\right)^{2g/(g+2)}\right]^{1/2} \tag{2.137c}$$

利用弱导条件，由上式可得模群间隔为：

$$\delta\beta_P=\frac{\mathrm{d}\beta_P}{\mathrm{d}P}\delta P\approx\frac{-2gk_0 n_0\Delta}{(g+2)P_{\max}}\left(\frac{P}{P_{\max}}\right)^{(g-2)/(g+2)}\delta P$$

近似取 $P_{\max}\approx\sqrt{M}$并利用式（2.135d），可得：

$$\delta\beta_P=\frac{\mathrm{d}\beta_P}{\mathrm{d}P}\delta P\approx-\sqrt{\frac{g}{g+2}}\frac{2\sqrt{\Delta}}{a}\left(\frac{P}{P_{\max}}\right)^{(g-2)/(g+2)}\delta P \tag{2.138}$$

由式（2.138）可见，模群间隔与折射率分布指数 g 有关。$g\to\infty$（对应阶跃折射率光纤），模群间隔的大小与模群代号 P（也称为模次）呈线性关系，模次越高，间隔越大。当 $g\approx2$ 时（对应抛物线型折射率光纤），各模群之间的间隔彼此相等，与模群 P 无关。

（3）模式色散及最佳折射率分布指数。在式（2.137c）中，令：

$$\xi=(P/P_{\max})^{2g/(g+2)} \tag{2.139a}$$

式中，近似取 $P_{\max}=\sqrt{M}=k_0 n_0 a\sqrt{\Delta}\sqrt{\frac{g}{g+2}}$，则有：

$$\xi=\left(\frac{g+2}{g\Delta}\right)^{g/(g+2)}\left(\frac{P}{k_0 n_0 a}\right)^{2g/(g+2)} \tag{2.139b}$$

此时，式（2.137c）可简写成：

$$\beta_P=\beta_0\sqrt{1-2\Delta\xi} \tag{2.140}$$

对于模群 P，单位长度光纤的传输时延为：

$$\tau_{0P}=\frac{\mathrm{d}\beta_P}{\mathrm{d}\omega} \tag{2.141}$$

首先，只考虑模式色散（此时，无材料色散和导波色散，即认为 n_0，Δ 及 P 均与 ω 无关），利用式（2.139）及式（2.140），可得：

$$\tau_{0P}=\sqrt{1-2\Delta\xi}\frac{\mathrm{d}\beta_0}{\mathrm{d}\omega}-\frac{\beta_0\Delta}{\sqrt{1-2\Delta\xi}}\frac{\mathrm{d}\xi}{\mathrm{d}\omega}=$$

$$\frac{n_0}{c}\sqrt{1-2\Delta\xi}-\frac{\beta_0\Delta}{\sqrt{1-2\Delta\xi}}\frac{2g}{g+2}\left(\frac{P}{k_0 n_0 a}\right)^{[2g/(g+2)]-1}\left(\frac{-P}{k_0^2 c n_0 a}\right)=$$

$$\frac{n_0}{c}\sqrt{1-2\Delta\xi}+\frac{2g}{g+2}\frac{\beta_0\Delta}{k_0 c\sqrt{1-2\Delta\xi}}\xi=$$

$$\frac{n_0}{c}\left[\sqrt{1-2\Delta\xi}+\frac{2g\Delta\xi}{g+2}\frac{1}{\sqrt{1-2\Delta\xi}}\right]=$$

$$\frac{n_0}{c\sqrt{1-2\Delta\xi}}\left[1-2\Delta\xi+\frac{2g\Delta\xi}{g+2}\right]=$$

$$\frac{n_0}{c\sqrt{1-2\Delta\xi}}\left[1-\frac{4\Delta\xi}{g+2}\right] \tag{2.142a}$$

在弱导条件下（$\Delta\ll1$），把上式展开成“$\Delta\xi$”的幂级数，可得：

$$\tau_{0P}=\frac{n_0}{c}\left[1+\Delta\xi+\frac{3}{2}(\Delta\xi)^2+\cdots\right]\left[1-\frac{4\Delta\xi}{g+2}\right]=\frac{n_0}{c}\left[1+\frac{g-2}{g+2}\Delta\xi+\frac{3g-2}{g+2}\frac{(\Delta\xi)^2}{2}+\cdots\right] \tag{2.142b}$$

为求系统的最大时延查，考虑两种极端情况。其一：$\xi=1$（对应于模群 $P=P_{\max}$），此模群的时延最大。为：

$$\tau_{0P}=\tau_{0P\max}=\frac{n_0}{c}\left[1+\frac{g-2}{g+2}\Delta+\frac{3g-1}{g+2}\frac{(\Delta)^2}{2}+\cdots\right]$$

另一个极端情况：$\xi\approx0$（对应于模群 $P=2$），该模群的时延最小。为：

$$\tau_{0P}=\tau_{0P\min}=\frac{n_0}{c}$$

系统单位长度光纤的最大时延差为：

$$\Delta\tau_{0Pm}=\tau_{0P\max}-\tau_{0P\min}=\frac{n_0}{c}\left[\frac{g-2}{g+2}\Delta+\frac{3g-2}{g+2}\frac{(\Delta)^2}{2}+\cdots\right] \tag{2.143a}$$

在上式中取二级近似，并令 $\Delta\tau_{0Pm}=0$。可得：

$$\frac{g-2}{g+2}\Delta+\frac{3g-2}{g+2}\frac{(\Delta)^2}{2}=0 \tag{2.143b}$$

从而求得模式色散引起的时延差最小时，对应的折射率分布指数值为：

$$g=\frac{4+2\Delta}{2+3\Delta}\approx(4+2\Delta)\times\frac{1}{2}(1-\frac{3}{2}\Delta)=2-2\Delta-\frac{3}{2}\Delta^2\approx2(1-\Delta)=g_{opt模} \tag{2.143c}$$

式（2.143c）即为在忽略光纤的材料色散和波导色散的情况下，使模式色散达到最小的最佳折射率分布指数。显然，抛物线型折射率分布光纤（$g=2$）在弱导条件下比较接近 $g_{opt模}$。

把式（2.143c）的结论［即 $g=g_{opt模}=2(1-\Delta)$］代入式（2.142b）中，取二级近似（保留到 ξ^2 项），可得模群 P 的传输时延为：

$$\tau_{0P}\approx\frac{n_0}{c}\left(1+\frac{\Delta^2}{2-\Delta}\xi-\frac{2-3\Delta}{2-\Delta}\frac{(\Delta)^2}{2}\xi^2\right)\approx\frac{n_0}{c}\left[1+\frac{\Delta^2}{2-\Delta}\xi(1-\xi)\right]\approx\frac{n_0}{c}\left[1+\frac{\Delta^2}{2}\xi(1-\xi)\right]$$

模群 P 与最低模群（$P=2$）之间的传输时延差为：

$$\Delta\tau_{0P}=\tau_{0P}-\tau_{0P\min}=\tau_{0P}-\frac{n_0}{c}\approx\frac{n_0\Delta^2}{2c}\xi(1-\xi) \tag{2.144a}$$

由上式可见，$\Delta\tau_{0P}$ 的最大值出现在 $\xi=\frac{1}{2}$ 处，而对任一模群 P，当 $g=g_{opt模}\approx2(1-\Delta)$ 时，皆有

$$\Delta\tau_{0P}\leqslant\frac{n_0\Delta^2}{8c}=\Delta\tau_{0\max} \tag{2.144b}$$

与阶跃折射率光纤相比较［见式（2.29）］，$g=g_{opt模}\approx2(1-\Delta)$ 时，渐变折射率光纤因模式色散而引起的模群时延差缩小为阶跃折射率光纤的 $\Delta/8$ 倍，从而大大减小了模式色散。例如，当 $\Delta=0.01$ 时，使 $g=g_{opt模}$ 分布的渐变折射率光纤，其模式色散引起的最大时延差可比相应的阶跃折射率光纤缩小约 3 个数量级。

如果还考虑光纤的材料色散和导波色散，则式（2.139）和式（2.140）中的 n_0，Δ 及 P 都是 ω 的函数，分析过程比较复杂。但用与上面类似的分析方法也可得到对应的最佳折射率分布指数为：

$$g_{opt}\approx2(1-\Delta)+y \tag{2.145a}$$

$$y=-\frac{2n_0\lambda_0}{N_0\Delta}\frac{d\Delta}{d\lambda} \tag{2.145b}$$

$$N_0=\frac{d(n_0\omega)}{d\omega}=n_0+\omega\frac{dn_0}{d\omega} \tag{2.145c}$$

当 $g=g_{opt}$ 时，渐变折射率光纤的各种色散引起的总的时延可以达到最小。此时，g_{opt} 不仅因光纤材料而异，还与光波长有关。

2.5 单 模 光 纤

单模光纤是在给定的工作波长情况下，只传输基膜的光纤。在阶跃折射率单模光纤中只传输 HE_{11} 模，在抛物线型折射率分布单模分布单模光纤中只传输 LP_{00} 模。由于单模光纤只传输基膜，无模式色散，因此，其频带宽（约比多模光纤大 1～2 个数量级），非常适合于高速率的、远距离的信息传送，在陆地上长途通信及海底光缆通信方面具有重要的应用。

2.5.1　阶跃折射率单模光纤的结构

在阶跃折射率单模光纤中，只传输模 HE_{11}，由 2.3 节中的结论知，单模传输条件为：

$$V=\frac{2\pi n_1 a\ \sqrt{2\Delta}}{\lambda_0}<2.405$$

一方面，为保证单模传输，归一化频率 V 不能太大，进而，单模光纤的芯径较小（一般有 $4\mu m<2a<10\mu m$）。另一方面，V 值减小将导致光能量向包层区泄漏，进而使损耗增加。

为解决上述问题，实际导模光纤的结构并非简单的阶跃型（只有一层包层），而是多层结构。例如，为了降低光纤的损耗，常在纤芯外加一层高纯度的内包层（其作用是：减小对泄漏的光能量的损耗）；而为了增大芯径，则在内包层外加了外包层（外包层的传输损耗很大，可达 1000dB/km），构成所谓的双包层结构。在图 2.17 中，给出了 3 种典型的单模阶跃折射率光纤的折射率在横截面内半径 ρ 的分布形式。

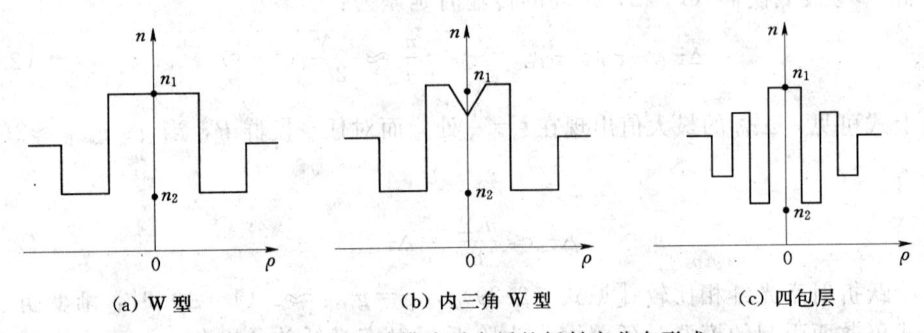

图 2.17　典型单模阶跃光纤的折射率分布形式

如图 2.17（a）所示的折射率分布的光纤称为 W 型阶跃折射率单模光纤。它既可以降低光纤损耗，又可以增大纤芯的芯径，下面简述其原理。首先，使归一化频率满足 $2.405<V<3.832$，当 n_1、Δ 及 λ_0 不变时，可使芯径增大（相对于 $V<2.405$）。同时，V 的增大还可抑制纤芯中基横 HE_{11} 的能量向内包层泄漏。其次，很薄的内包层（$n_2<n_1$）由高纯度、低损耗的石英材料构成，它一方面保证光波在纤芯与内包层分界面满足内部全反射条件，同时，对于少量由纤芯区泄漏的 HE_{11} 模的能量还可保持低损耗（沿轴线在内包层中）传输。最后，因 $V>2.405$，所以，光纤中还可以出现 TE_{01}、TM_{01} 及 HE_{21} 等高次模。当 V 满足高次模的近截止状态时，该模式的大部分能量将存在包层区。由于内包层很薄，且在外包层（$n_3>n_2$）与内包层的分界面上光波不满足全反射条件，故高次模的大部分能量将泄漏进外包层，而外包层选用高传输损耗材料时，高次模的能量即可很快衰减，从而在较大纤芯情况下，也可保证单模低损耗传输。

如图 2.17（b）和图 2.17（c）所示的光纤是在 W 型光纤基础上的改进型，它们的色散特性较 W 型光纤得到了改善。

必须指出，即使设计的单模阶跃折射率光纤的折射率是分段均匀分布的，实际上却不是均匀分布的。在光纤的制造过程中，由于纤芯材料与内包层材料在分界面内侧的扩散，将使折射率分布在分界面两侧由跃变而转化为缓变。由于单模光纤的芯径较小，这种折射率的变化的影响较多模阶跃折射率光纤将更为显著。为便于分析计算，常把实际单模阶跃折射率光纤纤芯区的折射率表示为：

$$n(\rho)=n_2\left[1+2\Delta h\left(\frac{\rho}{a}\right)\right]^{1/2}=n_2\left\{1+2\Delta\left[1-\left(\frac{\rho}{a}\right)^g\right]\right\}^{1/2}\approx n_2\left\{1+\Delta\left[1-\left(\frac{\rho}{a}\right)^g\right]\right\} \tag{2.146}$$

式中：$\Delta=(n_1^2-n_2^2)/2n_2^2$；$n_1$ 为纤芯区原介质的折射率；n_2 为包层区原介质的折射率。在弱导条件下有 $n_1>n_2$；$n_1\approx n_2$ 及 $\Delta\ll 1$。

2.5.2 阶跃折射率单模光纤中的模式及其场量

1. 矢量解法

利用式 2.3 节中矢量解法的结果，当满足单模传输条件（$V<2.405$）时，阶跃折射率光纤中可单模传输 HE_{11} 模。利用式（2.48）、式（2.55a）、式（2.57a）及式（2.58），可得该模式在纤芯区的场量表达式为：

$$E_z=A'J_1\left(\frac{u\rho}{a}\right)e^{j\varphi}e^{-j\beta z}$$

$$E_z=\frac{-jA'}{\eta_1}J_1\left(\frac{u\rho}{a}\right)e^{j\varphi}e^{-j\beta z}$$

$$E_\rho=-jA'\left(\frac{a}{u}\right)\beta\left[\frac{a}{\rho u}J_1\left(\frac{u\rho}{a}\right)+J_1'\left(\frac{u\rho}{a}\right)\right]e^{j\varphi}e^{-j\beta z}$$

$$E_\varphi=A'\beta\left(\frac{a}{u}\right)\left[\frac{a}{\rho u}J_1\left(\frac{u\rho}{a}\right)+J_1'\left(\frac{u\rho}{a}\right)\right]e^{j\varphi}e^{-j\beta z}$$

$$H_\varphi=-A'\left(\frac{a}{u}\right)\frac{1}{\omega\mu_0}\left[\frac{ak_1^2}{\rho u}J_1\left(\frac{u\rho}{a}\right)+\beta^2J_1'\left(\frac{u\rho}{a}\right)\right]e^{j\varphi}e^{-j\beta z}$$

$$H_\varphi=-jA'\left(\frac{a}{u}\right)\frac{1}{\omega\mu_0}\left[\frac{a\beta^2}{\rho u}J_1\left(\frac{u\rho}{a}\right)+k_1^2J_1'\left(\frac{u\rho}{a}\right)\right]e^{j\varphi}e^{-j\beta z}$$

式中，$u=a\sqrt{k_1^2-\beta^2}=a\sqrt{k_1^2n_1^2-\beta^2}$；$\eta_1=\omega\eta_0/\beta$，$A'=A/J_1(u)$；$A$ 为场量。

2. 标量近似解法

利用 2.3 节中标量近似解法的结果，当满足单模传输条件（$V<2.405$）时，阶跃折射率光纤中可单模传输 LP_{01} 模。由式（2.77）及式（2.78），可求得该模式的横向场量为：

$$E_y=\begin{cases}A[J_0(u\rho/a)/J_0(u)]e^{-j\beta z} & (\rho<a)\\ A[k_0(\omega\rho/a)/k_0(\omega)]e^{-j\beta z} & (\rho>a)\end{cases}$$

$$H_x=-E_y/\eta=\begin{cases}-(A/\eta_0)[n_1J_0(u\rho/a)/J_0(u)]e^{-j\beta z} & (\rho<a)\\ -(A/\eta_0)[n_2K_0(\omega\rho/a)/K_0(\omega)]e^{-j\beta z} & (\rho>a)\end{cases}$$

再利用纵横关系式（2.76）即可求出该模式的纵向场量。

为便于在分析计算中与其他模式进行比较，场用归一化场强表示某一模式的场量。其定义是：传输总功率为1W时的场强。对LP_{00}模，在式（2.97）中，令$P_t=1$，可得对应的A值为：

$$A=\frac{u}{V}\frac{K_0(\omega)}{K_1(\omega)}\left(\frac{2\eta_0}{\pi n_2 a^2}\right)^{1/2}=\frac{\omega}{V}\frac{J_0(u)}{J_1(u)}\left(\frac{2\eta_0}{\pi n_2 a^2}\right)^{1/2}$$

注意到$n_1\approx n_2$，从而有：

$$E_y=\left(\frac{2\eta_0}{\pi n_2 a^2}\right)^{1/2}\mathrm{e}^{-j\beta z}\begin{cases}\dfrac{\omega J_0(\rho/a)}{VJ_1(u)} & (\rho<a)\\ \dfrac{uK_0(\omega\rho/a)}{VK_1(\omega)} & (\rho>a)\end{cases} \tag{2.147a}$$

$$H_x=-E_y/\eta_2=\left\{\left(\frac{2n_2}{\pi\eta_0 a^2}\right)^{1/2}\mathrm{e}^{-j\beta z}\begin{cases}\dfrac{\omega J_0(\rho/a)}{VJ_1(u)} & (\rho<a)\\ \dfrac{uK_0(\omega\rho/a)}{VK_1(\omega)} & (\rho>a)\end{cases}\right. \tag{2.147b}$$

LP_{01}模的特征方程可由式（2.81b），求得（$m=0$）：

$$uJ_1(u)/J_0(u)=\omega K_1(\omega)/K_0(\omega) \tag{2.147c}$$

式中，u值在0与2.405之间随归一化频率变化。由式（2.147c）所确定（约束）的u和ω与归一化频率V的变化关系可近似表示为：

$$\omega\approx1.1428V-0.9960>0$$

$$u=\sqrt{V^2-\omega^2}\approx\sqrt{0.9920+2.2765V-0.3060V^2}$$

2.5.3 实际（阶跃折射率）单模光纤的等效近似分析

目前已经指出，尽管理论设计的阶跃折射率单模光纤的折射率是分段均匀分布的，但实际上却是渐变型的［式（2.146）］。在这种情况下，导模的场分布与理想阶跃情况对应的场分布（HE_{11}模或LP_{01}模）将有明显不同。在实际工程上，常用理想阶跃折射率单模光纤或抛物线型折射率分布单模光纤来近似等效实际单模光纤，然后，用等效光纤的对应参数描述实际光纤的传输特性。

1. 高斯等效近似法

（1）等效光纤模型。等效光纤为无界抛物线单模光纤，即把实际单模光纤中的场表示成无界抛物线型光纤中的主模LP_{00}模的场，LP_{00}模的横向电场（设其为沿y轴线极化）按高斯函数分布。即：

$$E_{y1}=C\mathrm{e}^{-\rho^2/s^2}\mathrm{e}^{-j\beta z} \tag{2.148a}$$

对应的归一化表示式为：

$$E_{y1}=\frac{2}{s_0}\left(\frac{\eta_2}{\pi}\right)^{1/2}\mathrm{e}^{-\rho^2/s^2}\mathrm{e}^{-j\beta z} \tag{2.148b}$$

（2）等效的原则。采用最大激发效率判断准则。即取按高斯函数的分布的LP_{00}模的场为激励，去激发实际光纤的场，求出使激发效率达最高时所对应的等效模场半径s_0，进而用LP_{00}模（在无界抛物线型单模光纤中传输）来近似代替实际光纤中的模式。

（3）等效结果。设光纤包层的厚度趋于无限大，则激发效率可求为：

$$\eta_{激}=\frac{-1}{2}\int_0^{2\pi}\mathrm{d}\varphi\int_0^{\infty}R_e(E_yH_{x1}^*)\rho\mathrm{d}\rho \tag{2.149}$$

式中：E_y为单模阶跃折射率光纤中LP_{01}模的横向电场［由式（2.147a）给定］；H_{x1}^*为无界抛物线型单模（等效）光纤中LP_{00}模的横向磁场［$H_{x1}=-E_{y1}/\eta$，E_{y1}由式（2.148b）

给定]。

求出 $\eta_{激}=\eta_{激}(s_0)$ 之后，令：

$$\frac{d\eta_{激}(s_0)}{ds_0}=0$$

可求出时激发效率达最高时对应的高斯等效模场半径 s_0，将此 s_0 值代入式(2.148b)，记得用以近似式代替实际单模光纤的模场的等效无界抛物线型单模光纤的模场（高斯分布型）表达式，其等效模场半径 s_0 可用下式表示。即：

$$s_0=0.650a+1.619aV^{-1.5}+2.879V^{-6} \tag{2.150}$$

高斯等效在离光纤纤芯较远（$\rho\gg1$）处时误差较大，其原因是高斯场的衰减比实际场的衰减块。但在纤芯区附近，精度很高。

2. 用阶跃光纤等效近似法

(1) 等效光纤模型。等效光纤为理想阶跃折射率导模光纤。一般取等效光纤包层区介质折射率 n_2 等于实际光纤包层区介质的折射率，进而利用等效准则求出等效光纤的芯径 a_e，等效相对折射率差 Δ_e（从而可求等效纤芯区介质折射率 n_{1e}）及等效归一化频率 V_e。

(2) 等效原则。采用传播常数 β 稳定的判断准则。即使等效光纤的传播常数值与实际光纤的传播常数值尽量接近。

(3) 等效结果。设光纤的基膜场量为 E，有基膜场满足的亥姆霍兹方程可得 β 的积分表达式：

$$\beta^2=\left[k_0^2\int_0^\infty n^2E^2\rho d\rho-\int_0^\infty\left(\frac{dE}{d\rho}\right)^2d\rho\right]\Big/\int_0^\infty \rho E^2d\rho \tag{2.151}$$

可以证明 β 有两个重要特性。其一，$\Delta\beta\propto(\Delta E)^2$，此表明，$\beta$ 值对场值的变化不敏感；其二，重要特性 $\frac{\Delta\beta}{\beta}\propto\frac{\Delta n}{n}$，这表明，$\beta$ 值对折射率值的变化敏感。

设实际光纤的参数为 n_2、$n(\rho)$［由式（2.146）给定］，a、V、E 及 β；等效光纤的对应参数（加下脚标 e）为 $n_{2e}=n_2$、$n_e(\rho)=n_{1e}$、a_e、V_e、E_e 及 β_e。

设用等效光纤代替实际光纤所引起的 β^2 的误差为 $\Delta\beta^2$，选取合适的 a_e 及 $\Delta_e=\frac{n_{1e}^2-n_{2e}^2}{2n_{1e}^2}\approx\frac{n_{1e}-n_{2e}}{n_{1e}}$（满足弱导条件），以使 $\Delta\beta^2$ 满足：

$$\Delta\beta^2=\beta_e^2-\beta^2=0 \tag{2.152}$$

这就是 β 稳定判断准则的求解思路。

利用式（2.151）及 β 的第一个重要特性（β 对场值的变化不敏感，可近似取 $E\approx E_e$），可将式（2.152）简化为：

$$\begin{aligned}\Delta\beta^2=\beta_e^2-\beta^2&=\left[k_0^2\int_0^\infty n_e^2E_e^2\rho d\rho-\int_0^\infty\left(\frac{dE_e}{d\rho}\right)^2\rho d\rho\right]\Big/\int_0^\infty(E_e)^2\rho d\rho\\&\quad-\left[k_0^2\int_0^\infty n^2E^2\rho d\rho-\int_0^\infty\left(\frac{dE}{d\rho}\right)^2\rho d\rho\right]\Big/\int_0^\infty E^2\rho d\rho\\&\approx\left[k_0^2\int_0^\infty n_e^2E_e^2\rho d\rho-\int_0^\infty n^2E_e^2\rho d\rho\right]\Big/\int_0^\infty(E_e)^2\rho d\rho\\&=k_0^2\int_0^\infty(n_e^2-n^2)E_e^2\rho d\rho\Big/\int_0^\infty E_e^2\rho d\rho=0\end{aligned} \tag{2.153a}$$

进而有：

$$\int_0^{\infty} n_e^2 E_e^2 \rho \mathrm{d}\rho = \int_0^{\infty} n^2 E_e^2 \rho \mathrm{d}\rho \tag{2.153b}$$

式中，实际光纤的折射率 $n=n(\rho)$ 为：

$$n(\rho)=\begin{cases} n_2\left\{1+2\Delta\left[1-\left(\dfrac{\rho}{a}\right)^g\right]\right\}^{1/2} & (\rho<a) \\ n_2 & (\rho\geqslant a) \end{cases}$$

等效光纤的折射率 n_e 为：

$$n_e=\begin{cases} n_2(1+2\Delta_e)^{1/2}=n_{1e} & (\rho<a_e) \\ n_2 & (\rho\geqslant a_e) \end{cases}$$

$$\Delta=(n_1^2-n_2^2)/2n_2^2\approx(n_1-n_2)/n_2$$

$$\Delta_e=(n_{1e}^2-n_2^2)/2n_2^2\approx(n_{1e}-n_2)/n_2$$

将 n 及 n_e 的表达式代入式（2.153b）中，可得：

$$\begin{aligned} &\int_0^{a_e} n_2^2(1+2\Delta_e)E_e^2\rho\mathrm{d}\rho+\int_{a_e}^{\infty} n_2^2 E_e^2\rho\mathrm{d}\rho \\ &=\int_0^{a_e} 2n_2^2\Delta_e E_e^2\rho\mathrm{d}\rho+\int_0^{\infty} n_2^2 E_e^2\rho\mathrm{d}\rho \\ &=\int_0^{a} n_2^2\left\{1+2\Delta\left[1-\left(\frac{\rho}{a}\right)^g\right]\right\}E_e^2\rho\mathrm{d}\rho+\int_0^{\infty} n_2^2 E_e^2\rho\mathrm{d}\rho \\ &=\int_0^{a} 2n_2^2\Delta\left[1-\left(\frac{\rho}{a}\right)^g\right]E_e^2\rho\mathrm{d}\rho+\int_0^{\infty} n_2^2 E_e^2\rho\mathrm{d}\rho \end{aligned}$$

即有：

$$\int_0^{a_e}\Delta_e E_e^2\rho\mathrm{d}\rho=\int_0^{a}\Delta\left[1-\left(\frac{\rho}{a}\right)^g\right]E_e^2\rho\mathrm{d}\rho \tag{2.153c}$$

为了确定两个独立等效参数（a_e 和 Δ_e），需要建立两个方程。设式（2.153c）对阶跃折射率光纤标量近似解的 LP_{01} 模和 LP_{11} 模都适用，LP_{01} 模的横向场量（在纤芯中）为 $E_{e01}\propto J_0\left(\dfrac{u\rho}{a}\right)$，$LP_{11}$ 模的横向场量（在纤芯中）为 $E_{e11}\propto J_1\left(\dfrac{u\rho}{a}\right)$。

在实际工程中，归一化频率 V 的取值范围为 1.5～3，LP_{01} 模和 LP_{11} 模的等效场可做如下近似，即：

$$E_{e01}=\begin{cases} 1 & (\rho<a) \\ 0 & (\rho>a) \end{cases}$$

$$E_{e11}=\begin{cases} \sqrt{\rho/a} & (\rho<a) \\ 0 & (\rho>a) \end{cases}$$

将上面结果分别代入式（2.153c）中，可得 LP_{01} 模和 LP_{11} 模分别满足的方程为：

$$\Delta_e a_e^2/2=\Delta\int_0^a\left[1-\left(\frac{\rho}{a}\right)^g\right]\rho\mathrm{d}\rho=\Delta a^2\int_0^1(1-x^g)x\mathrm{d}x=\Delta a^2 g/2(g+2) \tag{2.154a}$$

和

$$\Delta_e a_e^3/3a=\Delta\int_0^a\left[1-\left(\frac{\rho}{a}\right)^g\right]\frac{\rho^2}{a}\mathrm{d}\rho=\Delta a^2\int_0^1(1-x^g)x^2\mathrm{d}x=\Delta a^2 g/3(g+3) \tag{2.154b}$$

联立式（2.154）中的两个方程，求解得：

$$a_e=a\frac{g+2}{g+3} \tag{2.155a}$$

$$\Delta_e=\Delta\frac{a^2}{a_e^2}\frac{g}{g+2}=\Delta\frac{g(g+3)^2}{(g+2)^3} \tag{2.155b}$$

在利用关系式 $V=k_0an_2\sqrt{2\Delta}$ 及 $V_e=k_0a_en_2\sqrt{2\Delta_e}$，可得：

$$V_e=V(a_e/a)\sqrt{\Delta_e/\Delta}=V\sqrt{g/(g+2)} \tag{2.155c}$$

已知实际光纤的参数 n_2、g、a 及 Δ 之后，利用式（2.155）即可求得等效的阶跃折射率单模光纤的相关参数 n_2、a_e 及 Δ_e，从而通过对等效光纤的传输特性的研究来了解实际光纤的性质。

等效阶跃折射率单模光纤的二阶模的归一化截止频率为 $V_{ec}=2.405$，单模传输条件为 $V_e<V_{ec}=2.405$，对应的实际（单模）光纤的单模传输条件为：

$$V<V_c=V_{ec}\sqrt{(g+2)/g}=2.405\sqrt{(g+2)/g}>V_{ec}$$

将阶跃光纤等效近似与高斯等效近似两种方法结合起来，可以较好地描述实际光纤的模场分布及传输特性。

2.5.4 单模光纤的色散

1. 单模光纤的单位长度时延差

根据 2.2 节的有关结论［见式（2.18）］，有：

$$\Delta_{\tau 0}=\frac{d^2\beta}{dk_0^2}\left(\frac{k_0}{c}\frac{\Delta f}{f_0}\right) \tag{2.156}$$

再由 2.3 节中的式（2.59a）、式（2.53b）和式（2.54b），定义归一化传播常数 b 为：

$$b=\frac{\omega^2}{V^2}=\frac{\beta^2-k_0^2n_2^2}{k_0^2(n_1^2-n_2^2)} \tag{2.157a}$$

可得：

$$\beta=k_0[n_2^2+(n_1^2-n_2^2)b]^{1/2} \tag{2.157b}$$

利用弱导条件（$n_1>n_2$ 且 $n_1\approx n_2$），可得：

$$\beta=k_0n_2\left(1+\frac{n_1^2-n_2^2}{n_2^2}b\right)^{1/2}\approx k_0n_2\left(1+2b\frac{n_1-n_2}{n_2}\right)^{1/2}$$

$$\approx k_0n_2\left(1+b\frac{n_1-n_2}{n_2}\right)=k_0[n_2+(n_1-n_2)b] \tag{2.157c}$$

另设纤芯和包层所用材料的色散特性相近$\left(即\frac{dn_1}{dk_0}\approx\frac{dn_2}{dk_0}\right)$，由式（2.59b）（即 $V=k_0a\times\sqrt{n_1^2-n_2^2}$），则有：

$$\frac{d}{dk_0}=\frac{d}{dV}\frac{dV}{dk_0}=\frac{d}{dV}\left[a\sqrt{n_1^2-n_2^2}+k_0a(n_1^2-n_2^2)^{-1/2}\left(\frac{dn_1}{dk_0}n_1-\frac{dn_2}{dk_0}n_2\right)\right]$$

$$\approx a\sqrt{n_1^2-n_2^2}\frac{d}{dV}=\frac{V}{k_0}\frac{d}{dV} \tag{2.157d}$$

从而有：

$$\frac{d\beta}{dk_0}=n_2+(n_1+n_2)b+k_0\left[\frac{dn_2}{dk_0}+b\left(\frac{dn_1}{dk_0}-\frac{dn_2}{dk_0}\right)+(n_1-n_2)\frac{V}{k_0}\frac{db}{dV}\right]$$

$$\approx\left(n_2+k_0\frac{dn_2}{dk_0}\right)+b\left[\left(n_1+k_0\frac{dn_1}{dk_0}\right)-\left(n_2+k_0\frac{dn_2}{dk_0}\right)\right]$$

$$+\left[\left(n_1+k_0\frac{dn_1}{dk_0}\right)-\left(n_2+k_0\frac{dn_2}{dk_0}\right)\right]V\frac{db}{dV}$$

$$=\left(n_2+k_0\frac{dn_2}{dk_0}\right)+\left[\left(n_1+k_0\frac{dn_1}{dk_0}\right)-\left(n_2+k_0\frac{dn_2}{dk_0}\right)\right]\left(b+V\frac{db}{dV}\right)$$

$$=N_2+(N_1-N_2)\left(b+V\frac{db}{dV}\right)=N_2+(N_1-N_2)\frac{d(Vb)}{dV}$$

$$\frac{d^2\beta}{dk_0^2}=\frac{dN_2}{dk_0}+\left(\frac{dN_1}{dk_0}-\frac{dN_2}{dk_0}\right)\frac{d(Vb)}{dV}+(N_1-N_2)\frac{V}{k_0}\frac{d^2(Vb)}{dV^2}$$

代入式（2.156），可得：

$$\Delta_{\tau0}=\frac{k_0}{c}\frac{\Delta f}{f_0}\frac{d^2\beta}{dk_0^2}=\frac{k_0}{c}\frac{\Delta f}{f_0}\frac{dN_2}{dk_0}+\frac{k_0}{c}\frac{\Delta f}{f_0}\left(\frac{dN_1}{dk_0}-\frac{dN_2}{dk_0}\right)\frac{d(Vb)}{dV}+\frac{k_0}{c}\frac{V}{c}(N_1-N_2)\frac{d^2(Vb)}{dV^2}\tag{2.158a}$$

式中：$N_i=n_i+k_0\dfrac{dn_i}{dk_0}$（$i=1$、2）称为纤芯区（或包层区）材料的群折射率。

在式（2.158a）中，单位长度光纤的群时延差 $\Delta_{\tau0}$ 为三项之和。下面分别讨论每一项的物理意义。

第一项：

$$\begin{aligned}\Delta_{\tau0m}&=\frac{k_0}{c}\frac{\Delta f}{f_0}\frac{dN_2}{dk_0}\approx\frac{k_0}{c}\frac{\Delta f}{f_0}\frac{dN_1}{dk_0}\\&=\frac{k_0}{c}\frac{\Delta f}{f_0}\frac{d}{dk_0}\left(n_1+k_0\frac{dn_1}{dk_0}\right)=\frac{k_0}{c}\frac{\Delta f}{f_0}\left(2\frac{dn_1}{dk_0}+k_0\frac{d^2n_1}{dk_0^2}\right)\\&=\frac{k_0}{c}\frac{\Delta f}{f_0}\left[2\frac{-\lambda^2}{2\pi}\frac{dn_1}{d\lambda}+\left(\frac{\lambda^2}{\pi}\frac{dn_1}{d\lambda}+\frac{\lambda^3}{2\pi}\frac{d^2n_1}{d\lambda^2}\right)\right]\\&=\frac{k_0}{c}\left(\frac{-\Delta\lambda}{\lambda}\right)\left(\frac{\lambda^3}{2\pi}\frac{d^2n_1}{d\lambda^2}\right)\\&=\frac{-\lambda}{c}\frac{d^2n_1}{d\lambda^2}\Delta\lambda\approx\frac{-\lambda}{c}\frac{d^2n_2}{d\lambda^2}\Delta\lambda\approx D_m\Delta\lambda\end{aligned}\tag{2.158b}$$

该项有材料的频率特性所决定，称为材料色散。式中的 λ 取中心真空中的波长$\left(\lambda_0=\dfrac{2\pi}{k_0}\right)$。

第二项：

$$\begin{aligned}\Delta_{\tau0d}&=\frac{k_0}{c}\frac{\Delta f}{f_0}\left(\frac{dN_1}{dk_0}-\frac{dN_2}{dk_0}\right)\frac{d(Vb)}{dV}\\&=\frac{k_0}{c}\frac{\Delta f}{f_0}\frac{d}{dk_0}\left[(n_1-n_2)+k_0\left(\frac{dn_1}{dk_0}-\frac{dn_2}{dk_0}\right)\right]\frac{d(Vb)}{dV}\\&=\frac{-2\pi}{c\lambda^2}\left[2\frac{d(n_1-n_2)}{dk_0}+k_0\frac{d^2(n_1-n_2)}{dk_0^2}\right]\frac{d(Vb)}{dV}\Delta\lambda=D_d\Delta\lambda\end{aligned}\tag{2.158c}$$

该项由纤芯与包层材料的折射率之差（n_1-n_2）的频率特性所决定，称为交叉色散。通过选择频率特性尽量接近纤芯与包层材料，以使$\dfrac{dN_1}{dk_0}\approx\dfrac{dN_2}{dk_0}$，可以有效的减小交叉色散。对于较优质的单模光纤，其交叉色散均可忽略不计。

第三项：

$$\begin{aligned}\Delta_{\tau0w}&=\frac{\Delta f}{f_0}\frac{V}{c}(N_1-N_2)\frac{d^2(Vb)}{dV^2}\\&\approx\frac{\Delta f}{f_0}\frac{V}{c}(n_1-n_2)\frac{d^2(Vb)}{dV^2}\approx\frac{\Delta f}{f_0}\frac{V}{c}n_1\Delta\frac{d^2(Vb)}{dV^2}\end{aligned}$$

$$= \frac{-\Delta\lambda}{\lambda}\frac{V}{c}n_1\Delta\frac{d^2(Vb)}{dV^2} = D_w\Delta\lambda \qquad (2.158d)$$

该项与光纤归一化频率 V 及归一化传播常数 b 有关，代表波导效应，称为波导色散。

2. 单模光纤的最小色散（零频率色散）

在设计制造单模光纤的过程中，如果能够使光纤材料折射率 n_1 的频率特性与包层材料折射率 n_2 的频率特性相近$\left(\text{即}\frac{dn_1}{dk_0}\approx\frac{dn_2}{dk_0}\text{且}\frac{d^2n_1}{dk_0^2}\approx\frac{d^2n_2}{d_0^2}\right)$，则由式（2.158c）可知，交叉色散可以被消除。此时，单模光纤单位长度时延差仅由材料色散 $\Delta_{\tau 0m}$ 与波导色散 $\Delta_{\tau 0w}$ 两项决定，即：

$$\Delta_{\tau 0} = \Delta_{\tau 0m} + \Delta_{\tau 0w} = (D_m + D_w)\Delta\lambda = D\Delta\lambda \qquad (2.158e)$$

式中：D_m 为色散系数；D_w 为波导色散系数；D 为总色散系数（或全色散系数）。

如图 2.18 所示中，分别给出了 D_m、D_w 和 D 以波长 λ 为自变量，以纤芯（$2a$）为参变量的色散特性曲线。

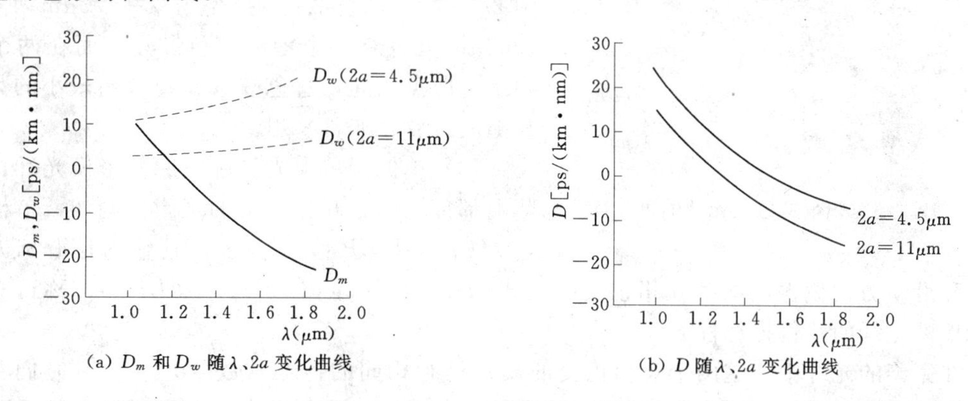

(a) D_m 和 D_w 随 λ、$2a$ 变化曲线　　(b) D 随 λ、$2a$ 变化曲线

图 2.18　单模光纤的色散特性曲线

由图 2.18 可见，在一定的波长范围内，D_m 与 D_w 具有相反的变化趋势（$D_m<0$ 且 $D_w>0$），导致总色散系数 D 在某一波长值即芯径值处为零。利用上述性质，适当选择单模阶跃折射率光纤的芯径（$2a$），可使总色散系数 D 在对应的波长值处为零，称此情形为零频率色散，符合此情形的光纤称为零频率色散光纤。由图 2.18 还可以看出，随着光纤芯径（$2a$）减小，零频率色散点将向长波长方向移动。例如：当 $2a=11\mu m$ 时，在 $\lambda=1.28\mu m$ 处，有 $D=0$；而当 $2a=4.5\mu m$ 时，在 $\lambda=1.46\mu m$ 处，有 $D=0$。

3. 特种色散光纤

为适应长距离、大容量光纤通信的需要，必须使光纤的色散降低，频带展宽。研制低色散宽频带光纤显得尤为重要。有三种特殊光纤已引起研究人员的关注，这就是零色散频移光纤、超宽频带低色散光纤和单偏振单模光纤。

（1）零色散频移光纤。由于 $\lambda=1.55\mu m$ 是光纤的一个低损耗窗口，因此，通过合理设计单模阶跃折射率光纤的芯径（满足 $2a\approx4\mu m$），即可将该单模光纤的零频率色散点移到 $\lambda=1.55\mu m$ 附近，从而使该光纤具有低传输损耗兼频带之最佳特性。称这种类型（特性）的光纤为零色散频移光纤。另一方面，单模光纤芯径（$2a$）的减小又将带来两种不利影响，一是芯径减小（归一化频率 V 不变）必将使 Δ 增大，这将破坏弱导条件（$n_1>n_2$ 且 $n_1\approx n_2$），从而使光波在光纤中传输时，传输损耗明显增大。因此，有必要寻求结构更加合理的零色散频移光纤。

如图2.17（b）所示的内三角W型折射率单模光纤可在芯径（$2a$）较大，相对折射率差Δ较小的情况下，将光纤的零频率色散点移至$\lambda=1.55\mu m$附近，从而使该光纤既具有较小的传输损耗和接续损耗，又具有较宽的频宽。这类光纤还具有制作方便等优点。

（2）超宽频带低色散光纤。随着光纤通信的发展，要求尽可能地拓展光纤的带宽。这就要求光纤在光波长1.3～1.6μm之间的整个低损耗波段内都具有非常低的色散，称这类光纤为超宽频低色散光纤。超宽频带低色散光纤在频分复用（FDM）或波分复用（WDM）光纤通信系统中具有广泛的应用。

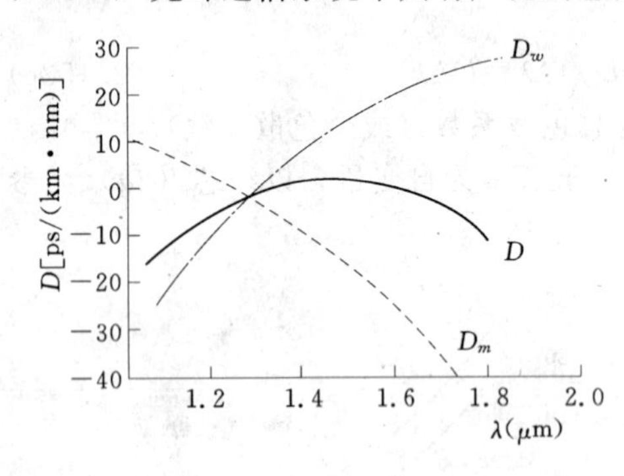

图2.19　超宽频带低色散光纤的色散特性

欲在宽频带内得到低色散特性，仅靠改变波导色散系数值D_w是不行的，而必须设法改变波导色散的变化规律。例如，采用如图2.17（a）所示的W型单模阶跃折射率光纤，即可得到如图2.19所示的色散特性。它在$\lambda=1.3\mu m$和$\lambda=1.62\mu m$处各有一个零频率色散点，而在两个零频率色散点之间，总色散系数D具有较小的数值且随波长变化非常平坦。

（3）单偏振单模光纤。一般的单模光纤，实际上都传输两个互相正交的基膜。例如，单模传输HE_{11}（或LP_{01}）时，实际传输的是沿x方向偏振和沿y方向偏振的两个互相正交的模式HE_{11}^x和HE_{11}^y（或LP_{01}^x和LP_{01}^y），称这一特征为单模光纤的双偏振特性。

在完善的光纤中，这两个互相正交的模式具有相同的传输常数（$\beta_x=\beta_y$），它们互相简并构成单一基膜（不造成附加色散）。但是，实用中的光纤总存在某种程度的缺乏（例如：纤芯的“椭圆变形”、光纤内部的残余应力、光纤的扭转及沿光纤轴向外加磁场等）。这些缺乏将导致两正交基膜HE_{11}^x和HE_{11}^y（或LP_{01}^x和LP_{01}^y）的传输常数（$\beta_x\neq\beta_y$），群速也不相同，从而造成附加的色散称为为偏振色散。这一特性将严重影响单模光纤在某些系统（如相干光纤通信系统、集成光学系统等）中的应用。为了消除（或减小）单模光纤的偏振色散的影响，可采用如下形式的单偏振单模光纤。

1）高双折射光纤。在制造单模光纤中，人为地引入高双折射率物质构成纤芯，使得两正交基膜HE_{11}^x和HE_{11}^y（或LP_{01}^x和LP_{01}^y）的传输常数（β_x和β_y）有很大的差别，导致两正交的（线偏振）基膜之间的耦合很弱，从而使单模光纤（基本）工作在单偏振状态。改变光纤横截面的几何形状或在纤芯内形成强内应力是形成高双折射率的有效方法。在图2.20中，示出了几种典型的高双折射率光纤横截面上的折射率分布图。

在如图2.20（a）所示中，椭圆形纤芯掺，圆形包层掺硼。由于掺杂不同，使纤芯和包层具有不同的热膨胀系数。在光纤的拉制过程中，当光纤材料有熔温降至室温时，因纤芯和包层收缩不同步而产生高双折射特性。如图2.20（b）和图2.20（c）所示的原理与如图2.20（a）所示的相同。

在图2.20（d）中，施加内应力部分形如蝴蝶结，这种经过优化的结构可以获得更高的双折射特性。

2）低双折射光纤。这种类型的光纤是在拉制光纤的过程中，经高速旋转预制棒而得

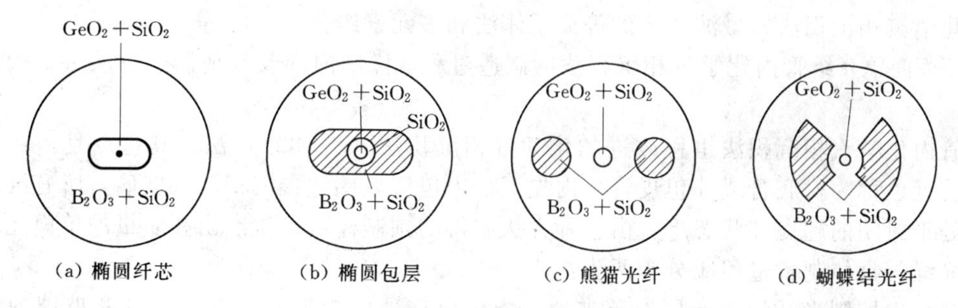

(a) 椭圆纤芯　(b) 椭圆包层　(c) 熊猫光纤　(d) 蝴蝶结光纤

图 2.20　几种典型高双折射光纤的横截面结构

到的。随着预制棒的旋转，光纤双偏振的快慢轴也（高速）连续旋转。每旋转 90°（对应的光纤拉制长度为 L_0），双偏振的快慢轴位置互换一次，其对偏振色散的影响就会互相抵消一次。如果旋转速度足够高，偏振色散的影响就可以降得足够小。

3）鞍槽形光纤。在图 2.21 中，示出了这种光纤横截面上的折射率分布图。在这种特殊结构的（单模）光纤中，两个相互正交的基膜 HE_{11}^{x} 和 HE_{11}^{y} 具有不同的截止频率 V_{cx} 和 V_{cy}。设 $V_{cx}>V_{cy}$，则当取归一化频率满足 $V_{cx}>V>V_{cy}$ 时，将只有 HE_{11}^{y} 基膜传输，从而形成（绝对的）单偏振单模传输。

如果能够将鞍槽形光纤的折射率的谷区（见图 2.21 中的阴影区）做成中空形式 [$n_P(\rho)=1$]，就可以使 V_{cx} 与 V_{cy} 差别较大，从而可以获得较大的带宽。

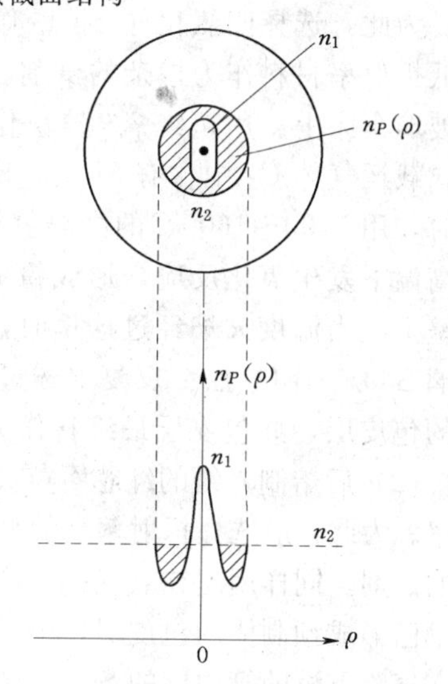

图 2.21　光纤横截面上的折射率分布图

*2.6 光纤的制造

目前，光纤通信中常用的光纤是石英光纤，它由以 SiO_2 为主体的石英玻璃组成。本节重点介绍阶跃折射率石英光纤的制造。

制造光纤时，一般先熔制出一根合适的石英玻璃棒（称为预制棒）。其直径通常约为 10mm，长度为 600～900mm。然后，再（用特殊的装置）把预制棒拉制成很细的细丝——光纤。最后，为保护裸光纤不受光纤环境的沾染，在光纤拉制成形之后，应立即把它涂敷一层弹性涂料（称为涂敷层）。

2.6.1 制造预制棒

预制棒的包皮层和芯层的主体材料都是 SiO_2，也称为石英玻璃，它具有很好的可绕性及很好的透光性（传输损耗低）。石英玻璃的折射率为 $n=1.458$。欲使光波在光纤中全（内）反射传输，必须使光纤纤芯区介质的折射率 n_1 略大于包层区介质的折射率 n_2。为此，在制备预制棒的芯层石英玻璃时，应均匀地掺入少量的比石英玻璃折射率略大的材料。而在制备包皮层石英玻璃时，又应均匀地掺入少量的比石英玻璃折射率略小的材料。这样就满足了光波在光纤中传输的基本要求（$n_1>n_2$），从而就制成了预制棒。

预制棒的实际制造过程很复杂，具体的制造工艺很多，主要有管内化学汽相沉积法、管外化学汽相沉积法、微波腔体的等离子体法和多元素组分玻璃法等。

下面简单介绍管内化学汽相沉积法的制造过程，详细内部及其他制造方法可查阅有关文献。

管内化学汽相沉积法也称改进的化学汽相沉积法——MCVD 法。其特点是，在石英反应管（也称为衬底管或外包皮管）内先沉积内包层玻璃，再沉积芯层玻璃，所有沉积过程都处于封闭的超提纯状态下。由这种方法制得的预制棒可以生产出高质量的单模光纤和多模光纤。具体制备过程应分为两步：

（1）先熔制光纤的内包层石英玻璃。内包层玻璃的折射率应略低于纤芯玻璃的折射率。为此，选择四氯化硅 $SiCl_4$ 作主体材料，选择三氯化硼（BCl_3），三溴化硼（BBr_3）等低折射率材料作为掺杂的试剂。把一根外径为 18mm、壁厚约为 2mm 的石英反应管夹到玻璃车床上。用超纯氧气 O_2 作为载运气体，通过 $SiCl_4$ 和掺杂试剂 BCl_3 等的蒸发瓶后，载运气体 O_2 中含有 $SiCl_4$、BCl_3 等物质并被导入封闭的石英反应管。当玻璃车床旋转时，用 1400～1600℃的高温氢氧火焰烧烤石英反应管外壁，管内的 $SiCl_4$ 和 BCl_3 等试剂在高温下发生氧化反应，形成粉尘状氧化物 $SiO_2—B_2O_3$ 等沉积在高温区的气流下游的管内壁上。当温度火焰经过这里时，这些粉尘就在石英反应管的内壁上形成均匀透明的掺杂玻璃 $SiO_2—B_2O_3$ 层。反复上述过程，即可在石英反应管内壁上形成具有一定厚度的预制棒的包皮层，此包皮层最终将作为光纤的内包层。

（2）后熔制光纤的纤芯石英玻璃。光纤的纤芯区玻璃的折射率应略高于内包层玻璃的折射率。为此，应选择折射率高的材料［如三氯氧磷（$POCl_3$），四氯化（$GeCl_4$）等］作为掺杂的试剂。同样用超纯氧气把 $SiCl_4$（主体材料）和 $GeCl_4$ 等掺杂试剂导入石英反应管（其内壁已形成预制棒的包皮层）中，通过高温氧化反应，形成粉末状氧化物 $SiO_2—GeO_2$ 等沉积在气流下游的管内壁的 $SiO_2—B_2O_3$ 包皮层上。当高温火焰经过这里时，这些粉末就在已沉积的 $SiO_2—B_2O_3$ 包皮层上形成均匀透明的掺杂玻璃 $SiO_2—GeO_2$ 层。经过多次重复，最后即可形成具有一定厚度的预制棒的芯层，此芯层最终将作为光纤的纤芯。

2.6.2　拉制光纤

由于在石英玻璃中的分子扩散要比晶体中难得多，即使加热到 2000℃的高温去熔融预制棒，已掺入棒体中的 GeO_2 和 B_2O_3 等掺杂剂也不会扩散，进而仍保持原来预制棒中的折射率分布。这一特点对拉制光纤非常有利。

如图 2.22 所示为将预制棒拉制成光纤的示意图。预制棒由送料机以一定的速度均匀地送往管状电阻加热炉中，当预制棒尖端被加热到一定程度时，棒体尖端材料的黏度很低，靠自身质量逐渐下垂变细而成为光纤。光纤的直径由线径测量仪并经线径控制电路去控制拉引光纤的牵引辊，使牵引辊收丝的速度与送料机的速度相适应，以保持拉制的光纤具有均匀的外径。

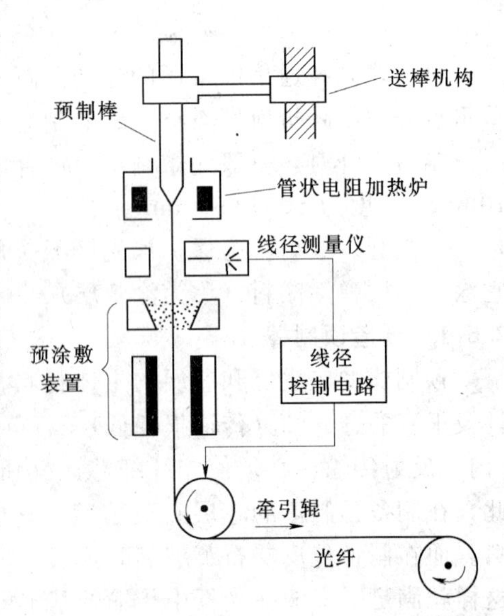

图 2.22　控制光纤装置示意图

2.6.3　光纤的涂敷

为保护光纤表面，提高抗拉强度和抗弯曲强

度，在光纤拉制成之后，应立即给它涂敷一层弹性材料（一般是硅酮树脂或聚氨基甲酸乙酯）。光纤的涂敷应紧随拉制之后，一般应将光纤的拉制与涂敷安排在同一制造环节中。如图 2.22 所示的拉制光纤装置，就是在拉制成形之后，立即对裸光纤进行涂敷。涂敷后光纤的外径一般在 100～150μm 之间。

2.7 光纤的成缆

经过涂敷的光纤虽已具有一定的强度，但还是经不起弯折、扭曲和侧压力的作用。为保证光纤能在各种敷设条件下和各种环境中适用，必须把光纤组合成某种形式的光缆，以使其具有良好的抗拉、抗弯、抗冲击等机械性能并满足实际使用要求。光纤的具体结构和类型取决于具体的使用情况。目前常用的光缆有单芯软光缆、架空光缆、海底光缆等。

2.7.1 设计光缆的基本原则

（1）为光纤提供可靠的机械保护，使光缆本身具有良好的机械性能。

（2）保证光纤的传输性能。

（3）根据技术要求，选择性能良好的光纤构成光缆。

（4）光缆的制造、维护和接续应方便、可靠。

2.7.2 光缆的典型结构

1. 紧结构光缆（古典式）

如图 2.23（a）所示为紧结构光缆的横截面结构图。光纤中的强度元件（加强心）一般用钢制材料制成钢丝，由于钢丝具有较大的杨氏模量，它从机械强度上保证了光纤的安全。另一方面，由于钢丝的线膨胀系数较小，从而可以改善光缆的温度纵向伸缩特性。在这种类型的光缆中，被敷光缆按一定的节距绞合成缆，并紧紧地包埋与塑料之中。对于适用型光缆，为便于检测和维修，还需预敷信号线和电源线。

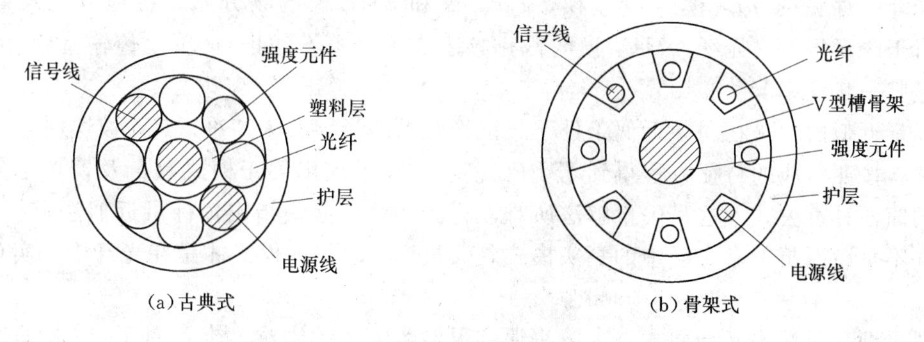

图 2.23 光缆的典型结构

2. 松结构光缆（骨架式）

如图 2.23（b）所示为松结构光缆的横截面结构图。它与古典型光缆的不同之处在于，现在，光纤被置于具有较大空间的塑料骨架的 V 型螺旋槽内。其特点是，当光纤因受机械力或热因素影响时，它可以在槽内作一定的径向移动，从而减小了光纤的应力、应变和微变，改善了传输特性。

应该指出，在某些特殊场合（如需要避免电磁干扰的情况），最好使用非金属结构的加强芯。此时，可使用开夫拉（Kevkar）纤维代替钢丝加强芯，开夫拉纤维的杨氏模量与钢丝同数量级且线膨胀系数更小。这种无金属光缆具有良好的抗电磁干扰性能，适用于在强电磁干扰环境中使用。

2.8 小　　结

因为本章内容比较多，而且推导过程比较烦琐，为了帮助读者掌握要点，对本章进行小结。

2.8.1 内容提要

本章应用几何光学和波动光学等有关理论分析了阶跃折射率多模光纤、渐变折射率多模光纤和单模光纤的传输特性。

首先，分析了光纤的传输损耗（衰减）特性。给出了适合于信息传输的三个低损耗窗口。然后，分析了光纤的色散特性，给出了描述光纤色散特性的参数（时延差，脉冲展宽，基带3dB带宽）的定义、物理意义及互相之间的关系。最后，用波动光学理论分析了阶跃折射率光纤和渐变折射率光纤的传输模式及传输特性。对于阶跃折射率光纤，既可以采用矢量解法进行较为严格的分析，又可（在弱导条件下）采用矢量近似解法进行近似分析。

矢量解法是求解（规矩）导波问题所采用的传统方法。其求解步骤：

（1）求解电磁场的纵向分量（E_z，H_z）满足的标量波导方程。

（2）利用横纵关系求出电磁场的横向分量（E_ρ，E_φ，H_ρ，H_φ）。

（3）利用边界条件确定积分常数并推求特征方程。

（4）由特征方程进行模式分类，并研究各模式的截止条件、传播常数等。

利用这种方法，我们得到了阶跃折射率光纤中电磁场量的完善的描述。给出了阶跃折射率光纤中存在的TE_{0q}模、TM_{0q}模、HE_{mq}模和EH_{mq}模的场分布、特征方程及截止频率。对于阶跃折射率光纤，HE_{11}模的截止频率为零（永不截止），单模传输基膜HE_{11}的条件是归一化频率$V<2.405$。

标量近似解法是在弱导近似条件下，试光纤中的光导波为“准TEM波”时，得到的近似解。按照对应的特征方程得到了LP_{mq}模，进而推求出关于模式数量及模功率分布等为题的简便计算公式。这是矢量解法所难以得到的。但必须指出，标量近似法求得的LP模式并不是阶跃折射率光纤中的真实模式，矢量解法求得的模式才是在光纤中真实存在的模式。

对于渐变折射率光纤而言，求解将遇到很多数学上的困难。本章对于$g=2$的抛物线型折射率分布分析，用波动光学理论得到了较为严格的场解，并分析了对应导模的传输特性。但对于一般的渐变折射率光纤（$g\neq 2$），用波动光学理论求解将很困难。本章用量子力学中常用的相位积分法，近似分析了一般的渐变折射率光纤中的模式数量、模群间隔、色散及最佳折射率分布指数等问题。

关于单模光纤的许多问题，在多模光纤的分析中已得出了相应的结果。本章首先就单模光纤的结构及实际单模光纤的工程（等效）近似问题进行了阐述。然后，重点分析了阶跃折射率单模光纤的色散特性，给出了零频率色散的概念并介绍了频率特性良好的两种单模光纤（分别称为零色散频移光纤和超宽频带低色散光纤）。

2.8.2 重点与难点

（1）光纤的损耗特性。

（2）光纤的色散特性。

（3）阶跃折射率光纤的模式理论（矢量解法的思路、步骤及有关结论）。

（4）渐变折射率光纤中的传输特性（自聚焦问题、色散特性、最佳折射率分布指数等）。

（5）单模光纤的传输特性（高斯等效近似法的有关结论，阶跃光纤等效近似发的有关结论、零频率色散的概念、零频率色散频移光纤）。

2.8.3 重要概念及常用公式

1. 重要概念（或参数）

（1）光纤的折射率分布决定了光纤可分为“节约型”和“渐变性”两类光纤。

对于阶跃折射率光纤，其折射率分布为：

$$n(\rho)=\begin{cases} n_1(\text{常量}) & (\text{纤芯区},\rho<a) \\ n_2(\text{常量}) & (\text{包层区},b>\rho\geqslant a) \end{cases}$$

为满足全内反射（传输）条件，应有 $n_1>n_2$。

一般的光纤通信系统，都采用弱导光纤，弱导条件为 $n_1>n_2$ 且 $n_1\approx n_2$。

阶跃折射率光纤的相对折射率差为：

$$\Delta=\frac{n_1^2-n_2^2}{2n_1^2}\approx\frac{n_1-n_2}{n_1}$$

对于渐变折射率光纤，其折射率分布为：

$$n(\rho)=\begin{cases} n_0\sqrt{1-2\Delta\left(\dfrac{\rho}{a}\right)^g} \\ n_2 \end{cases}\quad(\rho<a)(a\leqslant\rho<b)$$

式中，$\Delta=\dfrac{n_0^2-n_2^2}{2n_0^2}$，称为渐变折射率光纤的对应折射率差。对于弱导光纤，有：

$$n_0>n_2\ \text{且}\ n_0\approx n_2$$

$$\Delta\approx\frac{n_0-n_2}{n_0}$$

（2）光纤的数值孔径。

阶跃折射率光纤的数值孔径为：

$$NA=\sqrt{n_1^2-n_2^2}=n_1\sqrt{2\Delta}$$

渐变折射率光纤的（本地）数值孔径为：

$$NA(\rho)=\sqrt{n^2(\rho)-n_2^2}$$

数值孔径的大与小反映了光纤在入纤端面上收集光（能量）的能力的强与弱。

（3）光纤的传输损耗。光纤的传输损耗分为固有损耗和非固有损耗两大类。非固有损耗可以通过材料提纯和改善光纤的制造工艺而减小，直至消除。固有损耗虽无法避免，但与光波长有关。对于石英光纤，在光波长为 0.85μm、1.3μm 和 1.55μm 处，其损耗相对最低，称为石英光纤的 3 个低损耗窗口。这 3 个低损耗窗口中，长波长窗口（$\lambda=$ 1.55μm）损耗最低，短波长窗口（$\lambda=0.85\mu m$）损耗最高。

(4) 光纤的色散特性。光纤的色散是由于光纤所传输的信号具有不同的频率分布和不同的模式成分。而不同频率成分和不同模式成分的子信号具有不同的群速度，它们在光纤中传播将引起信号畸变。

光纤的色散特性可用最大时延差 $\Delta\tau$、脉展宽 σ 和基带 3dB 带宽 B 这 3 个参数之一来描述。理论分析计算常用最大时延差，工程设计常用脉冲展宽。

(5) 归一化频率 (V)。阶跃折射率光纤的归一化频率为：

$$V=k_0an_1\sqrt{2\Delta}=k_0a\sqrt{n_1^2-n_2^2}$$

渐变折射率光纤的归一化频率为：

$$V=k_0an_0\sqrt{2\Delta}=k_0a\sqrt{n_0^2-n_2^2}$$

归一化频率 V 既与光纤的结构参数 (a, n_2, n_1 或 n_0) 有关，又与光波的频率呈线性关系，它是光纤的一个重要的综合参数。光纤的很多特性都与该参数有关。

(6) 在阶跃折射率光纤中，存在 TE_{0q}、TM_{0q}、HE_{mq} 和 EH_{mq} 4 类模式。每一种模式都对应有各自的特征方程，归一化截止频率 V_c 和导行条件。

HE_{11} 模的截止频率为零，导行条件为 $V>0$。

按照归一化截止频率 V 值由小到大将对应的模式排序，紧靠 HE_{11} 模的高次模有 TE_{01}、TM_{01} 和 HE_{21} 3 种简并模式。它们的归一化截止频率皆为 $V_c=2.405$，其导行条件为 $V>2.405$。

阶跃折射率光纤中的基膜是 HE_{11} 模，单模传输 HE_{11} 模的条件为 $V<2.405$。

在阶跃折射率光纤中，TE_{0q} 模与 TM_{0q} 模具有形同的截止频率，它们是简并模式。如果在附加弱导条件，则有如下结论：TE_{0q}、TM_{0q} 和 HE_{2q} 为简并模式；$HE_{1,q+1}$、EH_{1q} 和 HE_{3q} 为简并模式。

用几何光学理论，可得阶跃折射率多模光纤（因模式色散引起的）单位长度的最大时延差为：

$$\Delta\tau_{0\max}=\frac{n_1\Delta}{c}$$

(7) 对于渐变折射率光纤，利用几何光学理论可得。当折射率按双曲正割函数分布时，其内传输的子午光线具有自聚焦特性，因此没有模式色散；而当折射率按抛物线型分布 ($g=2$) 时，其内传输的近轴子午光线也具有自聚焦特性。

利用波动光学理论，对于抛物线型折射率分布光纤，可得如下结论。光纤中传输的主模为 LP_{00} 模，其场量随径向坐标 ρ 按高斯规律分布（光能量被有效地聚集在纤芯区的光纤轴线附近）。

利用量子力学常用的相位积分法，对于一般的渐变折射率光纤，可得如下结论。光纤中导波的场量随径向坐标 ρ 在光纤的包层区内呈指数规律衰减；当 $g=2(1-\Delta)$ 时，模式色散最小，其引起的单位长度最大时延差为 $\Delta\tau_{0\max}=\frac{n_0\Delta^2}{8c}$；当 $g=g_{opt}$（最佳折射率分布指数）时，渐变折射率光纤的总色散最小。

(8) 对于单模阶跃这设立光纤，总会存在某组芯径 $2a$ 和波长 λ 值，使其材料色散系数 D_m 与波导色散系数 D_w 互相抵消，从而形成最小色散。此时，如果在设计和制造光纤过程中，保证纤芯材料与包层材料折射率的频率特性相近（消除交叉色散），则可使总色散接近为零——零频率色散。

如果通过调整（$2a\approx 4\mu m$），使零频率色散散点出现在 $\lambda=1.55\mu m$ 处，则该单模光纤将具有色散和损耗都很小的优良特性，称为零频率色散频移光纤。

2. 常用的公式（或结论）

（1）相对折射率差（在弱导条件下）。

$$\Delta=\frac{n_1^2-n_2^2}{2n_1^2}\approx\frac{n_1-n_2}{n_1}\quad（阶跃折射率光纤）$$

$$\Delta=\frac{n_0^2-n_2^2}{2n_0^2}\approx\frac{n_0-n_2}{n_0}\quad（渐变折射率光纤）$$

（2）数值孔径。

$$NA=\sqrt{n_1^2-n_2^2}=n_1\sqrt{2\Delta}\quad（阶跃型）$$

$$NA(\rho)=\sqrt{n^2(\rho)-N_2^2}=n_2\sqrt{2\Delta}\sqrt{1-(\rho/a)^g}\quad（渐变型）$$

（3）归一化频率。

$$V=k_0 a\sqrt{n_1^2-n_2^2}=k_0 aNA=\left(\frac{2\pi a}{c}NA\right)f_0\quad（阶跃型）$$

$$V=k_0 a\sqrt{n_0^2-n_2^2}=k_0 aNA(\rho=0)\left[\frac{2\pi a}{c}NA(0)\right]f_0\quad（渐变型）$$

（4）导行条件。设某种模式的光导波对应的归一化截止频率为 V_c，则该模式的导行条件为

$$V>V_c$$

（5）对以阶跃折射率光纤，有如下重要结论。

1）HE_{11}是基膜，其截止频率为零（永不截止）。TE_{0q}、TM_{0q}及 HE_{2q}模式为简并模式，它们的特征方程同为 $J_0(u)=0$，对应的归一化截止频率为 $J_0(u)$ 的第 q 个根。其中，TE_{01}、TM_{01}及 HE_{21}模式是 HE_{11}模式之外，归一化截止频率最低的模式，其归一化截止频率值为 2.405，从而得，在阶跃折射率光纤中单模传输 HE_{11}模的条件为 $V<2.405$。

$HE_{1,q+1}$、EH_{1q}和 HE_{3q}模式为简并模式，它们的特征方程同为 $J_0(u)=0$，对应的归一化截止频率为 $J_0(u)$ 的第 q 个非零根。

2）当阶跃折射率光纤中的导模数量较多，可用下式估算导模的数量：

$$M\approx V^2/2$$

有模式色散引起的最大时延差（单位长度）为：

$$\Delta\tau_{0\max}=\frac{n_1\Delta}{c}$$

（6）对渐变折射率光纤，有如下重要结论

当 $g=2(1-\Delta)$ 时，模式色散最小，对应的单位长度最大时延差为 $\Delta\tau_0\leqslant\Delta\tau_{0\max}=\frac{n_0\Delta^2}{8c}$。

当 $g=g_{opt}=2(1-\Delta)-\frac{2n_0\lambda}{N_0\Delta}\frac{d\Delta}{d\lambda}$时，渐变折射率光纤的总色散最小（此时，模式色散并非最小）。

渐变折射率光纤中导模数量的近似公式为：

$$M\approx\frac{g}{g+2}\frac{V^2}{2}$$

(7) 理想阶跃折射率单模光纤的结构参数为 n_1(纤芯折射率);n_2(包层折射率);a(纤芯半径);$\Delta=\frac{n_1^2-n_2^2}{2n_1^2}\approx\frac{n_1^2-n_2^2}{2n_2^2}\approx\frac{n_1-n_2}{n_1}\approx\frac{n_1-n_2}{n_2}$(相对折射率差);$V=k_0an_1\sqrt{2\Delta}$,其对应的实际单模光纤的折射率分布由式(2.146)给定。

用高斯等效近似法,得到的高斯分布型等效模场半径为:

$$s_0=0.650a+1.619aV^{-1.5}+2.879aV^{-6}$$

用阶跃光纤等效近似法,得到的(理想)等效折射率单模光纤的结构参数(a_e,Δ_e,n_{2e},V_e)为:

$$a_e=a\frac{g+2}{g+3},\Delta_e=\frac{n_{1e}^2-n_{2e}^2}{2n_{1e}^2}=\Delta\frac{g(g+3)^2}{(g+2)^3}$$

$$n_{2e}=n_2,V_e=V\sqrt{g/(g+2)}$$

光纤通信技术以其独有的传输优势在各行业中得到充分认识和利用,已经为人们所熟知的电信通信网、移动通信网、联通通信网、公共数据网以及计算机网络普遍采用光纤通信技术为其服务,架起高速、优质、可靠的信息高速公路。近年来视音频传输也越来越多地应用光纤传输系统。因此,研制实用化、低成本、高质量、传输距离长的视音频信号光纤传输光端机具有重要意义。

【阅读资料4】 闭路电视监控系统的信号传输方式及设备

1. 电视监控系统

在电视监控系统中,主要的信号有两种:一个是电视信号;另一个是控制信号。其中电视信号的流向是从系统前端的摄像机流向电视监控系统的控制中心。而控制信号则是从控制中心流向前端的摄像机(包括镜头)等受控对象。并且,流向前端的控制信号,一般又是通过设置在前端的解码器解码后再去控制摄像机等受控对象的。

在带有防盗报警的电视监控系统中,还有报警信号的传送以及控制中心对前端报警探测器的控制信号(如布防、撤防等控制信号)的传送。其中报警信号的流向是从前端的报警探测器指向控制中心。而由控制中心对报警探测器发出的控制信号则是由控制中心指向报警探测器。如果从带有防盗报警功能的整个电视监控系统来说,系统的整个报警信号的传递方向则是从报警探测器起始,传向控制中心的报警主机,再由报警主机通过报警信号接口箱传向电视监控的主机,再由这个主机发出控制信号控制摄像机的动作,然后再由摄像机将图像传送回控制中心,从而完成报警与电视监控的联动运行。由于上述的报警和控制信号大多采用开关信号的直接控制或是采用RS－232接口通信的控制方式,有关书籍和资料介绍的较多,所以这里就不作详细地讨论了。

在电视监控系统中,电视信号的传输,主要指的是从前端摄像机至监控中心之间的传输。电视信号在传输系统中的流向是由前端摄像机指向控制中心,而不是像有线电视网那样电视信号由有线电视台流向各用户的电视机终端。从这个角度上讲,也可以说电视监控系统图像信号的流向正好与有线电视网的电视信号流向相反。因此,也就导致了电视监控系统在电视信号的传输上有许多特殊性而与有线电视网不同或不能完全相似。鉴于上述原因,在讨论和研究电视监控系统的电视信号传输时,除了有些传送方式(如射频有线传输)与有线电视网信号的传送在理论上、计算方法上相类似之外,其他许多传送方式需要专门去讨论和研究。

在电视监控系统中,传输方式的确定,主要根据是传输距离的远近、摄像机的多少以及其他方面的有关要求。一般来说，当各摄像机的安装位置离监控中心较近时（几百米以内），多采用视频基带传送方式；当各摄像机的位置距离监控中心较远时，往往采用射频有线传输或光纤传输方式；当距离更远且不需要传送标准动态实时图像时，也可以采用窄带电视用电话线路传输。

在实际应用上，由于光纤传输系统造价较高，故真正采用光纤传输的电视监控系统并不多。但随着技术的发展和若干设备、器件质量的提高和价格的降低，射频传输、光纤传输、微波传输和网络传输等传输方式也将会在远距离传输时陆续采用。

视频基带传输方式，是指从摄像机至控制台之间传输的电视图像信号，完全是视频信号。视频传输方式的优点是传输系统简单；在一定距离范围内，失真小；附加噪声低（系统信噪比高）；不必增加诸如调制器、解调器等附加设备。缺点是传输距离不能太远；一根电缆（视频同轴电缆）只能传送一路电视信号等。但是，由于电视监控系统一般来说摄像机与控制台之间的距离都不是太远，所以在电视监控系统中采用视频传输是最常用的传输方式。

由于在视频传输系统中，摄像机的输出阻抗为75Ω不平衡方式，而控制台及监视器的输入阻抗也为75Ω不平衡方式，故为了整个系统的阻抗匹配，其传输线也必须采用75Ω的特性阻抗。如果在系统中出现了阻抗不匹配的情况，信号就会失真。有时由于阻抗不匹配可能会产生寄生振荡（特别是会产生以视频图像信号的行同步头为基频的高次谐波振荡），这将严重影响图像的质量。有时，虽然从表面上看传输线用的是75Ω特性阻抗的同轴电缆，但由于电缆质量不符合标准或其他原因，仍会产生失配现象导致图像质量的下降。在传输距离较远时（几百米以上）这种情况更易发生。因而，在实际工程中，根据传输过程中出现的失配情况，往往需要在摄像机的输出端串接几十欧姆的电阻后再接至电缆线上，或在控制台或监视器上并联75Ω电阻以满足匹配的要求。

总之，由于阻抗不匹配而产生的图像质量下降问题，在较远距离的视频传输方式下是特别需要注意的。远距离视频传输方式在电视监控系统中，有时摄像机的位置距离监控中心较远，甚至距离在几公里以上。在这种较远距离的情况下，有时采用光纤传输方式或射频传输方式。但是由于光纤传输或射频传输的造价均较高，不一定非要采用光纤或射频传输方式。特别是在较远距离的位置上摄像机的数量较多，其摄像机所处的位置又比较集中的情况下，仍然考虑用视频传输的方式就会显得适用些。但是，由于视频信号在远距离传输时除带来信号的衰减外，更主要的是会产生幅频及相频两方面的失真，因此研究解决较远距离情况下的视频传输就是一个很重要的课题。

视频平衡传输系统摄像机输出的视频全电视信号经发射机转换为一正一负的差分信号。该信号经普通双绞线（或电话线）传输至监控中心的接收机，由接收机重新合成为标准的全电视信号再送入控制台中的视频切换器或其他设备。图中的中继器是为更远距离传输时使用的一种传输设备。当这种传输方式不加中继器时，黑白电视信号最远可传输2000m，彩色电视信号最远可传输1500m。加中继器时最远可传输20km（仅为传送黑白电视信号时）。这种传输方式之所以可行的主要原理是，由于把摄像机输出的全电视信号由发射机变为一正一负的差分信号，因而在传输中产生的幅频及相频失真，经远距离传输后再合成时就会将失真抵消掉。在传输中产生的其他噪声信号及干扰信号也因一正一负的原因，在合成时被抵消掉。也正因为如此，传输线采用普通双绞线即可满足要求，这无疑减少了传输系统的造价（与电缆相比）。特别是当传输距离很远时，所用的发射机及接收机的价格比远距离电缆线的价格要低得多，所以该方式比较适合远距离视频传输的方式。

图像信号的射频传输方式在电视监控系统中，当传输距离很远又同时传送多路图像信号时，有时也采用射频传输方式。也就是将视频图像信号经调制器调制到某一射频频道上进行传送。射频传输方式的主要优点是：①传输距离可以很远；②传输过程中产生的微分增益（DG）和微分相位（DP）较小，因而失真小，较适合远距离传送彩色图像信号；③一条传输线（同轴电缆、特性阻抗75Ω）可以同时传送多路射频图像信号；④可有效地克服传输中引入的0～6MHz范围内的干扰和地环路造成的工频干扰等现象。其缺点是：需增加调制器、混合器、线路宽带放大器、解调器等传输部件。而这些传输部件会带来不同程度的信号失真，并且会产生交扰调制与相互调制等干扰信号。同时，当远端的摄像机不在同一方向时（即相对分散时），也需多条传输线将各路射频信号传送至某一相对集中地点后，再经混合器混合后用一条电缆线传送至控制中心。以上这些会使传输系统的造价升高。另外，在某些广播电视信号较强的地区还可能会与广播电视信号或有线电视台的信号产生互相干扰等（应避开当地广播电视的频道，即不能选用当地广播电视频道用于传输电视监控的图像信号）。

尽管射频传输方式有以上缺点，但在某些远距离，特别是在远距离的同一方向上集中有多台摄像机时，射频传输方式仍是一种可供选择使用的传输方式。并且，从目前已完成的一些工程实例看，效果相当不错。甚至当传输距离较远，且有多台前端摄像机时，其工程造价比用视频基带传输方式还要低得多，而且这种射频传输方式无论对黑白电视信号，还是彩色电视信号都是适应的。

2. 光缆传输系统

（1）光缆传输的形式。光缆传输有3种形式：

1）调频（FM）光缆传输它可传输多频道高质量信号，传输距离远。如美国吉尔德公司的RF－700型FM光缆传输系统，一根光纤可传输16路电视信号，传输距离达40km。

2）数字光缆传输这种系统无中继噪声积累，无任何交互调失真，在极长的距离上有很好的图像质量。但一根光纤只能传输6～8路电视信号。数字光缆传输技术的进一步发展尚需开展数字压缩技术的研究。

3）多路调幅（AM）光缆传输是一种残留边带调幅光缆传输系统（VSB-AM）。

目前，一般AM光纤可传输40多个频道，且性能/价格比高，发展很快，目前已广泛应用在有线电视系统中。同样，也是电视监控系统的一种很好的传输模式。

（2）光缆的结构光缆是由石英纤芯、石英包层和尼龙覆盖层组成。

纤芯与包层的光折射率不同。光几乎以与纤芯和包层界面相平行的角度射入，经界面全反射，沿纤芯传播，在多次反射中，光的损失很少。衡量光纤的重要性能指标有损耗和带宽特性。石英材料的光吸收损耗很低，一般都低于1dB/km。而制造低损耗光纤是发展光缆传输系统的关键之一。光纤的损耗主要来自3个方面。①来自端面反射和界面反射产生的损耗；②结构缺陷损耗。如因材料不均匀不连续造成的散射或因尺寸变化和弯曲所造成的泄漏。这部分损耗与光的波长有关，对0.8～1.8mm的光，损耗为1～2dB/km；③材料本身的损耗。它包括杂质离子形成的吸收和分子热运动造成的散射。另外，带宽是表征光缆传输的性能。按光传输的模式，光纤分为单模和多模两类。在多模传输时，由于不同模式的光沿线传输的速度不同，会产生相位差，导致传输失真，因而使其传输频带受限。对单模传输，光在芯线直径仅有5mm内传输，伴随着不断地界面全反射，这对单模式的光，不会产生失真。所以频带极宽，在有线电视传输系统中得到广泛的应用。

(3) 光源与光调制用于光缆的光源，目前以发光二极管（LED）和激光二极管（LD）为主。发光二极管是用半导体PN结把电信号转换成光的注入型场致发光器件。因为它具有电流一光输出特性良好的线性和寿命长的优点，加之器件本身制造和使用都比较方便，可以满足光缆传输光源的实用要求。其输出功率约数毫瓦，频响可达100MHz。激光二极管也是半导体器件，由PN结构成。其平行侧面沿晶体的天然晶面（解理面）被抛光，在正向偏置下，注入电流超过阈值后就从一侧解理面发射具有相干性的激光。激光二极管的输出功率可达5～10mW，寿命数十年，响应速度为GHz的数量级，故在系统中得到普遍的应用。发光二极管和激光二极管都可用激励源直接进行强度调制（IM），使光载波的强度随模拟信号连续变化。

(4) 光接收光缆传输的信号有外差检测和直接检测两种方式。所谓外差检测是将光信号与机内激光混频，取出差频信号经放大、解调恢复原始信号。这种方式，目前还存在缺乏实用化技术，难以应用。直接检测是用检光器件把光信号转换成电信号，进而解出原始信号。这种方式现已广泛应用于光缆传输的接收系统中。目前广泛应用的光接收器件是PIN光电二极管。

(5) 光缆干线传输的工作原理。光纤传输系统主要由光发射机、传输光缆和光接收机组成。光发射机的核心器件是激光二极管（LD），由前端来的射频信号对激光管的发光强度直接进行调制。目前AM光发射机一般采用分布反馈式（DFB）激光器。这是一种单模工作激光器，具有良好的噪声性能、线性和互调性能。因此，可用多频道AM组合信号直接调制。AM光缆系统中均使用单模光缆做传输媒介，其传输损耗非常小。光接收机一般采用光电二极管（PIN-PD）作为光电转换器件。它有较好的灵敏度和较高的接收电平，输入光功率范围在0～10dBmV之间。整个AM光缆干线传输的带宽目前可做到1GHz。当前，在光缆传输中，对激光二极管进行模拟强度调制主要的技术难点有：一是LD的光功率一电流（P-I）特性曲线存在一定的非线性，这将使传输的多路电视信号之间产生交调、互调等非线性干扰。为此，要在光发射电路中采用非线性补偿措施来减小交调和互调。二是激光二极管的P-I特性曲线的阈值及斜率随温度的变化和老化而发生变化，从而使静态工作点发生变化，偏离线性区的中点，使系统工作不稳定。为此，在光发射机中采用了自动温度控制（ATC）和自动功率控制（APC）等措施，使静态工作点跟踪P-I特性曲线的变化，始终处于P-I特性曲线中的线性区中点，而不受温度和使用时间的限制，从而使系统稳定工作。三是由于光纤的散射，以及光源与光纤之间、光纤与光纤之间的接头处的反射，使耦合进入光纤里的光有一部分反射回到光源，使光源工作不稳定，光源的相对强度噪声增加。为此，在光路中要采取一系列措施，尽量减小反射光的影响，使系统传输信号的载噪比（C/N）达到规定的标准。光发射机中，输入混合射频电视信号经预失真电路的非线性处理后，由调制电路对半导体激光器（LD）进行强度调制，将电信号变成光信号，并经光缆活动连接器输出到光缆线路中去。功率控制电路、温度控制电路、保护电路及工作点控制电路保证了输出端有恒定的光功率。在光接收机中，光信号经光缆接口进入光电检波器将光信号变成电信号，电信号经低噪声放大补偿校正、主放大及输出匹配电路后输出。其中补偿校正电路用于校正激光器及光检波器引起的非线性失真。

光缆模拟射频多路电视信号传输系统的典型应用是利用射频多频道电视信号直接调制

单模激光器。不加中继放大、均衡等处理，经低损耗一根单模光纤长距离传送到光检波器。经检波器直接恢复多频道电视射频信号，再经对应各射频信号的解调器、解调出视频全电视信号。AM光缆传输系统是先将各摄像机的视频信号分别调制到对应的射频频道上，经混合后再去调制光发射端机，光发射端机输出光调信号送入光缆中。经光缆传输后，由光接收端机解调出射频信号，再经射频解调器解调出对应摄像机的视频全电视信号。

光缆传输方式用光缆代替同轴电缆进行电视信号的传输，给电视监控系统增加了高质量、远距离传输的有利条件。其传输特性和多功能是同轴电缆线所无法比拟的。先进的传输手段、稳定的性能、高的可靠性和多功能的信息交换网络还可为以后的信息高速公路奠定良好的基础。

光缆传输的优缺点：

(1) 传输距离长。现在单模光纤在波长1.31mm或1.55mm时光速的低损耗窗口，每公里衰减可做到0.2～0.4dB以下，是同轴电缆每公里损耗的1%。因此，模拟光纤多路电视传输系统可实现20km无中断传输。这个距离基本上能满足超远距离的电视监控系统。同轴电缆由于衰减大，用它组成的传输网，干线放大器之间的距离一般为427～610m，即每公里需要增加1～2个干线放大器。因此，一般需要远程供电，这无疑增加了系统的复杂性和降低了系统的可靠性。即使在这种限制下，在干线传输中最多可串接20个放大器，因而电缆系统最长只能传输10km左右（采用SYV－75－12电缆）。再长将会由于中继放大器的噪声和失真的累加，使信号达不到规定的标准。

(2) 传输容量大。目前，国外最先进的光纤多路电视传输系统传输的频率范围已由40～550MHz扩展到40～862MHz。通过一根光纤可传输几十路以上的电视信号。如果采用多芯光缆，则容量成倍增长。这样，用几根光纤就完全可以满足相当长时间内对传输容量的要求。目前，国内进口的光端机设备，一芯单模光纤可传送几十路电视信号。

(3) 传输质量高。由于光纤传输不像同轴电缆那样需要相当多的中继放大器，因而没有噪声和非线性失真叠加。另外，光频噪声以及光纤传输系统的非线性失真很小，因而光纤多路电视传输系统的传输信号载噪比、交调、互调等性能指标都较高。加上光纤系统的抗干扰性能强，基本上不受外界温度变化的影响，从而保证了传输信号的质量。

(4) 保密性能好。由于光纤多路电视传输系统的保密性好，传输信号不易窃取，因此便于保密系统使用。同时，光纤传输不受电磁干扰，适合应用于有强电磁干扰和电磁辐射的环境中。

(5) 敷设方便。由于光缆具有细而轻、拐弯半径小、抗腐蚀、不怕潮、温度系数小、不怕雷击等优点，所以为光缆的敷设工程带来了很大的方便。光缆电视系统，虽然具有上述的优点，但也存在一些特有的问题：一是为了普及应用光缆传输，需要再降低光缆及光端机的成本；二是合理有效地解决光缆的接口技术和器件。如光合波器、光分波器、电子式光开关、光衰减器及光隔离器以及寻求极好的光接头处理手段。

此外，为建立全新的光缆电视系统，对相干光源的获取、光信号多路传输、光信号直接放大、光信号外差式接收及光缆分支等技术的研究还有待进一步提高。总之，用光缆作干线传输的系统，其容量大、能双向传输、系统指标好、安全可靠性高。主要缺点是建网的造价较高，施工的技术难度较大，但它能适应长距离的大系统干线使用。

目前，光端机已经广泛直接用在工程中。这种光端机分为“光发射端机”和“光接收端机”两种。光发射端机的输入端有视频信号的输入接口（通常采用 BNC 接头），有 1 路、2 路、4 路、8 路等数量的输入路数。它一般还有一个数字信号接口，输出由系统的控制中心通过光纤传送来的控制信号。该控制信号通常即为给前端解码器的控制信号。也就是前端的控制信号均通过同一条光纤传送。有些光发射端机还有视音频输入接口。而光接收端机则有对应的视音频输出接口，直接输出 1 路、2 路、4 路、8 路等视音频信号。并有一个输入控制信号的输入接口，与光发射端机的控制信号输出接口相对应。这种光端机使用起来非常方便。

3. 光纤种类

(1) G. 651 光纤。在 850nm 波长区衰减系数低于 4dB/km，色散系数低于 120ps/(nm・km)；在 1310nm 波长区衰减系数低于 2dB/km，色散系数低于 6ps/(nm・km)。包层直径 125μG. 651 光纤是一种折射率渐变型多模光纤，主要应用于 850nm 和 1310nm 两个波长区域的模拟或数字信号传输。其纤芯直径为 50。

(2) G. 652 光纤。G. 652 光纤即指零色散点在 1310nm 波长附近的常规单模光纤，又称色散未移位光纤，这也是到目前为止得到最为广泛应用的单模光纤。可以应用在 1310nm 和 1550nm 两个波长区域，但在 1310nm 波长区域具有零色散点，低达 3.5ps/nm. km 以下。在 1310nm 波长区，其衰减系数也较小，规范值为 0.3～0.4dB/km（实际光纤的衰减系数低于该规范值）。故称其为 1310nm 波长性能最佳光纤。在 1550nm 波长区域，G. 652 光纤呈现出极低的衰减，其衰减系数规范值为 0.15～0.25dB/km。但在该波长区的色散系数较大，一般约 20ps/nm. km。由于在 1310nm 波长区域目前还没有商用化的光放大器，解决不了超长距离传输的问题，所以 G. 652 光纤虽然称为 1310nm 波长性能最佳光纤，但仍然大部分工作于 1550nm 波长区域。在 1550nm 波长区域，用 G. 652 光纤传输 TDM 方式的 2.5Gbit/s 的 SDH 信号或基于 2.5Gbit/s 的 WDM 信号是没有问题的，因为后者对光纤的色散要求仍相当于单波长 2.5Gbit/s 的 SDH 系统的要求。但用来传输 10Gbit/s 的 SDH 信号或基于 10Gbit/s 的 WDM 信号则会遇到相当大的麻烦。这是因为一方面 G. 652 光纤在该波长区的色散系数较大，会出现色散受限的问题；另一方面还出现了偏振模色散（PMD）受限的问题。

(3) G. 653 光纤。G. 653 光纤即零色散点在 1550nm 波长附近的常规单模光纤，又称色散移位光纤。它主要应用于 1550nm 波长区域，且在 1550nm 波长区域的性能最佳。因为在光纤制造时已对光纤的零色散点进行了移位设计，即通过改变光纤内折射率分布的办法把光纤的零色散点从 1310nm 波长移位到 1550nm 波长处，所以它在 1550nm 波长区域的色散系数最小，低达 3.5ps/nm. km 以下。而且其衰减系数在该波长区也呈现出极小的数值，其规范值为 0.19～0.25dB/km。故称其为 1550nm 波长性能最佳光纤。在 1550nm 波长区域，因为 G. 653 光纤的色散系数极小，所以特别适合传输单波长、大容量的 SDH 信号。例如，用它来传输 TDM 方式的 10Gbit/s 的 SDH 信号是没有问题的。但是，用它来传输 WDM 信号则会遇到麻烦，即出现严重的四波混频效应（FWM）。考虑到今后网络设备将向超大容量密集波分复用系统方向发展，今后网上不宜使用 G. 653 光纤。

(4) G. 654 光纤。G. 654 光纤又称 1550nm 波长衰减最小光纤，它以努力降低光纤的衰减为主要目的。在 1550nm 波长区域的衰减系数低达 0.15～0.19dB/km，而零色散点仍然在 1310nm 波长处。G. 654 光纤主要应用于需要中继距离很长的海底光纤通信，但其传输容量却不能太大。

(5) G.655光纤。G.655光纤是近几年涌现的新型光纤。基本设计思想是在1550nm窗口工作波长区具有合理的、较低的色散，足以支持10Gbit/s以上速率的长距离传输而无需色散补偿，从而节省了色散补偿器件及其附加光放大器的成本。同时，其色散值又保持非零特性，具有最小数值限制，足以压制四波混频和交叉相位调制等非线性影响，同时满足TDM和WDM两种发展方向的需要。因此，G.655光纤可以用来传输单个载波上信号速率为2.5Gbit/s或10Gbit/s的WDM光信号，复用的波长通道数量可达几十、几百个。它代表了今后光纤发展的方向。

4. 光纤分类方法

(1) 按光在光纤中的传输模式可分为：单模光纤和多模光纤。多模光纤，中心玻璃芯较粗（50或62.5μm），可传多种模式的光。但其模间色散较大，这就限制了传输数字信号的频率，而且随距离的增加会更加严重。例如，600MB/km的光纤在2km时则只有300MB的带宽了。因此，多模光纤传输的距离就比较近，一般只有几公里。单模光纤，中心玻璃芯较细（芯径一般为9或10μm），只能传一种模式的光。因此，其模间色散很小，适用于远程通信，但其色度色散起主要作用，这样单模光纤对光源的谱宽和稳定性有较高的要求，即谱宽要窄，稳定性要好。

(2) 按最佳传输频率窗口分：常规型单模光纤和色散位移型单模光纤。常规型，光纤生产厂家将光纤传输频率最佳化在单一波长的光上，如1300nm。色散位移型，光纤生产厂家将光纤传输频率最佳化在两个波长的光上，如1300nm和1550nm。

(3) 按折射率分布情况分：突变型和渐变型光纤。突变型，光纤中心芯到玻璃包层的折射率是突变的。其成本低，模间色散高。适用于短途低速通信，如工控。但单模光纤由于模间色散很小，所以单模光纤都采用突变型。渐变型光纤，光纤中心芯到玻璃包层的折射率是逐渐变小，可使高模光按正弦形式传播。这能减少模间色散，提高光纤带宽，增加传输距离，但成本较高，现在的多模光纤多为渐变型光纤。

(4) 常用光纤规格：单模，8/125μm，9/125μm，10/125μm。多模，50/125μm，欧洲标准62.5/125μm，美国标准。工业，医疗和低速网络，100/140μm，200/230μm。塑料，98/1000μm，用于汽车控制。监控光端机的现状和发展趋势。随手翻看安防行业的杂志，不难发现这么一个现象，有关光端机的广告铺天盖地。有进口的、有国产的、有代理的、有专业生产厂家的，那么监控光端机目前的技术发展水平如何，市场情况如何，以及今后发展趋势如何，很多读者都很想了解。本资料将从技术的角度详细介绍和分析这些问题。

5. 光端机的分类

监控光端机从功能上可分为传输图像信号的图像监控光端机、传输数据的数据光端机、传输语音的音频光端机等。从传输方式上可分为模拟光端机和数字光端机。不论哪种类型的光端机实质都是将所传输的图像、语音或数据信号进行电光、光电转换。光端机实质上就是一个电信号到光信号、光信号到电信号转换器。转换的目的就是为了让各种信号在光纤中传输。光纤是一种新的传输介质，它具有其他传输介质不具备的优点。在光纤传输中又有单模和多模的区分。在传统的观念中，大家总认为在较短距离（5km以内）多模系统的造价要低于单模。实质上随着光纤的不断普及和设备价格的下降，多模光端机价格的优势早已不存在。对同样功能的单模光端机和多模光端机的制造成本进行过比较，多模的成本目前要高于单模。从传输距离和效果上多模设备均不及单模。而且目前市场上多模光纤的价格每芯平均要比单模光纤贵30%左右，所以目前来说单模光端机的性价比要高于多模光端机。光纤的传输优点有：首先它衰减小，目前监控光端机可以将图像、数据以及语音信号无中继传输160km。其次它抗干扰能力强。对于雷击，电磁辐射它不受影响，这些是铜轴电缆传输和双绞线传输所不具备的。光纤还具有传输容量大的特点。目前监控光端机可实现在一芯光纤上同时传输256路时时非压缩广播级图像，也就是说在一芯光纤上可实现同时传256路具有DVD效果的图像信号以及同样数量的语音和数据信号。目前市场上能提供的监控光端机不仅能实现在一芯光纤上传输图像、语音以及数据的功能，同时还可实现传输电话、计算网络和E1（2M口）口的功能。可以说几乎涵盖了所有监控领域所需要的功能。

6. 数字光端机和模拟光端机的比较与现状

在许多光端机的广告上，都推出了数字光端机这一名词。所谓的数字光端机就是将所要传输的图像、语音以及数据信号进行数字化处理，再将这些数字信号进行复用处理，使多路低速的数字信号转换成一路高速信号，并将这一信号转换成光信号。在接收端将光信号还原成电信号，还原的高速信号分解出原来的多路低速信号，最后再将这些数据信号还原成图像、语音以及数据信号。模拟光端机就是将要传输的信号进行幅度或频率调制，然后将调制好的电信号转化成光信号。在接收端将光信号还原成电信号，再把这信号进行解调，还原出图像、语音或数据信号。很多厂家和经销商在宣传时经常将模拟光端机和数字光端机进行各种比较，想从这些比较中证明各自的观点。从技术的角度上来说数字光端机肯定要优于模拟光端机。但在实际应用中要具体情况具体分析。模拟光端机在传输距离30km内，传输一路和二路图像的性价比要优于数字光端机。以下分别是模拟光端机和数字光端机的原理框图。从原理框图可以看出模拟监控光端机实现的方式要简单些，而且调制解调芯片目前市场上的价格十分低廉，所以系统造价相对便宜些。同时这种模拟光端机的稳定性和图像质量也完全能满足监控系统的需要。数字光端机相对比较复杂，技术含量较高。它所使用的模数、数模转换芯片、复接和分接芯片以及可编程逻辑芯片目前市场价都比较昂贵，所以在选择一路和二路图像监控光端机时模拟光端机的性价比优于数字光端机。目前监控系统中，一路和二路光端机的需求量又是最大的。在四路和四路以上的图像监控光端机系列中，数字光端机的性价比又优于模拟光端机。我公司不仅生产模拟光端机，同时也生产数字光端机。我们在大量实际应用中发现，四路及四路以上图像模拟光端机对现场的输入图像信号的要求很高，要求输入到光端机的信号幅度比较标准，否则相互间就容易产生串扰或图像效果不佳，这对于实际应用来说不太现实。因为现场环境以及外围设备的情况千差万别。例如有些图像是经过几级传输传过来的，有些是通过分配器传过来的，有的是通过双绞线传过来的等。输入的信号幅度有大有小，很难保证输入图像信号幅度比较标准。模拟光端机在传输四路以上图像时通常采用两个波长来实现。例如八路模拟图像光端机，其成本比四路模拟图像光端机要增加一倍以上，而数字八路图像光端机的成本与数字四路图像光端机相比就不用增加那么多。同时模拟八路图像光端机中用了1550nm波长的光，这种波长的光对线路要求很高，因为它除了距离衰减外还有色散衰减。如果线路不太好，或者中间跳线接头很多，那图像效果往往不太好，目前数字光端机一个波长最多可做到18路图像。监控系统要求传输的数据语音和图像越多，采用数字系统的造价就相对越便宜。现在市场上数字设备价格远远比模拟设备的高。这是因为模拟光端机的生产商的数量是数字设备生产商的5～6倍，生产模拟光端机的技术相对比较简单。

一些规模较大的光端机生产厂商为了抢占更多的市场份额，充分利用自己在资金和品牌上的优势，大打价格战。市场竞争激烈，所以模拟光端机的价格压得很低。但目前拥有生产数字光端机技术的公司数量不超过十家，生产数字光端机的核心芯片价格还比较昂贵和前期的开发费用较高是目前数字设备价格相对较高的原因之一。由于数字设备有一定的利润空间，一些经销商或生产商将模拟设备充当数字设备来销售。这里告诉大家一个简单的区分模拟和数字设备的检测办法：将光纤尾纤进行绕模（也就是将尾纤在直径 10mm 的圆柱上绕圈），这可以模拟实际线路衰减，模拟光端机的传输距离超过极限距离时就有雪花点产生，数字设备就不会了。光端机的发展趋势。以目前的市场状况和技术的发展方向来分析今后监控光端机的发展，主要是在图像，数据，语音等的数字化处理上。一是低价位的数字单路图像传输系统，由于目前数字单路图像光端机核心芯片价格过高是影响单路数字图像光端机市场竞争力的主要因素。因此，如何降低成本是今后发展的一个方面。二是光端机生产以及配置的标准化。光端机虽然应用越来越广泛，但对于客户来说需求又是多种多样的。有时客户要求特殊些，厂家就有可能为他重新订制设备，能不能像购买计算机一样有一个通用配置，如有其他需求就买不同的功能卡，进行系统功能扩充呢？数字技术为这种设想提供了可能。从技术的角度来讲实现并不难，关键是系统安装结构的可操作性，以及系统设计时兼容性的考虑。三是网管功能。现在监控系统的发展趋势是监控的范围越来越大，监控点也越来越多，并且系统和系统之间也要求资源共享。那系统越大，系统的维护和管理工作量也越大。网管功能的重要性也就越明显，灵活、可便于操作的网管功能越来越成为用户关注的焦点。

【阅读资料 5】　智能时代光纤通信的应用与发展

［内容摘要］伴随智能手机、智能电视等新科技的普及，生活智能化越来越成为一种趋势。而物联网、智能家居、三网融合等概念的提出，都为我们描绘了智能时代的美好未来。智能时代面临大量数据的传输，需要足够的带宽作为载体。作为在数据传输中具备领先性的光纤通信，无疑将迎来广阔的应用与发展。

1. 万物互联——智能时代的美好蓝图

物联网是新一代信息技术的重要组成部分。其英文名称是“The Internet of things”。顾名思义，“物联网就是物物相连的互联网”。其定义是通过射频识别（RFID）、红外感应器、全球定位系统、激光扫描器等信息传感设备，按约定的协议，把任何物品与互联网相连接，进行信息交换和通信，以实现对物品的智能化识别、定位、跟踪、监控和管理的一种网络。

物联网用途广泛，遍及智能交通、环境保护、政府工作、公共安全、平安家居、智能消防、工业监测、环境监测、老人护理、个人健康、花卉栽培、水系监测、食品溯源、敌情侦查和情报搜集等多个领域。国际电信联盟于 2005 年的报告曾描绘“物联网”时代的图景：当司机出现操作失误时汽车会自动报警；公文包会提醒主人忘带了什么东西；衣服会“告诉”洗衣机对颜色和水温的要求等。毫无疑问，如果“物联网”时代来临，人们的日常生活将发生翻天覆地的变化。物联网将是下一个推动世界高速发展的“重要生产力”，也是智能时代的显著特征。但是以目前的网络环境，一般的数据传输尚不能保证带宽，物联时代又会在原本就拥挤的公路上增加成千上万的“汽车”。物联网依赖于高速大功率的信息传播媒介，如果信息传播的基础——光纤技术没有关键性突破，那智能时代的美好未来就难以实现。

2. 解决之道——光纤通信的绝对优势

要实现高速大容量的数据传输显然需要借助最佳的传输媒介。众所周知光的速度是最快的，使用光波作为载波实现信息的传送，就是光纤通信。所谓光纤正是光波的传输介质。作为一种频率极高的电磁波，光波的通信容量非常之大，是智能时代信息传输的必然选择。光纤通信需要把数据在发送端转换为电信号，从而引起激光器发射光束的强度变化。通过光纤可传递这种强弱信息，最后通过接收端的检测器将光信息解调为电信号。光纤通信的很多优势是电通信所不能比拟的。比如它的传输频带宽，中继距离很长，降低了传输损耗，以石英为原料，节省了大量金属材料，使资源能够合理得到使用。除此以外，抗腐蚀、抗辐射、抗腐蚀使其拥有更长的使用寿命。

相对于智能时代，众多优点中，最重要的仍是传输速率和容量的保障。毕竟随着互联网的迅猛发展，对于音视频的传输有了更高的要求，对于光纤通信的应用有了更迫切的需求。而光纤通信作为一门新兴技术，其近年来发展速度之快、应用面之广是通信史上罕见的，也是世界新技术革命的重要标志和未来信息社会中各种信息的主要传送工具。在3G用户群爆发式增长的趋势下，移动互联网的流量显然不是以前的网络结构所能承受的。另外作为国家战略大力推广的三网融合也需要以大带宽高速率的网络作为基础。物联网的概念已经被炒了很多年，但一直由于带宽的限制无法大范围的应用。如今光纤宽带的发展为物联网及其相关产业的发展带来了契机。

3. 光纤到户——光纤通信的发展趋势

智能时代需要物联网，智能时代的家居生活更需要触手可及的高速网络，于是光纤到户被提到日程。光纤入户即FTTH（FiberTo The Home），意思即光纤直接到家庭。其显著技术优点是简化了维护和安装。不仅提供了更大的带宽，还增强了网络对数据格式、速率、波长和协议的透明性，放宽了对环境条件和供电等要求，简化了维护和安装。尽管现代移动通信技术已经有了非常迅猛的发展，但是移动通信的带宽毕竟有一定局限性，显示终端也有一定瓶颈。所以要想真正畅享网络，人们已经渴盼一种更稳定更高性能的方式，即光纤到户。具有极大的带宽是光纤到户的最大魅力所在，是解决从互联网主干网到用户桌面的“最后一公里”瓶颈问题的最优解决方案。FTTH的解决方案通常有P2P点对点和PON无源光网络两大类。面对智能时代众多家居产品的在线应用，乃至物联网的实现，使用FTTH＋无线的方式将是更合理的选择。具体实现，可以上行数据和下行数据分离，上行IEEE802.11g，而下行则使用光纤，用以下载宽带视频等大容量业务，形成光纤接入，无线互联的家庭网络。FTTH＋无线接入是未来的发展趋势。也是智能时代随时随地享用宽带网络的一种最优搭配。

4. 全光网络——光纤通信发展的终极目标

FTTH解决了“最后一公里”的问题，但仍不是光纤通信的终极目标。光纤通信的极致是全光网络，也是未来智能时代的写照。全光网络可以将速度、容量、距离做到极致，未来智能时代的高速通信网必将是全光网。传统的光网络虽然实现了节点间的全光化，但在网络结点处却仍采用电器件，限制了目前通信网干线总容量的进一步提高限制。

全光网络以光节点代替电节点，节点之间也是全光化。交换机对用户信息的处理将不再按比特进行，而是根据其波长来决定路由。信息自始至终以光的形式进行交换和传输。如今，全光网络的发展还处于初期阶段，但有非常良好的发展前景。建立纯粹的全光网络，消除电光瓶颈是智能时代信息网络发展的核心和终极目标，也是未来光通信发展的必然趋势。

5. 结论

光纤通信作为全球新一代信息技术革命的重要标志之一，是在实际运用中相当有前途的一种通信技术。光纤通信技术已经成为当今信息社会中各种复杂信息的主要传输媒介，并深远地改变了信息网架构，向世人展现了在智能时代其无限美好的发展前景。

【阅读资料6】 光纤通信网络简述

[内容摘要] 本文简要介绍了几种光纤通信网络，比较了他们的区别以及优缺点。介绍了SONET/SDH、HFC直到这些年大力发展的PON技术。通信的应用离不开芯片、系统以及运营等因素。接入网络是联系设备和用户的纽带，它的发展变革一方面是由于器件的发展，另一方面就是市场的需求。它的发展满足了市场的需求，促进了经济的发展。

1. 引言

随着科技的发展，人们发明了很多的光电子器件，再以市场的带动，网络已经融入到人们生活的方方面面。网络改变了人们的生活方式，促进了社会的发展和人们生活水平的提高。光纤以其无法比拟的优点在网络传输中占有重要的地位。

2. SONET/SDH

SONET：Synchronous Optical Network，同步光纤网络。

美国在1988年首先推出的一个数字传输标准，整个的同步网络的各级时钟都来自一个非常精确的主时钟（采用昂贵铯原子钟，精度优于±10－11）。SONET是定义了同步传输线路速率等级结构的光纤传输系统。其传输速率以51.84Mb/s为基础，大约对应于T3/E3的传输速率，此速率对电信号称为第1级同步传送信号，即STS－1。对光信号则成为第1级光载波（Optical Carrier，OC），即OC－1。现已定义了从OC－1：51.84Mb/s一直到OC－3072大约160 Gbit/s的标准。

SDH，即Synchronous Digital Hierarchy，同步数字体系。根据ITU-T的建议定义，是不同速度的数位信号的传输提供相应等级的信息结构。包括复用方法和映射方法，以及相关的同步方法组成的一个技术体制。

SDH是一种将复接、线路传输及交换功能融为一体、并由统一网管系统操作的综合信息传送网络，是美国贝尔通信技术研究所提出来的同步光网络（SONET）。国际电话电报咨询委员会（CCITT）（现ITU-T）于1988年接受了SONET概念并重新命名为SDH，使其成为不仅适用于光纤也适用于微波和卫星传输的通用技术体制。它可实现网络有效管理、实时业务监控、动态网络维护、不同厂商设备间的互通等多项功能，能大大提高网络资源利用率、降低管理及维护费用、实现灵活可靠和高效的网络运行与维护。因此是当今世界信息领域在传输技术方面的发展和应用的热点，受到人们的广泛重视。

3. HFC

HFC即Hybrid Fiber－Coaxial的缩写，是光纤和同轴电缆相结合的混合网络。HFC通常由光纤干线、同轴电缆支线和用户配线网络三部分组成。从有线电视台出来的节目信号先变成光信号在干线上传输；到用户区域后把光信号转换成电信号，经分配器分配后通过同轴电缆送到用户。它与早期CATV同轴电缆网络的不同之处主要在于，在干线上用光纤传输光信号，在前端需完成电—光转换，进入用户区后要完成光—电转换。

HFC的主要特点是：传输容量大，易实现双向传输。从理论上讲，一对光纤可同时传送150万路电话或2000套电视节目；频率特性好，在有线电视传输带宽内无需均衡；传输损耗小，可延长有线电视的传输距离，25公里内无需中继放大；光纤间不会有串音现象，不怕电磁干扰，能确保信号的传输质量。同传统的CATV网络相比，其网络拓扑结构也有些不同。①光纤干线采用星形或环状结构；②支线和配线网络的同轴电缆部分采用树状或总线式结构；③整个网络按照光结点划分成一个服务区，这种网络结构可满足用户提供多种业务服务的要求。HFC网络能够传输的带宽为750～860MHz，少数达到1GHz。根据原邮电部1996年意见，其中5～42/65MHz频段为上行信号占用；50～550MHz频段用来传输传统的模拟电视节目和立体声广播；650～750MHz频段传送数字电视节目、VOD等；750MHz以后的频段留着以后技术发展用。

HFC在向新兴宽带应用提供带宽需求的同时却比FTTC（光纤到路边）或者SDV（交换式数字视频）等解决方案成本低，HFC可同时支持模拟和数字传输，在大多数情况下，HFC可以同现有的设备和设施合并。但是，这一技术目前还存在一些设计缺陷，它在功能上还需要完善。还有因网络结构使每个光节点的用户数不宜太多（300～500户）的不足，网络的建设和部署成本也比较昂贵。

4. AON

全光网络（All Optical Network，AON）是指信号只是在进出网络时才进行电/光和光/电的变换，而在网络中传输和交换的过程中始终以光的形式存在。因为在整个传输过程中没有电的处理，所以PDH、SDH、ATM等各种传送方式均可使用，提高了网络资源的利用率。

在以光的复用技术为基础的现有通信网中，网络的各个节点要完成电—光—电的转换，仍以电信号处理信息的速度进行交换。而其中的电子件在适应高速、大容量的需求上，存在着诸如带宽限制、时钟偏移、严重串话、高功耗等缺点，由此产生了通信网中的"电子瓶颈"现象。为了解决这个问题，人们提出了全光网的概念。全光网以其良好的透明性、波长路由特性、兼容性和可扩展性，已成为下一代高速宽带网络的首选。

全光网的优点：

基于波分复用的全光通信网可使通信网具备更强的可管理性、灵活性和透明性。它具备如下以往通信网和现行光通信系统所不具备的优点。

（1）省掉了大量电子器件。全光网中光信号的流动不再有光电转换的障碍，克服了途中由于电子器件处理信号速率难以提高的困难，省掉了大量电子器件，大大提高了传输速率。

（2）提供多种协议的业务。全光网采用波分复用技术，以波长选择路由，可方便地提供多种协议的业务。

（3）组网灵活性高。全光网组网极具灵活性，在任何节点可以抽出或加入某个波长。

（4）可靠性高。由于沿途没有变换和存储，全光网中许多光器件都是无源的，因而可靠性高。

全光网中的关键技术：

（1）光交换技术。光交换技术可以分成光路交换技术和分组交换技术。

（2）光交叉连接（OXC）技术。OXC是用于光纤网络节点的设备，通过对光信号进行交叉连接，能够灵活有效地管理光纤传输网络，是实现可靠的网络保护/恢复以及自动配线和监控的重要手段。

(3) 光分插复用。在波分复用(WDM)光网络领域,人们的兴趣越来越集中到光分插复用器上。这些设备在光波长领域内具有传统SDH分插复用器(SDHADM)在时域内的功能。

(4) 光放大技术。光纤放大器是建立全光通信网的核心技术之一,也是密集波分复用(DWDM)系统发展的关键要素。

5. PON

PON(Passive Optical Network)无源光纤网络。定位在服务提供商、电信局端和商业用户或家庭用户之间的解决方案。经历了APON、EPON、GPON等标准。

1987年英国电信公司的研究人员最早提出了PON的概念。1995年,FSAN联盟成立,目的是要共同定义一个通用的PON标准。1998年,ITU-T以155Mbit/sATM技术为基础,发布了G.983系列APON(ATMPON)标准。同时各电信设备制造商也研发出了APON产品,目前在北美、日本和欧洲都有APON产品的实际应用。但ATM PON存在很多缺点。例如视频传输能力差、带宽有限、系统复杂价格昂贵等,在我国几乎没有什么应用。千兆及10G标准的推出为以太技术走向主干打开了大门。因此如何把简单经济的以太技术与PON的传输结构结合起来,得到技术人员和运营商的重视。2000年底一些设备制造商成立了第一英里以太网联盟(EFMA),提出基于以太网的PON概念一EPON。并促成IEEE在2001年成立第一英里以太网(EFM)小组,开始正式研究包括1.25Gbit/s的EPON在内的EFM相关标准。EPON标准IEEE802.3ah已于2004年6月正式颁布。我国在“十五”863计划中也设立了吉比特EPON的相应课题。

2001年底,FSAN更新网页把APON更名为BPON,即“宽带PON”。实际上,在2001年1月左右EFMA提出EPON概念的同时,FSAN也开始进行1Gbit/s以上的PON一GPON标准的研究。2003年3月ITU-T颁布了描述GPON总体特性的G.984.1和ODN物理媒质相关(PMD)子层的G.984.2GPON标准。2004年3月和6月发布了规范传输汇聚(TC)层的G.984.3和运行管理通信接口的G.984.4标准。采用125ms固定帧结构,以保持8K定时延续来支持传统的TDM业务,全新定义了封装结构GEM(GPONEncapsulationMethod)。

从技术本身来看,GPON是一项性能优越、效率较高的技术。在成本方面,GPON相对EPON能够提供双倍的带宽,或者说同样的带宽可服务双倍的用户,这就意味着GPON的成本比EPON少一半。

Ethernet支持多业务的标准还没有形成,它对非数据业务,尤其是TDM业务还不能很好地支持。在协议方面,IEEE只对EPON定义了物理层和部分的第二层;ITU则不仅定义了GPON全部层面,更重要的是从业务角度提出了很多管理规范。这种管理规范带来的好处是,GPON方便地做到了全球互通。例如,采用同一标准的芯片可以在全球各地通用,同一设备系统不需要做任何硬件、软件的更新也能在全球使用。这种通用性促成了今天庞大的GPON产业链规模。任何一项通信技术的大规模应用都离不开芯片、系统和运营3个环节,只有这3个环节共同繁荣,通信技术才能得到大规模的推广。从运营角度看,除了中国兼顾两方面技术,日本及一些韩国运营商只选择EPON外,全球其他国家和地区的运营商都选择了GPON。随着GPON在全球的迅速推开,相应的成本也会进一步降低,这又会反过来促进GPON更广泛的部署,从而形成良性循环。下面表格对

GPON 和 EPON 这两种 PON 技术和产品进行了详细比较。

6. FTTx

FTTx（Fiber to the x）指的是光纤接入。光纤接入指局端与用户端之间完全以光纤作为传输媒体。光纤接入可以分为有源光接入和无源光接入。光纤用户网的主要技术是光波传输技术。根据目的地的不同可以分为 FTTH（光纤到户）、FTTC（到路边）、FTTB（到大楼）、FTTO（到办公室）等。它一般由局端机房设备（OLT）、用户终端设备（ONU）、光分配网（ODN）3 部分组成。ODN 是 OLT 和 ONU 之间的传输物理通道。而由于 ODN 涉及复杂的网络拓扑，需要很大的投资和很好的规划设计。

7. 小结

未来网络将向着数据网、电视网、语音网三网融合的方向发展。但怎样光纤通信以其宽带宽、高速率、长距离的优势是其他传输手段所无法比拟的。不过任何事物都是有着双面性，光通信也有不足。随着人们认识水平的提高，光纤通信将会有着广阔的发展前景。

【阅读资料 7】 下一代无源光接入网在广电行业中的应用

［内容摘要］伴随着新媒体业务在我国广电领域的大力推进，高带宽接入成为业务发展的必然要求。因此未来光纤接入网技术将成为人们关注的焦点。本文在分析未来广电业务特征的基础上，论述了下一代光网络的发展方向。并且对比了 10G EPON 和 10G GPON 的特征，指出了 10G EPON 相对于其他技术有更加广阔的应用前景。

0. 引言

近年来，随着“新媒体”概念的推出，以及“三网融合”全国规划的启动，电信和广电业务的融合越来越紧密，同时业务种类也大大超过了广电行业的传统业务。业务种类和数量的增加、用户需求的发展，都意味着传输网络需要能够提供更大的带宽来满足业务提供商和用户双方面的要求。尤其是新媒体中的高清电视、IPTV 和视频通信等业务，都是需要很大带宽支持的业务。有预测表明，随着 2010 年世界上许多国家进入全数字电视时代，拥有高清设备的家庭将从 2006 年的 4800 万增加到 2011 年的 1.51 亿。同时，预计将来一个家庭将拥有 4～6 个高清机顶盒，并且家庭内部多媒体分发设备将会用来接收和传输高清视频和声音数据流，包括从电脑到电脑、电脑到电视和从网络到多个机顶盒。这些都需要巨大的带宽来保证多路高密度数据流的畅通。因此，如何获得更大的带宽以支持日益增长的业务需求，就成为广电行业未来发展所关注的重点问题之一。面对如此大带宽的需求，光纤通信以其理论上可以获得无穷大带宽的优势，得到了越来越广泛的应用。目前实验室中已经可以做到 T 级（千 G 级）数据速率，而实际应用的带宽已经超过 10GB/s/波长。随着光纤网络的普及，无源光接入网（PON）成为人们研究的热点，并且已经得到了广泛的应用，成为有线电视网络改造的关键技术。最早的 PON 技术是于 1995 年由 13 家大型网络运营商提出的 APON，采用 ATM 传输协议，传输速率为 155MB/s。2001 年发展为 BPON 技术。它可以支持 622MB/s 的传输速率，同时加上了动态带宽分配、保护等功能，能提供以太网接入、视频发送、高速租用线路等业务。

目前在世界范围内广泛应用的有两种 PON 技术：EPON 和 GPON，它们的基本物理结构十分相近，不同之处在于它们对信息的封装不同：EPON 使用以太帧传输；而 GPON 使用 ATM 或 GEM（通用封装模式）帧，带宽分配比较灵活，最高可以提供 2.5GB/s 的上下行速率。然而，预计在未来几年内随着高带宽需求业务，如高清 IPTV 等的快速发展，这个带宽也将逐渐达到利用极限，必须开发更先进的光纤通信技术以适应用户对带宽的需求。

1. 下一代光网络

1.1 10G GPON

该技术是指，在全业务接入网论坛（FSAN）工作组的建议下，将先前的GPON升级到10GB/s。首先对GPON进行改进的是建议G.983.3，在这个建议中，通过使用子载波复用技术，在光谱中安排了主视频业务或附加数据业务，其中视频仅占用下行信道。当前GPON的升级有以下3个方向：

（1）高数据率：下行数据率将达到10GB/s，但是上行数据率上限仍待确定，到底是2.5、5还是10GB/s，还没有最终确定。

（2）将来的GPON光节点（ONU）将支持间歇滤波器技术，以保证下一代ONU可以在当前的GPON网络中和已经使用的GPON ONU同时工作。

（3）最后，GPON光分配的扩展，这个改进将允许在现有的PON中实现远距离传输和高光分。

1.2 10G EPON

2009年9月，IEEE 802.3av 10G-EPON标准获批，包括移动、电信、联通在内的多家单位支持该标准或参与了IEEE802.3avTM－2009以太网无源光网络（10G-EPON）工作组。IEEE 802.3av规定了将现有TDM-PON升级到10GB/s，并完成最终的标准化。这个标准的市场潜力巨大，并且将随着如下项目的完成而进行。

（1）在光纤中使用点到多点拓扑实现子载波接入网络。

（2）两种不同的数据速率信道。在一根单模光纤中10GB/s下行1GB/s上行（对称线速操作），和在一根单模光纤中10GB/s下行10GB/s上行（非对称线速操作）。

（3）设计至少3种光功率分配方案。支持1∶16光分和1∶32光分，并且支持10km和20km的传输。这样做的目的是显著增强上行和下行信道的信道容量，同时保持逻辑分层不变，继续发扬已经有的多点控制协议（MPCP）和动态带宽算法（DBA）代理规范的优势，这样就可以与现有的1GB/s EPON网兼容。此外，在网络逐渐升级为全基于IP的传输系统前，10G EPON仍然要使用现有的模拟视频传输系统。这个方案还有许多技术难点有待克服。

1）DBA机制。在传输速率从1GB/s到10GB/s的大多数情况中这个机制将不会改变。

2）安全性考虑。

3）共享问题。1G和10G EPON在同一个PON网络中的共存，这将导致下行和上行信道的共享问题。为了解决这个问题，可以将开始的10G PON设计成不对称的模式：10GB/s下行，1GB/s上行。

1.3 远距离PON（LR-PON）

下一代接入网（NGA），又称为LR-PON。它可以简化网络结构、减少中间设备、网元甚至节点，是经济有效的解决方案。基本上，LR-PON的优势在于取代电子设备和简化网络。接入网和核心网可以通过使用扩展的骨干光纤整合成一个整体的系统，甚至可能覆盖100km的范围，并且将光分增加到可以带动1024个ONU。此外，接入网和核心网之间的速率损耗也会显著降低，PON头端和高层网络功能的损耗可以安排更多的上行数据。

虽然最近对于LR-PON的研究很多，而且也建设了很多实验性网络，但是商业应用还没有。在这些实验网中，SUPERPON是最著名和成功的LR-PON原型，它是在欧洲PLANET项目下于20世纪90年代建立的。它的目标是传输100km，带动2048个ONU。最近还有一些其他的欧洲项目也对LR-PON进行开发，例如PIEMAN和MUSE II。这两个项目的目的都是类似的，而且附加了波分复用（WDM）维度。最近的开发已经指向了将GPON物理层扩展到理论上的60km和128光分，以带动128个ONU。

现在还有个叫做“单光纤先进环型密集接入网结构（SARDANA）”的项目。这个项目的最终目标要达到每个PON下接1024个用户、10GB/s的传输速率、远程无源光放大和每用户固定波长的目的。

1.4 波分复用PON（WDM-PON）

现有的PON都是单一信道的TDM（时分复有）-PON，而下一代PON，将是基于WDM技术，目的是将现有的TDMPON逐步升级为WDM-PON，并促使网络运营商更换用户端和网络的设备。这样的升级由IEEE和ITU-T主导，并产生新的标准组。WDM-PON使用了多个波长，是对单光纤单信道的TDM-PON的改进，然而在现有的TDM-PON中加入新的波长需要对网络结构升级。两种PON实现起来的不同之处在于网络结构，例如第一步就需要将现有的无源光分换成无源波长路由器。

WDM-PON中每个光缆终端设备一光节点（OLT-ONU）链接都会分配一个专用的永久的波长，并且需要两个收发器。但是这样的结构对于未来的实际应用不是很令人满意，因为每个ONU必须要调到一个特定的波长，这样会大大增加维修和替换的成本。在可能的情况下，最好能使用不固定波长的设备，这样就解决了独立的密集型光波分复用（DWDM）发射机相关的备份、维修和安装的问题。与其他改进相比，成功解决现有PON升级问题主要依靠开发无色ONU。

在覆盖网中，新的和已有的信号需要很好地分离。目前主要有3项技术可以完成这个工作。使用新波长发送升级的信号，使用子载波复用技术和使用线路编码技术来减小新信号对已有信号的干扰。在将来，网络的吞吐量将会是现有PON的许多倍，我们希望通过开发全新的体系结构使每个用户获得1GB/s的流量。将来WDM-PON将基于全新的光设备，如可调部件、光分割、注入锁定和集中式光源。

2. 下一代PON在广电网中的应用

2.1 10G EPON和10G GPON的选择

根据前面的论述，我们可以认为，未来的广播电视网肯定是以光网络为特征的高速、宽带多媒体数据传输系统。根据最新的市场信息，光纤到桌面的成本正在急剧降低。目前建设成本已经不到2000元/点，而光纤网卡已经降到1000元以内，这些都预示着下一代光网络广阔的应用前景和市场前景。

对于广电行业来说，如何选择适合自己的PON技术，也成为业界关注的热点问题。在上节论述的下一代光网络技术中，LR-PON和WDM-PON技术必然成为广电接入网未来发展的趋势。然而对于10G GPON和10G EPON，目前还没有明确的目标。究竟选用哪种更好，更符合我国的国情成为各方争论的焦点。

10G EPON和10G GPON的争论是与EPON和GPON的各自特点分不开的，表1对两种标准的特性做了对比。通常人们认为基于ATM技术的GPON在恒定数据率流量中表现很好，并广泛用于实时业务中。而基于以太网技术的EPON在传输数据主要由Internet业务组成的情况下表现优秀，然而两种网络的性能不是这么简单就可以精确描述的，因为还有很多参数对性能产生影响。

实际上，在建网和组网的过程中，GPON和EPON的建设模式并没有太大区别，只不过是运营商在宽带接入上面临的技术选择而已。从目前看来，GPON的业务提供能力与EPON基本一致，到目前为止还没有出现GPON能做而EPON做不了的业务接入。而相比EPON来说，GPON的标准相对复杂一些，G.984.4标准中重要的OMCI版本一直没能稳定下来，给产业的发展带来了一定的障碍。通过这几年国内外的建设经验来看，从技术、产品、网络运营各方面进行比较发现，二者功能和性能相当，但EPON成本更低，更具竞争优势。尽管有的文献指出，因为GPON的传输速率要高于EPON，所以从同样的用户流量角度来看，GPON的成本较低。但是当现有的EPON升级为10G EPON后，和GPON升级为10G GPON的传输速率是一样的，这就打破了有些文献中的"不公平"比较。同时，由于EPON系统较小的冗余开支，会在实际应用中效率稍高一些。10G EPON是在现有的EPON基础上建立起来的，与现在的EPON系统完全兼容。IEEE 802.3av标准规定的10GEPON和普通EPON的不同仅仅是上联盘增加了一个10G的光接口。

因此，可以认为10G EPON必然继承了现有EPON的优势，而又能极大地扩展用户带宽，在这一点上相对于10G GPON来说是有优势的。

另外，我国目前应用的PON系统主要是EPON，并且技术已经比较成熟，而且大批量的部署实现了较高的规模经济效应，因此是宽带接入网络成本最低的高带宽技术。将EPON网络升级成10G EPON技术，也是一种风险极低的选择。EPON/10G EPON技术目前能提供高带宽、高价值服务，而且还可在短期内升级为速度提高10倍之多的网络，这些优势将使EPON/10G EPON在最广泛部署的光纤宽带接入网络解决方案中保持领先。另外，就10GB/s带宽来说，未来数年内完全可以满足新媒体业务的发展和用户的需求。因此，10G EPON对现有EPON的无缝升级，可以节约大量的建设成本，成为各级运营商，特别是中小运营商的首选。

2.2　10G EPON在未来广电网络中的应用

随着接入网络的光纤到户技术（FTTH）部署逐渐增多，生产商和技术专家们也开始进一步深入探索以满足下一代应用对带宽的要求。这其中，10G EPON技术绝对是一个很有吸引力的解决方案，它可十倍提升带宽，通过光纤达到10GB/s宽带网络接入速率，同时与现有的1G EPON方案实现核心协议兼容。

促进10G EPON在接入网应用的最明显的因素就是高清IPTV的应用。目前视频厂商正在极力推广高清电视的传输，而这也将成为网络用户对网络容量的最起码要求。高清视频的容量再加上对支持同时多信道的需求（例如支持画中画，观看一个频道同时录另外一个频道），将会导致用户对带宽的需求极大增加。有预测表明，随着2010年世界上许多国家进入全数字电视时代，拥有高清设备的家庭将从2006年的4800万增加到2011年的1.51亿，10G EPON将是高清带宽的解决方案。

其他对带宽要求较高的应用包括视频会议、互动电视、在线游戏、P2P网络、面向网格的计算和网络计算机等。这其中，远程存储和计算资源根据用户要求，使用本地终端系统提供在线服务。即使相对较低带宽要求的应用，如VoIP，也对带宽是有需求的。据估计，VoIP 业务用户将从 2006 年的 3500 万增长到 2011 年的 1.5 亿。除了传输多频道高清 IPTV 和其他大带宽业务之外，10GEPON 在不久的将来还必将用来为家庭提供下一代多媒体业务的传输系统。预计将来一个家庭将拥有 4 到 6 个高清机顶盒，并且家庭内部多媒体分发设备将会用来接收和传输高清视频和声音数据流，包括从电脑到电脑、电脑到电视和从网络到多个机顶盒。10G EPON 将为家庭提供多路高密度数据流，并且也会在将来的网络分配中成为提供可靠、经济的高密度上行数据流的一种有效手段。在 2007 年 9 月的白皮书中，美国互联网工业协会（USIIA）估计，国际互联网流量以每年 75% 的速度增长，其促进动力主要为对带宽需求量大的声音、音乐和视频业务。而承载这些流量的带宽容量每年只增长大约 45%。USIIA 还指出，有不少新的互联网多媒体数据流接入途径，例如手机等设备，也成为促进接入网带宽需求的动力。为了满足用户的这种需求，业务提供商必须能够加工不同的业务包，以符合不同业务的需要和不同用户对带宽的要求。10G EPON 可以提供不同带宽容量，如上下行 10G 对称容量或上行 1G 下行 10G 的非对称容量。同时 10G EPON 还能支持先进动态带宽分配算法（DBA），这将使 10G EPON 很好地满足业务提供商为不同用户配置不同的带宽方案的需求。而 10G EOPN 在设备成本上来说与 EPON 和 GPON 相差无几。因此从一开始就选择 10G EPON 也没什么障碍。因此，在以“三网融合”为特征的未来的广播电视网络建设中，无论是直接铺设还是对现有 EPON 网进行升级改造，10G EPON 必将拥有更广阔的应用前景。

习　　题

1. 已知某阶跃折射率光纤的结构参数为 $n_1=1.48$；$n_2=1.46$；$a=15\mu m$。设光纤置于空气中，传输光波的真空波长为 $\lambda_0=1.3\mu m$。试求：数值孔径、相对折射率差、归一化频率、光纤入纤端面上入纤光线的最大入射角。

2. 已知阶跃折射率光纤的结构参数为 $n_1=1.46$；$\Delta=0.0068$，$a=20\mu m$。设该光纤中传输光波的真空波长为 $\lambda_0=1.55\mu m$，试求：

（1）包层区介质的折射率 n_2。

（2）光纤的数值孔径 NA。

（3）有模式色散引起的单位长度子午光线光纤的最大时延差 $\Delta\tau_{0max}$。

（4）若将 $\Delta\tau_{0max}$减小 10 倍，n_2 应取何值。

（5）归一化频率 V。

3. 已知阶跃折射率光纤的相对折射率差为 $\Delta=0.005$，当光纤中传输光波的介质波长分别为 $\lambda_0=0.85\mu m$；$1.3\mu m$ 和 $1.55\mu m$ 时，欲实现单模传输 HE_{11}模式，芯径（$2a$）应分别小于何值？

4. 设 $\Delta=0.001$，求解习题 2.3。

5. 根据表 2.2 给出的数据及相应的特征方程，求阶跃折射率光纤（矢量解法）中前 15 个低次模式及其对应的归一化截止频率，并画出相应的截止频率分布图。

6. 某阶跃折射率光纤纤芯介质折射率 $n_1=1.485$；传输光脉冲的重复频率 $f_0=8MHz$；经过该光纤后，信号的模式色散群时延差为 2 个脉冲周期。试就光纤包层介质折射率分别为 $n_2=1.475$ 及 $n_2=1.470$ 两种情况，估算该光纤的长度。

7. 某阶跃折射率光纤纤芯介质折射率 $n_1=1.465$；传输光波的真空波长 $\lambda_0=1.3\mu m$。

试求：

（1）若$\Delta=0.25$，为保证单模传输HE_{11}，纤芯（$2a$）应如何选择。

（2）若取纤芯$2a=10\mu m$，单模传输HE_{11}时，Δ应如何选择。

8. 试证：式（2.81a）和式（2.81b）等价。

9. 在近截止状态（$\omega\to0$）下，求阶跃折射率光纤中LP_{11}模所携带的功率在纤芯区与在包层区的分布比例（即P_1/P_2）。

10. 已知阶跃折射率光纤的结构参数为$n_1=1.46$；$\Delta=0.01$，$a=10\mu m$。试求LP_{01}、LP_{11}、LP_{02}、LP_{12}及LP_{03}等模式的归一化截止频率和实际截止频率。

11. 在习题2.10中，设光纤中传输光波的介质波长为$\lambda=1.55\mu m$，使判断光纤中可能传输哪几类LP_{mq}模式，并据算LP模群中的个数P_{max}。

12. 在习题2.11给定的条件下，使判断光纤中可能传输哪些矢量解法中的导模，并估算光纤中可能传输的导模的数量。

13. 已知阶跃折射率光纤的结构参数为$n_1=1.48$；$n_2=1.46$；$a=25\mu m$。当光纤中传输光波的真空波长分别为$\lambda_0=0.85\mu m$；$1.3\mu m$和$1.55\mu m$时，试估算光纤中可能传输的导模的数量及LP模群中的个数P_{max}。

14. 试推导式（2.79）和式（2.80）。

15. 在抛物线型折射率分布光纤中，一条近轴子午光射线在光纤的入纤端面（$z=0$）$\rho=\rho_0=\frac{a}{2}$处的入射点以轴向角$\theta_{z0}=\frac{\pi}{6}$进入光纤传输。试求：

（1）该射线的轨迹方程。

（2）该射线对应的节距P。

（3）光纤的本地数值孔径$NA(\rho)$。

（4）光纤横截面上的光功率分布（设系统被均匀激发）。

16. 求证：抛物线型折射率分布光纤中的近轴子午光线具有的轴向速度，不会形成模式色散。

[提示：设任意两条光射线对应的入射点坐标为ρ_{01}及ρ_{02}，入射线斜率为ρ_{01}'及ρ_{02}'，令$\rho_1(z)=\rho_2(z)$，求出交点并讨论。]

17. 已知抛物线型折射率分布光纤的结构参数为$n_0=1.48$；$n_2=1.46$；$a=25\mu m$。当光纤中传输光波的真空波长分别为$\lambda_0=0.85\mu m$；$1.3\mu m$和$1.55\mu m$时，试估算光纤中可能传输导模的数量。

18. 已知抛物线型折射率分布光纤的结构参数为$n_0=1.46$；$n_2=1.45$；$2a=50\mu m$，当光纤中传输光波的真空波长为$\lambda_0=1.55\mu m$时，试估算光纤中导模的数量、模群的数量及相邻模群的间隔$\delta\beta$。

19. 设渐变折射率光纤的有关参数为$n_0=1.46$；$\Delta=0.01$。当折射率分布指数分别为$g=1$；$g=2$及$g=\infty$（对应为阶跃折射率光纤）时，求多模光纤中因模式色散所引起的最大时延差$\Delta\tau_{0max}$。

[提示：利用式（2.142b）及$\Delta\tau_{0p}=\tau_{0p}-\tau_{0p\min}=\tau_{0p}-\frac{n_0}{c}$，对$\xi$求$\tau_{0p}$的最大值，即得$\Delta\tau_{0max}$。]

20. 已知渐变折射率光纤的结构参数为

$a=25\mu\text{m}$；$n_0=1.463$；$n_2=1.450$；$N_0\left[=n_0+\omega\dfrac{\text{d}n_0}{\text{d}\omega}=\dfrac{\text{d}(\omega n_0)}{\text{d}\omega}\right]=1.474$，$N_2\left[=\dfrac{\text{d}(\omega n_2)}{\text{d}\omega}\right]=1.463$。

设光纤中传输波长的真空波长为 $\lambda_0=0.85\mu\text{m}$，试计算使该光纤色散达到最小时的最佳折射率分布指数 g_{0pt}，并 $g=g_{0pt}$ 时，对应的单位长度光纤的模式色散所引起的最大时延差 $\Delta\tau_{0\max}$。

21. 已知阶跃折射率单模光纤的有关参数为：

$n_1=1.4655$；$n_2=1.4444$；$N_1=\dfrac{\text{d}(\omega n_1)}{\text{d}\omega}=1.4823$；$N_2\left[=\dfrac{\text{d}(\omega n_2)}{\text{d}\omega}\right]=1.4628$；$2a=8\mu\text{m}$；$\lambda_0=1.55\mu\text{m}$；$D_m=-0.0101$；$\dfrac{\text{d}(Vb)}{\text{d}V}=1.06$；$\dfrac{\text{d}^2(Vb)}{\text{d}V^2}=0.48$。

试求：总色散系数 $D=(D_m+D_d+D_w)$。

22. 某实际单模光纤的结构参数为 $a=5\mu\text{m}$；$n_2=1.48$；$\Delta=0.04$；$g=3$。当光纤中传输光波的真空波长为 $\lambda_0=1.55\mu\text{m}$ 时，试求：

（1）高斯等效的基膜模场半径 s_0。

（2）等效阶跃光纤的结构参数 a_e、Δ_e 及 V_e。

（3）等效阶跃光纤中单模传输 HE_{11} 模式时，波长 λ_0 的取值范围。

23. 在无界抛物线型折射率分布光纤中，LP_{00} 模的横向电场为 $E_y=A\text{e}^{-\rho^2/s_0^2}\text{e}^{-j\beta z}$。

试求：

（1）传输功率 $P=1$ 时的归一化电场强度。

（2）LP_{00} 模的波导效率 η_{00} 的表达式。

（3）设光纤的结构参数为 $n_0=1.465$；$\Delta=0.005$；$a=5\mu\text{m}$。分别求 λ_0 为 $4.60\mu\text{m}$、$3.07\mu\text{m}$、$2.30\mu\text{m}$、$1.53\mu\text{m}$ 及 $1.15\mu\text{m}$ 时的 η_{00} 值。

24. 在习题 2.21 给定的条件下，设光源的谱线宽度 $\Delta\lambda$ 分别为 0.1nm 和 100nm，试求单位长度单模光纤对应的总时延差 $\Delta\tau_0$。

25. 已知某光纤的输入、输出光脉冲功率分别为：

$$P_{in}=\frac{1}{\sigma_1\sqrt{2\pi}}\text{e}^{-t^2/(2\sigma_1^2)}$$

$$P_{out}=\frac{1}{\sigma_2\sqrt{2\pi}}\text{e}^{-(t-t_0)^2/(2\sigma_1^2)}$$

试求：

（1）光纤的基带频率响应 $H(\omega)$ 及 3dB 带宽 B。

（2）光纤的脉冲响应 $h(t)$ 及脉冲展宽 σ。

［提示：先求 $P_{in}(t)$ 及 $P_{out}(t)$ 的傅里叶变换得 $Y_{in}(\omega)$ 及 $Y_{out}(\omega)$，则有 $H(\omega)=\dfrac{Y_{out}(\omega)}{Y_{in}(\omega)}$，再令 $|H(\omega)|=\dfrac{1}{2}$，即可求得 B。］

第3章　光　发　射　机

什么是光发射机？光发射机（或称发送光端机）是将电端机来的信号经过处理后对光源进行强度调制，把电信号转换为光信号。对光发射机的主要技术要求是：①输出尽可能大的稳定光功率。输出光功率越大，系统可传输的距离越长，或者系统所允许的损耗越大。要求在环境温度变化或者 LD 器件老化过程中，输出光功率保持不变，可使光纤通信系统长时间稳定运行；②具有尽可能大的光调制度。由后面的讨论可知，光接受机的信噪比成正比，所以光调制度越大，信噪比越高。但由于光源存在非线性失真，所以当光功率较大，或光调制度较大时，会产生严重的非线性失真；③具有尽可能小的非线性失真。在光纤通信系统中，光源的非线性是产生非线性失真的主要因素。在光纤通信系统中，光源的作用是用来产生光信号的载波信号和调节信号的，相当于无线通信系统中的无线信号的发射系统的天线，光源和其调节部分共同构成了光发射机。光源是光纤通信系统中的关键器件，光纤通信技术的发展与光源技术的发展是分不开的。

当前通信光源主要采用半导体激光器（LD）和发光二极管（LED）。它们除了具有半导体器件的共同优点，如体积小、重量轻、寿命长、功耗低、可集成和高可靠性等之外，还具有以下适合光纤通信应用的其他特性。

（1）易择波：半导体光源的物理基础决定了只要选择合适的光电材料就可以制成使用于光纤中不同低损耗窗口的光源器件。

（2）易辐射：容易获得足够高的输出光功率和足够窄的光谱宽度。

（3）易调制：改变注入电流就可以改变输出光强，能够直接进行强度调制。

（4）易耦合：发光面积可以与光纤芯径相比拟，从而具有较高的耦合效率。

在上述两种光源类型中，LD 不仅发射功率大、调制特性好、电光转换效率高，而且输出光具有良好的方向性和相干性，因此在高速率、大容量的数字光纤通信系统中得到广泛应用。我国在光纤通信系统中，光源多采用的是 LED。本章着重描述半导体激光器的原理、性质及调制理论，并简介发射机的基本组成。

激光光纤通信的基本原理是电信号通过发送光端机，对由激光器发射的激光光波进行调制，再通过光纤传送到另一端，接收光端机接收并变成电信号，解调恢复原来的信息。激光光纤通信最根本问题是发生激光的激光器和传送激光的光纤。

3.1　激光原理的基础知识

原子物理学的发展对激光技术的产生和发展，做出过很大的贡献。激光出现以后，用激光技术来研究原子物理学问题，实验精度有了很大提高，因此又发现了很多新现象和新问题。射频和微波波谱学新实验方法的建立，也成为研究原子光谱线的精细结构的有力工具，推动了对原子能级精细结构的研究。因此，原子物理学与激光技术科学的发展是相辅相成的。研究激光光纤通信，必须研究原子物理学。

3.1.1 原子的能级和晶体中的能带

1. 原子的能级

原子是由原子核和绕原子核旋转的核外电子组成。近代物理的大量实验证明，原子中的电子只能在一定的量子态中运动。以硅原子为例，原子中共有 14 个电子环绕着带正电荷（$+14e_0$）的原子核旋转，这和行星被太阳所吸引沿着环绕太阳的轨道运行很相似。14 个电子运行的轨道是有区别的，各代表不同的量子态。如图 3.1 所示为硅原子中电子运动轨道简图。这张简图不能完全反映电子运动轨道的空间概念，仅在平面上表示 14 个电子的量子态分别在离原子核远近不同的三层轨道上。列在同一层的量子态也是相互区别的，只是它们和原子核的平均距离以及能量是相同的（严格地说，是近似相等）。最里层的量子态，电子距原子核最近，受原子核束缚最强，能量（包括电子的动能和势能）最低。越外层的量子态，电子受原子核束缚越弱，能量越高。可以用人造卫星绕地球的环行运动作一个比喻，越外层的电子轨道相当于越高的人造卫星轨道，要把人造卫星发射到更高的轨道上去，必须给它更大的能量。这就是说，电子轨道越高（离原子核越远），电子能量越高。

根据量子力学的基本理论可知，电子在原子中的微观运动状态——量子态的一个最根本的特点就是，量子态的能量只能取某些特定的值，而不是随意的，需要满足电子轨道的量子化条件。当电子在每一个这样的轨道上运动时，原子具有确定的能量，称为原子的一个能级。例如，图 3.1 中最里层的轨道就是量子态所能取的最低的能量，再高的能量就是第二层的轨道，不存在具有中间能量的量子态……。为了形象地描述量子态只能取某些确定的能量，常采用图 3.2 所示的能级图来表示量子态的能量关系。能级图用一系列高低不同的水平横线来表示各个量子态所能取的确定的能量，E_1、E_2、E_3、…。同一个能级往往有好几个量子态。如图 3.2 所示中用括号注明。最里层有 2 个量子态，其次能量 E_2 有 8 个量子态，再次能量 E_3 有 8 个量子态……。同一个量子态不能有两个电子，这就是电子按量子态运动应遵循的泡里不相容原理。

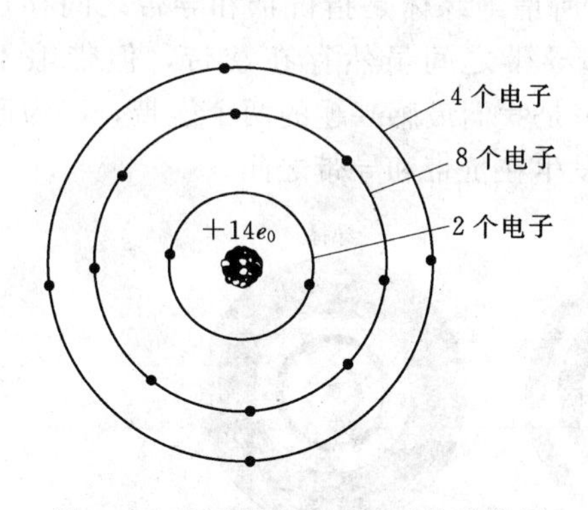

图 3.1 硅原子中电子运动轨道简图

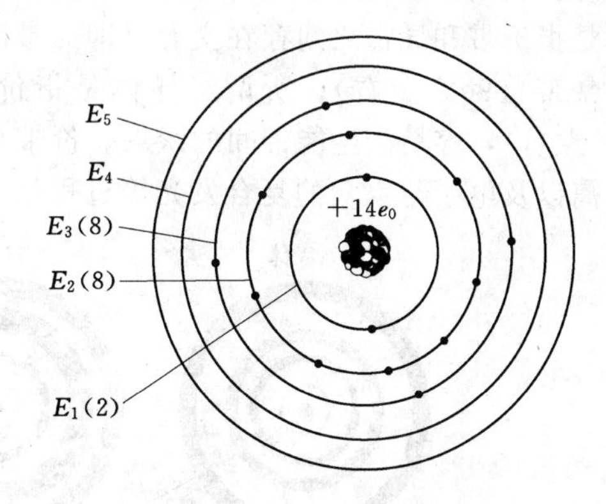

图 3.2 硅原子的能级图

2. 晶体的能带

实际物体是由大量原子构成的。每一原子中的电子特别是最外层电子除受本身原子的势场作用外，还受到相邻原子的势场作用。这样邻近原子的电子态将会发生不同程度的交叠，从而表现出与孤立原子不同的能谱特性。原来围绕一个原子运动的电子，现在可能转移到邻近原子的同一轨道上去，从而在原子之间作共有化运动。一个典型的例子就是氧分子（O_2）结构。如图 3.3 所示，每个氧分子中包含 2 个由共价键结合的氧原子。单个氧原子最外层分布 6 个电子，受共价键的作用，其中 2 个电子可以进入相邻氧原子的外层轨道。这样对每个原子而言，至少在部分时间内外层轨道填充了全部 8 个电子。

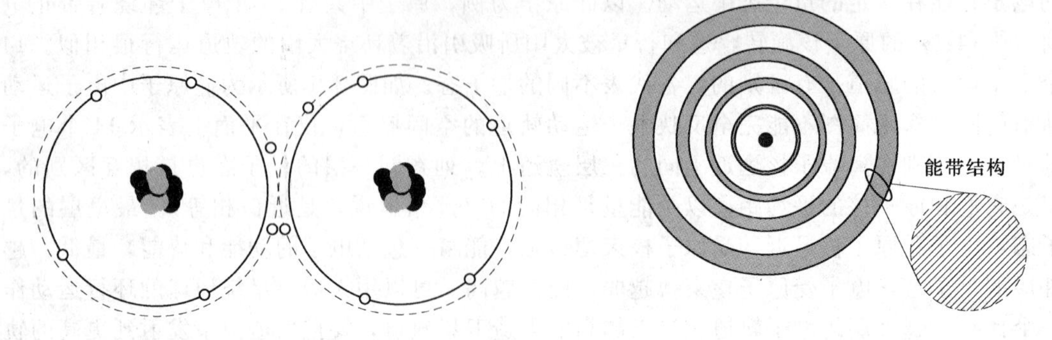

图 3.3　氧分子结构　　　　图 3.4　晶体中的能带

在共价晶体中，每个原子最外层的电子和邻近原子形成共价键，整个晶体就是通过这些共价键把原子联系起来。晶体的主要特征是其内部原子呈现有规则、周期性的分布规律。作共有化运动的电子受到周期性排列着的原子的作用，它们的势能具有晶格的周期性。因此，晶体的能谱在简并能级的基础上按共有化运动的不同而分裂成若干组。每组中能级彼此靠得很近，组成有一定宽度的带，称为能带，如图 3.4 所示。内层电子态之间的交叠小，原子间的影响弱，分裂形成的能带比较窄；外层电子态之间的交叠大，能带分裂的比较宽。这样，做共有化运动的电子可以占据能带中的不同能级，从而不违反泡里不相容原理。

在晶体物理中，通常把这种形成共价键的价电子所占据的能带称为价带，而把价带上面邻近的空带（自由电子占据的能带）称为导带。价带和导带之间，被宽带为 E_g 的禁带所分开。利用价带与导带的位置关系可以解释不同材料的导电性能。如图 3.5 所示，所谓导体是指价带和导带之间存在交叠（即无带隙）；所谓绝缘体是指价带和导带之间存在很宽的禁带（9eV 左右）；所谓半导体是指价带和导带之间虽然存在禁带，但带隙不大（1eV 左右），容易产生能带间的跃进。价带和导带是我们最感兴趣的两个能带，因为原子的电离以及电子与空穴的复合发光等过程，主要发生在价带和导带之间。

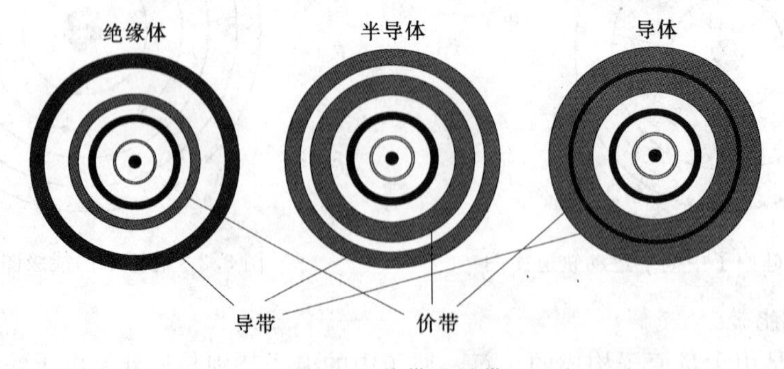

图 3.5　价带和导带

3.1.2　能级的跃进

原子中的电子可以通过和外界交换能量的方式发生量子跃迁，或称能级的跃迁。若跃迁过程中交换的能量是热运动的能量，称为热跃迁；若交换的能量是光能，则称为光跃迁。后者是研究光与物质相互作用的基础。

以两能级系统为例，如果高能级 E_2 和低能级 E_1 间满足辐射跃迁选择定则（波矢 k 守恒定则），那么 E_2 和 E_1 之间主要表现为光跃迁。对大量原子组成的体系来说，同时存在着光的自发辐射、受激辐射和受激吸收 3 种不同的基本过程。下面分述其各自的物理意义。

1. 自发辐射

处在高能级 E_2 上的电子按照一定的概率自发地跃迁到低能级 E_1 上，并发射一个频率为 ν、能量为 $\varepsilon=h\nu=E_2-E_1$ 的光子，该过程称为光的自发辐射过程，如图 3.6（a）所示。自发辐射的特点如下：

（1）处于高能级电子的自发行为，与是否存在外界激励作用无关。

（2）由于自发辐射可以发生在一系列的能级之间（如共价晶体中导带向价带的自发辐射），因此材料的发射光谱范围很宽。

（3）即使跃迁过程满足相同的能级差（光子频率一致），它们也是独立的、随机的辐射，产生的光子仅仅能量相同而彼此无关。各列光波可以有不同的相位与偏振方向，并且向空间各个角度传播，是一种非相干光。

2. 受激辐射

处于高能级 E_2 的电子在外来光场的感应下（感应光子的能量 $h\nu=E_2-E_1$），发射一个和感应光子一模一样的光子，而跃迁到低能级 E_1，该过程称为光的受激辐射过程，如图 3.6（b）所示。受激辐射的特点如下：

（1）感应光子的能量等于向下跃迁的能级之差。

（2）受激辐射产生的光子与感应光子是全同光子，不仅频率相同，而且相位、偏振方向、传播方向都相同，因此它们是相干的。

（3）受激辐射过程实质上是对外来入射光的放大过程。

3. 受激吸收

处在低能级 E_1 上的电子在感应光场作用下（感应光子的能量 $h\nu=E_2-E_1$），吸收一个光子而跃迁到高能级 E_2，该过程称为光的受激吸收过程，如图 3.6（c）所示。受激吸收的特点如下：

（1）受激吸收时需要消耗外来光能。

（2）受激吸收过程对应光子被吸收，生成电子—空穴的光电转换过程。

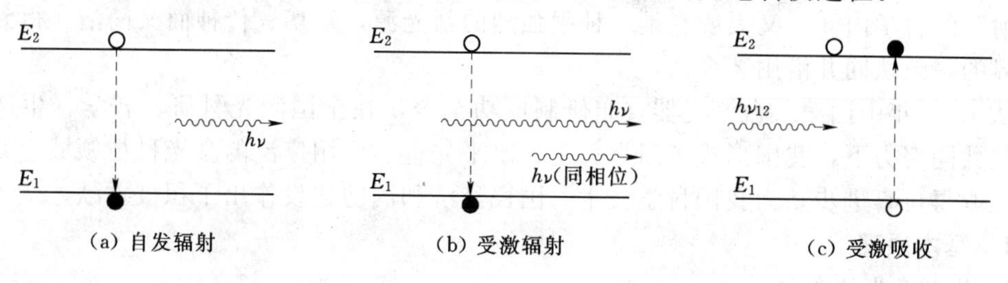

图 3.6　三类光跃迁过程原理图

在光电器件中，自发辐射、受激辐射和受激吸收过程总是同时出现的。但对于各个特定的器件，只有一种机理起主要作用。这 3 种作用机理对应的器件分别是：发光二极管、半导体激光器和光电二极管。

3.1.3 光增益区的形成

1. 光的吸收和放大

考虑一束频率为 ν 的单色光在原子媒质中传输的情况。设光子的能量 $h\nu$ 正好等于媒质中两个特定的原子能级 E_2 和 E_1 之差，那么，在媒质中将会同时存在自发辐射、受激吸收和受激辐射过程。忽略自发辐射过程，只考虑受激跃迁过程，受激吸收和受激辐射孰强孰弱取决于电子在两个能级上的分布情况。因此，当光经过媒质时会有吸收和放大两种不同的状态。若高能级 E_2 上的电子密度高于低能级 E_1 上的电子密度，则受激辐射强于受激吸收。由于发生一次受激辐射，都会发出一个光子，所以当受激辐射占主导过程时，光经过媒质时将获得增益，光强在传输过程中逐渐增强。

吸收状态：设媒质中低能级 E_1 上的电子密度为 N_1，高能级 E_2 上的电子密度为 N_2，当 $N_2 < N_1$ 时，受激吸收占主导地位，光波经过媒质时强度按指数规律衰减，光波被吸收。所有处于热平衡状态下的媒质对入射光束都有吸收作用。

放大状态：若媒质中 $N_2 > N_1$，则受激辐射占主导地位，光波经过媒质时强度按指数规律增大，光波被放大。

$$E_g < h\nu < e_0 V \tag{3.1}$$

$N_2 > N_1$ 的情况是一种处于非热平衡状态下的反常情况，称之为粒子数反转分布，或布局反转，必须要有外界的泵浦才能实现。

2. 半导体激光器中增益区的形成

半导体激光器是一种PN结构成的二极管结构，通过注入正向电流进行泵浦。当注入电流达到一定的阈值后，在结区形成一个粒子数反转分布的区域，价带主要由空穴占据，而导带主要由电子占据。对于光子能量满足的光子有光放大作用，这个区域被称为有源区，半导体激光器的光激射就发生在这个区域。

在式（3.1）中，E_g 是禁带宽度；e_0 是电子电荷；V 是PN结上的正向电压。

3.2 半导体激光器

“激光”一词是“LASER”的意译。LASER原是Light amplification by stimulated emission of radiation取字头组合而成的专门名词，在我国曾被翻译成“莱塞”、“激光射器”、“光受激辐射放大器”等。1964年，钱学森院士提议取名为“激光”。既反映了“受激辐射”的科学内涵，又表明它是一种很强烈的新光源，贴切、传神而又简洁，得到我国科学界的一致认同并沿用至今。

从1961年中国第一台激光器宣布研制成功至今，在全国激光科研、教学、生产和使用单位共同努力下，我国形成了门类齐全、水平先进、应用广泛的激光科技领域。并在产业化上取得可喜进步，为我国科学技术、国民经济和国防建设作出了积极贡献。

3.2.1 基本原理

1. 激光产生的条件

半导体激光器和其他任何类型的激光器一样，在半导体激光器内部要形成激射，必须具备以下两个基本条件：①有源区里产生足够的粒子数反转分布；②存在光学谐振机制，并在有源区里建立起稳定的激光振荡。现在所要研究的主要问题是如何使半导体激光器具备上述的两个基本条件。

激光发射是物质内部粒子和光场相互作用的结果。实现激射首先需要能够有效地提供粒子跃迁的工作物质（如 GaAs 和 InAsP 等半导体晶体材料）。在泵浦源的激励的作用下，工作物质发生粒子数反转分布，从而在有源区内形成光增益，最终将外界供给的能量转变为光子释放出来。半导体激光器通常采用电流注入方式来实现粒子数反转的要求。

从原理上看，半导体激光器实质上是一个自激振荡的激光放大器。其工作时的初始光场来源于导带和价带间的自发辐射，频谱较宽，方向也杂乱无章。有源区里实现了粒子数反转以后，受激辐射占据主导地位。为了得到单色性和方向性好的激光信号，必须构成光学谐振腔来建立光反馈，形成稳定的激光振荡，从而对光的频率和方向进行选择。

除了上述两项基本条件以外，一个实用的半导体激光器必须在常温下能够实现高效、稳定和连续的激光输出。为此，需要对激光器的结构进行优化设计，关键是约束电场和光场，将载流子与光子聚集在一定的区域内以保证充分复合，并便于向外部引导。

2. 制作激光器的材料

为了使电子从导带跃迁或跃迁到导带的过程中分别伴随着光子的辐射或吸收，必须保持能量和动量守恒。虽然一个光子可能具有较大的能量，但它的动量却非常小。

如图 3.7 所示，半导体材料的带隙是波矢 k 的函数，依照带隙的形状，可以将半导体划分为直接带隙材料和间接带隙材料两类。考虑一个电子和一个空穴相复合并辐射一个光子的情况，最简单和最有可能发生的复合过程对应导带能级的最低点与价带最高点的动量保持一致的情况，如图 3.7（a）所示，这就是直接带隙材料。

对于间接带隙材料，如图 3.7（b）所示。导带能级的最低点与价带最高点分别具有不同的动量。由于光子本身的动量很小，必须有其他粒子参与跃迁过程以实现动量守恒。图中示意了在上述非辐射性复合中所伴随的声子（例如晶格振动）发射和吸收现象。这种间接带隙发光方式的辐射效率很低，因此需要采用直接带隙的半导体材料来制作激光器。

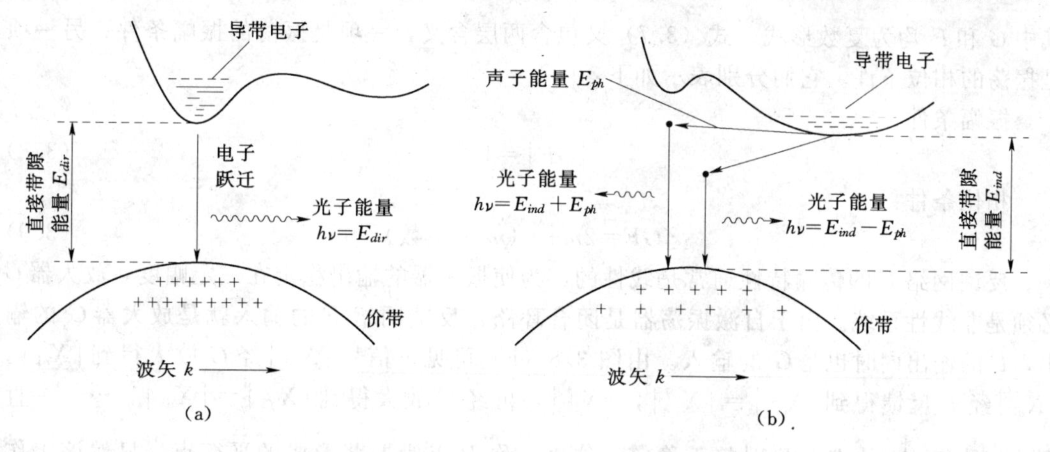

图 3.7 直接带隙和间接带隙材料的复合原理

从上述描述还可以看出，直接带隙材料的带隙（即禁带宽度）决定了激光器自发辐射的波长范围。因为电子跃迁过程中产生的光子能量为：

$$h\nu=E_{dir} \tag{3.2}$$

所以发射波长为：

$$\lambda=\frac{hc}{E_{dir}} \tag{3.3}$$

式中：h 为普朗克常量；c 为真空中的光速；E_{dir} 为直接带隙材料的禁带宽度。

不同半导体材料的带隙值不同。在短波长波段（0.85μm）通常选择 GaAs 和 GaAlAs 材料。长波长波段（1.3～1.55μm）通常选择 InGaAsP 和 InP 材料来构成异质结激光器。

激光器的制作工艺和其他半导体器件基本相同。一般从晶体衬底开始，它为器件提供机械长度并为电接触层提供底层基础。利用外延生长技术在衬底表面一层一层地生长不同性质的半导体材料薄层。这些材料必须具有与衬底相同的晶格结构，尤其是相邻的材料之间晶格常数需要完全匹配，从而避免在接触面上由于温度的变化而引起压力和张力。

自激振荡原理：如前所述，半导体激光器作为一种光频振荡器，必然满足自激振荡的一般原理。下面首先对信号自激振荡的基本理论作一简述。

信号发生电路之所以能产生各种波形的输出信号，在于内部形成了自激振荡。图 3.8（a）所示给出了自激振荡器的原理框图，它是一个由基本放大器和反馈网络组成的闭合正反馈环路。G 和 F 分别为基本放大器和反馈网络的正向传输函数，即：

$$G=\frac{X_o}{X_d} \tag{3.4}$$

$$F=\frac{X_f}{X_o} \tag{3.5}$$

由于相加器的输出 $X_d=X_i+X_f$，最后得到：

$$X_o=\frac{G}{1-GF}X_i \tag{3.6}$$

因为自激振荡器是一种没有输入（$X_i=0$）时仍有一定大小输出（$X_o\neq0$）的闭合回路，所以由式（3.6）可知实现振荡必须满足的条件为：

$$1-GF=0 \text{ 或 } GF=1 \tag{3.7}$$

其中 G 和 F 均为复数形式。式（3.7）又包含两层含义，一项是振荡的振幅条件；另一项是振荡的相位条件。它们分别表示如下：

振幅条件：

$$|GF|=1 \tag{3.8}$$

相位条件：

$$\angle GF=2m\pi \quad (m\text{ 为整数}) \tag{3.9}$$

反馈网络 F 的传输特性通常是线性的，为使振荡器的输出稳定在一定幅度，放大器 G 必须是非线性系统。由于自激振荡器是闭合环路，反馈网络 F 的输入就是放大器 G 的输出，F 的输出同时也是 G 的输入。由图 3.8（b）可见，信号 $|X_{d1}|$ 经 G 放大得到 $|X_{o1}|$，$|X_{o1}|$ 经 F 反馈得到 $|X_{f1}|=|X_{d2}|$，$|X_{d2}|$，再经 G 放大得到 $|X_{f2}|=|X_{d3}|$，…，一直到达 $|G|$ 和 $\frac{1}{|F|}$ 的交点 B 时趋于稳定。这里，称 B 点为振荡形成的平衡点。显然该工作点对应式（3.8）给出的振幅条件。

3.2.2 结构理论

1. 半导体激光器的通用结构

如图 3.9 所示，一个典型的半导体激光器应当由下面几部分功能组成。

（1）有源区（又称为增益区）。有源区是实现粒子数反转分布、有光增益的区域。在

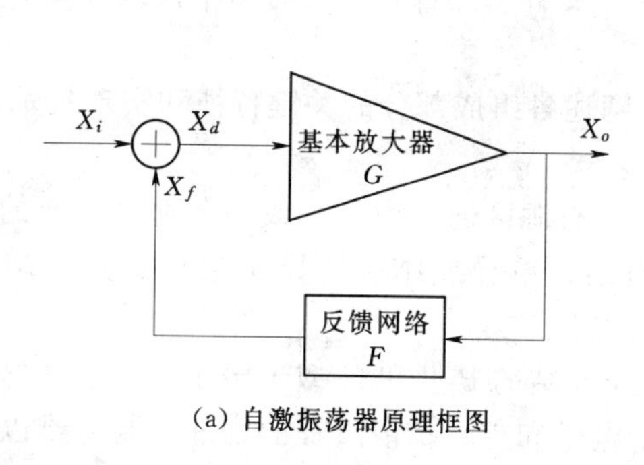

(a) 自激振荡器原理框图

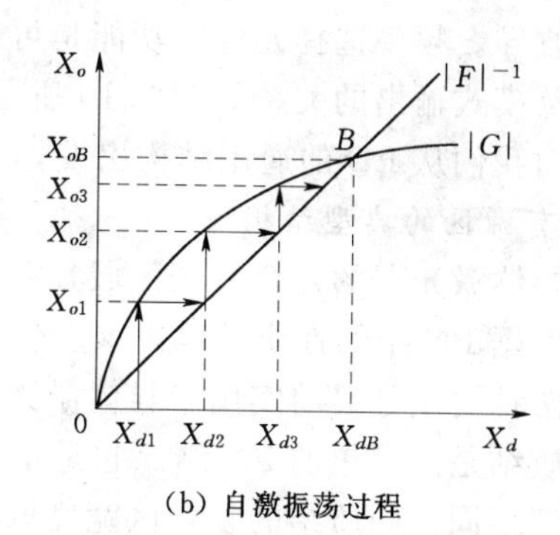

(b) 自激振荡过程

图 3.8 自激振荡原理

这一区域中，只要注入光子能量满足式(3.1)的条件，则可引起导带电子跃迁到价带，并与价带中的空穴复合。同时发射光子，实现光放大。有源区采用双异质结构可以有效地提高激光器的增益效率。

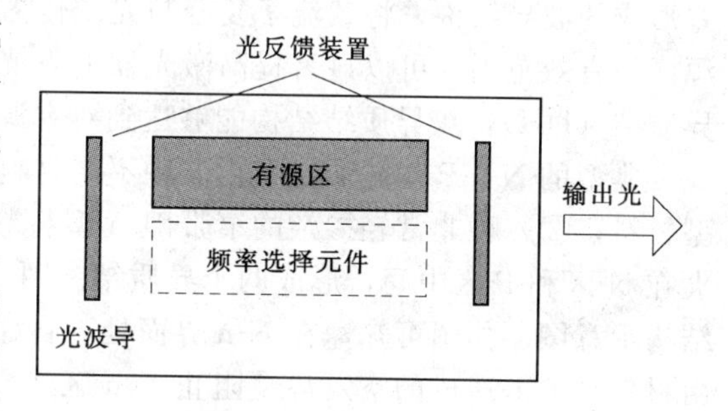

图 3.9 LD的通用结构

(2) 光反馈装置。在光学谐振腔内提供必要的正反馈以促进激光振荡。在最简单的法布里—珀罗激光器中，光反馈是利用晶体天然解理面的反射而形成的，其大小对所有纵模来说基本相同。

(3) 频率选择元件。用来选择由光反馈装置决定的所有纵模中的一个模式。在半导体激光器中通常采用相位光栅作为频率选择性反射器，利用其优良的滤波特性实现单纵模(单频)工作。所以激光器有非常好的单色性。

(4) 光束的方向选择元件。光反馈装置可以选择激光器光束的方向。由于谐振腔的开腔设计，只有严格与图 3.10 所示中光反馈装置垂直的光束才能在谐振腔里来回反射，多次通过增益区，得到放大。那些角度稍稍有点偏差的光束，在多次反射中将会从谐振腔出射，不能建立起稳定的振荡。所以激光器有非常好的方向性。

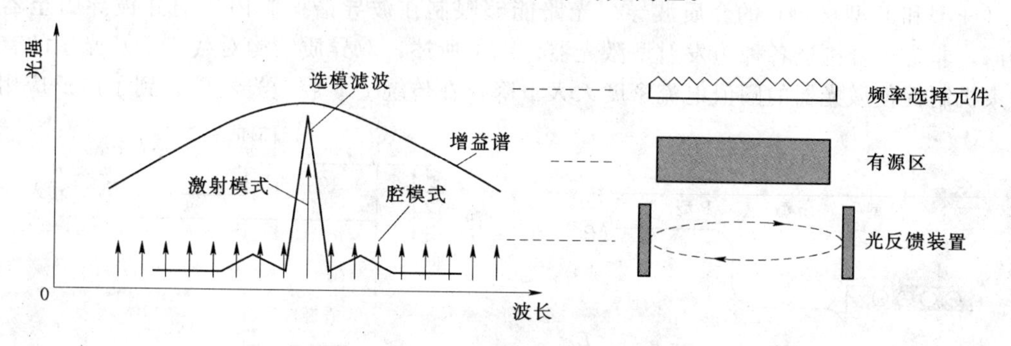

图 3.10 LD功能组成与模式输出的关系

(5) 光波导。用于对产生的光波在器件内部进行引导。它对激光器输出的横向模式存在较大影响，为了传输单横模，波导的厚度和宽度都必须足够小。

综上所述，设计一个实用的激光器结构，至少需要具备一个有源区、一组光反馈装置和一条波导。频率选择元件的功能是可选的，要看它是否允许同时多个模式存在。各部分的作用及模式输出的关系如图 3.10 所示。

下面我们从 LD 的通用结构出发，分别阐述各组成部分的关键特征和实现技术。

2. 有源区的典型结构

半导体激光器的复合发光区域是有源区。有源区通常由一个或多个垂直方向的 PN 结构成。根据 PN 结的性质不同，又分为同质结、单异质结、双异质结和量子阱结构。其中，后两种类型是目前实用半导体激光器的主要方案。

同质结是最简单的 PN 结。它是指构成 PN 结的 P 型和 N 型半导体为同一种材料，仅掺杂类型不同。同质结的复合区宽度取决于电子和空穴扩散过程的物理机制，难以稳定控制。通过引入异质结，利用不同种类半导体材料的带隙差异所形成的势垒，以及由折射率差形成的波导结构，将载流子复合与光子传播过程约束在一定空间区域内，从而限制了有源区的有效范围，可以显著提高激光器的发光效率。异质结又包括单异质结（SH）和双异质结（DH），双异质结结构能够达到对有源区全面控制的目标。

典型的 N-n-P 双异质结是由 3 种不同材料组成的多层结构：①一种重掺杂的宽带隙 N 型材料；②一种非常轻掺杂的窄带隙 n 型材料；③一种重掺杂的宽带隙 P 型材料。N 区夹在 N 区和 P 区中间，形成两个异质结。图 3.11 所示为热平衡状态下 N-n-P 双异质结的结构示意图。如图可知，在 N-n 界面处，自建场阻止了来自 N 区的电子向中央 n 区扩散，由材料带隙差造成的空穴势垒阻止了 n 区的空穴向 N 区扩散。在 n-P 界面处，自建场阻止了来自 P 区的空穴向中央 n 区扩散，由材料带隙造成的电子势垒阻止了 n 区的电子向 P 区扩散。在这种情况下，不会出现电子空穴的复合发光现象。

如图 3.12 所示，当在双异质结上施加正向偏压时，外加电场会克服自建场的阻碍作用，驱使来自 N 区的电子和来自 P 区的空穴流入窄带隙的 n 型区域。同时，N-n 界面上存在的空穴势垒和 n-P 界面上存在的电子势垒又起到了屏蔽效果，防止进入 n 区的电子流和空穴流越过结的边界向周围区域扩散。这样，自由运动的电子和空穴将在 n 区内聚集，它们相遇并复合，继而产生光子。复合发光区域的宽度等于 n 型材料的厚度，而该宽度是在制作过程中建立的，因此可以得到完全的控制。

另外，N-n-P 三层结构还组成了一个包括高折射率波导芯（n 型材料）和低折射率包层（N 型和 P 型材料）的介质波导。光路能够限制在波导谐振腔内传输并被导引至器件端面，非常适合构造各种边发射型激光器。综上所述，双异质结构对载流子及光子的有效约束机制促使激光器的阈值电流密度大大下降，在传统 F-P 腔激光器中得到了广泛应用。

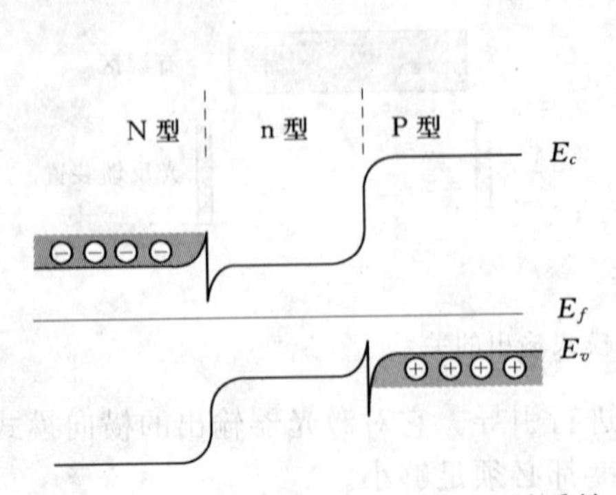

图 3.11　热平衡状态下的 N-n-P 双异质结

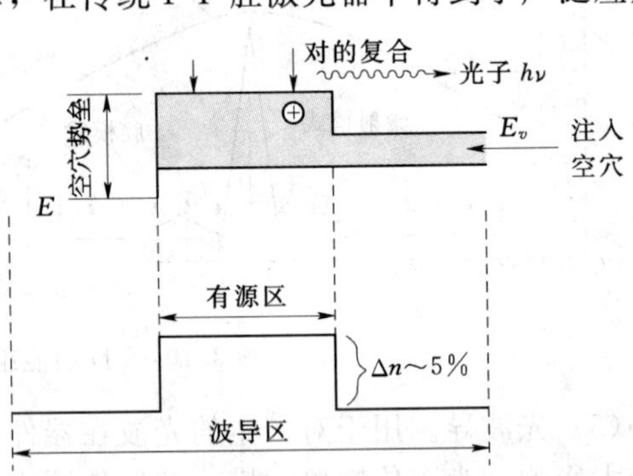

图 3.12　正向偏压的双异质结工作原理

一般双异质结构有源区的最佳厚度约为 0.15μm。如果进一步减少有源区厚度，LD 的阈值电流密度会明显增加。然而当其减至电子的德布罗意波长（约 50nm）时，半导体将会表现出量子特性，在导带和价带内产生宽度远小于深度的势阱，能够束缚电子（或空穴），称为量子阱（QW）结构。

量子阱结构分为单量子阱（SQW）结构和多量子阱（MQW）结构，实际应用的主要是多量子阱结构。多量子阱不是多个单量子阱简单累加的概念。它要求相邻两个势阱间的势垒很窄，一个势阱中的电子会通过势垒贯穿进入另一个势阱。由于两个势阱中的电子相互作用造成量子化能级的劈裂，具有完全不同于一般双异质结的能带特征。它能够有效地提高半导体激光器的发射功率，降低阈值电流和改善单模特性。

法布里—珀罗（F-P）谐振腔。半导体激光器和发光二极管的主要区别在于 LD 结构上要形成光学谐振腔。它的作用是提供光学正反馈，以便在腔内建立并维持自激振荡，控制输出激光束的特性。

F-P 谐振腔是一种最简单的光学反馈装置，它由一对平行放置的平面反射镜（通常直接利用半导体晶体材料的天然理解面）组成。如图 3.13（a）所示，F-P 腔结构首先决定了输出光的传播方向，能够建立稳定振荡的光波基本上是与两侧镜面垂直、在腔内往复反射传输的光，不能被反射镜面截获的、方向杂乱的光将会逸出腔外而损耗掉。其次，F-P 腔的谐振也必须满足一定的相位条件和振幅条件。在图 3.13（b）中，任意观测点 A 看到的初始信号光 E_0 和经过一周传输后的信号光 E_1 相比较，如果两者保持同相（相位条件），但后者幅度不低于前者（振幅条件），那么就能够激发并维持一组稳定振荡。相位条件可以使发射光谱得到选择，而振幅条件使激光器成为一个阈值器件。

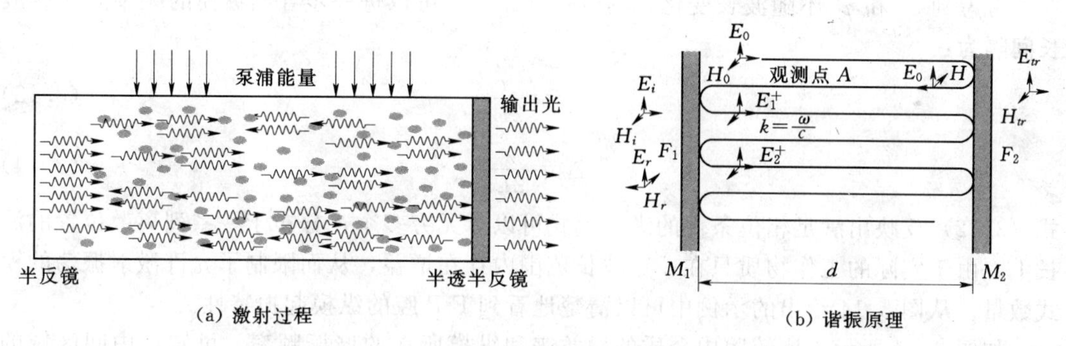

图 3.13 法布里—珀罗（F-P）谐振腔

（1）相位条件。在 F-P 腔结构中，产生激光振荡的相位要求是：波从某一点出发，经腔内往返一周再回到原来位置时，应与初始出发波同相位，即发生驻波干涉。上述相位条件可以表示为：

$$\exp(-j2\beta L - j\varphi_1 - j\varphi_2) = 1 \tag{3.10}$$

式中：β 为腔内的传输常数；L 为腔长；φ_1 和 φ_2 分别为 M_1 和 M_2 上反射波的相位跃变。由于 β 和波长有关，式（3.10）决定了只有某些确定波长的光才能在谐振腔里建立的振荡，使激光器的发射光谱呈现出谱线尖锐的模式结构。

（2）振幅条件。光在 F-P 谐振腔内的传播同时受到增益和衰减两大相互矛盾因素的共同作用。

一方面，在外部激励源的作用下，激光器内部形成粒子数反转的有源区，往返传输的光子不断诱发受激辐射，使得光信号不断增强。

另一方面，腔内也存在着衰减。例如镜面的反射衰减（镜面反射率总是小于1）、工作物质的吸收和散射衰减等。

在F-P腔结构中，产生激光振荡的振幅要求是：波从某一点出发，经腔内往返一周再回到原来位置时，其幅度应不低于初始出发波的幅度。由于上述过程在光腔内循环进行，在一定的激励水平下，随着输出光的增强将加剧对反转粒子数的消耗，使得谐振腔的放大作用逐渐减少，最后增益与衰减达到动态平衡，从而使波的传输可以保持一定幅度实现稳定振荡。此时的状态称为满足临界振荡的振幅条件，即阈值条件。阈值条件的物理意义可以概括为：当光信号往返传输一周幅度不发生变化时称为达到阈值状态。如果用光强（功率）来衡量信号的强弱，那么阈值条件用公式表示如下：

$$e^{(\gamma_{th}-\alpha)2l}R_1R_2=1 \tag{3.11}$$

式中：γ_{th}为阈值时强度增益系数；α为谐振腔内部工作物质的强度损耗系数；R_1和R_2分别为镜面M_1和M_2的功率反射系数。

(3) 起振模式。既然F-P腔内部产生自激振荡需要同时满足相位条件和振幅条件，那么能够起振的模式（这里指与光谱密切相关的纵模）将由波长谐振条件以及工作物质的增益范围共同决定。

由相位条件式（3.10）中可以得到：

$$2\beta L+\varphi_1+\varphi_2=2q\pi \quad (q=1,2,3,\cdots) \tag{3.12}$$

式中：q为纵模模数；$\beta=\dfrac{2\pi n}{\lambda}$；$n$为介质折射率。

考虑到φ_1和φ_2不随波长变化，则由式（3.13）可以进一步导出纵模的频率间隔或波长间隔为：

$$\Delta f=\frac{c}{2Ln} \tag{3.13}$$

$$\Delta\lambda=\frac{\lambda^2}{2Ln} \tag{3.14}$$

式（3.12）反映出满足相位条件的纵模模式可以有无穷多个，分布于一系列离散位置的波长上。由于实际的工作物质只在一定波长范围内存在增益，从而限制了允许激射振荡的模式数量。从图3.14给出的示例中可以清楚地看到F-P腔的纵模起振特性。

如图3.14所示，比较腔内介质的增益谱和纵模所在的谐振频率，可知仅中间区域的6个频率满足增益大于损耗的要求，可以激起纵模振荡。假设增益大于损耗的区域内只有一个纵模，那么这样的激光器将能实现单频输出。然而为了降低阈值增益系数，F-P谐振腔的长度不能太短，导致相邻纵模的波长间隔较小，存在多个谐振峰，很难做到单纵模工作。

综上所述，F-P腔原理简单、容易实现，在传统的半导体激光器中得到广泛应用。但是其谐振腔长、输出模式、光束质量和输出功率等参数之间固有的矛盾关系，使得F-P腔激光器表现出阈值电流大、多纵模输出的特点，适用范围受到一定程度的限制。

布喇格反射器。布喇格反射器是一种基于波纹光栅的光学谐振器。和F-P腔不同，波纹光栅表示一组周期性的空间结构。其特点是材料折射率在空间某方向上呈现周期变化，从而为受激辐射产生的光子提供周期性的反射点。波纹结构可以取不同的形状，如正弦波形或非正弦波形（方波、三角波等）。它的工作过程可以用布喇格反射原理来解释。

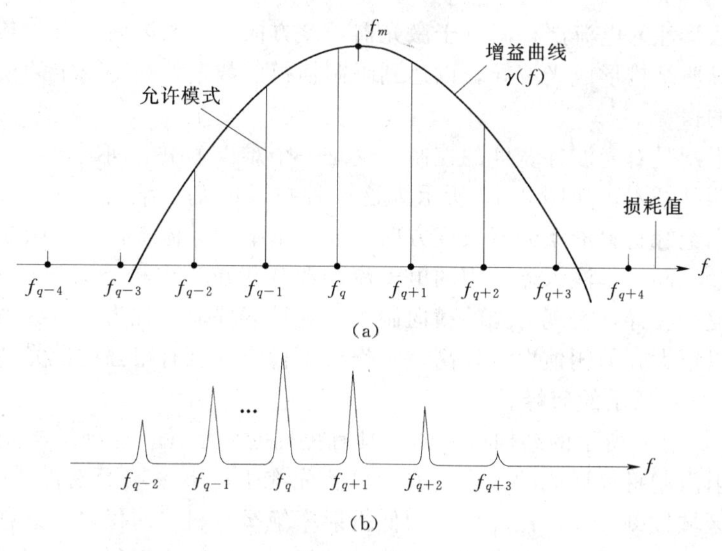

图 3.14 F-P 腔的纵模起振特性

如图 3.15 所示，在一定的条件下，假设所有的反射光同相相加，将形成该方向光的主极强。图 3.15 中 I，I'，I'' 等光束满足同相位相加的条件为：

$$\Lambda+B=\frac{m\lambda}{n} \tag{3.15}$$

式中：Λ 是波纹光栅的周期，也称为栅距；m 为整数；n 为材料等效折射率；λ 为波长。

由图中所示 B，Λ，θ 的几何关系，式 (3.16) 也可以表示为：

$$n\Lambda(1+\sin\theta)=m\lambda \tag{3.16}$$

式 (3.16) 即为布喇格反射条件，即对应特定的 Λ 和 θ，有一个对应的 λ，使各个反射波长为相长干涉。当满足 $\theta=\frac{\pi}{2}$ 时，有源区的光在栅条间来回振荡，此时的布喇格条件简化为：

$$2n\Lambda=m\lambda \tag{3.17}$$

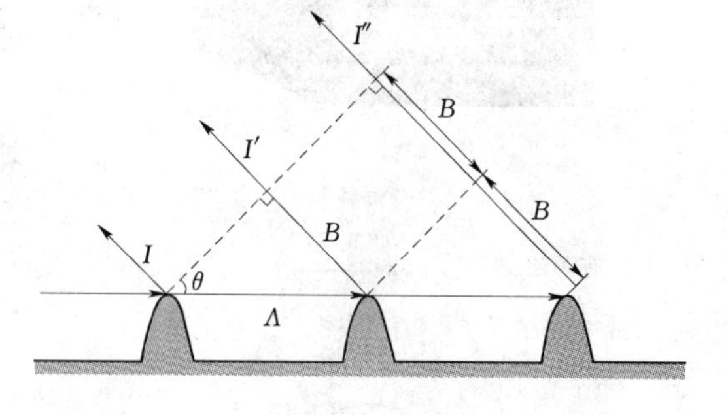

图 3.15 布喇格 (Bragg) 反射原理

与 F-P 腔相比，采用布喇格反射器作为激光器的光学谐振装置存在如下优点。

(1) 发射光谱主要由光栅周期 Λ 决定，Λ 对应 F-P 腔 LD 的腔长 L，每一个 Λ 形成一个微型谐振腔。由于 Λ 的长度很小，所以 m 阶和 $(m+1)$ 阶模之间的波长间隔比 F-P 腔大得多，加之多个微型谐振腔的选模作用，很容易设计成单纵模（单频）振荡。

(2) 由于每一个栅距 Λ 相当于一个 F-P 腔，因此，布喇格反射可做多级调谐，使谐振波长的选择性大大提高，谱线明显变窄。并且光栅的作用有助于使发射波长锁定在谐振波长上，使波长的稳定性改善。

可见，布喇格反射器不仅可以实现光反馈，而且提供了精细的频率选择功能。因此在分布反馈 (DFB) 激光器和分布布喇格 (DBR) 激光器中得到应用。

光波导的实现。为了实现光场和载流子的横向分布约束在有源区，使激光器有效地工作，还必须设法将注入电流严格限制于激光器长度方向的窄条以内，形成条形结构。通过电流的注入或异质结构形成光波导，以达到限制横模的数量，获得稳定的横向增益和降低阈值电流的目的。

水平方向限制是对光波导宽度的控制，这是一个难以解决的问题。可以采用增益导引和折射率导引两种技术，如图 3.16 所示为这两种技术的基本结构。在图 3.16（a）所示的结构中，利用绝缘材料沿激光器长度方向形成一个窄的导体带，尽量限制注入电流在该条形区域内流过。同时，注入器件中的电子流会改变仅位于电极下有源层材料的折射率，建立一个弱的复杂波导，实现对光的横向制约。这种器件通常称为增益导引激光器。其他的辐射功率可以很大，但阈值电流较高，工作极不稳定并且有很强的散光性，输出光束可能具有图 3.16（a）所示的双峰。

采用图 3.16（b）所示的结构可使器件具有更好的稳定性。这种结构是在有源区的四周采用较低折射限制材料形成的矩形光波导。首先在上、下区域形成普通的双异质结构，波导左右两侧区域被刻蚀掉，然后用新的低折射率绝缘材料取而代之。这种结构通过不同材料的折射率变化来形成激光器中的横向波导结构，因此称为折射率导引激光器。合理选择折射率的差异及高折射率区的宽度，可以制作出仅支持基横模和基纵模的激光器。这样的器件发射单模和很好的准直光束，其强度按照钟形成高斯曲线分布。

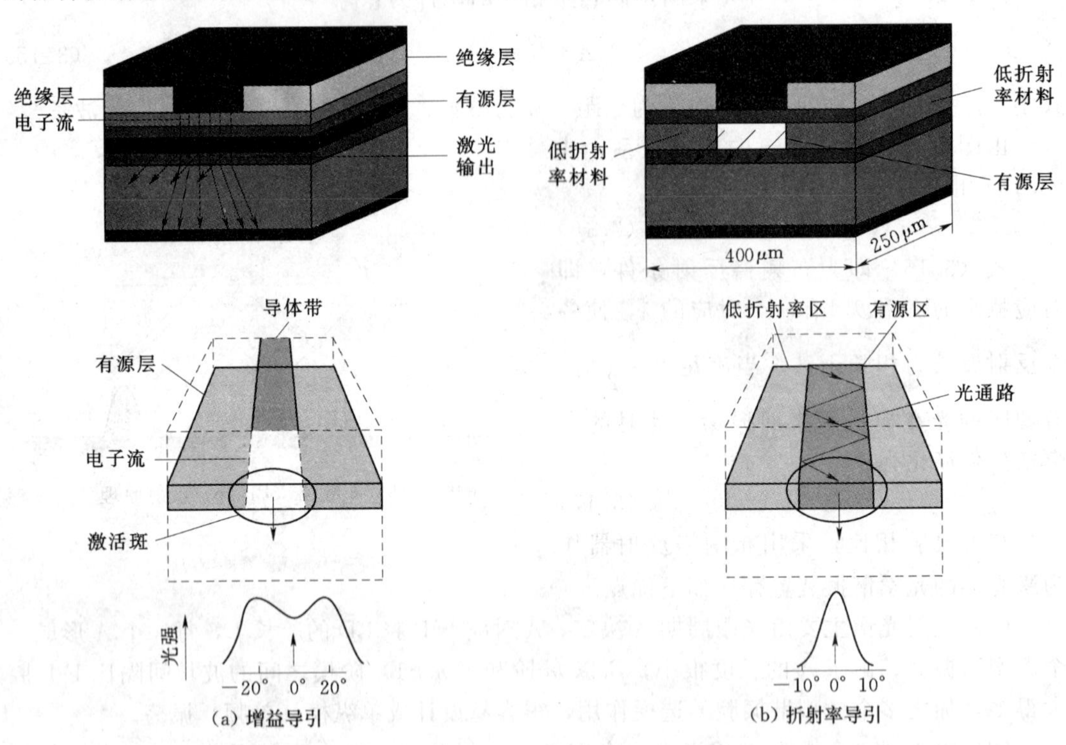

图 3.16 光波导水平方向限制的两种技术

现代 F-P 腔激光器中主要使用的是折射率导引技术，典型如隐埋异质结构（BH）。

3.2.3 典型分类

1. F-P 腔激光器

F-P 腔激光器是指采用法布里—珀罗谐振腔作为光反馈装置的半导体激光器的统称。

它的基本原理如图 3.17 所示。F-P 腔激光器一般沿垂直 PN 结方向构成双异质结，有源区薄层夹在 P 型和 N 型限制层中间。工作电流通过电极注入有源区，实现粒子数反转分布和电子空穴对的复合发光。在整个 PN 结面积上均有电流通过称为宽面结构。只有 PN 结中部与解理面垂直的条形面积上有电流通过称为条形结构，后者可以显著降低阈值电流，是实用 F-P 腔激光器的主要方案。有源区还同时起到光波导作用，利用两端晶体的天然解理面作为反射镜，构成矩形介质波导谐振腔，并在腔内产生自激振荡。F-P 腔激光器通常以边发射方式由谐振腔的一端输出激光光束。

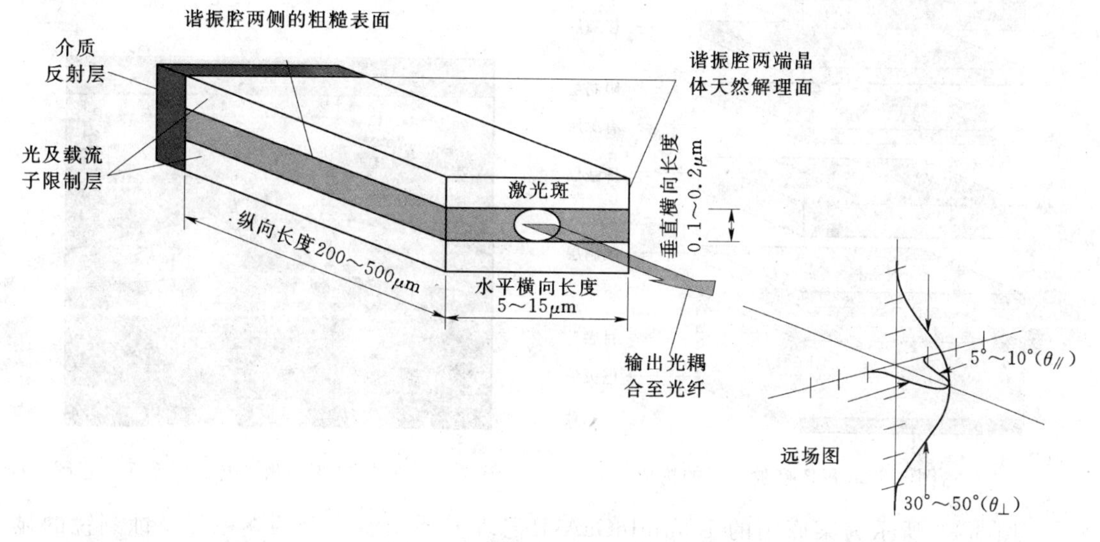

图 3.17 F-P 腔激光器的基本原理

由半导体激光器的结构理论可知，有源区（PN 结）、谐振腔和光波导是激光器设计主要考虑的 3 类因素。对 F-P 腔激光器而言，PN 结通常采用双异质结，谐振腔采用 F-P 谐振器，因此其差异主要表现为光波导的工艺结构不同。例如，增益导引 F-P 腔激光器，包括氧化物条形、质子轰击条形和锌（Zn）扩散条形等技术；弱折射率导引 F-P 腔激光器，分为脊波导型和棱波导型两大类；强折射率导引 F-P 腔激光器，最常见的就是隐埋质结构（BH）激光器。其中，BHLD 将有源区用禁带既宽、折射率又低的材料沿横向和垂直于结的方向将有源区包围起来，形成良好的增益导引结构。不仅具有低阈值电流、高输出光功率、高可靠性等优点，而且能得到稳定的基横模特性，在目前实用 F-P 腔激光器中得到广泛应用。

图 3.18 以长波长 InP/InGaAsP 隐埋质结激光器为例，示意了 F-P 腔激光器的典型构成。由垂直于 PN 结方向观察，F-P 腔激光器可以看出逐层生长的多层结构，每层提供了不同功能。最上和最下端分别是正负金属化电极，正极一般安装在热沉上。p-InGaAsP 是接触层，用作结区同外部电路（正极）相连的缓冲区。电极两侧的绝缘介质 SiO_2 提供了增益导引。与负电极相连的 n-InP 为衬第。接触层下方的 P-InP 和衬底上方的 N-InP 作为限制层，与中间的有源区构成双异质结，并提供光波导传输的包层功能。此外，由 N-InP 和 P-InP 材料形成屏蔽层，作为带宽隙低折射率材料填充在有源区周围，提供水平方向上的折射率导引。需要注意，这里半导体材料前面的大写字母 N 和 P 表示重掺杂。

如图 3.19 所示为一种隐埋质结构激光器的横截面示意图。与图 3.18 相对应，可以看到组成 F-P 腔激光器的各部分的具体位置。n 型的 InGaAsP 深埋于宽带隙、低折射率的 InP 材料中，形成有源区。p-InGaAsP 接触层附近的 n-InGaAsP 与 N-InP 材料之间构成异质结，形成限制空穴的高垒势。由 P-InP 和 N-InP 构成的屏蔽层，阻止了载流子从有源区两侧通过。

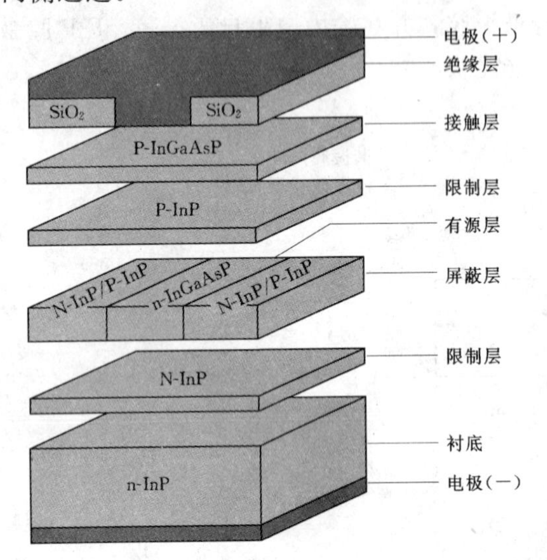

图 3.18 F-P 腔激光器的构成

图 3.19 隐埋异质结激光器的横截面示意图

图 3.20 所示为某商用的 1.3μmInGaAsP 隐埋异质结激光器的端视图及蚀刻镜的显微图。

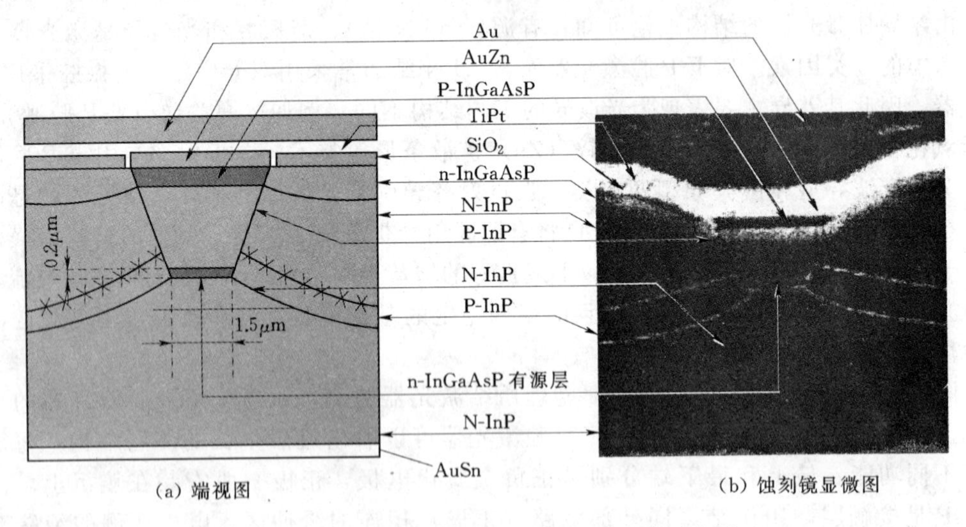

图 3.20 某商用隐埋异质结 P-F 腔激光器示意图

F-P 腔激光器是较早商用化的半导体激光器类型之一。其结构简单、容易制造，在传统光纤通信系统中使用广泛。但是此种激光器基本为多纵模工作方式，进行直接调制时动态谱线展宽明显，不适合现代大容量长距离光纤传输和波分复用系统的应用要求。

2. 分布反馈（DFB）激光器和分布 Bragg 反射器（DBR）激光器

DFB 激光器和 F-P 腔激光器的主要区别在于没有采用集总式的谐振腔反射镜装置，而是由靠近有源区的波导层上沿长度方向制作的 Bragg 衍射光栅提供周期性的折射率改变，并因此得名为分布反馈激光器。DFB 激光器的基本原理如图 3.21 所示。该结构一方面充分发挥了 Bragg 光栅优越的选频功能，使激射信号具有非常好的单色性。另一方面，由于避免使用晶体解理面作为反射镜，从而更容易实现器件的集成化。

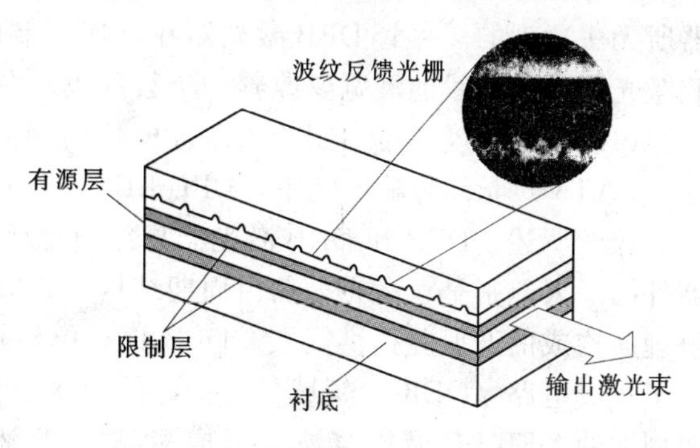

图 3.21 DFB 激光器的基本原理

如图 3.22（a）所示 DFBLD 的结构。在有源区介质表面上使用全息光刻术等工艺做出周期性的波纹形状（Bragg 光栅）。注入电流激励介质，使其具备增益条件。如果波纹的深度满足一定的要求，那么在有源区两端即可得到激光输出。通常在一侧增加高反射（HR）涂层，在另一侧增加抗反射（AR）涂层，这样可以有效地实现单方向的光功率输出。

如图 3.22（b）所示的 DRB 结构和 DFB 类似。区别在于 DRB 根据波导功能进行分区设计，光栅的周期性沟槽放在有源区波导两外侧的无源波导上，从而避免了光栅制作过程中可能造成的晶体损伤。有源波导的增益性能和无源周期波导的 Bragg 反射作用相结合，只有位于 Bragg 频率附近的光波才能得到激射。

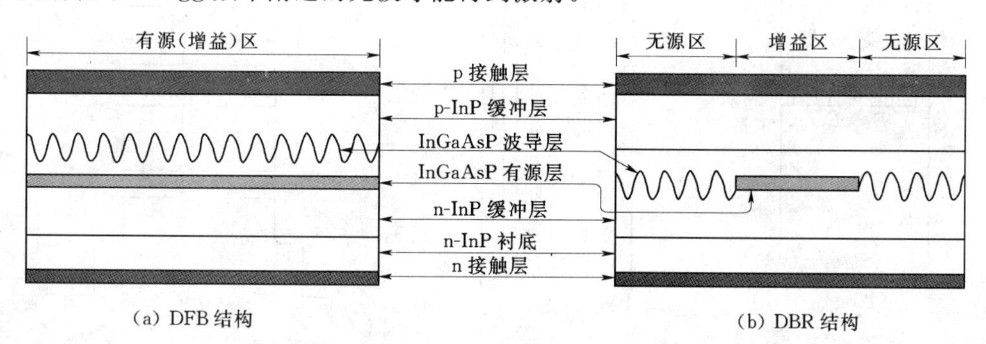

图 3.22 DFBLD 和 DRB 激光器的结构示意图

分布反馈型半导体激光器是大容量、长距离光纤通信系统中广泛应用的光源。同 F-P 腔激光器相比，DFB 在性能方面有了很大程度的提高。优点总结如下：

（1）波长选择性。DFB 激光器的发射波长虽然受到激光器增益谱的影响，但主要由光栅周期 Λ 决定。m 阶和（$m+1$）阶模之间的间隔一般比激光器的增益谱宽度要大得多，以致只有一个激射模能获得足够的增益。因此，DFB 激光器很容易实现单纵模工作。改变光栅周期 Λ，还能够在一定范围内有控制地选择激光器的发射波长。

（2）线宽窄、波长稳定性好。因为光栅比反射端面有更好的波长选择性，所以 DFB 激光器的发射谱线宽度要小得多。普通 F-P 腔激光器的单模线宽可达到 0.1～0.2nm，而 DFB 激光器的线宽一般在 0.05～0.08nm 的范围内。

DFB 激光器的波长稳定性好。这是因为光栅有助于锁定在给定的波长上，其温度漂移约为0.08nm/℃（F-P腔激光器的一般漂移值为0.3～0.4nm/℃）。

(3) 动态单纵模。DFB激光器在高速调制时仍然保持单纵模特性，这是F-P腔激光器所无法达到的。尽管DFB激光器在高速调制时谱线有所展宽，即存在啁啾，但比F-P腔激光器动态谱线的展宽要改善一个数量级左右。

(4) 高线性度。可以制造出适合模拟调制的线性度非常好的DFB激光器。在有线电视（CATV）光纤传输系统中，DFB LD已经成为不可替代的光源。

综上所述，DFB和DRB激光器是伴随光纤通信和集成光路的发展而出现的。与其他器件的最大差别是，激光振荡由周期结构（Bragg光栅）形成的光耦合来实现，不再依靠解理面构成的谐振腔提供反馈。DFB具有单模输出和易于集成的主要优点，在未来的光电子集成电路（OEIC）领域具有良好的前景。例如在单片衬底上可以集成多路不同的光栅周期的DFB LD及耦合波导形成多频DFB激光器阵列，将DFB LD与电吸收调制器（EA）组合构成电吸收调制光源（EML）等。

量子阱激光器。量子阱激光器（QWLD）是指有源区采用量子阱结构的半导体激光器。图3.23所示为各种QWLD方案的能带示意图。图中沿垂直方向描述了逐层生长的超晶格半导体材料。

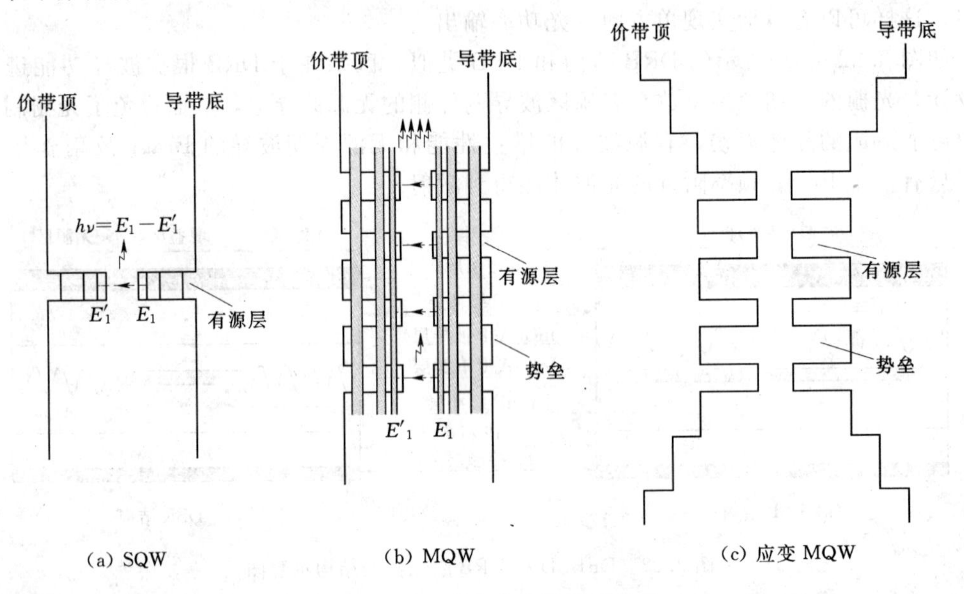

图3.23 量子阱方案的能带示意图

图3.23（a）所示为单量子阱（SQW）结构。有源区只有一个势阱，对应于中间的超薄层窄带隙材料，两侧边界是由宽带隙材料形成的势垒。由于势阱结构对载流子运动的量子化限制，落入阱中的电子（或空穴）位于一系列分离的能级。其中，接近导带最底部的 E_1 是基态电子能级，接近价带最顶部的 E'_1 是基态空穴能级。上述能带特点决定了量子阱激光器即使在较小的注入电流情况下也能在 E_1 和 E'_1 之间实现粒子数反转分布，从而产生受激辐射。需要注意的是，SQW的有源层厚度不能太薄。当其接近电子的平均自由程（约6.3nm）时，电子与声子耦合作用减弱，也就是说单个量子阱从邻近限制层收集过剩电子的效率降低，不利于阱中态密度的量子化。

如果超薄层宽带隙材料与超薄层窄带隙材料交替生长，那么形成多量子阱（MQW）

结构，如图 3.23（b）所示。图中示意了由于量子化能级的劈裂而在导带和价带中出现的子能带分布。MQW 结构能使光学声子更有效地参与电子跃迁，更能发挥量子阱激光器的优势。

图 3.23（c）所示为应变多量子阱结构。即在有源区外的覆盖层生长了数层带隙不同的材料，并且越远离有源区，带隙越大，因此在导带底和价带顶形成梯形结构。应变多量子阱技术为进一步改善 QW LD 的性能提供了有效手段。

和传统的双异质结半导体激光器相比，超晶格结构给量子阱激光器带来了一系列优越的特性，总结如下：

（1）阈值电流低。由于量子阱结构中态密度“浴盆”底部非常平坦，所以很小的注入电流就能获得很大的增益，这种小电流下的大增益是 QW LD 的最主要特点之一。QW LD 的阈值电流可以低至亚毫安量级，因此降低了工作电流，或者可以得到更大的输出光功率。

（2）波长可调谐。波长的可调谐是量子阱激光器另一重要特点。量子阱激光器的受激辐射主要来自导带中基态电子和价带中基态空穴的复合，导带和价带中基态间的能级差随势阱宽度而变化。因此通过调整势阱宽度即可改变输出波长，从而达到调谐目的。

（3）线宽窄，频率啁啾低。对激光器进行直接调制时，由于注入电流的变化，引起载流子浓度的变化，继而导致折射率改变，结果使激射频率发生扩展，称为频率啁啾(Chirp)。激光器的线宽与频率啁啾都和线宽增强因子 α 密切相关。而 α 又与有源区的厚度有关，QW LD 的 α 可降低为一般 F-P 腔激光器的 60%左右，因此使线宽变窄，频率啁啾得到改善。

（4）调制速率高。采用量子阱结构能够提高器件的微分增益，加大张弛振荡过程的谐振频率，从而有助于改善调制时的频响特性，更适合高速光纤传输系统的应用。

（5）温度稳定性强。在量子阱激光器中，由于子能带之间存在禁带，因此当温度在一定范围内变化时，不可能引起载流子分布的扩展，从而大大提高了激光器工作的稳定性。

鉴于量子阱结构的上述优势，目前 DFB 和 DRB 等激光器通常都是在 QW 基础上实现。其中，在多量子阱有源层上制作 Bragg 光栅，可以构成 MQW-DFB 激光器。它同时具备普通 DFB 激光器和量子阱激光器的优点，即使在高速调制下仍能保持单频、窄线宽、小啁啾和无跳模等工作性能。目前在高速（Gbit/s）光纤通信系统中，大多已使用 MQW-DFB LD。如图 3.24 所示为一个应变 MQW-DFB 激光器的结构示意图。

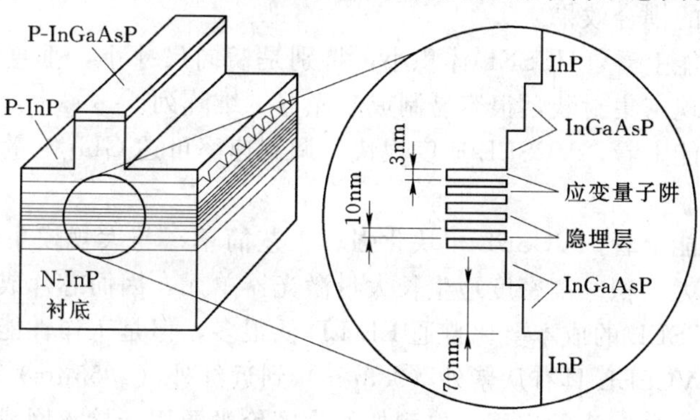

图 3.24 应变 MQW-DFB 激光器的结构

除上述常规量子阱激光器以外，目前人们也在研究量子线（在二维上限制载流子的运动）和量子盒（在三维上限制载流子运动）结构，以获得性能更好的激光器。

垂直腔面发射激光器（VCSEL）。前面介绍过的各种激光器有一个共同特点，就是光发射方向平行于PN结的结平面，统称为边发射激光器（EE LD）。这种结构不仅占据面积较大，而且出光方式不利于进行器件的二维或三维集成。为克服上述缺点提出了面发射激光器（SE LD）方案。

SE LD与常规解理腔激光器的根本区别在于它的发射方向垂直于或倾斜于PN结平面，可以从PN结的上部或由衬底侧出光。形成面发射的机理有多种情况，包括垂直腔型、水平腔型和向上弯腔型激光器。其中，垂直腔面发射激光器（VCSEL）是面发射激光器中最有前途的一种激光器，具备其他类型难以比拟的优势。

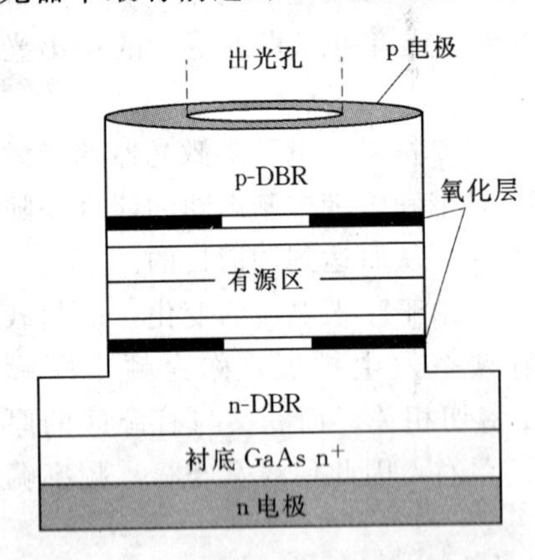

图3.25 VCSEL激光器的结构

VCSEL激光器的结构如图3.25所示。VCSEL是一种电流和发射光束方向都与芯片表面垂直的激光器。它的有源区位于两个限制层之间，组成普通DH或者QW结构。通过有源区上、下方的两个发射面（图3.25中的反射面由DBR结构提供），在垂直PN结的方向形成激光振荡，因而称为垂直腔。垂直腔的腔长大约为1～2μm（一般EE LD腔长达数百微米量级），腔体成圆柱形，直径约10μm。由于腔长很短，为了获得足够的增益输出，要求腔体介质必须采用高增益系数材料，并且通常由多层薄膜构成所谓的DBR反射器提供反馈。DBR反射器的原理类似于多层介质薄膜滤波器。即用高低折射率材料相间排列，逐层生长而成，每层厚度皆为1/4波长，层数足够多时即可得到高的折射系数。图中器件由衬底一边输出激光，因此靠近衬底的多层模反射镜应是部分透明的。

VCSEL的主要优点概括如下：

（1）从激射性能上看，VCSEL特殊的短腔结构、高增益介质和DBR发射器等原理，允许获得高的外微分量子效率和宽的纵模间隔。具体表现为阈值电流低（小于1mA）、发光效率高、波长可选择（精确控制薄膜层的厚度）、易于实现动态单模工作。

（2）从耦合性能上看，VCSEL发射窄的圆柱形高斯光束，同光纤等具有圆形截面的器件可以实现最佳的耦合效果。

（3）从封装性能上看，VCSEL体积小，特别是横向尺寸小，垂直出光的特点更加使其布局自由，可实现密集封装，很容易制成激光器二维阵列。

（4）从调制性能上看，VCSEL速度很快，调制速率可达Gbit/s量级，并且具有较高的温度稳定性。

（5）从制作性能上看，VCSEL模块化强、工艺简单、与大规模集成电路有着良好的匹配性。可以同时大面积、高密度地生长大量激光器单元，因而芯片成本很低。

综上所述，VCSEL的成本要比普通EE LD低很多，但是工作性能并没有降低。选择不同的材料系统，VCSEL具有从紫外（0.3μm）到近红外（1.55μm）区域很宽的光谱发射范围，因此有着十分广泛的应用。典型如作为廉价光源用于接入网或局域网；用于波分复用系统；用于高速并行光互连；用于高密度存储激光打印设备等。

3.2.4 模式概念

1. 激光器的模式分析

从半导体激光器的结构可知，它相当于一个多层介质波导谐振腔。当注入电流大于阈值电流时，辐射光在腔内建立起来的电磁场模式称为激光器的模式。在对激光器进行模式分析时，通常用纵模表示沿谐振腔传播方向上驻波振荡特性，横模表示谐振腔横截面上的场型分布。图 3.26 所示为 F-P 腔激光器的模式类型。

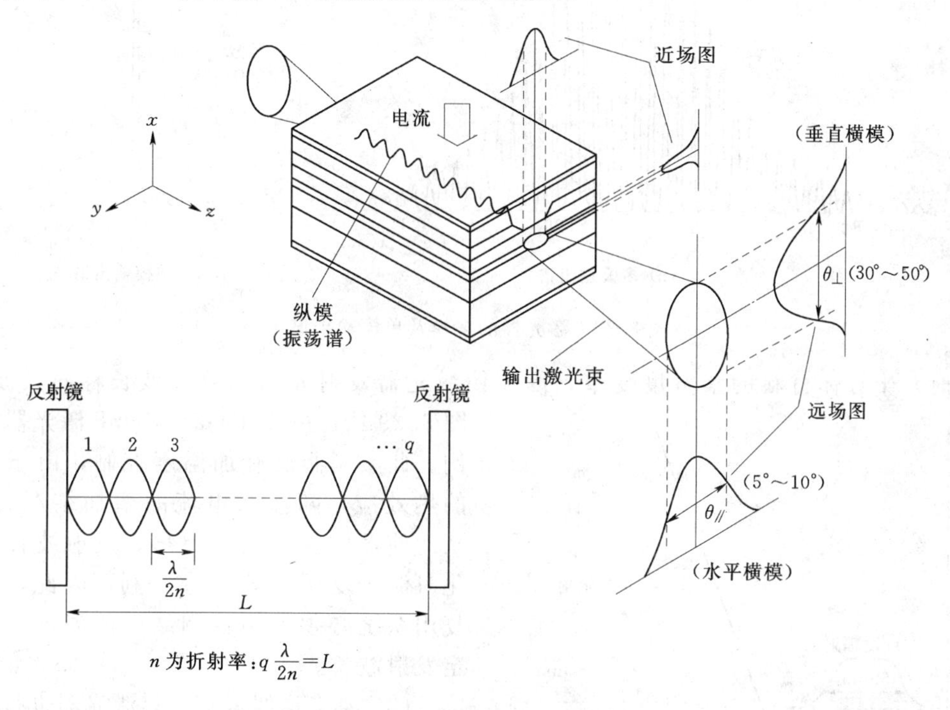

图 3.26 F-P 腔激光器的模式类型

半导体激光器的结构不同，它所形成的介质波导谐振腔的物理模式也不同。因此，在分析激光器的模式时，应根据具体激光器的结构和边界条件，采用不同的物理模型来求解波动方程。

2. 纵模的概念与性质

激光器的纵模反映了它的光谱性质。对于半导体激光器，当注入电流大于阈值时，导带和价带自发辐射谱中那些既满足驻波条件，同时增益又足以克服损耗的光频率，能够在谐振腔里建立起稳定的振荡并形成一系列强场。其他光则受到抑制，从而使输出光谱发生明显的模式分化，呈现出围绕一个或多个模式振荡的特点。这种受激振荡的模式就称为激光器的纵模。如图 3.27 所示为典型的 LD 多模和单模输出谱的形状。

在实用中，激光器的纵模还具有以下几个性质。

(1) 纵模数随注入电流变化。当激光器仅注入直流电流时，随注入电流的增加纵模数减少。关于这一点，可以从如图 3.28 所示中清楚看出来。一般来说，当注入电流刚达到阈值时，激光器呈多纵模振荡。随注入电流的增加，主模的增益增加，而边模的增益减小，振荡模数减少。有些激光器在高注入电流时呈现出单纵模振荡。

(2) 峰值波长随温度变化。半导体激光器的发射波长随结区温度而变化。当结温

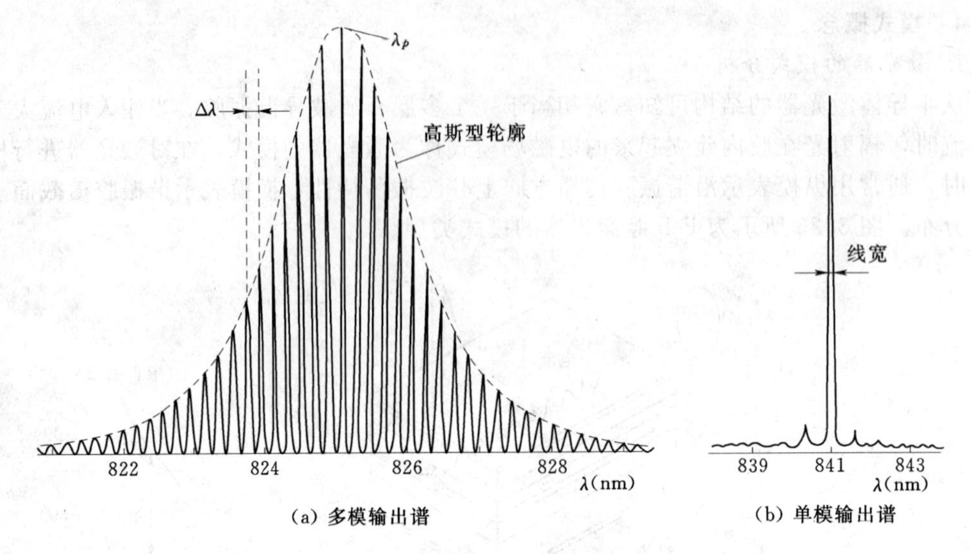

(a) 多模输出谱　　(b) 单模输出谱

图 3.27 激光器的多模及单模输出谱

升高时，半导体材料的禁宽度变窄，因而使激光器发射光谱的峰值波长移向长波长。图 3.29 给出一个 InGaAsP/InP 激光器的实例。此激光器没有加温度控制，由于电流的热效应，随注入电流的增加结温升高，从而使发射波长发生漂移。发射波长的变化对波分复用系统十分不利，因此，波分复用系统必须严格控制结区的温度，以稳定发射波长。

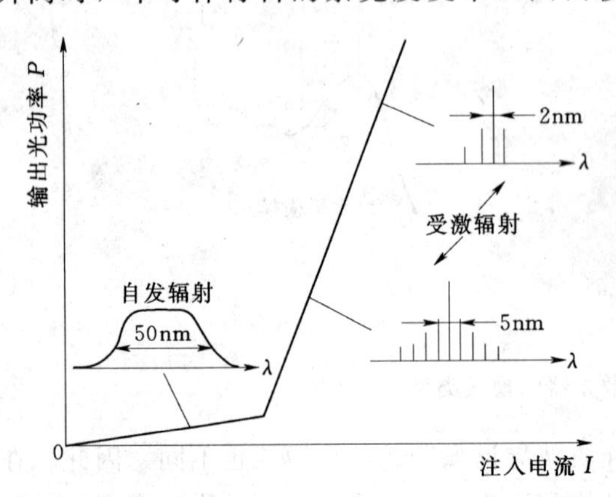

图 3.28 激光器在不同注入直流电流下的发射光谱与输出功率

(3) 动态谱线展宽。对激光器进行直接强度调制会使发射谱线增宽，振荡模数增加。这是因为对激光器进行脉冲调制时，注入电流不断地变化，结果使有源区里载流子浓度随之变化，进而导致折射率随之变化，激光器的谐振频率发生漂移，动态谱线展宽。调制速率越高，调制电流越大，谱线展宽的也越多。

图 3.30 给出了一个 GaAlAs/GaAs 激光器的发射光谱随调制电流变化的情况。此激光器在注入电流为直流时基本上是单纵模振荡，但用 300Mbit/s 的 1000110001111100 数据进行调制时，变成多纵模振荡，且随调制电流 I_m 的增加模数增多，谱线明显增宽。

半导体激光器动态谱线的增宽对高速率单模光纤通信是非常不利的。在速率为每秒几个吉比特量级的单模光纤传输系统中，光纤的材料色散会影响系统中的中继距离。因此，各种动态单模激光器得到迅速的发展，其中最引人注目的是分布反馈（DFB）激光器、分布布喇格反射（DBR）激光器、解理耦合腔（C^3）激光器和外腔激光器等，它们的结构如图 3.31 所示。解理耦合腔型和外腔型激光器是利用解理腔间的光耦合或解理腔和外腔之间的光耦合进一步选模。从而保持动态单模性质。

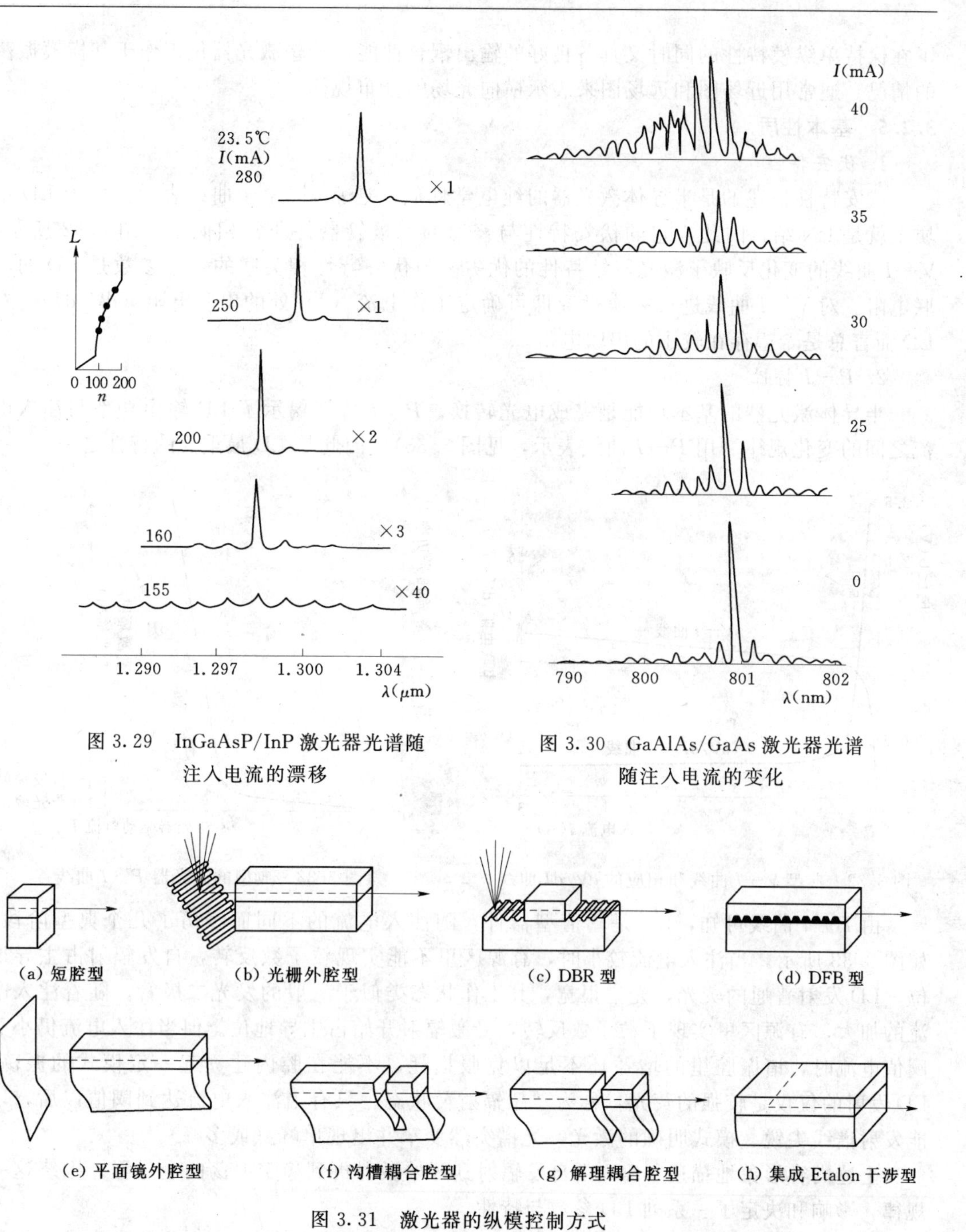

图 3.29 InGaAsP/InP 激光器光谱随注入电流的漂移

图 3.30 GaAlAs/GaAs 激光器光谱随注入电流的变化

图 3.31 激光器的纵模控制方式

垂直横模和水平横模。激光器的横模决定了输出光束的空间分布。与纵模的意义不同，横模反映的是由于边界条件的存在对腔内电磁场形态的横向空间约束作用。

横模分为水平横模和垂直横模两种类型。水平横模反映出有源区中平行于 PN 结方向光场的空间分布，主要取决于谐振腔宽度、边壁材料及其制作工艺。垂直横模表示与 PN 结垂直方向上电磁场的空间分布。

激光器的横模决定了激光光束的空间分布，它直接影响到器件与光纤的耦合效率。为了在保持单纵模特性的同时又具备良好的输出耦合性能，希望激光器仅工作于某横模振荡的情况。通常用近场图和远场图来表示横向光场的分布规律。

3.2.5　基本性质

1. 伏安特性

伏安特性描述的是半导体激光器的纯电学性质，通常用 $V—I$ 曲线表示。由于 LD 本质上就是 PN 结，因此，它的伏安特性与普通的二极管器件非常相似。如图 3.32 所示，$V—I$ 曲线的变化反映了激光器结特性的优劣。与伏安特性相关联的一个参数是 LD 的串联电阻。对 $V—I$ 曲线进行一次微商即可确定工作电流（I）处的串联电阻（dV/dI）。对 LD 而言总是希望存在较小的串联电阻。

2. $P—I$ 特性

半导体激光器的基本功能是完成电光转换。$P—I$ 特性揭示了 LD 输出功率与注入电流之间的变化规律（用 $P—I$ 曲线表示，见图 3.33），因此是 LD 最重要的特性之一。

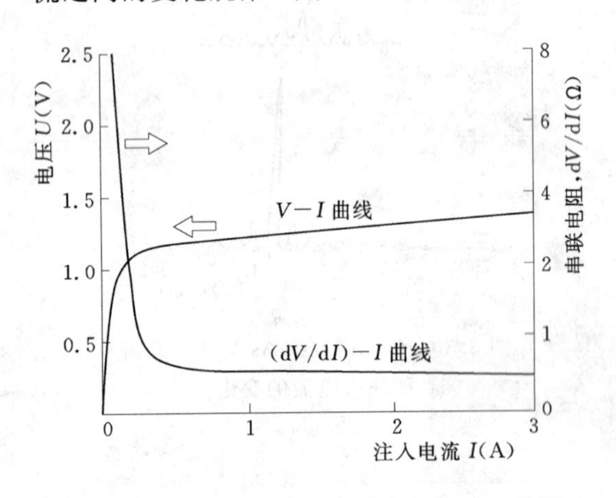

图 3.32　典型 $V—I$ 曲线和相应的 dV/dI 曲线

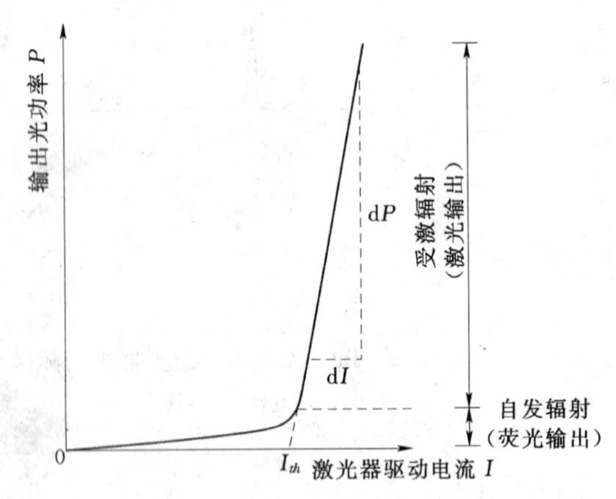

图 3.33　典型的激光器 $P—I$ 曲线

由 $P—I$ 曲线可知，LD 是阈值型器件，随注入电流的不同而经历了几个典型阶段。如图 3.33 所示。当注入电流较小时，有源区里不能实现粒子数反转，自发辐射占主导地位，LD 发射普通的荧光，光谱很宽，其工作状态类似于一般的发光二极管。随着注入电流的加大，有源区里实现了粒子数反转，受激辐射开始占主导地位。但当注入电流仍小于阈值电流时，谐振腔里的增益还不足以克服损耗，不能在腔内建立起一定模式的振荡。LD 发射的仅仅是较强的荧光，称为“超辐射”状态。只有当注入电流达到阈值以后，才能发射谱线尖锐、模式明确的激光，光谱突然变窄并出现单峰（或多峰）。

上述内容形象地描述了 LD 由自发辐射到开始激射再到稳定振荡的全过程。围绕这一规律，影响和决定了一系列 LD 参数与特性。

（1）阈值电流（I_{th}）。在 $P—I$ 曲线中，激光器由自发辐射到开始受激振荡时的临界注入电流，称为阈值电流。它是一个正向电流值，用符号 I_{th} 表示。测量 I_{th} 的方法主要有 $P—I$ 关系法、远场法和光谱法 3 类情况。其中，$P—I$ 关系法最为简单。具体做法又包括 3 种：第一种是双斜率法，它是将 $P—I$ 曲线中不同阶段功率随电流变化的两条直线段分别延长，选择交汇点所对应的电流值作为激光器的 I_{th} [见图 3.34 (a)]。第二是反向延长法，直接以线性受激辐射阶段输出光功率的反向延长线与电流轴的交汇点作为激光器的 I_{th} [见图 3.34 (b)]，这是一种比较常用的做法。第三是二阶求导法，它是在 $P—I$ 曲线中将光功率对电流求二阶导数（d^2P/d^2I），导数波峰所对应的电流值即为 I_{th} [见图 3.34(c)]，该方法的测量精度较高。至于远场法和光谱法，其原理是利用激光器的阈值发射规律，通过观察远场图或光谱图的变化，来判断阈值电流的位置。

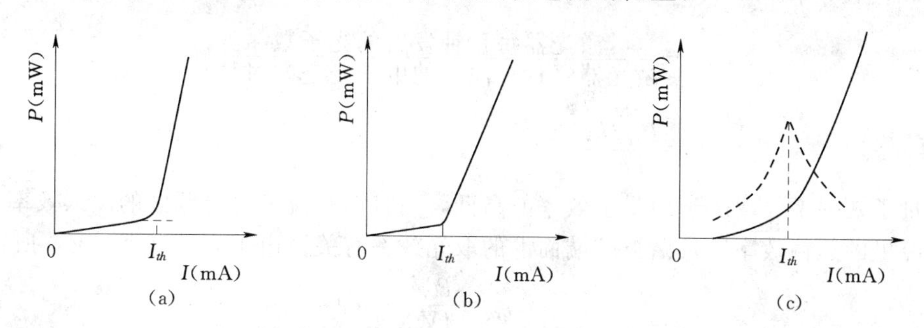

图 3.34 利用 $P—I$ 曲线求解 I_{th} 的 3 种做法

这里需要补充一点，除阈值电流外，激光器还有一个反映阈值特性的参数称为阈值电流密度（J_{th}）。它等于 I_{th} 和芯片的电流面积之比，即物理意义为阈值单位面积上所流过的电流值。显然低 I_{th} 激光器并不意味着 J_{th} 一定也低，这还取决于 LD 的尺寸与面积。J_{th} 是直接衡量器件材料质量好坏的参数之一，对 LD 来说总是希望它越低越好。

(2) 功率线性度。理想的 $P—I$ 曲线在阈值以上部分应当保持连续地线性关系，但实际器件往往做不到这一点。$P—I$ 曲线的线性度称为功率线性度，它是衡量实际输出光功率偏离理论输出光功率的最大变化的参量，用百分数表示。

光输出饱和度。在 $P—I$ 曲线中，激光器的输出光功率不可能随着注入电流增加而无限制地增长，当电流增大到一定程度时光功率必然达到饱和。光输出饱和度是指理想的线性响应光输出的跌落。通过 $dP/dI—I$ 曲线上的最大的跌落可以测量出饱和度。

激光器效率。半导体激光器物理上属于电光换能器件，它把激励的电功率转变为光功率并发射出去。通常采用功率效率和各种量子效率指标来衡量激光器的换能效率。

功率效率定义为：

$$\eta_P = \frac{\text{激光器辐射的光功率}}{\text{激光器消耗的电功率}} = \frac{P_{ex}}{V_j I + I^2 R_S} \tag{3.18}$$

式中：P_{ex} 为激光器发射的光功率；V_j 为激光器的结电压；R_S 为激光器的串联电阻；I 为注入电流。

量子效率分为内量子效率、外量子效率和外微量子效率。内量子效率定义为：

$$\eta_i = \frac{\text{有源区里每秒钟产生的光子数}}{\text{有源区里每秒钟注入的电子—空穴对数}} \tag{3.19}$$

有源区里的电子—空穴对的复合过程包括两种情况：一种是辐射复合，在复合过程中发射光子；另一种是非辐射复合，此时导带和价带的能量差以声子的形式释放出来，转换为晶格的振动。用 R_r 和 R_{nr} 分别表示辐射复合和非辐射复合的速率，内量子效率 η_i 可以表示为：

$$\eta_i = \frac{R_r}{R_{nr} + R_r} \tag{3.20}$$

如前所述，制造半导体激光器必须采用直接带隙材料。在这种材料中，复合过程属于辐射复合，从而使激光器具有很高的内量子效率。尽管如此，由于原子缺陷（空位、错位）的存在以及深能级杂质的引入，也不可避免地会形成一些非辐射复合中心，造成器件内量子效率的下降。

外量子效率 η_{ex} 定义为：

$$\eta_{ex}=\frac{\text{激光器每秒钟发射的光子数}}{\text{激光器每秒钟注入的电子一空穴对数}}$$

$$=\frac{P_{ex}/h\nu}{I/e_0} \tag{3.21}$$

外量子效率不仅取决于内量子效率的高低，而且与载流子对有源区的注入效率、光子在谐振腔里的运输效率以及谐振腔端面上的取光效率有关。由于 $h\nu\approx E_g\approx e_0V$，所以

$$\eta_{ex}=\frac{P_{ex}}{IV} \tag{3.22}$$

式中：I 为激光器的注入电流；V 为 PN 结上的外加电压。

由于激光器是阈值器件，当 $I<I_{th}$ 时，发射功率几乎为零；当 $I>I_{th}$ 时，P_{ex} 随 I 线性增加。所以 η_{ex} 是电流的函数，使用很不方便。因此，定义外微分量子效率 η_D 为：

$$\eta_D=\frac{(P_{ex}-P_{th})/h\nu}{(I-I_{th})/e_0} \tag{3.23}$$

由于 $P_{ex}\gg P_{th}$，所以：

$$\eta_D=\frac{P_{ex}/h\nu}{(I-I_{th})/e_0} \tag{3.24}$$

外微分量子效率不随注入电流变化，它对应 $P—I$ 曲线阈值以上线性部分的斜率，在实际中得到广泛的应用。

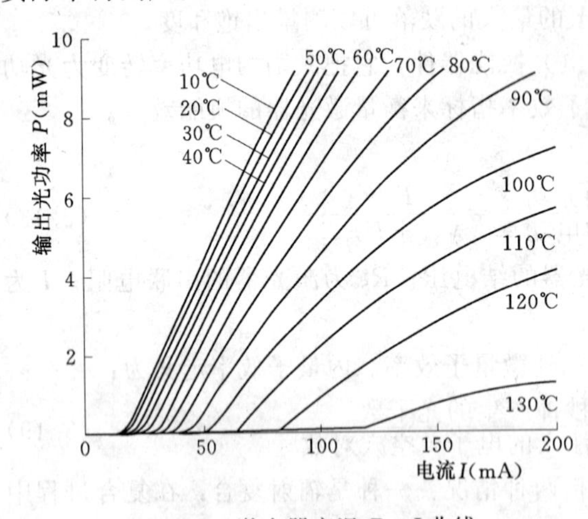

图 3.35　激光器变温 $P—I$ 曲线

特征温度（T_0）。LD 的 $P—I$ 特性对温度变化十分敏感。随着结区温度的升高，电子和空穴无规则的热运动增强，势必会影响到辐射复合过程的发光效率，其外部表现为 LD 的外微分量子效率下降和阈值电流明显加大。描述这一性能的参数就是特征温度，用符号 T_0 表示。可以把 T_0 的物理意义理解为激光器的热稳定性，较高的 T_0 意味着对温度的依赖减少，当温度增加时，激光器的 η_D 和 I_{th} 变化率不大。图 3.35 所示为一组典型的激光器变温 $P—I$ 曲线。据此具体讨论 LD 的温度特性。

首先，外微分量子效率随温度的升高而下降。图中表示为当温度增加时，$P—I$ 曲线阈值以上部分的斜率减小。一般来说，η_D 随温度的变化不是很显著。

其次，阈值电流随温度的升高而加大。在一段给定的温度变化范围内，阈值电流与温度的关系可以表示为：

$$I_{th}=I_0\exp(T/T_0) \tag{3.25}$$

式中：I_{th} 为结温为 T 时的阈值电流；T 为结区的绝对温度；I_0 为常数；T_0 为激光器的特征温度，它在一定温度区间为常数。

对于线性度良好的激光器，输出光功率可表示为：

$$P_{ex}=\frac{\eta_D h\nu}{e_0}(I-I_{th}) \tag{3.26}$$

由式（3.27）可知，当以恒定电流注入激光器时，由于 η_D 和 I_{th} 随温度而改变，最终导致激光器的输出功率发生很大的变化，温度升高时光功率下降很快。因此，大多数激光器在正常使用过程中需要控制 PN 结温度以保证稳定工作。

光谱特性：是半导体激光器的另外一类重要性质。与已介绍过的 $P—I$ 特性及伏安特性不同，光谱特性描述的是激光器的纯光学性质，即输出光功率随波长的分布规律。因为光谱曲线主要用于揭示不同波长分量之间的对比关系，所以常用输出信号的相对强度变化代替绝对功率值作为曲线的纵轴，用波长作为横轴，如图 3.36 所示。

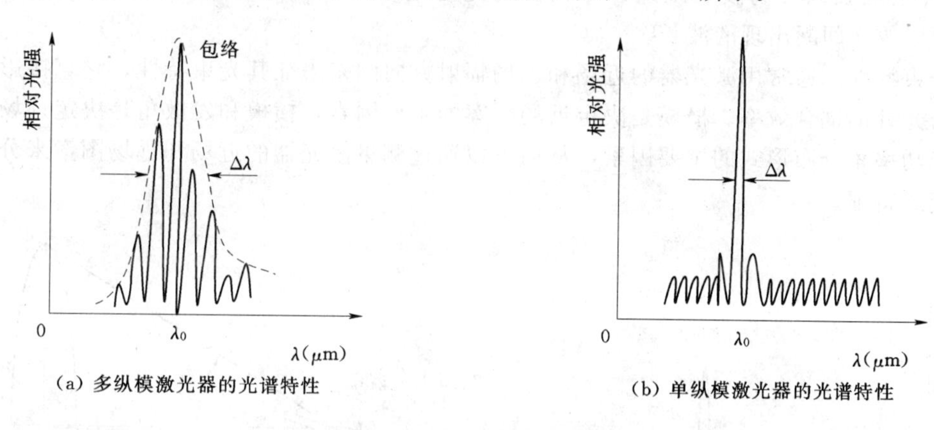

(a) 多纵模激光器的光谱特性

(b) 单纵模激光器的光谱特性

图 3.36 激光器的光谱

如前所述，稳态工作时激光器光谱由几部分因素共同决定。发射波长范围取决于激光器的自发增益谱；精细的谱线结构取决于光腔中纵模分布；波长分量的强弱则与激射时各模式的增益条件密切有关。

(1) 峰值波长（λ_P）。在规定输出光功率时，激光光谱内强度最大的光谱波长被定义为峰值波长（λ_P）。对诸如 DFB、DBR 型 LD 而言，它的 λ_P 相当明显。

(2) 中心波长（λ_C）。在光源的发射光谱中，连接 50%最大幅度值线段的中点所对应的波长称为中心波长（λ_C）。

(3) 谱宽与线宽。包含所有振荡模式在内的发射谱总的宽度称为激光器的谱宽。某一单独模式的宽度称为线宽。显然，单频激光器的谱宽即等于线宽，它由频率噪声（或相位噪声）决定。

根据 ITU-T G.957 建议，F-P 腔 LD 采用最大均方根（RMS）宽度定义谱宽。在规定的光输出功率和规定的调制条件下测量光谱宽度，其值由下式确定：

$$\Delta\lambda=\left[\frac{\sum_{i=1}^{n}a_i(\lambda_i-\lambda_m)^2}{\sum_{i=1}^{n}a_i}\right]^{1/2} \tag{3.27}$$

$$\lambda_m = \frac{\sum_{i=1}^{n} a_i \lambda_i}{\sum_{i=1}^{n} a_i} \tag{3.28}$$

式中：λ_i 为第 i 个光谱成分的波长；a_i 为第 i 个光谱成分的相对强度。

对 DFB-LD 来说，采用 G.957 建议的最大－20dB 宽度来定义。即在规定的光输出功率下主模中心波长的最大峰值功率跌落－20dB 时的最大全宽为光谱线宽。

(4) 边模抑制比（SSR）。边模抑制比是指在发射光谱中，在规定的输出功率和规定的调制（或 CW）时最高光谱峰值强度与次高光谱峰值强度之比，如图 3.37 所示。该参数仅用于单模 LD，如 DFB LD。

(5) 模式跳跃。单模激光器有时会呈现出一种称之为模式跳跃的现象。在该现象中，LD 的中心波长以分离波长跳跃，并在宽的光谱范围内失去连续调谐。通过调节驱动电流，可以改变间断出现的波长。

光束特性。通常用激光器的近场和远场辐射方向图来表征其光束特性，它直接影响到器件与光纤的耦合效率。横模是决定近场图案的主要因素，横模和发散角是决定远场位置输出光功率角分布形式的主要因素，从而可以通过测量激光器的近场和远场图案来分析其横模模式特征。

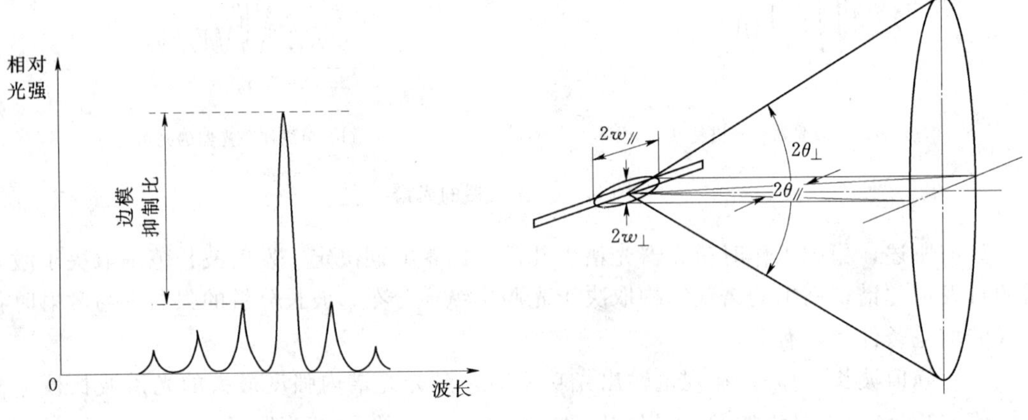

图 3.37 边模抑制比示意图

图 3.38 近场远场的关系

LD 输出端面的辐射束光功率强度分布称为近场图，远离 LD 端面的辐射束光功率强度分布称为远场图。尽管在有源区端面上的激光光斑呈水平椭圆形状，但从激光器发射出的远场图案却呈垂直椭圆光束，如图 3.38 所示。在规定的输出功率下，平行和垂直方向的辐射束半极值强度上的全角，定义为激光器的发散角，分别用符号 $\theta_{//}$ 和 $\theta_{\perp}$ 表示。由于 LD 的结构特性，一般 LD 在两个方向的发散角是不相等的，应用中希望发散角越小越好。

对于异质结平面条形和隐埋条形激光器，尽管场分量的形式可能不同，但纵模与横模的基本性质和同质结构是相似的。在异质结构中，有源区的厚度很薄（小于 1μm），通常仅有基垂直横模被激光而水平横模数往往受条宽的影响。图 3.39 所示为一个 GaAlAs/GaAs DH 平面条形激光器在水平方向近场和远场图样随条宽变化的情况。

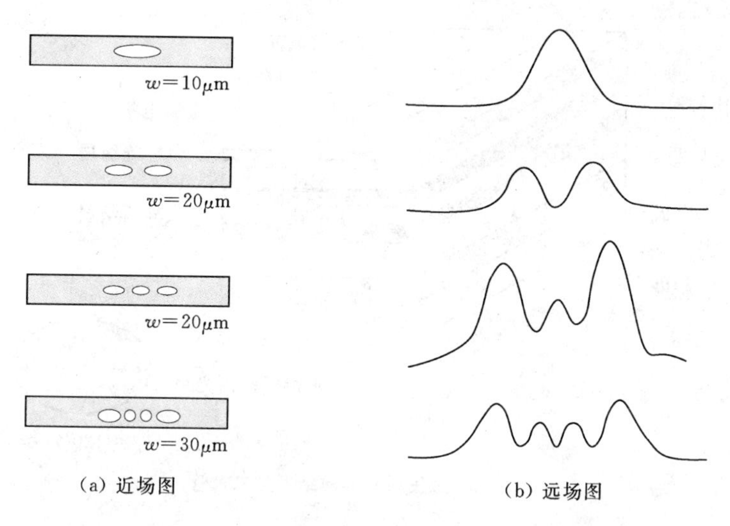

图 3.39 GaAlAs/GaAs DH 条形激光器的近场和远场图

3.3 半导体发光二极管

除半导体激光器外，发光二极管（LED）也是光纤通信中常用的光源。发光二极管基本上是用直接带隙的半导体材料制作的 PN 结二极管。相对激光器而言，其原理和构造都比较简单。在比较详细地分析了半导体激光器的原理和结构后，发光二极管的有关问题也就不难理解了。

3.3.1 工作原理

发光二极管是非相干光源，它的发射过程主要对应光的自发辐射过程。在发光二极管的结构中不存在谐振腔，发光过程中 PN 结也不一定需要实现粒子数反转。当注入正向电流时，注入的非平衡载流子在扩散过程中复合发光，这就是发光二极管的基本原理。因此，发光二极管不是阈值器件，它的输出功率基本上与注入电流成正比。图 3.40 所示为一个具体的发光二极管的 $P—I$ 曲线。

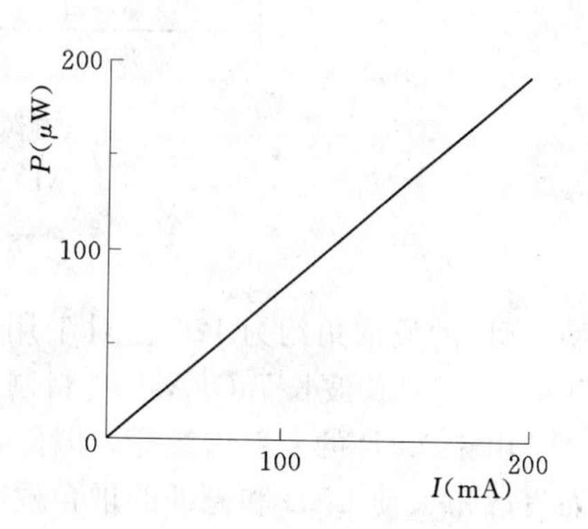

图 3.40 LED 的 $P—I$ 曲线

3.3.2 结构和分类

为了获得高辐射度，发光二极管常采用双异质结构。按光输出的位置不同，发光二极管可分为边发射型和面发射型，它们的结构如图 3.41 所示。

3.3.3 主要性质

(1) 发射谱线和发射角。由于发光二极管没有谐振腔，所以它的发射光谱就是半导体材料导带和价带的自发辐射谱线。由于导带和价带都包含有许多能级，使复合发光的光子能量有一个较宽的能量范围，造成自发辐射谱线较宽。同时，又由于自发辐射的光的方向是杂乱无章的，所以 LED 输出光束的发散角也很大，在平行于 PN 结的方向，发光二极管发散角约为 120°；而在垂直于 PN 结的方向，边发射型 LED 的发散角约为 30°，面发射

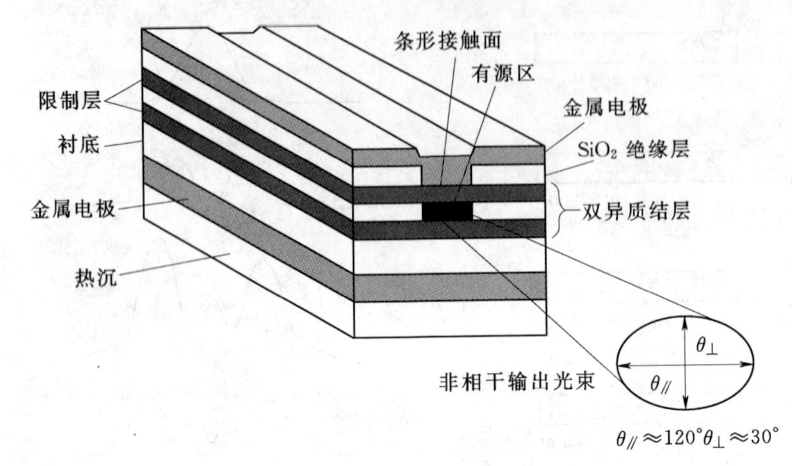

(a) 边发射双异质结发光二极管

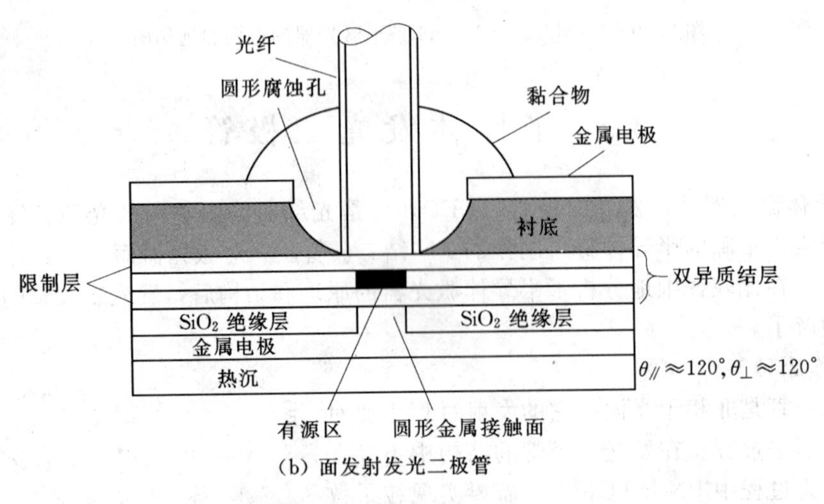

(b) 面发射发光二极管

图 3.41　LED 结构

型 LED 的发散角约为 120°。对于用 GaAlAs 材料制作的 LED，发射谱线宽度约为 30～50nm。而对长波长 InGaAsP 材料制作的 LED，发射谱线为 60～120nm。

由于 LED 的发射谱线宽，因此，光信号在光纤中传输时材料色散和波导色散较严重；而发散角大使 LED 和光纤的耦合效率低，这些因素对光纤通信是不利的。

(2) 响应速度。发光二极管的响应速度受载流子自发复合寿命时间所限制。为减小载流子的寿命时间，复合区往往采用高掺杂或使 LED 工作在高注入电流密度下，即使这样，LED 的响应速度还是比激光器低得多。半导体激光器的调制速率可达到吉赫兹的数量级，而 LED 的调制速率目前仅为数百兆赫。

(3) 热特性。发光二极管的输出功率，也随温度的升高而减小。但由于它不是阈值器件，所以输出功率不会像激光器那样随温度发生很大的变化，在实际使用中也可以不进行温度控制。以短波长 GaAlAs 发光二极管为例，其输出功率随温度的变化率约为 −0.01/1K。

(4) 优点。发光二极管的突出优点是寿命长、可靠性高、调制电路简单、成本低。所以它在一些速率不太高、传输距离不太长的系统中得到广泛应用。

3.4　光源的调制原理

为实现光纤通信，首先要解决如何将信号加载到光源的输出光束上，即需要进行光调制。调制后的光波经过光纤信道传输至接收端，由光接收机鉴别其变化并还原出最初的信息，这一过程称为光解调。调制和解调是光纤通信系统的重要内容。

3.4.1　光源的两种调制方式

根据光发射与调制过程的关系，光源调制可分为直接调制和间接调制两大类。直接调制方式适用于电流注入型的半导体光源器件（LD和 LED），通过把要传递的信息转变为驱动电流控制光源的发光过程，从而获得输出功率的变化以实现调制响应，如图 3.42（a）所示。由于调制后的光波电场振幅的平方比例于调制信号，因此，这是一种光强度调制（IM）的方法。直接调制方式原理简单、实现方便，在光纤通信系统中得到广泛应用。然而由于光源的发光及调制都集中在 PN 结区完成，使载流子和光子的作用关系变得更加复杂。调制的瞬态变化会影响到谐振腔的振荡性能，引起明显的动态光谱展宽。调制啁啾加剧了光纤传输中色散的影响，给高速调制和长距离光传输带来诸多不利因素。

间接调制是利用晶体的电光效应、磁光效应和声光效应等性质来实现对激光辐射的调制。这种调制方式适应于各种类型的激光光源。如图 3.42（b）所示。间接调制与直接调制的本质区别在于光源的发光和调制功能是分离进行的，即在激光形成以后才加载调制信号，两者只有光路的连接而没有电路之间的相互影响，因此，不会因为调制而影响到激光器的工作。光源在外部泵浦激励下稳态工作，产生连续波激光输出。调制器放置在激光器谐振腔外的光路上，当施加调制电压时引起调制器的某些物理特性发生改变，继而对通过的激光信号进行调制。在数字调制过程中，其作用就相当于一个高速运行的通段型（on-off）光开关。间接调制方式下的啁啾特性主要由调制器决定，而调制器的啁啾系数一般非常小，从而大大改善了光源高速调制时的传输性能。

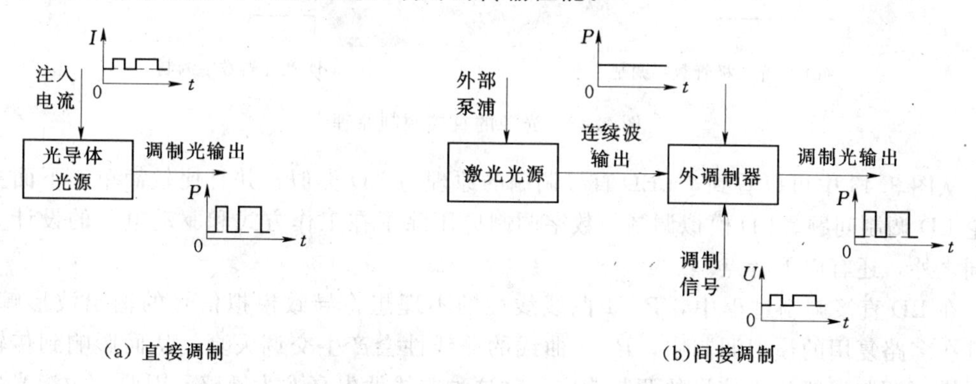

图 3.42　光源的两种调制方式

我们通常也称直接调制为内调制，间接调制为外调制。

3.4.2　光源的直接调制

直接调制具有简单、经济和易于实现的优点，是光纤通信中最常用的调制技术。由于理想光源的 $P—I$ 曲线（对激光器指阈值以上部分）呈线性关系，因此通过电光转换处理，输出的光功率信号能够完整复现输入电信号的所有变化特征，即实现了调制信息的加载。光源的直接调制正是利用这一规律来实现的。

从调制信号的类型划分，直接调制方式又包括模拟调制和数字调制。模拟调制就是将连续变化的模拟信号（如话音、视频等）叠加在直流偏置的工作点上对光源进行调制。图 3.43（a）和图 3.43（b）分别示意了发光二极管和半导体激光器的模拟调制原理图。数字调制属于脉冲调制，即调制电流为二进制脉冲形式，利用输出光功率的有（“1”码）、无（“0”码）状态来传递信息［见图 3.43（c）和图 3.43（d）］。

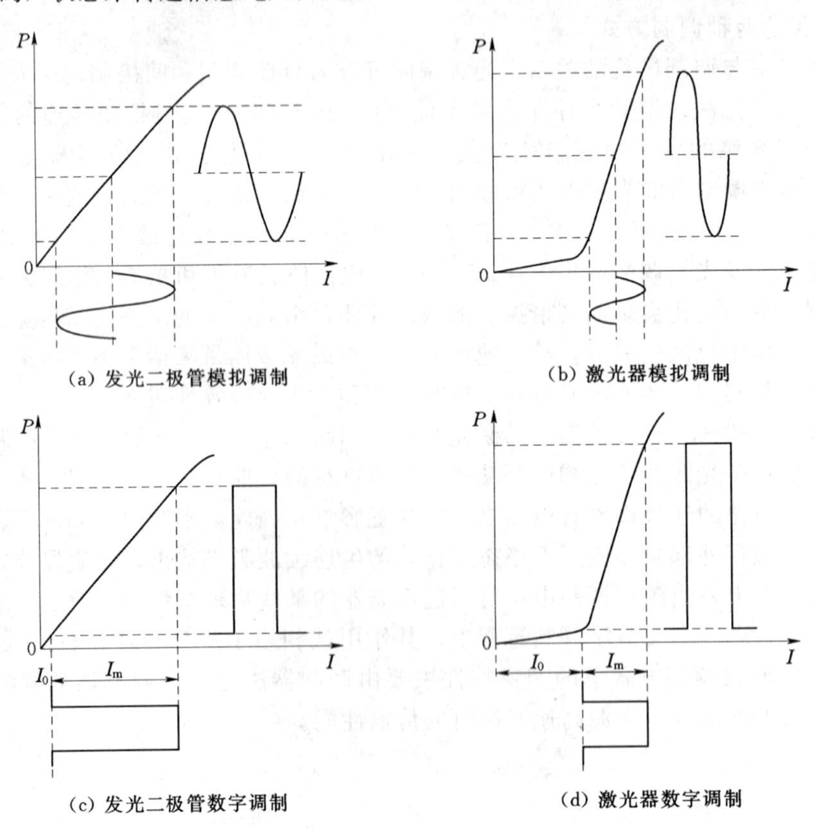

图 3.43 光源的直接调制原理

从图 3.43 中可以看到，LED 直接调制的原理与 LD 类似，并且比较简单。下面主要讨论 LD 调制问题。LD 模拟调制与数字调制应用除了在工作方式和驱动电路的设计方面不同之外，还有以下特点。

在 LD 直接调制过程中，$P—I$ 曲线线性的不理想将导致模拟信号的输出波形畸变，尤其在多路复用的模拟调制中，$P—I$ 曲线的非线性会产生交调失真，从而影响到传输质量。模拟调制一般为小信号的调制响应，对这种非线性失真尤为敏感，因此，对激光器的性能选择十分重要。一般要求选用线性度优良的 DFB 激光器，并且还常用到预失真电路。但对数字调制，光源的 $P—I$ 曲线的线性度对调制的影响并不明显。

LD 注入电流的变化不仅引起光功率的变化，还会引起有源区载流子密度变化，并且进一步引起有源区折射率改变，最终导致输出光信号的波长（频率）变化。这就是 LD 直接调制引起（频率）啁啾的根本原因。数字调制为脉冲调制方式，驱动电流的瞬时变化大而且剧烈，调制啁啾更为显著。在光纤色散效应作用下，上述啁啾的存在加剧了传输过程中信号脉冲的时域展宽，成为限制系统传输性能的重要因素之一。

为适应高速率、大容量、长距离通信的要求，目前的光纤通信以采用 LD 光源数字调制系统为主。本章后面的内容将主要围绕此类系统的应用展开论述。

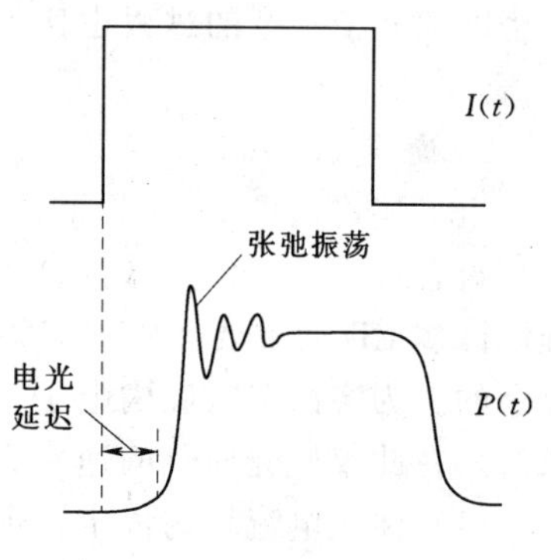

图 3.44　光电瞬态响应波形

3.4.3　LD 数字调制过程的瞬态分析

对半导体激光器进行数字调制时，往往表现出复杂的瞬态性质。图 3.44 所示为理想注入电流脉冲情况下典型的光电响应波形。

从图中可以看出，激光输出与注入电脉冲之间存在一个时间延迟，称为电光延迟时间（或开通延迟），一般为纳秒量级。当电流脉冲注入激光器之后，输出光脉冲顶部出现衰减式的阻尼振荡，称为张弛振荡（或弛豫振荡）。张弛振荡的频率一般在几百 MHz～2GHz 的量级。张弛振荡是激光器内部光电相互作用所表现出来的固有特性。

本节从阶跃响应的瞬态分析入手，通过求解耦合速率方程组得到电光延迟和张弛振荡的有关性质。

1. 阶跃响应的瞬态分析

首先讨论阶跃电流 $I(I>I_{th})$ 注入激光器时所发生的瞬态过程。当阶跃电流注入时，有源区里自由电子密度 n 增加，即开始了有源区里导带低电子的填充。由于有源区电子密度 n 的增加与时间呈指数关系，而当 n 小于阈值电子密度 n_{th} 时，激光器并不激射，从而使输出光功率存在一段初始的延迟时间。在图 3.45 中，n_{th} 和 $\bar{s}$ 表示电子密度和光子密度的稳态值；电光延迟时间用 t_d 表示。

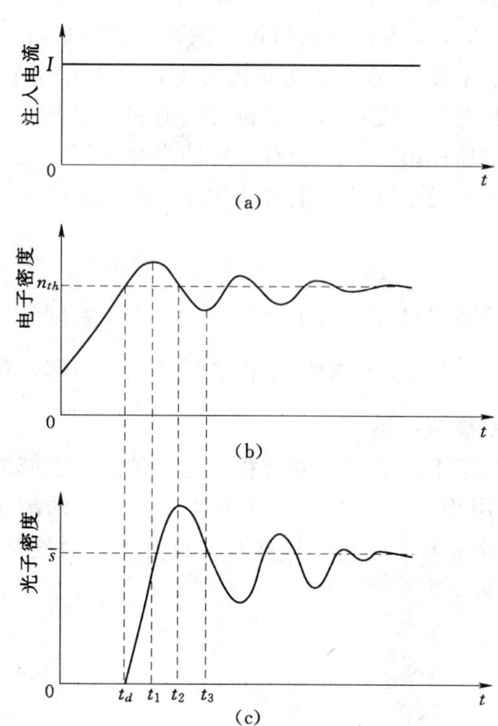

图 3.45　激光器的瞬态过程

有源区里的电子密度达到阈值以后，激光器开始激射。但是，光子密度的增加也有一个时间过程，只要光子密度还没有达到它的稳态值，电子密度将继续增加，造成导带中电子的超量填充。当 $t=t_1$ 时，光子密度达到稳态值 $\bar{s}$，电子密度达到最大值。

在 $t=t_1$ 以后，由于导带中有超量储存的电子，有源区的光场也已经建立起来，结果使受激辐射过程迅速增加，光子密度迅速上升，同时电子密度开始下降。当 $t=t_2$ 时，光子密度达到峰值，而电子密度下降到阈值时的浓度。

光子逸出腔外需要有一定的时间（光子寿命时间 τ_{ph}）。在 $t>t_2$ 以后，有源区里的过量复合过程仍然持续一段时间，使电子密度继续下降到 n_{th} 之下，从而使光子密度也开始迅速下降。当 $t=t_3$ 时，电子密度下降到 $n_{\min}$，激射可能停止或减弱，于是重新开始了导带底电子的填充过程。只是由于电子的存储效应，这一次电子填充时间比上次短，电子密度和光子密度的过程也比上次小。这种阻尼振荡过程重复进行直到输出光功率达到稳态值。

2. 速率方程组

由上述讨论可知，LD的瞬态输出特性是腔内有源区中光场和电子互相作用的结果。分析瞬态过程的出发点是耦合速率方程组。速率方程是强有力的理论工具，可以帮助我们理解许多LD的重要性质。完整的速率方程组即使建立在经典的粒子基础上，也还是比较复杂的。为突出谐振腔内电子（指导带的自由电子）与光子的相互作用，便于数学上简单求解，在此仅研究简化的速率方程组。简化的速率方程组是基于下列条件提出的：

（1）注入电流均匀恒定，即电流密度 j 为常数，电子和光子密度在腔内处处均匀，因而可以不考虑梯度场和漂移场的作用。

（2）光子完全被介质波导限制在有源区中，不需要考虑侧向光场的漏出。

（3）忽略非辐射复合的影响。

（4）激光器在阈值之上单纵模振荡。

在上述条件下，速率方程组可以简化为：

$$\frac{\mathrm{d}n(t)}{\mathrm{d}t}=\frac{j}{e_0 d}-R_{sp}(n)-g(n)s(t) \tag{3.29}$$

$$\frac{\mathrm{d}s(t)}{\mathrm{d}t}=g(n)s(t)-\frac{s(t)}{\tau_{ph}}+\alpha R_{sp}(n) \tag{3.30}$$

式中：$n(t)$ 为有源区中自由电子密度；$s(t)$ 为有源区中光子密度；j 为注入电流密度；e_0 为电子电荷；d 为有源区的厚度；$R_{sp}(n)$ 为自发辐射的速率；$g(n)$ 为增益函数，它与电子密度 n 的依赖关系由有源区的材料及掺杂所决定；τ_{ph} 为光子寿命时间，指光子从谐振腔端面逸出或在腔内被吸收之前存在的平均时间；α 为自发发射进入激光模式的系数。

从速率方程组可以看出，引起有源区里电子密度和光子密度变化的主要因素有3个：第一是电流的注入，注入电流增加了有源区里的电子密度；第二是自发辐射和受激跃迁过程，这两个过程使电子密度减少而使光子密度增加；第三是光子有一定的寿命时间，光子可能从谐振腔端面逸出或在腔内被吸收，从而减少光子密度。耦合速率方程组就反映了这些因素的影响。

3. 速率方程组的解

如果对一个激光器注入恒定电流，经过一段瞬态过程（若干纳秒）后，电子密度和光子密度达到稳定状态，这时$\frac{\mathrm{d}n}{\mathrm{d}t}=0$，$\frac{\mathrm{d}s}{\mathrm{d}t}=0$。在稳态条件下求解速率方程组得到的解，称为稳态解。稳态解给出激光器内部若干物理量的稳态关系。

瞬态解是在注入电流变化的情况下（调制状态下）求解速率方程组得到的解。遗憾的是速率方程组难以得到解析的瞬态解。在这里用小信号分析的方法求速率方程组的瞬态解。小信号分析定在瞬态过程中 n 和 s 的变化量远小于这两个量本身，只是一种微扰量，可以表示为：

$$\left.\begin{aligned} n&=\bar{n}+\Delta n & \Delta&\ll n\,\bar{n} \\ s&=\bar{s}+\Delta s & \Delta s&\ll\bar{s} \\ g&=g_{th}+\Delta g & \Delta g&\ll g_{th} \end{aligned}\right\} \tag{3.31}$$

式中：$\bar{n}$、$\bar{s}$和 g_{th} 为密度、光子密度和增益函数的稳态值；Δn、Δs 和 Δg 为它们的微扰项。

将小信号近似代入速率方程组，并利用稳态解得到的一些关系，可以得到小信号近似下速率方程组的瞬态解为

$$\Delta n=(\Delta n)_0\exp[(-\sigma+i\omega)t] \tag{3.32}$$

$$\Delta s=(\Delta s)_0\exp[(-\sigma+i\omega)t] \tag{3.33}$$

可见电子密度和光子密度的微扰项都是衰减式振荡形式的解，所以称为张弛振荡。Δn_0 和 Δs_0 是电子密度和光子密度振荡的初始值；σ 是张弛振荡的衰减系数；ω 是振荡的角频率。对双异质结激光器，可以得到：

$$\sigma\approx\frac{1}{2\tau_{sp}}\frac{j}{j_{th}} \tag{3.34}$$

$$\omega\approx\left[\frac{1}{\tau_{sp}\tau_{ph}}\left(\frac{j}{j_{th}}-1\right)\right]^{1/2} \tag{3.35}$$

用 $\tau_0=\frac{1}{\sigma}$ 表示张弛振荡的幅度衰减为初始值的 $\frac{1}{e}$ 的时间，称之为张弛振荡的衰减时间。由式（3.35）可知：

张弛振荡的衰减时间与自发辐射的寿命时间同一数量级，并随注入电流的增加而减小；

张弛振荡的角频率与 τ_{ph} 和 τ_{sp} 有关，并随注入电流的增加而升高。

小信号假定实际上只适用于瞬态过程的末尾，此时光子密度和电子密度的起伏已经很小，振荡的频率也趋于稳定值。在瞬态过程的开始阶段，电子密度和光子密度（尤其是光子密度）的过冲是很大的，并不满足小信号分析条件。虽然小信号分析不能精确地描述张弛振荡的主要行为，但它可以得出解析表达式，对研究张弛振荡的性质是很有帮助的。在大信号情况下，不能忽略 Δn 和 Δs 的二次项，因而速率方程组不是线性的，也得不到电子密度和光子密度的解析表达式。严格的处理方法应用数值计算法，即对瞬态过程进行计算机数值求解。

电光延迟时间。电光延迟过程发生在阈值以下，对应于注入电流对导带底部进行填充，使导带的电子密度达到阈值时的电子密度（n_{th}）的时间。在阈值以下，受激复合过程可以忽略，速率方程组可以写为：

$$\frac{\mathrm{d}n}{\mathrm{d}t}=\frac{j}{e_0d}-\frac{n}{\tau_{sp}} \tag{3.36}$$

则由：

$$\int_0^{t_d}\frac{\mathrm{d}t}{\tau_{sp}}=-\int_0^{n_{th}}\frac{\frac{\mathrm{d}n}{\tau_{sp}}}{\frac{n}{\tau_{sp}}-\frac{j}{e_0d}} \tag{3.37}$$

得到电光延迟时间为：

$$t_d=-\tau_{sp}\ln\left(\frac{n}{\tau_{sp}}-\frac{j}{e_0d}\right)\bigg|_0^{n_{th}} \tag{3.38}$$

利用速率方程组的稳态关系，上式可化简为：

$$t_d=\tau_{sp}\ln\frac{j}{j-j_n} \tag{3.39}$$

式（3.39）表明，电光延迟时间与自发辐射的寿命同一数量级，并随注入电流的增加而减小。

下面考虑对激光器进行脉冲调制时，施加直流预偏置电流对调制性能的影响。设直流预偏置电流密度为 j_0，由于直流偏置电流预先注入，当脉冲电流到来时，有源区的电子密度已达到：

$$n_0=\frac{j_0\tau_{sp}}{e_0 d} \tag{3.40}$$

这时电光延迟时间为：

$$t_d=\tau_{sp}\ln\frac{j-j_0}{j-j_{th}}=\tau_{sp}\ln\frac{j_m}{j_m+j_0-j_{th}} \tag{3.41}$$

可见，对激光器施加直流预偏置电流是缩短电光延迟时间、提高调制速率的重要途径。同时，张弛振荡现象也得到一定程度的抑制。

3.4.4　光源的间接调制

在某些情况下，激光器需要采用间接调制，或者是因为信号速率超过直接调制带宽的限制，或者为了减轻高速传输时的光纤色散的影响，都需要采用间接调制方式。根据工作原理的不同，可以利用电光效应、电吸收效应、磁光效应、声光效应等制成不同类型的光调制器。

1. 电光效应调制

当把电压加到某些晶体上的时候，可能使晶体的折射率发生变化，结果引起通过该晶体的光波特性发生变化，晶体的这种性质称为电光效应。当晶体的折射率与外加电场幅度成线性变化时，称为线性电光效应，即普科尔（Pockel）效应；当晶体的折射率与外加电场幅度的平方成比例变化时，称为克尔（Kerr）效应。电光调制器主要利用普科尔效应。

线性电光效应仅出现在具有反演对称的晶体中。对这样的晶体中，电场 E 所引起的 $\left(\frac{1}{n^2}\right)_i$ 的线性变化为：

$$\Delta\left(\frac{1}{n^2}\right)_i=\sum_{j=1}^{3}r_{ij}E_j \qquad (i=1、2、3、\cdots、6) \tag{3.42}$$

用矩阵表示如下：

$$\begin{bmatrix}\Delta\left(\frac{1}{n^2}\right)_1\\ \Delta\left(\frac{1}{n^2}\right)_2\\ \Delta\left(\frac{1}{n^2}\right)_3\\ \Delta\left(\frac{1}{n^2}\right)_4\\ \Delta\left(\frac{1}{n^2}\right)_5\\ \Delta\left(\frac{1}{n^2}\right)_6\end{bmatrix}=\begin{bmatrix}r_{11} & r_{12} & r_{13}\\ r_{21} & r_{22} & r_{23}\\ r_{31} & r_{32} & r_{33}\\ r_{41} & r_{42} & r_{43}\\ r_{51} & r_{52} & r_{53}\\ r_{61} & r_{62} & r_{63}\end{bmatrix}\begin{bmatrix}E_1\\ E_2\\ E_3\end{bmatrix} \tag{3.43}$$

式中：n 为折射率；r_{ij} 为电光系数。

由电光系数组成的 6×3 矩阵称为电光张量。对于各类型电光晶体，电光张量的元素可能有许多等于零。如果外加电场在一轴线方向上，则 $E_j(j=1, 2, 3)$ 只有一个不为零。以铌酸锂（$LiNbO_3$）晶体为例，若 E 加在与 z 轴平行的方向，则与光传输方向相垂直的平面内横向折射率变化为（这里用 r 代替电光系数 r_{63}），即

$$\delta_n=\pm\frac{1}{2}n_0^3rE \tag{3.44}$$

式中：正、负号分别对应两个不同偏振方向上的折射率改变情况。

利用此电光效应即可制成各种电光调制器。

2. *磁光效应光调制*

磁光效应又称法拉第电磁偏转效应。当光通过介质传播时，若在垂直光的传播方向上加一强磁场，则光的偏振面产生偏转，其旋转角与介质长度、外磁场强度成正比。图 3.46 所示为磁光调制器的简单结构。磁光晶体棒放置在沿轴线方向传输的光路里，它的上面缠绕有高频线圈，高频线圈受调制电流信号的控制，磁光晶体棒的前后为起偏器和检偏器。当光信号通过磁光晶体时，其偏转角与调制电流有关。当调制电流为零时，输出信号的偏振方向与检偏器的透光轴相互平行，检偏器输出的光强最大；随着调制电流的增加，旋转角度加大，透过检偏器的光强逐渐下降。

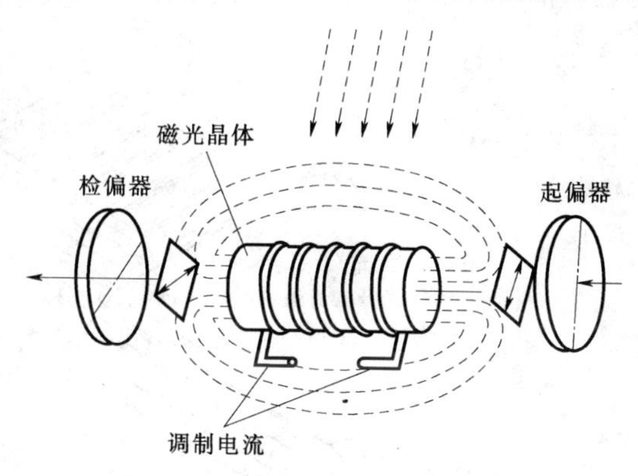

图 3.46　磁光调制器的简单原理

3. *电吸收效应*

电吸收效应是利用 Franz-keldysh 效应和量子约束 Stark 效应产生材料吸收边界波长移动的效应。Franz-keldysh 效应是 Franz-keldysh 在 1958 年提出，是指在电场作用下半导体材料的吸收边带向长波长移动（红移）的理论，该理论在 1960 年被实验证实。20 世纪 90 年代以后，随着高速率长距离通信系统的发展，对电吸收调制器的研究受到重视，迅速发展起来。

4. *声光效应光调制*

声光效应是指声波作用于某晶体时，产生光弹性作用，使折射率发生变化，从而达到光调制的目的。

3.5　光发射机和外调制器

3.5.1　激光器的实用组件

激光器组件是指在一个紧密结构中（如管壳中），除激光二极管（LD）芯片外，还配置其他元件和实现 LD 工作必要的少量电路块的集成器件。其他元件和电路包括以下内容。

（1）光隔离器。其作用是防止 LD 输出的激光反射，实现光的单向传输。它位于 LD

的出光路上。

(2) 监视光电二极管（PD）。其作用是监视LD的输出功率变化，通常用于自动功率控制。它位于LD背出光面。

(3) 尾纤和连接器。

(4) LD的驱动电路（包括电源和LD芯片之间的阻抗匹配电路）。

(5) 热敏电阻。其作用是测量组件内的温度。

(6) 热电致冷器（TEC）。是一种半导体热电元件，通过改变外部工作电流的极性达到加热和冷却目的。

(7) 其他准直激光器输出场的透镜、光纤耦合透镜及固定光纤的支架等。

如图3.47所示为某激光器组件的内视图和外视图。激光器的芯片体积一般很小，实际器件的封装尺寸、重量和成本主要受到保证激光器正常运行的辅助部件的影响。

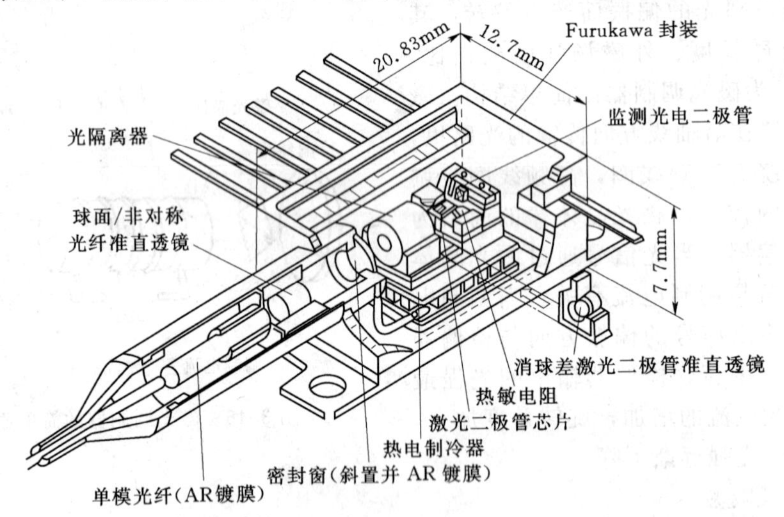

图3.47　激光器组件的内视图和外视图

3.5.2 光发射机的组成

直接调制的数字激光发射机的主要组成部分框图如图3.48所示。

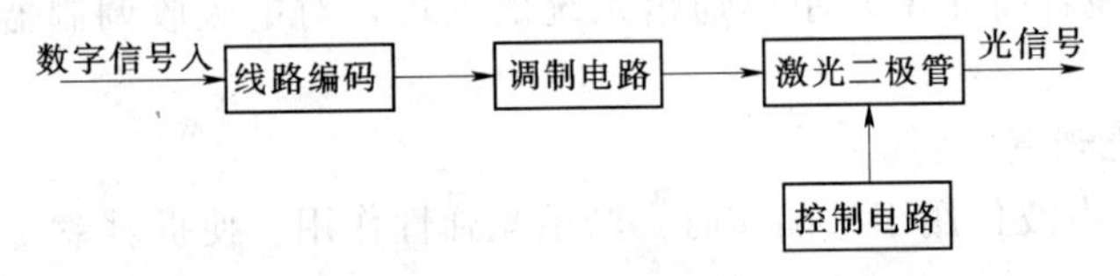

图3.48　激光发射机框图

线路编码的作用是将数字信号转换成适合在光纤中传输的形式。

与LED相比，LD的调制问题要复杂得多。尤其在高速率调制系统中，驱动条件的选择、调制电路的形式和工艺、激光器的控制等，都对调制性能至关重要。下面就激光发射机讨论以下几个方面的问题。

偏置电流 I_0 和调制电流 I_m 大小的选择。

偏置电流的选择直接影响激光器的高速调制性能，主要考虑以下原则：

(1) 加大直流偏置电流使其逼近阈值，可以大大减小电光延迟时间，提高频谱利用率和通信容量，并且在一定程度上抑制张弛振荡。

(2) 激光器偏置在阈值附近的另一好处是较小的调制电流就能获得足够大的输出光脉冲。I_0 和 I_0+I_m 值相差不大，从而削弱调制码型间的相互影响，减小码型效应。

(3) 由于偏置电流决定“0”码时的发光功率，I_0 上升意味着激光器的消光比恶化。光信号消光比（EXT）的定义为：

$$EXT=10\lg\frac{P_{全1}}{P_{全0}}$$

式中：$P_{全1}$和 $P_{全0}$分别指激光器在全“1”和全“0”码时的输出功率。EXT 一般应大于 8～10dB，实际光发射机可以超过 15dB。如果 I_0 过大，由于 EXT 减小将导致接收机的灵敏度下降。

(4) 实验观察到异质结激光器的散粒噪声在阈值处常有一很陡的峰值，因此 I_0 的选取应避开峰值。但对数字光传输系统，光源噪声对接收机影响不大。

I_m 应保证使光脉冲达到一定的幅度，满足传输系统对信号功率的要求。同时也要考虑光源的负担，发送光功率不能过大。否则不但容易损坏器件，还会增加光纤的非线性效应。

激光器的调制电路。对激光器进行高速脉冲调制时，调制电路既要有快的开关速度，又要保持有良好的电流脉冲波形。因为不仅电流脉冲上升沿和下降沿的快慢会影响到光脉冲的响应速度，而且电流脉冲上升沿的过冲还会加剧光脉冲的张弛振荡。要做到这两点，不仅电路的设计是重要的，而且电路的工艺也同样重要，因为杂散电感和杂散电容会给高速脉冲电路带来不良影响。

图中电路采用两级差分电流开关整形，以改善电流波形。电流开关为双边驱动，并且所有的晶体管都不进入饱和区，从而在由导通变为截止时，不会因为有过多的存储电荷而影响开关速度。为保证差分管特性的一致性，设计应用了集成差分管对实现调制功能。

激光器控制电路。LD 的性能对温度非常敏感，并且长时间地连续发光会导致器件老化，因而可能影响到系统的稳定工作。主要表现为：激光器的阈值电流随温度呈指数规律变化，并随器件的老化而增加，从而使输出光功率发生很大的变化，如图 3.49 所示。

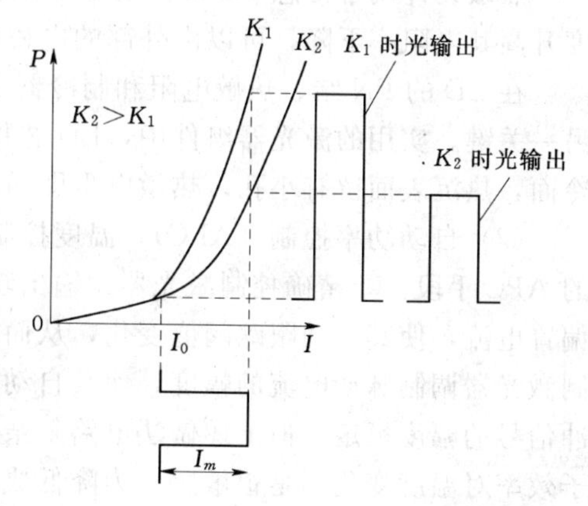

图 3.49 阈值变化引起的输出变化

随着温度的升高和器件的老化，激光器的外微分量子效率降低，从而使输出光信号降低，如图 3.50 所示。

随着温度的升高，LD 发射波长的峰值位置移向长波。例如，GaAs 材料的温度系数为 0.25nm/K。

稳定激光器的输出光信号是实用化光发射机所必须解决的问题。控制电路的作用，就是为了消除上述温度变化和器件老化带来的影响，给激光器提供稳定的工作环境。目前主要采取的措施有自动温度控制和自动功率控制。

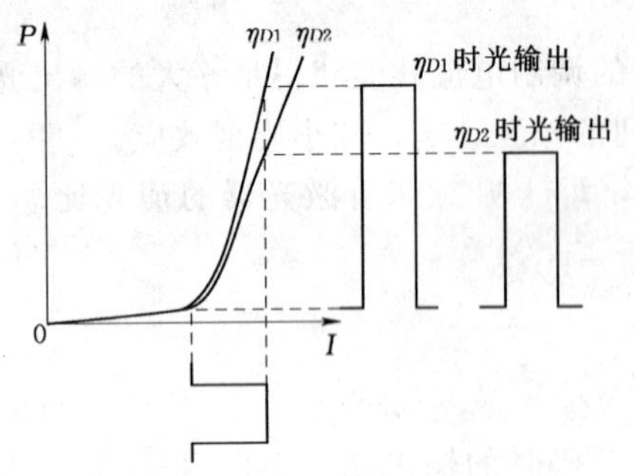

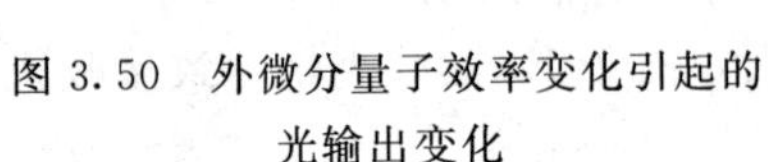

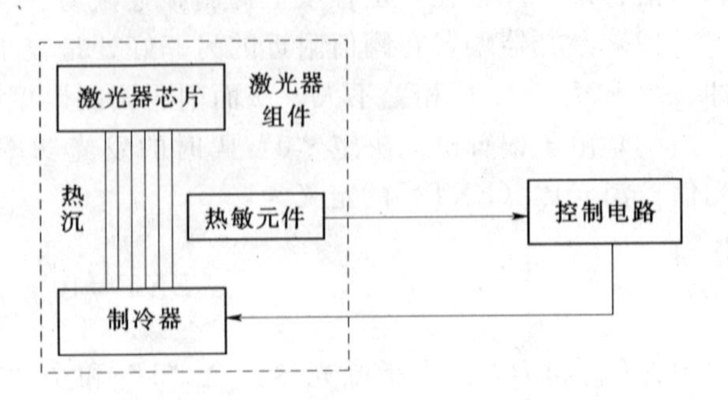

图 3.50 外微分量子效率变化引起的光输出变化

图 3.51 自动温度控制原理方框图

(1) 自动温度控制（ATC）。如图 3.51 所示。自动温度控制系统由制冷器、热敏元件以及相关的控制电路组成。基本原理是：热敏元件监测 LD 芯片的结温，与设定的基准温度比较、放大后，驱动制冷器的控制电路，改变制冷量的大小。上述各单元构成以温度循环为目标的负反馈控制回路，从而保持激光器在恒定的温度下工作。为提高制冷效率和控制精度，通常采用内制冷方式，即将微型制冷器和热敏元件封装在激光器管壳内部。

微型制冷器一般为利用珀尔帖效应制成的半导体热电制冷器（TEC）。当电流通过两种半导体（P 型和 N 型）组成的电偶时，可以使一端吸热（制冷）而另一端放热，这种现象称为珀尔帖效应。它是通过改变电流的方向实现冷面与热面的交换。实际制冷器由许多对温差电偶组合而成，目的是提高制冷能力。

热敏元件用于传感 LD 结区的工作温度，通常采用具有负温度系数的热敏电阻。随温度升高其电阻率下降，可以由外部的电桥电路测量出这一阻值变化。

在 LD 的 PN 结、热敏电阻和制冷器之间保持良好的热传导，是激光器温度控设计的另一关键。实用的激光器组件中，LD 芯片被安装在热沉上，热沉的另一侧紧贴制冷器的冷面，热沉表面留有小孔，热敏电阻即插入其中。热沉本身则由良导热材料制作。

(2) 自动功率控制（APC）。温度控制解决不了器件老化带来的影响，仍需采取必要的 APC 手段。要精确控制激光器的输出功率，应从两个方面着手：第一，控制激光器的偏置电流，使其自动跟踪阈值变化，从而使激光器总是偏置在最佳的工作状态；第二，控制激光器调制脉冲电流的幅度，使其自动跟踪外微分量子效率而变化，从而保持输出光脉冲信号的幅度恒定。但上述做法电路复杂，难以精确调整。一般来说，激光器的外微分量子效率对温度变化不是很敏感。为降低成本、简化控制电路，可以只探测激光器发射的平均功率，以此作为反馈信号控制偏置电流，从而维持输出光功率恒定。图 3.52 为某 APC 电路的原理图，这种平均功率控制法在国内外被广泛应用。

在图中所示的控制系统中，利用激光器谐振腔的后镜面发射的光作为反馈信号，用光电二极管（PD）将平均光功率转换成光生电流，在其负载电阻上转换为电压信号，然后与直流参考电平比较后输入到运算放大器的同名端。放大器的输出控制激光器的直流偏置电流的幅度，从而维持激光器输出的平均功率恒定。将信号输入到运算放大器的异名端是为了防止信号中“0”和“1”组合情况的不同引起平均功率的起伏，导致误调整。

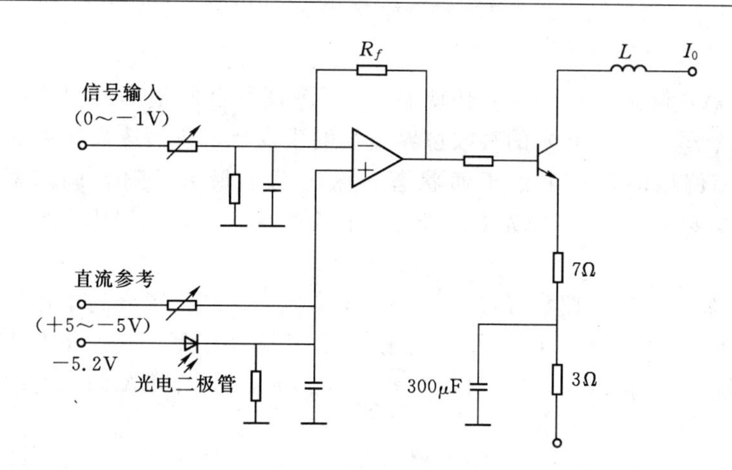

图 3.52　平均功率控制电路

3.5.3　波导调制器和电吸收调制器

高速发射机常用外调制的方法，即在激光形成以后加载调制信号。其具体方法是在激光器谐振腔外的光路上放置调制器，在调制器上加调制信号，使调制器的某些物理特性发生相应的变化，当激光通过它时，得到调制。对某些类型的激光器，也可以用集成光学的方法把激光器和调制器集成在一起，用调制信号控制调制元件的物理特性，从而改变激光输出特性以实现其调制。

目前光通信中实用的调制器主要有两种：一种是 M-Z（Mach-Zahnder）波导调制器；另一种是电吸收调制器。

M-Z 调制器用电光材料制作。如用 $LiNbO_3$ 材料制作的 M-Z 调制器就是一种常用的电光调制器，其基本结构如图 3.53 所示。输入光信号在第一个 3dB 耦合器处被分为相等的两束，分别进入两波导传输。波导是用电光材料制成的，其折射率随外部施加的电压大小而变化，从而导致两路光信号达到第二个耦合器时相位延迟不同。若两束光的光程差是波长的整数倍，两束光相干加强；若两束光的光程差是波长的 1/2，两束光相干抵消，调制器输出很小。因此，只要控制外加电压，就能对光束进行调制。

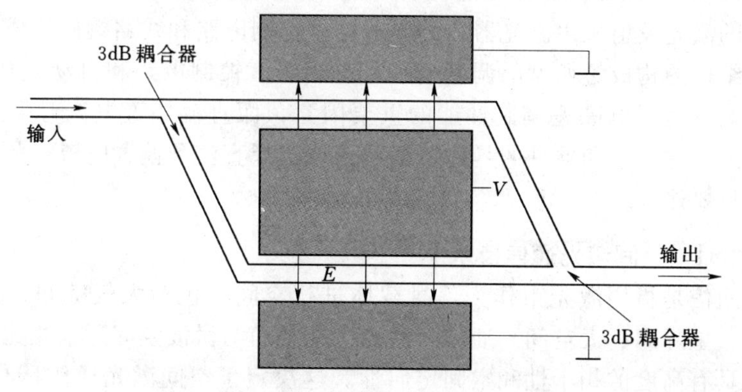

图 3.53　调制器结构示意图

DFB 激光器和 $LiNbO_3$ 材料制作的 M-Z 电光调制器组合具有非常好的消啁啾和微波特性，适合高速率（10Gbit/s 或更高速率）系统的超长距离传输。但这类调制器的插入损耗较大，需要较高的驱动电压（典型值为 4V），难以与光源集成，而且对偏振敏感。

电吸收（EA）调制器是一种损耗调制器。EA 调制器的基本原理是：改变调制器上的偏压，使多量子阱（MQW）的吸收边界波长发生变化，进而改变光束的通断，实现调制。当调制器无偏压时，光束处于通状态，输出功率最大；随着调制器上偏压增加，MQW 的吸收边移向长波长，原光束波长处吸收系数变大，调制器成为断状态，输出功率最小。

EA 调制器容易与激光器集成在一起，形成体积小、结构紧凑的单片集成组件，而且需要的驱动电压也较低。但它的频率啁啾比 M-Z 调制器要大，不适合传输距离特别长的高速率海缆系统。当利用 G. 652 光纤时，对 2. 5Gbit/s 系统，EA 调制器的传输距离可达到 600km 左右。

3.6　小　　结

本章主要介绍光源、光源的调制和光发射机的组成。半导体激光器和发光二极管是光纤通信中最常用的光源，而半导体激光器又是高速率、大容量的光纤通信系统中主要采用的光源。半导体激光器是阈值器件，只有当注入电流达到阈值电流后，激光器才开始激射。激光器激射必须满足以下两个条件：

（1）有源区里产生足够的粒子数反转分布。

（2）在谐振腔里建立起稳定的振荡。

一个典型的半导体激光器应由如下几个功能部件组成。实现了粒子数反转分布的有源区，建立光振荡所需要的反馈装置、频率选择器和光波导。根据选择不同的部件可以构成不同类型的激光器。本章论述了各种半导体激光器的结构、工作原理和性质。包括 F-P 腔激光器、DFB 激光器和量子阱激光器等。

对半导体光源，可以采用直接调制，也可以采用间接调制。直接调制具有简单、价格低廉和容易实现的特点，但调制过程中频率啁啾严重。因此，高速率、大容量系统需要采用间接调制。$LiNbO_3$ 波导调制器和电吸收调制器是广泛应用的外调制器。

直接调制的激光发射机由激光器、调制电路、控制电路和线路编码构成。本章介绍了激光器的实用组件的构成、典型的调制电路、自动温度控制电路和自动光功率控制电路。激光器的瞬态效应是影响高速调制性能的重要因素，而直流偏置电流对瞬态性质影响甚大。根据系统的具体要求和器件的具体情况适当地选择直流预偏置电流，是获得高质量的输出光信号的重要途径。

【阅读资料 8】　空间激光通信技术

空间激光通信是指用激光束作为信息载体进行空间（包括大气空间、低轨道、中轨道、同步轨道、星际间、太空间）通信。激光空间通信与微波空间通信相比，波长比微波波长明显短，具有高度的相干性和空间定向性。这决定了空间激光通信具有通信容量大、质量轻、功耗和体积小、保密性高、建造和维护经费低等优点。

（1）大通信容量。激光的频率比微波高 3～4 个数量级（其相应光频率在 1013～1017 Hz），作为通信的载波有更大的利用频带。光纤通信技术可以移植到空间通信中来。目前光纤通信每束波束光波的数据率可达 20GB/s 以上，并且可采用波分复用技术使通信容量上升几十倍。因此在通信容量上，光通信比微波通信有巨大的优势。

(2) 低功耗。激光的发散角很小，能量高度集中，落在接收机望远镜天线上的功率密度高，发射机的发射功率可大大降低，功耗相对较低。这对应于能源成本高昂的空间通信来说，是十分适用的。

(3) 体积小、质量轻。由于空间激光通信的能量利用率高，使得发射机及其供电系统的重量减轻；由于激光的波长短，在同样的发散角和接收视场角要求下，发射和接收望远镜的口径都可以减小。摆脱了微波系统巨大的碟形天线，重量减轻，体积减小。

(4) 高度的保密性。激光具有高度的定向性，发射波束纤细，激光的发散角通常在毫弧度，这使激光通信具有高度的保密性，可有效地提高抗干扰、防窃听的能力。

(5) 激光空间通信具有较低的建造经费和维护经费。

空间激光通信技术难点

空间技术的发展和建立全球信息社会的需要，推动着空间光通信技术的进步。空间光通信避开了大气光信道不稳定性的影响，需要解决的关键问题是相对运动光学收、发天线之间的瞄准、接收和跟踪问题等。

1. 空间激光通信链路的快速、精确的捕获、跟踪和瞄准（ATP）技术，是保证空间远距离光通信的核心技术

(1) 捕获（粗跟踪）系统。激光信标发射的光束很窄，在相距极远的两卫星之间，必须保证信标的发射波束覆盖接收机的接收天线，接收端能够捕捉跟踪发射端的窄光束。由于姿态监测控制系统误差、参照系计算误差、卫星的腾空浮动和振动以及其他系统误差的存在，在收发双方互相对准之后总有一个不确定角。空间捕获目标的范围在$\pm 10^\circ \sim \pm 20^\circ$或更大，通常采用CCD来实现。

为了缓解对空间瞄准、捕获和跟踪系统苛刻的要求，同时加快通信链路建立速度，接收机的视场角一定要宽，为几个毫弧度，灵敏度为－110dbW，跟踪精度为几十个毫弧度，可这样接收的背景辐射功率就会迅速上升，掩埋其中的信标信号。解决这一问题的关键在于接收机中使用超窄带宽、高透射率的光学滤波器。

(2) 跟踪、瞄准（精跟踪）系统。系统完成目标捕获后，对目标进行瞄准和实时跟踪。通常采用四象限红外探测器QD或Q－APD高灵敏度位置传感器来实现，并配以相应的电子学伺服控制系统。精跟踪要求视场角为几百微弧度，跟踪灵敏度为－90dbW，跟踪精度为几微弧度。

2. 发射机激光器的超高速率调制技术

目前各国空间激光通信实验的码率都在1GB/s以上，而且不断提高。为了增大通信容量，在一些方案中采用同一波长的两路旋向相反的圆偏振光同时传送，从而使通信容量加倍。在超高速调制的同时又要产生足够的功率用于广阔的空间距离传输。因此，除研究大功率半导体激光器以外，国外还在研究采用激光二极管阵列的方案。

3. 高灵敏度抗干扰的接收机技术

卫星之间的距离可长达40000km。而激光波束的强度是按距离的平方递减，也就是说衰减可能达到－152dB。接收机要有超高的灵敏度才行，否则背景辐射等噪声会使误码率达到不可接收的程度。目前除提高检测器本身灵敏度外，还在探讨外差接收、纠错编码等途径。

4. 精密、可靠、高增益的收发天线技术

为完成系统的双向互逆跟踪，光通信系统采用收发合一天线，隔离度近100%的精密光机组件（又称万向支架）。由于半导体激光器光束质量一般较差，要求天线增益要高。另外，为适应空间系统，天线（包括主副镜，合束、分束滤光片等）光学元件总体结构紧凑、轻巧、稳定可靠。国际上现有系统的天线口径一般为几厘米至25cm。

5. 卫星与地面之间的传输

空间数据通信网最终还是要与地面连接，若卫星与地面之间不能采用激光通信和卫星之间的高码率匹配，卫星——地面链路将成为全球通信中的制约环节。在大气传输中激光会受到散射、折射、背景辐射等多种因素的影响。除衰减大大增强之外，波前畸变、强度抖动、多径、云层遮断等现象均可发生。这些不利因素使通信距离急剧下降，使光信号受到严重的干扰，甚至脱靶。如何保证随机信道条件下系统正常工作是十分重要的。

目前除选择气候合适的地区之外，还采用光波与毫米波组成联合通信网络，经数据处理与压缩后用微波与地面通信，光波与毫米波信息间的交换是链路的关键问题之一。

6. 网络控制技术

空间激光通信的协议和控制包括从低层的调制激光束的编码和同步、失效链路检测、设计合适的数据链路协议以及到高层的链路建立、信息的包传送、拥塞防护、全球兼容等各种问题。

卫星激光通信的出现是现代信息社会对大容量、长距离、低成本通信的需求的必然结果，而它的优点也表明了卫星激光通信能够承担此重任。

【阅读资料9】 光发射机及其主要性能指标

光发射机（或称发送光端机）是将电端机来的信号经过处理后对光源进行强度调制，把电信号转换为光信号。对光发射机的主要技术要求是：

（1）输出尽可能大的稳定光功率。输出光功率越大，系统可传输的距离越长，或者系统所允许的损耗越大。要求在环境温度变化或者LD器件老化过程中，输出光功率保持不变，可使光纤通信系统长时间稳定运行。

（2）具有尽可能大的光调制度m。由后面的讨论可知，光接受机的信噪比与m成正比，所以m越大，信噪比越高。但由于光源存在非线性失真，所以当光功率较大，或m较大时，会产生严重的非线性失真。

（3）具有尽可能小的非线性失真。在光纤通信系统中，光源的非线性是产生非线性失真的主要因素。发光二极管LED或激光二极管LD的$P—I$曲线线性度都不太好，为了获得良好的线性，需要进行非线性补偿。常用的补偿方法有：负反馈法、预失真法、相移调制法等。其中预失真法使用比较简单，被广泛采用。

光发射机组成光发射机的光源采用发光二极管LED。发光二极管的优点是输出光功率与注入电流的关系线性较好、驱动电路简单、寿命长、受环境温度影响较小、价格便宜等。缺点是输出光功率小、发散角大、与光纤耦合效率低。因而广泛应用于中短距离、中小容量的光纤通信系统中。

视频信号经缓冲放大后，一路送DG，DP预失真校正电路；另一路送至箝位脉冲形成电路，利用电视信号的行同步脉冲，或者由于行同步脉冲形成的箝位脉冲，通过箝位电路控制送到预失真校正级和驱动级的电视信号。这是因为电视信号在传输过程中，由于级间耦合电路时间常数不够等原因，往往会丢失信号中的低频成分和直流分量。因而通过箝位电路恢复直流分量，以消除低频干扰，保持一定的动态范围，使预失真校正电路不因信号平均电平变化而超出校正范围，使发光二极管 LED 工作在 *P*—*I* 曲线线性校正范围内。

以 CYT1310 1310nm B 型光发射机说明光发射机及其主要性能指标。

如图 3.54 所示是 CYT1310 1310nm B 型光发射机实物图，其主要性能指标如下。

图 3.54 CYT1310 1310nm B 型光发射机实物图

特点：CYT1310 为 1u，19 英寸标准机架的发射机，采用高性能、高指标 DFB 激光器，结合微处理器技术以保证优良的指标。具有工作频带宽、传输容量大、非线性失真小等特点。内置微处理器监测 DFB 激光器的所有工作状态参数并通过前面板显示。光发射机有两种工作模式，自动增益控制（AGC）和手动控制（MGC）。用户可根据实际需要通过前面板进行设置。该机可广泛应用大中型城市的 HFC 系统。功能：1u，19 英寸标准机架，内置式风扇散热。

45～870MHz 工作带宽。

完善的温度控制电路。

预失真校正功能。

具有热插拔功能。

AGC（自动）和 MGC（手动）两种控制模式。

标准的 RJ45 通信接口。

采用最新国际网管功能

光特性

表 3.1　　CYT1310 1310nm B 型光发射机光特性

波长	1310±20nm	输出光功率	4～13dBm/2.5～20mW
光反射损耗	≥60dB	连接器	SC/APC（标准）

射频特性

表 3.2　　CYT1310 1310nm B 型光发射机射频特性

工作带宽	45～870MHz	RF 输入阻抗	75Ω
RF 带内平坦度	±0.75dB	RF 测试点电平	−20±1dB
RF 输入电平	80±5dBμV（77 个 NTSC 频道）	RF 输入接口	F - Type
RF 输入反射损耗	≥16dB		

其他指标

表 3.3　　CYT1310 1310nm B 型光发射机其他指标

工作温度	−40～+85℃	功耗	15W（典型）
存储温度	−40～+85℃	电源	220VAC，50/60Hz
DC电流（最大）	+5V900mA，+24V500mA	重量	2.7kg

前面板显示的工作参数内容

表 3.4　　CYT1310 1310nm B 型光发射机的前面板显示的工作参数内容

OUT	激光器输出功率	TEMP	模块内温度
IB	激光器工作电流	A/M	自动（A）和手动（M）切换及调整
RF	输入电平显示	LASER TEMP	激光器内部温度

注：指标测试条件：

1. 测试光纤链路由待测 CYT1310 光发射机、10km 光纤、可调光衰减器、标准光接收机组成，光发射机输入电平为 80dBμv（77PAL-D 频道+320MHz 数字信号）。

2. 测试信号源为标准 PAL-D 信号源，在连续波（C W）下测试。

3. 所给出的指标为测试值的最差值，正常情况下有 1～2dB 和余量。

【阅读资料 10】　ECL 电源开关在数字光发射机调制电路中的应用研究

摘要分析了 ECL 电流开关在一个实用高速数字系统中的应用，及其提高系统抗干扰能力的方法。

在光纤通信系统中，信息由 LED 或 LD 发出的光波所携带，光波就是载波。把信息加载到光波上的过程就是调制。光调制方式按调制信号的形式可分为模拟信号调制和数字信号调制。目前，数字调制是光纤通信的主要调制方式，也就是通常的 PCM 编码调制。以二进制数字信号“1”或“0”对光载波进行通断调制，并进行脉冲编码（PCM）。数字调制的优点是抗干扰能力强，中断时噪声及色散的影响不积累，因此可实现大容量、长距离传输。

1. 光发射机

简单地讲，光传输系统中一个基本的光发射机主要包括光发射器件及其驱动电路。光发射器件有发光二极管（LED）、激光二极管（LD）或激光调制器（LM）。驱动电路为系统光源提供合适的“开”、“关”电流。

（1）数字光发射机基本结构。在数字光纤通信中，激光发射机的主要组成部分如图 3.56 所示。线路编码的作用是将数字信号转换成适合在光纤中传输的码型。调制电路完成数字信号的电一光转换，将光信号加载到光源的发射光束上，即光调制。而光调制的方式有 3 种：直接强度调制、间接强度调制和相干调制。光纤通信中常采用直接强度调制（适用于半导体激光器和发光二极管）。即通过直接控制发光二极管（LED）或激光二极管（LD）的注入电流产生所需的光数字信号，改变 LD 或 LED 的注入电流调整其输出光功率，实现光强度调制。

理论上讲，LED 和 LD 都是电流控制的光发射器件，其中最重要的性能取决于它们的 *P—I* 特性，因此，最直接的设计方法就是把驱动器设计成受输入信号控制的电流源，并且必须提供具有规定强度和波形的电流。实际应用中将双极性晶体管或场效应管（FET）

作为电流输出器件与光发射器件连接，形成电流驱动器。常用的有单端电流驱动器和射极耦合电流驱动器。单端电流驱动器的速度受晶体管和LED或LD的截止过程的影响，因而只能应用在低比特率的场合。高比特率的电流驱动器利用ECL（射极耦合逻辑）电路来设计。即数字调制电路中常用的射极耦合电流开关，其基本电路形式如图3.55所示。

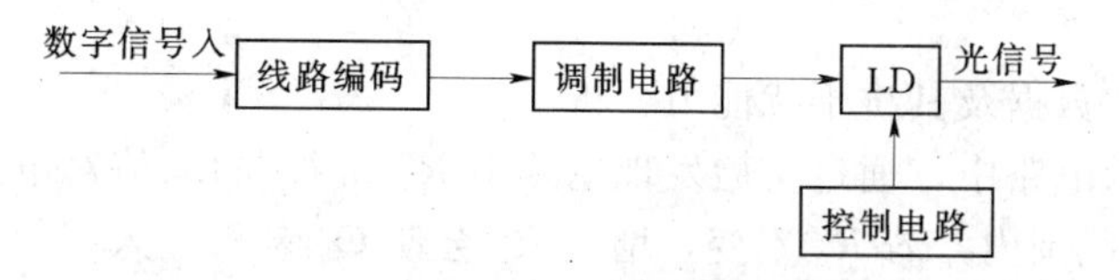

图3.55　数字光发射机框图

（2）数字调制电路的基本工作原理。如图3.56所示的射极耦合电流开关实际上是一个一边为固定输入V_{BB}；另一边为信号输入端的射极耦合差分级。其工作原理对单输入双端输出的差分放大器非常相似，但它只对信号起传递作用。其工作原理是：当$V_{in}>V_{BB}$时，Q_1管导通，Q_2管截卡，电流全部流经输入管。当$V_{in}<V_{BB}$时，Q_2管导通，Q_1管截止，电流流经激光器。从电流导通的情况看，相当于一个电流开关，即电流型开关逻辑电路。其射极耦合端接高阻抗的恒流源，构成深度负反馈，增加了ECL电路的输入阻抗，使晶体管可稳定地工作在放大区。为了使输入信号不受电源波动的影响，常采用负电源（$V_{EE}=-5.2V$）供电，而对管的集电极直接对地输出（$V_{CC}=0$）。这种接法又极大地提高了电路的速度，改善了交流性能。

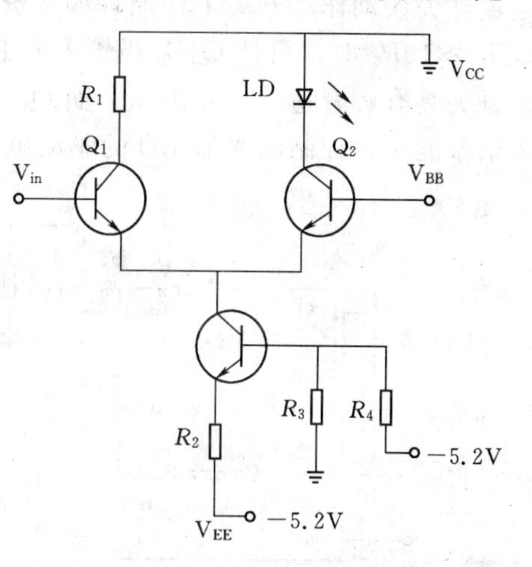

图3.56　数字调制基本电路

2. ECL电流开关的应用

目前，笔者在一个高速数字系统中应用了ECL电流驱动器，其基本原理如图3.58所示。其中Q_1、Q_2和Q_5构成基本的调制电路，Q_3和Q_4实现电平移位，集成器件MC10H124完成信号的电平转换（TTL→ECL）。MC10H124引脚功能如图3.58所示。使用时需注意在ECL电平输出脚（如图中②、④脚）要通过50Ω电阻外接−2V电压，未用的输出脚通过50Ω电阻接地。从②或④脚输出ECL电平信号，第⑥脚接公共选通电压（这里接+4V电压）。

2.1　ECL电路的主要特点

对激光器进行高速脉冲调制时，常采用ECL电流开关。它既有很快的开关速度，又能保护良好的电流脉冲波形。从电路结构上看，ECL属于非饱和型数字逻辑，工作时晶体行之有效放大和截止两上状态间转换，不进入饱和区，根除了TTL电路中晶体管由饱和到截卡（即由“开”到“关”）转换时所需释放超量存储电荷的“存储时间”，从根本上消除了限制速度的主要障碍——晶体管的饱和时间，极大地提高了ECL电路的速度，其平均延迟时间达到来纳秒数量级。如果图3.58中采用两级差分电流开关并且双边驱动，则既可改善电流脉冲的波形又可提高开关速度。

图3.57中参考电压V_{BB}作为ECL电路的重要组成部分，通常取在ECL逻辑高、低电平的中心$V_{BB}=-1.3V$(ECL）的逻辑高电平$V_{OH}=-0.8V$，低电平$V_{OL}=-1.8V$，使高、低电平的噪声容限基本相等，电路在全工作温度范围内噪声容限的变化不会太大。V_{BB}常与ECL电路共用负电源，在电阻分压器的基础上，利用二极管和射极跟随器电平移位构成。

2.2　系统测试数据及其抗干扰能力分析

在图3.57所示电路中，通过实验发现电路中R_1和R_2的取值对电路抗干扰能力有重要的影响。在一定范围内，若R_2不变，增大R_1会使Q_3基极输入端信号的动态范围有所增大。即ECL电流开关的回差电压（类似施密特触发器）增大，确保V_{BB}介于该范围内电流开关能正常工作，因此可以减小噪声导致Q_3基极输入的ECL信号微小波动而导致电流开关误动作。开关工作原理如本资料1.2所述，以提高抗干扰能力。实验证明，如果取$R_1\approx 10R_2$时，可使Q_3基极输入的ECL电平信号处于一个适当的动态范围内。ECL电流开关具有较合适的回差电压，而Q_4基极的参考电压V_{BB}介于该范围内，则Q_3基极的输入信号能正常控制激光器LD的驱动电流。

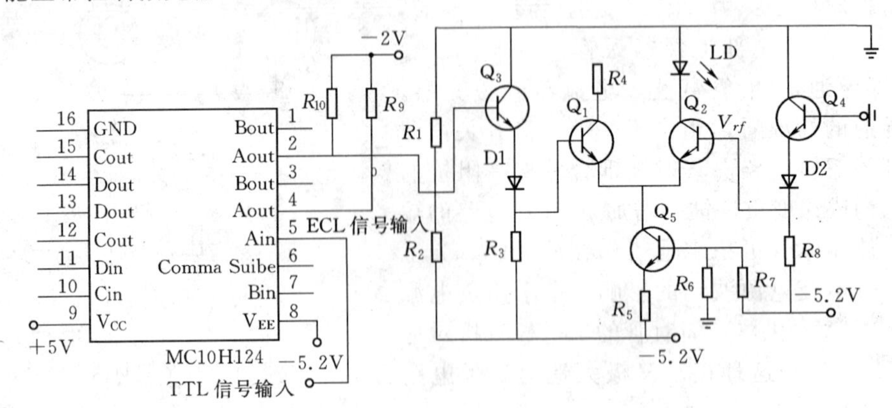

图3.57　实用光发射机数字调制电路

如果去掉芯片MC10H124，理论上分析可知，Q_3处于截止状态。但当接上电平转换器（MC10H124）后，由于输出脚外接−2V电压，实验结果测得Q_3基极电压升高而工作于放大区。当在MC10H124的信号输入端⑤脚加上数据信号时，测得Q_3和Q_1基极的信号如下。Vh3：−0.85～−1.60V；V_{b1}：−2.20～−3.00V；而Q_4基极的参考电压$V_{BB}=-1.3V$，介于V_{b3}的动态范围内；测得Q_2的基极电压约为−2.60V，也处于V_{b1}的动态范围内，因此该ECL电流开关能正常工作。

从上面分析可知，V_{BB}保持稳定是影响ECL电路性能的一个很重要的因素，它决定着电流开关的阀值电压、输出逻辑电平和抗干扰能力。如果由于某种原因造成V_{BB}发生变化，则可能会使输出逻辑混乱，而降低ECL电路的抗干扰能力。因此，只要保持ECL电流开关有一个适当的回差电压和稳定的开关阀值电压V_{BB}，则有利用提高系统的抗干扰能力。特别是电路工作在超高速情况下，这些问题尤为突出。

【阅读资料11】　DWDM系统光发射机温度控制电路的优化设计

［阅读摘要］本文章提出了一种在激光发射机温度控制电路中提高控制精度、降低功

耗、增加集成度的有效方法，给出了波长的热电温度控制原理及测试结果。

近年来，DWDM（密集波分复用）技术不断发展，为了尽可能地传输更多的信道，要求光源峰值波长的间隔尽可能小，提高各信道光发射机的工作波长稳定性是极其必要的。而且，DWDM系统一般采用40×10G、80×10G甚至更高的信道复用形式。系统中每个子架用到的光发射机越来越多，电路集成度以及散热问题也成为了激光器设计的关键。因此，在DWDM系统激光发射机温度控制电路中提高控制精度、降低功耗、增加集成度成为设计的核心。

本文章提出了一种采用ADI公司的ADN8830芯片进行激光器管芯温度控制的方法。它具有波长控制精度高、电路体积小的优点。并且由于其功耗低，大大降低了系统功耗，缓解了系统的散热问题。

热电温度控制原理。在DWDM系统中，对波长稳定性的要求十分严格。例如，对于采用0.8nm信道间隔的DWDM系统，一个0.4nm的波长变化就能把一个信道移到另一个信道上。在典型的系统中，光源波长稳定是通过控制激光器管芯温度而实现的。通过热电制冷器（TEC），管芯的温度可以被稳定在一个恒定的值上，普通的激光器波长的温度依赖性典型约为0.08nm/℃。TEC控制器按输出的工作模式可以分成线性模式和开关模式。传统WDM的热电温度控制多采用线性模式的TEC控制器。虽然具有电流纹波小且容易设计和制造的优点，但功率效率低、波长控制精度不高、电路集成度较低。

本文章采用的ADN8830芯片是开关模式的单芯片TEC控制器，其原理框图如图3.58所示。它是一个闭环控制系统，通过负温度系数热敏电阻检测附于TEC上的激光器管芯温度并将其转换为电压值，与来自于DAC的模拟输入温度设置电压进行比较，产生一个误差信号经由PWM（脉宽调制）控制器驱动TEC来稳定激光二极管的温度。系统的反馈环路通过高稳定性、低噪声的PID（比例积分控制）补偿网络构成，通过调整PID参数可以改变系统响应特性。

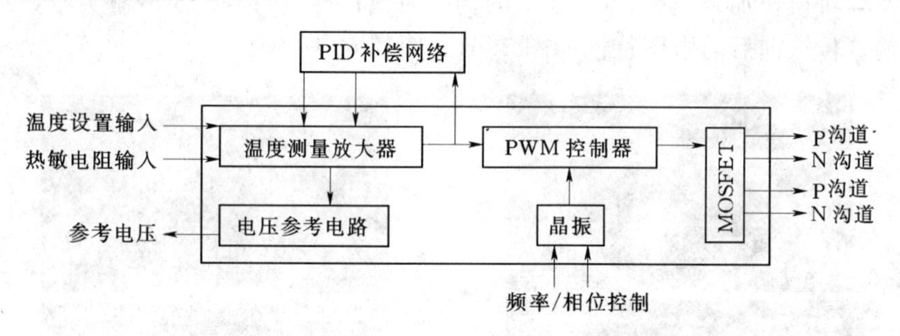

图3.58　ADN8830单片TEC控制器原理图

ADN8830单芯片TEC控制器的主要优点：①控制精度高。采用高精度误差放大器作为输入级，它具有自校正、自稳零、低漂移的特性，最大漂移电压低于250V，在典型应用中，使目标温度误差低于±0.01℃。②系统功耗低。在线性模式控制器中，一般采用推挽电路作为输出级，其功率效率低。开关模式控制器采用MOSFET开关管，导通时电阻很小，大大降低了系统功耗。③集成度高。它采用5mm×5mm LFCSP封装，所有的控制器件都集成到一颗芯片里。

性能测试结果分析。采用电吸收调制激光器、VSC7937调制驱动器和ADN8830TEC温度控制器构成光发射机，进行了高低温测试。采用ADVANTEST Q8326波长计，在环境温度为室温（26℃）、高温（52.1℃）、低温（－20℃）条件下，对光发射模块波长稳定性进行测试。

测试结果表明，在环境温度变化的过程中，模块发射的光波长基本稳定不变，得到很好的锁定。实验证明该控制方式具有很好的波长稳定能力。

优化设计。光发射模块在无调制信号时，用 TEK CSA8000 示波器对发射机光信号进行测试，测试结果如图 3.59 所示。发现光信号中有很多噪声，这势必影响光发射机的眼图质量。分析光发射机印制板设计发现，由于采用开关模式温度控制方法，激光器的偏置电流很容易受到 ADN8830 脉宽调制信号的干扰。

为了克服脉宽调制信号对其他信号的干扰，对电路原理和 PCB 设计进行了改进。在优化设计中，除了 ADN8830 芯片采用低电压模式供电以外，主要解决办法是优化电路板布局。①采用四层电路板设计。为了减小开关输出电流对低噪声模拟电流的干扰，将涉及 PWM 的电源、地与其他电源、地平面隔离；②使输出级电流路径最小，减小了高频电流的寄生电感，从而减小电源、地弹跳；③PWM 信号尽量远离激光器偏置输入和调制输入。经过以上改进，有效消除了光噪声，如图 3.60 所示。

图 3.59 改进前直流信号波形

图 3.60 改进后前直流信号波形

对该发射机模块加载速率 10Gbit/s 的伪随机电信号进行 40km 传输实验，实现了 24h 无误码传输。传输前后的眼图特性如图 3.61、图 3.62 所示。

图 3.61 改进前的眼图

图 3.62 改进后的眼图

结语：通过本文中的优化设计，消除了 ADN8830 芯片中脉宽调制信号对其他模拟电路的干扰。利用该方法设计的密集波分复用光发射机光波长控制精度高、模块功耗低、集成度高，缓解了系统的散热问题，成功地应用到实际系统中。

习 题

1. 光与物质间的作用有哪三种基本过程？它们各自的特点是什么？

2. 什么是粒子数反转分布？

3. 怎样才可能实现光放大？

4. 构成激光器必须具备哪些功能部件？

5. 有哪些方法实现光学谐振腔？与之对应的激光器类型是什么？

6. 激光器激射的条件是什么？这些条件导致了激光器的哪些性质？

7. 异质结激光器是怎样降低阈值电流的？

8. 谐振腔中存在哪些损耗？

9. 在半导体激光器 $P-I$ 曲线中，哪段范围对应于荧光？哪段范围对应于激光？

10. 在光纤通信中，对光源的调制可以分为哪两类？特点是什么？

11. 半导体激光器发射光子的能量近似等于材料的禁带宽度，已知 GaAs 材料的 $E_g=1.43\text{eV}$，某一 InGaAsP 材料的 $E_g=0.96\text{eV}$，求它们的发射波长。（eV 是能量单位，表示一个电子在 1 伏特电压差下所具有的能量）

12. 一半导体激光器，谐振腔长 $L=300\mu\text{m}$，工作物质的损耗系数 $\alpha=1\text{mm}$，谐振腔两端镜面的反射率 $R_1R_2=0.33\times0.33$，求激光器的阈值增益系统 γ_{th}。若后镜面的发射率提高到 $R_2=1$，求阈值时的增益以及阈值电流的变化。

13. 一半导体激光器，阈值电流 $I_{th}=60\text{mA}$，$\tau_{sp}=4\times10^{-9}\text{s}$，$\tau_{ph}=2\times10^{-12}\text{s}$，注入幅度为 90mA 的阶跃电流脉冲，求：

（1）瞬态过程中张弛振荡的频率和衰减时间。

（2）电光延迟时间。

14. 若激光器张弛振荡的频率为 600MHz，对 8.448Mbit/s 速率的二次群系统和速率为 565.184Mbit/s 五次群系统，瞬态过程是否一样？瞬态过程对系统的影响是否相同？

15. 试画出带有温控和光控电路的激光发射机的方框图。

16. 对于双异质结激光器，τ_{sp} 为自发复合的寿命时间，自发辐射速率 $R_{sp}=n/\tau_{sp}$。求解稳态速率方程组，证明下列关系式是其稳态解：

（1）当 $j<j_{th}$，$j=\dfrac{e_0d\bar{n}}{\tau_{sp}}$。

（2）当 $j>j_{th}$，$\bar{s}=\dfrac{\tau_{ph}}{e_0d}(j-j_{th})$。

第4章 光 接 收 机

任何信号在传输过程中，都会出现衰减、波形展宽、波形变形等等现象。光信号在光纤中经过长距离传输也同样会受到损耗、色散和非线性的影响，不仅幅度被衰减，而且脉冲的波形也被展宽和变形。即使只考虑传输过程中 0.2dB/km 的损耗，经过 50km 的传输，光功率也要降低到原来的十分之一。因此，光接收机的首要任务是能检测到微弱光信号，将光信号成比例地转换成电信号，同时还要能对接收到的电信号进行整形、放大以及再大。

光接收机是光纤通信系统的重要组成部分。它的作用是将由光纤传来的微弱光信号转换为电信号，经放大，处理后恢复原信号。光接收机的性能对整个系统的通信质量有很大的影响。光接收机主要性能指标是：

（1）光接收机灵敏度。光接收机的灵敏度是指满足给定信噪比指标的条件下，光接收机所需要的最小接收光功率。所需要的最小接收光功率越小，光接收机灵敏度越高，接收弱信号的能力越强。影响光接收机灵敏度的主要因素是光检测器的响应度及光接收机的噪声。由于噪声存在，限制了光接收机接收弱信号的能力。因此如何降低光接收机的噪声，已成为光纤通信系统中的一个重要研究课题。

（2）光接收机的动态范围。光接收机的动态范围是指光接收机灵敏度与最大可允许输入的光功率的电平差。输入光功率过大，超过最大可允许的输入光功率，接收机会出现饱和或过载，使输出信号产生失真，因此，希望光接收机有大的动态范围。

本章首先简介光接收机的组成和性能指标，接着介绍光电检测器，然后从分析放大器和检测器的噪声及统计性质出发，介绍接受机灵敏度的计算方法，其中主要介绍高斯近似计算方法。最后简单介绍接收机的其他几个组成模块。

4.1 光 接 收 机 简 介

光接收机分为模拟光接收机和数字接收机两种。模拟光接收机用于接受模拟信号，如光纤 CATV 信号。当前的通信系统由于大多采用数字信号，因而主要用的数字光接收机。检测方式分为相干检测方式和非相干检测方式。相干检测方式首先将接收到的光信号与一个光本地振荡器的振荡信号进行混频，再被光电检测器变换成中频电信号，类似于无线电收收音机。常用的非相干检测方式就是直接功率检测方式，通过光电二极管直接将接受的光信号恢复成基带调制信号。

下面以直接检测（DD）的数字光接收机为例，介绍其主要组成部分。数字光接收机的框图如图 4.1 所示。

数字光接收机由光电检测器、前置放大器、主放大器、AGC 电路、均衡器、判决再生和时钟提取七个部分组成。

（1）光电检测器负责光电转换，实现光信号转换成电信号，也就是对光进行解调。

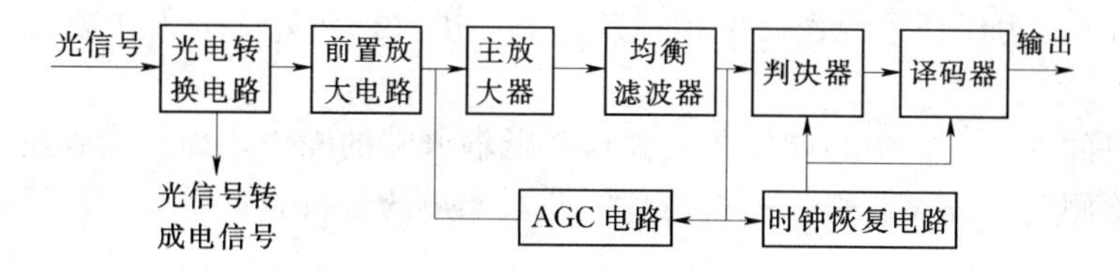

图 4.1　数字光接收机框图

(2) 前置放大器负责对光电检测器产生的微弱电流信号进行放大。由于前端的噪声对整个放大器的输出噪声影响甚大，因此，前置放大器必须是低噪声和高带宽的，其输出一般是 mV 量级。

(3) 主放大器要提供足够的增益，将输入信号放大到判决电路所需要的电平（峰—峰值一般为 1～3V）。

(4) 自动增益控制（AGC）电路可以控制主放大器的增益，使得输出信号的幅度在一定的范围内不受输入信号幅度的影响。

(5) 均衡滤波器的作用是对主放大输出的失真数字脉冲进行整形，保证判决时不存在码间干扰，以得到最小的误码率。

(6) 判决器和时钟恢复电路负责对信号进行再生。为了精确地确定“判决时刻”，需要从信号码流中提取准确的时钟信息作为标定，以保证与发送端一致。如果在发射端进行了线路编码（或扰乱），那么，在接收端需要有相应的译码（或解码）电路。

光接收机也可以分为三部分。①光检测器和前置放大器合起来称为接收机前端，是光接收机的核心；②主放大器、均衡滤波器和自动增益控制组成光接收机的线性通道；③判决器、译码器和时钟恢复组成光接收机的判决、再生部分。

光接收机的性能指标。光接收机主要的性能指标是误码率（BER）、灵敏度以及动态范围。

误码率是码元被错误判决的概率，可以用在一定的时间间隔内，发生差错的码元数和在这个时间间隔内传输的总码元之比来表示。例如误码率为 10^{-9} 表示平均每发送十亿个码元有一个误码出现。光纤通信系统的误码率较低，典型误码率范围是 10^{-9}～10^{-12}。

光接收机的误码来自于系统的各种噪声和干扰。这种噪声经接受机转换为电流噪声叠加在接收机前端的信号上，使得接收机不是对任何微弱的信号都能正确的接收。接收机灵敏度的定义为：在满足给定能的误码率指标条件下，最低接收的平均光功率 $P_{\min}$。在工程上常用 dBm 来表示，即：

$$S_r = 10\lg_{10}\left(\frac{P_{\min}}{10^{-3}}\right) \tag{4.1}$$

用于不同系统中的光接收机的接收功率是不同的。对于某一接收机，在长期的使用过程中，接收机的光功率可能会有所变化。因此要求接收机有一定的动态范围。低于这个动态范围的下限（即灵敏度），将产生过大的误码；高于这个动态范围的上限（又叫做接收机的过载功率），在判决时也将造成过大的误码。显然，一台质量好的接收机应有较宽的动态范围。在保证系统的误码率指标要求下，接收机的最低输出光功率（用 $P_{\min}$ 来描述）和最大允许输入光功率（用 $P_{\max}$ 来描述）之差（dB）就是光接收的动态范围。

$$D = 10\lg\left(\frac{P_{\max}}{P_{\min}}\right) \tag{4.2}$$

式中：P_{max} 和 P_{min} 为保证系统误码率指标条件下，接收机允许的最大接收光功率和最小接收光功率。

在接收机的理论中，中心的问题是如何降低输入端的噪声，提高接收灵敏度。灵敏度主要取决于检测器和放大器引入的噪声。因此，噪声的分析和灵敏度的计算也是本章重点讨论的问题。

4.2 光电检测器

光电检测器实质上是一种光电传感器的探测部分。当光子照射到物体上时，它的能量可以被物体中的某个电子全部吸收。如果电子吸收的能量足够大，超过了克服脱离原子所需要的电离能和脱离物体表面时所需的逸出功，电子就可以离开物体表面脱逸出来，成为电子，这就是光电效应。光电效应可以把光信号转换成电信号。光纤通信中所用的光电检测器一般通过 PN 结的光电效应实现光电转换。常用的有光电二极管（PD）和雪崩光电二极管（APD）两种类型。

光纤通信中对光电检测器最重要的几点要求如下：

（1）在所用光源的波长范围内有较高的响应度。

（2）较小的噪声。

（3）响应速度快。

（4）对温度变化不敏感。

（5）与光纤尺寸匹配。

（6）工作寿命长。

4.2.1 PN 结的光电效应

当光子照射到物体上时，它的能量可以被物体中的某个电子全部吸收。如果电子吸收的能量足够大，能够克服脱离原子所需要的能量（即电离能量）和脱离物体表面时的逸出功，那么电子就可以离开物体表面脱逸出来，成为光电子。这种在光的照射下，使物体中的电子脱出的现象叫做光电效应。

利用 PN 结的光电效应，光电二极管具有把光信号转换成电信号的功能。

如图 4.2 所示显示了半导体 PN 结的形成过程。P 区的多数载流子是空穴，N 区的多数载流子是电子。当 P 型半导体和 N 型半导体结合后，由于浓度差，多数载流子会发生扩散运动。在 PN 结的结区中，由于多数载流子扩散到了对方区域，剩下带电的离子，正负离子形成自建场。自建场的区域也叫做耗尽区，指载流子耗尽了。在耗尽层中，空穴和电子相遇之后复合，形成扩散电流。对于 P 区的少数载流子（电子）和 N 区的少数载流子（空穴），由于自建电场的存在，载流子会在电场的作用下进行漂移运动。当扩散电流和漂移电流相等时，PN 结达到平衡状态。

光电检测器外加反向偏压和自建电场的方向一样。如图 4.3 所示，当有光子入射且光子的能量大于半导体材料的禁带宽度 E_g 时，价带上的电子发生受激吸收，从价带跃迁到导带，产生光生“电子—空穴”对。这些“电子—空穴”对在自建电场和外加电场的作用下，电子向 N 区漂移，空穴向 P 区漂移，形成漂移电流。另外，在耗尽层两侧没有电场的中性区，由于热运动，部分光生电子和空穴通过扩散运动可能进入耗尽层，然后在电场的作用下，形成和漂移电流相同方向的扩散电流。漂移电流和扩散电流的总和就是光生电流。

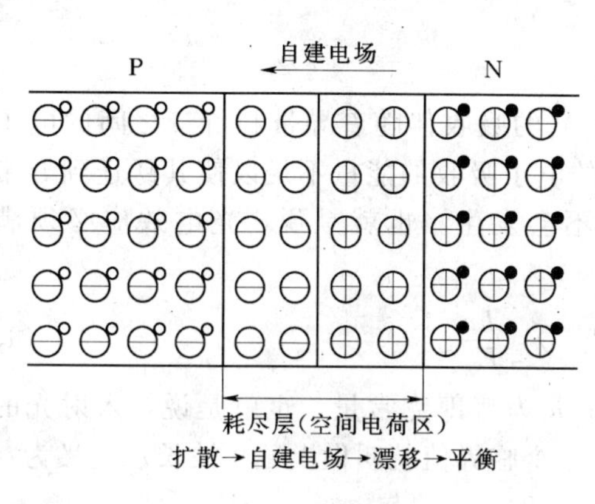

图 4.2 半导体 PN 结的形成

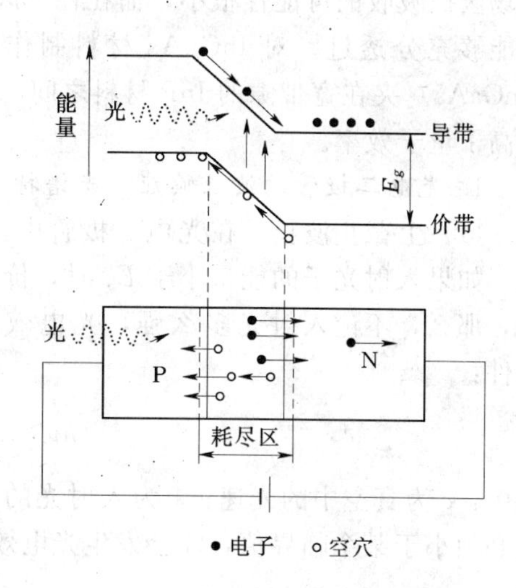

图 4.3 加反向偏压后光电二极管及其能带结构

当入射光变化时，光生电流随之做线性变化，从而把光信号转换成电信号。这种由PN 结构成，在入射光作用下，由于受激吸收过程产生的“电子—空穴”对的运动，在闭合电路中形成光生电流的器件，就是简单的光电二极管。

4.2.2 PIN 光电二极管

由于 PN 结耗尽层只有几微米，大部分入射光子被中性区吸收，因而光电转换效率低，响应速度慢。因此，光电二极管通常要施加适当的反向偏压，目的是增加耗尽层的宽度，缩小耗尽层两侧中性区的宽度，减少载流子的吸收。另外，由于光生电流中扩散分量的运动比漂移分量慢得多，所以提高反向偏压减小光电流中的扩散分量的比例，可以显著提高响应速度。但是提高反向偏压，耗尽层的长度又会增加，增加了载流子渡越耗尽层的时间，使得响应速度减慢。

这是一对矛盾，为此，就需要改进 PN 结光电二极管的结构。

解决的办法是在 PN 结中间设置一层掺杂浓度很低的本征半导体 (Intrinsic Semiconductor，称为 I 层) 以扩大耗尽层宽度，这种结构便是常用的 PIN 光电二极管，如图 4.4 所示。

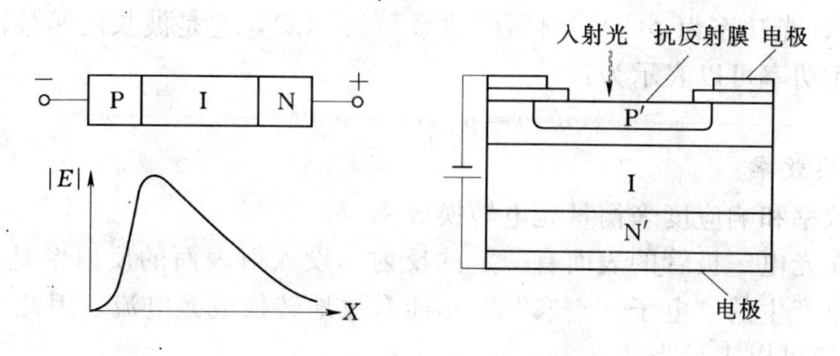

图 4.4 PIN 光电二极管的原理和结构

图 4.4 中，I 层是一个接近本征的、掺杂很低的 N 区。在这种结构中，零电场的 P′ 和 N′区非常薄，而低掺杂的 I 区很厚，耗尽区几乎占据了整个 PN 结，从而使光子在零

电场区被吸收的可能性很小，而在耗尽区里被充分吸收。P′区的表面镀有抗反射膜，入射光能够充分透过。对 InGaAs 材料制作的光电二极管，还往往采用异质结构，耗尽区（InGaAs）夹在宽带隙的 InP 材料之间，而 InP 材料对入射光几乎是透明的，从而进一步提高了量子效率。

1. 光电二极管的波长响应（光谱特性）

（1）上截止波长。在光电二极管中，入射光的吸收伴随着导带和价带之间的电子跃迁。如果入射光子的能量小于 E_g 时，价带上的电子吸收的能量不足以使其跃迁到导带上去，那么，不论入射光多么强，光电效应也不会发生。也就是说，光电效应必须满足条件：

$$h\nu > E_g \quad \text{或} \quad \lambda < \frac{hc}{E_g} \tag{4.3}$$

式中：c 为真空中的光速；λ 为入射光的波长；h 为普郎克常量。也就是说，入射光的波长必须小于某个临界值，才会发生光电效应，这个临界值就叫做上截止波长，定义为：

$$\lambda_c = \frac{hc}{E_g} \approx \frac{1.24}{E_g} \tag{4.4}$$

式中：第 1 个 E_g 的单位为焦耳；第 2 个 E_g 的单位为电子伏特（eV）。

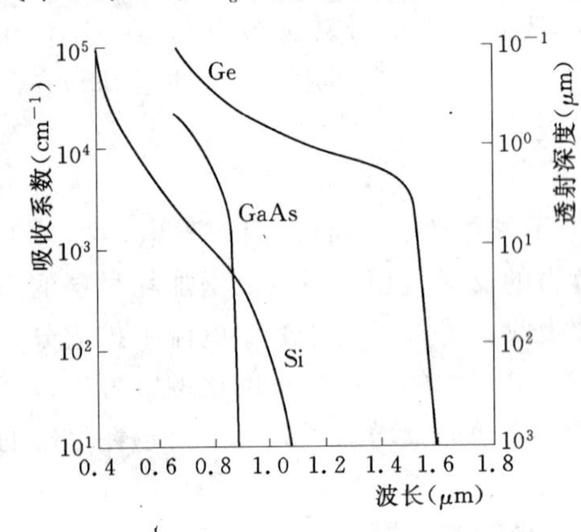

图 4.5　光电二极管材料的及吸系数与波长的关系

由于不同的材料有不同的禁带宽度，所以不同的材料制作的光电检测器，具有不同的波长响应。对 Si 材料制作的光电二极管，$\lambda_c=1.06\mu m$。对 Ge 材料制作的光电二极管，$\lambda_c=1.6\mu m$。

（2）响应波长的下限。光电二极管除了有上截止波长以外，还有下限波长。这是因为当入射光波长太短时，光子的吸收系数很强（见图 4.5），使大量入射光子在 PN 结的表面层（零电场的中性区）被吸收，但中性区中产生的“电子—空穴”对在扩散进入耗尽区之前很容易再被复合掉，使光电转换效率大大下降。Si 光电二极管的波长响应范围为 0.5～1.0μm；Ge 和 InGaAs 光电二极管的波长响应范围为 1.1～1.6μm。

设 $x=0$ 时；光功率为 $p(0)$；材料吸收系数为 $\alpha(\lambda)$，它是波长的函数。那么，经过 x 距离后吸收的光功率可以表示为：

$$p(x) = p(0)\left[1 - e^{-\alpha(\lambda)x}\right] \tag{4.5}$$

2. 光电转换效率

常用量子效率和响应度来衡量光电转换效率。

入射光束在光电二极管的表面有一定的反射。设入射表面的反射率是 r，同时，在零电场的表面层里产生的“电子—空穴”对不能有效地转换成光电流。因此，当入射功率为 P_0 时，光生电流可以表示为：

$$I_P = \frac{e_0}{h\nu}(1-r)P_0\exp(-\alpha w_1)\left[1-\exp(-\alpha w)\right] \tag{4.6}$$

式中：w_1 为零电场的表面层的厚度；w 为耗尽区的厚度。

光电二极管的量子效率表示入射光子能够转换成光电流的概率，是光生“电子—空穴”对和入射的光子数的比值。即：

$$\eta=\frac{I_P/e_0}{p_0/h\nu}=(1-r)\exp(-\alpha w_1)[1-\exp(-\alpha w)] \tag{4.7}$$

式中：e_0 为电子电荷；I_P 为光电流的强度；p_0 为入射光功率。

根据式（4.7）可以知道，要提高量子效率，必须采取如下措施。

（1）尽量减小光子在表面层的反射率，增加入射到光电二极管中的光子数。

（2）尽量减小中性区的厚度，增加耗尽区的宽度，使光子在耗尽区被充分地吸收。

光电转换效率也可以直接用光生电流 I_P 和入射光功率 p_0 的比值来表示。由于该比值表示了输出（I_P）对输入（p_0）的响应，因此称其为响应度。即：

$$R=\frac{I_P}{p_0}=\frac{\eta e_0}{h\nu}(\mu A/\mu W) \tag{4.8}$$

量子效率的光谱特性取决于半导体材料的吸收光谱 $\sigma(\lambda)$，图 4.6 给出了几种材料制作的光电二极管的响应度与波长的关系。可以看出，Si 适用于 0.8～0.9μm 波段；Ge 和 InGaAs 适用于 1.3～1.6μm 波段。

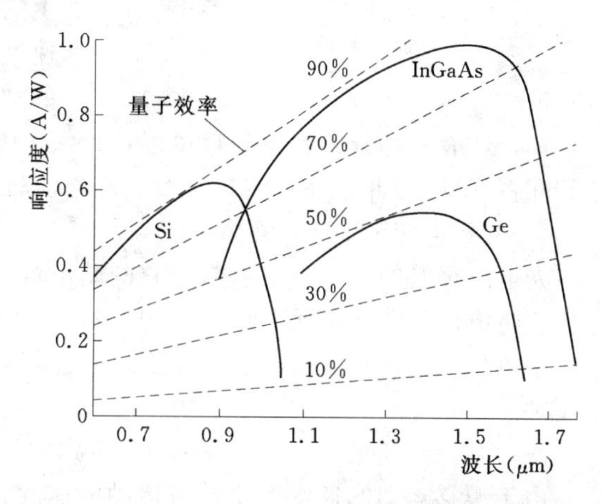

图 4.6 PIN 光电二极管的响应度与波长的关系

3. 响应速度

响应速度常用响应时间（上升时间和下降时间）来表示。光生电流脉冲由前沿最大幅度的 10% 上升到 90%、后沿的 90% 下降到 10% 的时间定义为脉冲上升时间和下降时间。影响响应速度的主要因素有 3 点。

（1）光电二极管和它的负载电阻的 RC 时间常数。如图 4.7 所示，光电二极管可以等效为一个电流源。C_d 是它的结电容；R_S 是它的串联电阻。一般情况下，R_S 很小，是可以忽略的。结电容与耗尽区的宽度 w 及结区面积 A 有关。即：

$$C_d=\frac{\varepsilon A}{w} \tag{4.9}$$

式中：ε 是介电常数，C_d 和光电二极管的负载电阻的 RC 时间常数限制了器件的响应速度。

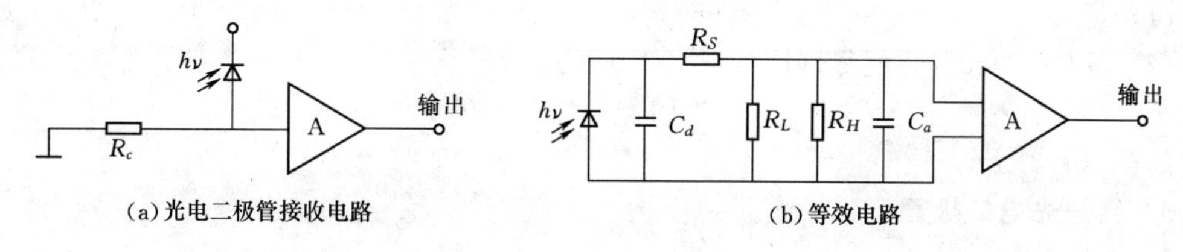

图 4.7 光电二极管等效电路

（2）载流子在耗尽区里的渡越时间。在耗尽区里产生的“电子—空穴”对在电场作用下进行漂移运动，漂移运动的速度与电场强度有关。如图 4.8 所示。当电场较低时，漂移

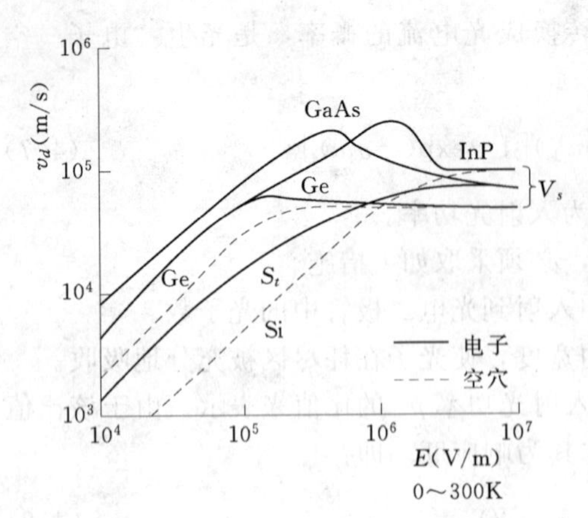

图 4.8　漂移运动的速度 v_d 与电场强度 E 的关系

运动的速度 v_d 正比于电场强度 E。当电场强度达到某一值 E_S（大约 10^6V/m）后，载流子的漂移运动的速度然后被电路吸收。这部分载流子作扩散运动的附加时延会使检测器输出的电脉冲的下降沿的拖尾加长，从而明显地响应光电二极管的响应速度。

从以上分析可知，尽量减小中性区的厚度，增加耗尽区的宽度，不仅可以提高 PIN 的光电转换效率，而且可以加快 PIN 的响应速度。

（3）耗尽区外产生的载流子由于扩散而产生的时间延迟。扩散运动的速度比漂移运动的速度慢得多。若在零电场的表面层里产生较多的"电子—空穴"对，那么其中的一部分将被复合掉，还有一部分先扩散到耗尽区，1nA（10^{-9}A），但 Ge 的光电二极管的暗电流经常达到几百 nA。因此，在长波长波段，暗电流较小的 InGaAs 光电二极管得到迅速发展。

4. 光电二极管的暗电流

光电二极管的另一重要参数是它的暗电流。暗电流是指无光照射时光电二极管的反向电流。暗电流的随机起伏会形成暗电流噪声。Si 材料制作的 PIN 光电二极管的暗电流可小于不再变化，即达到极限漂移速度。若想使载流子能以极限漂移速度渡越耗尽区，反向偏压须满足：

$$V > E_S w \tag{4.10}$$

由于漂移运动的速度大于扩散运动的速度。因此，一般来说，漂移运动的渡越时间不是影响 PIN 响应速度的主要因素。

【例 4.1】 一个 PIN 光电二极管，它的 P'J 接触层为 1μm 厚。假设仅仅在耗尽区里（Ⅰ区）吸收的光子才能有效地转换成光电流，当波长为 0.9μm 时，$\alpha = 5\times10^4$/m，忽略反射损耗，求：

（1）此光电二极管可以得到的最大量子效率。

（2）为使量子效率达到 80%，耗尽区厚度最小应为多少？

解： 在忽略反射损耗、耗尽区足够厚的情况下，此光电二极管达到最大的量子效率。若耗尽区不够厚，量子效率会下降。所以：

（1）$\eta_{max} = e^{-\alpha(\lambda)w_1} = e^{-5\times10^4\times10^6} = 95\%$

（2）欲使 $\eta \geqslant 80\%$，耗尽区厚度 w 至少应为：

$$e^{-\alpha(\lambda)w_1}[1 - e^{-\alpha(\lambda w)}] = 0.8$$

解得 $w = 37\mu$m。

4.2.3　雪崩光电二极管

1. 工作原理

与光电二极管不同，雪崩二极管（APD）在结构设计上已考虑到使它能承受高反向偏压，从而在 PN 结内部形成一个高速场区。光生的电子或空穴经过高场区时被加速，从而获得足够的能量，它们在高速运动中与晶格碰撞，使晶格中的原子电离，从而激发出新的“电子—空穴”对，这个过程称为碰撞电离。通过碰撞电离产生的“电子—空穴”对被称为二次“电子—空穴”对。新产生的电子和空穴在高场区中运动时又被加速，又可能碰撞别的原子。如此循环下去，像雪崩一样的发展，如图 4.9 所示，从而使光电流获得了倍增。

2. APD 载流子雪崩式增益

雪崩倍增过程是一个复杂的随机过程。每一个初始的光生的“电子—空穴”对在什么位置产生，它们在什么位置发生碰撞电离，总共激发多少二次“电子—空穴”对，这些都是随机的。一般用平均雪崩增益 G 来表示 APD 的倍增的大小。光电二极管的平均雪崩增益 G 的定义为：

$$G=\frac{I_M}{I_P} \tag{4.11}$$

式中：I_M 为雪崩增益后输出电流的平均值；I_P 为未倍增时的初始光生电流。由此可见，APD 的响应度比 PIN 增加了 G 倍，一般 APD 的倍增因子为 40～100。

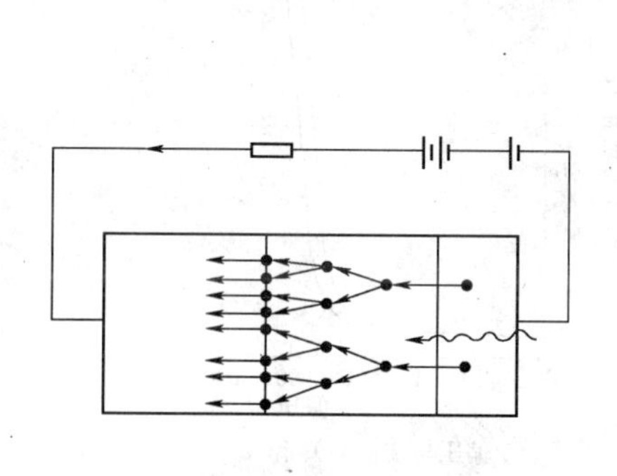

图 4.9 APD 的平均雪崩增益示意图

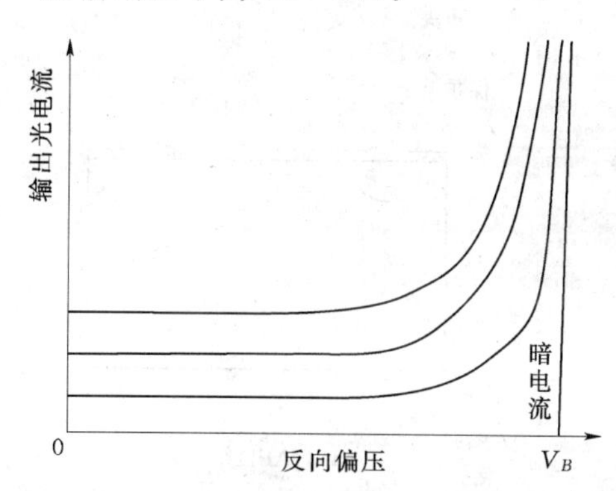

图 4.10 光电二极管输出电流和反向偏压的关系

如图 4.10 所示。显示光电二极管输出电流和反向偏压的关系，随着反向偏压的增加，开始光电流基本保持不变。当反向偏压增加到一定数值时，光电流急剧增加，最后器件被击穿，这个电压称为击穿电压 V_B。在实用中，雪崩光电二极管的击穿 V_B 往往用暗电流增加到某一值来表示。而平均雪崩增益也用一较简单的式子表示为：

$$G=\frac{1}{[1-(V-IR_S)/V_B]^m} \tag{4.12}$$

式中：V 为 APD 的反向偏压；R_S 为 APD 的串联电阻；指数 m 为由 APD 的材料和结构决定的参量。

3. APD 的结构

如图 4.11 所示。光纤通信在 0.85μm 波段常用的 APD 有拉通型（RAPD）和保护型（GAPD）两种。保护型 APD 的结构如图 4.12 所示。为防止扩散区边缘的雪崩击穿，制作是先淀积一层环形 N 型材料，然后高温推进，形成一个深的圆形保护环。保护环和 P 区之间形成浓度缓慢变化的缓变结，从而防止了高反向偏压下 PN 结边缘的雪崩击穿。

GAPD 具有高灵敏度，但它的雪崩增益随偏压变化的非线性十分突出。如图 4.12（b）所示。要想获得足够的增益，必须在接近击穿电压下使用。而击穿电压对温度是很

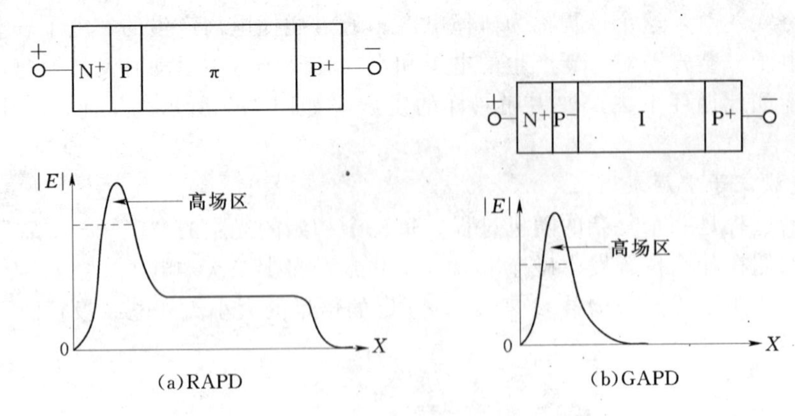

(a)RAPD (b)GAPD

图 4.11 APD的分类

敏感的，当温度变化时，雪崩增益也随之发生较大变化。

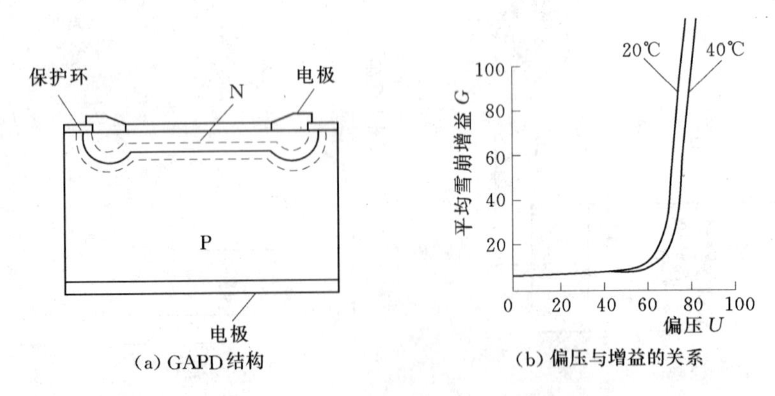

(a) GAPD结构 (b) 偏压与增益的关系

图 4.12 GAPD结构及 G—U 曲线

RAPD在一定程度上克服了这一缺点。如图 4.11 (a) 和图 4.13 所示。RAPD具有 $N^+P\pi P^+$ 层结构。当偏压加大到某一值后，耗尽层拉通到 π 区，一直抵达 P^+ 接触层。在这以后若电压继续增加，电场增量就在 P 区和 π 区分布，使高场区电场随偏压的变化相对缓慢，RAPD的雪崩增益随偏压的变化也相对缓慢。同时，由于耗尽区占据了整个 π 区，RAPD也具有高效、快速、低噪声的优点。

另一种在长波长波段使用的APD的结构称为SAM (Seperated Absorption and Multiplexing) 结构，如图 4.14 所示。这是一种异质结构，高场区是由InP材料构成，InP材料是一种宽带隙材料，截止波长为 0.96μm，它对 1.3～1.6μm 波段的光信号根本不吸收。吸收区是用InGaAs材料构成的，若光信号从 P 区入射，将透明地经过高场区，在InGaAs材料构成的耗尽区里被充分吸收，从而形成纯空穴电流注入高场区的情况。InP材料的电离系数比大于 1，纯空穴电流注入高场区不仅使APD获得较高的增益，而且可以减少过剩噪声。

SAM结构有一个缺点，那就是InP和InGaAs材料的带隙相差太大，容易造成光生空穴的陷落，影响器件的性能。为了解决这个问题，可以在InP和InGaAs材料之间加上两层掺杂不同的InGaAsP材料，构成带隙渐变的SAM结构，称为SAGM型APD。这种APD具有较高的增益和较低的噪声，在长波长波段被广泛采用。

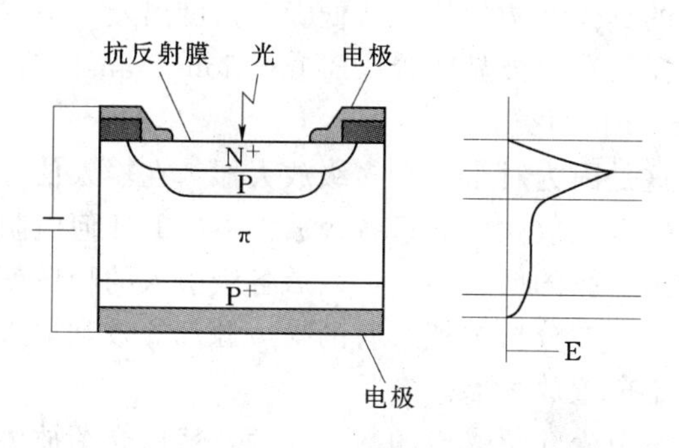

图 4.13 RAPD结构和电场分布

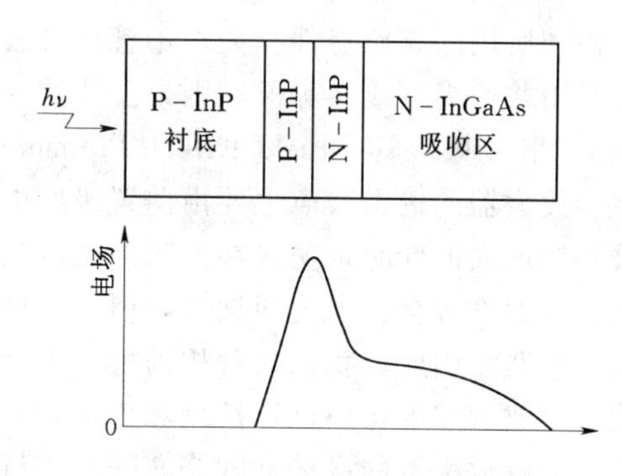

图 4.14 SAM型APD结构示意图

4. APD的过剩噪声

雪崩倍增过程是一个复杂的随机过程，必将引入随机噪声。定义APD的过剩噪声系数为：

$$F(G)=\frac{\langle g^2\rangle}{\langle g\rangle^2}=\frac{\langle g^2\rangle}{G^2} \tag{4.13}$$

符号〈〉表示平均值；随机变量g是每个初始的“电子—空穴”对生成的二次“电子—空穴”对的随机数（包括初始“电子—空穴”对本身）；G是平均雪崩增益；$G=\langle g\rangle$。

$F(G)$表示由于雪崩效应的随机性引起的过剩噪声系数。在工程上，为简化计算，常用过剩噪声指数x来表示过剩噪声系数。即：

$$F(G)\approx G^x \tag{4.14}$$

过剩噪声指数x与器件所用材料和制造工艺有关。Si-APD的x约为0.3～0.5；Ge-APD的x约为0.8～1.0；InGaAs-APD的x约为0.5～0.7。

表 4.1 **光电检测器的典型指标**

指　标	InGaAs-PIN	InGaAs-APD	指　标	InGaAs-PIN	InGaAs-APD
工作波长（μm）	1.31	1.55	暗电流（nA）	0.1	20
量子效率（%）	75	75	检测带宽（GHz）	2.0	3.0
响应度（A/W）	0.78	0.94	结电容（pF）	1.1	0.5

如表4.1中列出了PIN光电检测器和APD光电检测器的典型指标。APD是有增益的光电二极管，在光接收机灵敏度要求较高的场合，采用APD有利于延长系统的传输距离。在灵敏度要求不高的场合，一般采用PIN光电检测器。

4.3 放大电路及其噪声

从光电检测器出来的电信号是很微弱的，必须要得到放大。尽管放大器的在增益可以做得足够大，但在弱信号被放大的同时，噪声也被放大了，当接收信号太弱时，必定会被噪声所淹没。为了改善光接收机的噪声特性，在放大过程中必须要尽可能地少引入噪声。

放大器的噪声主要来源于放大器内部的电阻和有源器件。所以，放大器的噪声与电路结构和所用的有源器件有关。不管前置放大器的具体结构如何，从低噪声角度出发，第一级采用共射极（或共源极）则是公认的。有源器件有双极晶体管（Bi-junction Transistor，BJT）和场效应管（Field Effect Transistor，FET）两类。

放大器的输出噪声主要由前置级所决定。这是因为对于一个多级放大器，在输入信号被各级放大的同时，输入端的噪声也以同样的倍数被放大。尽管各级放大器中的任何电阻和有源器件也会引入附加噪声，但只要放大器第一级的增益很大，以后各级引入的噪声就可以忽略。因此，我们只分析前置放大器的噪声，在分析中把所有的噪声源都等效到输入端。对放大器的噪声进行控制和优化，关键在于前置放大器。

前置放大器的设计是围绕着噪声进行的。本节先介绍噪声的数学处理，然后介绍放大器输入端的噪声以及所使用的 FET 和 BJT 的噪声，在此基础上再介绍前置放大器的设计方法。

4.4.1 噪声的数学处理

1. 噪声的统计性质

噪声是一种随机过程。其特点在于它在下一个时刻的值并不能预先确知，在不同的时刻测量噪声时，所得的结果也不一样。因此，对噪声的分析应采用随机过程的分析方法。

以电阻的热噪声为例。若对某个电阻的热噪声电压进行长时间的测量，并把测量结果自动记录下来，就会发现，在各段时间里噪声电压对时间 t 的变化函数 $n_1(t)$、$n_2(t)$、$n_3(t)$、…都是不能预知的，只有通过测量才能得到。而且在相同的条件下独立地进行测量所得到的波形也都不相同，如图 4.15 所示。也就是说，电阻内部微观粒子的热骚动是一个随机过程。

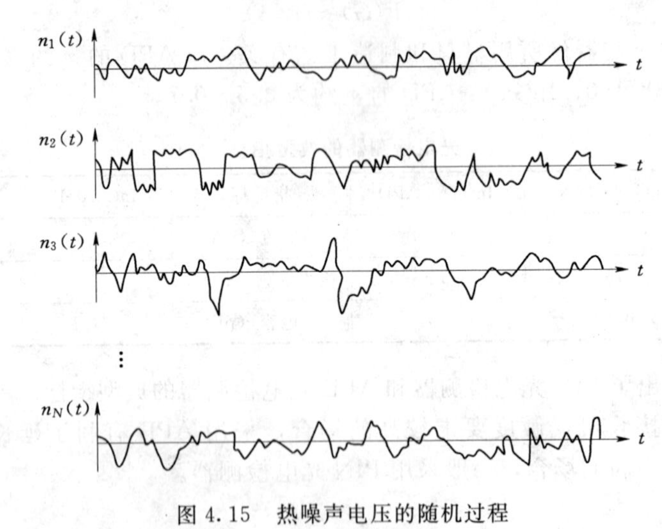

图 4.15 热噪声电压的随机过程

随机过程的统计特性可用概率密度函数和概率分布函数来表示。对于随机噪声 X_N 来说，落在 x_1 和 $x_1+\mathrm{d}x_1$ 之间的概率是：

$$P(x_1 < X_N < x_1+\mathrm{d}x_1) = \int_{x_1}^{x_1+\mathrm{d}x_1} f(x_1,t_1)\mathrm{d}x_1 \tag{4.15}$$

式中的 $f(x_1, t_1)$ 就是随机过程的概率密度函数。它的积分就是概率分布函数。为：

$$F(x_1,t_1) = P(X_N \leqslant x_1) = \int_{-\infty}^{x_1} f(x_1,t_1)\mathrm{d}x_1 \tag{4.16}$$

式中的 $P(X_N \leqslant x_1)$ 表示 X_N 是落在 $(-\infty, x_1)$ 中的概率。

上面所说的电阻的热噪声，就是概率密度为高斯函数的随机过程。热噪声的概率密度函数不依赖于时间，因而是平稳随机过程，$f(x_1, t_1)$ 简记为 $f(x_1)$。实际上，在放大器中的各个噪声源基本上都可以认为是高斯分布的平稳随机过程。

在本章以后的讨论中，经常用到求两个随机变量之和的概率密度函数。若随机变量 X 和 Y 的概率密度函数分别为 $f_X(x)$ 和 $f_Y(y)$，则随机变量 $Z=X+Y$ 的概率密度函数为：

$$f_Z(z)=f_X(x) * f_Y(y) \tag{4.17}$$

符号 * 表示卷积。

2. 随机过程的数字特征

在以后的分析中，主要用随机过程的均值和标准差这两个数字特征。

(1) 均值。设 $X(x, t)$ 是一个随机过程，它的均值（数学期望）$E[X(x, t)]$ 为：

$$E[X(x,t)]=\int_{-\infty}^{\infty} x f(x,t)\mathrm{d}x \tag{4.18}$$

平稳随机过程的均值为常数。放大器的噪声的均值为零，而且具有各态历经性，因此均值也可以用时平均值（用符号〈〉表示）来代替。即：

$$E[X(t)]=\langle X(t)\rangle=\lim_{T\to+\infty}\frac{1}{2T}\int_{-T}^{T} X(t)\mathrm{d}t \tag{4.19}$$

(2) 标准差（均方差）。随机变量的方差 $D(X)$ 和标准差（均方差）$\sigma(X)$ 分别为：

$$D(X)=E\{[X-E(X)]^2\}=E(X^2)-[E(X)]^2 \tag{4.20}$$

$$\sigma(X)=\sqrt{D(X)} \tag{4.21}$$

随机噪声偏离均值的程度常用均方差来表示。

3. 平稳随机过程的功率谱密度

设有时间函数 $x(t)$，$-\infty<t<+\infty$，假设 $x(t)$ 满足获氏条件，且绝对可积，那么 $x(t)$ 的傅里叶变换为：

$$F_x(\omega)=\int_{-\infty}^{+\infty} x(t)\mathrm{e}^{-jwt}\mathrm{d}t \tag{4.22}$$

$x(t)$ 和 $F_x(w)$ 之间有以下的巴塞伐（parseval）等式成立。

$$\int_{-\infty}^{+\infty} x^2(t)\mathrm{d}t=\frac{1}{2\pi}\int_{-\infty}^{+\infty}|F_x(\omega)|^2\mathrm{d}\omega \tag{4.23}$$

式（4.22）左边的积分表示 $x(t)$ 在 $(-\infty, +\infty)$ 上的总能量。但在工程技术上，许多重要的时间函数的总能量是无限的，因此，我们通常更关心的是平均功率。把函数 $x(t)$ 限制在 $(-T, T)$ 的时间间隔里，可以得到：

$$\lim_{T\to+\infty}\frac{1}{2T}\int_{-T}^{T} x^2(t)\mathrm{d}t=\frac{1}{2\pi}\int_{-\infty}^{+\infty}\lim_{T\to+\infty}\frac{1}{2T}|F_x(\omega,T)|^2\mathrm{d}\omega \tag{4.24}$$

式（4.23）的左边表示平均功率。而：

$$S_x(\omega)=\lim_{T\to+\infty}\frac{1}{2T}|F_x(\omega,T)|^2 \tag{4.25}$$

就是此函数的双边平均功率谱密度，简称功率谱密度，它表示 1Hz 频带上平均功率的大小。所谓"双边"，是指对 ω 的正负频域都有意义。

4.4.2 放大器输入端的噪声源

放大器的噪声包括电阻的热噪声及有源器件（双极晶体管和场效应管）的噪声。这些噪声源都是由无限多个统计独立的不规则电子的运动所产生。它们的总和服从概率论中的"中心极限定理"的条件，因而统计特性是服从正态分布的。放大器噪声的概率密度函数可以表示为高斯函数：

$$f(x)=\frac{1}{\sqrt{2\pi}\sigma}\exp\left[-\frac{(x-m)^2}{2\sigma^2}\right] \tag{4.26}$$

此概率密度函数由统计平均值 m 和均方差 σ 唯一确定。对随机噪声，$m=0$ 时，上式可写成：

$$f(x)=\frac{1}{\sqrt{2\pi}\sigma}\exp\left[-\frac{x^2}{2\sigma^2}\right] \tag{4.27a}$$

均值为零的高斯噪声的 σ^2 实际上就代表噪声电压（或噪声电流）的平方的平均值，也是1Ω电阻上的噪声功率。对于概率密度为高斯函数的各个随机噪声源，它们之和的概率密度仍是高斯函数，而且总噪声的方差等于各个噪声源的方差之和。这就允许我们在计算放大器的噪声时，先分别分析各个噪声源的方差，并且认为这些噪声源都是具有均匀、连续功率谱密度的白噪声，通过各个噪声源的功率谱密度求出放大器输出的总噪声。

1. 输入端的等效电路及噪声源

光接收机的简单原理如图 4.16（a）所示。如图 4.16（b）所示是输入端的等效电路。图中光电检测器等效为电流源 $i_s(t)$。i_n 表示它的散粒噪声；C_d 是它的结电容；R_b 和 C_S 分别是偏置电阻和偏置电路的杂散电容；R_a 和 C_a 分别是放大器的输入电阻和输入电容。

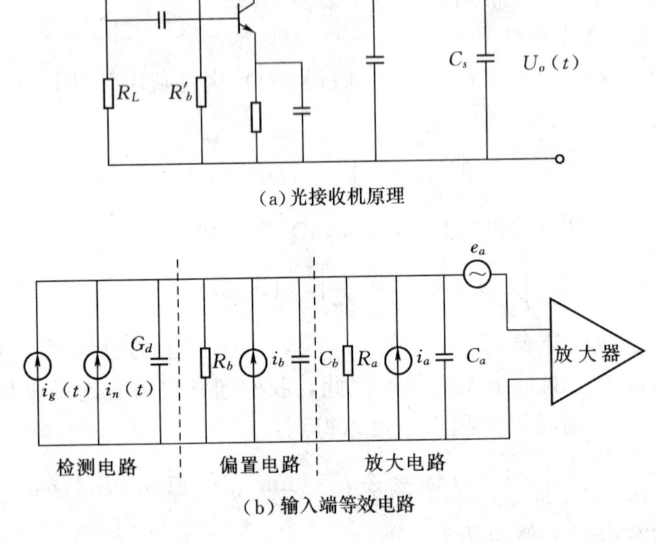

图 4.16 光接收机的等效电路

偏置电阻具有热噪声。只要温度大于绝对零度，电阻中大量的电子就会在热激励下做不规则的运动，结果在电阻上形成不规则变化的微弱电流，形成电阻的热噪声。带有热噪声的电阻可以有两种等效方式。一种是等效为一个无噪声的电阻和一个噪声电流源并联［图 4.16（b）中就是这样等效的］。在这种等效下，并联电流噪声源的功率谱密度为：

$$S_{IR}=\frac{\mathrm{d}\langle i_b^2\rangle}{\mathrm{d}f}=\frac{2kK}{R_b} \tag{4.27b}$$

式中：$k=1.38\times10^{-23}\mathrm{J/K}$，是玻耳兹曼常数；$K$ 是绝对温度。式（3.27b）表示电阻的热噪声随温度的升高而加大。

另一种等效方式是把带有噪声的电阻等效为一个理想的电阻和一个噪声电压源串联（见图 4.17），电压噪声源的双边功率谱密度为：

$$S_{ER}=\frac{\mathrm{d}\langle {e_b}^2\rangle}{\mathrm{d}f}=2kKR_b \tag{4.28}$$

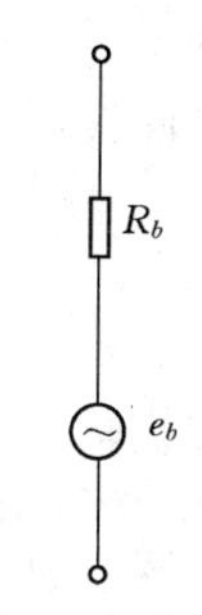

图 4.17　电阻热噪声的等效电路

放大器的有源器件（双极晶体管或场效应管）也会引进噪声。将第一级有源器件的各种噪声源都等效到输入端（具体内容下面分析），大体可分为两种情况。一种等效为输入端并联的电流噪声源，在图 4.16（b）中用 i_a 表示，设它的功率谱密度为 S_I；另一种为输入端串联的电压噪声源 e_a，设它的功率谱密度为 S_E。

2. 放大器的输出噪声电压的计算

根据第 1 部分的分析可知，放大器输出噪声电压的方差（均方值）可以通过下面的步骤来计算。

对输入端并联电流源，用输入端各噪声源的功率谱密度乘以放大器的功率增益因子 $|Z_r(\omega)|^2$，可得到输出端的功率谱密度。

对输入端串联电压源，先将其功率谱密度乘以导纳 $\left(\frac{1}{R_t}+i\omega C_t\right)$ 的平方，转换为电流源，再乘以放大器的功率增益因子，可得到输出端的功率谱密度。

输出端功率谱密度对 ω 积分，得到输出端的噪声电压的方差（或称为噪声功率）。

由于放大器的各噪声源的概率分布函数均为高斯函数，所以输出端总噪声电压的方差等于各噪声源的方差之和。

根据上述的步骤，可以算出放大器输出噪声电压的均方值为：

$$\langle \nu_{na}^2\rangle=\left(\frac{2kK}{R_b}+S_I\right)\int_{-\infty}^{+\infty}|Z_r(\omega)|^2\frac{\mathrm{d}\omega}{2\pi}+S_E\int_{-\infty}^{+\infty}|Z_r(\omega)|^2\left(\frac{1}{R_t^2}+\omega^2C_t^2\right)\frac{\mathrm{d}\omega}{2\pi} \tag{4.29}$$

式中：$R_t=R_b//R_a$；$C_t=C_d+C_s+C_a$；$Z_T(\omega)$ 是放大器、均衡滤波器的传递函数，它表示输入电流与输出电压之间的传递关系，实为转移阻抗。

从式（4.29）可以看出：①偏置电阻 R_b 越大，电阻的热噪声越小；②输入电阻 R_t 越大，输入电容 C_t 越小，串联电压噪声源对总噪声的影响越小。

4.4.3　场效应管和双极晶体管的噪声源

1. 场效应管的噪声源

场效应管是电压控制器件。它的最大特点是输入阻抗很高，栅漏电流很小，噪声也较小，适合作高阻前置放大器。场效应管的主要噪声源有两个——栅漏电流的散粒噪声和沟道热噪声。

（1）散粒噪声。散粒噪声是由于栅极电流的随机起伏所形成的，在输入端等效为并联电流噪声源，其功率谱密度为：

$$S_I=e_0I_{gate} \tag{4.30}$$

式中：e_0 为电子电荷；$e_0=1.6\times10^{-19}C$，I_{gate} 是场效应管的栅漏电流。

（2）沟道热噪声。场效应管的沟道电导在输出回路（漏极回路）里产生一个噪声电流。其功率谱密度为：

$$\frac{\mathrm{d}\langle i_{out}\rangle}{\mathrm{d}f}=2kK\tau g_m \tag{4.31}$$

式中：g_m 为场效应管的跨导；τ 为器件的数值系数；对 Si FET，$\tau\approx0.7$；对 GaAs FET，$\tau\approx1.1$。

将漏极回路里的这个噪声电流折算到输入端，得到一个等效串联电压噪声源。谱密度为：

$$S_E=\frac{2kK\tau}{g_m} \tag{4.32}$$

（3）输出端的总噪声功率。用场效应管作前置放大器，输出端的总噪声功率为：

$$\langle\nu_{na}^2\rangle=\left[\frac{2kK}{R_b}+e_0 I_{gate}+\frac{2kK\tau}{g_m}\times\frac{1}{R_b^2}\right]\int_{-\infty}^{+\infty}|Z_T(\omega)|^2\frac{\mathrm{d}\omega}{2\pi}+\frac{2kK\tau}{g_m}\times\frac{C_t^2}{2\pi}\int_{-\infty}^{+\infty}|Z_T(\omega)|^2\omega^2\mathrm{d}\omega \tag{4.33}$$

一般情况下，场效应管的散粒噪声远小于沟道噪声。当 R_b 足够大时，式（4.33）中的第一项可以忽略。因此得到：

$$\langle\nu_{na}\rangle\propto\frac{C_t^2}{g_m} \tag{4.34}$$

选用跨导大、结电容小的场效应管，可以减小场效应管前置放大器的噪声。$\frac{g_m}{C_t^2}$常被称为场效应管前置放大器的优值。

【例 4.2】 一个用 Si 场效应管制作的前置放大器，$R_b=50\text{k}\Omega$，I_{gate}很小，散粒噪声可以忽略。场效应管的 $g_m=5\text{mA/V}$；工作温度 $\text{K}=300\text{K}$；输入端总电容 $C_t=10\text{pF}$；设放大器具有理想的矩形带通，即：

$$Z_T(\omega)=\begin{cases}R_T & |\omega|\leqslant2\pi\text{B}_\text{W}\\ 0 & |\omega|>2\pi B_W\end{cases}$$

求：（1）放大器输出端的总噪声功率。（2）当 B_W 大于多少赫兹后，总噪声将由式（4.33）中的第二项支配。

解：（1）场效应管前置放大器输出端的总噪声为：

$$\begin{aligned}\langle\nu_{na}^2\rangle&=\left[\frac{2kK}{R_b}+\frac{2kK\tau}{g_m}\times\frac{1}{R_b^2}\right]\int_{-\infty}^{+\infty}|Z_T(\omega)|^2\frac{\mathrm{d}\omega}{2\pi}+\frac{2kK\tau}{g_m}\times\frac{C_t^2}{2\pi}\int_{-\infty}^{+\infty}|Z_T(\omega)|^2\omega^2\mathrm{d}\omega\\&=\left[\frac{2kK}{R_b}+\frac{2kK\tau}{g_m}\times\frac{1}{R_b^2}\right]2B_W R_T{}^2+\frac{2kK\tau}{g_m}\times\frac{C_t^2}{2\pi}\times\frac{16\pi^3}{3}B_W^3R_T^2\end{aligned}$$

已知 $\text{k}=1.38\times10^{-23}$，代入计算得：

$$\langle\nu_{na}^2\rangle=3.32\times10^{-25}\ B_W R_T^2+3.05\times10^{-39}\ B_W^3 R_T^2$$

（2）已求出来的放大器的输出噪声功率包括两项。第一项正比于带宽 B_W；第二项正比于 B_W^3，可见随着 B_W 的加大，第二项的影响越来越大。下面求第二项等于第一项时相应的带宽 B_{W1}。B_{W1}满足

$$3.32\times10^{-25}=3.05\times10^{-39}\ B_{W1}^2$$

$$B_{W1}=1.04\times10^7\,\text{Hz}$$

即当带宽大于 10MHz 以后，式（4.33）中的第二项开始起支配作用。而且随着 B_W 的加

入，第一项的影响越来越小。当 $B_W \gg 10\text{MHz}$ 以后，第一项的影响可忽略。

2. 双极晶体管的噪声源

双极晶体管主要的噪声源有散粒噪声、基区电阻的热噪声和分配噪声。

(1) 散粒噪声。散粒噪声是由于注入到基区里的载流子的随机涨落所引起的，从而使基极电流存在着随机起伏。在输入端，它作为并联电流噪声源，功率谱密度为：

$$\frac{\mathrm{d}\langle i_a^2 \rangle}{\mathrm{d}f} = e_0 \ I_b \tag{4.35}$$

式中：I_b 为晶体管的基极工作电流。

(2) 基区电阻的热噪声。晶体管的基区一般较薄，掺杂也低，因此基区的体电阻 $r_{b'b}$ 不能忽略。基区电阻的热噪声在输入端作为串联电压噪声源，谱密度为：

$$\frac{\mathrm{d}\langle \mathrm{e}_{a1}^2 \rangle}{\mathrm{d}f} = 2kKr_{b'b} \tag{4.36}$$

(3) 分配噪声。分配噪声是由于基区中载流子的复合速率的起伏所引起的。发射极电流注入基区以后，一部分载流子越过基区被集电极吸收，形成集电极电流；还有一部分载流子在基区复合成为基极电流。复合是存在随机涨落的，结果造成 I_b 和 I_c 的分配比例发生变化。分配噪声存在于集电极电流回路里，其功率谱密度为：

$$\frac{\mathrm{d}\langle \ i_c^2 \rangle}{\mathrm{d}f} = e_0 \ I_c \tag{4.37}$$

将集电极回路里的噪声源等效到输入端，可等效为一个串联电压噪声源。功率谱密度为：

$$\frac{\mathrm{d}\langle \ i_{a2}^2 \rangle}{\mathrm{d}f} = \frac{e_0 \ I_c}{g_m^2} = \frac{k^2 \ K^2}{e_0 \ I_c} \tag{4.38}$$

式中：g_m 为晶体管的跨导。对双极晶体管，有下列关系存在：

$$g_m = \frac{e_0 I_c}{kK} \tag{4.39}$$

由各个噪声源的功率谱密度可以求出双极晶体管放大器输出端的总噪声功率为：

$$\langle \nu_{na}^2 \rangle = \left(\frac{2kK}{R_b} + e_0 \ I_b\right)\int_{-\infty}^{+\infty} |Z_r(\omega)|^2 \frac{\mathrm{d}\omega}{2\pi} + 2kKr_{bb}\int_{-\infty}^{+\infty} |Z_r(\omega)|^2 \left[\frac{1}{R_b{}^2} + \omega^2 (C_d + C_s)^2\right]\frac{\mathrm{d}\omega}{2\pi}$$
$$+ \frac{k^2 \ K^2}{e_0 \ I_c}\int_{-\infty}^{+\infty} |Z_T(\omega)|^2 \left[\frac{1}{R_t{}^2} + \omega^2 \ C_t{}^2\right]\frac{\mathrm{d}\omega}{2\pi} \tag{4.40}$$

式中：$R_t = R_b // R_a$，R_a 为晶体管放大器的输入电阻；$C_t = C_d + C_s + C_a$，C_a 为放大器的输入电容。

从式 (4.40) 中可以看出，散粒噪声正比于 I_b，而分配噪声反比于 I_c。由微分学的极值定理可以知道，必存在一个最佳的集电极电流 I_{copt}。当晶体管工作在 I_{copt} 时，散粒噪声和分配噪声的和达到最小值。

【例 4.3】 若放大器具有理想的矩形带通，即：

$$Z_T(\omega) = \begin{cases} R_T & |\omega| \leqslant 2\pi B_W \text{ 时} \\ 0 & |\omega| > 2\pi B_W \text{ 时} \end{cases}$$

求 $I_{\infty pt}$。

解： 晶体管散粒噪声和分配噪声之和为：

$$\langle \nu_{na}^2 \rangle = e_0 \ I_b\int_{-\infty}^{+\infty} |Z_r(\omega)|^2 \frac{\mathrm{d}\omega}{2\pi} + \frac{k^2 \ K^2}{e_0 \ I_c}\int_{-\infty}^{+\infty} |Z_T(\omega)|^2 \left[\frac{1}{R_t{}^2} + \omega^2 \ C_t{}^2\right]\frac{\mathrm{d}\omega}{2\pi}$$

$$-e_0 I_b 2B_W R_T{}^2+\frac{k^2 K^2}{e_0 I_c}\times\frac{1}{R_t{}^2}\times 2B_W R_T{}^2+\frac{k^2 K^2 C_t{}^2}{e_0 I_c}\times\frac{8\pi^2 B_W^3}{3}R_T{}^2$$

根据微分学的极值定理，由$\frac{\partial(\nu_{ns}{}^2)}{\partial I_c}=0$可求出$I_{copt}$。即可从下式求出：

$$\frac{e_0}{\beta_0}-\frac{k^2 K^2}{e_0 I_{copt}{}^2}\times\frac{1}{R_t{}^2}-\frac{k^2 K^2 C_t{}^2}{e_0 I_{copt}{}^2}\times\frac{4\pi^2 B_W^3}{3}=0$$

$$I_{copt}=\frac{kK}{e_0}\beta^{1/2}\left(\frac{1}{R_t{}^2}+\frac{4\pi^2 B_W^3 C_t{}^2}{3}\right)^{1/2}$$

$$\beta_0=I_c/I_b$$

式中：β_0为晶体管的电流放大倍数。

4.4.4 前置放大器的设计

由以上的噪声分析可以知道，输入端偏置电阻越大、放大器的输入电阻越高，输出端的噪声就越小。然而，输入电阻的加大，势必使输入端的RC时间常数加大，使放大器的高频特性变差。因此，根据系统的要求适当地选择前置放大器的形式，使之能兼顾噪声和频带两个方面的要求是很重要的。前置放大器主要有以下3种类型。

1. 低阻型前置放大器

这种前置放大器从频带的要求出发选择偏置电阻，使之满足：

$$R_t\leqslant\frac{1}{2\pi B_W C_t} \tag{4.41}$$

的要求。式中B_W为码速率所要求的放大器的带宽。低阻型前置放大器的特点是线路简单，接收机不需要或只需要很少的均衡，前置级的动态范围也比较大。但是，这种电路的噪声也比较大。

2. 高阻型前置放大器

高阻型前置放大器的设计方法是尽量加大偏置电阻，把噪声减小到尽可能小的值。高阻型前置放大器不仅动态范围小，而且当比特速率比较高时，在输入端信号的高频分量损失太多，因而对均衡电路提供了很高的要求，这在实际中有时是很难做到的。高阻型前置放大器一般只在码速率较低的系统中使用。

3. 跨（互）阻型前置放大器

跨阻型（也称为互阻型）前置放大器实际上是电压并联负反馈放大器，如图4.18所示。这是一个性能优良的电流—电压转换器，具有低噪声、灵敏度高和频带较宽的优点。

对跨阻型前置放大器，当考虑其频率特性时，上截止频率为：

$$f_H=\frac{1}{2\pi R_i C_t} \tag{4.42}$$

R_i是跨阻型放大器的等效输入电阻，为：

$$R_i=\frac{R_f}{1+A}//R_b//R_a\approx\frac{R_f}{1+A} \tag{4.43}$$

A是放大器的增益。就是说，跨阻型放大器的输入电阻很小，它是通过牺牲一部分增益，使放大器的频带得到明显的扩展。

再考虑跨阻型放大器的噪声性质。对这种放大器，偏置电阻R_b（有时也可以忽略，直接用反馈电阻作偏置）和反馈电阻R_f的值可以取得很大，从而使电阻的热噪声大为减小。同时由于负反馈的作用，在考虑串联电压噪声源时，有：

$$R_t = R_f // R_b // R_a \gg R_i \tag{4.44}$$

因此，跨阻型前放的噪声也是较低的。跨阻型前置放大器不仅具有宽频带、低噪声的优点，而且它的动态范围也比高阻型前置放大器有很大改善，在光纤通信中得到广泛的应用。如图 4.19 所示是 2Gbit/s 系统中应用的前置放大器。

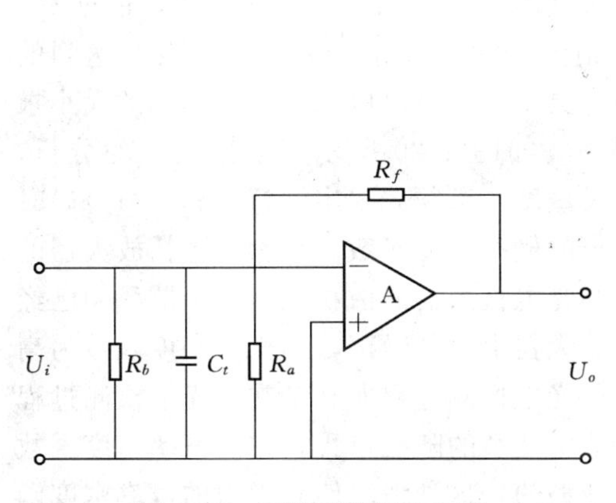

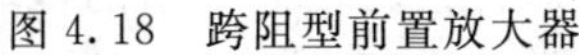

图 4.18　跨阻型前置放大器

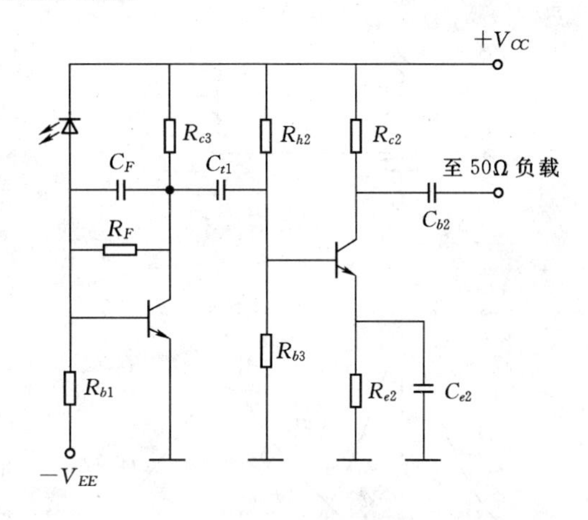

图 4.19　2Gbit/s 接收机前置放大器

实际的吉比特速率的光接收机的前置放大器有采用跨阻型的，也有采用低阻型的，高阻型的不适合用在高速光接收机中。

4.4　光接收机灵敏度的计算

在数字光纤通信系统中，接收端的光信号经检测、放大、均衡后，进行判决、再生。判决是通过时钟信号的上升沿在最佳时刻对接收的数字信号进行取样，然后将取样值与判决阈值进行比较。若取样幅度大于判决阈值，则判决为“1”；若取样幅度小于判决阈值，则判决为“0”，从而使信号得到再生。

由于噪声的存在，接收信号在判决再生时就有被误判的可能性。接收码元被错误判决的概率，称为误码率（比特误差概率）。因此，灵敏度的计算问题，也必须从噪声的统计性质来分析。

4.4.1　灵敏度计算的一般公式

由于噪声的存在，放大器的输出端信号成为一个随机变量。例如，当接收一个“1”码时，若不存在噪声，放大器的输出应该为一确定的电压 v_1。但实际上，在 v_1 上总是叠加着噪声。实际的输出电压：

$$v = v_1 + n(t) \tag{4.45}$$

为一随机变量。$n(t)$ 是随机噪声，v_1 成为这个随机过程的均值。在取样进行判决时，这个随机变量可能取各种不同的值。取各个值的概率则由它的概率密度函数所决定，如图 4.20 所示。对“0”码也有类似的情况。设“0”和“1”的概率密度函数分别为 $f_0(x)$ 和 $f_1(x)$，若判决电平为 D，则“0”码误判为“1”的概率为：

$$E_{01} = \int_D^{\infty} f_0(x)\mathrm{d}x \tag{4.46}$$

同样的情况，“1”码误判为“0”码的概率为：

$$E_{10}=\int_{-\infty}^{D}f_1(x)\mathrm{d}x \tag{4.47}$$

总误码率（Bit Error Rate BER）为：

$$BER=P(0)E_{01}+P(1)E_{10} \tag{4.48}$$

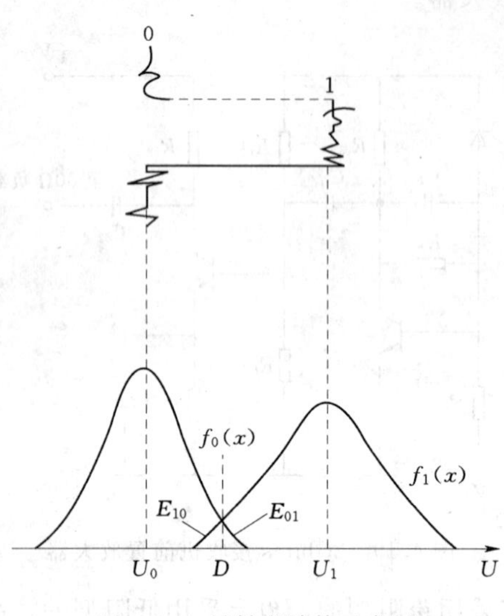

图 4.20 灵敏度计算示意图

$P(0)$ 和 $P(1)$ 分别表示码流中“0”码和“1”码出现的概率。利用上述的方法，依据 v_1、v_0 与入射光功率的关系，可以从所需要达到的误码率求灵敏度，也可以从输入光功率的大小求得误码率，如图 4.20 所示。根据上面的分析，要计算灵敏度，必须先求出“0”码和“1”码时的总噪声的概率密度函数。总噪声包括放大器的热噪声和光电检测器的散粒噪声。上节我们已经分析过放大器引入的噪声，其概率密度函数为高斯函数。光电检测过程尤其是雪崩光电检测过程是一个非常复杂的随机过程，它的概率密度函数是非高斯型的，这种情况使总噪声的概率密度函数的精确计算变得相当复杂。根据处理光电检测器统计过程的方法不同，灵敏度的计算方法可以分为精确计算方法和高斯近似计算方法。

灵敏度的精确计算方法，是用比较精确的方法分析光电检测过程的统计性质，通过放大器概率密度函数和光电检测过程的概率密度函数的卷积计算求出放大器输出端的总噪声的概率密度函数，进而来计算接收机的灵敏度。考虑光电检测过程的概率密度函数与高斯函数比较接近，高斯近似计算是将光电检测过程的统计特性近似为高斯函数，根据前面讲到的高斯函数的特性，总噪声的概率密度函数还是高斯函数，而且总噪声的方差等于放大器噪声的方差和光电检测器方差之和，从而使灵敏度的计算大为简化。

4.4.2 光电检测过程的统计分布和灵敏度的精确计算

对雪崩光电检测过程，大体可分为光电效应和雪崩倍增两个阶段。下面分别讨论这两个阶段的统计特性。

1. 光电效应阶段

在这个阶段中，入射光子转换成初始的“电子—空穴”对。设入射光功率为 $p(t)$，那么在时间间隔 L 内产生的平均的“电子—空穴”对数 Λ 可以用量子效率 η 来表示，为：

$$\Lambda=\int_{t_0}^{t_0+L}\left[\frac{\eta p(t)}{h\nu}+\Lambda_0\right]\mathrm{d}t \tag{4.49}$$

式中：Λ_0 为每秒钟内暗电流产生的电子数。

光电效应是一个随机过程，即使入射光功率是恒定的，光生电流也是无规则涨落的，这种涨落反映出微观世界的量子起伏。根据量子统计规律，在时间间隔 L 内产生 m 个“电子—空穴”对的概率是均值为 Λ 的泊松分布。即：

$$p[m,(t_0,t_0+L)]=\frac{e^{-\Lambda}\Lambda^m}{m!} \tag{4.50}$$

上式也就是光电二极管光生“电子—空穴”对的概率密度函数。

2. 雪崩倍增过程的统计性质

初始的光生载流子进入高场区，通过碰撞电离产生新的“电子—空穴”对。新产生的“电子—空穴”对在高场区中被加速，再次发生碰撞电离，从而导致雪崩倍增效应，这个过程的统计性质是很复杂的。假设整个雪崩过程进行的相当快，每一初始的“电子—空穴”对倍增出随机数为 g_l 的二次“电子—空穴”对（包括初始“电子—空穴”对本身），可以得出 $g_l=n$ 的概率为：

$$P_{prob}(g_l=n)=\frac{(1-k)^{n-1}\Gamma\left(\frac{n}{1-k}\right)\left[\frac{1+k(G-1)}{G}\right]^{\frac{1+k(n-1)}{1-k}}}{[1+k(n-1)](n-1)!\ \Gamma\left[\frac{1+k(n-1)}{1-k}\right]}\left(\frac{G-1}{G}\right)^{n-1} \tag{4.51}$$

式中：符号 Γ 为伽马函数；下标 l 为对第 l 个电子—空穴对；k 为有效电离系数比，它依赖于 APD 的材料及掺杂情况。

对于在时间间隔（t_0，t_0+l）内入射的光功率，APD 产生的初始的“电子—空穴”对是概率密度为泊松分布的随机变量，而每一个初始的“电子—空穴”对又雪崩倍增成随机数为 g 的二次“电子—空穴”对。因此，在时间间隔 L 内产生总数为 γ 个“电子—空穴”对的概率为：

$$P_L(\gamma)=\sum_{N=0}^{\infty}\frac{e^{-\Lambda}\Lambda^n}{N!}P_{ng}\left(\sum_{l=1}^{N}g_l=\gamma\right) \tag{4.52}$$

式中：$P_{ng}\left(\sum_{l=1}^{N}g_l=\gamma\right)$ 为 N 个随机变量 g_l 的和的概率密度函数；g_l 为独立无关的。因此有：

$$P_{ng}\left(\sum_{l=1}^{N}g_l=\gamma\right)=\underbrace{P_{prob}(\gamma)*P_{prob}(\gamma)\cdots}_{N\text{个}P_{prob}(\gamma)\text{的卷积}} \tag{4.53}$$

式中：$P_{prob}(\gamma)$ 为式（4.51）给定的函数。

卷积的计算是很复杂的，可见雪崩光电检测过程是一个非常复杂的随机过程。

3. 灵敏度的精确计算

灵敏度的精确计算是从上面介绍的光电检测过程实际的概率密度函数出发，通过放大器和光电检测器概率密度函数的卷积计算出总噪声的概率密度函数，进而计算接收机的灵敏度。从以上的分析可以看出，精确计算方法是很复杂的，必须借助计算机才能完成。为减少计算量，计算中也常进行一些近似，但基本的出发点还是从光电检测过程的实际的统计特性来计算接收机的灵敏度的。

4.4.3　灵敏度的高斯近似计算

高斯近似计算方法的基本出发点，是假设雪崩光电检测过程的概率密度函数也是高斯函数，从而使灵敏度与误码率的计算大为简化。采用高斯近似计算方法，不仅可以推导出灵敏度计算的解析表达式，而且计算结果与精确计算结果接近，因而在工程上得到广泛应用。

1. 光电检测器噪声的功率谱密度

我们在分析放大器的噪声时，是将放大器的各个噪声源等效为与信号并联的电流噪声源和与信号串联的电压噪声源，给出各个噪声源的功率谱密度，再根据放大器、均衡滤波器的转移阻抗，计算出输出端的噪声功率。此噪声功率即为放大器输出噪声的高斯概率密度函数的方差。在灵敏度的高斯近似计算中，我们可以用同样的方法处理光电检测器的噪声，在输入端，光电检测器的噪声可以等效为并联电流噪声源，可以用与放大器中并联电流噪声源同样的处理方法求出光电检测器在输出端的噪声功率。

光电检测器的噪声包括散粒噪声和暗电流噪声。散粒噪声是由于光电变换和碰撞电离过程中的随机起伏所导致，表现为输出光电的随机起伏。暗电流噪声是由于暗电流的随机起伏所形成。散粒噪声和暗电流噪声的双边功率谱密度可以分别表示如下：

$$\frac{\mathrm{d}\langle i_{ds}^2\rangle}{\mathrm{d}f}=e_0 I_s\langle g^2\rangle=e_0 I_s G^2 F(G)\approx e_0 I_s G^{2+x}$$

$$\frac{\mathrm{d}\langle i_{dark}^2\rangle}{\mathrm{d}f}=e_0 I_d\langle g^2\rangle=e_0 I_d G^2 F(G)\approx e_0 I_d G^{2+x}$$

式中：I_s 和 I_d 分别为光生电流和暗电流。对于光电二极管，G=1，则有：

$$\frac{\mathrm{d}\langle i_{ds}^2\rangle}{\mathrm{d}f}=e_0 I_s \tag{4.54}$$

$$\frac{\mathrm{d}\langle i_{dark}^2\rangle}{\mathrm{d}f}=e_0 I_d \tag{4.55}$$

因此，对于光电二极管和 APD，输入端等效的并联电流噪声源的功率谱密度可以分别表示如下：

对 PD $$\frac{\mathrm{d}\langle i_{nd}^2\rangle}{\mathrm{d}f}=e_0(I_{si}+I_d)\qquad (i=0\text{ 或 }1) \tag{4.56}$$

对 APD $$\frac{\mathrm{d}\langle i_{nd}^2\rangle}{\mathrm{d}f}=e_0(I_{si}+I_d)G^2F(G)\qquad (i=0\text{ 或 }1) \tag{4.57}$$

I_{s0}和 I_{s1}分别对应“0”和“1”码时的光生电流。由此可见，光电检测器的噪声与接收光功率有关，这是光接收机与电接收机噪声特性的重要区别。

2. 接收灵敏度的高斯近似计算

用放大器噪声分析中处理输入端并联电流噪声源类似的方法，我们可以得到放大器和均衡滤波器输出端 APD 的噪声功率为

$$\langle V_{nd0}^2\rangle = e_0(I_{s0}+I_d)G^2 F(G)\int_{-\infty}^{+\infty}|Z_T(\omega)|^2\frac{\mathrm{d}\omega}{2\pi}\quad (\text{对“0”码}) \tag{4.58}$$

$$\langle V_{nd1}^2\rangle = e_0(I_{s1}+I_d)G^2 F(G)\int_{-\infty}^{+\infty}|Z_T(\omega)|^2\frac{\mathrm{d}\omega}{2\pi}\quad (\text{对“1”码}) \tag{4.59}$$

若一随机变量等于两随机变量之和，如 Z=X+Y，根据概率论的基本知识，该随机变量概率密度函数应为两个随机变量的概率密度函数的卷积运算。但是，若两个随机变量的概率分布都是高斯函数，则它们之和的概率密度函数还是高斯函数，且其方法等于两随机变量的方差之和。即满足：

$$\sigma_z{}^2=\sigma_x{}^2+\sigma_y{}^2 \tag{4.60}$$

高斯分布的这一特点使接收机灵敏度的计算得到简化。在高斯近似下，放大器和均衡滤波器输出端的总噪声（包括放大器的热噪声和光电检测器的噪声）的概率密度函数依然是高斯函数。且总噪声功率（即总噪声高斯分布的方差）为：

$$\sigma_{nz0}^2=\sigma_{na}^2+\sigma_{nd0}^2\qquad (\text{对“0”码}) \tag{4.61}$$

$$\sigma_{nz1}^2=\sigma_{na}^2+\sigma_{nd1}^2\qquad (\text{对“1”码}) \tag{4.62}$$

已知“0”码和“1”码的方差，“0”码和“1”的高斯分布就确定下来。用 4.4.1 节介绍的灵敏度计算的一般方法，我们可以求出一定输入功率下的误码率。也可以根据要求

的误码率，求出接收机的灵敏度。下面我们推导误码率与灵敏度的关系。

当判决电平为D时，"0"码误判为"1"码的概率时：

$$E_{01}=\int_{D}^{+\infty}\frac{1}{\sqrt{2\pi}\sigma_0}\exp\left[-\frac{(v-v_0)^2}{2\sigma_0^2}\right]\mathrm{d}v \tag{4.63}$$

对上式进行变量变换，令 $x=\dfrac{v-v_0}{\sigma_0}$，得到：

$$E_{01}=\frac{1}{\sqrt{2\pi}}\int_{\frac{D-v_0}{\sigma_0}}^{+\infty}\mathrm{e}^{-\frac{x^2}{2}}\mathrm{d}x \tag{4.64}$$

同样的情况，"1"码误判为"0"码的概率为：

$$E_{10}=\int_{-\infty}^{D}\frac{1}{\sqrt{2\pi}\sigma_1}\exp\left[-\frac{(v-v_0)^2}{2\sigma_1^2}\right]\mathrm{d}v \tag{4.65}$$

令 $x=\dfrac{v_1-v}{\sigma_1}$事上，上式变换成：

$$E_{10}=\frac{1}{\sqrt{2\pi}}\int_{\frac{v_1-D}{\sigma_1}}^{+\infty}\mathrm{e}^{-\frac{x^2}{2}}\mathrm{d}x \tag{4.66}$$

如果接收的随机脉冲序列中"1"码出现的概率等于"0"码出现的概率，总误码率为：

$$BER=\frac{1}{2}E_{01}+\frac{1}{2}E_{10} \tag{4.67}$$

为使总误码率达到最小，一般令 $E_{01}=E_{10}$。由上面分析可知，只需使：

$$\frac{D-v_0}{\sigma_0}=\frac{v_1-D}{\sigma_1}=Q \tag{4.68}$$

Q值含有信噪比的信息，它可以由所要求的误码率来确定。它和误码率的关系可以通过下式来确定：

$$BER=\frac{1}{\sqrt{2\pi}}\int_{Q}^{\infty}\mathrm{e}^{-\frac{x^2}{2}}\mathrm{d}x \tag{4.69}$$

上式所确定的误码率与Q的关系如图4.21所示。当要求$BER=10^{-9}$时，$Q\approx6$；当要求$BER=10^{-15}$时，$Q\approx7.9$。因此，可以从系统要求的误码率通过图4.21来确定Q值。

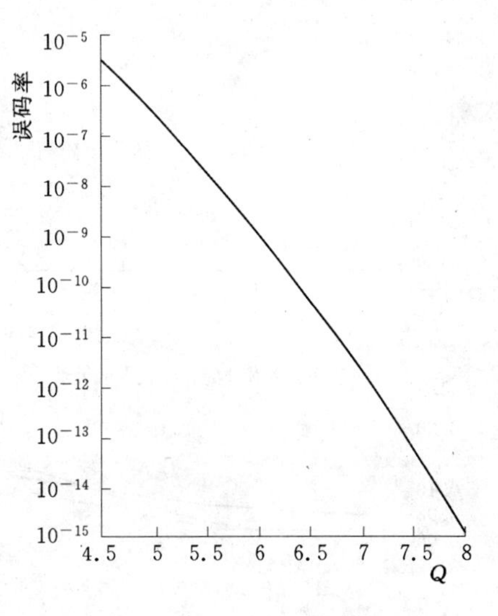

图4.21 误码率与Q的关系

4.4.4 SD. Personick 高斯近似计算公式

上节介绍的高斯近似计算方法是将"0"码和"1"码作为孤立的码元，分别计算"0"码和"1"码时的光电检测器的噪声功能，进而计算光接收机的灵敏度。这样计算简单、明瞭，但没有反映出邻码对判决码元的散粒噪声的影响。我们知道，通信中传输的数字信号是"0"、"1"随机组合的脉冲序列。根据线性系统对随机输入的响应来说，输出电压等于输入电流与线性系统的脉冲响应函数的卷积。即：

$$V_{out}(t) = i_{in}(t) \otimes Z_T(t) = \int_{-\infty}^{+\infty} i_{in}(\tau) Z_T(t-\tau) \mathrm{d}\tau \tag{4.70}$$

从卷积的性质可以知道，在判决某码元时，光电检测器的散粒噪声包括所有邻近码元的影响，而不仅仅是判决码元的散粒噪声。S. D. Personick 从这一关系出发推导光电检测器的噪声功率，并在高斯近似条件下，经过合理的近似和复杂的推导，得出光接收机灵敏度计算的解析表达式。本节简单介绍公式推导的思路和怎样应用的这套计算公式。

1. S. D. Personick 高斯近似计算公式的推导思路

(1) 从卷积关系推导光电检测器的噪声功率，并假设判决时有最坏的码元组合。从式 (4.70) 中可以看出，在判决某个码元的时候，检测器的输出噪声不仅取决于此码元，而且与此码元之前输入的所有码元有关。散粒噪声最坏的情况是在判决时刻（设为判决第 0 个码元的时刻），其余邻近码元都是“1”码的情况。在这个情况下，邻近码元对第 0 个码元造成的噪声干扰最严重。

(2) 假设判决时无码间干扰。对于一个实际应用的传输系统（包括信道、放大器和滤波器等），其频带总是受限制的。结果使输出波形有很长的拖尾，使前后码元在波形上互相重叠而产生码间干扰。适当的均衡电路可以消除码间干扰的影响。S. D. Personick 假设接收机具有良好的均衡能力，能使输出波形均衡为无码间干扰的、具有升余弦频谱的波形。由于输出波形确定为具有升余弦频谱的波形，放大器和均衡滤波器的传递函数随输入波形而变，并可以用输入波形和输出波形的频谱来表示。即为：

$$H_T(\omega) = \frac{H_{out}(\omega)}{H_{in}(\omega)} \tag{4.71}$$

为了便于计算，S. D. Personick 引入 Σ_1、I_1、I_2 和 I_3 4 个积分参量来计算光电检测器和放大器的噪声，并对输入脉冲是矩形脉冲、高斯脉冲和指数脉冲（它们可以有不同的占空比 α）、输出脉冲为升余弦频谱的波形（可以有不同的滚将因子 β）的情况，分别计算了 Σ_1、I_1、I_2 和 I_3 的值（见图 4.22～图 4.26），这些波形的形状及表达式在附图中也给出。可以根据系统输入脉冲和输出脉冲的实际情况噪声的计算。它们的表达式为：

$$I_2 = \frac{1}{2\pi T} \int_{-\infty}^{+\infty} |Z_T(\omega)|^2 \mathrm{d}\omega \tag{4.72}$$

$$I_3 = \frac{1}{(2\pi)^3} \int_{-\infty}^{+\infty} |Z_T(\omega)|^2 \omega^2 \mathrm{d}\omega \tag{4.73}$$

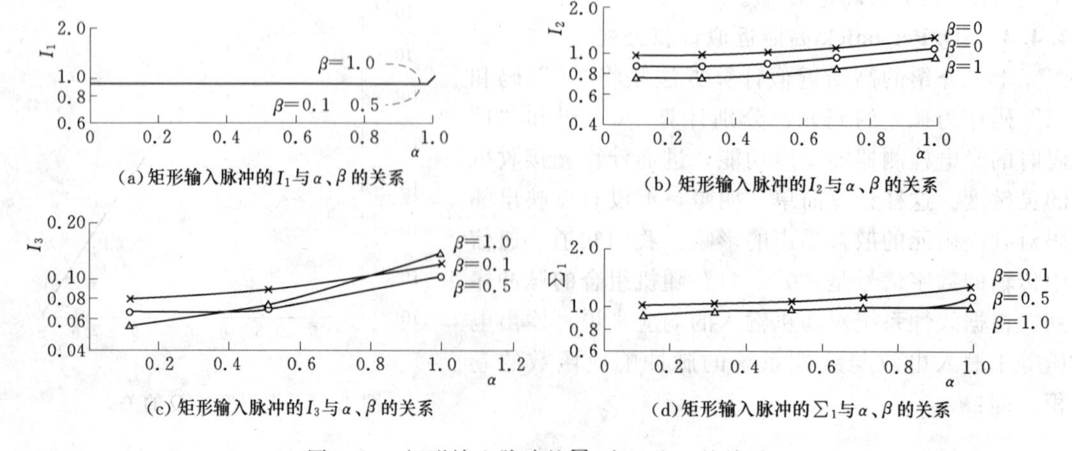

(a) 矩形输入脉冲的 I_1 与 α、β 的关系

(b) 矩形输入脉冲的 I_2 与 α、β 的关系

(c) 矩形输入脉冲的 I_3 与 α、β 的关系

(d) 矩形输入脉冲的 Σ_1 与 α、β 的关系

图 4.22 矩形输入脉冲的 Σ_1 与 α 和 β 的关系

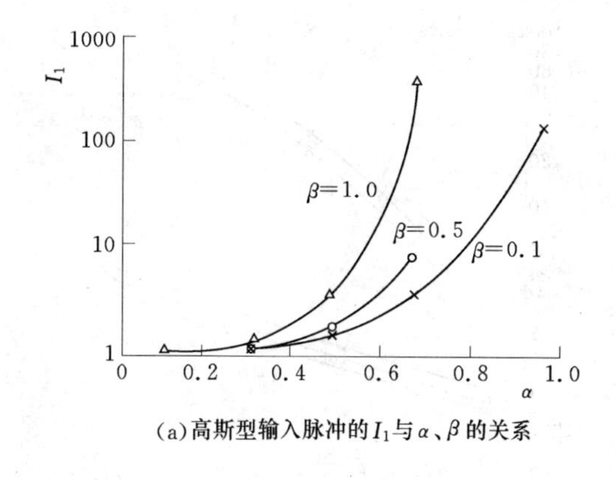

(a) 高斯型输入脉冲的 I_1 与 α、β 的关系

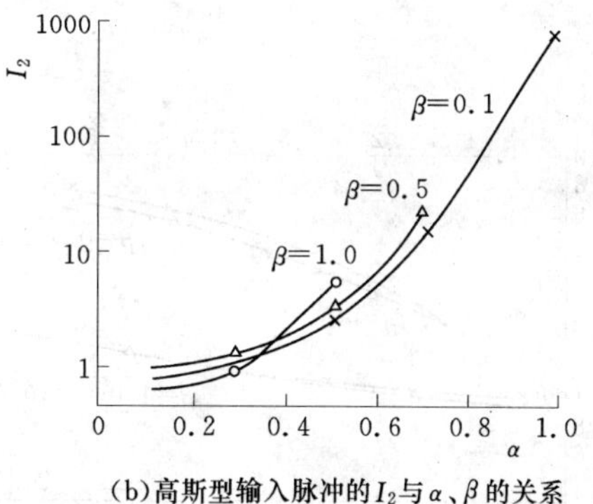

(b) 高斯型输入脉冲的 I_2 与 α、β 的关系

(c) 高斯型输入脉冲的 I_3 与 α、β 的关系

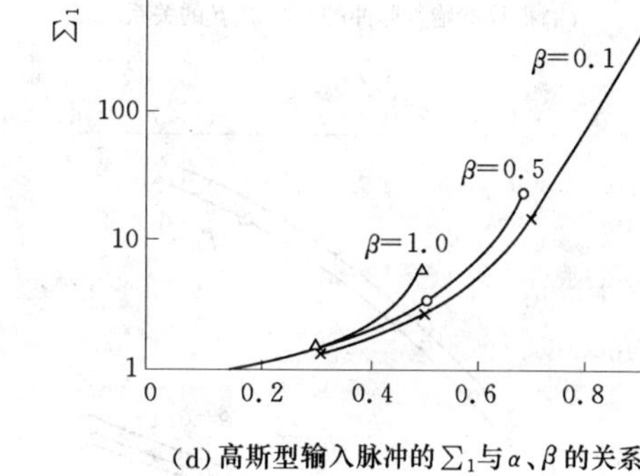

(d) 高斯型输入脉冲的 $\sum_1$ 与 α、β 的关系

图 4.23　高斯型输入脉冲的 $\sum_1$ 与 α 和 β 的关系

利用参量 I_2 和 I_3 可以使放大器的输出噪声简化为：

$$\langle {v_{na}}^2 \rangle = \left(\frac{2kK}{R_b} + S_I + \frac{S_E}{R_t^2}\right) T I_2 + \frac{(2\pi C_t)^2}{T} S_E I_3 \tag{4.74}$$

定义放大器的噪声参量 z 为：

$$z = \frac{T}{e_0^2}\left(\frac{2kK}{R_b} + S_I + \frac{S_E}{R_t^2}\right) I_2 + \frac{(2\pi C_t)^2}{e_0^2\, T} S_E\, I_3 = \frac{\langle v_{na}^2 \rangle}{e_0^2} \tag{4.75}$$

(3) 假设探测器的暗电流为零。将信号功率和噪声功率同除以 $\left(\frac{R_T \eta \langle g \rangle e_0}{hv}\right)^2$，保持信噪比不变，等效到输入端，从而使噪声的标准差具有与入射光功率的量纲。“1”码（或“0”码）的输入功率用 $b_{\max}$（或 $b_{\min}$）表示。

(4) 假设光源的消光比 EXT=0，同时将过剩噪声系数 $F(G)$ 近似为：

$$F(G) = \frac{\langle g^2 \rangle}{\langle g \rangle^2} \approx (g)^x$$

式中：x 是 APD 的过剩噪声指数。同时，S. D. Personick 考虑到光接收机中 APD 的雪崩增益存在使灵敏度达到最高的最佳值（G_{opt}），联立求解灵敏度计算公式和 G_{opt} 公式，可以得出计算接收机灵敏度和最佳雪崩增益 $(g)_{opt}$ 的一组解析计算公式。

APD 之所以存在 $(g)_{opt}$ 是因为 APD 存在过剩噪声。从上面的分析可知，APD 的噪声功率与 G^{2+x} 成正比，而信号功率与 G^2 成正比，随着 G 的增加，噪声功率的增加快于信号功率的增加。当 G 较小时，放大器的噪声占主导地位，这时增加 G 并不能提高接收机的灵敏度。因此，APD 的雪崩增益存在最佳值。

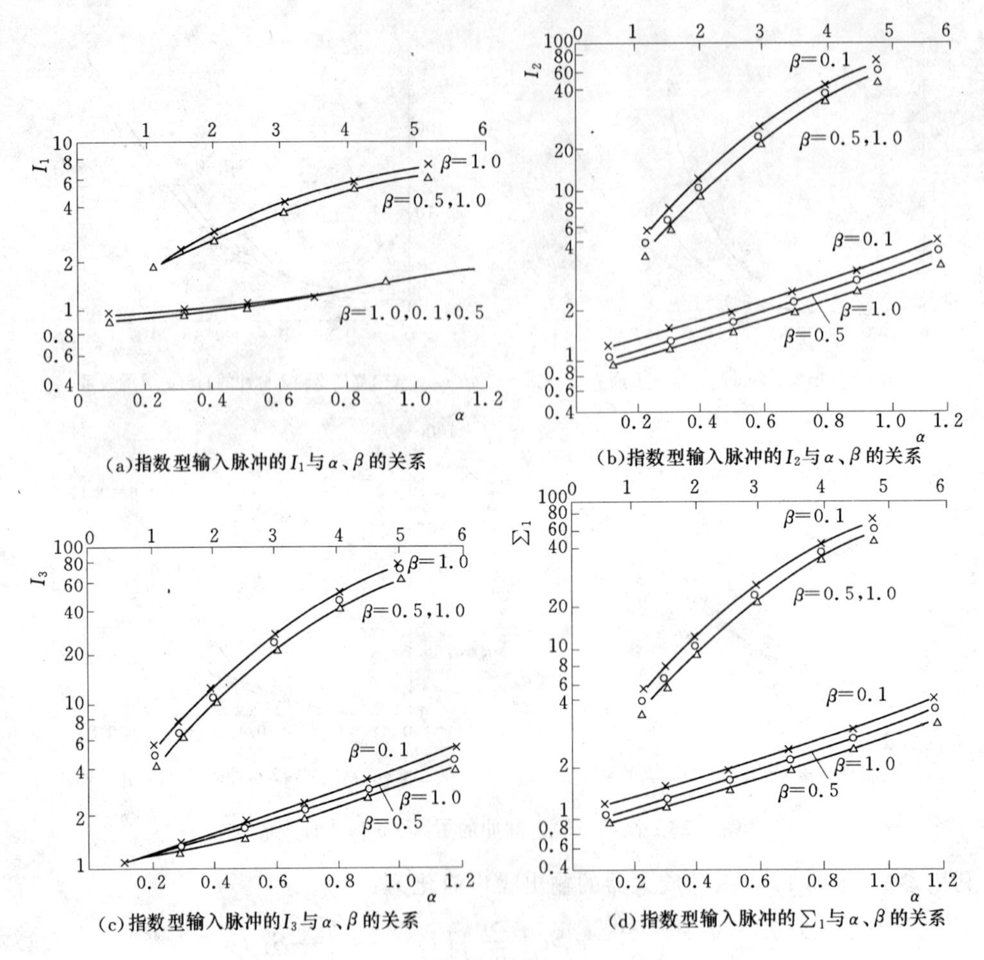

(a)指数型输入脉冲的I_1与α、β的关系　(b)指数型输入脉冲的I_2与α、β的关系

(c)指数型输入脉冲的I_3与α、β的关系　(d)指数型输入脉冲的$\sum_1$与α、β的关系

图 4.24　指数型输入脉冲的$\sum_1$与α和β的关系

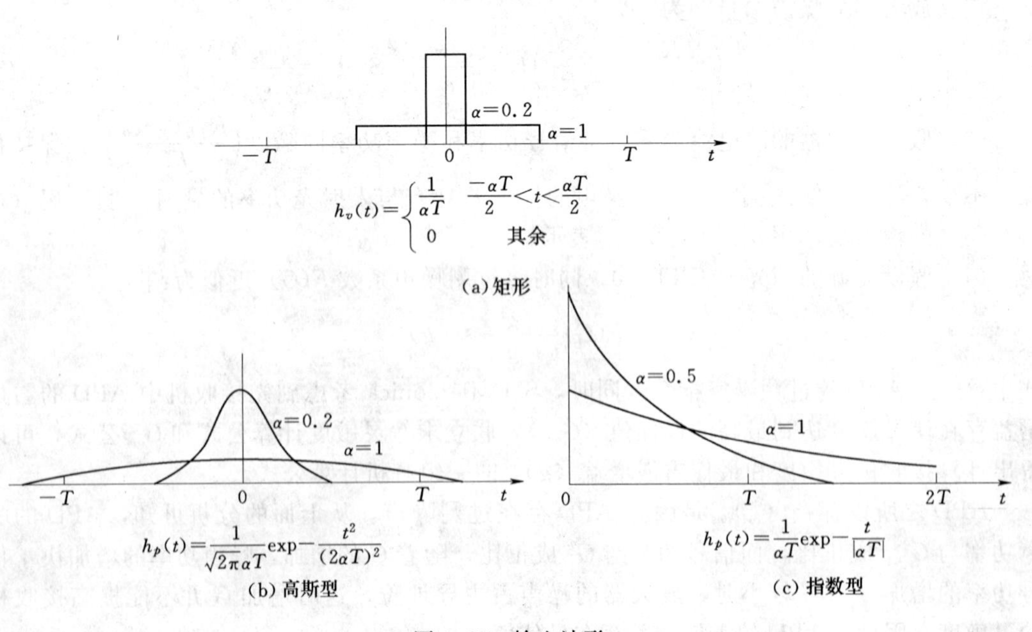

(a)矩形

(b)高斯型　(c)指数型

图 4.25　输入波形

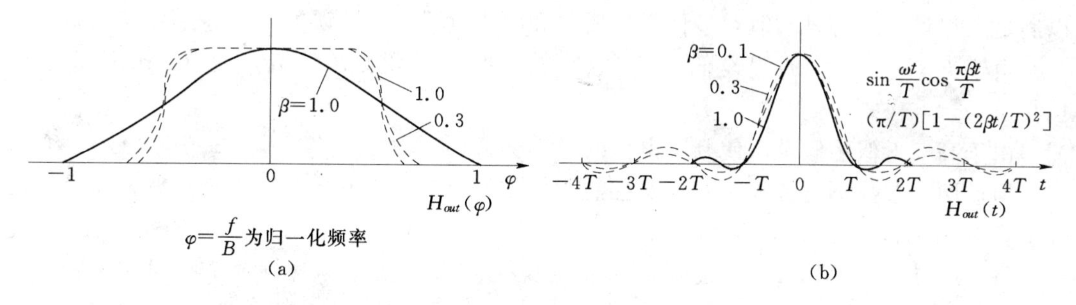

图 4.26 输出波形（升余弦波形和频谱）

2. 计算公式

(1) 当用 APD 作为检测器时，得到：

$$\langle g\rangle_{opt}=Q^{-\frac{1}{1+x}}z^{\frac{1}{2+2x}}\gamma_1^{\frac{1}{2+2x}}\gamma_2^{-\frac{1}{1+x}} \tag{4.76}$$

$$b_{\max}=\left(\frac{hv}{\eta}\right)Q^{\frac{2+x}{1+x}}z^{\frac{x}{2+2x}}\gamma_1^{\frac{x}{2+2x}}\gamma_2^{\frac{2+x}{1+x}} \tag{4.77}$$

式中

$$\gamma_1=\frac{-(\Sigma_1+I_5)+\sqrt{(\Sigma_1+I_5)^2+\frac{16(1+x)}{x^2}\Sigma_1 I_5}}{2\Sigma_1 I_5} \tag{4.78}$$

$$\gamma_2=\sqrt{\frac{1}{\gamma_1}+I_5}+\sqrt{\frac{1}{\gamma_1}+\Sigma_1} \tag{4.79}$$

$$I_5=\Sigma_1-I_1 \tag{4.80}$$

式中：Σ_1 和 I_1 可以根据输入波形和输出波形的情况查图表得到。若用平均光功率表示接收机的灵敏度，则灵敏度为：

$$P_{\min}=\frac{b_{\max}}{2T} \tag{4.81}$$

(2) 用 PIN 光电二极管作检测器。若用 PIN 光电二极管做检测器，$\langle g\rangle=1$。在这种情况下，放大器的噪声占主导地位，PIN 的噪声可以忽略。接收机的灵敏度可以表示为：

$$b_{\max}=\frac{2Qhv}{\eta}z^{1/2} \tag{4.82}$$

$$P_{\min}=\frac{Qhv}{\eta}z^{1/2} \tag{4.83}$$

(3) 判决电平的计算公式。在高斯近似计算的推导过程中，还可以得出消光比为零时最佳的判决电平的计算公式：

$$\frac{D}{b_{\max}}=\frac{\sigma_0}{\sigma_0+\sigma_1}=\frac{1}{\gamma_2}\sqrt{\frac{1}{\gamma_1}+I_5} \tag{4.84}$$

式中：σ_0 和 σ_1 分别为“0”码和“1”码时总噪声的标准差。

在电接收机中，噪声主要由放大器引入，与入射信号的幅度没有关系，无论接收信号是“0”还是“1”，噪声都相等。因此，判决电平应选择在“0”和“1”信号电平的中点。而在光接收机中，由于检测器的散粒噪声与入射光功率有关系，“1”码时入射的光能量 $b_{\max}$ 远远大于“0”码时的能量 $b_{\min}$，所以 σ_1^2 大于 σ_0^2，最佳的判决电平应低于“0”和“1”电平的中点。

S. D. Personick 的高斯近似计算公式对灵敏度的计算精确较高，误差在 1dB 左右，可以满足工程计算的需要，但对最佳雪崩增益和判决电平的计算误差较大。主要表现为：

由于 $F(G)\approx\langle g\rangle^{x}$ 的假设低估了 $\langle g\rangle$ 较大时的过剩噪声系数，使 $\langle g\rangle_{opt}$ 计算结果偏高；

由于高斯近似的假设，使判决电压的计算偏低。

但这两个参数不是接收机的重要性能指标，且可以较方便地实验中进行调整而得到最佳值。

【例 4.4】 140Mbit/s 光接收机，前置放大器用双极晶体管制成 $R_b=150\Omega$。$r_{b'b}=1mA$；$I_b=26\mu A$；$C_t=C_d+C_s+C_a\approx16pF$，$C_d+C_s=6pF$，$R_t=R_b//R_a\approx130\Omega$；环境温度 K=300K。光接收机接收的波形为矩形脉冲（$\alpha=1$），均衡滤波器输出升余弦脉冲($\beta=1$)；输出的光波长 $\lambda=0.85\mu m$；采用 SiAPD 作检测器，$x=0.5$；$\eta=0.7$；SiAPD 可以提供足够的增益，从而工作在最佳雪崩增益状态。求光接收机的灵敏度（误码要求为 10^{-9}）。

解： 分以下 4 个步骤求光接收机的灵敏度。

（1）确定参数值。对 $\alpha=1$ 的矩形输入脉冲和 $\beta=1$ 的升余弦输出脉冲，查本节后面的附图可得到：

$$\sum\nolimits_1=1.13; I_1=1.10; I_2=1.13; I_3=0.174$$

根据已知的 $\sum_1$、I_1、I_2、I_3 的值可求出：

$$I_5=\sum\nolimits_1-I_1=0.0286$$

$$\gamma_1=\frac{-(\sum_1+I_5)+\sqrt{(\sum_1+I_5)^2+\frac{16(1+x)}{x^2}\sum_1 I_5}}{2\sum_1 I_5}=14.5$$

$$\gamma_2=\sqrt{\frac{1}{\gamma_1}+I_5}+\sqrt{\frac{1}{\gamma_1}+\sum\nolimits_1}=1.41$$

（2）求放大器的参量 z。

$$z=\frac{T}{e_0^2}\left(\frac{2kK}{R_b}+e_0 I_b+\frac{2kKr_{b'b}}{R_b^2}+\frac{1}{R_t^2}\frac{k^2K^2}{e_0 I_c}\right)I_2+\frac{(2\pi)^2(C_d+C_s)^2}{Te_0^2}2kKr_{b'b}I_3+\frac{(2\pi C_t)^2}{e_0^2 T}\frac{k^2K^2}{e_0 I_c}I_3$$

式中：$e_0=1.6\times10^{-19}C$；$k=1.38\times10^{-23}J/K$；$T=\frac{1}{B}$。

将所有已知值代入上式计算，得到：

$$z=3.44\times10^{-7}$$

（3）确定 Q 值。

从如图 4.41 所示可查到 Q 值，当要求 $BER=10^{-9}$ 时，$Q\approx6$。

（4）计算灵敏度。

$$b_{\max}=\left(\frac{hv}{\eta}\right)Q^{\frac{2+x}{1+x}}z^{\frac{x}{2+2x}}\gamma_1^{\frac{x}{2+2x}}\gamma_2^{\frac{2+x}{1+x}}$$

已知 $h=6.62\times10^{-34}$J·s，代入上式计算，得：

$$b_{\max}=3.31\times10^{-16}\text{J}$$

$$P_{\min}=2.32\times10^{-8}W=-46.4\text{dBm}$$

3. 影响光接收机灵敏度的主要因素

从上面得到的接收机灵敏度的解析表达式，我们可以分析影响接收机灵敏度的主要因素。

（1）灵敏度与放大器噪声的关系。不论采用 APD 还是光电二极管作为检测器，放大器热噪声都是影响接收机灵敏度的重要因素。但从式（4.78）和式（4.83）中可以看出，当采用光电二极管作为检测器时，散粒噪声一般可以忽略，放大器噪声是影响接收机灵敏度的主要因素。而当采用 APD 作为检测器时，APD 的过剩噪声也是影响接收机灵敏度的重要因素，放大器噪声对灵敏度的影响相对减小。这种情况可以从 b_{max} 与 z 的关系看出：

$$b_{max} \propto z^{1/2}\text{（PIN 光电二极管做检测器）}$$

$$b_{max} \propto z^{\frac{x}{2+2x}}\text{（APD 做检测器，工作在最佳雪崩增益）}$$

对 SiAPD 来说，$x \approx 0.5$；$b_{max} \propto z^{1/6}$。

当采用 APD 做为检测器时，放大器噪声对灵敏度的影响相对减小并不意味着可以放松对放大器噪声的要求。因为放大器噪声的大小与最佳雪崩增益有关，特别是长波长 APD 能提供的雪崩增益有限，非最佳雪崩增益的应用也会降低灵敏度。

（2）接收机灵敏度与比特速率的关系。从 z 的定义和 P_{min} 的关系式可以分析 P_{min} 与 T 关系，进而得到 P_{min} 与比特速率的关系。从物理概念上来看，随着比特速率的提高，放大器和均衡滤波器的带宽增加，噪声等效带宽也会增加。放大器个光电检测器的噪声影响加剧，灵敏度会下降。对比特速率较高的系统，接收机灵敏度与比特速率的关系为：

1）当用 PIN 光电二极管做检测器时，比特率增加倍频程，灵敏度大约下降 4.5dB。

2）当用 APD 做检测器（设 $x \approx 0.5$），且工作在最佳雪崩增益时，比特率增加倍频程，灵敏度大约下降 4.5dB。

（3）灵敏度与输入波形的关系。在高斯近似计算公式的分析过程中，有一个基本的出发点，那就是接收机有良好的均衡能力，有与输入脉冲相对应的均衡电路。当不同宽带、不同形状的光脉冲输入时，经过均衡滤波电路后输出的都是具有升余弦频谱的波形。因此，在一定的比特速率下，接收机（包括放大器和均衡滤波器）所需要的带宽是由输入波形所决定的。输入脉冲波形越窄，它的频谱越宽，接收机的频带就可以窄一些，这样有利于限制高频噪声，提高接收机灵敏度。可以证明输入 $\delta(t_1)$ 脉冲时，放大器的噪声最小，灵敏度最高。发送 RZ 码时接收机的灵敏度比 NRZ 码要高。

（4）消光比对灵敏度的影响。消光比是发射机的性能指标，是由于光源的不完善调制所引起的。消光比不为零的情况经常是由于“0”码时，光源并没有完全熄灭，所以调制脉冲相当于加在残余光上，如图 4.27 所示。

S. D. Personick 推导了消光比不等于零时接收机灵敏度的计算公式，并计算了消光比对灵敏度的影响。如图 4.28 所示是当 APD 工作在最佳雪崩增益时和采用光电二极管时消光比引起的灵敏度的恶化量。

（5）激光器和光纤系统的噪声对灵敏度的影响。在前面分析接收机灵敏度的计算过程中，仅仅考虑了接收机的噪声。实际上，激光器本身和光纤系统（包括激光器和光纤）也会产生噪声，有时也会影响灵敏度。激光器和光纤系统的噪声主要有以下几种。

1）激光器的量子噪声。量子噪声是激光器的本征噪声，是不可避免的。量子噪声的起因是激光器输出光场的相位和幅度作随机的布朗（Brown）运动，表示为激光器谐振腔里光量子数及其相位的随机起伏。量子噪声对相干通信（外差或零差检测）和模拟系统危害很大，对直接检测的数字系统的影响可忽略。

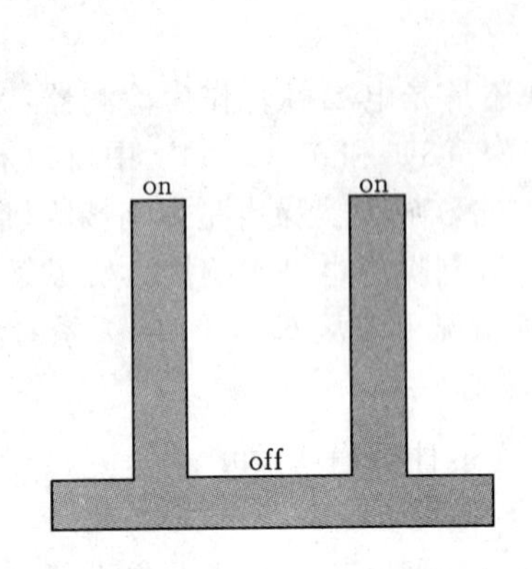

图 4.27　残余光消光比不为零

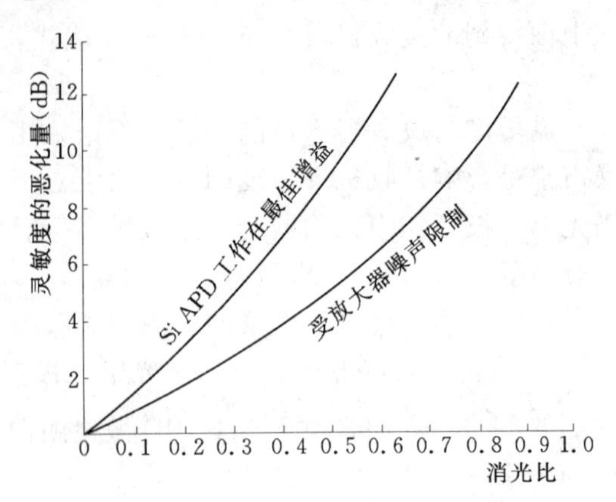

图 4.28　消光比引起的灵敏度的恶化量

2）模式分配噪声。如果半导体激光器是多纵模的，在调制时它的各个模式一般是不很稳定的。尽管各模式功率的总和（即总功率）不随时间而变，但各模式各自的功率（即分配的功率）却随时间作随机的变化。由于光纤有材料色散，不同的纵模工作在不同的波长上，经过光纤的色散，各纵模将分开，从而使加到光电检测器上的信号产生失真，这便是模式分配噪声。模式分配噪声主要对宽带、中继距离长的系统产生不良影响。采用单纵模激光器或工作在材料色散小的波段时，模式分配噪声可以忽略不计。

3）模式噪声。当多模光纤与谱线很窄的激光器配合使用时，光纤中传导的各种导模之间将产生明显的干涉图样，因而在光纤截面上的功率分布是不均匀的。由于光纤的各种效应以及波长的起伏，干涉图样一般极不稳定、不断变化。如果光纤系统有空间滤除或模式滤除效应，例如光纤中有接头、连接器等，或者光纤受到随机的扰动等，结果仅使一部分光斑通过，而光斑（或称干涉图样）的变化使功率产生寄生调幅，形成噪声。光源的相干性越好，光纤的色散越小，模式噪声的影响越严重。

对于单模光纤，HE_{11}模有两个正交的极化方向。由于光纤的双折射特性，再经过不完善的接头或耦合，也会产生模式噪声，也可将其称为极化噪声。

反射噪声。半导体激光器的输出，经过耦合机构送到光纤中。在耦合机的输入端、光纤端面和光纤接头处，都会有反射存在。反射光将反馈回激光器，使激光器的输出功率和功率谱产生浮动。反射光可能在光纤中不同的反射点之间来回反射，形成多径反射噪声。

4.5　光接收机的组成模块

本节主要介绍光接收机的几个组成模块，并对相关问题进行分析。

4.5.1　码间干扰问题与均衡滤波电路

1. 码间干扰问题

对于一个实际使用的传输系统（包括信道、放大器、均衡滤波器等），其频带总是受限的。对于一个频域受限的系统，它的时域响应将是无限的。也就是说它的输出波形必定有很长的拖尾，使前后码元在波形上互相重叠而产生码间干扰，影响接收机的灵敏度。因此，码间干扰也是数字通信系统中应尽力避免的问题。

尽管频带受限系统的时域波形总会有拖尾，但我们可以设计具有特定频谱的波形，使其在判决其他码元的时刻，拖尾值为零，从而消除码间干扰。在光纤通信中，输出波形常常被均衡成具有升余弦频谱（相频特性为线性的）。升余弦频谱为：

$$A(\omega)=\begin{cases}1 & 0\leqslant|\omega|<\dfrac{(1-\beta)\pi}{T}\\ \dfrac{1}{2}\left[1+\sin\dfrac{T}{2\beta}\left(\dfrac{\pi}{T}-|\omega|\right)\right] & \dfrac{(1-\beta)\pi}{T}\leqslant|\omega|<\dfrac{(1+\beta)\pi}{T}\\ 0 & |\omega|\geqslant\dfrac{(1+\beta)\pi}{T}\end{cases}\tag{4.85}$$

设发送脉冲的频谱为 $S(\omega)$，将光纤看作线性系统，为实现无码间干扰判决，需满足：

$$S(\omega)H_{of}(\omega)H_{am}(\omega)H_{eq}(\omega)=A(\omega)\tag{4.86}$$

式中：$H_{of}(\omega)$、$H_{am}(\omega)$、$H_{eq}(\omega)$ 分别是光纤、放大器和均衡网络的传递函数。对于任意的输入波形，只要均衡网络的传递函数为：

$$H_{eq}(\omega)=\frac{A(\omega)}{S(\omega)H_{of}(\omega)H_{am}(\omega)}\tag{4.87}$$

就可在判决时做到无码间干扰。

2. 频域均衡电路

均衡电路的设计，从原则上讲是网络综合问题。若完全按照式（4.87）进行设计，必定非常复杂困难。一般可以找特性近似的网络代替，再通过实验的方法进行调整。在这里介绍两种均衡电路。

如图 4.29 所示是低速光纤通信系统中使用的可变均衡电路。此均衡网络的传递函数为：

$$H(\omega)=v_B/v_b\tag{4.88}$$

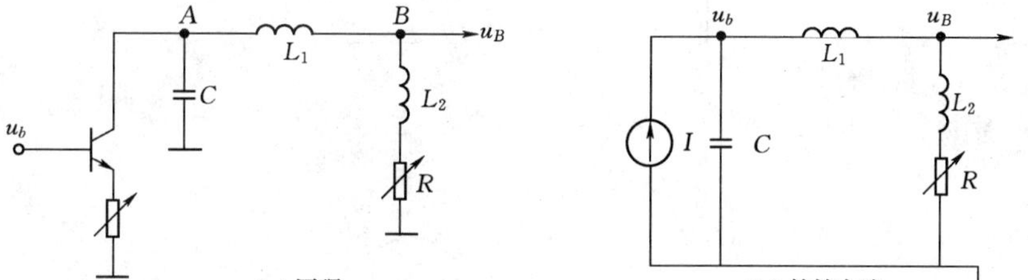

(a)原理　　(b)等效电路

图 4.29　可变均衡电路

可得到此均衡网络的传递函数为：

$$H(\omega)=\frac{\beta}{R_{in}}\frac{i\omega L_2+R}{1-\omega^2(L_1+L_2)C+i\omega CR}\tag{4.89}$$

根据系统的要求，只要改变 R、L_1、L_2 和 C 的值，就能改变均衡网络的传递函数。

对于高比特率光纤传输系统，均衡电路的主要任务是提升高频。如图 4.30 所示是光纤传输系统中采用的射极可变均衡节。此电路在射极电阻上并联小电容和阻容回路（$R<R_e$），从而在不同的高频段适当地减小电流串联负反馈，

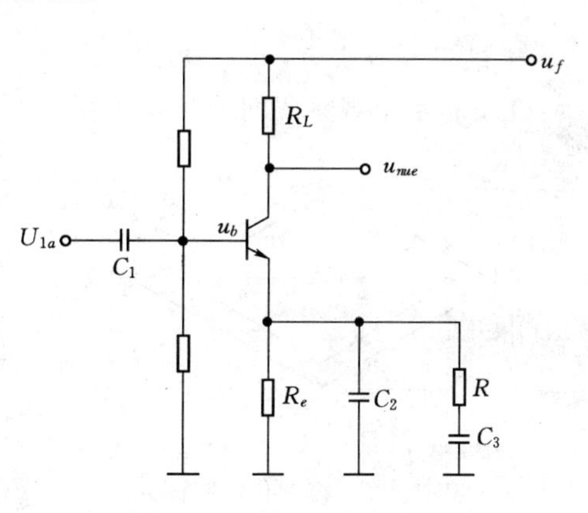

图 4.30　射极可变均衡节

起到提升高频的作用。

3. 时域均衡器——自适应均衡器

另一种均衡方法是在时域用数字逻辑电路来进行自适应均衡。图4.26给出一种时域均衡电路图。其基本思路是先监测某“1”码在判决其他码元时刻的拖尾值，然后通过逻辑电路在判决时将其他码元的拖尾消除掉。

如图4.31所示。从判决电路输出的脉冲序列中分出一部分送入延迟电路，脉冲序列中的某 a_k 是“1”码，取值为1；是“0”码，取值为0。每一级延迟电路将信号延迟一个码元的持续时间 T，然后输出与 $d_k(k=1、2、3、\cdots)$ 相乘，d_k 为判决码元在判决后 kT 时刻（即该码元后面第 k 个码元的判决时刻）的拖尾值。$\sum_{k=1}^{K} d_k a_k$ 即是一个“1”码过后判决它后面 k 个码元时的拖尾值之和。将 $\sum_{k=1}^{K} d_k a_k$ 送入输入端，与输入信号相减，则送入判决器的信号就消除了它前面 k 个码元的干扰，如下式所示：

$$u_{\mathrm{DFE}} = u_i - \sum_{k=1}^{K} d_k a_k$$

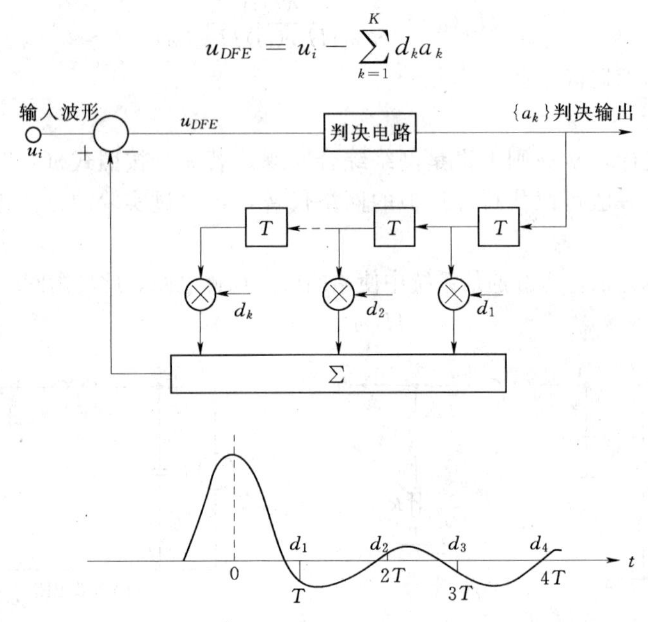

图4.31　时域自适应均衡电路图

4. 眼图分析法

在实验室里观察码间干扰是否存在的最直观、最简单的方法是眼图分析法。将均衡滤波器输出的随机脉冲序列输入到示波器的 y 轴，用时钟信号作为外触发信号，示波器上就显示出随机序列的眼图。实际上，眼图就是随机信号在反复扫描的过程中叠加在一起的综合反映。如图4.32所示是一个模型化的眼图。眼图的垂直张开度定义为 $E_{\perp}=\frac{V_1}{V_2}$，垂直张开度表示系统抵抗噪声的能力，也称为信噪比边际。眼图的水平张开

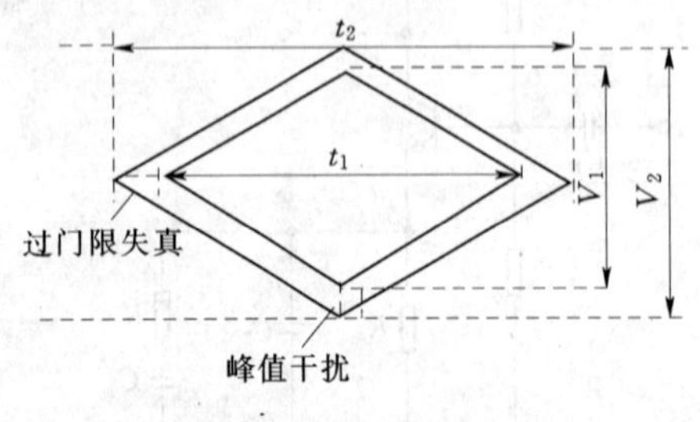

图4.32　模型化的眼图

度定义为 $E_{//}=\frac{t_1}{T}$，它反映过门限失真量的大小，水平张开度的减小会导致提取出的时钟信号抖动的增加。

眼图的张开度受噪声和码间干扰的影响。当输出信噪比很大时，张开度主要受码间干扰的影响。因此，观测眼图的张开度就可以估计出码间干扰的大小，这给均衡电路的调整提供了简单而适用的观测手段。

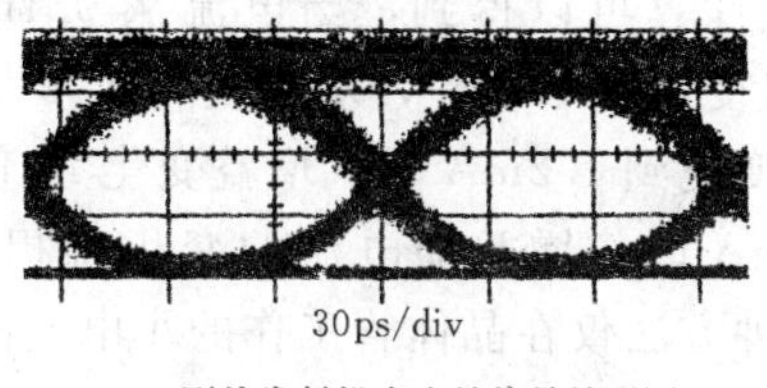

(a)刚从发射机出来的信号的眼图

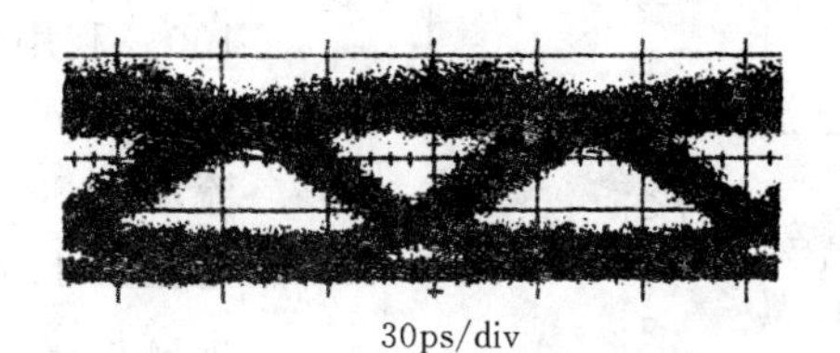

(b)经过80km传输之后信号的眼图

图 4.33　眼图

如图 4.33（a）所示是一个刚从光发射机出来的信号的眼图。如图 4.33（b）所示是经过 80km 传输之后的眼图。通过眼图可以看出，经过传输后的信号质量变差了。

4.5.2　接收机的动态范围和自动增益控制电路

1. 接收机的动态范围

对于一个标准化设计的光接收机，当它应用在不同的系统中时，接收的光信号的强弱是不同的。灵敏度反映接收机接收微弱光信号的能力，而动态范围实际上表示接收机接收强光信号的能力。接收机的动态范围是指保证接收机正常工作的前提下，所允许的接收光功率的变化范围，它也是一个重要的性能指标。在 SDH 体系中，也用最小过载点表示光接收机所能接收的最高光功率，最小过载点和灵敏度之差则为动态范围。

当采用雪崩光电二极管作光电检测器时，可以采用两种方法扩大接收机的动态范围。一种是对主放大器进行自动增益控制（AGC），另一种是对 APD 的雪崩增益进行控制。但目前广泛使用的长波长系统，APD 的增益有限，一般不再对其增益进行控制。

放大器电压增益的控制方式是多种多样的。这些方式大体可归纳为两种情况：一种是改变放大器本身的参数，使增益发生变化。如改变差分放大器工作电流的方式，分流式控制方式，采用双栅极场效应管等。另一种是采用幅限放大器，限制放大器的输出幅度。由于入射光功率和光生电流成线性关系，所以放大器电压增益的控制范围 D_a（用 dB 表示）换算成光功率的控制范围，仅为$\frac{1}{2}D_a$。

2. 几种常用的放大器电压增益自动控制电路

(1) 改变差分放大器工作电流的 AGC 电路。目前，用集成电路工艺制作的差分放大器或差分管对已相当普通。若主放大器是采用差分放大器组成，则可以通过改变差分放大器恒流源的电流来控制放大器的增益，如图 4.34 所示。恒流源电流的变化相当差分管的工作电流发生变化，从而使放大器的增益发生变化。

对晶体管，输入电阻可由下式计算：

$$h_{ie}=r_{b'b}+(1+\beta)\frac{26}{I_e} \tag{4.90}$$

式中：$r_{b'b}$ 为基极电阻；β 为晶体管电流放大倍数；I_e 为发射极工作电流，以 mA 为单位。

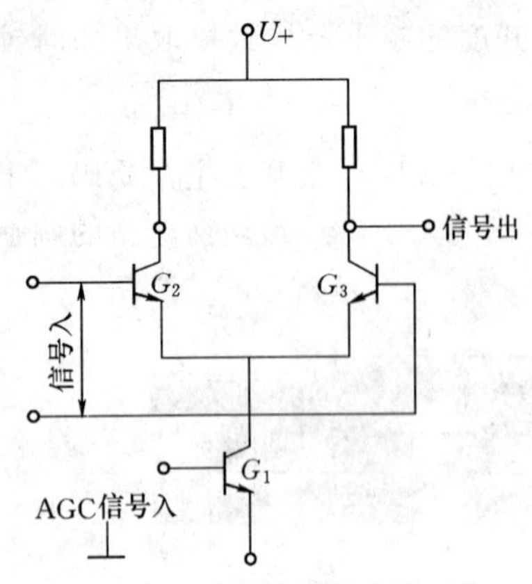

图 4.34 改变差分放大器工作电流的控制方式

若不考虑前级的输出电阻，单端输出的差分放大器的电压放大倍数为：

$$A \approx \frac{1}{2} \frac{\beta R_L}{h_{ie} + \beta R_e} \tag{4.91}$$

式中：R_e 为射极串联电阻；R_L 为负载电阻。

若晶体管的 $r_{b'b}=300\Omega$；$R_L=1\text{k}\Omega$；$R_e=10\Omega$；$\beta=100$。利用上式计算可以得到，当电流从 0.1mA 变化到 1.2mA 时（变化了 12 倍），增益变化了 8 倍；当电流从 0.05mA 变化到 1.2mA 时，增益变化 15 倍；而当电流大于 1.2mA 时，增益随电流的变化将相对缓慢。也就是说，这种方法仅在晶体管工作的小电流的状态下控制效果才比较明显，而且每一级的控制范围也不太大。若要获得较大的电压增益的变化范围（如 40dB），需要同时控制 2～3 级差分放大器才能实现。

但在高速率光接收机中，小电流工作下的晶体管往往不能保证有良好的高频特性，结果限制了这种方法在高速系统中的应用。

（2）分流式控制电路。如图 4.35 所示给出了一个分流式自动增益控制电路。在这个电路中，信号从 G_1 管的基极输入，晶体管 G_1 和 G_3 构成共射—共基放大电路，而 G_2 和 G_3 又是一对差分管。G_2 管的导通情况受 AGC 信号控制，改变 G_2 管和 G_3 管信号电流的分配比例，就可以改变放大器的电压增益。

当晶体管 G_1 的输入电压为 v_i 时，G_1 管的集电极电流为：

$$I_{c1} = g_{m1} v_i \tag{4.92}$$

式中：g_{m1} 是 G_1 管的跨导。放大器的电压增益为：

$$A = \frac{v_0}{v_i} = \frac{\alpha I_{c3} R_{L3}}{I_{c1}/g_{m1}} = R_{L3} g_{m1} \frac{I_{c3}}{I_{c1}} \tag{4.93}$$

式中：α 为 G_3 管共基极电流放大倍数；R_{L3} 为 G_3 管的负载阻抗。

电流比 I_{c3}/I_{c1} 是 AGC 控制电压 v_P 的函数。当 v_P 为一个较负的电压时，G_2 管截止，$I_{c3} \approx I_{c1}$，放大器具有最大的增益。随着 v_P 的升高 G_2 管逐渐导通，由于 $I_{c1} \approx I_{c2} \approx I_{c3}$，放大器的增益逐渐减小。通过实验实测，这种控制方式的 $D_a \approx 30\text{dB}$。

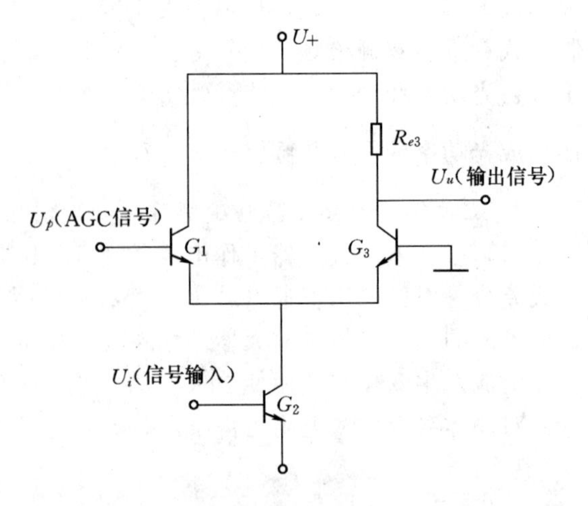

图 4.35 分流式自动增益控制电路

分流式自动增益控制电路的优点是：控制范围较大（一级的控制范围可达 30～40dB），高频特性较好。当放大器增益受控时，仅改变 G_2 管和 G_3 管的电流分配比例，对 G_1 管没有影响，因而输入端的高频特性保持不变。G_3 管是共基电路，具有较好的高频特性。因此，当放大器的增益受控时，其高频特性不会受到影响。

（3）控制双栅极场效应管的增益。

GaAs 场效应管（FET）是高速率光接收机的放大器常采用的有源器件。若采用双栅极FET 做成主放大器，可以方便地实现自动增益控制。双栅极场效应管具有两个栅极，它们都能控制漏极电流的变化。其中一个称为信号栅，输入信号加在信号栅上，通过信号电压的变化控制漏极电流，使输入信号得到放大。另一个是控制栅，AGC 信号加在控制栅上，通过 AGC 电压的变化控制漏极电流，从而改变放大器的增益。

这种控制方式具有良好的高频特性，而且方便可行，在高速率光纤通信系统中得到广泛的应用。

4.5.3 再生电路

再生电路的任务是把放大器输出的升余弦波形恢复成数字信号，它由判决电路和时钟提取电路组成。为了判定每一比特是“0”还是“1”，首先要确定判决的时刻，这就需要从升余弦波形中提取准确的时钟信号。时钟信号经过适当的移相后，在最佳的取样时间对升余弦波形进行取样，然后将取样幅度与判决阈值进行比较，确定码元是“0”还是“1”，从而把升余弦波形恢复再生成原传输的数字信号。

理想的判决电路应是带有选通输入的比较器，比较电压设定在最佳的判决电平上，时钟信号由选通端输入，从而确定最佳的判决时间。最佳的判决时间应是升余弦波形的正负峰值点，这时取样幅度最大，抵抗噪声的能力最强。

再生电路中的另一重要部分是时钟提取电路。时钟提取电路不仅应该稳定可靠、抗连“0”或连“1”性能好，而且应尽量减小时钟信号的抖动。时钟的抖动使取样偏离最佳的时间，增加误码率。尤其是在多中继器的长途通信系统中，时钟抖动在中继器中的积累会给系统带来严重的危害。抖动也是光纤数字通信系统的重要性能指标。

从接收信号中提取时钟，一般可采用锁相环路和滤波器（如陶瓷、晶体、声表面波和LC 滤波槽路等）来完成。接收信号在送入锁相环或滤波器之前，一般还要进行预处理。下面介绍信号的预处理及用锁相环和声表面波滤波器提取时钟的方法。

1. 信号预处理

为了在判决无码间干扰，接收机输出信号总是被均衡成不归零（NRZ）的具有升余弦频谱的波形，但 NRZ 码中不含有时钟频率的频谱分量。因此，在用滤波器或锁相环路提取时钟时，首先要对信号进行非线性预处理。

非线性处理的基本方法是利用微分、整流电路来实现。当系统的速率较低时，可采用阻容微分、二极管全波整流的电路；当系统的速率较高时，可采用逻辑微分整流方式或采用延迟原理来窄化脉冲，如图 4.36 所示给出了一种非线性处理电路和它们的波形图。这个电路将输入的不归零码先整形为矩形脉冲，再经过延迟线延迟，然后将延迟后的信号和原信号进行与门运算，便可得到含有时钟频率的窄脉冲输出。

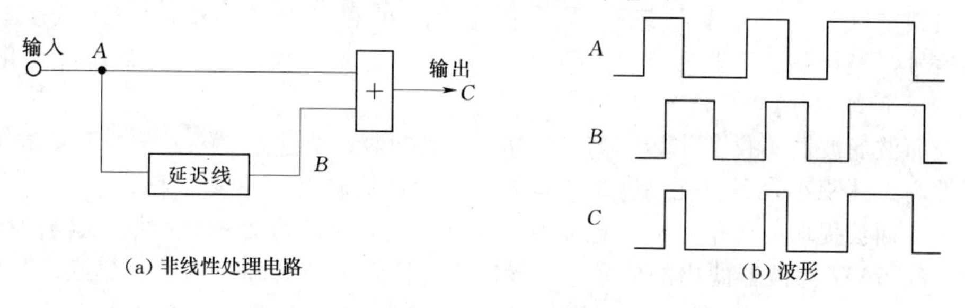

(a) 非线性处理电路　(b) 波形

图 4.36 非线性处理电路及其波形图

2. 锁相环路

(1) 锁相环路的方框图。如图 4.37 所示为锁相环时钟提取电路。此电路包括鉴相器、环路滤波器和压控振荡器 3 部分。

鉴相器是一个对相位误差敏感的元件，它对预处理的信号 $u_i(t)$ 和压控振荡器输出的振荡信号 $v_0(t)$ 进行鉴相，输出一个反映这两个信号的相位差的电压信号。鉴相器的输出电压为：

$$u_d(t)=K_d(\theta_i-\theta_0) \tag{4.94}$$

式中：K_d 为鉴相器的灵敏度；u_d 的极性反映信号 u_i 是超前还是滞后 u_0。

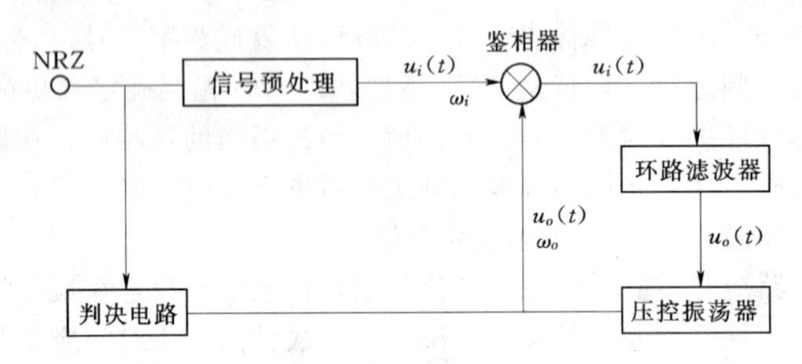

图 4.37 锁相环路的方框图

环路滤波器是一个比例积分器，它通常分为无源和有源两种形式。锁相环路使用环路滤波器的目的是为了得到所需要的环路传递函数，滤除快变的相位噪声，即可以通过环路滤波器的参数来得到预定的带宽、阻尼等。环路带宽越窄，对相位噪声的限制作用越好，输出的相位抖动就越小。但在这种情况下，跟踪的相位误差会加大。因此，设计锁相环路时，应兼顾两者选取最佳的环路带宽。

压控振荡器（VCO）的振荡频率与来自环路滤波器的误差电压成正比，故输出相位与控制电压的积分成正比。即：

$$\theta_0(t)=\int_0^t\omega_0(t)\mathrm{d}t=\int_0^t K_0u_e(t)\mathrm{d}t \tag{4.95}$$

式中：K_0 为 VCO 的控制灵敏度；$u_e(t)$ 为环路滤波器的输出信号。

由于 VCO 的振荡频率受误差电压控制，所以它输出信号的相位是随输入信号相位的变化而变化，从而保持相位跟踪。

(2) 环路的捕捉和跟踪。锁相环路的工作分为捕捉和跟踪两种状态。当没有信号输入时，VCO 以静态频率 ω_0 振荡；如果有 u_i 输入，开始时 ω_i 并不等于 ω_0。如果 ω_i 与 ω_0 相差不大，在适当的范围内，鉴相称为频率牵引。经过一段时间的牵引，ω_0 和 ω_i 相等，这时称为环路锁定。从信号输入到环路锁定，叫做环路的捕捉过程。

环路锁定以后，若 θ_i 发生变化，则鉴相器检出 θ_i 和 θ_0 之差，输出一个正比于 $\theta_i-\theta_0$ 的电压信号，经环路滤波器后控制 VCO 的频率，改变 θ_0 从而使 θ_0 总是跟踪 θ_i 变化。

3. 声表面波（SAW）滤波器

声表面波滤波器不仅工作频率高（可达 2～3GHz），抗连“0”或连“1”性能好，而且可靠性高、体积小，所以在高速率传输系统的时钟提取电路中经常采用。

用声表面波提取时钟信号时，也需对信号预先进行非线性处理，使信号含有时钟频率的线谱。经 SAW 滤波器滤出的信号，一般还要进行限幅放大和适当的相位延时，使波形的前后沿陡峭，并获得最佳的判决时间。这里只介绍声表面波滤波器的工作原理和基本性能。

（1）工作原理。SAW 滤波器的结构如图 4.38 所示。在具有压电效应的基片（例如石英晶片）上沉积一层金属箔，然后用光刻法制成形状像两只手的手指交叉状的金属电极，就得到声表面波滤波器，也称之为叉指换能器。叉指换能器包括发射换能器和接收换能器两部分。当电压加到发射换能器的梳状金属母线上时，由于压电效应，在指条间的压电体上产生相应变化的声表面波信号。声表面波信号沿横向（垂直于指条方向）传递到接收换能器。在接收换能器中声表面波又转换成电极母线上的电压信号。

在发送换能器中，电压信号同时加到各对指条间，但各对指条产生的声表面波信号在传输过程中的相位延迟却不同。设同一电极上两条指的距离为 L（一对指间的距离为 $\frac{L}{2}$），则相邻对指所激发的声表面的相位差为：

$$\Delta\theta=\omega\tau=\omega\frac{L/2}{v} \tag{4.96}$$

式中：τ 为相邻指条间的传输延时；v 为 SAW 的传输速度。

当 SAW 的波长 $\lambda=L$ 时，各对指产生的声表面波处于同步状态，发送换能器产生的声波幅度最大，在接收换能器上转换的电压信号也有最大值。但当 $\lambda\neq L$ 时，同步条件被破坏，输出声波幅度减小，从而使换能器呈现出具有一定频率选择的带通滤波器特性，可以从接收信号中选择出时钟频率，如图 4.39 所示。

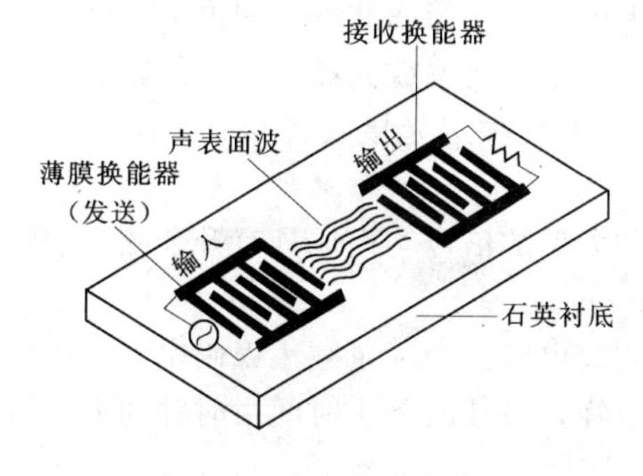

图 4.38　声表面波滤波器

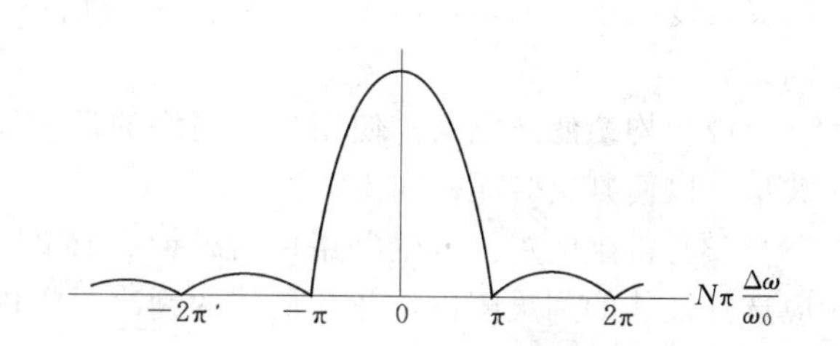

图 4.39　声表面波滤波器的滤波性质

（2）声表面波滤波器的主要性质。

1）振铃效应和等效宽带。SAW 滤波器不含储能元件，但却有较好的抗连“0”和连“1”性能，这主要是因为各指对所激励的声表面波有不同的传输延时的缘故。即使接收信号中的时钟信息在某一瞬间中断，但前一时刻的信号在发送换能器前几对指上激励的声波需要延迟一段时间后才达到输出端，所以声表面并不立即中断，仅是幅度减小。SAW 滤波器的指条数越多，抗连“0”和连“1”性能就越好。SAW 滤波器的这种功能称为振铃效应。为了产生足够长的振铃时间，实际中 SAW 滤波器的指对数 N 常达到几百对之多。N 的数目还决定了滤波器的等效带宽，N 越大，滤波器的品质因数越高，通带越窄。通带过窄对捕捉信号也是不利的。N 与滤波器的等效品质因数 Q 及 3dB 等效带宽 Δf_{3dB} 的关系为：

$$N=\frac{2Q}{\pi} \tag{4.97}$$

$$Q=\frac{f}{\Delta f_{3dB}} \tag{4.98}$$

2）通带纹波。声表面波在传输中总存在着一定的反射，多次反射的结果产生通带纹波，从而加剧了时钟的抖动。因此，如何减小声波反射，抑制通带纹波也是声表面波滤波器设计的重要问题之一。

4.6　小　　结

本章主要围绕下面两大问题讲述 IM－DD 数字系统中的光接收机。

1. 光接收机的组成和性能指标

光接收机主要包括光电变换、放大、均衡和再生等部分。

在本章中首先介绍了光电检测器（光电二极管和雪崩光电二极管）的工作原理、主要性质和结构等内容。光电二极管利用半导体材料的光电效应将入射光子转换成“电子—空穴”对，形成光生电流。量子效率（或响应度）、响应速度和暗电流是光电二极管的主要性能指标。

雪崩光电二极管（APD）利用载流子在高场区的碰撞电离形成雪崩倍增效应，使检测灵敏度大大提高。APD 的雪崩增益随偏压的提高而加大，但在雪崩增益加大的同时，它引入的噪声和它的暗电流也加大。

本章介绍了光接受机的主要组成部分。包括放大电路、均衡滤波电路和再生电路。

（1）放大电路。分为前置放大器和主放大器两大部分。前置放大器的噪声是影响接收机灵敏度的重要因素，而主放大器的电压增益控制范围是决定光接收机动态范围的主要因素。

（2）均衡滤波电路。使用均衡网络的目的是把放大后的信号均衡成具有升余弦频谱的波形，以便判决时无码间干扰。

（3）再生电路。再生电路包括时钟提取电路和判决电路。为尽量减小误码率，判决时应选择最佳的判决阈值，并在最佳的判决时间进行取样，最佳的判决时间由时钟的上升沿确定。时钟提取可采用滤波器或锁相环的方法。

接收机灵敏度、动态范围、时钟抖动是光接收机的 3 个主要的性能指标。

2. 噪声分析和光接收机灵敏度的计算

灵敏度是光接收机的最重要的性能指标，它主要由放大器和检测器引入的噪声所决定。放大器的噪声主要由前置级引入，前置级电阻的热噪声和有源器件的噪声都可以认为是概率密度为高斯函数，具有均匀、连续频谱的白噪声。因此，可以在输入端分析放大器的各个噪声源的功率谱密度，把放大电路作为线性系统，求出放大器输出端的噪声电压的均方值（或称为输出端噪声功率）。

放大器噪声的分析给前置放大器的设计提供了依据。

光电检测过程的量子起伏形成散粒噪声。“光子计数”过程（也就是光电二极管的检测过程）的概率密度为泊松函数。雪崩倍增过程是一个相当复杂的随机过程，这使灵敏度的计算变得复杂。灵敏度的计算方法分为精确计算方法和高斯近似方法。精确计算方法是以雪崩光电检测过程的真实的统计分布为基础，从接收机输出总噪声的实际的概率密度函数出发，计算灵敏度和误码率。因此，精确计算法相当复杂，需要借助于计算机才能完成。

高斯近似法是工程上最常使用的计算方法。这种方法得到灵敏度计算的解析表达式，使计算简便易行，而且计算结果和精确计算接近。高斯近似法的基本出发点是：假设雪崩光电检测过程的概率密度函数也是高斯函数，在这种假设下，接收机输出总噪声的概率密度函数仍是高斯函数，而且它的方差就是放大器和检测器输出噪声功率之和。本章介绍了高斯近似计算的一般方法和 S. D. Personick 推导的高斯近似计算公式。

【阅读资料 12】 常用光接收机主要性能参数

以 HT－702 双向光接收机为例，说明常用光接收机主要性能参数。如图 4.40 所示是 HT－702 双向光接收机的实物图。

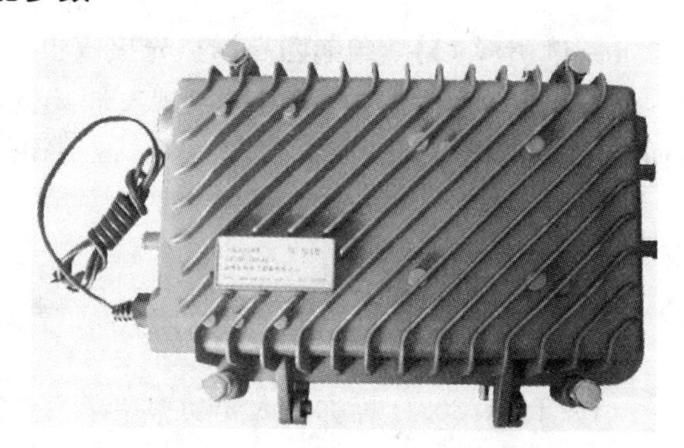

图 4.40　HT－702 双向光接收机

HT－702 双向光接收机是一款经济型中档光接收机。可适合于双向 HFC 网络，模块化反向光发射单元，方便实现升级。

其主要性能参数如下。

1. 功能特点

（1）优质冰花处理、防水铸铝外壳。

（2）具有 GaAS 放大电路，允许超低光功率接受 1 4 个 LED 指示输入光功率。

（3）精准的 1V/1mW 光功率检测口 1 AGC 电路可选。

（4）具有独立供电口，二路/四路电平输出。

（5）正向通道具有可调式衰减器、均衡器。

2. 正向光接收技术参数

（1）光波长：1100～1600mm。

（2）输入光功率：－6～＋3dBm。

（3）光反射损耗：＞45dB。

（4）光连接器形式：FC/APC 或 SC/APC。

（5）频率范围：47（87）～750MHz 47（87）～862MHz。

（6）平坦度：±0.75dB。

（7）增益调节范围：0～20dB。

（8）斜率调节范围：0～20dB。

（9）标称输出电平：110（@0dBm 输入光功率）dBuV。

（10）反射损耗：≥16dB（47/87～550MHz）≥14（550～750/862MHz）。

（11）射频输出阻抗：75Ω。

（12）CTB：＞75dB。

（13）CSO：＞70dB。

（14）反向光发射技术参数。

（15）光波长：1310±20nm。

（16）光输出功率：1～2mW。

（17）频率范围：5～200（可选）MHz。

（18）平坦度：±0.75dB。

（19）增益：≥18dB。

（20）射频输入反射损耗：≥16dB。

（21）一般特性。

（22）电源电压：160～265/35～70Vac。

（23）工作温度：－25～＋55℃。

（24）尺寸：256mm×146mm×92mm。

【阅读资料 13】　单端口高增益光接收机在双向化网络中的运用

当前，广电网络正抢抓数字电视发展契机，加快实施网络双向化改造，光节点到楼栋（即 FTTB 网络结构）成为主流建设、改造模式。一直以来，广电网络以使用四端口、高电平型光接收机（以下称“四端口型”）为主，最近，一些设备厂家根据 FTTB 网络的实际，新研制出了更加适用的单端口、高增益型光接收机（以下称“单端口型”）。笔者对此类产品进行了跟踪，在网络中进行了试用。

1. 主要技术性能对比

（1）TFR7800D 标称输入光功率要求为＋2～－6dBmW；TFR7800F 标称输入光功率要求为＋2～－8dBmW，且带入口光功率检测功能。

实际测试：TFR7800D 输入光功率在小于－3.5dBmW 时信号有较大衰减，即在网络应用中其输入光功率要求＋2～－3.5dBmW。FTR7800F 输入光功率在小于－6.5dBmW 时信号有较大衰减，即在网络应用中其输入光功率要求＋2～－6.5dBmW。从实际光输入动态范围上看：TFR7800F 优于 TFR7800D。

（2）TFR7800D 标称电平输出为 104dB，4 路输出；TFR7800F 的电平输出为 114dB，4 路输出，采用了砷化镓功率倍增模块。

实际测试：TFR7800D 输出电平为 96dB（光功率：＋2～－3.5dBmW），TFR7800F 输出电平为 106dB（光功率：＋2～－6.5dBmW）。参照实际输出测试电平，同为 4 单元楼房，前者单元电平输入最高为 84dB，后者可达 86dB。

（3）C/N、C/CTB、C/CSO 链路指标。

对比：TFR7800D 分别为 51dB、65dB、61dB；TFR7800F 分别为 52dB、67dB、62dB。

结果：TFR7800F 技术性能占优。

2. 实用性对比

（1）使用单端口型光接收机，光节点箱内跳线、器件少，线路连接简洁，有利于提高可靠性，易于维护，并可节省空间，增加箱体的使用效率，为以后扩充设备留下了冗余。

（2）四端口型光接收机主要考虑了负载 4 个单元，如覆盖 5 个单元，连接更为复杂。而单端口型光接收机只需更换 1 只分配器即可，十分简便。

结果：TFR7800F 更为实用。

3. 经济性对比

（1）设备价格：市场上，TFR7800D 约 620 元；TFR7800F 约 740 元。

（2）辅材价格：主要指所需配接的线缆、分支分配器、F 头等。经测算，TFR7800D 约需 55 元；TFR7800F 约需 21 元。

（3）安装、配接费：按 4 单元计算，原需按每户 2 元标准支付安装配接费，共计 96 元；现线路简化，费用支出约 10 元。

结果：TFR7800D 和 TFR7800F 总使用成本均为 770 元左右，成本相当。

4. 结论

单端口型光接收机与四端口型光接收机相比，输入光功率动态范围更大、电平输出高、链路指标优、工作稳定、维护方便、成本相当，整体比较有明显的优势。

【阅读资料 14】　浅谈光纤通信传输损耗

［内容摘要］从光发射机到接收机，光信号在传输过程中，总是有信号传输损耗。本文主要对光纤传输损耗产生的原因进行分析，并提出了相应的解决对策。

光纤通信由于其自身的一些优点，得到了广泛的使用。因此，在光纤通信中产生的问题，也值得我们去认真思考并加以解决。

光纤接续工作，技术复杂、工艺要求高，是对质量标准严格要求的精细工作，也是关系到光纤通信传输质量的重要工作。因此，在施工中，技术人员要充分重视光纤接续时产生的损耗，按照严格标准做好光纤的接续工作，从而降低光缆的附加损耗，提高光纤的传输质量。同时相关的技术人员也要不断的学习相关的专业知识，不断的提升自身的专业技能，在日常的施工工作中注意总结经验教训，不断的提高施工的质量，这也是提高光纤传输效果的一条有效的途径。

1. 光纤通信的相关理论

光纤即为光导纤维的简称。光纤通信是以光波作为信息载体，以光纤作为传输媒介的一种通信方式。从原理上看，构成光纤通信的基本物质要素是光纤、光源和光检测器。光纤除了按制造工艺、材料组成以及光学特性进行分类外，在应用中，光纤常按用途进行分类，可分为通信用光纤和传感用光纤。传输介质光纤又分为通用与专用两种。而功能器件光纤则指用于完成光波的放大、整形、分频、倍频、调制以及光振荡等功能的光纤，并常以某种功能器件的形式出现。

光纤通信的应用在当前主要集中于各种信息的传输与控制上。以互联网的发展为例，传统互联网以电缆为传输工具，速度比较慢。随着 20 世纪 90 年代美国信息高速公路的建设，现代互联网传输的主体为光纤。去年，我国的有线电视实现了由模拟信号向数字信号的完全转变，有线电视信号的传输也是以光纤的应用为前提的。另外，随着信息化的普及，光纤通信基本已经深入到每个人的生活。除此之外，由于光纤通信具有保密性高、受干扰性能高的优点，其在军事与科技中的应用也十分广泛。当然光纤在实际应用中也有一些缺陷，比如玻璃的质地比较脆，比较容易折断，因此加工难度高，价格也较昂贵，要求的加工工艺与电缆相比也复杂很多。而且由于光纤通信自身存在着传输过程中的光能损耗等问题，因此，对于光纤通信要有全面的认识。

2. 光纤传输损耗的种类及原因

光纤在传输中的损耗一般可分为接续损耗和非接续损耗。接续损耗包括由于光纤自身特性引起的固有损耗以及非自身因素（一般为工业加工工艺以及机械的设置）引起的熔接损耗和活动接头的损耗。非接续损耗包括光纤自身的弯曲损耗和由于施工等因素造成的损耗。另外，由于具体光纤应用环境对光纤传输带来的损耗也属于非接续损耗。除此之外，按照光纤传输过程中损耗产生的原因，可分为吸收损耗、散射损耗和其他损耗。

（1）吸收损耗。吸收损耗是指光波通过光纤材料时，一部分光能变成热能，造成光功率的损失。光在传输过程中会与介质发生作用，由于光含有能量，因此在传输过程中必然有一部分被介质所吸收，转化为自身的热能。比如太阳以光的形式向地球传输能量，在阳光经过大气层时，由于大气层具有吸收光的作用，因此造成海拔不同的地方，空气含量发生变化，温度也随之变化。这是吸收损耗的一个最典型的例子。光纤的吸收损耗主要表现在光纤自身材料对光能的吸收。例如加工光纤的原料以石英为主，而石英中就含有铜、铁、铬等金属元素，这些金属元素在各自不同的离子状态下对光粒子都具有吸收作用。另外由于加工过程中，光纤中会含有许多不同的杂质。

（2）散射损耗。散射损耗是指由于光纤的形状、材料使折射率分布存在缺陷或者不均匀，导致光纤中传导的光与微小粒子相碰撞发生散射，由此引起的损耗。散射作为一种光学现象在生活中十分常见。如在晴朗的早晨，太阳还没有升起时天空就是亮的，这就是由于空气中的杂质对太阳光的散射造成的。散射作用的本质是反射作用。即由于物体结构等的不同，造成物体对光的反射以不同的角度向周围无序地反射出去。同理，由于光纤制作工艺等原因，光纤的内部界面会对传输中的光进行散射，造成光传输的能量散失。另外光波的波长与散射有密切的关系。以瑞利散射为例，这种散射主要集中在短波长区域，由于散射对于波长较短的光作用小，因此光纤在长波长区的损耗比短波长区的要低。

（3）其他损耗。其他损耗，又称附加损耗。主要是指是由于光纤微弯以及光纤弯曲造成的损耗和连续损耗。

1）光纤的弯曲损耗。由于光纤自身的性质比较柔软，可以弯曲，但是当光纤弯曲到一定程度后，虽然能够继续对光进行全反射，但此时光波传输的路径已经改变，因此在光纤中会有一部分光能渗透到包层中或穿过包层成为辐射模向外泄漏，从而产生损耗。因此光纤的弯曲损耗与光纤弯曲的曲率有着很大的关系。

2）光纤的连续损耗。光纤的连续损耗指光纤在连接时由于融接等方面的原因对以后的光波传输带来的能量损耗，主要是接头损耗。两根光纤在进行连接时，光纤的纤芯与包层同心率、光纤直径、模场直径、椭圆度、光纤弯曲度等自身的物理性质决定了其接头损耗的大小。日常的操作和实验表明，光纤的纤芯与包层同心率对接头损耗的影响最大，其次是光纤弯曲度。

3. 降低光纤损耗的对策

由于光纤的吸收损耗和散射损耗受光纤自身物理特性的影响较大，因此主要讨论其他几种降低损耗的办法。

首先，应选用特性一致的优质光纤。在同一条线路上尽量采用同一批次的优质名牌裸纤，以求光纤的特性尽量匹配。其次，光缆施工时应严格按规程和要求进行，尽量减少接头数量。敷设时严格按缆盘编号和端别顺序布放，使损耗值达到最小。最后，要保证光纤的应用与施工的环境符合要求，严禁在多尘及潮湿的环境中露天操作。切割后光纤不得长时间暴露在空气，尤其是在多尘潮湿的环境中。环境温度过低时，应采取必要的升温措施。

4. 小结

光纤通信在日常生活中具有十分重要的作用，对光纤通信的损耗特性进行深入的研究有助于光纤通信系统的日常维护，对保证系统的正常运行、提供优质的通信服务具有重要的现实意义。

习　题

1. 分析光电二极管和 APD 的工作原理。

2. 分析光电二极管和 APD 性能参数上的异同点。

3. 已知（1）Si PIN 光电二极管，量子效率 $\eta=0.7$；波长 $\lambda=0.85\mu m$。（2）Ge 光电二极管，$\eta=0.4$；$\lambda=1.6\mu m$。计算它们的响应度。

4. 一个光电二极管，当 $\lambda=1.3\mu m$ 时，响应度为 0.6A/W，计算它的量子效率。

5. 一个 Ge 光电二极管，入射光波长 $\lambda=1.3\mu m$，在这个波长下吸收系数 $\alpha=10^{-4}$ cm^{-1}，入射表面的反射率 $R=0.05$；P 接触层的厚度为 $1\mu m$，它所能得到的最大的量子效率为多少？

6. 一拉通型 APD，光在入射面上的反射率 $R=0.03$，零电场区厚度很小可忽略，高场区和 π 区的厚度之和为 $35\mu m$。当光波长 $\lambda=0.85\mu m$ 时，材料的吸收系数 $\alpha=5.5\times 10^4 cm^{-1}$。求：

（1）量子效率。

（2）在某偏压下，APD 的平均雪崩增益 G=100，那么此偏压下每微瓦入射光功率转换成多少微安电流？

7. 设环境温度为 300K，计算下面两种场效应管的沟道热噪声的功率谱密度。

（1）Si－FET，$g_m=5mA/V$，$\tau=0.7$；

（2）GaAs－FET，$g_m=50mA/V$，$\tau=1.1$。

8. 设随机噪声 f_1 和 f_2 的概率密度均为高斯函数，即

$$f_1=\frac{1}{\sqrt{2\pi}\sigma_1}e^{-x^2/(2\sigma_1^2)}$$

$$f_2=\frac{1}{\sqrt{2\pi}\sigma_2}e^{-x^2/(2\sigma_2^2)}$$

试利用卷积定理证明：它们之和 $f=f_1+f_2$ 的概率密度仍为高斯函数，且有：

$$\sigma^2={\sigma_1}^2+{\sigma_2}^2$$

9. 一双极晶体管前置放大器，$R_b=2k\Omega$；$R_t=1k\Omega$；$C_d+C_s=2pF$；$C_a=2pF$；$I_b=10\mu A$；$\beta_c=100$；环境温度 $k=300K$；$r_{b'b}=50\Omega$；放大器的等效带宽 $\Delta f=100MHz$。

（1）求输出端的等效总噪声功率。

（2）比较各噪声源的影响，起支配作用的噪声源是什么？

10. 已知前置放大器有源器件在输入端的等效噪声源的功率谱密度分别为 $S_I=4\times 10^{-24}A^2/Hz$；$S_E=4\times10^{-18}V^2/Hz$；$R_t\approx R_b=1k\Omega$；$C_t=2pF$；输入为全占空的矩形脉冲；输出为升余弦脉冲（$\beta=1$）；码速率为 100Mbit/s。求：

（1）放大器的噪声参量 z。

（2）如果将 R_b 变为 $100k\Omega$，并设这时 R_t 仍近似等于 R_b，求 z 的变化。

（3）若 C_t 增加为 5pF，求 z 的变化。

注：在输入为全占空的矩形脉冲，输出为升余弦脉冲（$\beta=1$）的情况下，积分参量 $\sum_1=1.13$；$I_1=1.10$；$I_2=1.13$；$I_3=0.174$。

11. 工作在 34Mbit/s 速率的场效应管前置放大器，输入总电容 $C_t=10pF$；场效应管

的 $g_m=5\text{mA/V}$；栅漏电流可忽略。接收机接收矩形脉冲（$\alpha=1$）；输出升余弦脉冲（$\beta=1$）；可查表得出 $I_2=1.13$；$I_3=0.174$。环境温度 k＝300K。如果系统设计者不想使偏置电阻的热噪声起支配作用，那么偏置电阻起码应选择多大？

12. 若 $R_b=20\text{k}\Omega$，系统的误码率要求达到 10^{-9}，在下面的4种情况下求接收机的灵敏度（用高斯近似法）。

（1）$\lambda=0.85\mu\text{m}$；用光电二极管做检测器，$\eta=0.75$；$I_d\approx0$；光源的消光比为0。

（2）用 Si-APD 做检测器，$\lambda=0.85\mu\text{m}$；$\eta=0.75$；$x=0.5$；APD 工作在最佳雪崩状态，$I_d\approx0$；光源的 EXT＝0。查表可得 $\Sigma_1=1.13$；$I_1=1.10$。

（3）用 InGaAs-APD 做检测器，$\lambda=1.3\mu\text{m}$；$\eta=0.75$；$x=0.8$；$I_d\approx0$；EXT＝0。

13. 分析光接收机在噪声特性和最佳判决电平设置上有什么不同？

14. 分析均衡电路在光接收机中的作用，举例说明如何实现均衡。

15. 光接收机有哪些主要的性能指标。

第5章 光 放 大 器

光放大器能直接放大光信号，无需转化成电信号，对信号的格式和速率具有高度的透明性，使得整个光纤通信传输系统更加简单和灵活。它的出现和实用化在光纤通信中引起了一场革命。目前成功研制出来的光放大器有半导体光放大器和光纤放大器两大类。每一类又有不同的应用结构和形式。

在光纤通信系统中，首先要解决的是如何将其他类型的信息转化为光信息，然后，由光源产生的光束携带信息，沿光纤传输到光信号接收机。半导体激光器和发光二极管两种最常用的光源。其小尺寸可以与光纤的小直径相匹配，其固态结构和低功耗需求则与现代的固态电子技术相适应，对于大多数工作在几 GHz（或几个 Gbitls）以下的系统，只须通过调制输入电流即可将信息加载到光束上。如果工作速率更高，则需要考虑其他的调制方式（在第 7 章中还将进一步讨论）。对于半导体激光器和发光二极管的研究内容，包括工作原理、转换特性和调制方式。通过分析两种光源工作特性的差异，可以得到在何种情况下应该使用何种光源方面的知识。

但光纤的损耗导致信号功率低于所需的电平时，需要光放大器放大信号的功率，使之达到可以接受的电平。使用放大器可以延长光纤线路。由于光源和光放大器有很多的共同特点，多以将其放在同一章介绍。

5.1 发 光 二 极 管

5.1.1 发光二极管的原理

发光二极管（LED）实际上是一个半导体 PN 结，在此 PNpn 结上加正向偏置电压时会发光。如图 5.1 所示给出了发光二极管的结构、电路符号和能带图。能带理论可以为半导体发光器件（光检测器）的工作原理提供简单的解释。如图中所示，两个电子可能占据的能带被宽度为 W_g 的禁带（带隙）所隔开。

在能带图中电子能量在竖直方向向上是增加方向上面的能带称为导带，带内的电子不受原子的约束，可以自由运动。下面的能带称为价带，不受约束的空穴可以自由运动。如果电子从中性原子中逃逸，留下带正电的原子，在此位置则产生了带正电荷的空穴。自由电子和空穴可以复合从而形成中性原子此时释放出能量。如图 5.1 所示，N 型半导体有大量的自由电子。而 P 型半导体中有大量的自由空穴。没有外加偏置电压时，N 型和 P 型半导体接触，P 型和 N 型材料的费米能级（W_f）在同一条直线上对齐，形成如图所示的能量势垒。图中所示的材料势重掺杂的，只有这样才能提供发光过程中所需要的大量电子和空穴。

图中，在竖直方向电子能量向上是增加的，空穴的能量向下增加。因此，N 区的自由电子没有足够的能量穿过势垒而进入 P 区。同样，P 区的空穴也没有足够的能量克服势垒而进入 N 区。因而在零偏置时，没有电荷的定向移动。正向偏置电压 V 使得两种材料

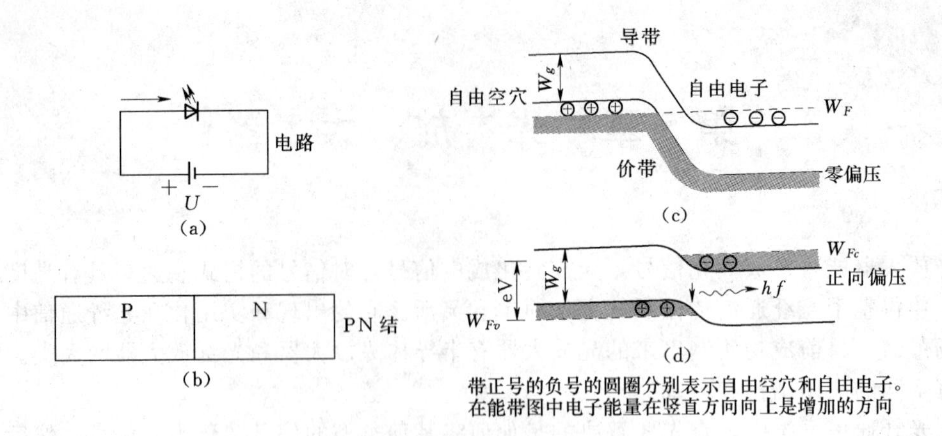

图 5.1　LED 发光二极管

的费米能级分离。正向电压增加了 N 区势能，降低了 P 区势能，从而是势垒降低。如图中所示，如果外电源提供的能量（eV）与禁带宽度 W_g 相同，则自由电子和自由空穴有足够的能量进入结区，这就是做下面一幅图所展示的情形。当自由电子和自由空穴在结区相遇时，自由电子将落到价带与空穴复合。在跃迁过程中，电子损失的能量将以发射一个光子的形式转变为光能。以最简单的术语来说，LED 的辐射是在正向偏置条件下注入结区的电子和空穴复合而产生的。

根据光子的能量和频率的关系为 $W=hf$。辐射波长则为：

$$\lambda=\frac{hc}{W_g} \tag{5.1}$$

式中：带隙能量以焦耳（J）为单位，波长以米（m）为单位。为了将能量用 eV、波长用 mm 表示，式（5.1）可以改写为：

$$\lambda=\frac{1.24}{W_g} \tag{5.2}$$

不同的材料和合金有不同的带隙能量。对于常用的发光材料，将其工作波长和带隙能量的近似值列于如表 5.1 所示中。硅没有列入表中，这是由于其空穴和电子不能直接复合，使得无法用硅做成有效的发光器件。GaInP、AIGaAs、InGaAs 和 GaAsP 器件的工作波长可以通过改变组成元素的百分比来选择。改变组成元素的百分比可以改变材料的带隙能量。根据式（5.2），即可改变发射波长。红光发射材料 GaInP 器件可以塑料光纤系统，因为在 GaInP 器件的发射波长区域损耗比较低。用其他材料做成的器件一般都用于石英玻璃光纤系统。

如图 5.1 所示为一个同质结，其 PN 结由同一种半导体材料构成。同质结 LED 不能很好地约束其辐射。光子从结边缘发射出来，形成很大的发光面。这使得与小尺寸光纤之间的耦合效率降低。可以从两个方面对此解释。其一是存在于较大的区域，致使在较大范围内发生了复合和辐射；其二是产生了光子以后，在不受约束的路径上光子会发散。这些问题都可以通过如图 5.2 所示的异质结来加以解决。异质结是采用不同半导体材料构成的 PN 结。如图 5.2 所示的异质结 LED 实际上包括了两个异质结，因此是双异质结发光器件。构成异质结的两种半导体材料具有不同的带隙能量和折射率。带隙能量的改变形成了势垒，电子和空穴都受到约束，使得电子只能在一个很窄的、具有很好约束力的有源层内相遇和复合。有源层的折射率高于两侧的折射率，形成了一种光波导结构。这种结构正好与第四章研究的电介质平板类似。临界角反射使得一部分光子留在有源区，形成了一个具有高密度光子的小区域。对光发射进行约束可以提高耦合效率，对于小尺寸的光纤更是如此。

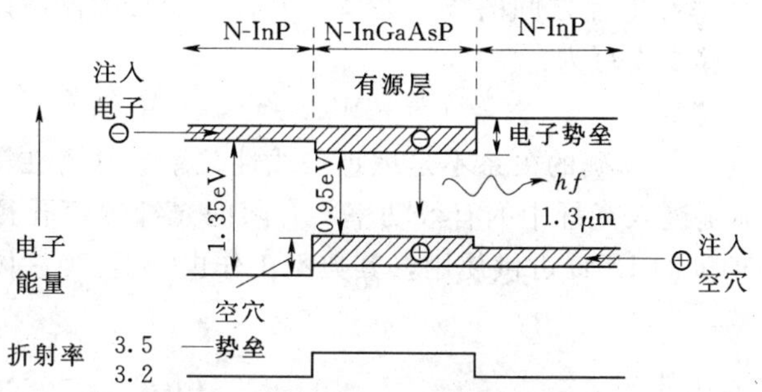

交叉阴影部分代表自由电荷的能级，右边的结形成能量势垒，可以阻止电子穿过进入P型区；左边的结可以阻止空穴进入InPN型区；电子和空穴只在InGaAsP有源层发生复合。这种LED的发射波长大约是1.3μm

图 5.2　双异质结发光器件

光能量可以通过有源层的表面或其边缘耦合进光纤。最有效的面耦合方式如图 5.3 所示，这种耦合结构称为 Burrus 结构或蚀刻阱结构。图示的 AlGaAs 发光二极管的典型发光波长是 0.82μm，正好是玻璃光纤的一个较低损耗窗口。注意二极管底部的绝缘 SiO_2 层和金属层，圆形的金属电极通过一个小孔深入到 SiO_2 层。这种结构可以限制注入电荷只进入达到二极管中心的一小部分区域。由此可以限制发射面积，使尺寸小到 50μm 这样的光纤与光源之间实现相对有效的耦合。光源辐射的大部分光都能到达光纤的纤心端面，但由于光纤的数值孔径有限，所以并不是所有的光能量都能耦合进光纤中。

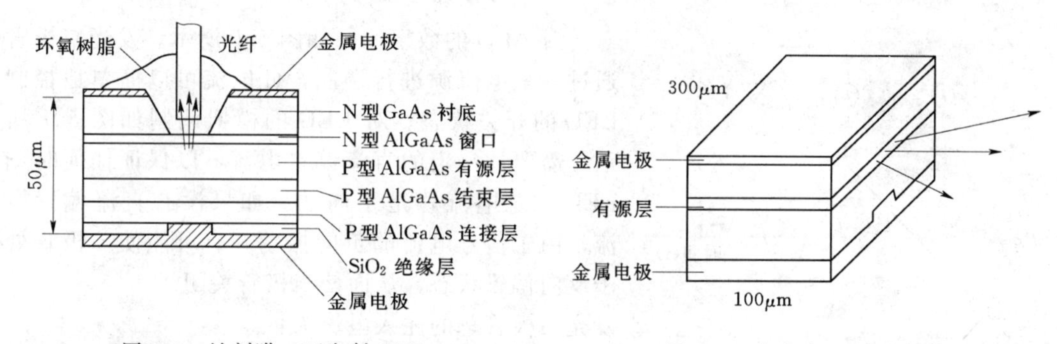

图 5.3　蚀刻阱、面发射 LED

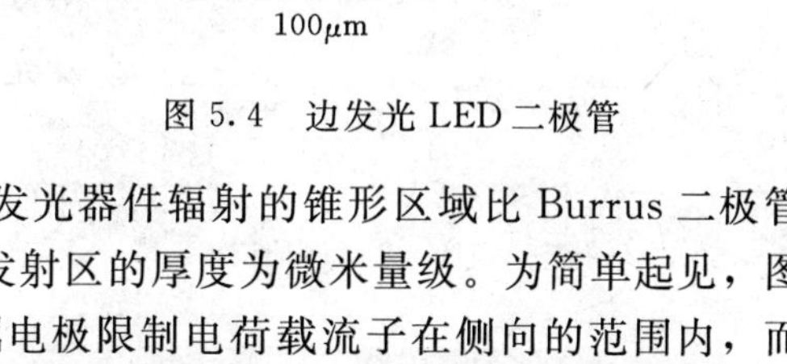

图 5.4　边发光 LED 二极管

边发光二极管的结构如图 5.4 所示。这种发光器件辐射的锥形区域比 Burrus 二极管辐射区域更小。其发射面为矩形而不是圆形。发射区的厚度为微米量级。为简单起见，图 5.4 中的各层并没有明确的标示。带条形的金属电极限制电荷载流子在侧向的范围内，而异质结则限制电荷载流子在竖向的范围内。异质结结构将光波引导向 LED 的发射端面，并防止光波通过表面泄漏出去。

5.1.2　发光二极管的工作特性

LED 发射的光功率与正向驱动电流呈线性关系。典型的输出功率和驱动电流之间的关系如图 5.5 所示。光功率与驱动电流之间的线性关系可以通过下面的分析来解释。电流

i 是每秒注入的电荷量。每秒注入的电荷数为 $N=i/\mathrm{e}$，e 是每个电子所带的电荷。如果可以复合并产生光子的电荷百分数是 η，则输出的光功率可以表示为：

$$P=\eta N W_g=\frac{\eta W_g}{\mathrm{e}} i \tag{5.3}$$

这个方程式表明了光功率和电流之间的线性关系。上式中的带隙能量以焦耳为单位。如果用 eV 为单位，则上式可以改写为：

$$P=\eta i W_g \tag{5.4}$$

光功率和电流之间更加精确的关系不是理想的线性关系，这将在第 7 章中讨论。如图 5.5 所示的光功率并不是进入光纤中的有效功率。有限的光纤数值孔径会显著减少耦合进光纤的功率。有很多种类的 LED 可供使用，其典型工作电流为 50～100mA，需要的正向电压为 1.2～1.8V。

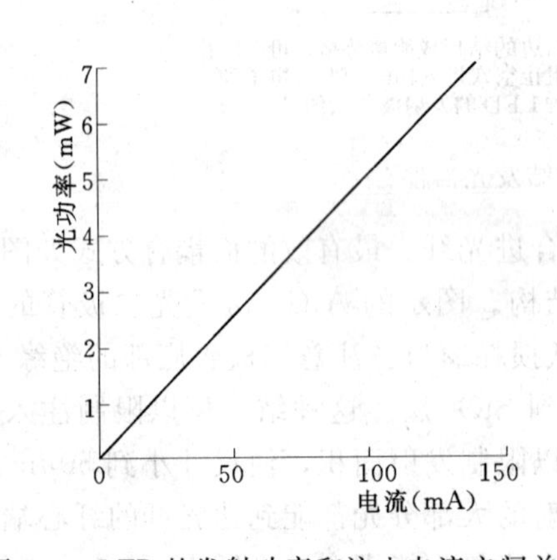

图 5.5　LED 的发射功率和注入电流之间关系

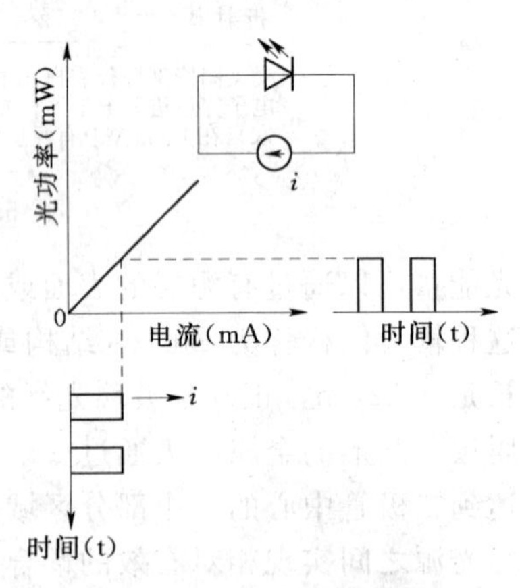

图 5.6　对 LED 的数字调制

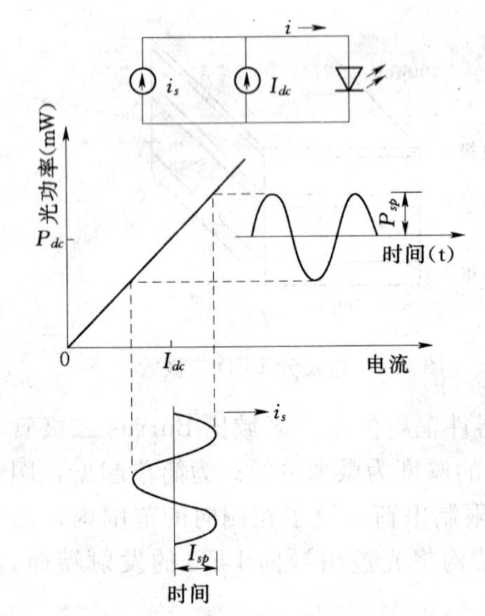

图 5.7　对 LED 的模拟调制

I_{dc}—直流偏置电流；i_s—信号电流；

P_{sp}—输出光功率调节部分的峰值；

P_{dc}—平均功率

对 LED 的数字调制如图 5.6 所示。发光二极管通过一个电流源进行调制，此电流可以简单地控制 LED 的开关状态。对 LED 的模拟调制如图 5.7 所示，需要加一定的直流偏置电流，以保证任何时刻 LED 的总电流总是正向的。如果没有直流偏置电流，由于信号电流的负向振荡，有可能使二极管处于反向偏置状态，从而使二极管关闭。

发光二极管总的注入电流为：

$$I=I_{dc}+I_{sp}\sin wt \tag{5.5}$$

相应的输出光功率则为：

$$P=P_{dc}+P_{sp}\sin wt \tag{5.6}$$

式中：P_{sp} 是峰值信号功率，可以称之为交流功率。注意，输入电流的变化都可以通过输出光功率波形的变化来表示，这要归因于光功率与电流之间的线性关系。如果偏离线性关系会导致信号失真。对信号的失真要求非常严格时，必须对光源的线性特性进行评估。

在前面的各章中，讨论了光纤传输中信息速率受限的问题。光源同样也会限制系统的信息容量。在低频调制条件下，$P_{sp}=a_1 I_{sp}$，其中 $a_1=\Delta P/\Delta i$（图 5.7 中曲线的斜率）。在高频调制情形下，PN 结的结电容和寄生电容会短路信号电流中的高频成分，从而导致交流功率降低。然而，主要影响高频调制特性的是载流子寿命 Γ。Γ 是电荷从注入到复合的平均时间，调制电流的变化必须比 Γ 慢。由于受载流子寿命的限制，LED 的交流功率与外加电信号的角频率 w 之间的关系为：

$$p_{sp}=\frac{a_1 I_{sp}}{\sqrt{1+w^2\Gamma^2}} \tag{5.7}$$

式（5.7）可以用如图 5.8 所示来描述。调制角频 $\omega=1/\Gamma$ 时，交流功率减少到低频时的 0.707 倍。

在接收端，光检测器产生的光生电流与接受光功率呈正比。因此，当光功率减少到 0.707 倍时，光检测器的交流也降低到原来的 0.707 倍，接收机的电功率（正比于电流的平方）将减少到 $0.707^2=0.5$ 倍（也就是降低 3－dB）。因此，将 1/Γ 称为 LED 的 3－dB 调制带宽或 3－dB 电带宽。以 Hz 为单位的 3－dB 带宽为：

$$f_{3-\mathrm{dB}}=\frac{1}{2\pi\tau} \tag{5.8}$$

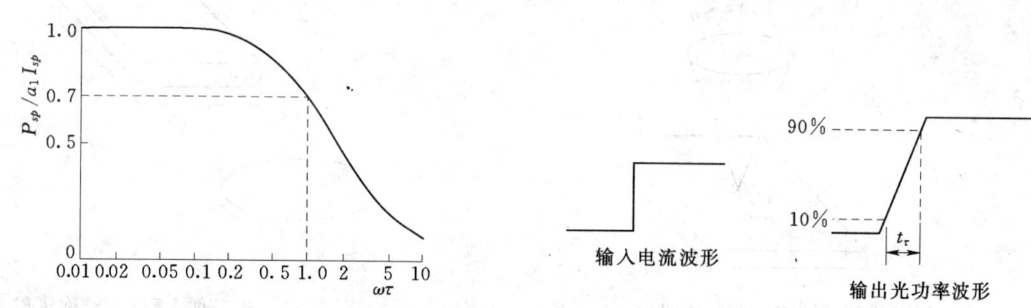

图 5.8 交流光功率随调节电流频率 ω 的变化规律

图 5.9 光源的上升时间

面发光器件的调制带宽可达 300MHz，但大多数商用 LED 的带宽要小一些。典型的带宽值范围从 1MHz 到 100MHz。光源的上升时间 t_1 定义为：当输入阶跃变化的电流时，其输出光功率从最终值的 10%上升到 90%的时间。对上升时间定义的解释如图 5.9 所示。输入电流使输出光功率从零上升到最终稳定值并不是瞬间完成的。如图 5.9 所示的输出波形实际上是光检测器产生的电流波形，此光检测器则是用来测量光功率的。上升时间与 3－dB 电带宽的关系为：

$$f_{3-\mathrm{dB}}=\frac{0.35}{t_r} \tag{5.9}$$

典型 LED 的上升时间范围从几纳秒一直到 250ns。

众所周知，光源的光谱特性直接关系到光纤材料色散和波导色散对系统容量的影响。脉冲的展宽光源光谱宽度的增加而增加。LED 工作在 0.8～0.9μm 时，其光谱宽度为 20～50nm，当 LED 工作在长波长区域时光谱宽度为 50～100nm。长波长发光器件谱宽的增加，将因该区域色散 M 的减少，而得到补偿。

发光器件的辐射方向图在很大程度上决定了耦合效率。面发光器件的辐射方向图称为郎伯（Lambertian）图样。这种发射图样如图 5.10 所示。光功率按 cosθ 递减，其中 θ 是观察方向和发光面法线方向之间的夹角。发光面的亮度都相同，当时其投影面积随观察角度 θ 的改变而按 $\cos\theta$ 递减，由此产生郎伯功率分布。当 $\theta=60°$时，功率降为峰值的 50%，因此郎伯光源的半功率光束全宽度为 120°。对于投射在光纤端面的光线，如果在光纤的接受角以内，则可以耦合进光纤；如果在光纤的接受角以外则不可以耦合进光纤。对于 NA=0.24 的光纤，其接受角是 14°（全锥角是 28°），所以由面发光器辐射的大部分能量都被浪费了。

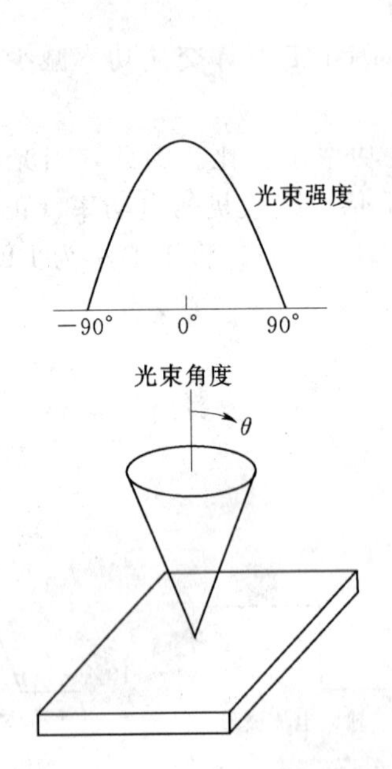

图 5.10 面发射 LED 产生的郎伯（Lambertian）辐射图形，其半功率全宽为 120°

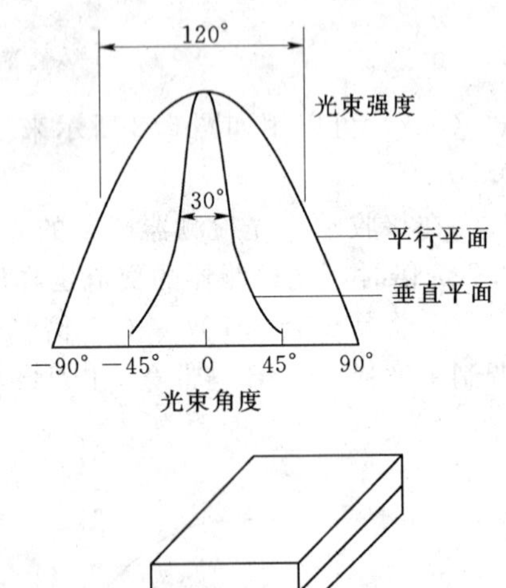

图 5.11 边发射 LED 不对称辐射

边发光器件比面发光器件更能集中光束能量，提供更高的耦合效率。边发光器件典型的辐射方向图如图 5.11 所示。输出光束在与 PN 结平行的面上呈郎伯分布，但在与 PN 结垂直平面内的光强的发散却要慢得多。在此垂直平面内，平板波导（由于垂直方向上折射率的改变形成的波导）模式约束了光束的发散。在平行面上，光束没有被约束，所以辐射的光呈郎伯分布。为了使输出的有用光功率达到最大，可以在二极管边缘的另一端放置发射器。如果半导体与空气界面之间涂敷消反射膜，可以减小反射率，同样也可以增加输出光功率。已经开发出速率超过 500Mbps 的边发光器件，这种器件可以用于单模光纤通信系统。

在规定的功率、电压、电流和温度条件下，发光二极管可以长时间稳定地工作。随着时间流逝，LED 的输出光功率会降低。输出功率降低到原始值一半时的时间称为 LED 的寿命。一般较好的 LED 的寿命是 10^5h（大约为 11 年）甚至更长。发光二极管可以在 −65～125℃的温度范围内稳定工作，但随 PN 结温度的升高输出光功率会下降。LED 的温度系数为 0.012dB/℃，从−65～125℃，温度改变了 190℃，输出光功率相应有 59%的变化。当温度升高、光功率下降时，可以通过增加驱动电流使输出功率保持不变。当然，这样的补偿机制会使发射电路变得十分复杂。

发光器件有很多种封装方式。其中一些使用十分精巧的装置，来提高光源和光纤传输线之间的耦合效率。另外一些光源采用封装方式，使与光纤的耦合尽可能简单。下面我们将看到几种实际的封装方式。

LED可以放置在热沉上，标准的TO－18型热沉结构如图5.12所示。这种热沉有一个金属外壳，金属壳的顶部用玻璃覆盖，可以使光通过。如图5.13（a）所示。如果用光源直接照射光纤端面，由于光线扩散较快，在光纤角以外的光线不能有效接收，所以有相当一部分光线损失掉了。如果在光源与光纤端面之间加上一块透镜，可以减小光线的发散角，但是透镜不能减小光束的直径，如图5.13（b）所示，所以还有一部分光线泄漏出去了。如果将玻璃罩去掉，甚至在有些设计中将金属外壳全部去掉，让光纤端面直接或几乎直接与二极管相接触，可以提高耦合效率。用这种结构，大部分光线都能被纤心捕获。但是，这种光纤国定方式是大多数用户都不希望采用的。

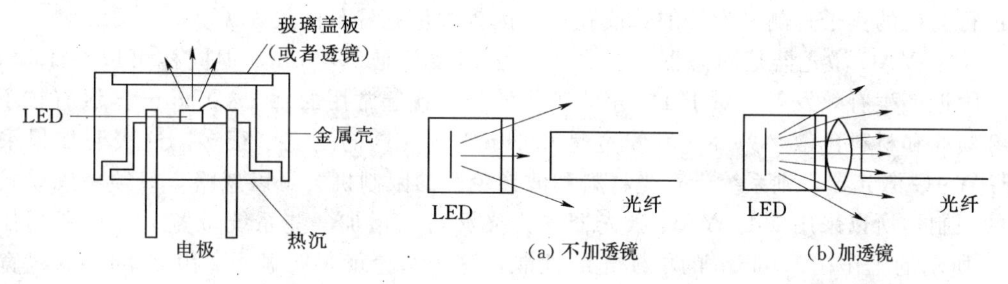

图5.12 置于热沉上的LED　　图5.13 玻璃覆盖的LED源与光纤的耦合

用透镜代替图5.12中的玻璃盖板。由于透镜远离LED，所以到达光纤端面的时光束的直径仍然比光纤纤心直径大很多。这样的结构很适合大直径光纤，例如直径为1000μm的光纤。

发光二极管同样可以加上一小段光纤，这种结构称为尾纤结构。制造商在封装器件时用尾纤与发光管相连。传输光纤与尾纤之间的连接可以采用熔接，也可以用连接器与尾纤相连接。采用连接器可以快速地将光源与系统相连。但是当尾纤与传输光纤不一样时不出现问题，如果纤心直径或数值孔径不一样，其连接将会有功率损耗。这种损耗的计算方法可以参见第8章。

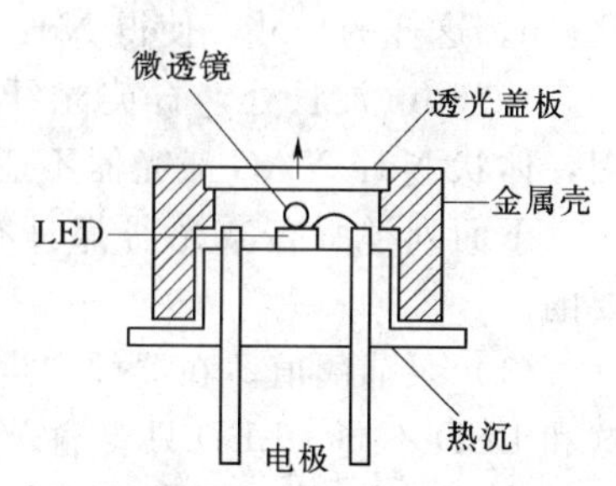

图5.14 带微透镜的LED

如图5.14所示为另一种封装。在这种器件中，有一个很小的透镜（微透镜）直接放在发光器上。这种设计与透镜远离LED设计的不同之外在于，光束在准直之前不会被放大。这种结构对于纤心直径小于50μm和数值孔径大于0.1的光纤十分有效。

5.2 激光器原理

5.2.1 激光器的原理

激光器是光通信系统中最常用的光源，所以必须深入研究激光原理。有关激光原理的知识有助于揭示激光器的特性及其在使用中的局限性。对器件的了解越深入，在实际运用中会越少犯错误。虽然半导体激光器是光纤通信系统中最常用的激光器，但是其他一些激

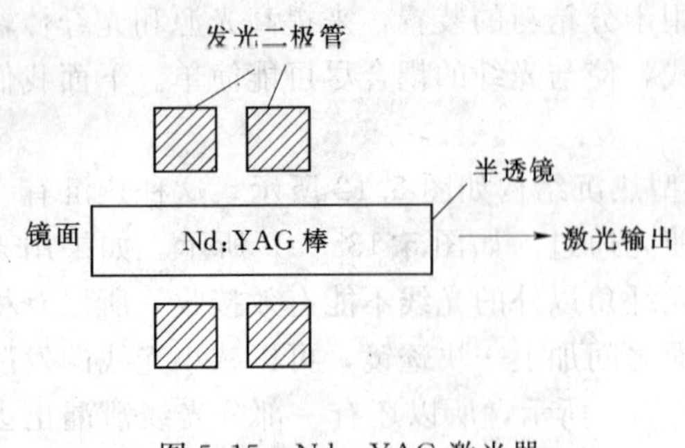

图 5.15 Nd：YAG 激光器

光器也值得关注。例如，工作在可见光区域的气体激光器；工作在红外区域的固态 Nd：YAG 激光器以及光纤激光器。本节将主要介绍前面两种激光器。光纤激光器将在第 5.8 节中介绍。

气体激光器。主要是发射红光的氦氖激光器，这种激光器可以用来测试光纤和光纤光学器件。有一种最简单的测试，是将氦氖激光束耦合进裸光纤，从而可以检测光纤断裂和裂纹。如果没有光从光纤末端出射，则表明光纤断裂了。如果光纤中存在一些小的不连续性，例如气泡或裂纹，则通过周围的散射光可以确定其位置。另外一个利用氦氖激光器进行测试的例子是测量光纤的数值孔径，因为数值孔径与波长无关。

Nd：YAG 激光器是固态器件。其主要工作波长是 1.06μm，但同样可以在 1.35μm 波长附近产生有效发射。对于 1.06μm 工作波长，比起常用的 0.8～0.9μm 区域有较小的光纤损耗和材料色散。另外，其线宽是 0.1nm，比 LD 的线宽窄很多。这表明如果采用 Nd：YAG 激光器，则系统带宽受材料和波导色散的限制机会可以忽略，只须考虑模式失真的限制，所以采用 Nd：YAG 激光器作为光源可以增加一些系统带宽。如果考察如图 5.26 所示的工作在 1.06μm 的单模光纤性能，这个结论就很明显了。由 0.1nm 的线宽引起的脉冲展宽很小，以至于在图中几乎看不出来。

一个具体的 Nd：YAG 激光器的结构如图 5.15 所示。其有源材料是一根很细的 Nd：YAG 棒。这根棒被 LED 所包围，LED 提供输入光功率。LED 产生非常相干辐射，辐射波长比相干的 1.06μm 输出要短。体状 Nd：YAG 激光器的直径典型值是几 mm，长度是几 cm。这样的尺寸，使得 Nd：YAG 激光器无法与单模光纤实现有效的耦合。更重要的是，1.06μm 波长处，石英光纤的损耗还不够低，所以不适合长距离传输。由于这些原因，体状 Nd：YAG 激光器不适合用做光纤通信的光源。

下面列举所有激光器都具有的一些共同特性，这些特性对于其实际应用是非常重要的。

(1) 泵浦阈值。在器件产生受激发射之前，输入激光器的功率必须超过一定的阈值。这和 LED 不同，LED 只要输入很小的电流就能发光。

(2) 输出光谱。激光器的输出光不是单频率的，而是要覆盖一定的频率范围。一般情况下，在这个频率范围内发光功率曲线并不是光滑的，可能有一系列的峰值和谷点。

(3) 辐射方向图。激光器输出光束的角度范围取决于发光面积的大小和激光器的振荡模式。

对于气体激光器，要解释这些特性比起半导体激光器来简单一些。正因为如此，所以在本节的后面将先分析氦氖激光器。然后，再引用这些结果对半导体激光器进行类比分析。

氦氖激光器的结构如图 5.16 所示。而氦氖混合气体的部分能级图则在如图 5.17 所示中显示。虽然还有更多的能级，但用显示出来的这些能级来说明激光器工作的机理已经足够了。这些能级代表原子中电子允许的能量状态。简单地说，每个能量状态对应于电子不同的轨道、不同的旋转方向和角动量。

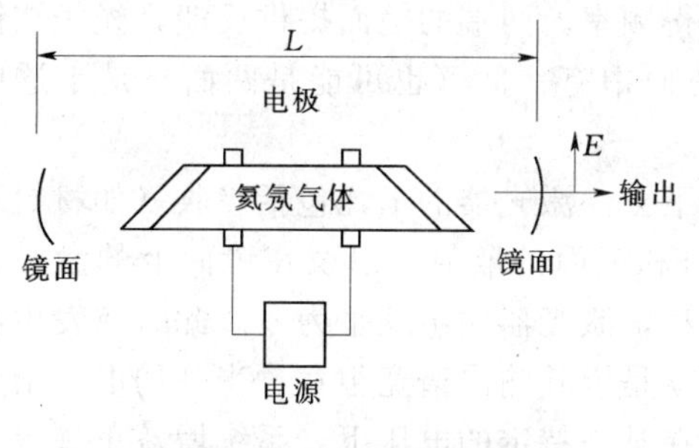

图 5.16 氦氖激光器

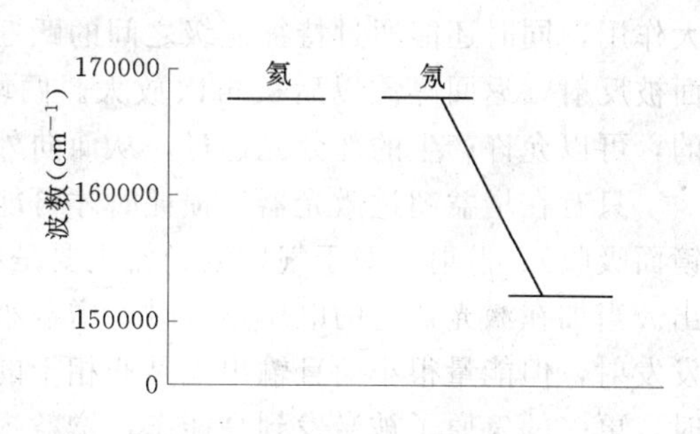

图 5.17 氦氖激光器能级图

在气体中原子的能级是离散线形的，而固体中的能级为带状（如图 5.1 所示中半导体的能带图所示）。通常用光波长的倒数 $1/\lambda$ 来表示能级，$1/\lambda$ 可以称为光子波数。可以用第 1 章得到的关系使 $W=hc/\lambda$ 将波数转换成用焦耳表示的能量，也就是简单地用 hc 与波数相乘。

原子一般都处于最低能态，即所谓基态。在该能态下，原子（相对值）能量为零。原子可以吸收能量，上升到更高的能级，称之为激发态。原子可以吸收入射光子的能量跃迁到激发态。按照这样的方法，在图 5.15 中 Nd：YAG 激光器的原子可以上升到高能级。在这种情形下，氦氖激光器中外加能量在气体中形成放电电流，气体原子成为离子，自由电子则在管子中运动，并在加速向正电极运动的过程中获得动能。自由电子和氦原子碰撞，电子释放能量，使这些原子的能级上升。当激发态的氦原子与基态的氖原子碰撞时，能量又传给了氖原子。

氖原子的两个激发态如图 5.17 所示。这两个激发态的能量差是 15800cm^{-1}，这对应于波长 $\lambda=1/15800=5.33\times10^{-5}\text{cm}=0.633\mu\text{m}$。考虑光子和高低激发态之间相互作用的各种可能性。

(1) 输入光子的波长是 $0.633\mu\text{m}$，光子能量被处在较低激发态的氖原子吸收。光子应灭，其能量将氖原子提升到较高的激发态。

(2) 高能级的原子可以自发向下跃迁到低能级状态。释放的能量将转换为输出波长为 $0.633\mu\text{m}$ 的光子。这个过程与 LED 中电子与空穴复合（释放光子）的过程类似，称为自发辐射，发射非相干的荧光。

(3) 在输入 $0.633\mu\text{m}$ 光子的诱导下，高能态的原子将向下落到低能态，发射波长为 $0.633\mu\text{m}$ 的光子。这就是受激辐射的典型例子，发射的受激光子与激发光子同相位。受激光子与激发光子将连续传播。

如果在较低受激态上的氖原子数多于较高受激态上的原子数，那么已有的光子数量（从外部进入气体的光子数量）将由于吸收而减少。如果高能态粒子数比低能态粒子数多，这种状态称之粒子数反转。当光子通过气体时，光子数会增加。这是因为外来光子遇到高能态的原子时产生额外的光子，而遇到低能态的原子数时光子被吸收，而且前者要多于后者。我们可以得出结论，这种处在粒子数反转状态的媒质对光具有增益作用，可以作为光放大器。

激光器是一种高频发生器或高频振荡器。为了产生振荡，系统中需要放大、反馈和用来控制振荡频率的调谐装置。对于射频振荡器，电子放大器提供信号增益，滤波器决定振荡频率，反馈则是将放大器输出端与输入端相连来实现的。在激光器中，激活媒质提供放大作用，同时还能通过特征能级之间的跃迁来觉得频率。两端的镜面提供反馈，光子在镜面被反射，返回媒质以后被再次放大。两端的镜面中有一面（也可能是两面）是半透明的，可以允许产生的部分光透过，从而向外发射。

只有在增益超过激光器的损耗时才可能持续下去。激光器的损耗包括吸收（如材料和镜面吸收）、散射（对于气体激光器主要是在窗口和镜面的散射）以及在镜面上的激光输出。当加在激光器上的电压很低时，增益小于损耗，激光器输出几乎为零。此时将发生自发发射，但能量很小而且输出光是非相干的，也就是说其输出谱宽很宽。当外加电压增加时，更多的氖原子被激发到高能态，增益提高。在某一特定的电压下，系统增益正好等于损耗，振荡器开始工作，这种状态下激光器处于振荡的临界状态。外加电压继续增加会使输出功率迅速增加，这时发光的光是相干的（发射谱线很窄）。阈值输入的概念对于激光器的内调制，特别是对半导体激光器是非常重要的。

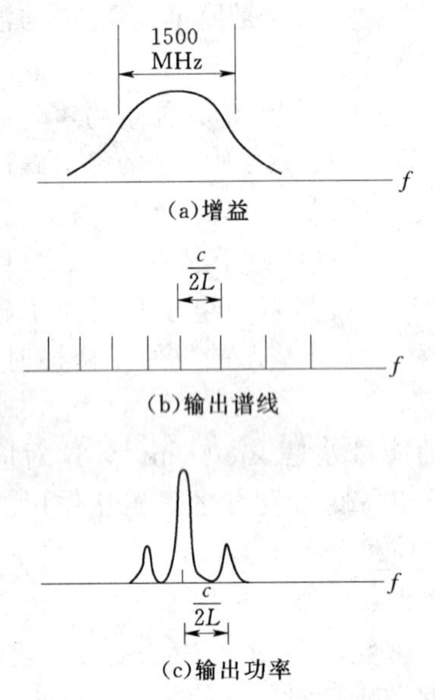

图 5.18　氦氖激光器的输出

氦氖激光器产生波长为 0.633μm 的红光，对应于图 5.17 中的两个氖原子能级之间的跃迁。发射谱线很窄，大约为 1.98×10^{-3}nm，相当于 1500MHz 的频宽。即使是在两个相隔较远的能级之间跃迁，发射线宽仍然不可能为零（因为气体中的氖原子还有热运动）。从高能态向低能态跃迁时，每一个原子都是一个微小的发光源。由众所周知的多普勒效应可知，运动的源会产生频移。原子的随即运动速度导致在由能级跃迁决定的频率附近产生一个多普勒频移范围。由于原子运动状态的微小差别，导致媒质在一定的频带内有放大功能，而不仅仅是在单一频率上。由于高速运动的原子数比低速的原子数少，放大器的增益从中心频移向两边递减，如图 5.18 所示。

谐振模式对应的谱线画在图 5.18 中的增益曲线下面。为了在某一频率处产生光输出，必须在该频率处有足够的增益，而且正好与谐振腔某一谐振模式的频率一致。在图 5.18 中，只有 3 个频率能满足这些条件，所以在其输出谱中含有 3 个纵模。长度更长的谐振腔纵模之间的频率间隔将减小，因而在 1500MHz 的增益带宽以内允许更多的模式存在，其输出谱中将可能包含 3 个以上的纵模。

通常，气体激光器的输出强度正如第 2.5 节中讨论的那样呈高斯分布，如图 2.26 所示。高斯光束的发散角由式（2.17）确定。

【例 5.1】 计算光斑尺寸为 25μm 的氦氖激光器高斯光束的发散角。

解：根据式（2.17）中，$\theta=2\times0.633/25\pi=0.016\text{rad}=0.92^\circ$，这比典型的光纤接受角要小得多，理论上所有的输出光都可以被捕获。唯一的耦合损耗是由于空气到光纤之间界面上的反射造成的。

除了高斯分布以外，激光器还可以产生其他形式的辐射方向图。不同的辐射图样对应于激光器光学谐振腔中不同的电磁场模式。这些模式称为横模，与先前研究过的电介质平板波导和光纤中的模式类似。高斯辐射图样是最低阶模式的场分布。当允许高阶模式存在时，激光器将产生多模图样，这种多模图样是由很多单独的模式组合形成的。多模激光光束比高斯激光光束更大，而且发散更快。

5.2.2 半导体激光器

1. 半导体激光器的原理

半导体激光器和发光二极管（LED）有相似的结构。AIGsAs半导体激光器的结构如图5.19所示。这种结构可以与图5.4中的发光二极管相比较。这里的能带图与图5.2相似，但是带隙能量值稍有改变。在正向偏置下，电荷注入有源层，并在这里发生复合，产生自发的光辐射。一些注入电荷被其他光子激发而辐射。如果电流密度足够大，将有大量的注入电荷产生受激复合，光增益将更大。当增益足够大，可以与激光器的总损耗相等时，所对应的输入电流就是阈值电流，此时激光振荡器开始振。半导体激光器的阈值电流必须很小，以避免半导体变得过热，对于连续工作或在高峰值功率工作时更要特别注意。正如第5.1节中的分析，低阈值电流是通过采用异质结结构控制注入有源层的电荷和光波来实现的。在图5.19中，异质结提供竖直方向的限制，在横方向上的限制则是通过带状电极来完成的，电荷只能注入到宽度很小的带行区（大约10～20μm）。电荷进入复合层后只有很小的扩散。输出波长由有源层中1.55eV的带隙能量决定，如图5.19所示的半导体激光器大约为0.8μm。

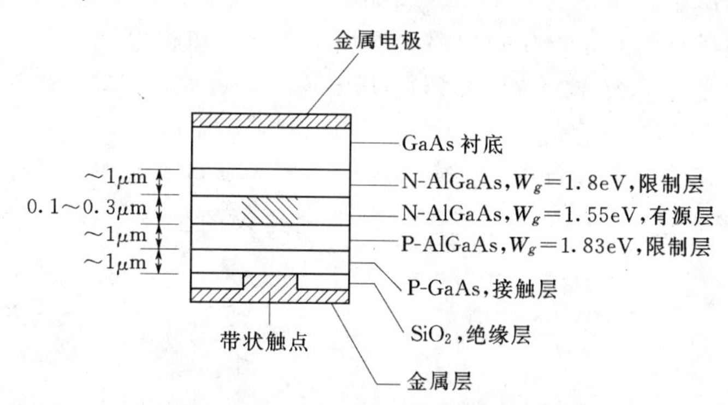

图5.19 双异质结带状AIGsAs半导体激光器，其中有源层带阴影部分即为发射边

根据对平板波导的研究，光波不可能完全限制在有源层中。这是因为有一部分能量穿过全发射边界，在两边的媒质中有迅速衰减的拖尾。对于半导体激光器，这种情况如图5.20所示。

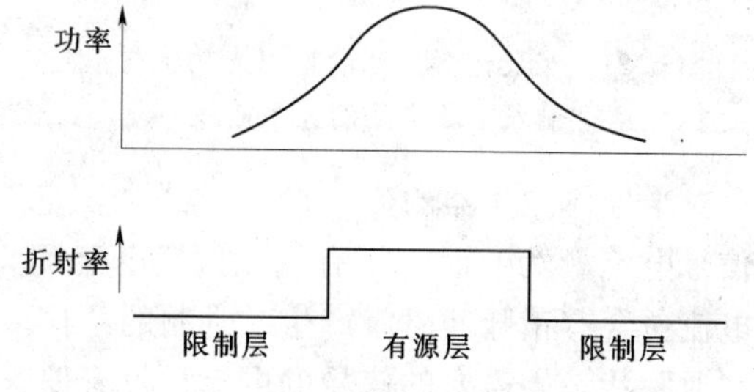

图5.20 复合区及其附近的功率分布

沿平行于半导体晶面的方向切割，在激光器的前后两个解理面之间就形成了需要的光学谐振腔。AIGsAs材料和空气分界面的发射是32%（AIGsAs材料的折射率为3.6）。这样的反射率可以为振荡器提供足够的反馈。如果需要，还可以在端面涂上一层电介质薄膜来提高发射率。这种激光器典型的腔长是300μm。像氦氖激光器那样，由于有多个谐振模式起振，所以在其输出谱中有多个纵摸。有关光学谐振腔的纵模

已经在第5.21节讨论了，并在图5.18中给出了AIGsAs激光器的输出谱线。通常，半导体激光器的辐射谱中包含有多个纵模，其辐射场则由几个横模组成。这就是说，多纵模激光器可以是多横模器件。单纵模激光器可以提供比多纵模激光器线宽更窄、相干性更好的输出光。为了降低色散的影响，对于长距离、高速率系统选择单纵模激光器是更恰当的。

单模激光器与单模光纤之间的耦合效率比多横模激光器要高，这是因为前者的模式分布强度图样和光纤几乎是相同的。或者说，单横模半导体激光器输出的横模强度图样与单模光纤 HE_{11} 模式的近似高斯强度等不十分接近。如果激光器的光斑尺寸和单模相同，则激光器的辐射模式与光纤的传播模式相匹配，从而实现高效率耦合。激光器的光斑尺寸可以通过置于激光器与光端面之间的透镜来调整。

2. 半导体激光器的工作特性

典型半导体激光器的输出光功率与正向输入电流之间的关系如图5.21所示。这个激光器的阈值电流是75mA。在阈值电流以下，随驱动电流的增加输出光功率也非常缓慢的增加。这是因为在复合层中由于自发辐射引起的非相干辐射所致。当电流超过阈值电流时，由光谱测量显示，其输出线宽迅速变窄。对于绝大多数激光器，阈值电流在5～250mA。在阈值情况下，电压为1.2～2V。如图5.22所示，正向电流随激光器电压的增加而迅速增加。超过阈值后，电压只要略微增加一点就可以使电流达到预定的工作点。连续工作的半导体激光器（或连续波激光器，continuous wave，CW）输出功率的典型值为1～10mW。低占空比的脉冲激光器可以在很大的峰值功率下安全工作。但是连续波激光器可以很快的速度开关，所以对于通信来说连续波激光器更为有用。工作电流一般是在阈值电流以上20～40mA。如果工作电流超过制造商建议的工作电流，将会缩短二极管的寿命。

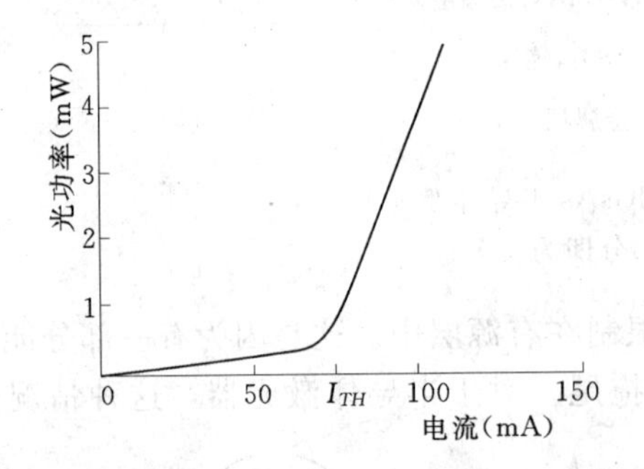

图5.21 半导体激光器的输出光功率与正向输入电流之间的关系曲线

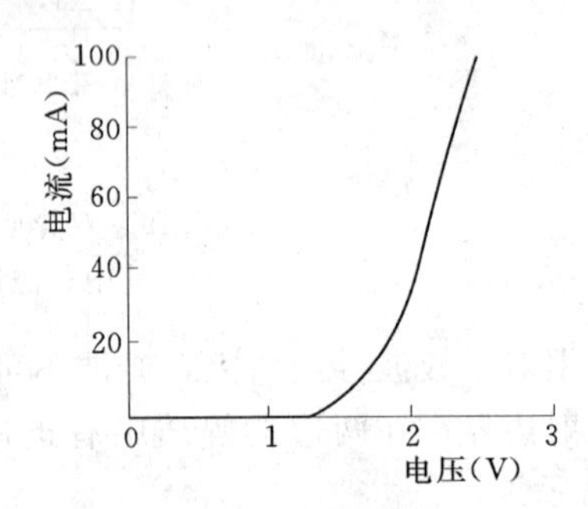

图5.22 半导体激光器电压和电流曲型特性曲线

对半导体激光器的数字调制方式如图5.23所示。不同于对发光二极管的数字调制，当信号电流 i_s 为0时，将有直流偏置电流 I_{dc}，其大小与阈值电流相近。如图所示，当信号电流包含有正脉冲时就产生二进制的“1”。当偏置接近阈值电流时，二极管可以迅速达到“通”状态，需要的信号的电流比没有偏置时小很多。

对于模拟调制，直流偏置必须超过阈值电流，如图5.24所示。只有这样，激光器才能工作在输出光功率和电流关系曲线的线性部分。如果对还原的模拟信号要求谐波失真很低，则必须对半导体激光器的线性特性进行细心的考察。

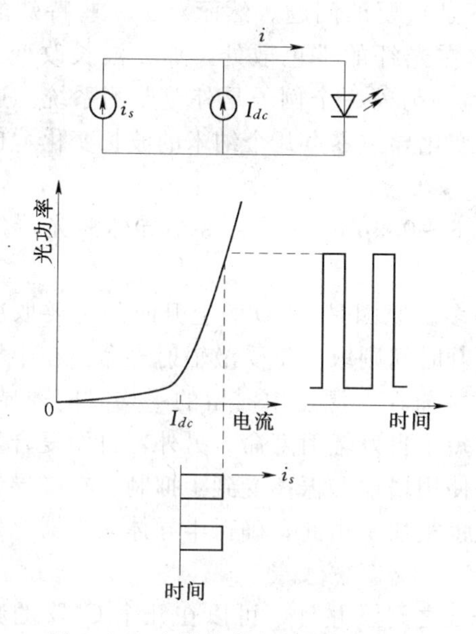

图 5.23 半导体激光器的数字调制

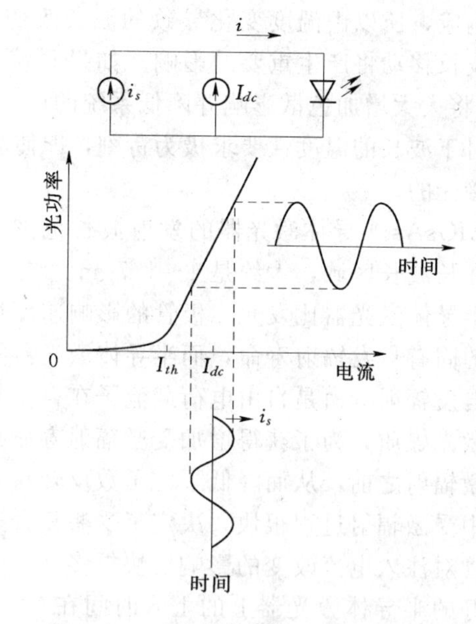

图 5.24 对半导体激光器的模拟调制

半导体激光器比发光二极管有更敏感的温度特性。如图 5.25 所示给出了一个有代表性的半导体激光器的温度特性。当温度增加时，激光器增益降低。而为了振荡器工作需要更大的电流，也就是说，阈值电流变得更大了（增长系数为 1.5%/℃）。导致这种效应的原因可以解释为，由于发热在 N 区产生了空穴，并且在 P 区产生了电子。这些自由电荷与自由电子和自由空穴在有源区以外复合，减少了到达有源区的电荷，也就减少了能产生受激辐射和增益的电荷数量。另外，有源层中发热生成的电子和空穴将产生非辐射性复合，降低了粒子数反转状态，同样会使增益降低以及阈值电流增加。

这种现象产生的结果。在一定的电流下，如果温度升高，半导体激光器的输出功率将降低。由于功率降低会增加接收机的检测误码率，所以输出功率的降低是不可接受的。如果功率下降太多，可能导致接受失败。有两种方法可以解决这个问题。其一是使用热电冷却，降低激光器的温度；其二是改变偏置电流来补偿阈值的变化。热电冷却器是一个半导体结型器件，其温度取决于电流的方向。将激光器放置在冷却器上，由电热调节器和热检测器组成的电路改变通过热冷却器的电流，从而改变激光器的结区温度。另一个温度输出功率的方案，是使用光检测器检测激光器背部输出的光，以此来确定实际输出功率的改变。然后，通过改变直流电流使输出光功率回到期望值上。

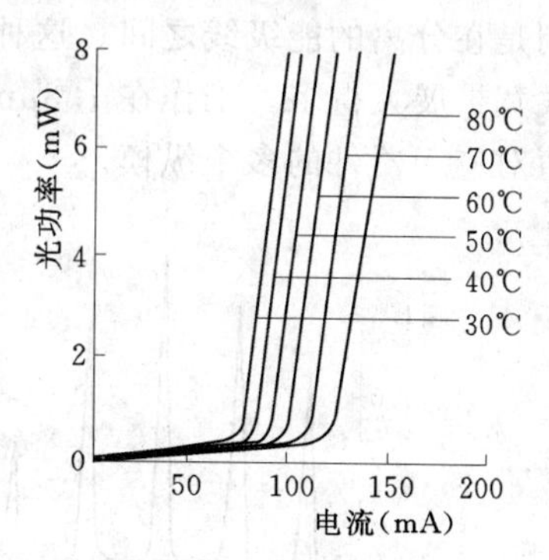

图 5.25 半导体激光器的温度特性

激光器的发射波长也与温度有关，原因是媒质的折射率与温度有关。从第 5.21 节可知，谐振波长和相邻的谐振波长之间的间隔都由腔体材料的折射率决定。当温度改变时，波导层的折射率也会随之发生变化，导致中心发射波长的改变和多模激光器纵模间隔的微小改变。典型的改变量是没摄氏度变化零点几纳米（也就是说，温度系数大约为 0.3nm/℃）。通常，由于波长变化很小（大约几纳米），而且光检测器对过小的波长变化无法响应，所以由温度变化导致的波长改变并不是重要的问题。然而对于一些特殊的情况，波长移动将产生重要的影响。如果系统工作在光纤的零色散处，那么波长改变5～10nm将大大增加色散影响并降低系统的可用带宽。另外一个例子是外差监测系统。这种系统对于波长的温度性要求极为苛刻，即使温度变化导致零点几个纳米的波长变化，也是无法接受的。

AIGsAs半导体激光器的发射波长范围是0.8～0.9μm。AIGsAs半导体激光器发射波长在长波长区域，大约是1～1.7μm。

半导体激光器比发光二极管的影响速度快得多。原因是LED的上升时间主要取决于材料的固有自发辐射寿命，而半导体激光器的上升时间则取决于受激辐射寿命。在半导体中，自发辐射寿命是自由电荷载流子在自发复合之前在有源层中滞留的平均时间。显然，对于激光媒质，为了获得增加受激辐射寿命必定短于自发辐射寿命。另外，自发复合发生在受激辐射之前，从而降低了粒子数反转状态并使用增益和振荡受到了抑制。在半导体激光器中受激辐射过程很快，决定了受激复合过程也很快。由此，确保半导体激光器比发光二极管对注入电流改变的影响要快得多。

好的半导体激光器上的上升时间在0.1～1ns之间。并且，可以在几个GHz的频率上实现模拟调制。当然，这样短的上升时间是将激光器偏置在阈值时测量的，如图5.23所示。如果激光器是零偏置的，将需要较长的时间才能达到开启状态。同样，模拟调制频率是在将二极管偏置设置在输出特性曲线的线性区域时测量的，如图5.24所示。对于一些特殊设计的激光器，调制频率已经达到了数十GHz量级。然而更为实际的是，当系统运行速率达到10Gbps或者更高时，则要使用外调制技术（将在第7章中进一步介绍）。

半导体激光器典型的线宽是1～5nm，比LED的输出谱宽要小很多。但是，其谱宽比气体激光器的谱宽宽很多。这是因为半导体的辐射跃迁发生在两个能带之间，而气体跃迁则是在分离的能级线之间。这种现象引起的线宽扩展比气体激光器中的多普勒效应引起的线宽扩展大得多。工作在1.3μm处的典型激光器的输出谱如图5.26所示。图中的多个峰值对应于器件的多个纵模。

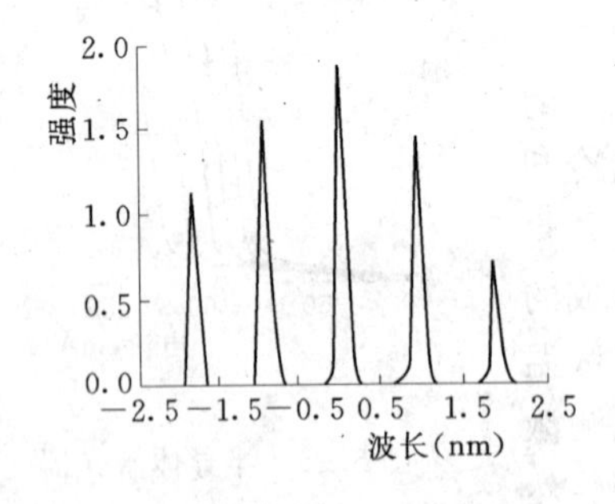

图5.26 1.3μm多模半导体激光器的输出谱

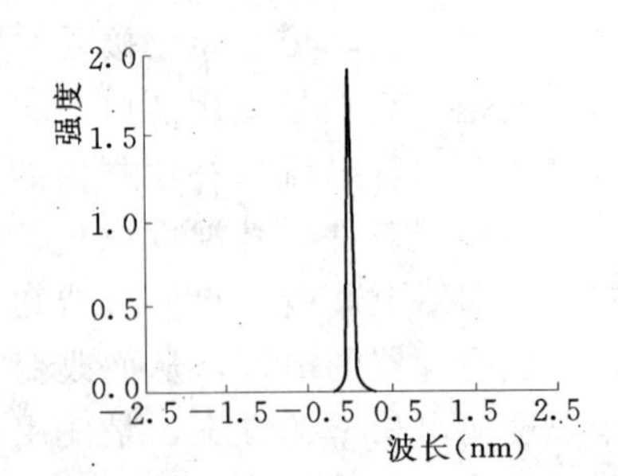

图5.27 1.3μm单模半导体激光器的输出谱

当器件驱动电流比阈值电流略大一点时，半导体激光器的多模输出谱如图5.26所示。电流增加时，光谱中的线宽变窄，纵模模式数目减少。电流足够大时，光谱中将只包含一个模式。图5.27给出的就是单纵模激光器的光谱，其线宽比多模激光器的线宽要窄得多。如图5.27所示的光谱线宽大约为0.2nm。单纵模激光器的谱宽很窄，可以使光纤色散的影响减到最小。

半导体激光器产生非对称辐射，具有代表性的辐射方向图如图 5.28 所示。可以将这种光强分布与图 5.10 所示的面发射 LED 以及图 5.11 所示的边发射 LED 的辐射图样比较。半导体激光器的辐射角范围远小于 LED，使得光更容易和光纤耦合，而且耦合效率更高。还有其他一些值得注意的特点需要加以说明。图 5.11 和图 5.28 中给出的光束截面的窄边和宽边方向对于发射边是不同的。LED 发射的是非相干光，发射边的大尺寸在与结区平行的平面以内，并在这个方向产生大的光束角度。而发射边的窄边在与结区垂直的平面内，在此方向上产生的辐射角度。激光器发射相干光，并遵循第 2.5 节的衍射定律。我们可以发现光束的发散角与辐射面的尺寸成反比。这个结论只能用于相干光，用这个结论可以解释窄边对应于大的光束发射角，而宽边对应于小的光束发射角。图 5.28 所示激光器辐射的半功率角在平行平面内是 10°，而在垂直平面内则是 35°。

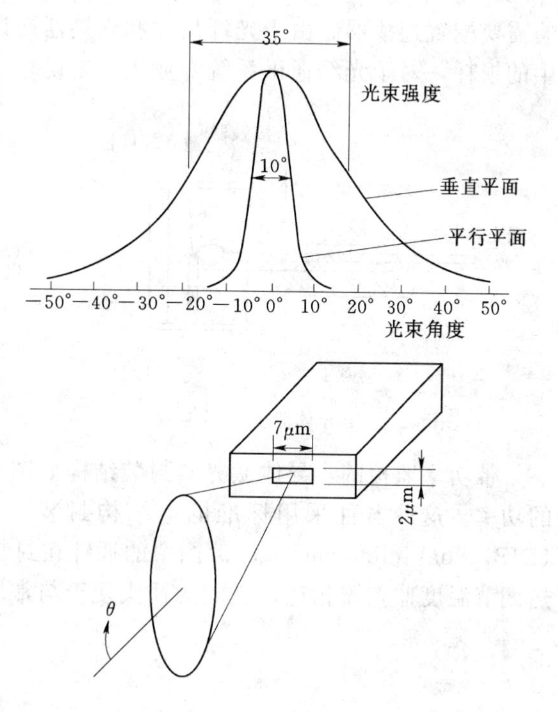

图 5.28 半导体激光器辐射方向图

自 20 世纪 70 年代初期，第一个异质结 AlGaAs 器件研制成功以来，连续波半导体激光器的可靠性和寿命已经有了很大的改善和延长。在温室条件下工作，半导体激光器的寿命已经超过 11 年。在高温条件下工作，激光器会加速老化。然而，即使在 70℃条件下，高质量的商用半导体激光器的寿命也可以超过 10000h。

同 LED 一样，半导体激光器也有多种封装形式。这些结构都必须经过仔细的设计和制造。半导体激光器的封装应满足如下要求：

(1) 所有的引线都必须密封，包括电导线和光纤（如果光纤要进入激光器的封装以内）。

(2) 将激光器芯片与直接耦合光纤或通过透镜的耦合光纤精确对准。

(3) 如果需要，应该在其内部封装一个光检测器，以便监控激光器后部出射的光功率。

(4) 为了适应在高温条件下工作，可以在封装以内加装热电冷却器。

如图 5.29～图 5.31 所示的几种封装结构是半导体激光器可以采用的。在图 5.29 中，激光器管心放在一个铜质热沉上。在出射窗口之外放置一透镜，该透镜将出射光聚焦到光纤端面上。也可以将盖帽移去，将光纤端面与激光器的发光边用环氧树脂直接粘在一起。在图 5.29 所示的封装中，激光器的背面是堵上的，这不利于达到监控的目的。在图 5.30 所示的封装结构中有一根尾纤与激光器相连接。在激光器和端面之间可以加一个透镜，以提高耦合效率。如果尾纤和传输光纤是一样的，将得到最大的耦合功率。在第 8 章中将给出两种不同的光纤相连导致损耗的计算方法。用户可将尾纤与传输光纤熔接在一起，或者在尾纤上配置一个连接器，这样便于与光源连接或者拆除连接。激光器制造商将根据用户的需要配置连接器。由于光纤尺寸和连接器设计的多样化，细心选择这些原件并了解所产生的损耗，对于光纤通讯系统专业人员来说是非常重要的。

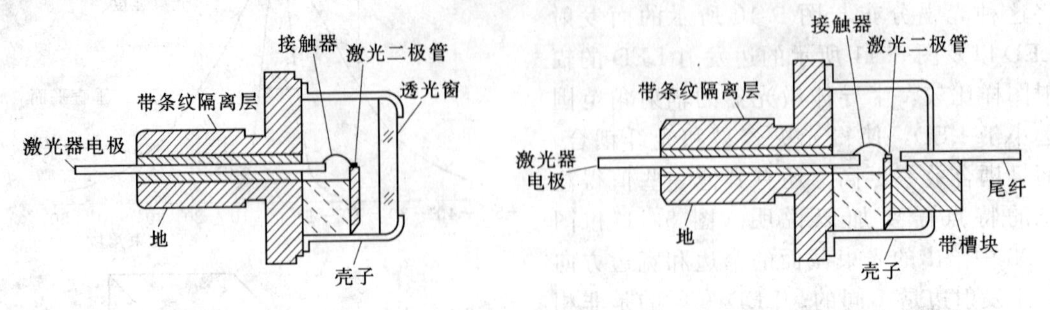

图 5.29 半导体激光器的封装　　图 5.30 带集成尾纤的半导体激光器

带功率监控的半导体激光器封装结构如图 5.31 所示。光检测器测量激光器背面辐射的功率。这种器件采用标准的电结构封装，例如图 5.32 所示的多针双列直插式封装（DIP，dual inline package）。图中的插针在封装内与激光器、光检测器、热电冷却器和电热调节温度监控器相连，装配的插头便于与常用的电路板相连。

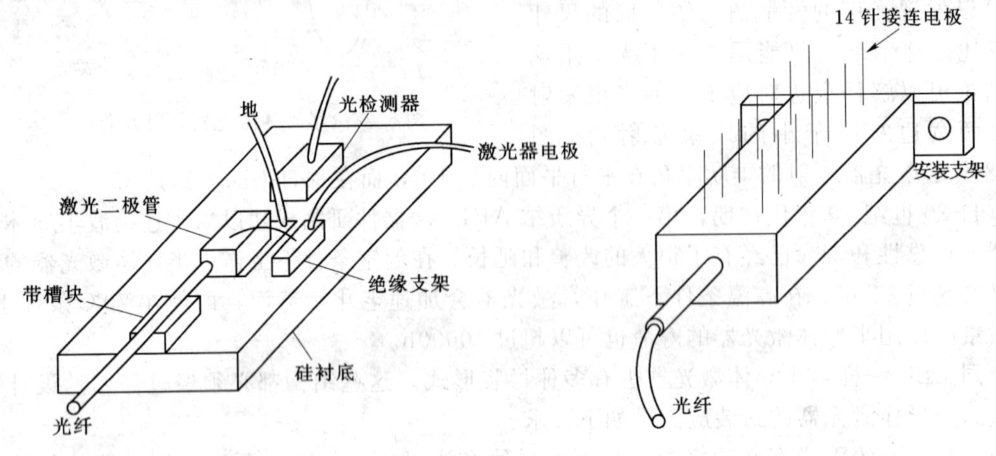

图 5.31 带集成尾纤和功率监控的半导体激光器　　图 5.32 14 针双列直插式封装

3. 分布反馈式半导体激光器

在图 5.27 中，给出了一个单纵模半导体激光器的输出谱。这种输出谱可以采用构建分布反馈式（DFB distributed feedback）半导体激光器的技术得到。在如图 5.33 所示中，在激光器的有源层上面有蚀刻的波纹状层。这种波纹实际上是一个光栅，这种光栅可以根据波长有选择的反射光。在这里光栅所扮演的角色是一个分布式滤波器，只允许谐振腔的一个纵模式在有源区来回传播。我们可以认为光栅和带镜面的空腔都有各自支持的一系列谐振波长，但二者只有一个谐振波长是共同的，即复合型谐振器的单纵模。在有源层的上面，光栅直接与消逝模相互作用。光栅并不在有源层中，因为

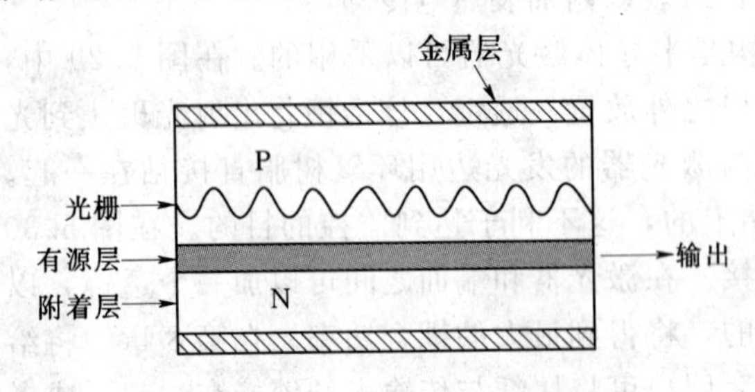

图 5.33 分布反馈式半导体激光器

将光栅蚀刻在有源层会导致激光器的效率降低，并产生较高的阈值电流。

激光器的工作波长决定于布拉格定律，即：

$$\Lambda = m\lambda/2 \tag{5.10}$$

式中：Λ 是光栅周期（相邻封值之间的距离）；λ 是在激光器媒质中测得的波长；m 是布拉格衍射级数。媒质中的波长由自由空间波长的关系式（3.70）确定，稍加改变即可写成 $\Lambda = \lambda_0/n$。

为了正确计算激光器的波长，必须使用腔体中传播模式的等效折射率，而不是体材料本身的折射率。等效折射率的取值在导波层材料（激光器的有源区）与涂覆层材料（有源层的上下层）的折射率之间。因为这些折射率相差并不很大，所以很容易用一个好的近似关系来表示光栅的周期。于是光栅周期可以写成：

$$\lambda = \frac{m\lambda_0}{2n_{\text{eff}}} \tag{5.11}$$

下面考察一个例子。

【例 5.2】 计算发射 1.55μm 波长的 InGaAsP DFB 半导体激光器的光栅周期。

解：查阅相关的折射率表，知道 InGaAsP 材料的折射率是 3.51，取等效折射率为 3.5，并假设衍射模式级数是 1（$m=1$）。于是，$\Lambda = 1.55/(2\times3.5) = 0.22\mu$m。对于 $m=2$ 的衍射模式，光栅周期为 0.44μn，基于这个衍射模式设计 DFB 半导体激光器同样是可行的。

DFB 半导体激光器具有光栅结构，所以有很多独特的性质。DFB 激光器比其他常规激光器有更好的温度特性，再加上窄线宽特性（典型值为 0.1～0.2nm），使得 DFB 半导体激光器特别适合于长距离、高带宽的传输系统。光栅可以起到温度输出波长的作用，而常规激光器会由于温度变化致使折射率改变，从而导致输出波长的改变。通常，DFB 激光器的温度与波长漂移的关系为 0.1nm/℃，比一般半导体激光器的性能好 3～5 倍。DFB 激光器也比一般的半导体激光器有更好的线性响应。这一优点使 DFB 激光器能够用于需要高线性度来降低失真的模拟系统。有多个信道同时传输时，线性度好可以使互调产物最少。正因为如此，DFB 激光器可以成功用于多路电视信号的模拟调制系统。

4. 可调谐半导体激光器

随着光纤光学的发展，对各种类型光源的需求变得日益迫切。所需要的光源不仅是能工作在光纤低损耗区域的所有波长上，而且需要在特殊的波长段可进行精确调谐的光源。后一种要求是随着波分复用（waveguide－division multiplexing，WDM）系统的普及而产生的，而 WDM 系统将在第 9 章中详细介绍。这种系统需要发射波长间隔为零点几个 nm 的激光器。

通过改变温度或驱动电流可以实现 DFB 半导体激光器的调谐。从上一小节知道，由于材料的折射率随温度的改变而变化，所以输出波长没摄氏度漂移零点几个 nm。驱动电流改变可以产生同样的效应，电流越大，器件发热越厉害。电流与波长偏移的关系是 10^{-2}nm/mA。但是仅仅改变温度或驱动电流，还不能提供我们所需要的波长可调谐特性。例如，电流变化 10mA，而波长仅仅改变 0.1nm。

更好的可调谐激光器是一种改进型的 DFB 半导体激光器，称为分布布拉格反射式激光器（distributed Bragg reflector，DBR），其结构如图 5.34 所示。这种器件中有 3 个区域，即增益区、相位区和布拉格区。布拉格反射区和有源增益区由相位区分隔开。在

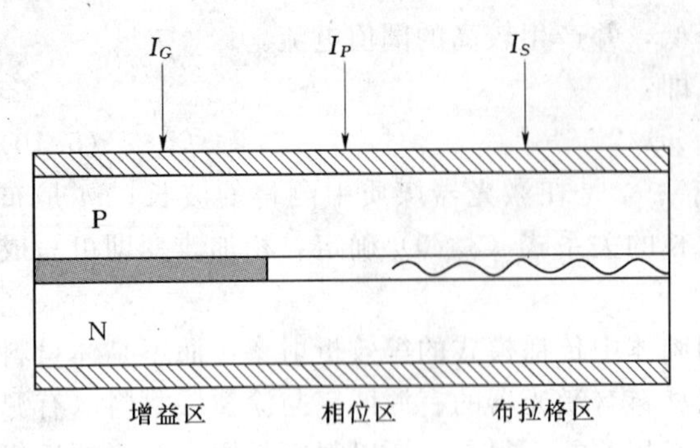

图 5.34 可调谐 DFB 半导体激光器

DFB 激光器中，布拉格区起滤波作用。不同的电流施加到如图所示的不同区域。增益电流 I_G 决定有源区的放大量，进而决定激光器的输出功率。相位电流 I_p 控制布拉格发射区的反馈。电流 I_B 控制布拉格区域的温度，从而控制布拉格波长。发热使布拉格区域的等效折射率改变，进而改变工作波长。根据式（5.11），工作波长为（第1级衍射）：

$$\lambda_0 = 2n_{eff}\Lambda$$

式中：λ_0 为发射光束的自由空间波长。

可调谐范围（$\sigma\lambda$）与等效折射率（σn_{eff}）的改变量成正比。二者之间的关系近似为：

$$\frac{\sigma\lambda}{\lambda} = \frac{\sigma n_{eff}}{n_{eff}}$$

等效折射率最大的改变范围是1%，所以相应的调谐范围为：

$$\sum\lambda = 0.01\lambda$$

对于1500的载波波长，可调谐范围是15nm。

【例 5.3】 假设需要几个如上面介绍的15nm调谐范围内工作在不同波长的激光器。这些光源所发射的光束都同时送进同一根光纤，实现多信道通信。如果每个激光器的光谱宽度是0.01nm，则在此范围内可以安置多少波长通道？

解：为了相邻通道之间的串扰减小到最低程度，这些通道之间必须有足够的间隔。假设相邻通道需要0.1nm的间隔（10倍于载波光谱宽度）。则通道数可以简单地用可调谐范围除以需要的通道间隔得到。在本例中，波长通道数为 $N=15/0.01=1500$。

5. 光纤激光器

无论是半导体激光器还是发光二极管都不能将其产生的光高效地耦合进光纤。这主要是半导体光源和光纤的尺寸不匹配，使得这个问题相对严重。边发射激光器的发光区域是矩形的，而且不对称，而光纤却是园对称的。另外，光源的发射方向图和光纤接收方向图不匹配。而半导体激光器的发射功率分布与单模光纤工作模式的功率分布不一致。如果能用光纤本身作为激光媒质制作成激光器，则耦合问题就可以迎刃而解。

我们在前面已经介绍了光纤放大器。这种放大器不仅已经实现，而且得到了广泛应用。激光器实际上是包括有反馈的光放大器，所以光纤激光器也是可以实现的。如图5.35所示给出了一种光纤激光器结构的示意图。其中的泵浦源是激光器，其输出光束通过镜面 M_1 进入掺有源媒质的光纤。该镜面反射波长 λ_L 的光，但 λ_P 的光可以完全通过。在光纤的另一端也有以镜面，部分透射波长为 λ_L 的光。这种结构与氦氖激光器和半导体

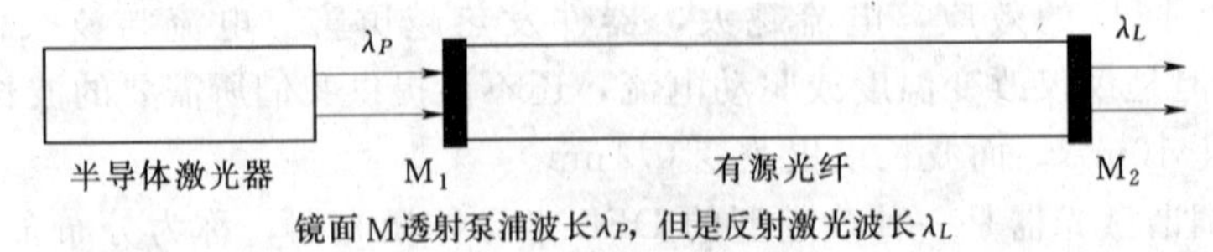

图 5.35 法布里—珀罗光纤激光器

激光器相似，其中包括泵浦源、放大器和法布里—珀罗谐振式反馈。

除了法布里—珀罗式结构以外，光纤激光器还有其他结构。图 5.36 给出了应用布拉格光栅代替反射镜面的掺铒光纤激光器。布拉格光栅反射器本身就是一段特殊的光纤，可以与掺铒光纤放大区域制作在同一光纤中。

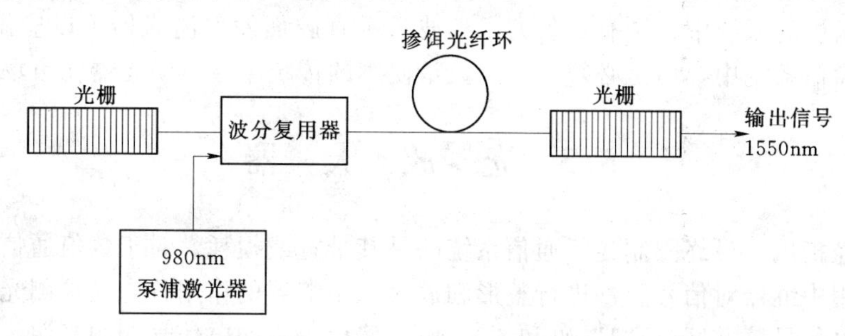

图 5.36 掺铒光纤放大器（光栅对光纤激光器输出起半透镜作用）

工作在 1.55μm 波段的掺铒石英光纤和工作在 1.35μm 的掺钇铝石榴石英光纤可以在光纤激光器中作为有源放大光纤[13]。另外，拉曼光纤放大器可以提供激光振荡所需要的增益。高功率的拉曼光纤激光器可以作为拉曼放大器或掺铒光纤放大器的泵浦源。拉曼光纤放大器可以反射 1200～1600nm 范围内的任意波长。

与通常的单模光纤类似，可以选择足够小的尺寸使光纤激光器工作在单模状态。将光纤光源耦合进单模光纤传输很简单，而且很高效。只须将两根光纤简单的连接在一起即可。然而必须记住，如果光纤激光器作为光源，则外调制是最好的调制方法。在调制速率不高时，外调制并没有什么优点。但调制速率很高时，外调制就是很好的方法。

6. 垂直腔面发射激光器

垂直腔面发射激光器（vertical—cavity surface—emitting laser，VCSEL）是在 20 世纪 90 年代开发出来的，比边反射器半导体激光器晚了很多年。如图 5.37 所示，这种激光器从其表面发射而不是从边上发射。这种结构有许多独特的优点。例其输出的光束是圆的，同光纤形态吻合，这可以提高耦合效率。由于具有平面的几何形状，所以在单片集成芯片上可以实现二维的半导体激光器阵列。这样的激光器阵列在光纤网络内部连接中很有用，同时也可以用在其他通信应用中。垂直腔面发射半导体激光器的腔长很短，所以反应时间也很短。正因为如此，垂直腔面发射激光器能够以很高的速率对其进行调制。

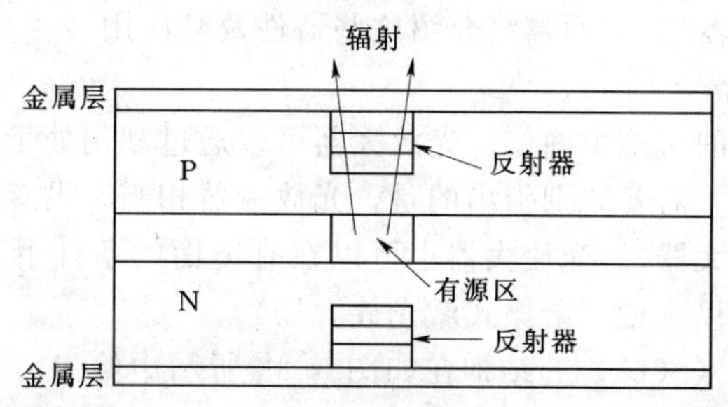

反射器由多层电介质堆栈构成，电介质的折射率在高低值之间交替变化，导致高反射率。上面的反射器对发射波长部分透射作为激光输出

图 5.37 垂直腔面发射激光器

垂直腔面发射型半导体激光器可以工作在可见光区域，所以可以用来作为所料光纤系统的光源[15]。垂直腔面发射激光器也常用来作为工作在850nm的局域网的光源。比如应用在吉比特以太网中。850nm的垂直腔面发射激光器的调制速率可以达到10Gbit/s以上。这种光源有着低廉的价格和高效率（与边沿发射激光器相比）的特点，因此在局域网这类需要大量发送机的系统中特别有竞争力。长波长垂直腔面发射激光器可以应用在高容量、点对点光纤通信系统中，但是必须与已经大量使用的传统半导体激光器在市场中竞争。

5.3 光 放 大 器

书中已经指出，最终限制光纤通信系统的是其带宽或损耗。对于数值通信系统，在线路中可以利用中继器对信号脉冲进行整形和放大。中继器的作用首先是检测光信号，将光信号转换为电信号，并区分“1”码和“0”码，然后再生的电信号调制光源，实现促使光信号的重构。重构的光信号有足够的功率而且没有脉冲畸形。中继器的成功运用，可以将点对点光纤线路的传输限制从几百千米延伸到几千千米。举个例子，传输5000km以上的线路需要100多个中继器。中继器的作用很大，非常重要。但是中继器的制造成本很高，安装和维护费用昂贵。

如果使用模拟调制，则长距离光纤通信的性能会劣化。由于我们不知道信号到底是什么样的，所以不可能实现再生。在数字系统中，我们知道信息数据流中仅仅包括0和1，所以有可能正确地重构每个比特。但是在模拟系统中，波形的选择是没有限制的，所以不可能还原原来的波形。将模拟光信号转换为电信号，然后放大、再传输的成本非常高，并且可能带来附加噪声。

从前面的讨论中可以看出，需要找到一个全光放大器，即一种可以不经过任何光电、电光的内部转换而直接放大光信号的放大器。光放大器虽然不能解决重构信号的问题，但是可以解决因为功率导致的传输距离限制问题。换句话说，光放大器不能解决带宽限制问题，但功率限制问题可以得到很好的改善。因为光纤通信系统可以工作在常规光纤或色散位移光纤零色散区域附近的一定带宽内，所以带宽受限制问题相对于损耗来说不算是太大的问题。另外，如果采用孤子脉冲携带数据流，将不会有脉冲展宽，也就不会有带宽限制了。在20世纪80年代后，第一代光放大器（包括半导体光放大器和掺饵光纤放大器）已研制成功。在此后的年代里，其性能得到了改善，而且还产生了新的光放大器（例如拉曼放大器和掺饵波导放大器）。下面，将介绍这些器件及其应用。

5.3.1 半导体光放大器

从前面对激光原理的讨论中确信，光放大器可以通过利用处于粒子数反转状态的增益媒质的受激辐射来实现。需要特别指出的是，光放大器相当于没有镜面反射的激光器（也就是工作在行波激光放大器）。光放大器也可以在有镜面的条件下工作，但是必须工作在阈值以下（这就是法布里—珀罗谐振式激光放大器）。

半导体激光放大器（SOA）的结构在如图5.38所示中给出。从原理上讲，这些结构都可以工作。但实际上，有几个问题限制了这些器件更广泛的应用。首先，要有足够的增益，而且不引入太大的噪声，这就是个很重要的问题。其次，半导体激光器的增益与光的偏振状态有关。SOA可以工作在1300nm波长区域，因而具有一定的优势。目前，其他类型的放大器（例如下面要介绍的掺饵激光纤放大器）还不能放大该区域的光信号。

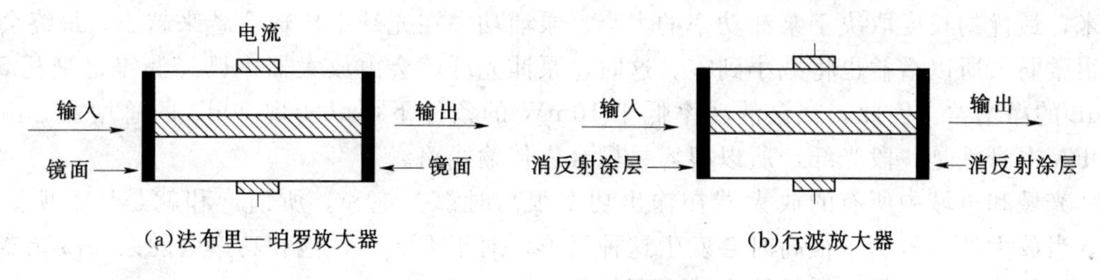

图 5.38 半导体光纤放大器

5.3.2 掺饵光纤放大器

掺饵光纤放大器（EDFA）是一种高效率的放大器。因为具有高增益、宽带宽、低噪声以及放大的波长范围正好是在光纤的最低损耗窗口等优点。如图 5.39 所示给出了掺饵光纤放大器的结构，含有一段放大输入信号的掺饵石英光纤。在这里，稀土元素饵是有源媒质。在石英光纤中掺入饵，当泵浦波长与其吸收带之一吻合时，可以在 1.55μm 波长附近产生增益。

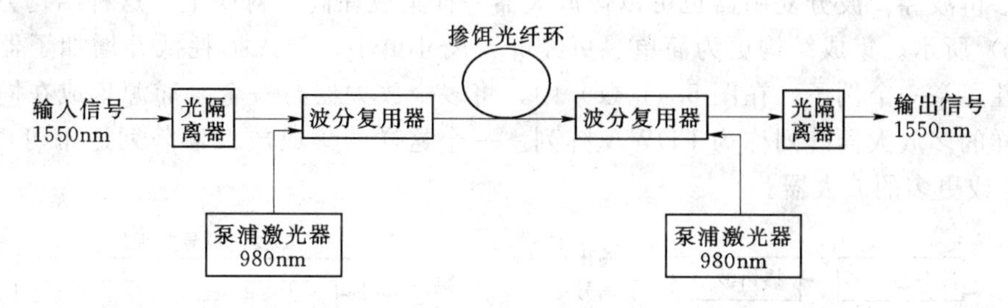

图 5.39 EDFA 的结构

掺饵光纤的相关能量状态如图 5.40 所示。能级图对泵浦和受激发射跃迁过程给出了明确的解释。另外，从 W_2 能级向 W_4 能级的跃迁是不希望的，因为这个过程吸收泵浦光子，从而阻止了激光上能级 W_2 粒子数密度的升高，这种现象称为受激吸收。可以选择适当的泵浦波长和掺杂浓度使之最小。最有效的泵浦带是 980nm 和 1480nm。

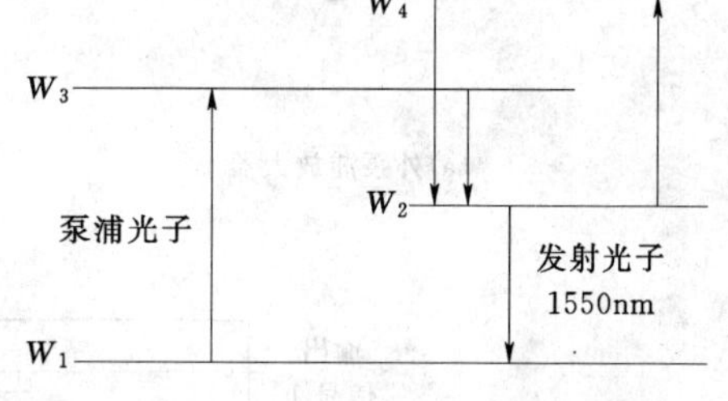

图 5.40 掺饵石英光纤的能级图及跃迁

如图 5.39 所示，由 980nm 的激光器提供的泵浦光和信号光通过波分复用器耦合进掺饵光纤。波分复用器是具有波长选择性的方向耦合器，主要用于波分系统，其工作特性将在第 9 章介绍。泵浦光被铒原子吸收，使之上升到激发态，并实现粒子数反转。受激态的铒原子如果被 1550nm 的光子激励，可以放大信号。信号光和泵浦光一起从左侧进入光纤，信号光能量在泵浦光能量减少的同时持续增加。第二个波分复用器和泵浦激光器（图中右侧）在末端沿反方向注入泵浦光子并激发铒原子，使器件能够充分放大信号。隔离器用来吸收反射波（反馈），如果反射波被放大将会产生类似于激光器一样的振荡。正如我们所知，振荡器就是利用放大和反馈来实现的。

这种放大器工作在 1.55μm 波长区域，与光纤的最低损耗波长完全匹配。掺饵光纤放大器的工作带宽超过 30nm，可以同时放大大量的波分复用信道。典型的掺饵光纤长度几十米，最优的长度取决于泵浦功率的大小。泵浦功率在光纤中传输会越来越小，最终会变得很微弱，所以增益也将减小到零。这时，泵浦光纤就会由放大器中已经测得每毫瓦 5～10dB 的净增益。因此，在泵浦功率低于 10mW 的条件下可以实现 30dB 的总增益。由于 EDFA 本身就是一段光纤，所以很容易耦合进传输线路。

光域和电域中所有的放大器在输出功率很高时都会饱和。所谓饱和就是增益明显降低，当放大的信号功率很高时会发生这种情形。对于 EDFA，饱和功率会随泵浦激光器功率的增加而增加，但期望的输出功率不能超过 50mW。

5.3.3　掺饵波导光放大器

很多光集成器件，如方向耦合器、光分束器、电光开关和调制器。同样可以采用光集成技术构造光放大器，例如可以在波导中掺入铒原子。这种放大器称为掺饵波导放大器 (EDWA)，其工作原理与 EDFA 相同。掺饵波导放大器比掺饵光纤放大器更容易放置。

与 EDFA 一样，泵浦光波长可以是 980nm 也可以是 1480nm。泵浦和信号光通过外加的波分复用器合路，如图 5.41 (a) 所示（与图 5.36 中的 EDFA 相似）。合路后的光束耦合进入掺饵波导。波分复用器也可以像放大器一样集成在同一衬底上，这种结构方案如图 5.41 (b) 所示。集成结构更为简单、更经济、尺寸更小、插入损耗低并增加了器件设计的灵活性。举一个例子，在图 5.41 (c) 中，将多个放大器与一个泵浦源集成在同一芯片上。这样的多放大器阵列称为 EDWA 阵列。一个这样的集成放大器阵列通常可以包含 4 个、8 个或更多的放大器。

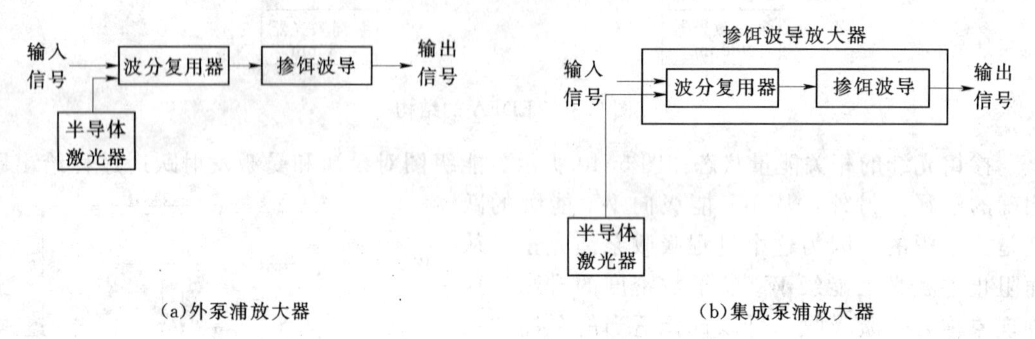

(a)外泵浦放大器　　(b)集成泵浦放大器

(c)集成泵浦放大器阵列

图 5.41　EDFA 的结构

用来滤除剩余泵浦光子的滤波器同样可以集成在放大器芯片上，通常将其放置在芯片上放大器的后面一级。典型的 EDWA 工作在 c 波段，具有 20dB 量级的增益。

5.3.4 拉曼放大器

EDFA 为光纤的最低损耗区即 c 波段（1530～1565nm）提供了很好的放大。也可以适当设计使其用于 L 波段（1565～1625nm）信号的放大。而基于受激拉曼散射原理的放大器已经研制成功，可以用于其他波段的放大。

拉曼散射是由光纤声子参与引起的光子散射。所谓声子就是晶体或分子的振动。这种散射是非弹性的，也就意味着在散射过程中光子损失能量，导致其向下的频移。这种向下的频移称为斯托克顿频移。石英光纤的斯托克顿频移量大约为 13.2THz。拉曼散射意味着光信号能量的衰耗，因为部分光能量从原先的发送波长转移出去了。但是这种损耗影响并不大，所以在第 5 章中介绍很多重要的损耗机制时没有提及拉曼散射。光域拉曼散射的量子解释可以从如图 5.42 所示中得到。入射光子与光学声子相互作用，将分子能量从 W_1 提升到图中的虚态 W_3。然后，分子自发下降到 W_2 能级，并发射能量为 $W_{32}=W_3-W_2$ 的光子。光学声子（振动）的能量为 $W_{21}=W_2-W_1$。分子的谐振频率则为：

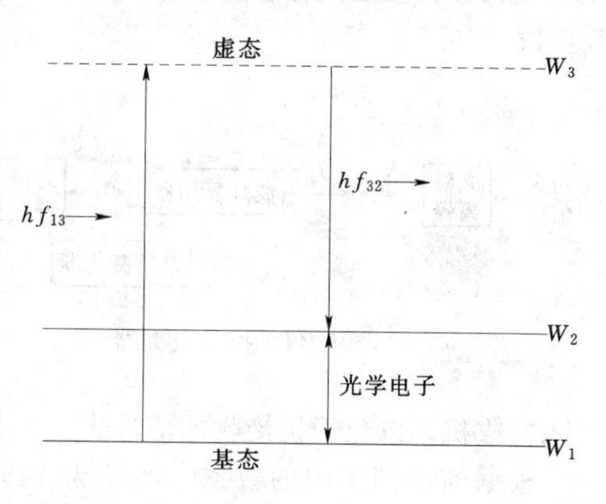

图 5.42　拉曼散射

$$f(\text{声子})=(W_2-W_1)/h$$

这个频率和入射光频率共同决定了虚态。如上面所述，石英光纤的谐振频率为 13.2THz，所以散射波的频率为：

$$f(\text{输出})=f(\text{输入})-f(\text{声子})$$

【例 5.4】 在图 5.43 中给定输入光波长为 1450nm；拉曼频移为 13.2THz；求散射光波的波长和相应的波长改变量。

解：从前面的几个公式可以得到：

$$\frac{c}{\lambda_{out}}=\frac{c}{\lambda_{in}}-13.2\times10^{12}$$

将 $\lambda_{in}=1450$nm 代入，可求得输出波长为 1549nm。拉曼波长变化量为 99nm。这些数据是发生在 1500nm 区域拉曼散射的典型值。

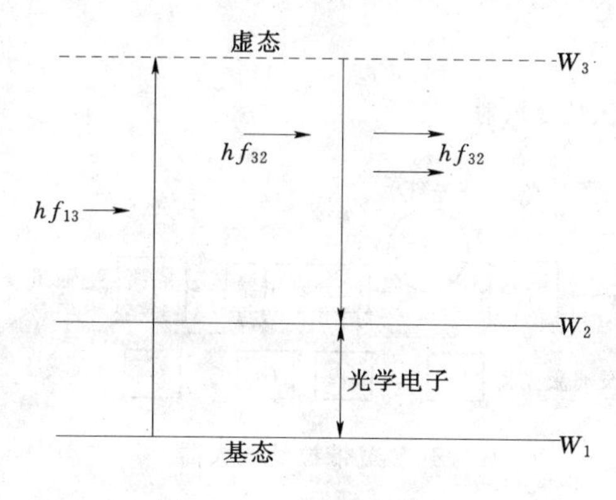

图 5.43　受激拉曼散射

拉曼散射并不仅仅发生在 13.2THz 这单一频移上，而是有大约 6THz 的带宽。如果用量子理论来解释，应该将图 5.43 中的 W_2 看成一个能带，而不是一个离散的能级。

如果光纤中同时存在两个光束，会发生受激拉曼散射。称其中的一个为泵浦光，另一个为信号光。泵浦光以如图 5.44 所示的方式为信号光提供放大的能量。假设泵浦频率为 f_{13}；信号频率为 f_{32}；泵浦光子将分子提升到虚态 W_3；信号光子激励处于激发态的分子，使之发射与信号同频率、同相位的光子，由此信号光获得了放大。这种机理与本章前面提到的受激辐射类似，最大的区别在于拉曼放大不需要粒子数反转分布，因为分子不吸收信号光子。第二个区别在于放大的信号波长取决于泵浦光子的频率和玻璃分子的谐振频率。因此，根据泵浦光子的波长，拉曼放大器可以放大任何需要的波长。拉曼放大器在 S 波段（1460～1530nm）特别有效，同样也可以用在 c 波段和 L 波段。

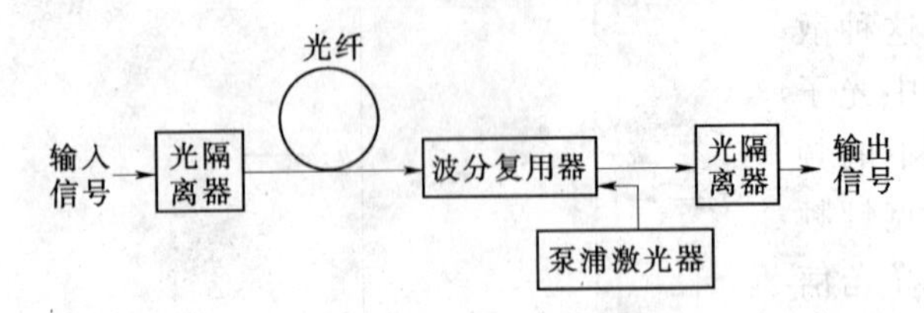

图 5.44　拉曼放大器

拉曼放大器的结构如图 5.44 所示。注意，这种结构与 EDFA 十分相似。本图所示的拉曼放大器的信号光和泵浦光沿相互方向传播（称为方向泵浦）。由于泵浦光的损耗很小，因此可以在光纤中传输较长的距离（几千米）。采用向后泵浦可以避免泵浦光子进入接收机，以免干扰接收的信号光。

根据前面例子中的数据，波长为 1450nm 的泵浦光可以放大波长为 1549nm 的信号光。放大器的带宽，也就是前面提到的拉曼散射带宽，约为 6THz。转换为放大的波长范围是 45nm。拉曼放大器的小信号增益可达到 30dB。

拉曼放大器最美好的前景是可以使用多个泵浦源来扩展放大带宽。如图 5.45 所示给出了两个泵浦源的（f_{P1} 和 f_{P2}）例子。总增益是两个泵浦源所提供的增益之和。由于两个泵浦源的频率差异，使得两个增益峰值是错开的。这种方案将会得到进一步发展。采用更多的泵浦源，可以构建工作带宽超过 100nm（例如 1500～1600nm）的带宽放大器。如图 5.46 所示中给出了这种方案。

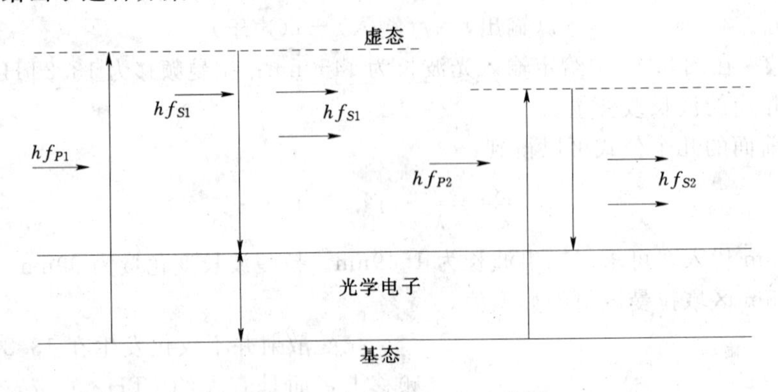

图 5.45　多泵浦受激拉曼散射

5.3.5　噪声系数

噪声系数 F 是用来度量放大器噪声特性的参数。其定义是输入信噪比与输出信噪比的比值。也就是：

$$F=\frac{(S/N)_{\text{in}}}{(S/N)_{\text{out}}} \tag{5.12}$$

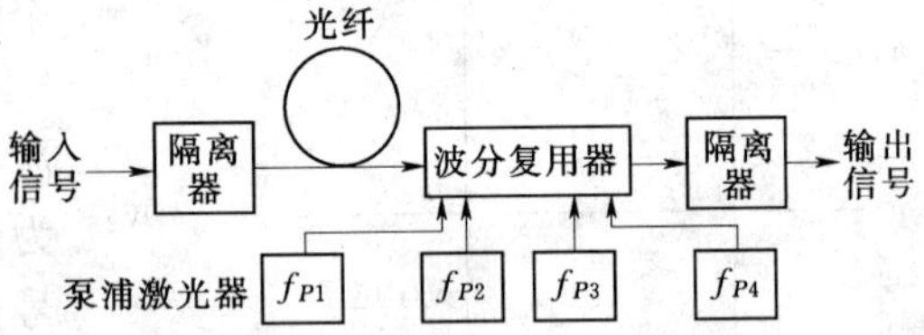

图 5.46　宽带拉曼放大器

该式表示信号在放大过程中信噪比的劣化程度。放大器可以将信号的能量放大到可用的程度，但同时产生了附加噪声，所以信息信号的信噪比降低了。通常，噪声系数用下面的方程式表示：

$$F_{dB}=\lg F$$

所有放大器（无论光的还是电的）的噪声系数都大于1（如果用dB表示，则有 $F_{dB}>0$）。也就是说，经过放大器放大以后信号质量降低了。尽管如此，对于微弱的光信号，与在检测后用电放大器来放大的系统相比较，光放大器仍然可以提高系统的整体性能。在所有各类放大器中，通常半导体激光放大器的噪声系数最大（大约为8dB）。掺饵光纤放大器的噪声系数约为6dB，掺饵波导放大器的噪声系数小于5dB。噪声性能最好的是拉曼放大器，其噪声系数小于4.5dB。

【例5.5】 某光放大器的噪声系数为3.2dB，假设输入信号的信噪比为50dB。计算该放大器的输出信噪比。

解： 将上述数据转换为十进制的数据，可以得到输入信噪比为 $S/N=10^5$。而噪声系数为2.089。所以输出为 $(S/N)_{out}=10^5/2.089=0.4786\times10^5$。转换为分贝，得到输出信噪比为45.8dB。

注意，在这个例子中如果仍然用分贝来表示，则输出信噪比就是简单地用输入信噪比减去放大器的噪声系数，这是通常的表示方法。用方程来表示，也就是：

$$(S/N)_{out,dB}=(S/N)_{in,dB}-F_{dB} \tag{5.13}$$

5.3.6 光放大器的应用

在光纤放大器中有很多地方需要用到光放大器。根据如图5.47所示中放置的位置，可以将其应用分为发射放大、在线放大和前置放大。在线放大与发送机和接收机都相隔一定的距离，将微弱的信号在进一步传输之间进行放大。发射放大器在发送机中直接接在光源后面，将输出初始信号放大到某个期望值。采用后置放大器可以使发送机和第一级在线放大器的距离更远些。其优点是发送机通常可以放在很方便的地方。维护、修理和安置都很方便。在线放大器通常放置在较难到达的地方，所以越少越好。接收机的前置放大器在检测前提高光信号功率。这可以提高系统的噪声性能。

最后，EDWA阵列在同一光集成芯片上可以同时放大多个光通道。这样的器件大有用武之地，例如用在有线电视分配网络中。

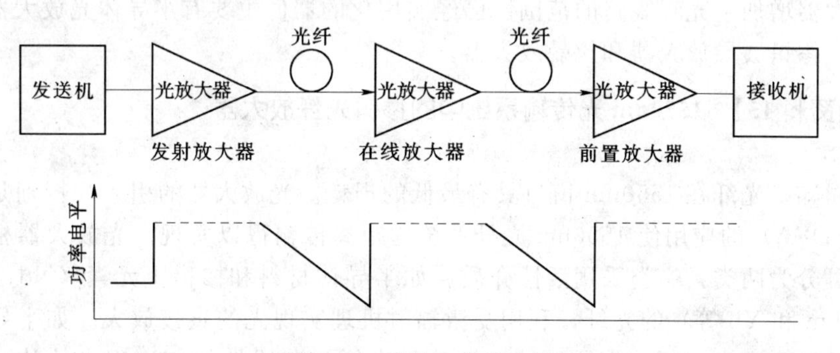

图5.47　光放大器的应用

5.4 小　结

作为初步设计，在表5.1中给出了典型半导体光源的特性参数。如果仅仅进行初步设计，已经有足够的信息来选择光载波的波长、光纤的类型和光源。多模 SI 光纤和多模 GRIN 光纤系统都可以使用 LED 作为光源，但是工作在不同的光谱区域。在 SI 光纤中，模式色散起决定性作用。由 LED 的款谱特性引起的材料色散影响很小，可以忽略。所以，选择半导体激光器来减少材料色散的影响没有任何意义。正是因为这些原因，LED 通常在使用多模阶跃折射率光纤的线路中。使用多模阶跃折射率光纤和 LED 光源的系统主要工作在短波长的第一窗口，即 0.8～0.9μm 波段。工作在波段的器件比较便宜。采用 LED 光源工作在第一窗口对于渐变折射率光纤并不是最优的，因为材料色散引起的脉冲展宽有可能比光纤模式畸变引起的脉冲展宽更宽。这样的器件组合会丧失渐变折射率光纤的优点。然而在长波长的 O 波段（即 1.3μm 附近），即使是使用 LED 光源，材料色散的影响也会变得很小。采用渐变折射率光纤和工作在 1.3μm 波长区域的 LED 光源，可以在相当长的距离上实现高效率的数据传输。

表 5.1　　半导体光源的一般特性

特性参数	发光二极管	半导体激光器	单纵模半导体激光器
谱宽（nm）	20～100	1～5	<0.2
上升时间（ns）	2～250	0.1～1	0.05～1
调制带宽（MHz）	<300	2000	6000
耦合效率	很低	中等	高
适配光纤	多模 SI 和 GRIN	多模 GRIN 和单模光纤	单模光纤

使用半导体激光器初始成本很高，而且增加了电流的复杂性，所以是在有必要时才采用这种器件。对于长距离、大容量系统，半导体激光器与多模 GRIN 光纤或单模光纤的结合可以构成有效的传输系统。这些系统都工作在第一窗口和 O 波段。在 O 波段中，光纤损耗低，可以实现长距离传输。

采用单模激光器与单模光纤相结合，工作在低损耗、长波长区域如 C 波段或 L 波段，可以实现最大的速度与距离积。

光放大器增加了光纤线路的范围。已经实用化的器件主要有半导体光放大器、掺铒光纤放大器、掺铒波导放大器和拉曼放大器。

【阅读资料 15】 1550nm 光传输系统中的掺铒光纤放大器

1. 前言

众所周知，光纤在 1550nm 窗口具有最低的损耗。光放大器的引入，特别是掺铒光纤放大器（EDFA）的应用使 1550nm 光纤系统远距离传输得以实现。光放大器根据增益介质的不同可分为两类：一类采用活性介质。如半导体材料和掺稀土元素（Nd、Sm、Ho、Er、Pr、Tm 和 Yb 等）的光纤，利用受激辐射机理实现光的直接放大。如半导体激光放大器（SOA）和掺杂光纤放大器。另一类基于光纤的非线性效应实现光的放大。典型的为拉曼光纤激光放大器和布里渊光纤激光放大器。由于半导体激光放大器（SOA）与光纤耦合困难，对光的偏振特性敏感，噪声及串扰大，严重影响了它的应用。而非线性光纤放大器主要采用受激拉曼散射效应的拉曼光放大器，其缺点是需要的泵浦功率较高，约 0.5～1W，实现比较困难。而掺铒光纤放大器（EDFA）由于工作窗口在 1550nm，增益高、噪声低、输出功率大、增益特性稳定、增益与偏振无关等特点，可实现信号的“透明”传输，得以在系统中广泛应用。所谓“透明”传输是指可同时传输模拟信号和数字信号，高比特率和低比特率信号。

2. EDFA 的基本工作原理

(1) EDFA 光放大器的基本结构。如图 5.48 给出了正向泵浦的 EDFA 光放大器的原理性光路图，其主体是泵浦源与掺铒光纤。WDM 为波分复用器，它的作用是将不同波长的泵浦光与信号光混合而送入掺铒光纤。光隔离器的作用是防止反射光对光放大器的影响，保证系统稳定工作。滤波器的作用是滤除放大器的噪声提高系统信噪比。

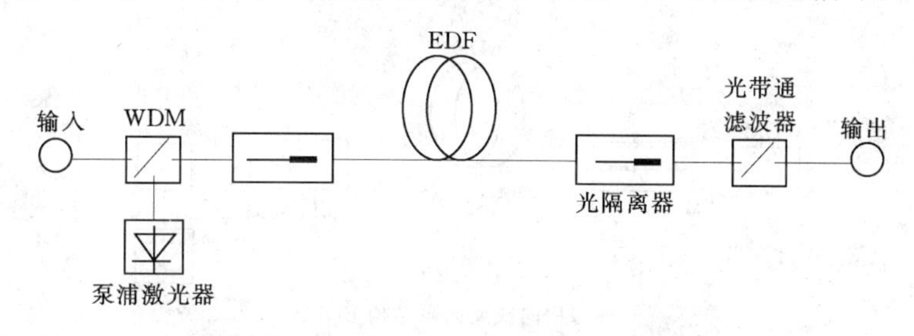

图 5.48　EDFA 光放大器原理性光路图

在泵浦光作用下的掺铒光纤中，通过光与工作物质的相互作用，泵浦光能量转移给信号光而将其放大。掺铒光纤放大器（EDFA）采用掺铒离子单模光纤作为增益介质，在泵浦光激发下铒离子由低能级跃迁到高能级得到粒子数反转分布，在信号光诱导下实现受激辐射放大。

(2) 泵浦方式。泵浦源为放大器源源不断地提供能量，在放大过程中将能量转换为信号光的能量。主要有以下几种泵浦方式，如图 5.49 所示。这 3 种结构的 EDFA 分别称为前向或正向泵、后向或反向泵和双向泵掺铒光纤放大器。

前向泵浦的噪声低；后向泵浦的输出功率高；双向泵浦结合了前两种的优点。随着器件制作水平的提高，单个 980nm 的泵浦激光器的输出功率可达到 250mW。一般采用前向泵浦的单个 980nm 的泵浦激光器可制作出 19dBm 以内的光放大器；采用双 980nm 的泵浦激光器可制作出 21dBm 的光放大器；采用一只 980nm 的泵浦激光器和一只 1480nm 的泵浦激光器可制作出 23dBm 的光放大器。

应当注意的是 EDFA 光放大器的输出光功率不是越高越好。因为 EDFA 光放大器在高功率输出情况下的噪声指标一般比低输出功率的高，且在 1550nm 光传输系统中光发射机的受激布里渊散射门限 SBS 值一般在 17dBm 左右，高的输出功率只能在前端或在线分配输出。

(3) EDFA 的主要特性与指标。一个实用的光放大器应具有优良的性能，并用各种技术参数来表征，其中增益、带宽、输出功率与噪声指数是评价放大器优劣的四个基本特性参数。光纤放大器的主要特性指标是增益和噪声。

1) 小信号增益和饱和特性。放大器的增益定义为 G＝Pout/Pin。式中，Pout、Pin 分别为放大器输出端与输入端的连续信号功率。如图 5.49 所示展示了典型参数计算所得 1.55μmEDFA 的小信号增益随泵浦功率和放大器长度而变的曲线。在图 5.49 (a) 中，对于给定的放大器长度 L，放大器增益先随泵浦功率按指数函数增加。但是当泵浦功率超过一定值后，增益的增加就开始变得缓慢，甚至出现饱和。何时开始饱和取决于 EDFA 的设计，典型值为 1～10mW。

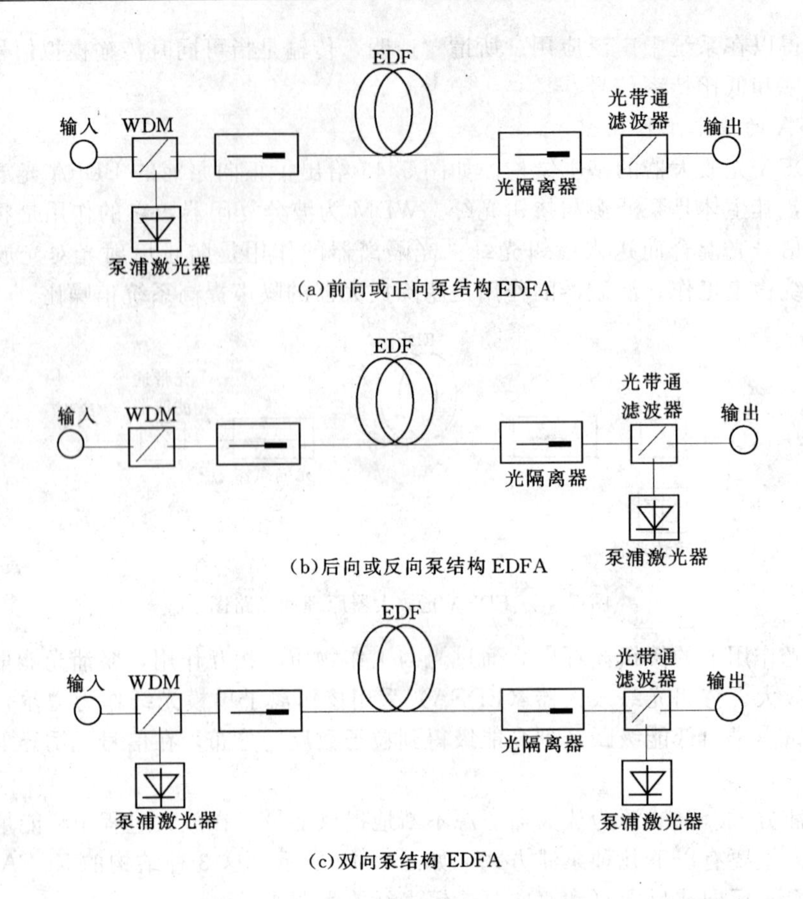

(a)前向或正向泵结构 EDFA

(b)后向或反向泵结构 EDFA

(c)双向泵结构 EDFA

图 5.49 掺铒光纤放大器的基本结构

如图 5.50 (b) 所示，对于给定的泵浦功率，放大器的最大增益对应一个最佳光纤长度，并且当 L 超过这个最佳值后很快降低。其原因是放大器的剩余部分没有被泵浦，反而吸收了已放大的信号。既然最佳的 L 值取决于泵浦功率 P_p，那么就有必要选择适当的 L 值和 P_p。从图 5.50 (b) 可知，当用 980nm 波长的激光泵浦时，如泵浦功率为 80mW；放大器长度 L=30m；则可获得 35dB 的光增益。

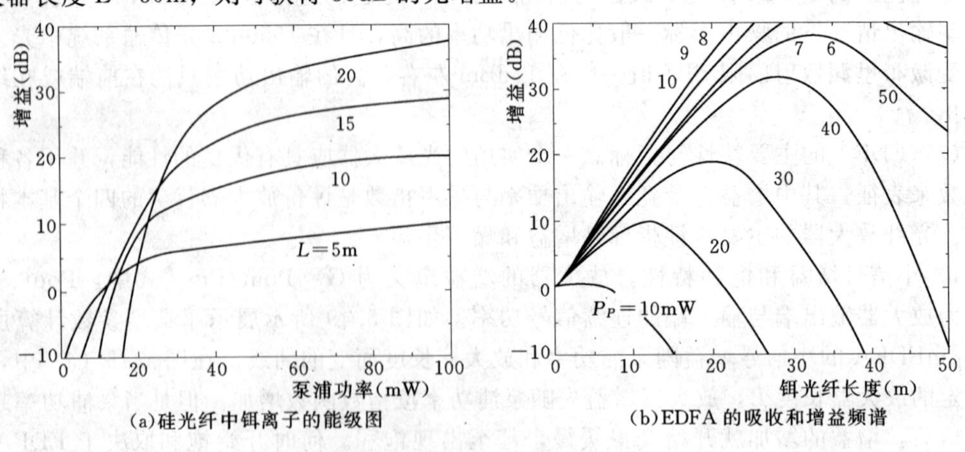

(a)硅光纤中铒离子的能级图　　(b)EDFA 的吸收和增益频谱

图 5.50 小信号增益和泵浦功率与光纤长度的关系

(泵浦波长为 0.98μm；工作波长为 1.55μm)

在 EDFA 泵浦功率一定的情况下，输入功率较小时，放大器增益不随入射光信号的增加而变化，表现为恒定不变。当入射功率增加到一定值后（一般为－20dBm 左右），增益开始随信号功率而下降，这是入射信号导致 EDFA 出现增益饱和的缘故。如图 5.50 所示。图 5.50（a）表示数值模拟结果，它是在假定掺铒光纤模场直径为 3.6μm，在石英光纤芯中掺有 1500ppm 的 Er＋3 离子。另外还掺有少量的锗和铝离子，用 0.98μm 的光泵浦，泵浦功率为 80mW。曲线 A 和 B 分别表示放大器长度为 13m 和 9m 两种情况。由图 5.50 可见，当泵浦功率一定时，掺铒光纤越长饱和程度越深。图 5.50（b）表示商用产品的典型特性曲线。由图可见，增益饱和特性的实测值和理论值符合得很好。正因为 EDFA 具有这种特性，所以它具有增益自调制能力，这在 CATV 系统中 EDFA 的级联中具有重要的意义。

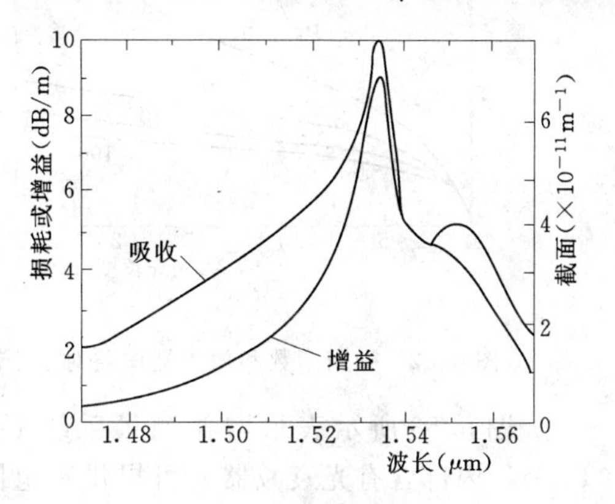

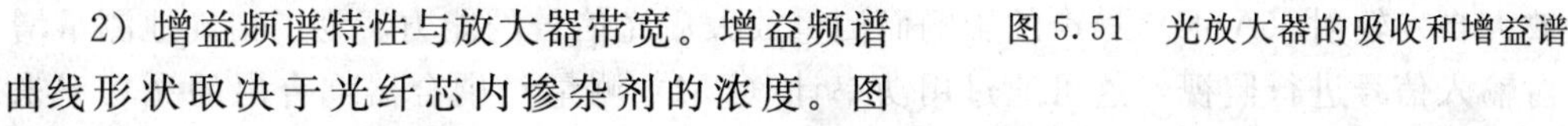

图 5.51 光放大器的吸收和增益谱

2）增益频谱特性与放大器带宽。增益频谱曲线形状取决于光纤芯内掺杂剂的浓度。图 5.51 表示纤芯同时掺锗的 EDFA 的增益频谱和吸收频谱。从如图 5.51 所示中可知，掺铒光纤放大器的带宽［曲线极大值带宽（FWHM）］大于 10nm。如果纤芯中掺入铝离子，则带宽还可增大。

3）光放大器噪声。光放大器噪声是系统性能的最终限制因数，因此必须对 EDFA 的噪声进行研究。放大器噪声一般用噪声指数 F 来量度，其值为（SNR）in/（SNR）out＝2nsp。这里 nsp 是自发辐射系数，或者称铒离子反转系数，它与处于基态和激活态的离子数 N_1 和 N_2 有关。这可从 nsp＝$N_2/(N_2-N_1)$ 中得知。对于铒离子完全反转放大器（即所有铒离子均被泵浦光激发到激活态），nsp＝1；$F=2=3$dB。但是当离子数反转不完全时，即 $N_1\neq 0$ 时，总有一部分铒离子留在基态，此时 nsp＞1。于是 EDFA 的噪声指数 F_n 要比理想值 3dB 要大。对于大多数实际的放大器，由于光连接器、光隔离器、波分复用器和纤芯的融接损耗的存在，F 要超过 3dB，可能达到 5.5dB。在光通信系统中光放大器应该具有尽可能低的噪声指数 F 以获得低的误码率，对于 CATV 系统低的噪声指数 F 可获得高的载噪比指标。

噪声指数就像放大器增益一样，与放大器长度 L 和泵浦功率 P_p 有关。如图 5.52 所示表示输入功率为 1μW 的 1.55μm 信号被放大时，对于几种不同的 $P'_p=P_p/P_{sats}$ 值，噪声指数 F 和放大器增益 G 沿放大器长度方向的变化情况。理论结果表明强泵浦功率（$P_p \gg P_{sats}$）的高增益光放大器可以得到接近 3dB 的噪声指数。实验结果也验证了这个结论。

（4）铒光纤放大器的性能参数测量。EDFA 光放大器的各项指标必须经过仪器的测试才知道能否达到系统的要求，需配置的仪器设备有可调谐光源、光谱仪、光衰减器和光功率计等。主要测试指标有增益、响应谱宽、饱和输出光功率和噪声指数等。

1）增益、谱宽和输出功率测量。EDFA 的增益定义为 $G=P_0/P_1$。其中 P_0 为 EDFA 经输出光纤辐射进自由空间的基模信号光功率，P_1 为进入 EDFA 输入光纤的指定波长的基模光功率。因为不同的模式表现出不同的增益，同时增益也与波长有关，因此在定义中明确规定模式为基模，波长为指定波长。

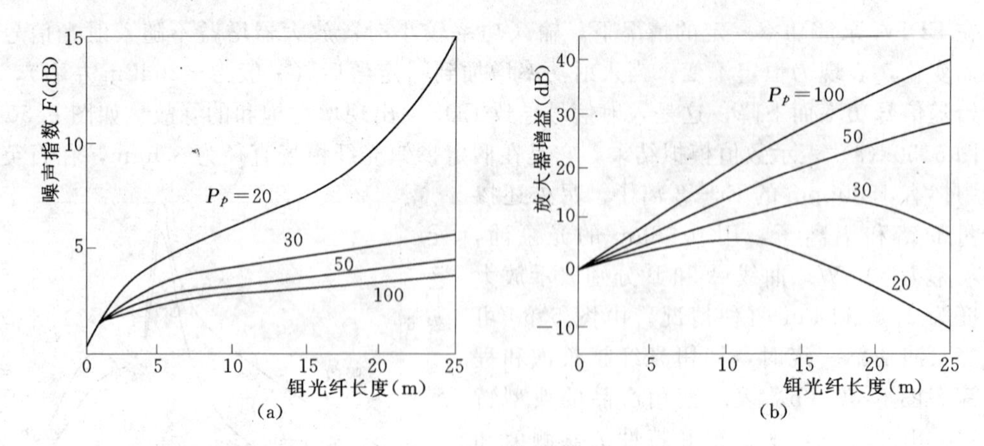

图 5.52　噪声指数和放大器增益对于不同的泵浦功率与铒光纤的长度的数值模拟关系

如图 5.53 所示表示增益测量系统框图。图中用作信号源的可调谐半导体激光器(TLS)，内部含有光衰减器，可提供宽范围的 EDFA 光放大器输入功率。光谱分析仪具有不受放大自发辐射（ASE）噪声的影响而测量放大后光信号的能力。为了精确地测量增益，要对输入信号进行监视，这可通过用功率计（PM）测量经耦合器耦合出的光功率来达到。该耦合器应具有低的极化灵敏度以便于提高测量精度，并且由它分出的光功率应尽量小，以便使尽可能多的光功率进入 EDFA 用作测试。耦合器没有使用的端口需适当加以处理，避免产生不必要的反射。

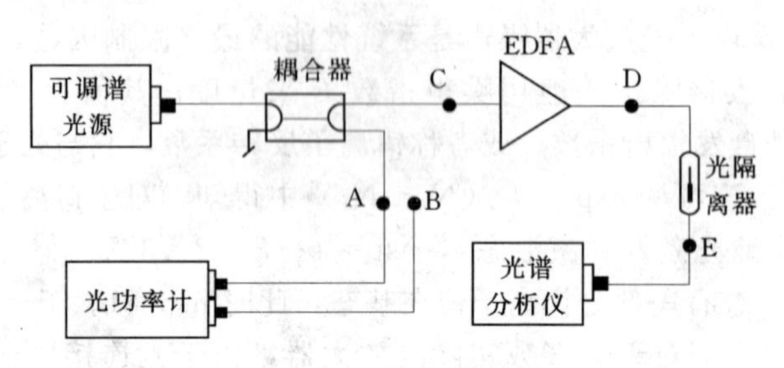

图 5.53　EDFA 增益测量系统框图

典型的增益测量方法如下（见图 6)。

首先，不接入 EDFA，连接光纤 C 到光纤 B，将可调谐光源的波长和输出功率设定，分别计算出各波长的 $R_{in}=P_B/P_A$。断开光纤 C 和光纤 B，连接光纤 C 到光纤 D，测量各个波长的功率 P_A 和 P_B，此时可测得光隔离器的插入损耗为：

$$L_{DE}=P_E/P_D=P_E/(P_BR_{in})=P_E/(P_AR_{in})$$

其次，连接 EDFA 到测量回路中，再一次测量 P_A 和 P_B，则可得到入射到 EDFA 的功率为：

$$P_{in}=P_B=P_AR_{in}$$

由此可计算出 EDFA 的增益为：

$$G=P_0/P_{in}=P_E/(P_AR_{in}L_{DE})$$

用以上方法改变可调谐光源的波长可测试 EDFA 光放大器的光谱响应。

2）噪声指数测量。如图 5.54 所示表示插入法测量噪声指数的原理框图。它与增益测量的框图类似。不同点是加入了光滤波器，为的是减小光源自发辐射（SE）噪声的影响。

定义了放大器的噪声指数（Fn），在考虑光滤波器带宽 $B0$ 时，Fn 变为：

$$Fn=\lim_{B0\to 0}\frac{(\mathrm{SNR})\mathrm{in}}{(\mathrm{SNR})\mathrm{out}}$$

对于小信号的噪声指数测量，因为在调谐激光源里的内部光衰减器已减小了入射到放大器的 ASE 功率，可不插入光滤波器。但对于饱和 EDFA 噪声指数的测量，必须滤出 ASE 功率，插入光滤波器是必要的。对滤波器性能的要求取决于 SE 的大小和所要求的测量精度。

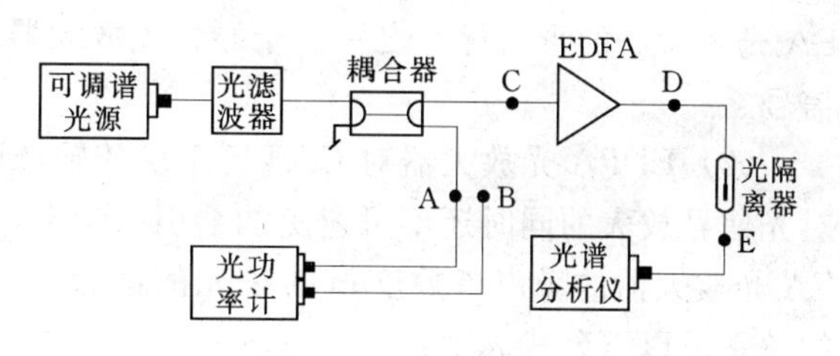

图 5.54　EDFA 增益测量系统框图

当测量低噪声 EDFA 光放大器时，光源的自发辐射与相干光的同时存在，可使测量到的 EDFA 噪声指数偏大。因为激光源内的增益介质产生的放大自发辐射与 EDFA 产生的 ASE 类似。光源的自发辐射噪声被放大，结果变得与 EDFA 光放大器内部产生的 ASE 难以区分。这种影响就使测量到的 EDFA 光放大器噪声变大。EDFA 光放大器噪声越小，光源自发辐射对测量精度影响越大。

一般光谱分析仪已经集成 EDFA 光放大器噪声指数的测试模块。在该测试方法中第一步要求对输入到 EDFA 光放大器的光信号进行测试；第二步在对 EDFA 光放大器的输出光信号进行测试。这样可消除源信号噪声的影响，测试精度优于±0.5dB。

值得注意的是输入输出的光反射信号会严重影响 EDFA 光放大器的噪声指标。在 EDFA 光放大器的光路融接和活动连接器的选取上必须降低反射光信号以保证测试的准确性。

（5）EDFA 光放大器的性能指标。为了对 EDFA 光放大器整体性能有初步了解，以便在系统应用中选用，现将 EDFA 光放大器的主要性能指标列在表 1。

3. EDFA 光放大器在 CATV 系统中的应用

EDFA 光放大器在数字光通信中可用作前置放大器、线路放大器和功率放大器。前置放大器是小信号放大，要求噪声低，但输出饱和功率要求不太高；EDFA 作线路放大器用全光代替了原来的光—电—光中继；功率放大器是将 EDFA 直接放在光发射机之后用来提升输出功率。由于输出功率的提高，可实现远距离传输，这种方式也是 CATV 系统应用的主要方式。我们知道 CATV 系统传输的是多载波模拟电视信号，EDFA 光放大器的引入将如何劣化系统的非线性和载噪比等指标，现讨论如下。

（1）EDFA 光放大器对 CATV 系统传输非线性指标的影响。由于高输出功率的 EDFA 光放大器工作在饱和输出功率状态，没有工作在光放大器线性区内，最初人们认为 EDFA 光放大器用于 CATV 传输系统将严重影响系统的 CTB、CSO 等非线性指标而不能采用。但实际测试表明 EDFA 光放大器的应用基本对 CTB、CSO 等非线性指标没有影响。这表明在饱和输出功率状态下的 EDFA 光放大器能很好的线性放大信号光，这一点当时使人们迷惑不解。经过进一步的理论分析，找到了 EDFA 光放大器在饱和输出状态下线性放大光信号的原因在于：铒离子在泵浦光的激励下产生跃迁，在信号光的诱导下发生受激辐射产生光放大。而铒离子跃迁到高能级会停留一段时间具有一定的寿命。对于频率超过一定的射频信号，EDFA 光放大器的响应速度来不及跟踪信号的变化饱和而保持了对信号的恒定增益放大即线性放大，这一点与半导体光放大器相比完全不同，这也是 ED-

FA光放大器的重大优点之一。半导体光放大器是不能工作在饱和输出功率状态下放大光信号。

(2) EDFA光放大器对CATV系统传输载噪比指标的影响。EDFA光放大器在保持对光信号放大的同时还不可避免的会引入噪声，这可以用噪声指数这个指标来度量。EDFA光放大器的噪声指数度量的是光的信噪比的劣化。EDFA光放大器噪声指数与C/N的关系由以下公式表示：

$$C/N=(SNR_{in})m^2/2BF$$

式中，SNR_{in}为输入光信号载噪比；$SNR_{in}=\lambda P_{in}/2hc$；$P_{in}$=输入光功率；$\lambda$=光波长；$h$=普郎克常量；$c$=光速；$m$=光调制度；$F$=EDFA光放大器的噪声系数。

由上述公式可以看出，EDFA光放大器的引入会劣化CATV光传输系统的载噪比指标。为了补偿EDFA光放大器引入的载噪比指标劣化，1550nm光传输系统的光接收功率与1310nm光传输系统相比提高了3dB，为0dBm光接收功率。另外为保证整个系统的载噪比指标，EDFA光放大器的输入光功率不宜低于3dBm。

4. 小结

EDFA光放大器噪声低、增益高、饱和输出功率大、与光的偏振状态无关，是比较理想的光放大器，广泛用于电信和CATV光纤骨干网中，极大地拓展了传输距离。随着980nm无致冷激光器的商用化，低噪声的高增益铒纤的出现，小型化、低成本的17dBm以内的饱和输出功率的EDFA光放大器已研制成功，使EDFA光放大器用于城域网已成为可能。这必将推动全光网络的加速发展，为电信和CATV系统创造新的商机。

【阅读资料16】 常用光放大器主要性能参数

1. 分布式喇曼放大器

分布式喇曼放大器是近期得以广泛研究和应用的新型光放大器方案。由于它在光传输系统扩容和增加传输距离方面具有巨大的优势和潜力，因而被认为是研发新一代高速超长距离DWDM光纤通信骨干网中的核心技术之一。

分布式喇曼放大技术。分布式喇曼放大基于光纤受激喇曼散射（SRS）效应，一般采用反向泵浦方式。实现方法如下：将高功率连续运转激光从光纤跨段的输出端注入传输光纤，该泵浦光的传输方向与信号光传输方向相反。泵浦激光器的波长比信号光短约100nm。高功率光场泵浦光纤中的组分物质产生虚激发态，电子从这些虚激发态向基态跃迁，从而实现光信号的增益。这里的光放大方式与ED?FA类似。

与EDFA放大方式相比，分布式喇曼放大最主要的特点如下：

(1) 分布式放大。喇曼放大采用传输光纤本身作为放大介质，增益区分布在很长距离（约20km）的传输光纤中。这对降低入纤光功率、减弱光纤非线性效应的危害具有非常积极的作用。

(2) 低噪声指数。分布式喇曼放大使信号光还远未到达传输光纤输出端处即获得放大，可以降低有效跨段损耗（在G.652光纤上的典型值是5.5dB）。在OSNR演化计算中，上述有效跨段损耗的降低通常被归结为光放大器噪声指数的降低，因此一般称后向泵浦喇曼放大器的等效噪声指数为0dB。这在提高单跨段长度、增加系统OSNR预算和传输距离方面有显著的优势。

(3) 超宽带光放大。由于喇曼放大的增益波段由泵浦激光器波长所决定，选择合适的泵浦激光器波长，前者的增益范围可覆盖1300nm到1700nm的整个单模光纤低损耗频段，在1550nm波长附近连续增益带宽达100nm，尤其适合于S－band、XL－band等常规EDFA难以放大的波段。

在实际应用中，分布式喇曼放大器也有一些要注意的地方。例如，在机站集线器处总是有许多光纤连接器和光纤熔接连接。这些光纤连接会吸收泵浦光功率并产生后向散射，进而劣化信号光的质量。此外，后泵浦喇曼放大所带来的改善，并不能肯定增加光纤跨段的数目及传输距离，因为光纤跨段的数目更重要的是由光纤非线性效应决定的。

除反向泵浦分布式喇曼放大外，还诞生了其他形态的喇曼放大技术。比如，采用前向泵浦和双向泵浦的喇曼放大，可提供更高增益和更低噪声指数，并有同时实现增益和噪声指数平坦的潜力。采用色散补偿光纤（DCF）作为增益介质制成的分立式喇曼放大器，可在对传输链路进行色散补偿的同时，实现对光信号的超宽带集总式放大，并有调节增益斜率的潜力。此外还有采用分布式、分立式喇曼放大器实现的全喇曼传输系统，连续增益带宽达100nm，支持包括S－band、xL－band在内的超宽带传输。

同样，这些喇曼放大形态也有一些固有缺点。比如前向泵浦和双向泵浦的喇曼放大有较强的泵浦光相对强度噪声（RIN）转移问题，对喇曼放大器的噪声特性有明显影响。特别是在G.655等色散系数较小的传输光纤中，这种RIN转移问题更为严重，会大大劣化喇曼放大器的噪声指数。分立式喇曼放大器的噪声指数与EDFA相比尚无明显优势。这主要由于：首先，为实现与EDFA相当的增益，分立式喇曼放大器需要很高的泵浦光功率或较长的光纤，缺乏经济效益。其次，DCF中的非线性系数较大，高增益情况下容易引发WDM光信号之间的交叉相位调制效应，造成性能损伤。最后，分立式喇曼放大器的集总增益较大，双程瑞利背向散射（DRBS）噪声也很明显，会劣化光信号的实际OSNR，造成系统性能的损失。DRBS是喇曼放大器增益较大时的主要噪声源，它与信号光同频，不能用常规的OSNR和噪声指数测量方法测试出来。

综上所述，分布式喇曼放大技术的最佳应用场合应该是单长跨距系统，或者ULH传输系统中的个别长跨距。此外，喇曼放大技术结合RZ码或色散管理孤子，在40Gbit/s波分系统也会有较明朗的应用前景。因为此时为保证足够的误码率（BER）指标，必须提高单位比特内的平均信号光功率。

2. 遥泵及其他放大技术

遥泵技术是用于单长跨距传输的专门技术，主要解决单长跨距传输中信号光的OSNR受限问题。在对信号光进行光放大时，光放大器输入端的信号光功率越小，光放大器输出信号光越低，这是光放大器产生ASE噪声的缘故（假设光放大器具有恒定不变的增益和噪声指数值）。因此应尽量避免对低功率信号光进行放大。在单长跨距传输系统中，光纤输出端口处的光功率总是很小的，经光功率放大后，极易造成接收端OSNR受限，因此单长跨距系统一般都采用更高的入纤光功率。由于高入纤光功率极易引发多种光纤非线性效应并造成系统损伤，因此多波长传输的总光功率上限一般在30dBm左右。

为进一步解决OSNR受限的问题，可以在光纤链路中间部分对光信号进行预先放大。在传输光纤中的适当位置熔入一段掺铒光纤，并从单长跨距传输系统的端站（发射端或接收端）发送一个高功率泵浦光，经过光纤传输和合波器后注入铒纤并激励铒离子。信号光在铒纤内部获得放大，并显著提高传输光纤的输出光功率。由于泵浦激光器的位置和增益介质（铒纤）不在同一个位置，因此称为“遥泵”。

遥泵光源通常采用瓦级的1480nm激光器以克服长距离光纤传输中的损耗问题。根据泵浦光和信号光是否在一根光纤中传输，遥泵又可以分为“旁路”（泵浦光和信号光经由不同光纤传输）和“随路”（两者通过同一光纤传输）两种形态。随路方式中泵浦光还可以对光纤中的信号光进行喇曼放大，从而进一步增加传输距离。更为重要的是可节省传输光纤资源，因此获得了更多应用。

遥泵技术还通常综合应用其他新技术。如光纤有效截面管理、二阶喇曼泵浦、两级遥泵增益区等。光纤有效截面管理是在传输光纤输入端采用一段大有效截面的光纤以降低光纤非线性效应和增加入纤光功率，而在存在喇曼放大的光纤路径上采用有效截面较小的传输光纤，实现更大的喇曼增益。二阶喇曼泵浦是在遥泵光源的光路上同时注入另一束高功率短波长激光，其波长比泵浦光短约100nm，使遥泵光源获得喇曼增益，提供更大的泵浦光功率。两级遥泵增益区是指在传输光纤中熔入两段铒纤，并在传输光纤两端同时注入遥泵光源，实现信号光的两次放大。采用遥泵技术，目前在实验室中实现的单长跨距传输距离已经达到420km。

总之，遥泵传输技术是在光缆线路中插入掺铒光纤等增益介质以提供光放大，同时在该点不需要供电设施，也无须人员维护，适合用于穿越沙漠、高原、湖泊和海峡等维护、供电不便的地区。不便之处是要在适当的位置切断光纤，将掺铒光纤串联到原光纤中，施工改动的工作量和难度较大。

3. EA5000 1550nm光纤放大器实例

如图5.55所示为EA5000 1550nm光纤放大器实物图。其主要性能参数如下。

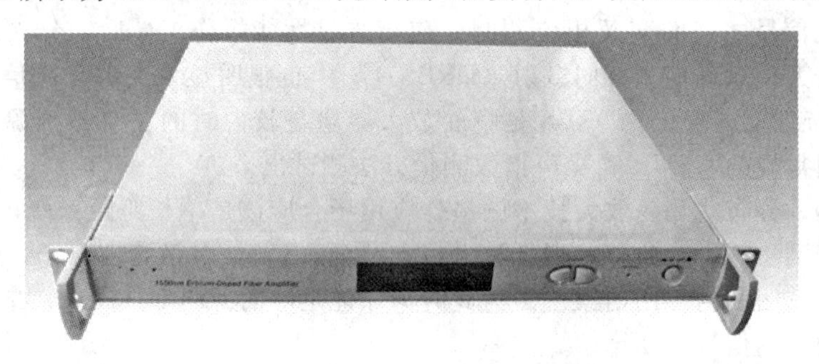

图5.55　EA5000 1550nm光纤放大器实物图

EA5000 CATV掺铒光纤放大器与1550nm外调制式光发射机配合使用，实现远距离光中继传输。

进口高品质掺铒光纤及980nm/1480nm高功率泵浦激光器特点是：低噪声系数、高信号增益、输入输出光隔离器、输出功率范围13～23dBm、可靠的光功率输出稳定电路及激光器热电致冷器温度控制电路、微电脑自动监控电路、实时精确监控光输出功率和泵浦激光器工作状态、19″1U标准机架、前面板VFD显示、RS－232/485接口，可实现网管监控。

EA5000 1550nm光纤放大器技术参数技术参数

(1) 光特性。

光波长　1540～1560nm

光输出功率　13～23dBm

光输出稳定度　±0.5dB

输入光功率　−4～+7dBm

噪声系数　<4.5dB（0dBm 光输入）

偏振灵敏度　<0.2dB

偏振模式色散　<0.5PS

光反射损耗>40dB

光连接器形式 FC/APC 或 SC/APC

CTB≥80dB

CSO≥75dB

（2）一般特性。

电源电压 160～265Vac

工作温度−10～+50℃

尺寸 485mm×350mm×45mm

习　题

1. 将图 5.56 所示的一个电阻与电容相连，假设输入电压为 1V。试计算电容上的电压，并根据 R 和 C 的值计算 10%～90%的上升时间。

2. 在习题 1 的电路中，设输入电压为 $v_{in}=\cos\omega t$。实用 ω 计算和画出电容电压。证明此电路的 3−dB 带宽为 $f_{3-dB}=0.35/t_r$，这里 t_r 是 10%～90%d上升时间。

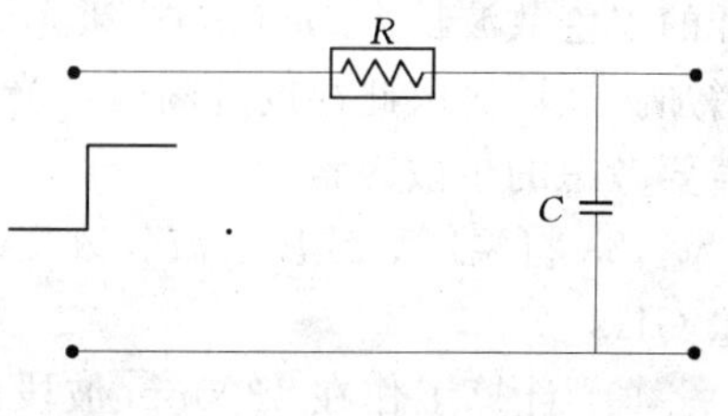

图 5.56　习题 1，习题 2 的电路

3. 光检测电流通过一个负载电阻 R，此电流与接收光功率成正比。证明以分贝表示的光功率变化量是以分贝表示的电功率变化量的一半。

4. 假设 LED 的发射光功率随调制的变化满足式（5.7）。证明 3−dB 光带宽和 3−dB 电带宽的关系是 f_{3-dB}（光）=1.73f_{3-dB}（电）。

5. 假设 LED 的光功率与电流之间的关系为 $P=0.02\times i$；最大容许的功率是 10mW。LED 加有直流偏置电流和频率为 1MHz 的交流电流。

（1）画出光功率—电流曲线（也就是二极管的转换特性曲线）。

（2）如果信号峰值功率为 2mW；总的峰值功率是 10mW。计算总的电流峰值、直流偏置电流、平均光功率和调制系数（也就是峰值信号功率/平均功率）。

（3）如果调制系数是 100%（即信号峰值功率不再是 2mW），重复上面的计算。

（4）如果直流电流为 50mA；交流电流峰值为 75mA。画出交流信号两个周期内的输出光功率与时间的关系与时间的关系曲线。

6. 假设某 LED 加上 2V 的电压时，将产生 100mA 电流和 2mW 的光功率。试求此 LED 的电光转换功率。

7. 假设某 LED 具有 100MHz 的 3−dB 电带宽（完全决定于载流子寿命）。试求载流子寿命，并画出此二极管在 0～500MHz 范围内类似于图 5.8 的归一化频率响应曲线。

8. 计算 GaAs 用焦耳表示的带隙能量。

9. 假设某半导体激光器的阈值电流为10mA；光功率和输入电流关系曲线的斜率为2mW/mA；用mA表示的总注入电流为$i=20+\sin\omega t$。

（1）写出输出功率的计算公式，并画出曲线。

（2）如果电流变为$i=10+\sin\omega t$，画出输出功率波形。

10. 比较发光二极管与半导体激光器的优缺点。

11. 对于郎伯辐射器，计算与辐射方向图上的1/4功率点相对应的全光束宽度。

12. GaAs半导体激光器有1.5nm增益线宽；腔长是0.5nm。画出其输出谱，谱中应尽可能包括你所知道的详细内容（例如发射波长和模式数目）。

13. 某掺铒光纤放大器的噪声系数为6；增益为100；如果输入信号的噪声比为30－dB；信号功率为10μW。试计算输出信号功率（用dBm表示）和输出信噪比（用dB表示）。

14. 某特殊的掺饵光纤放大器工作带宽超过20nm（1530～1550nm）。有多少10－GHz的信道能安置在这个区域内（即所谓复用）并被同时放大？

15. 假设某掺铒光纤放大器的饱和功率为20mW；每mW泵浦功率的增益为5dB；泵浦功率设为5mW。计算放大器不能进入饱和状态下的最大输入功率。

16. 利用图5.25，画出阈值电流与温度的关系曲线。通过此曲线计算温度每升高一摄氏度时阈值电流的改变量。

17. 假设某半导体激光器以0.5nm/℃改变反射波长。未改变前的波长为1310nm；光纤的零色散波长为1300nm；激光器的线宽为1.5nm；如果温度改变10℃将导致输出波长增加。试计算由此温度升高时，光纤的3－dB光带宽的降低量。假设只有材料色散才是需要考虑的色散因素。

18. 将温度导致反射波长改变的改变量0.5nm/℃转换为在1μm波长附近的频率改变量GHz/℃。

19. 计算工作在1300nm波段的InGaAsP DBF半导体激光器的光栅常数。需要同时给出一级衍射和二级衍射的结果。

20. 对于LED光源，画出带隙能量在0.5～2eV范围内发射波长（以μm为单位）与带隙能量（以eV为单位）之间的关系曲线。

21. 对于LED光源，在1.3μm波长处，如果驱动电流为50mA；则发射2mW光功率。计算注入电荷数与产生的光子数的比值。

22. 画出LED的3－dB电带宽与上升时间之间的关系曲线。上升时间范围为1～250ns。

23. 多模半导体激光器的光谱如图5.26所示。计算相邻模式之间的频率间隔（假设中心波长为1.3μm）。

24. 已经有多种可调谐DBR激光器。需要在c波段中任何波长上均可发射的光源。假设通过加热布拉格区域调节等效折射率的范围是0.8个百分点，试问我们需要购买多少个不同的激光器（假设每个激光器都有不同的中心波长）。

25. 来自发射不同波长的光源的光信号可以复用进一根光纤，以提供不同的独立信道。假设每个光源的谱宽为0.02nm；信道间隔为0.05nm（为了避免串扰）。试问c波段能够安排多少个信道？

26. 掺饵光纤放大器的泵浦波长为980nm；放大波长为1550nm。如果仅仅考虑一个

980nm 光子产生一个 1550nm 光子的能量损失，试计算此放大器的功率。

27. 在如图 5.36 所示的 EDFA 中，波长复用器是一个三端口器件，连接泵浦光源和信号光。画出这种复用器的理想输入－输出特性曲线。

28. 画出一个 EDWA 阵列的结构图。此阵列使用一个 980nm 泵浦源。能够同时放大 8 个分离信号。

29. 如果输入波长是 1450nm；拉曼散射导致光频率有 13.2THz 的向下频移。计算输入信号的频率和向下频移后的输出频率。

30. 根据 5.7 节的论述，单泵浦的拉曼放大器有 6THz 的带宽，宽带拉曼放大器的结构如图 5.43 所示。画出能同时放大 s 波段、c 波段和 L 波段信号的宽带拉曼放大器结构图。计算每个泵浦激光器的中心波长。

31. 假设半导体激光器向光纤注入 0.5mW 的光功率，随后接一个增益为 25dB 的功率放大器。紧随其后连接的光纤长度为 100km；损耗是 0.25dB/km。接下来是在线放大器，能够提供足够的增益，可以将信号功率放大到功率放大器输出端的功率电平。后面的光纤同第一段光纤完全一样，但长度为 150km。一个前置放大器将信号功率放大到注入光纤时的量级（0.5mW）。试问，此前置放大器的增益是多少？画出此光纤通信系统中以 dBm 为单位的光信号功率随位置的变化曲线。

32. 制作一张表格，列举出你现在已经知道或稍后即将知道的适合光纤通信系统的各种光源。表头上可以列举如下的术语：放大材料（例如 GaAs 等）、结构（如 LED、LD、VCSEL 等）、工作波长等。

第6章 光纤通信网络

光纤通信网络是基于光学技术的，负载很高的远程通信网络，它还使用光学元件提供路径选择、波长分配和恢复及基于光波长度的服务。光纤系统现在成了建筑物中或建筑物间连接高速局域网和广域网的主要方案。应用光纤作为物理层主干网连接的高速网络应用继续增多。如：光纤分布式数据接口（FDDI），带宽为100Mbps；同步光学网络（SONET），带宽为155Mbps和622MbpsESCON，带宽为200Mbps；千兆以太网，带宽为1000Mbps而万兆以太网带宽为10000Mbps；光纤通道，带宽为1062Mbps及以下；高性能并行接口（HIPPI）带宽为1200Mbps。

光源或光发射端机是光通信系统中最重要的组成部分之一，其在光纤通信系统中的作用是将需要传输的电信号转变为光信号。实际上光源技术的每一次进步都导致整个光通信技术的进步。对于应用于光纤通信系统的光源，首先要求光源发射光的波长在光纤的低损耗区，即所谓的光纤传输窗口，从而能够使信号在光纤中传输的距离较长。光源的谱线要窄，从而减小传输过程中由于光纤色散引起的信号展宽。尺寸小且发射光束的发散角小，使光源发射的光能够有效的注入，即耦合效率高。光源的时间响应快或调制带宽宽，能够适应GHz的高速直接调制。光源的线性好，从而最大限度地减小模拟调制过程中的非线性失真。此外，从实际应用的角度看，还要求光源的发射功率大，发光效率高，耗电小，寿命长，能够在室温情况下长时间（长达数年）连续工作，即可靠性高。

目前光纤通信系统中，使用最广泛的是半导体发光二极管（LED）和半导体激光二极管（LD），它们在许多方面都满足上述光纤通信系统对光源的要求。如不同材料LD的发射光谱能够覆盖0.85～1.6μm的波长范围，满足光纤低损耗传输的要求。LD所发射的是激光，谱宽可窄到数百kHz；LED和LD的体积都很小，重量轻，结构十分紧凑。能够直接调制，尤其LD的调制带宽可超过10GHz，适应高速调制的要求等。就LED和LD两者来说，LD比LED的输出谱线窄、调制速率高、光束发散角小，更适合于做光纤通信系统的光源。但由于LED成本低、寿命长、使用方便，因此在一些低速率、短距离的光纤通信系统中仍使用LED。

6.1 光纤通信系统

光纤通信系统是以光为载波，以光纤为传输介质的通信系统。光纤通信系统的基本组成如图6.1所示。主要包括发送、传输和接收3个部分。根据传输信号的形式，可以把光纤通信系统分为数字光纤通信系统和模拟光纤通信系统两大类。因为光纤的频带很宽，对传输数字信号十分有利，所以高速率、大容量、长距离的光纤通信系统均为数字光纤通信系统。

6.1.1 数字光纤通信系统

1. 数字光纤通信系统的组成

强度调制－直接检测（IM－DD）数字通信系统是目前最常用、最主要的数字光纤通

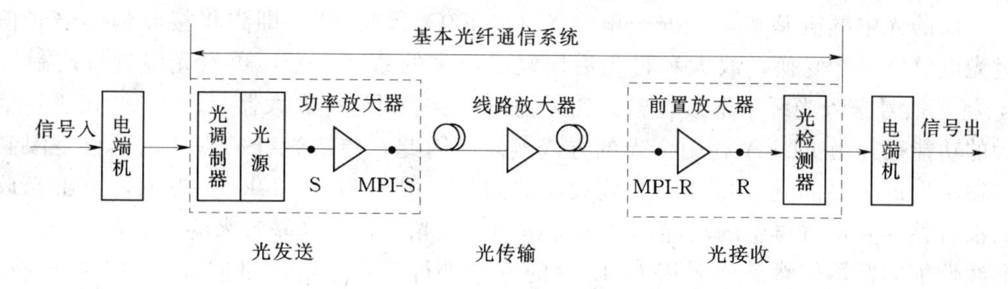

图 6.1 光纤通信系统的基本组成

信系统，其基本构成如图 6.2 所示。

由图 6.2 可见，数字光纤通信系统一般包括以下几部分：电端机（包括电发射端机和电接收端机）、光端机（包括光发射机和光接收机）、光中继器及备用设备和辅助系统。前三者属于主工作系统。而后两者属于辅助工作系统。为保证光纤通信系统稳定、可靠的工作，辅助工作系统是不可缺少的。

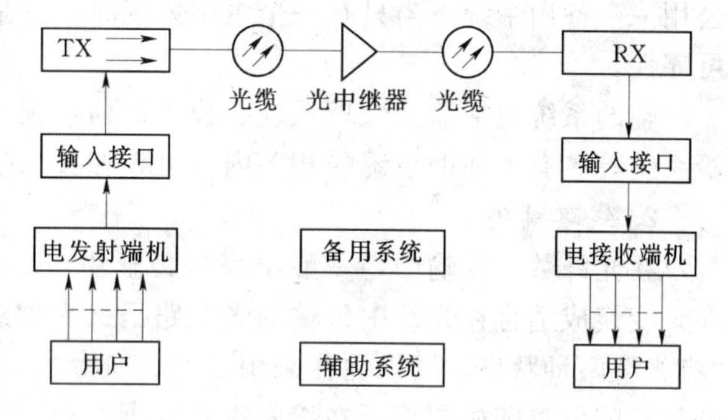

图 6.2 数字光纤通信系统

（1）电端机。电端机包括发送端的电发射端机和接收端的电接收端机。电发射端机的任务就是将需要传送的许多数字信号进行编码，并且按照时分复用的方式把多路信号复解、合群，从而输出高比特率的数字信号。我国准同步数字体系（PDH）以 30 路数字电话为基群（2.048Mbit/s），4 个基群时分复接为二次群（8.448Mbit/s），4 个二次群再时分复接为三次群（34.368Mbit/s）。实际上，早期的数字光纤体系系统是准同步数字体系（PDH）系统。但随着技术的进步，目前的数字光纤体系系统基本上均为 SDH（同步数字体系）系统。其最低速率等级为 STM－1，标准速率为 155.520Mbit/s。关于 SDH，后面有详细介绍。在接收端，电接收端机的任务是将高速数字信号时分解复用，送给用户。

（2）光端机。电发射端机的输出信号，通过光发射端机的输入接口进入光发射机。输入接口的作用，不仅保证电、光端机信号的幅度、阻抗适配，而且要进行适当的型码变换，以适应光发射端机的要求。例如，PHD 的一、二、三次群脉冲编码调制（PCM）复接设备的输出码型是三阶高密度双极性码（HDB_3）码，四次群复接设备的输出码型是信号反转码（CMI）码。在光发射机中，需要先变换成非归零（NRZ）码。这些变换均由输入接口完成。在接收端，光接收机首先将光信号变换为电信号，在极性放大、再生，恢复出原来传输的信号，送给电接收端机。此处同样需要考虑码型、电平和阻抗等的匹配问题。

（3）光中继机。在长距离光纤通信系统中，由于光发射机的入纤光功率、接收机灵敏度、光缆线路的衰减以及色散等原因，光端机之间的最大传输距离将受到限制。因此，每隔一定的距离就要设置一个光中继机。光中继机的主要作用是使衰减的信号得到补偿，使变形的光脉冲信号得到纠正与恢复，即所谓的 3R（Reamplifying、Reshaping、Retiming）功能。

目前的光中继机基本采用光—电—光（O/E/O）的方式。即先将接收到的弱光信号经过光电（O/E）变换、放大和再生后恢复出原来的数字信号，再对光源进行调制（E/O），将光信号送入光纤中继续传输。实际上，由于掺铒光纤放大器（EDFA）出现，信号放大的功能已经由EDFA利用全光的方式实现。因此，传输光纤的损耗已不再是限制系统传输距离的主要问题。目前，光放大器的间隔一般为80～120km。然而，由于光放大器尚没有整形和定时再生的功能，同时考虑到多级光放大器级联带来的自发辐射噪声积累及非线性等问题，依然需要采用O/E/O的方式进行信号中继。目前采用的一些新技术，如色散补偿等，能够实现光信号传输数千千米而不需要中继。

（4）备用系统和辅助系统。一般光纤通信系统有多个主工作系统与一个或多个备用系统。当主工作系统出现故障时，可人工或自动倒换到备用系统上工作。可以几个主用系统公用一个备用系统。当只有一个主用系统时，可采用1＋1的备用方式，从而提高系统的可靠性。

辅助系统包括监控管理系统、公务通信系统、自动倒换系统、告警处理系统、电源供给系统等。有关辅助系统的相关内容可查相关文献。

2. 线路编码

在光纤数字传输中，一般不直接传输由电端机传送来的数字信号，而是经过码型变换，变换成适合在光纤中传输的光线路码（简称线路码）。由于光信号只能有“无光”和“有光”两种状态，所以往往采用“0”、“1”二电平码。但简单的二电平码有直流和低频分量且随信息随机起伏，在接收端对判决不利，因此需要进行线路编码以适应光纤线路传输的要求。一般地说，线路码型的选择应满足下列要求。

（1）能提供足够的定时信息。线路码中避免出现长连“0”及长连“1”，即要求线路编码后最大相同符号连续数 N 较小。N 值大小是衡量线路码的定时信息及低频分量的参考值，该值越小越好。

（2）码速提升率要小。设二进制的码速为 f_1 线路码的码速为 f_2 则码速提升率 R 可表示为 $R=(f_2-f_1)/f_1$。参数 R 主要与灵敏度代价有关，R 越小，灵敏度代价越低。

（3）应尽可能减小信号功率谱密度中的高、低频分量。因为低频分量带来直流变化，导致信号基线浮动，而高频分量会受到接收机带宽的限制。因此需选择窄频谱的线路码。

（4）能在不中断业务情况下进行误码率的检测，此外还能传输各种辅助信号及区间通信。这实际与线路编码的冗余度有关。冗余度越大，越有利于安排其他信号的传输。但从传送效率看，又希望冗余度越小越好。

（5）误码增值要小。误码增值系数G定义为：

$$G=\frac{\text{接收机恢复的二进制码中的总误码数}}{\text{线路码中的总误码数}} \tag{6.1}$$

在线路码反变换时，往往会使还原码的误码比线路码的误码数更多，即有误码增殖。

常用的光线路码型大体由扰码二进制和字变化码。

（1）扰码二进制。扰码二进制将输入的二进制NRZ码进行扰码后输出仍为二进制码，没有冗余度，但它改变了原来的码序列并改善了码流的一些特性（如限制了连“0”和连“1”数）。由于扰码并没有引入冗余度，因此很难实现不中断业务的检测，辅助信号的传送也很困难，不太适合作为PDH的线路码。但在SDH中检测信息和辅助信息的传送通过帧结构中的开销字节来实现，因此扰码二进制被作为光线路码。例如在STM－4和

STM-16中，都用七级扰码作为光线路码，其扰码器原理如图6.3所示。七级扰码的特征多项式可表示为

$$f(x)=x^7+x^3+1 \tag{6.2}$$

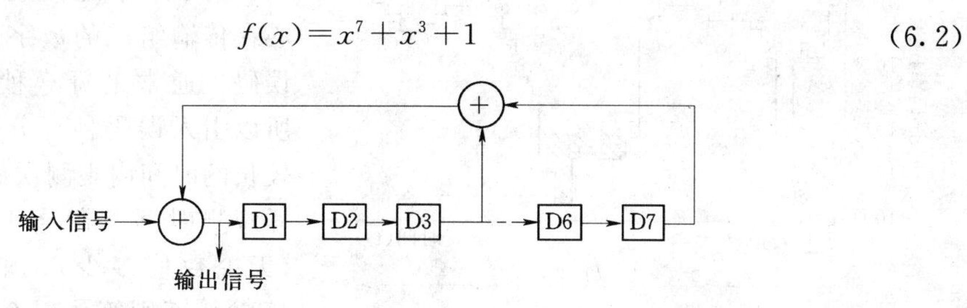

图6.3 七级扰码电路

(2) 字变化码。字变化码是将输入二进制码分成一个个的“码字”，而输出用另一种对应的码字来代替。例如 $mBnB$ 码，其特点是把原始的码流按 m 比特分成一组后，再把分组码根据一定的规则变换成新的 n 比特的码组，其中 m、n 为正整数，且 $m<n$。由于 $m<n$，编码后引入一定的冗余度，冗余度由 n 和 m 的比值所决定。我国PDH三次群、四次群系统的国标码型即采用了5B6B码，而千兆以太网则采用了8B10B码。

5B6B码的编码方案很多。5为二进制码作为一个字，共有 2^5（=32）种不同的字。变成6位二进制码为一个字时则其有 2^6（=64）种不同的字。可以从这64种字中挑选出若干种用于表示原来五位码字时所表示的32隔字码。选择原则是码字中“1”、“0”码均匀分布。按此原则可选出较好的码组组成码表。连“0”或连“1”太多的码组称为禁字，不能使用。一旦出现禁字，则表示已经出现误码，可以用来检测误码。

3. 数字光纤通信系统的性能指标

衡量光纤特性系统的性能参数有很多，这里介绍最主要的两大性能参数：误码性能和抖动性能。

(1) 误码性能。误码将使传输信息的质量发生损伤，应尽量设法降低。造成误码的原因很多，如前所述的光接收机中的各种噪声、光纤色散引起的码间干扰以及定时抖动等。因此，系统的误码性能是衡量系统优劣的一个非常重要的指标，它反应数字信息在传输过程中受到损伤的程度，通常用长期平均误码率、误码的时间百分数和误码秒百分数来表示。

长期平均误码率简称误码率（BER）表示传送的码元被错误判决的概率。实际测量中，常以长时间测量中误码数目与传送的总码元数之比来表示，对于一路速率为64kbit/s的数字电话，若 $BER \leqslant 10^{-6}$，则话音十分清晰，感觉不到噪声和干扰；若 BER 达到 10^{-5}，则在低声讲话时就会感觉到干扰存在；若 BER 高达 10^{-3}，则不仅感到严重的干扰，而且可懂度也会受到影响。

BER 表示系统长期统计平均的结果，它不能反应系统是否有突发性、成群的误码存在。为了有效的反应系统实际的误码特性，还需引入误码的时间百分数和误码秒百分数。

为有效的评定对系统随时间变化的误码特性，可以在一段较长的时间 T_L 内观察误码。T_0 为一个取样观测时间，记录下每次 T_0 内的平均误码率，然后统计在 T_L 时间内，平均误码率超过某一门限值 m 的 T_0 次数占总时间百分数。如图6.4所示，图中斜线部分是超过门限值的 T_0 数，其积累的 T_0 时间数与测量误码率的总时间 T_L 的比值，就是所求的误码率超过某一门限值的误码的时间百分数。通常取 T_0 为1min或1s，则有劣化分百

分数（DM）和严重误码秒百分数（SES）。

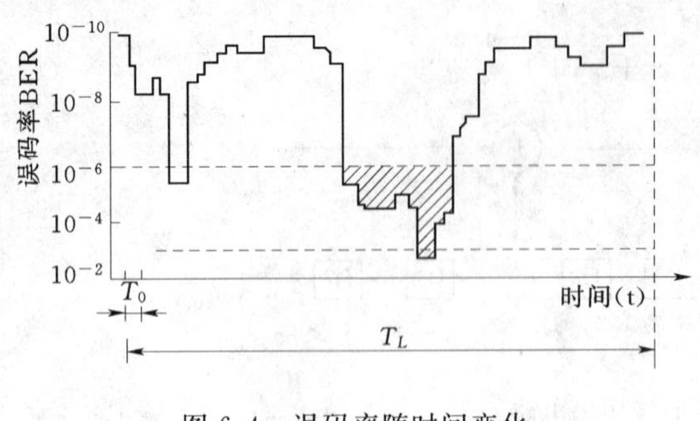

图6.4 误码率随时间变化

对于数字通信业务来说，往往更关心在传输组成的数字信号时间内有没有误码，通常是每一秒时间内有无误码，所以引入误码秒百分数的概念。在一个较长的时间内观测误码，取1s为一个取样观测时间。在这1s内，若出现误码（无论数值多少），则算作一个误码秒（ES），否则算作一个无误码秒（EFS），然后统计在整个观测时间内，累计的我秒所占的时间百分数即为误码秒百分数。

国际电报电话咨询委员会（CCITT）规定的误码性能是针对64kbit/s端到端电路交换连接。实际上，在64kbit/s电路中测量有困难，一般是在基群速率或更高速率情况下测试误码性能，然后再换算到64kbit/s上，看是否满足指标。ITU－T的G.821规定的传输长度为27500km的64kbit/s端到端电路的时间误码率如表6.1所示。

表6.1　64kbit/s业务误码性能指标

类　别	门限值	抽样时间	测量时间	指　标
DM	10^{-6}	1min	1个月	小于10%
SES	10^{-3}	1s	1个月	小于0.2%
ES	0	1s	1个月	小于8%

（2）抖动性能。在理想情况下，数字信号“1”或“0”在时域上出现的位置应是确定的。然而由于种种原因导致数字信号偏离它的理想时间位置。一般将数字信号（包括时钟信号）的各个有效瞬间相对于标准时间位置的偏差，称为抖动（或漂动）。本质上，抖动相对于低频振荡的相位调制加载到传输的数字信号上。在光纤通信系统中，将10Hz以下的这种长期相位变化称为漂动，而10Hz以上的则称为抖动。

抖动性能是衡量传输质量好坏的又一个重要指标。在数字传输系统中，抖动最终表现为：随机性抖动。这包括各种噪声引起的抖动，滤波器失谐所造成时钟分量相位上的调制所引起的定时抖动等。另一种是系统性抖动。如随温度变化和元器件老化引起的码间干扰、门限漂移而导致的相关抖动等。

抖动的单位是UI，它表示单位时隙。当传输信号为NRZ码时，1UI就是1比特信息所占用的时间。它在数值上等于传输速率的倒数。

抖动的性能参数主要有3种。①输入抖动容限。系统允许的输入信号的最大抖动范围称为输入抖动容限。②输出抖动。当系统无输入抖动时，系统输出口的信号抖动特性，称为输出抖动。③抖动转移特性。抖动转移也称为抖动传递，定义为系统输出信号的抖动与输入信号中具有对应频率的抖动之比。

6.1.2 光同步数字传输网

在1990年之前，光纤通信一直沿用PDH体系，全网没有统一的时钟，使网络设计和运行管理有许多不便之处，有难以克服的缺点。为了克服PDH的上述缺点，CCITT以美国AT&T提出同步光纤网（SONET）为基础，经过修改与完善，使之适应于欧美两种数字系列，将它们统一于一个传输架构之中，并取名为同步数字系列（SDH），从而正式产生了新的国际标准。它明确规定了信息结构等级、帧结构、光接口标准、设备功能、传输网结构等重要内容。不仅适合于光纤通信也适于卫星传输技术。

SDH 有以下主要特点。①能容纳三大准同步数字系列，为国际间的互通提供了方便。SDH 统一了帧结构、光接口标准和网络管理功能等，提供了光纤线路的横向兼容性，即同一条光纤线路可以安装不同厂家生产的设备。②SDH 以 155Mbit/s 为基本模块，采用指针调整新技术和同步复接方式，简化了数字复接、分解过程，避免了准同步系列复用、解复用过程中固有的分插过程。同时，SDH 以字节为复用单位，为现代数字交换网打下了基础。③SDH 采用模块化结构，与交叉连接设备和上下电路设备相配合，具有灵活有效的网络组建功能，便于网络的调度。同时，SDH 具有很强的网络管理功能，它能提供足够的开销明确的层次，以满足网络管理智能化的发展。④SDH 大量采用软件进行网络配置和控制，使得新功能和新特性的增加比较方便，易于支持新的电信业务。同时，SDH 能支持异步转移模式（ATM）、带窄的和带宽的综合业务数字网。

如图 6.5 所示是一个简单的 SDH 传输系统示意图，是从物理上的一种划分。从传送功能上可将 SDH 网分为 3 个层次，即电路层（它本身不直接属于 SDH）、通道层和物理煤质层。电路层终结于交换机。通道层为电路层提供链路，如 2MB/s、34MB/s、140MB/s、VC－1/2/3/4 以及 B－ISDN/虚通道等，以支持不同类型的电路层网。在 SDH 中通道层进一步划分为低阶通道（VC－1/2/3）及高阶通道（VC－3/4），这里 VC－3 即可作为低阶也可作高阶通道，它取决于复用的途径。通道层终结于通道装配和分解的地方。如交叉连接设备。传输煤质层支持线路系统的点对点的传送。它分为段层和物理媒质，段层支持通道层网中两个节点间的信息传递，可进一步分为复用段和再生段，分别终结于线路终端和再生器。从物理媒质开始至电路层，自上至下的各种功能划分，在 G.803 建议中称为分层。相邻上/下层间的关系称为客户/服务关系，即由下一层网支持上一层服务。以上这种分层关系还体现在 SDH 的帧结构中，开销的功能，包括指针处理。均按这种层次设置，其好处是可以简化设备的设计和运行，使每一层网都有独立的运行、管理、维护（OMA）的功能，因而能够实现分层管理。

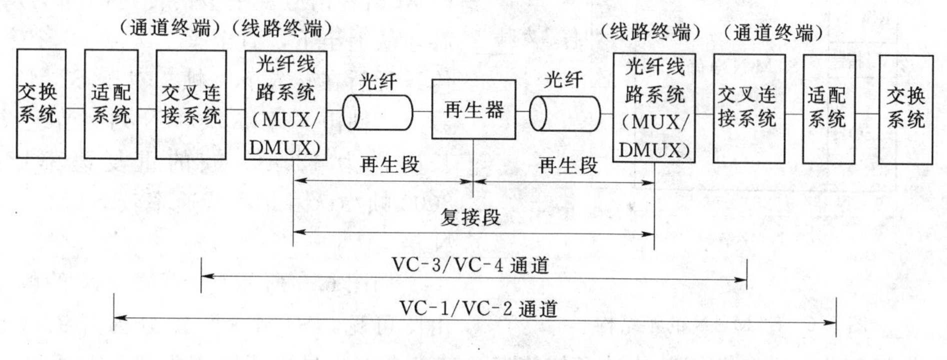

图 6.5 SDH 传输系统

SDH 克服了 PDH 的弱点，其国际标准一出现，就受到全国的高度重视，并很快进入实用化阶段。目前，SDH 已在国内外得到广泛应用，事实上已成为最为主要的光纤特性系统。

1. SDH 的帧结构

SDH 有一套标准化的信息结构等级，称之为同步传送模块（STM）。SDH 中最基本也是最重要的同步传送模块是 STM-1，其速率是 155.520MB/s。相应的光接口线路信号只是 STM-1 信号经扰码后的电/光转换结果，因而速率不变。更高等级的 STM-N，信号速率是 STM-1 速率的整数倍。如表 6.2 所示给出了 ITU-TG.707 所规范的标准速率值，同时表中也列出 SONET 的标准速率值。

表 6.2　**ITU-TG.707 所规范的标准速率等级**

SONET		比特速率 (Mbit/s)	SDH	
分　级	名　称		分　级	名　称
STS-1	OC-1	51.840		
STS-3	OC-3	155.520	1	STM-1
STS-9	OC-9	466.560		
STS-12	OC-12	622.080	4	STM-4
STS-18	OC-18	933.120		
STS-36	OC-36	1866.240		
STS-48	OC-48	2488/320	16	STM-16
STS-192	OC-192	9953.280	64	STM-64

SDH 采用以字节结构为基础的矩形块状帧结构。以 STM-1 为例，其帧结构是由 9 行与 270 列组成的 9 行×270 列字节块组成，每个字节长为 8bit，帧长为 125μs，帧的重复速率是 8000 帧/s，与话音的采样频率相同。因此，对于 STM-1，在 125μs 时间内发送 2430（270×9）个字节，即发送 19440（270×9×8）比特。比特速率正好是 155.520（19440bit/125×10^{-6} s）Mbit/s；而每字节相当于 64KB/s；可传送一路 PCM 语音信号。字节的传送时序为从左至右，从上至下，直至整个 270×9 个字节都传送玩后在转入下一帧。对于 STM-N 信号，一帧由 9 行和 270×N 列字节组成；帧长同样为 125μs；帧的重复速率依然为 8000 帧/s；因此比特速率较 STM-1 提高 N 倍。

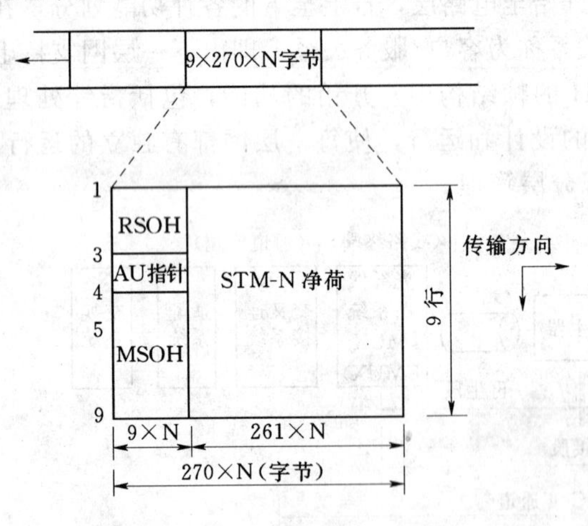

图 6.6　STM-N 的帧结构

如图 6.6 所示为 STM-N 的帧结构。由图可见，STM-N 帧分为开销（SOH）及净负荷两部分。净负荷用于传送通信信息，其中含有少量用于通道监测、管理和控制的通道开销字节（POH，Path Overhead）。而所有附加功能（如帧定位、监测、公务、保护和倒换等）以及指针操作均由段开销（SOH，Section Overhead）完成。

SOH 分为两个部分，第一至第三行为再生段开销（RSOH），第五至第九行为复用段开销（MSOH）。对于 STM-1 而言，相当于每帧有 72 个字节（576bit）用于段开销，因而 STM－1 有 4.608MB/s（72×64KB/s）可用于网络运行、管理和维护，可见段开销是很丰富的，这是 SDH 的重要特点之一。

如图 6.6 所示中 AU 指针是管理单元指针（AU－PTR），是一种指示符，主要用来指示信息净负荷的第一个字节在 STM－1 帧中的准确位置，以便在接收端正确的分解。指针是 SDH 的重要创新，可以使之在准同步环境中完成同步复用和 STM－N 信号的帧定位。这一方法消除了常规准同步系统中滑动缓存引起的延时和性能损伤。段开销中个主要功能字节的安排如图 6.7 所示。

（1）帧定位字节 A1、A2。每帧中有 6 个字节，其安排是 A1A1A1A2A2A2，其中 A1＝11110110；A2＝00101000。在 STM－N 帧结构中，所有的 STM－1 信号都有这些帧定位字节。

（2）比特间插校验字节 B1。在每个 STM－1 帧中，分配一个字节 B1 用于再生段的比特误码监测，它采用偶校验的 8 比特间插校验编码（BIP－8）实现误码监测。在 STM－1 信号中，对前面 STM－N 帧中所有比特扰码后计算 BIP－8，并且将其与放置在 B1 字节中的内容作为比，从而得到再生段信号的误码特性。

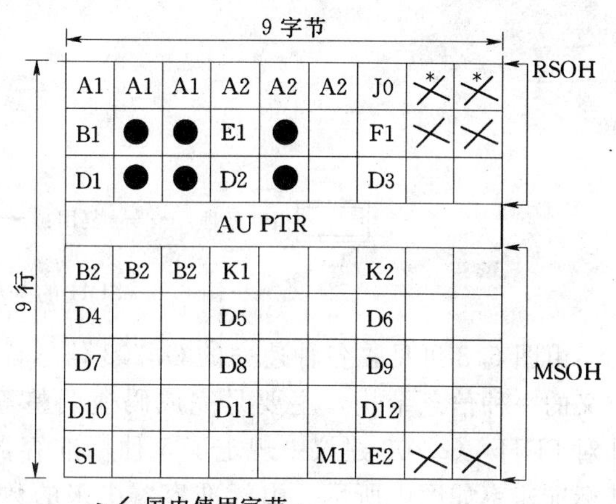

图 6.7 STM－1 的 SOH 字节安排

（3）复用段误码监测字节 B2。在每个 STM－1 帧中分配三个字节用于复用段的比特误码监测，其采用偶校验的 24 比特间插校验编码（BIP－24）实现。对前面 STM－1 中除段开销的前三行（A1～D3）之外的所有比特，在扰码前计算 BIP－24，并且将其放置在 B2 字节处，此校验编码在中继站内不重复作计算。在 STM－N 信号中所有 STM－1 帧结构中都定义这些字节。

（4）自动保护倒换字节 K1、K2。在 STM－1 帧中，段开销内有两个字节由于自动保护倒换信号通道，这些字节在 STM－N 信号中，仅第一个 STM－1 中给出定义。

从上述开销字节的安排可以看出，SDH 的管理具有分明的层次，再生段、复用段各有自己的开销。对于不同的信号终端，开销的终端不同。这对于大的复杂数字网的管理是必要的。SDH 的这一套管理体系为实现电信网的智能化管理创造了条件。

2. SDH 的复用映射结构

SDH 采用了同步复用和映射的方法，使数字信号的复用由 PDH 僵硬的大量硬件配置转变为灵活的软件配置。SDH 对于 155.520Mb/s 以上的信号，采用同步复用的方法，使用指针技术实现复用。这既避免了采用 125μs 缓存和复用设备接口的滑动，又可容易地介入同步净负荷。对于低速支路信号，SDH 采用固定位置映射法。不仅不同制式的 PDH 低速信号，而且异步转移模式（ATM）的信号都能映射进 SDH 的帧结构中去。

SDH 的具体复用过程是由一些基本复用单元组成若干中间复用步骤进行的。各种业务信号最终进入 SDH 的 STM－N 帧都要经过映射、定位和复用 3 个过程。由 ITU－T. G. 709 建议的 SDH 的基本复用映射结构如图 6.8 所示。图中清晰的标出了映射、定位和复用 3 个过程。

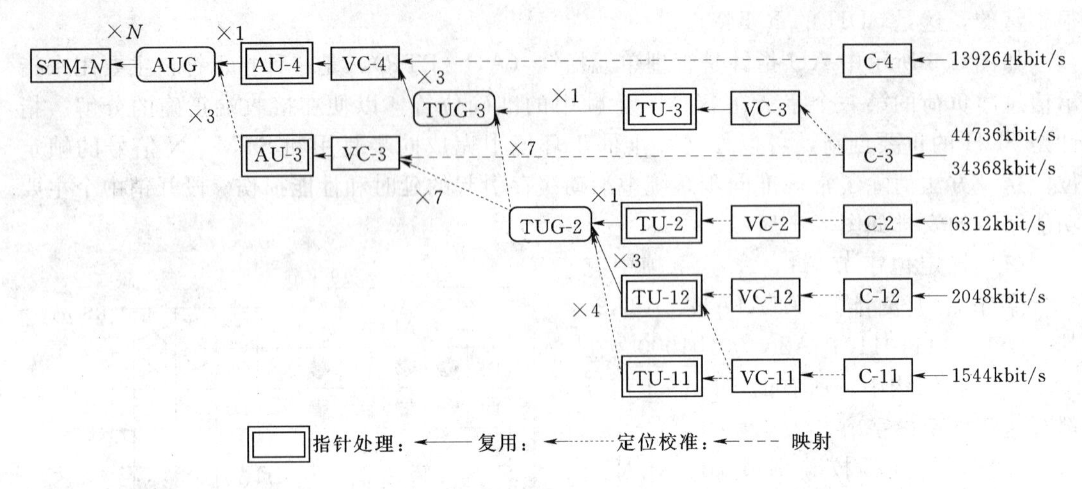

图 6.8　SDH 的基本复用映射结构

由图 6.8 可见，各种速率的 G.703 信号首先进入不同的容器 C－n 中。容器是 G.709 定义的一种信息结构，主要是完成码速调整等适配功能，使支路信号与 STM－1 适配。针对 PDH，G.709 建议中规定了 5 种标准容器，C－11、C－12、C－2、C－3 和 C－4，其标准速率如图中所示。由标准容器出来的数字流加上通道开销（POH）后就形成了所谓的虚容器（VC－n），这个过程称为映射。虚容器是 SDH 中最重要的一种信息结构，主要支持通道层连接。通道开销用来跟踪通道的踪迹、监测通道性能、完成通道的 OAM 功能。TU－n 为支路单元，为低阶通道层和高阶通道层提供适配，由低阶 VC 和支路单元指针（TU－PTR）构成。低阶 VC 在高阶 VC 净负荷中的位置，以及高阶 VC 在 STM－N 净负荷中的位置是由附加于响应 VC 上的 TU－PTR 和管理单元指针（AU－PTR）的值所决定的。并且在发生相对帧相位偏差时由指针值的调整来改变这个位置达到同步，这种在净负荷中对虚容器位置做出的安排称为定位。AU－n 为管理单元，为高阶通道层和复用段层提供适配，由高阶 VC 和 AU－PTR 构成。TU 和 AU 的功能都主要是这种处理，经 TU 和 AU 这种处理后个 VC 支路相位已是同步的。从 TU 到高阶 VC，从 AU 到 STM－N 的过程称为复用。复用过程分别经过支路单元群（TUG）及管理单元群（AUG），并按字节进行同步复用。在 AUG 中加入段开销后便可进入 STM－N，从图中可以看出，各种速率支路进入 STM－N 帧最低只经过两级复用，这是兼顾支路接入/接出的简便性和功能实施的可行性的结果。从图中可以看出，低阶 VC 复用进入 STM－N 有多个途径，即所谓直接复用和嵌套复用两种方法。

在 SDH 的 STM－1 中结构中，前九列中的第四行共九个字节用于放置指针，速率可达 9×64＝576KB/s。这个位置可以放置装入 STM－1 的 VC4 指针；也可以放入直接装入 STM－1 的 3 个 VC3 指针。当 VC3 通过 VC4 装入 STM－1 时，VC3 指针也可以放入 VC4 的净负荷区域。

SDH 的指针在复用映射过程中百科全，其作用可归纳为 3 条：①当网络处于同步工作状态时，指针用来进行同步信号间的相对校准；②当网络失去同步时，指针用作频率和相位校准，当网络处于异步工作时，指针用作频率跟踪校准；③指针还可以用来容纳网络中的频率抖动和漂移。

原则上，SDH 中应由一个非常稳定的时钟分配到网络各部分，实现网络各部分与信号的同步。然而在实际网络中，有时会失去同步，此时网络将不能正常运行。因此，引入指示净负荷区域的指针。STM 中的每个字节都有其相应的位置编号，而指针中就包含净负荷起始位置的编号。若控制 STM 运行的时钟比网络中某些地方净负荷的时钟较慢些，则 STM 缓存将溢出，而后来的净负荷信号的字节将放入指针空间，并且指针值减 1。若时钟情况相反，则 STM 缓存将会空缺，这时可将填充伪信号放入净负荷的一个字节中，并且指针值加 1，使指针始终指示真正净负荷的起始电。当网络实现同步工作时，同样也要求使用指针。当从不同方向进来的若干 STM-1 信号被复用成更高等级 STM-4 和 STM-16。由于传输失真，当其到达线路终端时，不太可能仍是同相位的。这时，用调整所有 STM-1 指针值的方法，可使各支路处于同相位状态，而不需要使用大型缓存。

由于同步数字系列，是由“同步”两字标志这一新的复用体制的。因此，会造成概念的混淆，使人误解为 SDH 要求网络各部分时钟绝对同步，但实际情况并非如此。SDH 网络仅要求 SDH 信号时钟精度在 $\pm 4.6\times 10^{-6}$ 同步容限之内工作。指针设置作为调整码速的工具来使用，它确保在这种时钟精度内的 SDH 网络。对于所有实际支路都可以完全地同步，更重要的是在任意时刻都可以准确地确定如何数据字节的位置，每种类型支路信号位置都可以由一个或两个指针值计算得到，因此可以迅速、方便的从高速复用信号中将低速支路取出和插入。如可以直接从 155.520MB/s 的 STM-1 信号中取出或插入 2.048MB/s 支路信号。而 PDH 中，解决各支路同步工作的办法是不同填充，这导致低速支路（如 2.048MB/s 支路），被深深地“埋入”高速复用信号（如 140MB/s 信号）中。为取出或插入 2.048MB/s 支路，必须将 140MB/s 逐渐解复用至 2.048MB/s，完成取出或插入后在逐次复用至 140MB/s，因此造成系统结构复杂、硬件数量巨大、系统成本高等问题。

3. SDH 设备

通常，在 SDH 同步网络中，网络单元设备主要包括终端复用设备（TM）、上/下路复用设备（ADM）以及同步交叉复用设备（SDXC）等。在具体设备制作中，有的厂家将交叉设备和终端复用设备合为一体，有的厂家将上/下路复用设备和终端复用设备合为一体。

(1) 终端复用设备（TM）。在 SDH 光纤通信系统中，往往将光线路接口功能与复用处理功能放在一个设备之中，即光电端机合为一体。这样，每种 SDH 设备都有本身的标准光线路接口和基本标准功能结构。有时有的厂家生产的一种设备可同时实现线路终端复用功能与上/下路功能，或可同时实现线路终端复用功能与跨接功能。

作为 SDH 设备的一大类型，终端复用设备（TM）目前主要又分为两种情况：一种情况是终端复用设备可实现 G.703 中规定的信号与 G.707 中规定的 SDH 信号之间的复用/解复用；另一种情况是可实现 G.707 中规定的数字系列各级信号之间的复用/解复用。前者常被称为接口终端复用设备，而后者被称为高阶终端复用设备。

接口终端复用设备的主要功能有两个，其一是实现符合 G.703 和 G.707 的两种信号之间的复用，即实现 PDH 光纤通信系统信号与 SDH 光纤通信系统信号之间的变换；其二是将 STM-N 电信号变换为光信号送入光纤线路之中，或作相反处理，即有标准光接口，可实现设备与光纤的连接，并且一般设备都提供主备两套光接口，以便实现主备保护切换。

高阶终端复用设备的功能是实现G.707数字系列各级信号之间的复用/解复用，即将若干个STM-N信号间插同步复用成STM-M信号（M>N），或作相反处理。即通过解复用从STM-M信号中恢复原STM-N信号；另外，设备一般也有两套主备标准光接口与光纤相连并可实现主备保护切换。

（2）上/下路复用设备（ADM）。上/下路复用设备（ADM）也称分插复用设备。在SDH通信系统中，ADM设备可方便的在系统中间站实现STM-N信号中支路信号下路，或者将支路信号插入STM-N信号中，而不需要对于STM-N信号进行全部复用解复用处理。

SDH的ADM设备基本上分两种类型。一种是在STM-N信号中实现满足G.703规定的物理与电气接口性能的支路信号的上/下路；另一种是在STM-N信号中实现满足G.707规定的数字系列信号STM-M信号（M<N）的上/下路。

（3）同步数字交叉复用设备（SDXC）。同步数字交叉复用设备是SDH网络单元中的最先进、最富于灵活性、最能充分发挥网络功能重要设备之一。在网络中，SDXC设备的标准化与应用，为网络信息的交换、调度分配以及路由的保护切换、分配更改、网络扩展带来了方便，扩大了对于网络的管理能力。

SDXC设备的基本功能是实现系统间各级信号的交叉连接。即将若干信号接入SDXC设备时，通过SDXC设备可实现各信号中包含的各级支路信号（PDH信号与SDH信号）之间的交叉连接。如实现5个STM-4信号内部STM-1支路信号之间的交叉连接时，首先将此5个STM-4信号接入SDXC设备接口，通过SDXC设备，首先分别将5个STM-4信号分接成5组并行STM-1支路信号，然后根据要求的交叉连接对通道进行重新分组安排，最后将这些重新分组安排的支路信号在复接成5个STM-4信号。

一般用SDXCx/y表示同步数字交叉复用设备。其中，x表示输入端口允许的信号流最高速率等级；y表示参与交叉连接的最低速率等级。数字0表示64KB/s电路速率；数字1、2、3、4分别表示PDH的1～4次群速率。其中，4也代表SDH中的STM-1速率。数字5、6和7分别代表SDH中的STM-4、STM-16、STM-64速率等级。广泛应用的是SDXC1/0、SDXC4/1、SDXC4/4三类设备。

在电信网络中，SDXC设备在各方面都有着广泛的应用。如实现数字配线架、复用与线路设备功能、安排临时租用与专用线路、网络保护倒换、网络管理等。

4. SDH传送网结构

SDH传送网泛指提供通信服务的所有实体（设备等）及逻辑配置。它有两大基本功能群，一类是传送（Transport）功能群，其作用是将任何通信信息从一个点传递到另一些点；另一类是控制功能群，用以实现各种辅助服务和操作维护功能。

如图6.9所示，SDH传送网从上至下分别为电路层、通道层和传输媒质层（又细分为段层和物理层）。每一层网络为其相邻的高阶层网络提供传送服务，同时又使用相邻的低阶层网络所提供的传送服务。相邻网络层之间构成了客户/服务者的关系。

SDH网络物理拓扑结构的选择应综合考虑网络的生存性、网络配置的难易、网络结构是否适合新业务的引入等多种因素，根据具体情况来决定。一般来说，除了最简单的点到点的拓扑外，网络物理拓扑有如图6.10所示的5种类型。

将通信网中的所有点串接起来，首先两点开放，便形成了线性拓扑。这是SDH早期应用的网络拓扑形式。首先两端使用终端器，中间各点使用分插复用器（ADM），便形成

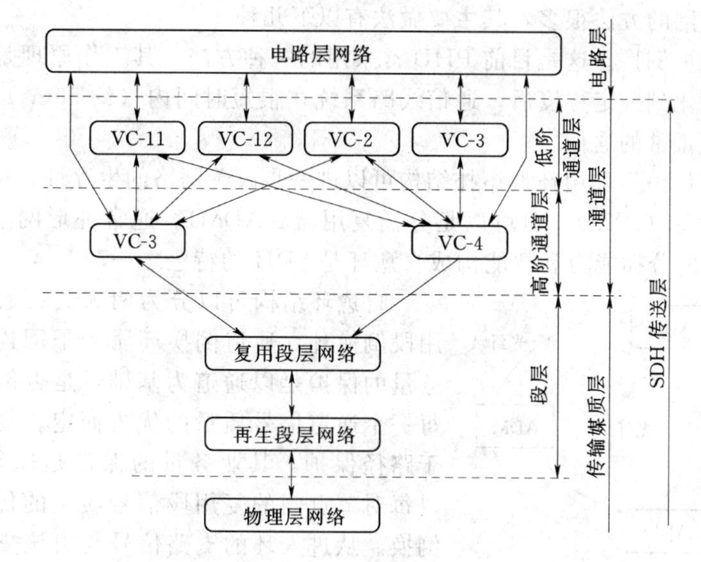

图 6.9 SDH 传送网

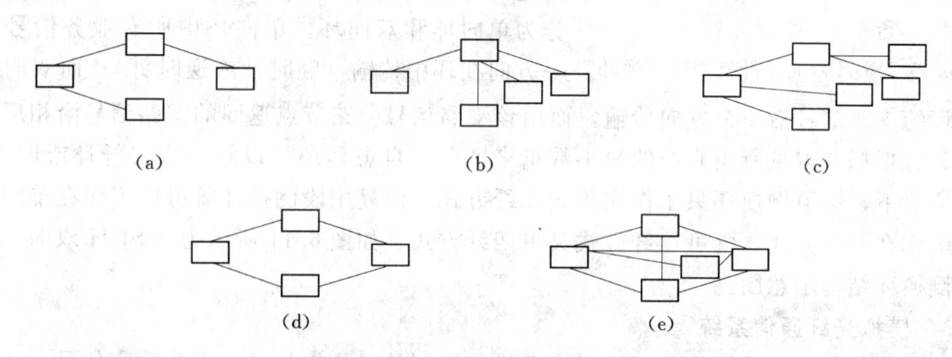

图 6.10 网络物理拓扑结构

比较经济的线形网。

网中有一个特殊点以辐射的形式与其余所有点直接相连，而其余点之间互相不能直接相连，便构成了星形拓扑。当末端点连接到几个特殊点时就形成了树形拓扑。树形拓扑可以看成是线形和星形拓扑的结合，星形和树形都适合于广播式业务，但不适合提供双向通信业务。

将线性网首末两开放点相连便形成环形网。在环行网中，为了完成两个非相邻点之目的连接，这两点之间的所有点都应完成连接功能。环形网的最大优点是具有很高的网络生存性，因而在 SDH 网中受到特殊的重视，在中继网和接入网中得到广泛的应用。

当涉及通信的许多点直接互联时就形成了网状拓扑。网状拓扑不受节点瓶颈问题的影响，两点间有多种路由可选，网络可靠性高。其缺点是网络结构复杂，成本较高，适合于业务量很大的干线网中使用。

5. 自愈环形网

所谓自愈环就是无需人为干预，网络能在极短的时间内从失效故障中自动恢复所携带的业务，使用户感觉不到网络已出了故障。其基本原理就是使网络具备发现替代传输路由并重新确立通信的能力。自愈环只是撤出已失效部分，具体的维修工作仍需人工干预才能完成。实现自愈网的方法很多，其主要做法有以下几种。

(1) 线路保护倒换。这是目前PHD常采用的一种方法。其工作原理是当工作通道传输中劣或性能劣化到一定程度后，通信线路系统在很短时间内（约50ms）自动倒换到备用系统，以保证正常的通信。

(2) 环形网保护。采用环形拓扑结构可以进一步改善网络的生存性，网络节点可以是数字交叉连接设备（DXC），也可以是分插复用器（ADM）。通常环形网节点用ADM构成，利用ADM的分插能力和智能构成自愈环是SDH的特色之一。

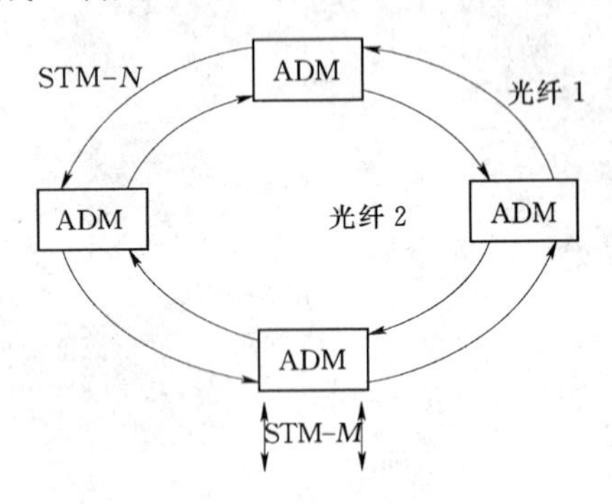

图6.11 SDH双向二纤复用段倒换环

自愈环结构可以分为两大类：通道倒换环和复用段倒换环。通道倒换环属于子网连接保护，其业务量的保护是以通道为基础，是否倒换以离开环的每一个通道信号质量的优劣而定。复用段倒换环属于路径保护，其业务量的保护是以复用段为基础，以每对节点间的复用段信号质量的优劣而决定是否倒换。从进入环的支路信号与由该支路信号分路节点返回的支路信号方向是否相向来区分。自愈环可分为单向环和双向环。单向环中所有业务信号沿同一方向在环中传输（顺时针或逆时针）；而双向环中进入环的支路信号沿一个方向传输，而由该支路信号分路节点返回的支路信号沿相反方向传输。若根据节点见所用光纤的最小数量来区分，自愈环还可以划分为二纤环或四纤环。通常情况下，通道倒换环只工作在单向二纤方式。而复用段倒换环既可以工作在单向方式也可工作在双向方式，既可二纤方式又可四纤方式。如图6.11所示为一SDH双向二纤复用段倒换环结构示意图。

6.1.3 模拟光纤通信系统

在模拟光纤通信系统中，对发射光源进行调制的是模拟信号，而非数字信号。从传输信号看，可以采用基带传输方式，也可以采用副载波复用（SCM）方式。所谓副载波复用，实际上就是将基带信号调制在一个微波频率的载波上，再将几个不同频率的载波合起来，对一个光源进行光强度调制。这里的微波频率为副载波频率，光波称为光载波，整个复用方式称为副载波复用。

SCM技术具有以下优点。微波信号在光纤中传输，避免了多个微波信号之间的互相干涉，也避免了拥塞的微波频率资源的分配问题，因此带宽较宽，传输容量较大；一个光载波可承载多个副载波，每个副载波可以分别传送各种不同类型的业务信号，信号之间的合成和分离很方便，所以应用非常灵活；系统对激光器的频率稳定度和谱宽要求不高，同时微波频段的调制和解调技术都很成熟，所以系统的设备简单，成本较低。实际上，在20世纪70年代光纤通信发展的初期，就曾尝试用副载波的方式在光纤中传输多路模拟话音和视频信号，但由于当时激光器的线性较差，光源调制及光纤传输中的非线性引起的多路复用系统的谐波失真和交调失真，限制了这种技术的应用。直到80年代后期，高线性度的DFB激光器的出现，才使SCM模拟光纤通信系统得到迅速发展。尤其在有限电视中得到广泛的应用，称为光纤CATV系统。如图6.12所示即为一个光纤有限电视传输系统。

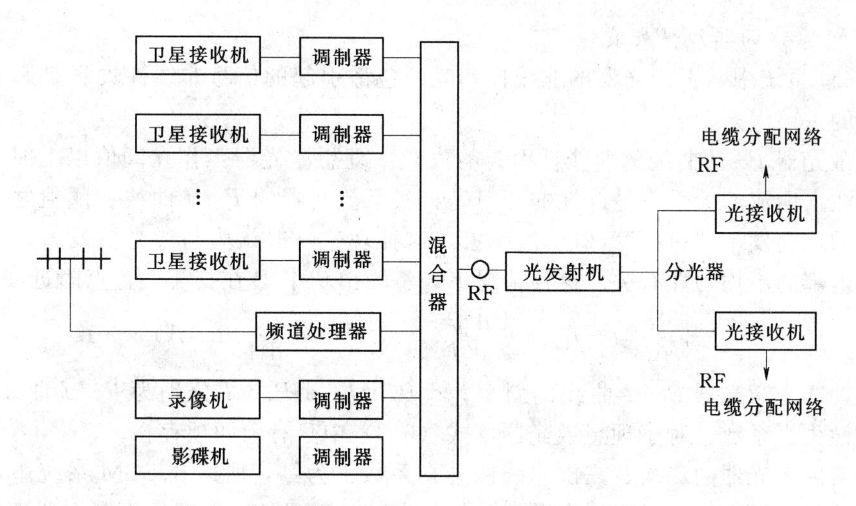

图 6.12 光纤有限电视传输系统

1. SCM 系统的组成和工作原理

SCM 系统的组成如图 6.13 所示。SCM 系统中，在发送端，将要传送的多路基带模拟信号（也可以是适当速率的数字信号）对不同频率的本地振荡器进行电调制，即副载波调制。多路副载波信号合成在一起，再对光源进行强度调制。副载波调制信号经光纤传输后到达接受端，经过光电检测和宽带低噪声放大后，用可调谐的本地振荡器进行混频，选出所需要的频道。有混频产生的下变频信号再经过相应的解调后，即可得到原来的基带信号。

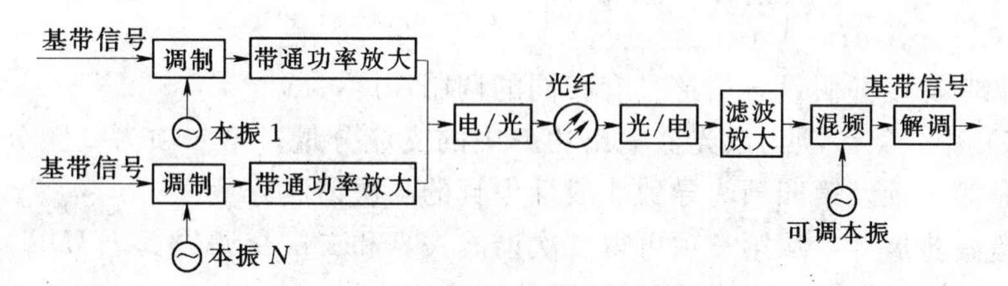

图 6.13 SCM 系统

SCM 系统中的光发射机中主要考虑调制方式、光源和驱动电路的有关问题。副载波的调制方式，可以用频率调制（FM），也可以用幅度调制（AM）。AM 方式与目前电视机接受方式匹配，设备简单，但要求高的载噪比（CNR）。因此，对于 SCM 系统中的光源，不仅要求激光器本身带宽较宽，对激光器的线性度要求也很高。FM 方式可以通过适当加大调制深度（即增加每一路的带宽）和采用预加重技术而降低对载噪比的要求。同样，对于驱动电路，除了对带宽的要求，也要考虑其本身的线性度。此外，还要考虑驱动电路与光源的匹配问题，如激光器的电容、引线电感的影响等。

对于 SCM 系统的接受机，由于它只接收载波频带以内的信号及噪声，因此噪声的强弱取决于所用频带的宽度。一般情况下所要求载波频带是很窄的，所以可以得到很高的信噪比。但对于光接收机中光电检测器的散弹噪声，由于它与外来信号电流有关，所以不同副载波信号所附带的散弹噪声，只要其频率落在其他频波的频段范围内，就会相互影响，从而导致接收机信噪比下降。

2. SCM 系统的非线性失真

在 SCM 系统中，由激光器的非线性和光纤色散引起的信号非线性失真是影响模拟信号信噪比的主要因素。

(1) 激光器 $P—I$ 曲线的非线性引起的失真。理想激光器工作在阈值以上时，其输出光功率与注入电流的关系应是线性的。但是，实际激光器的 $P—I$ 曲线在阈值之上并非是完全线性的，会发生“扭折”(kink) 现象。这种现象一般认为与激光器发射模式的改变及激光器内部的不均匀性有关。这种情况下，将输出功率 P 在支流偏置点附近展开。

$$P = P_b + \frac{dP}{dI}(I - I_b) + \frac{1}{2}\frac{d^2P}{d^2I}(I - I_b)^2 + \frac{1}{6}\frac{d^3P}{d^3I}(I - I_b)^3 + \cdots \tag{6.3}$$

式中：dP/dI 为激光器 $P—I$ 曲线的斜率；d^2P/d^2I、d^3P/d^3I 分别为 $P—I$ 曲线的二次、三次非线性失真系数。对于理想激光器，式 (6.3) 中只有前两项存在。

由于实际激光器的二次、三次非线性失真系数不为零，所以在 SCM 系统中，会导致高次谐波分量的存在。尤其是二次谐波和三次谐波是造成信号非线性失真主要因素。以下简单阐述信号二次谐波和三次谐波失真的产生。

N 路副载波的合成信号可简单表示为：

$$I(t) = I_b + \sum_{i=1}^{N} I_{mi}\cos[w_i t + \Psi_i(t)] \tag{6.4}$$

在合成信号的调制下，激光器输出的光功率可表示为：

$$P(t) = P_b + mP\sum_{i=1}^{N}\cos[w_i t + \Psi_i(t)] + \frac{1}{2}m^2P_b^2\left[\frac{d^2P}{dI^2}\Big/\left(\frac{dP}{dI}\right)^2\right]\left\{\sum_{i=1}^{N}\cos[w_i t + \Psi_i(t)]\right\}^2$$
$$+ \frac{1}{6}m^3P_b^3\left[\frac{d^3P}{dI^3}\Big/\left(\frac{dP}{dI}\right)^3\right]\left\{\sum_{i=1}^{N}\cos[w_i t + \Psi_i(t)]\right\}^3 + \cdots \tag{6.5}$$

式中：m 为调制深度并假设各信道具有相同的调制深度，m。

式 (6.5) 中，第一项为激光器输出功率中的支流分量；第二项为基频分量，即有效的信号分量；第三项及第四项为导致非线性失真的高次谐波分量。

将上式进一步展开，从第三项可得二次谐波失真和二次交调失真 HID_2。它们的频率分别为 $2w_i$ 和 $w_i \pm w_j$，它们的幅度与基频的幅度之比为：

$$\frac{HID_2}{C} = \frac{1}{4}mP_b\frac{d^2P}{dI^2}\Big/\left(\frac{dP}{dI}\right)^2 \tag{6.6}$$

从式 (6.6) 第四项可得三次谐波失真和三次交调失真 HID_3。它们的频率分别为 $3w_i$；$2w_i \pm w_j$ 和 $w_i \pm w_j \pm w_k$。它们的幅度与基频的幅度之比为：

$$\frac{HID_3}{C} = \frac{1}{24}m^2P_b^2\frac{d^3P}{dI^3}\Big/\left(\frac{dP}{dI}\right)^3 \tag{6.7}$$

由激光器 $P—I$ 曲线的非线性造成的信号非线性失真，与副载波的频率无关，所以称之为“静态”非线性失真。“静态”非线性失真随光调制深度的增加而增大，其中二次失真与光调制深度成正比，三次失真与光调制深度的平方成正比。同时，二次失真与 dP/dI 的平方成反比，三次失真与 dP/dI 的立方成反比。所以，激光器 $P—I$ 曲线的斜率越大，即 $P—I$ 曲线越陡峭，它所造成的非线性失真越小。

对于激光器实际存在“动态”非线性失真，这实际是激光器调制过程中固有的非线性所产生的。因此，“动态”非线性失真与激光器的张弛振荡频率及副载波频率有关。

实际 SCM 系统中，必须补偿与激光器有关的非线性失真。非线性补偿的方法有前馈补偿法，准前馈补偿法和预失真补偿法。一般多采用预失真补偿法。其原理是在了解了激光器的非线性失真参数后，利用附加的非线性器件预先产生一个失真，这个失真与激光器产生的失真幅度相同，但相位相反，从而使两种失真相互抵消，达到消除非线性失真的目的。在SCM系统中，预失真网络串接在输入信号与激光器之间，如图6.14所示。预失真网络一般利用二极管或场效应管的非线性来实现。

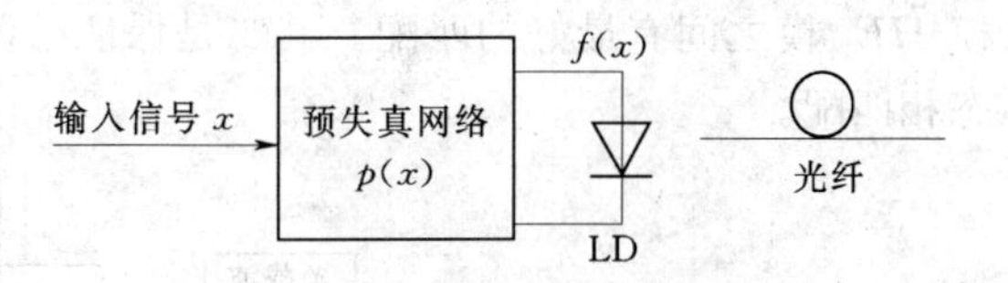

图6.14 预失真补偿激光器非线性失真

(2) 光纤色散引起的非线性失真。SCM系统中，除了激光器本身所导致的非线性失真，光纤的色散同样也能引起模拟信号的非线性失真。以强度调制为例，其原理简单阐述如下。从傅里叶分析可知，经过强度调制后，调制光包含许多高阶频率分量。$w_0 \pm iw_m$，$i=1$、2、3、…其中 w_0 为光载波频率；w_m 为副载波频率。由于光纤存在色散，不同频率的光经过相同长度的光纤传输后，所产生的相位延迟不同，这样在接收端经过平方律检波，不可能无失真地恢复出原来的信号，此即光纤色散导致的非线性失真。

理论分析指出，光纤的一阶色散是影响色散致非线性失真的主要因素。经过计算二次、三次失真系数与一阶色散的关系曲线可知：当一阶色散较小时，非线性失真系数随一阶色散的增大而增大，与光纤的色散系数、光纤长度及光载波波长有关，而且与副载波频率有关。当副载波频率较低（小于10GHz）、传输距离较短时，光纤色散引起的非线性失真可以忽略。

6.1.4 相干光通信

实际上，前面介绍的光纤通信系统均采用光强调制/直接检测方式，即IM/DD方式。这种系统的优点是调制、解调容易，成本低。但由于采用的是IM，所以只是利用了相干光（激光）的振幅参量，这样就牺牲了光的相位、频率等参量，从而使调制单一化，对信息的承载能力受到限制。又因为采用的是DD，不是相关或相干检测方式，所以其信噪比、选择性、灵敏度等性能均较差。因此，从本质上说，目前的光纤通信系统还是属于噪声载波系统，并没有充分利用光载波具有极高频率（约 10^{15} Hz）、极宽带宽的优点，所以系统的中继距离和传输容量均受到限制。可以说，现在光纤通信系统，信道（光纤）是先进的，但通信方式是低级的。

若采用相干调制/相干检测方式的通信，即调制是相干的，如幅移键控（ASK）、频移键控（FSK）、相移键控（PSK）等调制方式；探测也是相干的，如光外差检测，就构成所谓的光纤相干光通信。实际上，在20世纪80年代，相干光通信被认为是一种较理想的、有前途的通信方式，国内外也投入很大的力量进行研究。但是，相干光通信对光源谱线纯度和光频率稳定性的要求非常苛刻，致使它实用化很困难。同时，由于波分复用（WDM）技术和EDFA技术使光纤通信系统传输距离和传输容量的增加可以方便地实现，因此基本上停止了对相干光通信的研究。但近几年来，在一些高速率（40Gbit/s）的传输系统中，开始采用一些相干技术增加IM/DD系统的性能。

1. 相干光通信的基本原理

如图6.15所示为一个外差接收的相干光通信系统的结构图。图中发射机是由光载波激光器、调制器和光匹配器组成。光载波经调制器后，输出的已调光波进入光匹配器。光匹配器有两个作用。其一是为了获得最大的发射效率，使已调光波的空间分布和光纤中基

模 HE_{11} 模之间有最好的匹配。其二是保证已调光波的偏振状态和单模光纤的本振偏振状态相匹配。

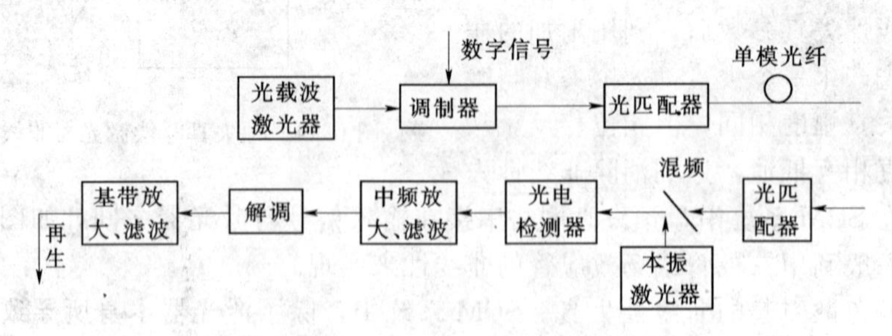

图 6.15 外差接收相干光通信系统

相干光通信系统中，对光源常采用电光效应进行间接调制。3 种基本的调制方式分别为

（1）幅移键控（ASK）。

$$m(t)=\sum_{n=-\infty}^{+\infty}a_n g(t-nT) \quad a_n=\begin{cases}1 & \text{“1”码}\\0 & \text{“0”码}\end{cases} \tag{6.8}$$

式中：T 为码元宽度；$T=1/B$；B 为调制信号的比特速率；$g(t)$ 为无量纲的脉冲波形。

（2）相移键控（PSK）。

$$m(t)=\sum_{n=-\infty}^{+\infty}a_n g(t-nT) \quad a_n=\begin{cases}+1 & \text{“1”码}\\-1 & \text{“0”码}\end{cases} \tag{6.9}$$

（3）频移键控（FSK）。

$$m(t)=\sum_{n=-\infty}^{+\infty}a_n\exp(jw_m t)+\overline{a_n}\exp(jw_m t)g(t-nT) \quad a_n=\begin{cases}1 & \text{“1”码}\\0 & \text{“0”码}\end{cases} \tag{6.10}$$

式中：w_m 为调制信号的角频率；$\overline{a_n}$为 a_n 的逻辑非。

假设光载波激光器发射的为频率稳定的单色光波，则经过调制器后输出的光波可以表示为：

$$E_m(x,y,t)=i_m E_m(x,y)\exp[j(w_s t-\psi_s)]m(t) \tag{6.11}$$

式中：w_s、ψ_s 分别为光载波的角频率和初相位；单位向量 i_m 表示已调光波的偏振态。

已调光波进入单模光纤，以 HE_{11} 模在光纤中传输。在传输过程中，光纤的损耗、色散和偏振状态的变化等因素都会影响已调信号光波，从而影响相干检测的效果。因此，在接收端光波首先进入光匹配，其主要作用是使信号光波的空间分布和偏振方向与本振光波匹配，以便得到最大的混频效率。在混频前，光波可表示为：

$$E_s=i_s B\sqrt{P_s}f(x,y)\exp[j(w_s t-\psi_s)]m(t-\tau_g) \tag{6.12}$$

式中：B 是常系数；P_s 是接收信号的平均光功率；$f(x,y)$ 表示 HE_{11} 模的复振幅在空间的分布；τ_g 表示传输时延。

接收机的本地振荡器发射的本振光波可表示为：

$$E_L=i_L B\sqrt{P_L}h(x,y)\exp[j(w_L t-\psi_L)] \tag{6.13}$$

式中：w_L、ψ_L 分别为本振光波的角频率和初相位；P_L 为本振光波的平均功率；$h(x,y)$ 表示混频时本振光波电场的复振幅的空间分布；单位向量 i_L 表示本振光波的偏振态。

信号光波和本振光波混频后的光场为：

$$E_{mix}=B\{i_s\ \sqrt{P_s}f(x,y)\exp[j(w_st-\psi_s)]m(t-\tau_g)+i_L\ \sqrt{P_L}h(x,y)\exp[j(w_Lt-\psi_L)]\}\tag{6.14}$$

由于光电而极管是平方律检波器，它响应的是光强或功率。即其响应是和光场强度 $|E_{mix}|^2=E_{mix}E_{mix}^*$ 成正比，因此响应度 $R=\dfrac{\eta q}{h\gamma}$ 的光电二极管的输出为：

$$I=\frac{\eta q}{h\gamma}|\rho|\sqrt{P_sP_L}\{\exp\{j[(w_L-w_s)t-(\psi_L-\psi_s)]\}m(t-\tau_g)+c\cdot c\}\tag{6.15}$$

式中：cc 表示复共轭。ρ 与信号光波和本振光波的偏振态和空间分布有关。

$$\rho=(i_s\cdot i_L^*)\int f(x,y)h^*(x,y)\mathrm{d}x\mathrm{d}y\tag{6.16}$$

当信号光波与本振光波的空间分布和偏振态完全一致时，才能获得最高的混频效率，此时 $|\rho|=1$。光电二极管输出信号为：

$$I(t)=\frac{2\eta q}{h\gamma}\sqrt{P_sP_L}\cos(w_{IF}t+\Delta\psi)m(t-\tau_g)\tag{6.17}$$

式中：$w_{IF}=w_L-w_s$ 为本振光波频率与信号光载波频率之差，即中频；$\Delta\psi=\psi_L-\psi_s$。由式（6.17）可见信号光载波的振幅、频率、相位等全部信息都包含在光电二极管输出的中频分量中。输出的中频信号在中频放大器得到放大，然后再经过适当的处理。根据发射端调制形式进行解调，就可以获得调制信号。

相干探测有两种基本方式：自差探测和外差探测。若本振光波频率和信号光载波频率不同，成为外差探测。若本振光波频率和信号光载波频率相同，称为自差探测。在自差探测情况下，输出中频信号为：

$$I(t)=\frac{2\eta q}{h\gamma}\sqrt{P_sP_L}\cos(\Delta\psi)\tag{6.18}$$

由以上两式可以看出，采用相干检测方法，无论是自差探测或是外差探测，光电二极管的输出信号都和本振光波的功率有关。因此，尽管传输后的信号光功率很小，但只要提高接收端本振光波的功率，就可以使混频后中频信号产生增益，称之为本振增益，从而使接收机的灵敏度大大提高。

理想情况下，相干探测中，接收机中光电探测器产生的散粒噪声是主要噪声。它由本振光波的功率所产生的光电流，即噪声电流为：

$$\langle i_N^2\rangle=2qI_LB=2qB\frac{\eta q}{h\gamma}P_L\tag{6.19}$$

式中：B 为接收机带宽。

采用外差探测时的信号电流均方值为：

$$\langle I^2(t)\rangle=\left(\frac{2\eta q}{h\gamma}\right)^2P_sP_L\langle\cos^2(w_{IF}t+\Delta\psi)\rangle=2\left(\frac{\eta q}{h\gamma}\right)^2P_sP_L$$

由上两式得到相干（外差）探测时的信噪比为：

$$\frac{S}{N}=\frac{\langle i_N^2\rangle}{\langle I^2(t)\rangle}=\frac{\eta}{h\gamma}\frac{P_s}{B}\tag{6.20}$$

最小可探测功率，即灵敏度为：

$$P_{min}=\frac{h\gamma B}{\eta}\tag{6.21}$$

式（6.21）表明，实际上是由理想探测器的量子噪声所决定的最小可探测功率，而探测器的量子噪声是一种固有的噪声，是无法消除的。此结果表明，相干探测时，只要本振光足够强，最小可探测功率就可以接近量子噪声限，这正是相干光通信的优势所在。

2. 相干光通信的关键技术

一个性能优异、实用的相干光通信系统，必须很好地解决以下技术问题。

(1) 高频谱纯度，高频率稳定度的相干光源。在阐述相干光通信的基本原理时，假设信号光和本振光都是单色相干光源，而实际激光器的发射谱线总有一定的宽度，w_s 和 w_L 仅是它们的中心频率，φ_s 和 φ_L 也是随时间变化的随机变量，因此激光器输出光场的相位产生随机起伏，形成相位噪声。激光器的相位噪声会对相干光通信系统产生严重的影响。基带信号的概率密度函数分析和接收机灵敏度计算结果显示：相干光通信的接收灵敏度不仅受信噪比的影响，而且与相位起伏的标准偏差有很大关系。当标准偏差较大时，即使信噪比很高，也难以保证低误码率。因此，这就要求激光器的谱宽一般在 kHz 量级。此外，光通信中广泛使用的 1.5μm 波长对应的振荡频率为 2×10^{14} Hz，而在相干光通信中典型的中频频率为 2×10^{8} Hz，是载频的百万分之一。因此，对相干光源的频率稳定性要远高于 10^{-6}的指标。这些条件对于光通信中使用的半导体激光器来说是相当苛刻的，即使采用一些复杂的技术手段，也很难满足这些指标。

(2) 相干光探测的匹配技术。如前所述，光外差探测时必须保证信号光与本振光的波前在探测器光敏面上保持确定的相位关系，才会有最大的混频效率。一般情况下，光波波长比光敏面的尺寸小得多，所以光混频是一个分布问题。实际上，总的中频电流等于光敏面上各部分所产生的中频光电流之和。显然，只有各部分的光电流之间保持一定的相位关系时，才有确定的中频信号输出。这样就要求信号光与本振光要在光敏面上有确定的匹配关系。具体的匹配包括以下几方面。

1) 信号光与本振光必须在光敏面重合，为获得最大的信噪比，二者的光斑直径也应该相等。

2) 二者具有相同的模式结构，单模结构最佳。

3) 信号光与本振光的能流矢量方向一致，即两束光满足空间匹配条件，在空间上保持角准直。

4) 二者在光敏面具有确定的偏振关系。

5) 在角准直情况下，两光束的波前曲率应保持匹配，即二者或者都是平面波，或者都是具有相同曲率半径的球面波等。

由此可知，要获得最佳光外差探测，条件是很严格和苛刻的。然而，正是这种严格和苛刻的条件才保证了光外差探测的一系列优异特性。

实际上，上述条件并非不能满足。如偏振问题，由于在光纤中传输时信号光的偏振方向处于随机涨落状态，这样就在中频信号引入了噪声，对探测非常不利。为了使偏振处于匹配状态，消除传输过程中偏振的随机性，可以采用保偏光纤或插入偏振控制器等。但这一方面会增加系统的成本，同时也会增加系统的复杂程度，从而降低系统的可靠性。

6.2 全光通信网

随着人类社会信息化时代的临近，对通信宽带的需求呈几何级数增长。这种情况下，通信网的两大支撑技术，传输和交换，都在不断发展和创新。

目前，由于波分复用技术的成熟和广泛应用，单根光纤中的传输容量已能够达到数百Gb/s至Tb/s的量级。同时，随着各种新型光纤和光放大技术的应用，在目前的网络中，基本上已实现了信号的全光传输。在传输技术飞速发展的同时，网络的交换技术和信息处理技术也得到巨大发展。然而，由于目前网络中交换和信息处理还是基于电子技术，因此其发展速度远落后于传输技术的发展速度，且已接近电子速率的极限，从而导致了网络传输容量和交换容量之间的巨大的不匹配。即所谓的电子瓶颈问题，阻碍了网络性能的进一步提高。

为了充分利用光纤的巨大带宽，满足不断增长的带宽需求，提高网络的性能，必须在网络中引入全光交换技术，即信号的传输，交换和处理均在光域内进行，以消除电子瓶颈问题，从而实现所谓全光网。随着新型光纤、全波带放大器、可调谐激光器、探测器、滤波器、全光交叉连接（OXC)、全光分插复用（OADM）等技术的进步，使得全光网的实现成为可能。实际上，随着目前网络中OADM和OXC设备的应用，已经能够在光域实现一定的交换，路由和信息处理功能。

由于目前光逻辑器件的功能还十分简单，不能完成交换，信息处理所需要的复杂的逻辑处理功能，因此目前的光交换还需要电信号来控制。同时，从交换粒度看，目前光网络基本上是波长交换（或光路交换）式的光网络。类似于传统电话网中的电路交换。因此，现阶段的光网络并非真正意义上的全光通信网。

6.2.1 光交差连接（OXC）及光分插复用（OADM）

在波长进行分插复用和在波长上进行交叉连接的OADM设备和OXC设备是光网络节点的核心，是光网络中最重要的网络元件。OXC是在光域上对不同输入光纤中的波长信道进行交叉连接，即进行信道在空域和频域的交换。OADM是在传输光纤中选择性地下路、上路或通过某个波长信道，同时不影响其他波长信道的传输。OADM上下的波长信道可以是一个或多个固定波长信道，也可以灵活地选择指定的一个或多个波长信道。实际上，OADM可以看成OXC结构的功能简化。利用OADM和OXC，能在光波上实现灵活、高速、大容量的交叉连接。

实现OXC和OADM有多种方法，关键在于先进的光器件。包括光交换器件和光波长转换器件。光交换器件可以用机械光开关、热—光开关、声—光开关、半导体开关、阵列波导光栅和液晶开关等器件实现。光波长转换器件可以用波长可调谐的半导体激光器实现，也可以用基于四波混频效应或交叉相位调制及交叉增益调制的半导体光放大器(SOA）实现。前者是O/E/O的波长变换器件，后者是O/O的全光波长转换器件。

1. 光交叉连接（OXC)

从对业务的处理方式考虑，OXC主要完成两个功能：光通道的交叉连接功能和本地上下路功能。本地上下路功能可以使某些光通道在本地下路后进入本地网络或直接经过光电变换后送入SDH层的DXC（数字交叉连接）单元，由DXC对其中的电通道进行处理。无论执行哪方面的操作，OXC的主要功能和应用领域概括起来主要是光路配置、故障恢复和信号监视等。

(1) OXC的性能指标。由于OXC有许多种不同的实现方案，对它们的性能进行评价和比较是十分必要的。OXC的性能大体可分为两类：一类与OXC的具体结构有关，如阻塞性能，广播性能等。另一类涉及光器件的物理性质，主要指节点的各种传输性能指标。评价OXC的性能指标主要有以下几个。

1）支波长通道还是支持虚波长通道。电域上一个单位的信息（如 SDH 信号，PDH 信号或模拟视频信号）在光网络中传送时，需要为它选择一条路由并分配波长。根据 OXC 能否提供波长变换功能，光通道可以分为波长通道（Wavelength Path）和虚波长通道（Virtual Wavelength Path）。波长通道是指 OXC 没有波长转换功能，光通道在不同的光纤中必须使用同一波长。因此，为建立一条波长通道，光网络必须找到一条路由，在这条路由的所有光纤中，有一个共同的波长是空闲的。如果找不到这样一条路由，就会发生波长阻塞。虚波长通道是指 OXC 具有波长变换功能，光通道在不同光纤中可占用不同波长，从而提高了波长的利用率，降低了阻塞概率。

2）阻塞特性。交换网络的阻塞特性可分为绝对无阻塞型、可重构无阻塞型和阻塞型 3 种。由于光通道的传输容量很大，阻塞对系统性能的影响非常大，因此 OXC 结构最好为绝对无阻塞型。当不同输入链路中同一波长的信号要连接到同一输出链路时，只支持波长通道的 OXC 结构会发生阻塞，但这种阻塞可以通过选路算法来预防。而可重构无阻塞是指如果没有经过合理优化配置就会发生阻塞。

3）广播发送能力。通信传送业务包括两种基本形式：一种是点到点的通信方式，一种是点到多点的广播型通信方式。未来的光网络应当能够同时支持这两种类型的业务。如果输入光通道中的信号经过 OXC 节点后，可以被广播发送到多个输出的光通道中，称这种结构具有广播发送能力。

（2）OXC 的结构。根据选路功能主要由哪一种器件实现，OXC 可分为两大类：基于空间交换的 OXC 和基于波长交换的 OXC。目前已提出的 OXC 结构有很多种，且由于器件的相互可替代性，它们又可演化为更多种的结构。以下分类讨论一些主要的 OXC 结构并分析起性能。

1）基于空间交换的 OXC 结构。如图 6.16 所示为两种基于空间光开关矩阵和波分复用/解复用器的 OXC 结构。它们利用波分解复用器将链路中的 WDM 信号在空间上分开，然后利用中间光开关矩阵在空间上实现交换。完成空间交换后各波长信号直接经波分复用器复用到输出链路中，图 6.16 中结构（a）中无波长变换器，因此它只能支持波长通道。图 6.16 中结构（b）中每个波长的信号经过波长变换器实现波长交换后，再复用到输出链路中，因此它支持虚波长通道。

假设上图所示节点有 N_f 条输入/输出链路，每条链路中复用同一组 M 个波长。空间光开关矩阵的交换容量是 $N \times N(N \geqslant N_f)$。每个光开关矩阵有 $N-N_f$ 个端口用于实现本地上下路功能，与 DXC 相连。在下面的讨论中，设 $N=N_f+1$，即每个节点共可上下 M 路信号。图 6.16 中结构（a）需要 $2N_f$ 个复用/解复用器和 M 个 $N \times N$ 空间光开关矩阵，即 MN^2 个交叉点。由于使用的是复用/解复用器对，一个输入的光信号只能唯一地被交叉连接到一条输出光通道中，而不能被广播发送到多条输出光通道中，因此它不具有广播发送能力。

图 6.16 中结构（b）中，任一输入链路中的任一波长可能需要交换到任一输出链路中的任一波长上，因此这种结构的光开关矩阵必须实现 $MN \times MN$ 绝对无阻塞交换，最多时需要 M^2N^2 个交叉点。另外，这种结构还需要 $2N_f$ 个复用/解复用器和 MN_f 个波长变换器，因而它支持虚波长通道。与图 6.16 中结构（a）样，它也不具有广播发送能力。

2）基于波长交换的 OXC 结构。如图 6.17 所示为一基于阵列波导光栅复用器的多级波长交换 OXC 结构。它巧妙地利用了阵列波导光栅复用器（Arrayed-Waveguide Grating

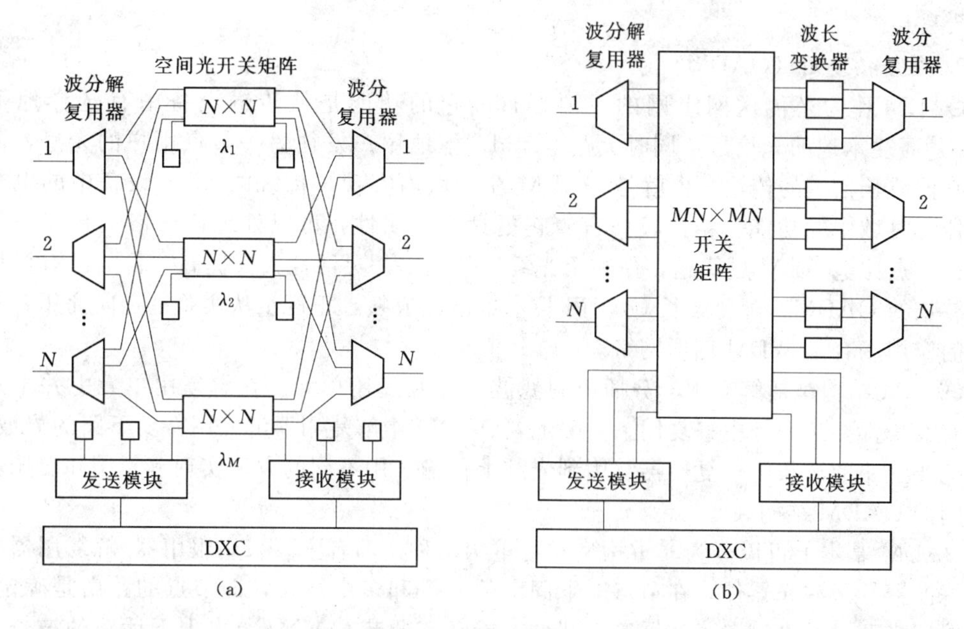

图 6.16 基于空间光开关矩阵和波分复用/解复用器的 OXC 结构

Multiplexer）的特性，将多级的波长交换器级联起来，完全在波长域上实现光通道的交换。一个阵列波导光栅复用器可同时实现波分复用和解复用的功能，并且将相隔宽度为自由谱宽（Free Spectral Range）的整数倍的多个波长复用到一个出端。图 6.17 中 1×1 波长交换器由一个解复用器，M 个波长变换器和一个耦合器组成，完成将 M 个波长转换为 R 个内部波长中某个波长的功能。当 $R\geqslant[(2M-1)/N]\times N$ 时，这种结构就可实现绝对无阻塞的虚波长通道交叉连接，$[x]$ 表示大于或等于 x 的最小整数。

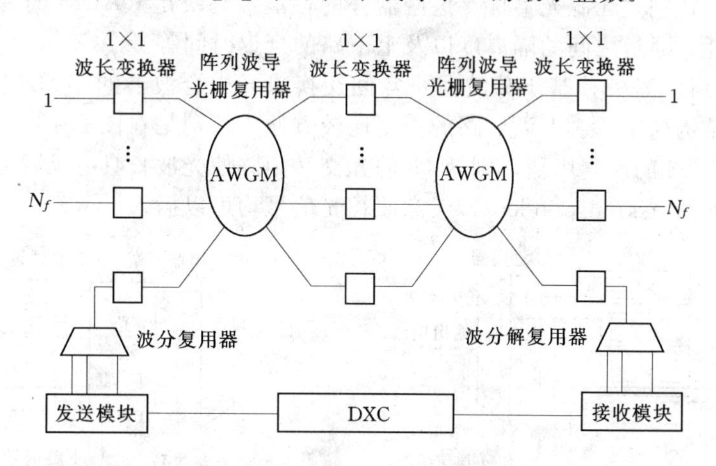

图 6.17 基于阵列波导光栅复用器的多级波长交换 OXC 结构

由图 6.17 可知，如果波长变换器中使用的是解复用器它不具备广播发送能力了；如果使用的是可调谐滤波器，则具备广播发送能力。这种结构需要 2 个阵列波导光栅复用器和 $3N$ 个 1×1 波长变换器，后者相当于 $3N$ 个解复用器和 $3MN$ 个波长变换器。

OXC 是 WDM 全光网的核心功能之一，上面的讨论主要是针对 OXC 节点光通道的交叉连接的实现。实际中，实用 OXC 的节点一般还应包括光监控模块、光功率均衡模块、光放大模块等。

2. 光分插复用（OADM）

OADM作为光传送网组网的重要器件，它的功能是从传输设备中有选择地下路（Drop）通往本地的光信号，同时上路（Add）本地用户发往另一节点用户的光号，而不影响其他波长信道的传输。也就是OADM在光域内实现了传统的SDH设备中的电分插复用器在时域中的功能。相比较而言，它更具有透明性，可以处理任何格式和速率的信号，这一点比电ADM更优越，使整个光纤通信网络的灵活性大大提高。目前已有商用的固定波长的OADM，可变波长OADM技术也已经成熟，正逐步从实验室走向商用，它的较好的应用场合是WDM环形网络。

OADM结构包括解复用、分插控制滤波单元及复用单元。在解复用单元中并不意味着所有波长都要从来纤中解复用。一般地，OADM中解复用器解复用需要下路的光波长，同时把要上路的波长经过复用器复用到光纤上传输。用不同的方法实现解复用和复用就构成不同的OADM结构。

OADM基本上可以分为非重构型和可重构两种。前者主要采用服用器/解复用器以及固定滤波器等无源光器件，在节点上下固定的一个和多个波长，即节点的路由是确定的。后者采用光开关、可调谐滤波器等光器件，能动态调节OADM节点上下话路的波长，从而达到光网络动态重构的能力。相比较而言，前者缺乏灵活性，但性能可靠且没有延时；后者结构复杂且具有延时，但可以使网络的波长资源能得到良好的分配。可重构的OADM主要有两个功能：一方面是灵活的光层配置，可以根据网络业务流量需求建立或者撤销波长连接，最大效率地利用系统容量。另一方面是提供光层保护，当线路或者节点出现故障时重新指配业务的路由。

到目前为止，已提出了很多种OADM方案。这些方案很大程度上取决于新的光器件的开发和研制，特别是无源光器件。这些器件的性能最终决定OADM的一些主要性能参数，如插入损耗，通道之间的隔离度以及上下路的延迟时间等。

如图6.18所示是一种基于分波器＋空间交换单元＋合波器的OADM结构。这种方案的优点在于结构简单，对上下话路的控制比较方便。特别是在图6.18（b）中所示的情况，对于采用1×8的解复用器，则8×8的光交叉矩阵使光波长具有无阻塞交叉功能。由于采用了光转换器（Transponder），任意波长光信号均可以插入。

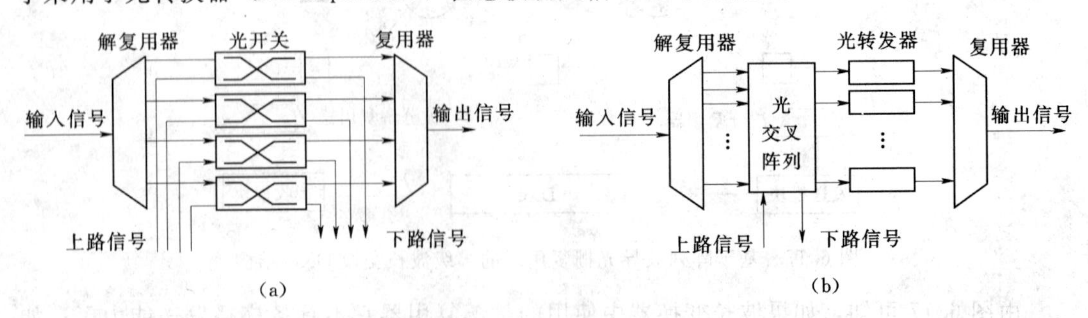

图6.18 基于解服用器和光开关的OADM结构

上路波长信号和输入的WDM信号中的同波长信号偏振方向垂直，进入AOTF后，输入的WDM信号经偏振分束器（PBS）分成TM模和TE模后进入模式转换单元（一般为$LiNbO_3$晶体）。模式转换单元由射频信号f控制，射频f针对不同的下路波长进行调谐。如下路 λ_1，f 调到一个相应频率。当 WDM 信号经过模式转换单元时，波长为 λ_1 的光的 TM 模和 TE 模发生转换，TE 模变为 TM 模，TM 模变为 TE 模。经下一个 PBS 后从下路端输出到本地，其他的 WDM 波长没有发生模式转换从输出端口输出，而上路波长经模式转换单元后也从输出端口输出到光纤上。由于波长的选择有射频的频率 f 决定，输入多个射频频率还可以实现多路波长的同时上下路，具有很高的灵活性。目前基于 AOTF 的 OADM 的调谐速度可以达到微秒量级。在 1550nm 波段可调谐选路的带宽最大可达到 80nm，相邻波长的隔离度可达到 35dB/0.8nm 以上。但 AOTF 存在偏振敏感性问题，对实用是一个很大的限制。同时，AOTF 的滤波带宽还不够窄，需要进一步降低滤波器的带宽来满足密集波复用（100GHz 或 50GHz 信道间隔）的需要。

总之，OADM 因其良好的性能、简单的结构、相对低的成本以及灵活的组网方式，一直吸引着人们的注意。虽然现在很难做到像 SDH 设备那样在不同等级上灵活的交叉和分插，但在目前的情况下，实现对传统的点对点 WDM 干线做中间的上下业务，OADM 仍然是一种很好的选择。而且在未来的全光 WDM 网络中，OADM 将会有更大的应用范围。

6.2.2 WDM 光网络

基于 WDM 技术得多波长光网络总体结构如图 6.19 所示。它是由光分插复用器、光

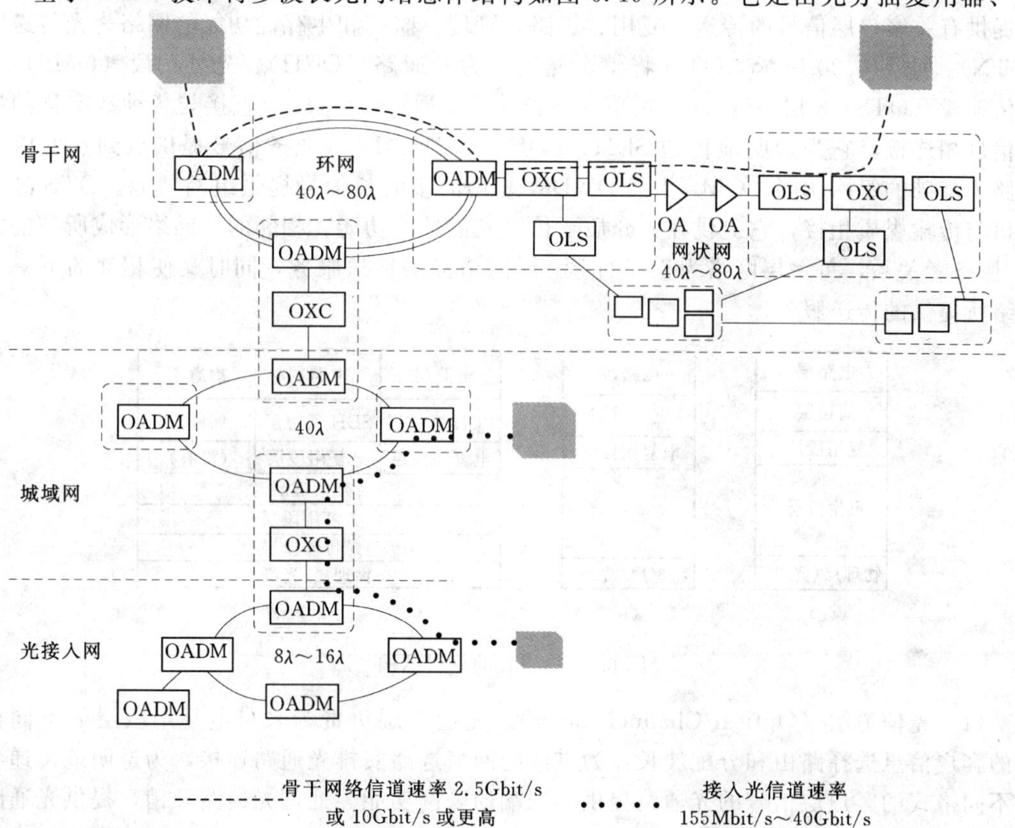

图 6.19 WDM 光网络总体结构

交叉连接器、光线路终端系统以及光放大等作为光联网设备而构成的WDM光网络。通过使用多波长光路来联网的光网络利用波分复用和波长路由技术，将一个个波长作为通道，全光地进行路由选择。通过可重构的选路节点建立端到端的虚波长通道，实现源和目的之间端到端的光连接，这将使通道之间的调配和转接变得简单和方便。在多波长光纤网络中，由于采用光路由器/光交换机技术，极大地增强了节点处理的容量和速度，它具有对信息传输码率、调制方式、传送协议等透明的优点，有效地克服了节点的“电子瓶颈”限制。

1. WDM光传送网（OTN）的分层结构

WDM光网络对光信号应该是透明的。即信号的传输、交换及信号处理均在光域内完成，这样可以充分地利用光交换及光纤传输的带宽潜力。从技术上看，目前实现全透明光网络还有不少难处。相对来说，半透明就只能有限地利用光交换及光纤传输的潜力，网络的性能会受到O/E/O转换及电子电路的限制。但从另一方面看，半透明可以利用电芋已成熟的技术和灵活的处理资源，例如SDH技术及网络中已大量敷设的SDH设备。所以，为避免技术与运营上的困难，ITU-T决定按光传送网（OTN）的概念来研究光网络技术及制订相应的标准。

ITU-T的G.872中定义由一系列光网元经光纤链路互联而成。能按照G.872的要求提供有关客户层信号的传送、复用、选路、管理、监控和生存性功能的网络为光传送网（OTN）。如图6.20所示，OTN将整个光层分为光通路（OCH）、光复用段（OMS）和光传输段（OTS）3层。OCH是指单一波长的传输通路，OCH层直接与各种数字化的用户信息相连接，它为透明地传送SDH、PDH、ATM、IP等业务信号提供点到点的以光通路为基础的组网功能。OMS为经DWDM复用的多波长信号提供组网功能。OTS经光接口与传输媒质相接，它提供在光介质上传输光信号的功能。相邻的层网络形成所谓的客户/服务者关系，每一层网络为相邻的上一层网络提供传送服务，同时又使相邻的下一层网络所提供的传送服务。

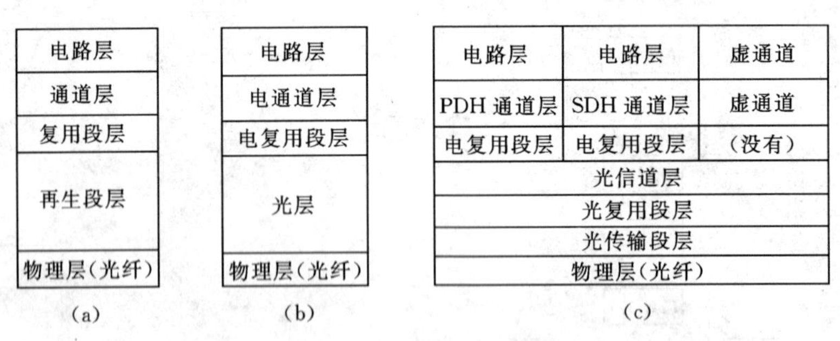

图6.20 OTL的分层结构

（1）光信道层（Optical Channel Layer）。光通路层负责为来自电复用段层的不同格式的客户信息选择路由和分配波长，为灵活的网络选路安排光通路连接，为透明地传递各种不同格式的客户层信号的光通路提供端到端的联网功能。处理光通路开销，提供光通路层的检测、管理功能，提供端刀端的连接。并在故障发生时，通过重新选路或直接把工作业务切换到预定的保护路由来实现保护倒换和网络。光通路层的主要传送实体有网络连接、链路连接、子网连接和路径。

（2）光复用段层（Optical Multiplexing Section Layer）。光复用段层保证相邻两个波

长复用传输设备间多波长复用光信号的完整传输，为多波长信号提供网络功能。其主要包括：为灵活的多波长网络选路重新安排光复用段功能；为保证多波长复用段适配信息的完整性处理光复用段开销；为网络的运行和维护提供光复用段的检测和管理功能。

（3）光传输段层（Optical Transmission Layer）。光传输段层为光信号在不同类型的光传输媒质（如G.652、G.653、G.655光纤等）上提供传输功能，同时实现对光放大器或中继器的检测和控制功能等。通常会涉及以下问题：功率均衡问题；EDFA增益控制问题和色散的积累和补偿问题。

2. WDM网络拓扑结构设计

在研究WDM全光网的拓扑结构时，有两类相关的主要问题需要解决。第一类问题称为“网络设计”问题。即已知网络的业务需求分布（可以是业务交流分布）和物理拓扑，确定网络的配置，包括光纤对数、节点交叉连接的规模、需要的光放大器以及光分插复用器等。研究该问题可以在静态业务条件下优化波长资源，使网络需要的波长数目最小。由于在大多数实际场合中每根光纤复用的波长数目是固定的，如果一对光纤（双向传输）不能传输某链路上所有预分配的业务，那么在该线路方向上将需要更多的光纤对。因此问题研究的优化目标转化为最小化光纤数目或交叉连接节点的规模等内容，或者是上述两方面的组合。最终的优化测度应当是网络的成本，相应可以通过每条链路需要的光纤数目以及光链路长度等参数来衡量。如果从光通道层连接建立的角度分析，静态业务下的选路和波长分配（RWA，即Routing and Wavelength Assignment）问题相当于一类“网络设计”问题。

第二类WDM全光网的拓扑结构问题称为“网络运营”问题。即对给定的网络（已知拓扑和资源），在已知或可以预测业务量的平均分布情况下，假设实际业务需求的变化是随机的，则网络可能存在一定的阻塞概率。反映动态的选路和波长选择算法质量的指标是在给定利用度条件下的阻塞概率。由于具有波长变换功能的节点可以提高光通道中波长的选择能力，因此在波长资源相同的情况下，虚波长通道（VWP）网络比波长通道（WP）网络具有更好的性能。“网络运营”问题可以看作动态业务条件下的RWA问题。

WP方式要求光通道层在选路和分配波长时采用集中控制方式。因为只有在掌握整个网络所有波长复用段的波长占用情况后，才可能为一个新传送请求选一条合适的路由。在VWP方式下，确定通道的传送链路后，各波长复用段的波长可以逐个分配，因此可以进行分布式控制。这种方式可以大大降低光通道层选路的复杂性。由于复杂网络中任何两个节点间都可能存在多条路由，因此必须有一套有效的RWA算法，根据网络的拓扑结构和目前的状态为新传送请求选路并分配波长。另外，当光通道层中允许接入分组信息时，还需要相应的分组交换型的选路算法。

此外，在整个网络范围内，WP技术要求波长绝对精确，VWP技术则只要保证波长从链路到链路相对精确即可。在WP方案中，如果无法找到一条从源节点到目的节点有相同空闲波长的光通道，就会发生波长阻塞，而使通道建立请求失败。而VWP方案制在通道中某个链路没有空闲的波长通道时，才会导致通道建立请求失败。

在光通道技术发展的初期阶段，由于主要限制因素在光器件上，WP网络成为一种切实可行的选择。随着业务需求的扩大和器件技术的发展，为了充分发挥光通道技术的优势，由WP网络向VWP网络过度将是必然的趋势。

3. WDM 全光网的传输限制

相对于点到点 WDM 系统，WDM 全光网引入了 OXC 和 OADM 节点，并广泛使用了光开关、滤波器、EDFA 等光器件。这些先进的光器件技术和节点技术的引入，极大地提高了传输距离和网络容量，使全光网成为能够支持各种业务的物理平台。但与此同时，由于目前各种光器件性能还不是很理想，节点结构设计还有待完善，这些都会给全光网性能产生不利影响，使光信号在传输过程中性能不断下降。造成这种传输限制的因素主要有串扰、噪声积累、色散积累和非线性光学效应。这些效应造成传输信号的损伤，最终限制了全光网的容量和规模。相关内容可查相关参见文献。

6.2.3 光分组交换和光突发交换

WDM 光网络中，主要是将波长作为分立的波长信道来使用，仍然是一种静态路由技术。因此这种基于波长选路的光网络没有摆脱电路交换方式的缺点，交换粒度太大，一般为波长级，所以一般称这种波长交换为光路交换（Optical Packet Switching，OPS）。如果用它来承载以 IP 包为代表的数据业务，则缺乏灵活性，且带宽利用率极低。

分组交换（Optical Packet Switching，OPS）技术却在灵活性和带宽利用率方面表现出独有的优势。它能够快速分配 WDM 信道，能够以非常细的交换粒度，按需地共享一切可用的带宽资源。但不幸的是光分组交换一直面临成本和一些难以克服的技术障碍。如分组同步技术、分组冲突（对资源的竞争）问题以及合理高效的交换结构和分组格式等。

鉴于上述情况，人们开始研究变长的光分组交换技术。光突发交换（Optical Burst Switching，OBS）技术作为一种集 OCS 和 OPS 交换优点于一体，同时又有有效克服和避免二者不足的折中方案而被广泛研究。

如表 6.3 所示为上述 3 种典型的光交换模式的比较。与光分组交换相比，光突发交换实现相对简单。因为信息处理可以在电域进行，充分利用电子的强大处理功能。与波长交换相比，光突发交换带宽利用率高，网络灵活性与适应性高，而接续时延低。另外，光突发交换还有一个显著优点是可以降低 IP 网络业务的自相似程度，从而有利于网络的规划与设计。

表 6.3　几种典型光交换模式比较

光交换模式	交换粒度	带宽利用率	应用性	接续时延	适应性	实现难度和复杂性
光电路交换（波长路由）	粗	低	较少	高	低	低
光分组交换	好	高	高	低	高	高、还不成熟
光突发交换	中等	较高	中等	低	高	中等

1. 光分组交换

一般来讲，光分组网络可以分成同步网络和异步网络。当将光交换机互联组成一个网络时，在每一个节点的入口，分组数据都是在不同的时间到达的。是否在交换单元的入口将所有的数据分组进行重新排列，排队就成为重要的一项技术选择。在同步和异步两种情况下，比特级的同步和快速的时钟恢复对数据分组头的识别和数据分组的分割、定界都是必需的。

同步网络中，所有数据包的长度都是相同的。数据和各自的包头一起被放在一个固定长度的时隙内，此时隙的持续时间要比数据包和包头以及保护时间的总和要长。目前情况下，光纤延迟被广泛用于交换节点处作为缓存器来解决交换端口的竞争问题。在大多数情况下，光缓存器是由光纤环路和延迟线构成的。该环路可产生一个固定的传输时延，大小相当于一个或多个时隙周期。这也就是需要所有的输入数据包有同样的长度，并参照本地时钟进行相位同步。

异步网络中数据包可以具有相同的长度也可以长度不同。数据包到达并进入交换单元时，可以不用排列。因此，一个接一个的数据包交换可以在任何时间、任何地点进行。显然，异步网络中数据分组对交换机交换端口的竞争问题比同步网络严重。因为这时数据包的行为相比于同步网络更加不可预期和没有规律。但另一方面，异步网络建设容易且成本低廉，比同步网络更加健壮和灵活。

光分组交换网络主要由光分组交换节点和连接这些节点的光通道组成。光的分组交换节点通常不限于简单的交换矩阵结构，这种网络的节点通常由 3 个模块构成，如图 6.21 所示。

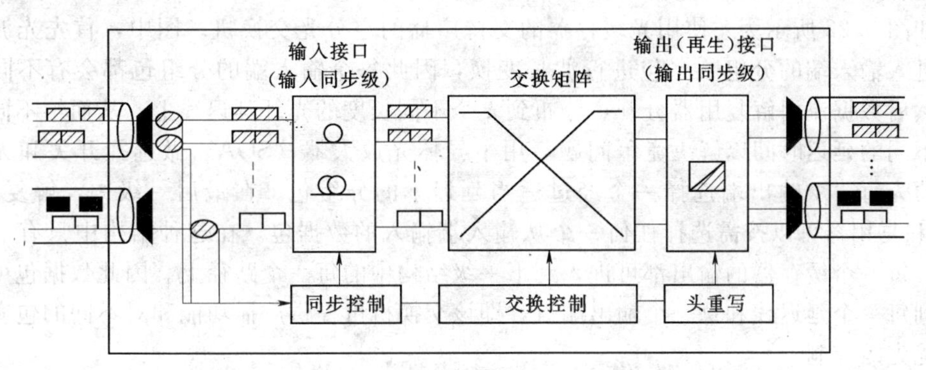

图 6.21　光分组网络的节点结构

第一个模块包括一个入口同步模块，用来对入口分组进行相位校准。为了实现这样的功能，需要加入净荷的相位定界。为了以同步的方式进行操作，在这个阶段需要进行分组头的检测。第二个是交换矩阵本身，起作用是实现交换并解决分组的出口竞争冲突。交换矩阵一般有电信号控制，用存储于内存中的路由表来确定交换矩阵的状态。此外，利用交换单元的驱动器，还可以方便地擦除每个分组的头信息，并对空净荷进行有效的管理。第三个模块是再生接口。由于消化比（ER）恶化，光信噪比（SNR）恶化，分组间的功率波动，抖动恶化都将影响信号的质量，因此需要对数据流进行再生。这个结构依赖于网络的大小，需要利用 3R 再生结构来抑制分组比特的抖动积累，另外还需要对以非同步模式到达的净荷实现净荷的定界。

分组同步技术是光分组网络的一项关键技术。在同步分组交换网络中，由于分组交换节点的同步操作（在时隙上等于分组长度），分组必须要以相同的相位到达节点的入口，这个功能可以通过分组流同步接口来进行，而这需要精确确定入口分组和本地参考分组定时之间的时延。为保持净荷的透明，相位对准在光域内进行，但用电信号进行控制。原理上，解决这个问题最简单的方式是使互联节点间的所有光纤等于分组长度（即持续时间）的整数倍。实际上这是不可能实现的。因此一般的全光分组网络中，节点的每个入口链路处首先用一个粗粒度的慢同步单元（在波长解复用之后），这是为了补偿静态的相位差（链路长度和波长所致）和相位漂移（温度所致）。然后再用一个快速和更细粒度的同步单元，用来补偿分组与分组之间的时间变化（抖动）。这个抖动是由于在以前的节点，使用不同的波长和使用不同的缓存器处理所导致的。

在光分组网络的节点处，当两个分组在同一时刻需要交换到节点的同一个出口时，就发生可冲突竞争。分组的冲突竞争会导致分组丢失。分组丢失率（丢包率）过高则会严重劣化网络的性能。在电分组网络中（如IP网络），发生冲突竞争时可以先将分组缓存在RAM中，即所谓的存储—转发机制。然而，由于在光网络中还没有类似的光缓存器，光纤延迟线只能缓存光分组一定的时间，因此光分组的冲突竞争解决技术成为影响光分组网性能的一项关键技术。在光分组网中，解决冲突竞争的方案主要有以下几种。

（1）采用光学延迟线作为光缓存器，将发生冲突的光分组延迟一定时间后再送到交换矩阵的入口进行交换。延迟线一般使用固定长度的光纤，一个光分组进入光纤后就必须在一个固定的时间内从另一端出来。一般没有方法延迟任意的时间。用光纤缓存器设计的节点结构有几种，用缓存器的位置加以区别。有输入、输出、共享和环回缓冲器。

如图6.22所示为一使用光缓存器的支持广播的空分光交换机。图中，首先光波变换器对进入输入端的分组数据包进行波长变换，因此每个输入端的分组包都会有不同的波长。然后数据流由解复用器分开，分布到k个不同长度的光纤延迟线上，从而给不同的分组以不同的延迟时间以解决竞争问题。用半导体光放大器（SOA）做选择开关和无源光耦合器为每一个输出端选择一个经过适当延迟了的分组包。在最后一级中，解复用器、SOA和复用器可以按需选择任何一个从输入端输入的数据包。在这种结构中只有一级缓存器，每一个缓存器的输出都可进入到下一级结构中的每一个路径上。因此数据包可以被广播到每一个延迟线和每一个输出端口，即该交换机可提供广播功能和对不同的包实行不同的优先级控制。

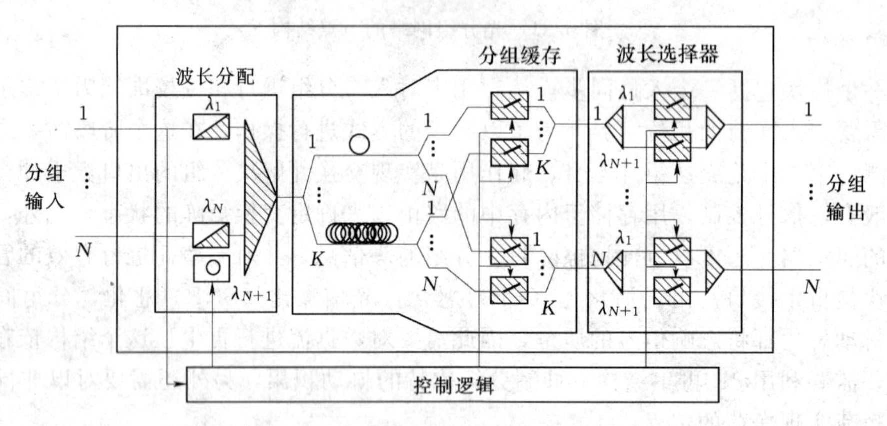

图6.22　使用光缓存器的光交换机结构

使用光缓存器可以一定程度上改善光分组网的冲突竞争问题，其缺点也是显然的。光缓存器包括大量的硬件和复杂的电子控制，结构十分复杂。光缓存器引起的另一个问题是光延迟线对光信号造成的损耗，因此要用光放大器对信号进行放大，而各级放大器造成的信号噪声的累积严重地限制了网络的规模。

总之，丢包率、网络时延、硬件成本、控制电路的复杂性以及分组重新排序等技术都是需要在设计光缓存器时必须考虑的问题，而且在很大程度上也依赖于网络的拓扑结构和业务负荷等。

（2）偏射路由。偏射路由（Decflection Routing）对竞争的解决方法如下。如果两个或两个以上的数据分组需要从同一个链路输出，则只有一个数据分组会被直接选路到期望的链路，其他数据分组会偏射到另一个输出链路继续向前传输。因此，对于被偏射的数据分组，它可能会经历更多的跳数才能达到目的节点。

偏射路由没有必要用光缓存器。实际上，偏射路由是把整个网络作为一个大型缓存器，把竞争的信息包转发到网络的其他部分，从而节点路由器通过简单的硬件操作使网络的吞吐量得到增大。其代价则是增加了分组的平均跳数和传输时延。

偏射路由在许多光网络结构中起着重要的作用，它可以与光缓存技术结合，改善网络的性能，同时避免复杂的分组同步实现。

2. 光突发交换

(1) 突发交换的原理和结构。突发（Burst）的最初定义是指话音的一次迸发或者一段数据信息。突发数据就是一串突发性的语音流或数字化的消息。在电路交换中，每次呼叫由多个突发数据串组成。而在分组交换中，一串突发数据要分在几个数据包中传输。突发交换就是交换粒度介于电路交换和包交换之间的一种交换机制。突发交换（Burst Switching）概念在20世纪80年代初就已提出，并且陆续有一些有关文章发表。但突发交换概念并没有像电路交换与分组交换那样得到普及。光突发交换（OBS）的概念则分别由Chunming Qiao和J.S.Turnor等人提出，目前已引起广泛的关注。

光突发交换中，突发数据为一些由IP包组成的超长IP包，这些IP包可以来自传统IP网中不同的IP路由器。光突发交换中的控制分组BCP（Burst Control Packet）的作用相当于分组交换的分组头，但控制分组的传输路径与突发数据分组的传输路径在物理通道上是相互分离的，每个突发数据分组对应一个控制分组。如WDM系统中，控制分组中占用一个或几个波长，突发数据占用所有其他波长；在光缆中，控制分组甚至可以占有一根或几根光纤。

如图6.23所示为OBS原理。突发数据从源节点到目的节点始终在光域内传输，而控制分组在每一个节点都要进行O/E/O的变换以及电处理。控制信道（波长）与突发数据信道（波长）的速率可以相同，也可以不同。

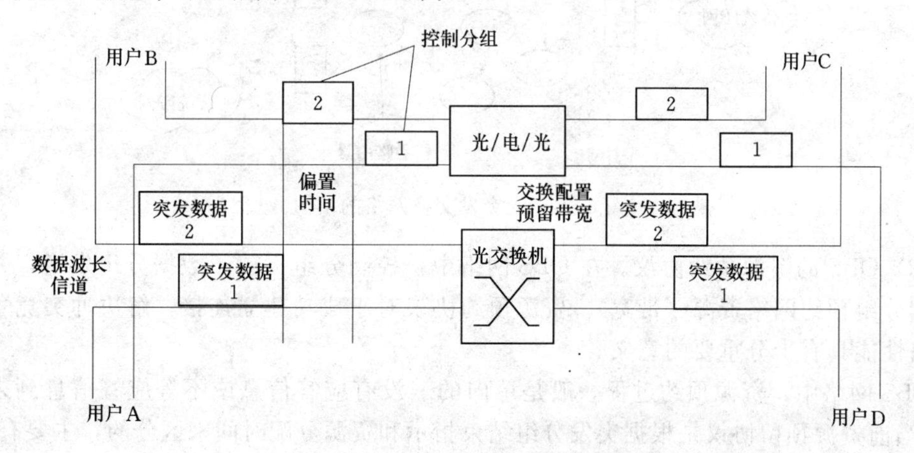

图6.23 OBS原理结构

光突发交换集中了较大粒度的波长（电路）交换和较细粒度的光分组交换两者的优点，并避免两者的不足，因此能有效地支持上层协议或高层用户产生的突发业务。OBS中，在发送数据分组前，首先在控制波长上发送控制（建立连接）分组，然后在另一个不同的波长上发送突发数据分组。控制分组承载路由信息，而数据分组承载业务；控制分组中的控制信息要通过网络节点的电子处理，而数据分组不需要O/E/O转换和中间节点的电子转发，直接在端到端的透明传输信道中传输和交换。控制分组先于数据分组传送，节点通过“数据包”或“虚电路”的方式为突发数据流指配空闲光信道，实现数据信道的带宽资源动态分配。当先一步传输的控制分组在中间节点为要传输的突发数据流预定好了必要的网络资源，并在不等待目的节点返回确认信息（类似ATM中虚电路的建立过程）的情况下就立即发送该突发数据流。

这种将数据信道与控制信道隔离的方法简化了突发数据交换的处理，且控制分组长度非常短，因此使高速处理得以实现。OBS只需要处理很小的同步开销，因此可以最充分地利用网络的带宽资源。突发交换与分组交换、电路交换技术相比有以下优点。交换粒度大于分组交换而小于电路交换；带宽建立后无需目的端的确认；突发数据流直接通过中间交换节点，而分组交换必须在每一个中间节点进行存储—转发操作。

此外OBS通过合理设置突发数据流与控制分组之间的偏置时间（Offset Time）而实现QoS功能。同时，由于控制分组中包含的偏置时间可以改变，传输过程中可以根据链路的实际状况用电子处理方式来调整突发数据流相对于控制分组的时延，因此控制分组和数据流都不需要执行光同步和光存储。可以看出，这种突发交换技术充分发挥了现有的电子技术和电子技术的特长，实现成本相对较低，非常适合在未来具有高突发性的数据业务的网络中应用。

光突发交换网络结构如图6.24所示。OBS网由核心路由器/交换机（或核心节点）与边缘路由器/交换机（或边缘节点）组成。边缘路由器负责将传统IP网中的数据封装为光突发数据以及反向的拆封工作。核心路线的任务是对光突发数据进行转发与交换。

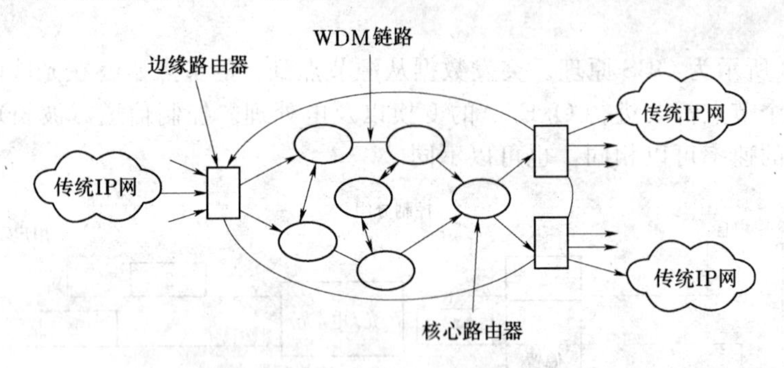

图6.24 光突发交换网络的结构

(2) OBS的资源预约协议。在OBS网络中，控制分组提前于数据分组发送，并沿路为数据分组预约网络资源（带宽）。资源预约协议对于成功建立连接，解决冲突竞争和改善网络性能具有十分重要的意义。

OBS网络中，资源预约过程一般是单向的（没有应答信息或不等应答信息到来就发送）。当前资源预留协议是根据突发分组结束指示和资源分配时间来区分的，主要有3种：第一种方式控制分组不包含突发分组长度，资源的释放由专门的控制分组来决定。JIT (Just In - Time) 预留机制就属于这一类。这种方式复杂性最低，但由于需要经历链路拆除信号的传输过程和链路的拆除过程，带宽利用率不高。第二种方式为RLD（Reserve - a - Limited - Duration），控制分组中包含有突发数据分组长度信息，这种方式复杂性中等，效率很高。第三种为 RFD（Reserve - a - Fixed - Duration），它通过数据分组的开始预留时间和结束预留时间来预留资源。与 RLD 不同的是，它可以通过对预留时间的设置实现突发分组的服务质量（QoS），这种方式复杂性最高。从已有的分析看，在实现光突发交换时，如果不计划支持 QoS，可以采用第二种方式，否则应采用第三种方式。

JET（Just - Enough - Time）协议是 RFD 协议的一种典型方案，具有较为优良的性能，因此获得广泛研究，以下重点介绍 JET 协议。

JET 协议的关键在于偏置时间的设置。考虑到 OBS 网络中没有光缓存，所以偏置时间必须大于零。为了减少网络端到端的时延，应该设置较小的偏置时间。然而，过小的偏置时间不易解决冲突竞争问题，从而会造成数据丢失或阻塞，所以偏置时间也不宜太小。

考虑到先发送的控制分组需要沿路为数据分组预约资源，而这种处理是在电域上进行的，因此控制分组通过核心路由器时会有一定的处理延时。数据分组落后于控制分组发送，这个落后时间即偏置时间可设置为 $T \geqslant n \times \delta$。其中 n 为中间节点数目；δ 为核心路由器的平均处理延时。这意味着偏置时间的大小刚好足以补偿控制分组在各个核心路由器所经历的处理时间，因此核心路由器处不需要光缓存。如图 6.25 所示为 JET 协议的示意图。

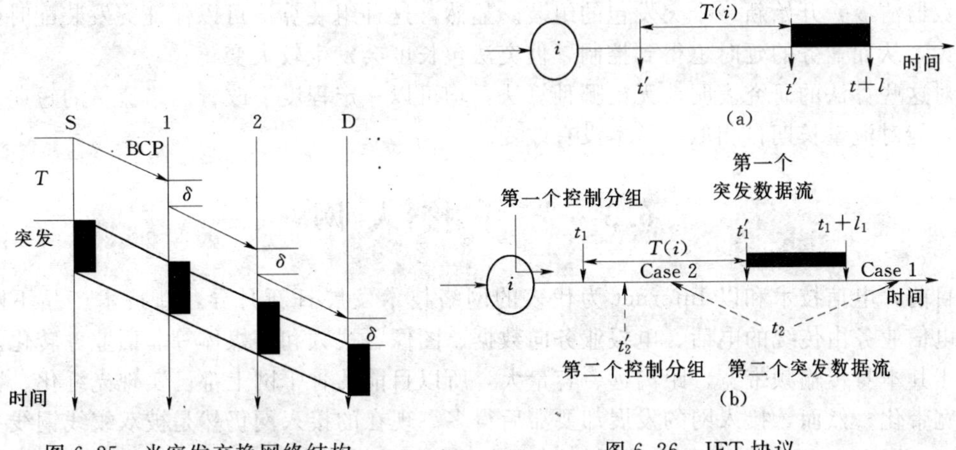

图 6.25　光突发交换网络结构　　图 6.26　JET 协议

JET 协议中，资源的预约实际是一种延迟预约方式，如图 6.26 所示。突发控制分组（BCP）中包含偏置时间 T 和突发长度信息 l。t'是控制分组到达的时间，t 是预计的数据分组到达时间。在资源预约时，BCP 实际预约的是 t 至 $t+l$ 时间段的带宽资源，而非从 t' 时刻开始预约带宽资源，从而提高可带宽利用率。同时，有图可以看出，若存在第二个资源预约请求，t_2'是其控制分组到达的时间，则只要 $t_2<t_1+l_1$ 或 $t_2+l_2<t_1$，其带宽预约就可以实现，从而也降低了分组的冲突竞争。

(8) OBS 的突发组装技术。边缘路由器的流量汇聚是 OBS 网络中最关键的问题之一，它对网络综合性和带宽利用率均有较大的影响。

进入边缘路由器的 IP 分组，在节点内部根据一定算法，通过突发组装模块组装成一个大的突发分组后，即进入调度模块排队处理。对位于队首的突发包，调度模块通过一定的算法生成偏置时间，同时发送对应的控制分组。

为确保网络能够对 BCP 控制通道进行有效地处理、控制和有足够的时间来配置交换光通道，组装后的突发数据包的长度必须大于一个给定的最小长度。实际上，在 OBS 网络边缘路由器的突发组装过程中，包长控制是组装机制中一个很关键的因素。它对偏置时间生成、突发、调度、拥塞控制和流量自相似性（即突发性）的抑制等相关的网络性能有着重要的影响。

另外，如果输入线路的速率较低，那么从它收集到足够的数据包到组装成一个最小长度的突发数据包时，所花费的时间可能很长，从而导致业务延时过长。因此，也应该对突发数据包组装的持续时间加以限制。

评价组装算法性能的主要指标有突发装配时延、流量自相似性抑制等。到目前为止，已提出许多算法。如定长组装 FAL（Fixed-assembly-Length）算法、定时组装 FAT（Fixed-Assembly-Time）算法、定长定时组装 FATL（Fixed-Assembly-Time and Length）算法等。

定长组装 FAL 算法是对突发数据长度设置一个门限 L_{th}，只要组装模块队列中的数据长度超过 L_{th}，则生成一个新的突发数据包，同时队列数据长度计数器清零。显然，这种组装算法的突发装配时延会随网络负载的变化而有较大起伏。

定时组装 FAT 算法是对突发数据的组装时间设置一个门限 T_{th}，不论组装模块队列中的数据长度有多少，只要组装时间超过 T_{th}，则生成一个新的突发数据包，同时组装时间计数器清零，开始新一个突发包的组装。显然，这种组装算法可以保证突发装配时延不会太大，从而业务的延时也得到控制，但突法包长度会发生较大变化。

对这些算法的研究表明，无论哪种算法，均可以一定程度上改善网络流量的短期自相似性，但对流量长期自相似性基本没有改变。

6.3 光纤接入网

目前，电信技术和以 Internet 为代表的网络技术发展日新月异，新技术产品不断涌现。电信业务由传统的电话、电报业务向数据、图像、视频和多媒体等非话业务转化。光纤由于其本身传输频带宽、距离远、容量大，所以目前的骨干网上都已实现光纤化、数字化和宽带化。然而，接入网的发展却要滞后得多。现在的接入网仍然是被双绞线铜线主宰的（90%以上），原始落后的模拟系统，这种原来单纯提供电话业务的用户线已经不能满足客户对带宽的需求，交换机到用户终端之间的“最后一公里”已成为制约电信发展的瓶颈问题。因此，如何解决各种业务的快速接入问题成为当今最热门的研究课题。目前尽管出现了一系列接入网的技术手段，如双绞线上的 xDSL 系统、同轴电缆上的 HFC 系统、宽带无线接入系统等，但都只能算是一些过渡性解决方案。光纤接入网频带宽、容量大、扩容升级方便、适合高速数据和宽带业务的发展，是唯一能够从根本上解决这一瓶颈问题的最终技术手段。

本节对无源光接入网（Passive Optical Network，PON）的基本原理、拓扑结构、基本特性等作一简单介绍。

6.3.1 无源光接入网

接入网是电信网的一个组成部分，负责将电信业务透明传送到用户。也就是说用户通过接入网的传输，能灵活地接入到不同的电信业务节点上。具体而言，接入网即为本地交换机与用户之间的连接部分。通常包括用户线传输系统、复用设备、交叉连接设备或用户/网络终端设备。早先电话网的接入网是连接用户电话机和交换局之间的用户线，自电话局到交换箱一段的用户线使用大对数电缆。交接箱将大对数电缆分成为小对数电缆连接到几个不同方向的分线盒，分线盒终接小对数电缆并分成为单对双绞线连接到每个用户的电话机。这种无源、无复用的多条用户线组合的单星形网络便是最基本的、使用时间最长的接入网。

所谓光接入网（OAN）就是采用光纤传输技术的接入网，泛指本地交换机或远端交换模块与用户之间采用光纤通信或部分采用光纤通信的系统。由于光纤上传输的是光信号，因而需要在交换局将电信号进行 E/O 转换变成光信号后再在光纤上进行传输。在用户端则要利用光网络单元（ONU）再进行 O/E 转换恢复成电信号后送至用户。通常 OAN 是指采用基带数字传输技术并以传输双向交互式业务为目的的接入传输系统。

ITU-T G.982 提出了一个与业务和应用无关的光接入网功能参考配置。由 OAN 的定义可以看到，一般情况下，OAN 是一个点对多点的光传输系统，其系统配置如图 6.27 所示。其中，ODN 为光分配网络，它是 OLT 和 ONU 之间的光传输介质，由无源光器件组成。OLT 为光线路终端，它是 OAN 网络侧接口，并且连接一个或多个 ODN。ONU 是光网络单元，它提供 OAN 用户侧接口，并且连接一个 ODN。ODT 为光远程终端，由有源光器件组成。

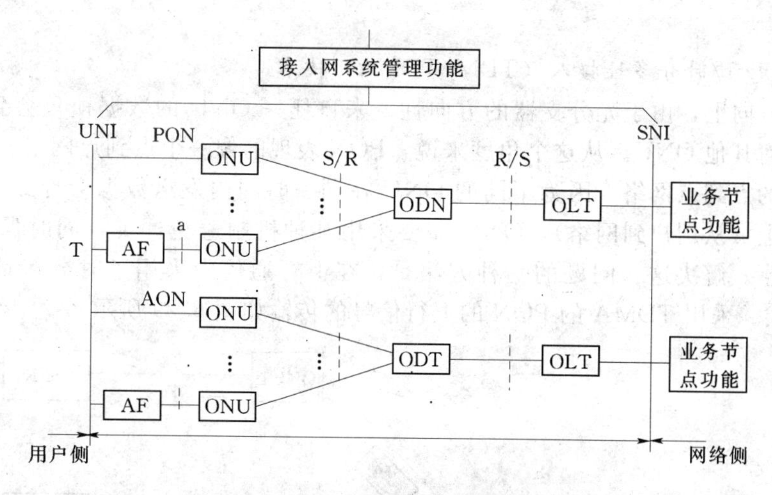

图 6.27 OAN 的系统参考配置

OAN 主要分两大类：有源光网络（Active Optical Network，AON）和无源光网络（Passive Optical Network，PON）。有源光网络中，用有源设备或网络系统（如 SDH 环网）的 ODT 替代无源光网络中的 ODN，传输距离和容量大大增加，易于扩展，网络规划和运行灵活。不足之处是成本高，维护复杂。

无源光网络中采用了分光器作为分光器件，从 OLT 到 ONU 之间的整个光分配网是无源的。由于 OLT 和 ONU 之间没有任何有源电子设备，因而 PON 对各种业务透明，易于升级扩容，便于管理维护，接入成本低。但同样由于采用了光功率分配器，导致功率降低，使 OLT 和 ONU 之间的距离和容量受到一定限制。一个典型的无源光网络系统如图 6.28 所示。

6.3.2 PON 的传输方式

在无源光网络中，OLT 与 ONU 的信息交互至关重要。PON 中，OLT 与 ONU 的信息交互是通过 ODN 进行的。通常，把 OLT 至 ONU 的传输方向称为下行方向，而把

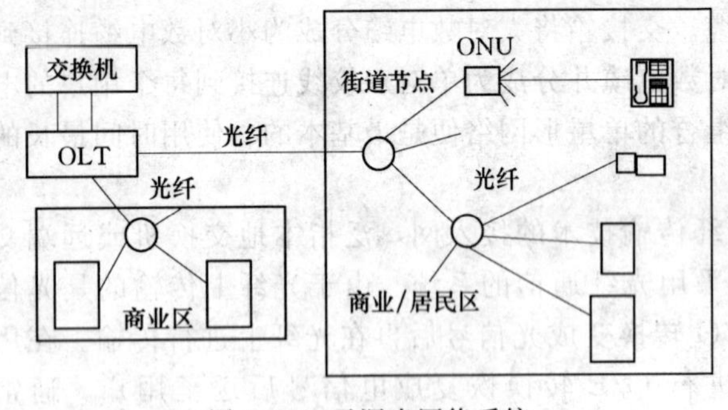

图 6.28 无源光网络系统

ONU 至 OLT 的传输方向称为上行方向。ODN 中，上行传输和下行传输可以双纤单向方向，即采用一对光纤分别传输下行和上行信号，相应的无源分光器也需要用一对；也可以采用单纤双向的方式，即上行信号和下行信号在同一 ODN 中传输，无源分光器只需要使用一个，但上行方向和下行方向的传输使用不同的波长。目前，PON 一般均采用单纤双向的传输方式。

在 PON 中，下行信号的传输较为简单，通常采用广播形式发送信息，各 ONU 收到信号后分别取出属于自己的信号即可。ONU 至 OLT 的上行信号的传输过程较为复杂，因为上行信号的传输实际采用了媒质（传输光纤）共享的方式。因此有时也把上行信号的传输方式称为 PON 的用户接入控制或用户带宽分配。以下重点介绍上行传输技术。

1. 时分复用/时分多址接入（TDM/TDMA）技术

在上行方向上，由于光分支器的方向性，来自任一 ONU 的数据桢只会到达 OLT 而不会到达任何其他 ONU。从这个角度来说，PON 表现的像一个点到点网络。然而，这不是一个真正的点到点网络，因为不同的 ONU 在同一时间内发送数据会导致冲突。因此，在上行方向上（从用户到网络），ONU 需要采用某种机制避免冲突，同时保证光信道容量的公平共享。解决这一问题的一种方法是，在上行通信中采用了时分多址接入（TDMA）的方式。采用 TDMA 的 PON 的上行信号的传输如图 6.29 所示。

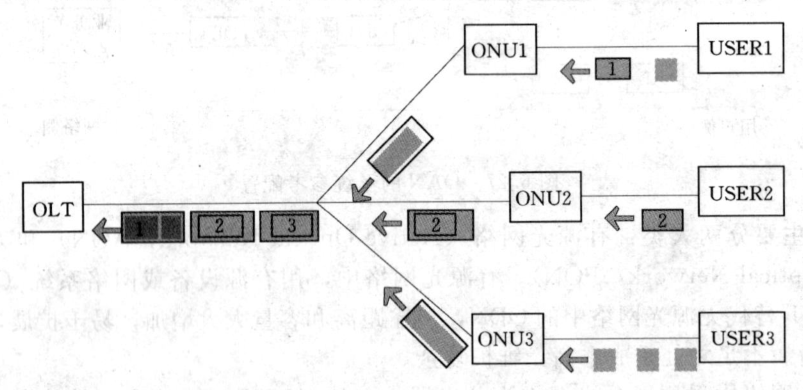

图 6.29 TDMA PON 的上行信号的传输

TDMA 技术的原理是所有的 ONU 都和一个基准参考时间同步，并根据该时间分配时隙。每个时隙都能传送若干数据帧。在自己的时隙到来之前，ONU 必须缓存来自用户的数据。当时隙到达时，ONU 将以突发的模式发送所有缓存的帧。时隙分配的方案可以是静态分配（固定时分复用接入 TDMA），也可以是基于 ONU 的缓存队列大小动态适配（统计复用）。

以信道上传输的数据帧的类型区分，目前基于 TDMA 方式的 PON 有两大类。

(1) 将 ATM 技术与 PON 结合起来，在 PON 上实现基于固定长度的 ATM 信元的传输，即 ATM-PON（APON）。ITU-T 的 G.983 对 APON 作出了详细的规定。实际上，APON 充分结合了 ATM 技术和 PON 的优点。如支持 QoS 保证的多业务、多比特速率综合的传送，统计复用，技术较成熟等。但由于 ATM 技术成本昂贵的原因，使得其发展受到较大的阻碍。

(2) 将 Ethernet 技术和 PON 结合起来。在 PON 光纤中传输长度变化的 Ethernet 帧，就形成新一代的基于以太网技术的无源光网络——EPON，EPON 基本原理是在与 APON 类似的结构和 G.983 的基础上，设法保留 APON 的精华部分——物理层 PON，而用 Ethernet 代替 ATM 作为数据链路层协议，从而构成一个可以提供更大带宽，更低成本和更宽业务能力的新的结合体。目前，一般认为把 Ethernet 和 PON 技术结合起来可以克服 APON 的很多缺点。例如缺乏视频、系统复杂、价格昂贵、传输能力以及带宽有限等。利用 Ethernet 协议的简单性，可以在接入网上提供低价格高效率的宽带。EPON 可以提供比 APON 更高的带宽和更全面的服务，成本却很低，同时 EPON 的体系结构也符合 G.983 标准的大多数要求。2004 年 6 月，IEEE 已正式完成了 EPON 标准 802.3ah 的制定任务。

2. 波分复用/波分多址接入（WDM/WDMA）技术

区分不同 ONU 的另一种方法是采用波分复用（WDM）技术，即每个 ONU 在不同的波长下工作，如图 6.30 所示。各 ONU 的上行传输信号分别调制为不同波长的光信号，通过 ODN 送至 OLT 后，利用 WDM 器件分出于属于个 ONU 的光信号，然后送到不同的接收机。

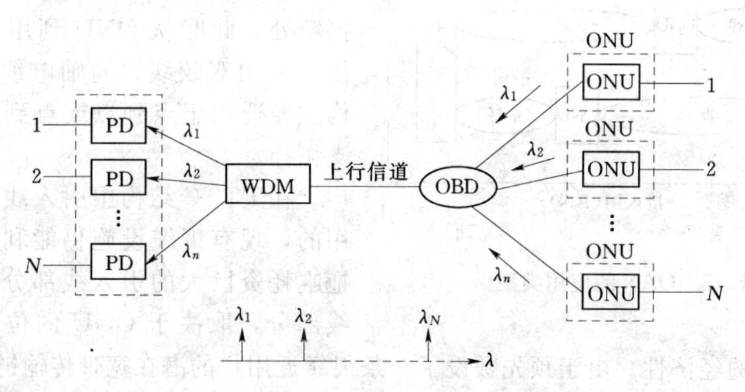

图 6.30 采用 WDM 技术的 PON 示意图

从理论观点看，由于不需要复杂的电子器件，并充分利用了光纤的低损耗波长窗口，这是一个简单的解决方案，但对于接入网来说这种方案成本高昂。在 WDM 的解决方案中，OLT 处需要波长可调谐的接收机或者接收机阵列多个信道的数据。一个更加严重的问题是，根据波长的不同有很多种的 ONU，每个 ONU 必须使用造价高昂的窄带频谱激光器，也可以使用可调谐的激光器解决这个问题，但在目前的技术条件下无论哪种方案都过于昂贵。

6.3.3 PON 的拓扑结构和应用类型

从逻辑上来说，PON 是一个点到多点的网络。有若干种适合这种接入网的拓扑结构，包括树状网、环状网和总线网，如图 6.31 所示。PON 通过采用 1∶2 和 1∶N 的光分支器可以方便的实现以上任意一种拓扑结构。此外，PON 也可以采用例如双树状网或双环状网等冗余配置；也可以在 PON 的一部分加入冗余，例如树状网中的干线，如图 6.31 (d) 所示。

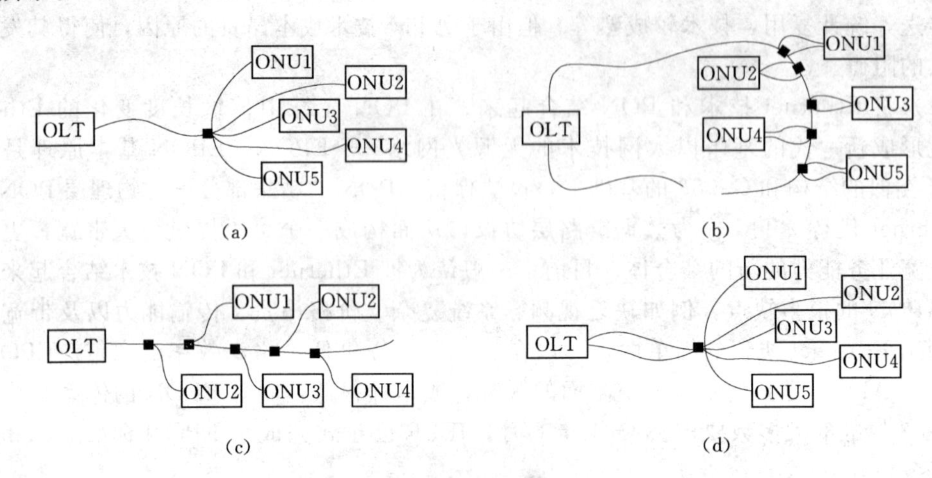

图 6.31 PON 的拓扑结构

根据 ONU 的位置不同，OAN 可以划分为 3 种基本类型，如图 6.32 所示。

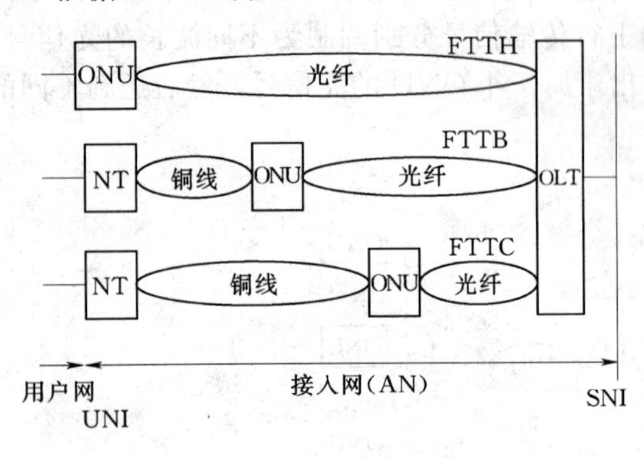

图 6.32 OAN 的应用类型

1. 光纤到路边 (FTTC)

FTTC 结构中，ONU 设置在路边的人孔和电线杆的分盒处，有时也可设置在交接箱处。此时从 ONU 到用户之间的部分依然采用双绞线、同轴电缆等。FTTC 结构主要适用于点到点或点到多点的树形分支拓扑。

在 FTTC 结构中引入线部分是用户专用的，现有铜缆设施仍能利用，因而可以拖吃耗资巨大的引入线部分（有时甚至配线部分，取决于 ONU 的位置）的光纤投资，具有较好的经济性。由于预先敷设了一条很靠近用户的潜在宽带传输链路，一旦有宽带业务需要，可以很快地将光纤引至用户处，实现光纤到户。同样，如果经济性需要，也可以用同轴电缆将带宽业务提供给用户。由于其光纤化程度已十分靠近用户，因而可以较充分地享受光纤化所带来的一系列优点，诸如节省管道空间、易于维护、传输距离长和带宽等。

由于 FTTC 结构是一种光缆/铜缆混合系统，最后一段仍然为铜缆，还有室外有源设备需要维护，从维护运行的观点看仍不理想。

2. 光纤到楼 (FTTB)

FTTB 即光纤到楼，也可以看作是 FTTC 的一种变形。不同之处在于将 ONU 直接放到楼内（通常为居民住宅公寓或小企事业单位办公楼），再经多对双绞线，将业务分送给各个用户。FTTB 是一种点到多点结构，通常不用于点到点结构。FTTB 的光纤化程度比 FTTC 更进一步，光纤已敷设到楼，因而更适于高密度用户区，也更接近于长远发展目标。

3. 光纤到户（FTTH）

在FTTC结构中，如果将设置在路边的ONU换成无源分路器，然后将ONU移到用户家，即为FTTH结构。FTTH是一种全光纤网，接入网成为全透明的光网络，因而对传输制式、带宽、波长等没有任何限制，适于引入新业务。ONU安装在用户处，环境条件、供电和维护安装等问题得到简化。因此，光纤直接到用户才是真正的宽带网络。

6.4 色散补偿技术

6.4.1 光纤通信系统中的色散补偿技术

在光纤通信发展历程中，光纤损耗、色散以及非线性效应一直是限制光纤通信速率和传输距离提高的3个基本因素。光纤放大器的出现和商用化使得光纤损耗问题已经基本解决，而色散和非线性成为发展长距离高速光纤通信必须解决的问题。

我们知道光纤通信系统中色散引起数字信号脉冲展宽，产生码间干扰，使得系统误比特率提高，从而限制信号在光纤中的无电中继长距离传输。据研究，在1.55μm波长处，在1dB功率代价的要求下，10Gbit/s的信号在G.652光纤中只能传输60km；而40Gbit/s的信号传输不到4km。因此，色散补偿技术成为利用大量已铺设G.652光纤进行高速长距离光通信传输的关键。近年来，各国都对色散补偿技术进行广泛的研究，并取得了大量的成果。主要有：

(1) 中间光相位共轭技术。其基本原理是应用相位共轭光的频谱翻转特性补偿群速度色散和分线性效应引起的信号脉冲畸变。如果光纤没有损耗，或者光纤传输系统的光功率分布相对于光相位共轭点对称，则中间光相位共轭技术可以完全补偿光纤的群速度色散和非线性效应。然而，在实际系统中，由于光纤损耗的影响，光功率分布相对于光相位共轭点是不对称的。这种功率分布的不对称性，使得光纤非线性效应的影响得不到有效的补偿，成为中间光相位共轭传输系统的主要限制因素。另外这种技术难以在全光网中应用，因为确定中点几乎是不可能的。

(2) 预啁啾技术。利用外调制器使激光器产生的光脉冲信号成为被压缩的负啁啾脉冲。该脉冲在光纤中传输由于色散的影响使脉冲展宽，从而使原来被压缩的脉冲在接收之前得到还原。初始脉冲预啁啾技术补偿的距离有限，增加色散补偿距离会显著增加系统的复杂度，仅适用于低速率向10Gbit/s的升级。传输速率超过10Gbit/s预啁啾补偿就不明显了。

(3) 色散补偿光纤（Dispersion Compensation Fiber，DCF）。通过设计光纤结构与折射率分布，使光纤在1550nm窗口具有较大的负色散系数。在G.652单模光纤链路中插入一段或几段与其色散相反的DCF，使传输链路的净色散接近于零。DCF补偿技术是一种较成熟的在线补偿方案，性能稳定，目前在全世界的高速光纤通信系统中得到了广泛的应用。但DCF非线性大、损耗大，且难以实现对WDM系统不同通道的完全补偿。

(4) 双模光纤色散补偿。利用高阶空间模杂截止波长附近具有大的波导色散（为负值，在正常色散区）使总色散系数接近零，以实现色散补偿。补偿时，空间模转化器把单模光纤传输的LP_{01}模转化为双模光纤的高阶模LP_{11}。空间模转化器受环境影响大、转换效率不高、插入损耗大，补偿200ps/nm色散模块就有7dB损耗，非线性积累也限制了它的补偿传输距离。

(5) 啁啾光纤光栅(Chirped Fiber Bragg Grating，CFBG)。在1.55μm波长处具有和单模光纤符号相反的色散，达到补偿单模光纤的目的。啁啾光栅具有较高的品质因子，插入损耗低、非线性小、体积小重量轻、可以滤除EDFA的自发辐射噪声，并且在WDM系统中色散均衡简单，易于实现动态色散补偿。但啁啾光纤光栅易受周围环境的影响，其时延波动对长距离传输带来一定的困难。

下面分别介绍经常采用的预啁啾技术、色散补偿光纤以及啁啾光纤光栅对光纤色散进行色散补偿的情况。

6.4.2 预啁啾技术

预啁啾技术作为一种色散补偿方案已经得到了应用。例如采用将多量子(MQW)调制器集成在分布式反馈(DFB)激光器内而产生具有负啁啾的发射方式可将10Gbit/s的信号的传输距离扩充至100km以上。采用电吸收调制器的分布式反馈激光器(DFB+EA)具有抵消光比，负啁啾的发射方式，已经用于10Gbit/s传输系统中。下面首先分析光脉冲的初始啁啾与光纤色散效应之间的关系。

这里不妨假设具有初始啁啾的高斯脉冲通过单模光纤时只考虑色散效应，其光波入射场表达式为：

$$E_{in}(0,t)=E_0\exp\left[-\frac{(1+jC)}{2}\frac{t^2}{T_0^2}\right]\exp(jw_0 t) \tag{6.22}$$

其中，C为初始啁啾参量，$C>0$，从前沿到后沿瞬时频率线性增加(正啁啾)，反之$C<0$为负啁啾；w_0为光波载频；T_0为脉冲半宽度(强度峰值的$1/e$处)。上述光波包络的归一化表达式为：

$$U(0,t)=\exp\left[-\frac{(1+jC)}{2}\frac{t^2}{T_0^2}\right] \tag{6.23}$$

对式6.79进行傅里叶变换，可得$U(0, w)$：

$$\widetilde{U}(0,w)=\left[\frac{2\pi T_0^2}{1+jC}\right]^{\frac{1}{2}}\exp\left[-\frac{w^2T_0^2}{2(1+jC)}\right] \tag{6.24}$$

由式(6.24)可以得到频谱的半宽度(强度峰值的$1/e$处)：

$$\Delta w=(1+C^2)^{1/2}T_0 \tag{6.25}$$

只考虑色散时，具有预啁啾的高斯脉冲在光纤中满足的传输方程为：

$$j\frac{\partial U}{\partial z}=\frac{1}{2}\beta_2\frac{\partial^2 U}{\partial T^2}+\frac{j}{6}\beta_3\frac{\partial^3 U}{\partial T^3} \tag{6.26}$$

其中，β_2是一阶色散参量；β_3是高阶色散(具体指二阶色散)参量。利用傅里叶方法求解该方程，则沿光纤任一点z处归一化的传输场为：

$$U(z,T)=\frac{1}{2\pi}\int_{-\infty}^{+\infty}\widetilde{U}(0,w)\exp\left[\frac{j}{2}\beta_2w^2z+\frac{j}{6}\beta_3w^3z-jwT\right]\mathrm{d}w \tag{6.27}$$

均方根脉宽σ来表征脉冲展宽，其中：

$$\sigma=[\langle T^2\rangle-\langle T\rangle^2]^{1/2} \tag{6.28}$$

$$\langle T^n\rangle=\frac{\int_{-\infty}^{\infty}T^n\,|U(z,T)|^2\mathrm{d}T}{\int_{-\infty}^{\infty}|U(z,T)|^2\mathrm{d}T} \tag{6.29}$$

根据傅里叶变换关系，由式（6.29）不难得到：

$$\langle T^n\rangle=(j)^n\frac{\int_{-\infty}^{\infty}\widetilde{U}(z,w)^*\frac{\partial^n}{\partial w^n}\widetilde{U}(z,w)\mathrm{d}w}{\int_{-\infty}^{\infty}|U(z,T)|^2\mathrm{d}T} \tag{6.30}$$

对预啁啾高斯脉冲情形，$\widetilde{U}(z,w)$ 可由式（6.24）和式（6.27）得到：

$$\widetilde{U}(z,w)=\left[\frac{2\pi T_0^2}{1+jC}\right]^{\frac{1}{2}}\exp\left[\frac{jw^2}{2}\left(\beta_2 z+\frac{jT_0^2}{1+iC}\right)+\frac{j}{6}\beta_3 w^3 z\right] \tag{6.31}$$

将式（6.31）代入式（6.29），则可以得到 $\langle T\rangle$ 和 $\langle T^2\rangle$。利用表达式（6.28）可得到脉冲展宽因子：

$$\frac{\sigma}{\sigma_0}=\left[\left(1+\frac{C\beta_2 z}{T_0^2}\right)^2+\left(\frac{\beta_2 z}{T_0^2}\right)^2+(1+C^2)\left(\frac{\beta_3 z}{2T_0^3}\right)^2\right]^{1/2} \tag{6.32}$$

式中：σ_0 为啁啾高斯脉冲的初始均方根宽度。

由等式（6.32）可以看出，β_2 和 β_3 对脉冲展宽均有影响，并且它们的作用还依赖于啁啾参量 C。其中 β_2 的作用和 $\beta_2 C$ 的符号有关，但 β_3 的作用与 C 及 β_3 的符号无关。如图 6.33 所示表示了预啁啾高斯脉冲展宽因子对传输距离的变化。其中，$T_0=1ps$；$\beta_2=0.1ps^2/\mathrm{km}$；$\beta_3=0.1\mathrm{ps}^3/\mathrm{km}$；预啁啾参量分别为 $C=-2$，0，2。由图上可以看出，当 $C\beta_2>0$ 时，脉冲急剧展宽，其展宽速度远。

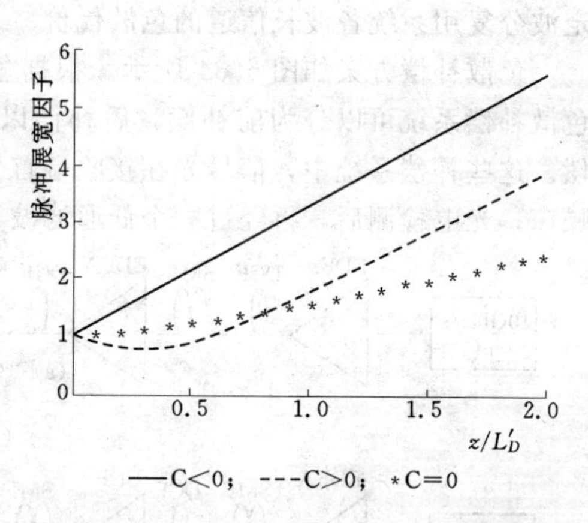

图 6.33 在 λ_{ZD} 附近，$L_D=L'_{D'}$ 条件下预啁啾高斯脉冲展宽因子对传输距离的变化

大于零啁啾的情况，这也就是内调制的初始啁啾不利于脉冲传输的情况。对于 $C=0$ 的曲线，色散导致脉冲展宽，但展宽因子增加的速度相对较小。当 $C\beta_2<0$ 时，脉冲经历初始压缩过程，即初始啁啾对一阶色散有补偿作用。这是因为一阶色散参数 β_2 引起的啁啾与初始啁啾符号相反，其结果是脉冲的净啁啾减小，导致脉冲窄化。最小脉冲宽度出现在两啁啾值相等初。随着传输距离的增加，色散致啁啾超过初始啁啾而起主要作用，脉冲开始展宽。也就是说 $C\beta_2<0$ 条件下预啁啾可以补偿色散。但由图 6.33 也可以看出预啁啾补偿色散的能力是有限的，当超过一定距离后这种补偿作用就不存在了。

6.4.3 利用色散补偿光纤进行补偿色散

采用色散补偿光纤进行色散补偿的思想早在 1980 年就被提出来。其基本原理是很短的负色散光纤补偿几十公里普通单模光纤所产生的色散，使得光信号在 1.55μm 波段处接近无脉冲展宽地传输。但是直到光纤放大器出现以后，色散补偿光纤才受到了广泛重视和研究。由于色散补偿光纤的产品比较成熟，性能稳定，不易受温度等外界环境的影响，工作频带宽等特点，色散补偿光纤成为目前最实用的一种色散补偿方法并得到了广泛的研究和应用。

采用色散补偿光纤进行色散补偿有以下特点。

(1) 色散补偿光纤可放在光纤链路上的任何位置（仅受到光纤放大器和接收机灵敏度的限制），安装灵活方便。

(2) 色散补偿光纤的色散补偿量可以控制，且性能稳定。

(3) 色散补偿光纤在 1.55μm 波段具有很大的负色散系数，一般单模的色散补偿光纤，色散值可以高达－300ps/(km·nm)，双模的色散补偿光纤的最大色散值达－580ps/(km·nm)。采用少量的色散补偿光纤，就可以有效地补偿常规单模光纤在 1.55μm 波段处的正色散。

(4) 改善色散补偿光纤的剖面结构和制造工艺，可实现较大范围的色散补偿，并且可以得到较低插入损耗（通过光纤放大器予以弥补）。

色散补偿光纤的主要性能参量包括色散、传输损耗、连接损耗和弯曲损耗。色散是其最重要的参数，色散值越大，所需要的色散补偿光纤的长度越短。色散补偿光纤另一个有关色散特性的参数为色散值与波长关系曲线的斜率。由于常规单模光纤的色散曲线为正斜率，因此色散补偿光纤的色散应为负斜率；尤其在 1.55μm 波段，色散斜率的匹配程度决定波分复用系统各波长信道的色散代价。

色散补偿方案如图 6.34 所示。根据色散补偿光纤与单模光纤在链路上的相对位置，色散补偿系统可以分为前补偿，后补偿以及混合补偿方案。混合补偿即交替采用前后补偿。这些补偿系统中，信号光在接收端首先经过一个窄带通光滤波器滤除光放大器引入的噪声；光电检测后，再经过一个低通滤波器。

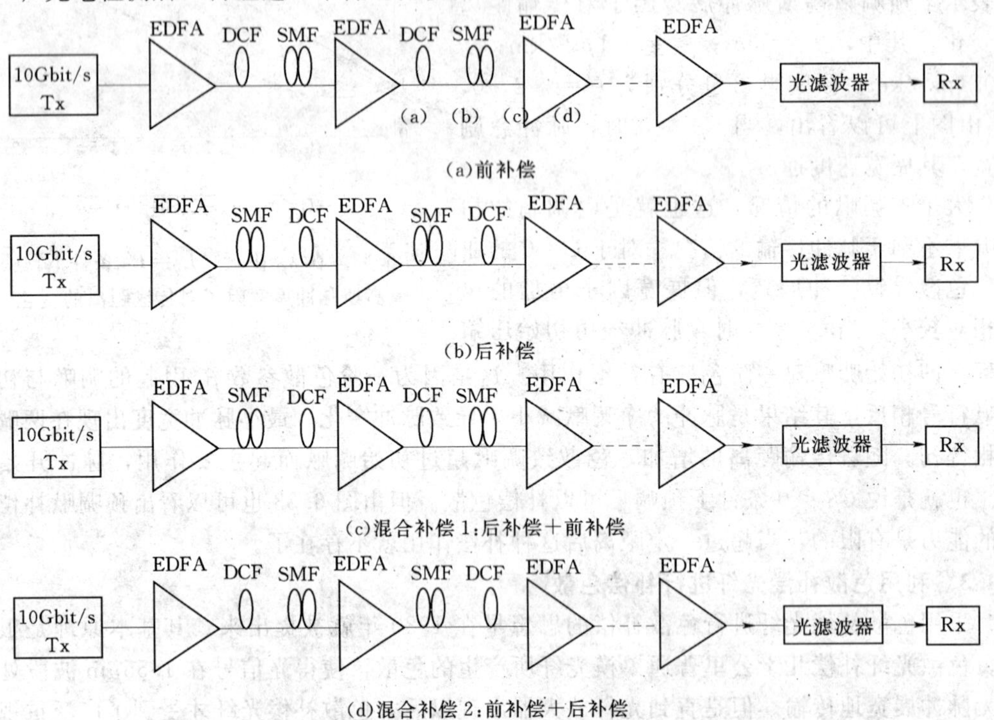

图 6.34　几种色散补偿方案

SMF—单模光纤；DCF—色散补偿光纤；Optical Filt—光滤波器；Tx—发射机；Rx—接收机；EDFA—掺铒光纤放大器

以上介绍的各种色散补偿方案，由于非线性效应的影响，光纤的色散效应不易完全被补偿。对于长距离传输系统，这种残余色散随着传输距离的增加逐渐积累，限制传输距离的提高。降低入纤功率可以减小光纤非线性的影响。但由于光纤放大器噪声的影响，输入功率的降低将造成接收端信噪比的下降，同样限制信号的传输距离。这两种限制因素是色散补偿所固有的，很难消除。但通过合适的配置光纤链路可以减小这些限制因素的影响，从而最大限度地提高系统的传输距离。除了合理选择色散补偿光纤的位置，还可以通过设计色散补偿光纤补偿量使得系统色散和非线性效应对系统的影响同时达到最小。根据色散补偿量，色散补偿方案有可以分为完全补偿、欠补偿与过补偿。完全补偿是指色散补偿光纤的色散量与常规单模光纤的色散量大小相等符号相反，也被称为一阶色散补偿。即$|D_{DCF}\cdot L_{DCF}|=|D_{SME}\cdot L_{SMF}|$；其中$D_{DCF}$，$D_{SMF}$，$L_{DCF}$，$L_{SMF}$分别是色散补偿光纤，单模光纤的色散系数及长度。欠补偿是指色散补偿光纤补偿量小于单模光纤的色散量，即$|D_{DCF}\cdot L_{DCF}|<|D_{SMF}\cdot L_{SMF}|$；而过补偿是指色散补偿光纤补偿量大于单模光纤的色散量，即$|D_{DCF}\cdot L_{DCF}|>|D_{SMF}\cdot L_{SMF}|$。而当$D'_{DCF}\cdot L_{DCF}+D'_{SMF}L_{SMF}=0$时，单模光纤的色散斜率也得到补偿，称为二阶色散补偿。

如图 6.35 所示表示了脉冲展宽因子在光纤链路中（由两段 100km 单模光纤和 17km 色散补偿光纤组成）的变化情况。单模光纤的色散系数为 17ps/(km·nm)；色散补偿光纤的色散系数为 100ps/(km·nm)；输入光纤的脉冲峰值功率为 3dBm。如图 6.35(a)、(b)、(c)、(d)所示分别为 4 种色散补偿方案的脉冲展宽因子。由图中可以看出，采用色散补偿光纤使得展宽的光脉冲几乎恢复到原状。但如图 6.36 所示同时也表明了由于光纤非线性效

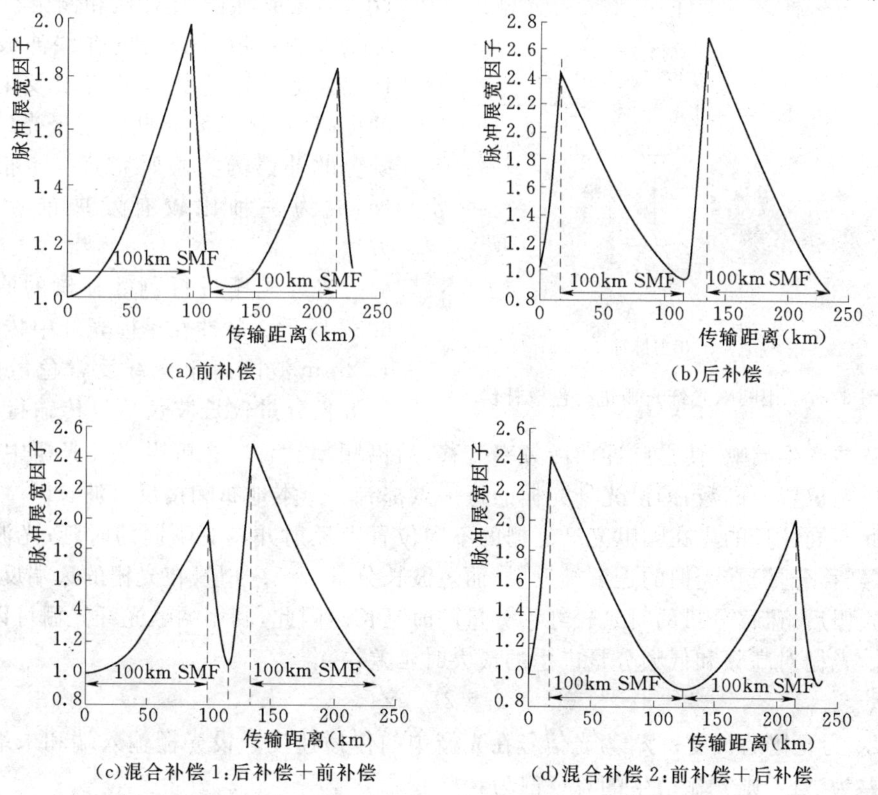

图 6.35 脉冲展宽因子与传输距离的关系

应的影响,各种色散补偿方案中脉冲形状恢复的程度有所不同。

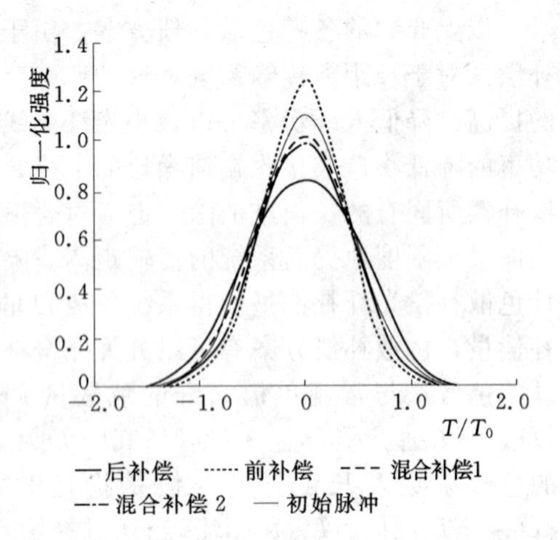

图 6.36 不同色散补偿方案传输相同距离后的脉冲形状

根据以上的分析,可知采用色散补偿光纤进行色散补偿虽然具有诸多优点。但由于色散补偿光纤具有较小的有效纤芯面积(约 $20\mu m^2$),相对常规单模光纤非线性系数大 2～4 倍,非线性效应的影响相对较大,使得补偿后的光脉冲难以完全恢复。另外由于色散补偿光纤和单模光纤的色散斜率匹配需要专门设计,当不能进行色散斜率补偿时,会使得波分复用系统的中间波长信道实现完全色散补偿,短波长信道则过补偿,而长波长信道则欠补偿。因此为了实现高速光通信系统长距离传输的目的,通常情况下会通过合理选择输入光纤的信号功率、色散补偿光纤的位置及配置色散补偿光纤的补偿量使得光通信系统的性能最优。具体采取何种补偿方案则又和通信系统的要求及条件相关。

6.4.4 利用啁啾光纤光栅补偿色散

利用啁啾光纤布拉格光栅(CFBG)进行色散补偿的思想最早是由 Epworth 在 1984 年提出。作为一种无源器件,啁啾光纤光栅具有体积小、易集成、插入损耗低和偏振不敏感,能提供大的色散及独特的在线滤波能力等优点。随着制造技术的发展及工艺水平的提高,啁啾光纤光栅应用于光纤通信系统色散补偿的实验研究获得了很大的进展,成为一种比较有发展前途的补偿方法。

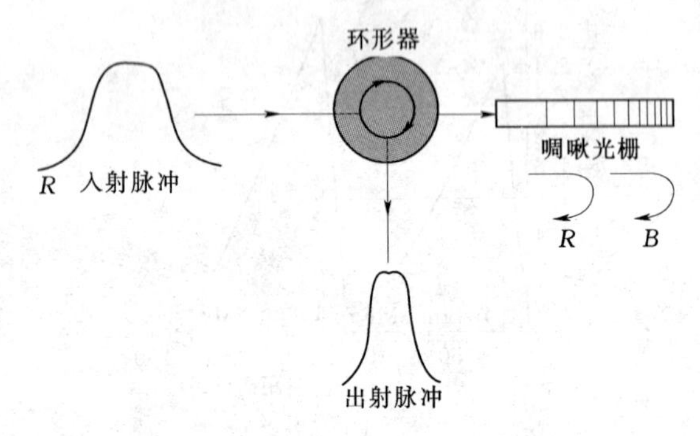

图 6.37 用啁啾光纤光栅进行色散补偿

光纤光栅进行色散补偿的原理如图 6.37 所示。脉冲在单模光纤中传输时,在 $1.55\mu m$ 波段由于光纤反常色散的影响,短波长分量较长波长分量传输得快,脉冲将会展宽并产生啁啾,使得脉冲前沿频率蓝移,后沿频率红移。在啁啾光纤光栅中,布喇格反射波长是位置的函数,即沿光纤光栅的每一点都有一个本地布喇格反射波长。

因此不同波长的光在啁啾光纤光栅的不同位置上反射并具有不同的时延;光波的长波长分量(红移分量)在光栅的近端被反射,而短波长分量(蓝移分量)在光栅的远端反射,即光波经过光栅后,蓝移分量的时延较红移分量的时延长。因此,利用啁啾光纤光栅可以进行色散补偿。光栅对高频和低频分量产生的最大时延差:

$$\tau = 2L_g/\gamma_g \tag{6.33}$$

式中:L_g 为光栅的长度;γ_g 为光信号在光栅中的传播速度。设光栅输入端和末端的谐振频率之差为 $\Delta\gamma$,则光栅产生的总色散为:

$$\varphi = \frac{d^2\varphi}{dw^2} = \frac{\tau}{2\pi\Delta\gamma} \tag{6.34}$$

为了有效补偿光纤的色散，必须使 $\varphi=-\beta_2 L_{SMF}$；光栅的带宽 $\Delta\gamma$ 不小于信号的带宽；这里 β_2，L_{SMF} 分别是单模光纤的一阶群速度色散系数和光纤长度。

和色散补偿光纤相比，啁啾光纤光栅还没有商用化。主要存在以下几个问题。一是光纤光栅对温度和应力敏感。在实际应用中，外界环境的变化很大，会给光纤光栅的色散特性带来很大的影响。目前的解决方法是把光纤光栅封装在温控盒里。二是由于制造技术的限制。光纤光栅的工作带宽较窄，这就要求信号源的波长与光纤光栅的波长精确匹配；而且光纤光栅窄的工作带宽限制了其在 WDM 系统中的应用。三是光纤光栅的频率响应特性不平坦，存在时延的波动，这对色散补偿性能产生不利的影响，限制光纤光栅的级联能力。最近几年，随着光纤光栅生产技术的进步，这些问题正逐步得到解决。

6.5 光孤子通信技术

1965 年美国实验室的 Zabasky 和 Kruskal 用“孤子”一词（Soliton）描述在非线性介质中具有粒子特性的脉冲包络。即在一定的条件下该包络不仅为畸变地传输，而且还存在着象粒子那样的碰撞。1973 年，Hasegowa 等人从理论上指出光纤的反常色散区形成孤子的可能性。1980 年由美国 Bell 实验室的 Mallenauer 在实验上首次观察到光纤中的光孤子。此后光孤子已从数学上的奇异特性研究转变成光纤通信的技术研究。1991 年达到了光孤子通信的研究高潮，关键技术有所突破，许多研究者认为已经接近实用。但在与线性系统竞争中并未取得主导地位。主要原因是作为非线性系统其所需要的功率较大，需要较多的 EDFA，成本较高。其次是为避免相邻脉冲间相互作用，需要孤子脉冲的占空比较小（一般小于 1/5），这样比特率很高时脉冲要非常窄，不利于比特率的提高；另外 Gorden—Haus 效应使传输距离限制在 10^4km 范围内。虽然如此，由于孤子脉冲的高质量和数据的归零性质，孤子数据适用于全光处理，因此孤子型传输特别引起全光数据网研究者的兴趣，近年来国际上不断有相关的研究成果报道。本节主要介绍单模光纤中光孤子的形成及光孤子通信的几个问题。

6.5.1 单模光纤中的孤子

在反常色散区 $\beta_2<0$；$D>0$；$\frac{dv_g}{dw}>0$。频率高、波长短的光波群速度大，反之群速度小，这就是群速度色散。它引起脉冲前沿蓝移（由于频率高、群速度大，因而高频成分向前沿集中。前沿频率升高，这就是前沿蓝移）、后沿红移。光纤中存在 SPM 非线性效应，即存在非线性折射率：

$$n(w,|E|^2)=n_0(w)+n_2|E|^2 \tag{6.35}$$

因而不同强度的脉冲分量引起介质不同的折射率变化，相速度也随之变化，在传输中产生不同的相移，即 SPM（信号自身的振幅调制通过非线性折射率的作用转换为相位调制）。SPM 使脉冲的前沿红移、后沿蓝移，正好与反常色散区的色散效应相反，即补偿了色散引起的脉冲展宽。

光孤子传输是一种理想的传输状态，原则上传输的脉冲信号振幅和波形可以无畸变地沿光纤传输，即克服了非线性和色散两方面影响的理想情况。实际上光纤衰减总是存在的，只能近似实现光孤子传输。

假设光纤为无损耗非线性介质，则在单模光纤中脉冲包络的非线性传输方程可以化为无量纲非线性薛定谔方程：

$$j\frac{\partial u}{\partial \xi}+\frac{1}{2}\frac{\partial^2 u}{\partial \tau^2}+|u|^2u=0 \tag{6.36}$$

其中，$\xi=\frac{z}{L_D}=\frac{|\beta_2|z}{T_0^2}=\frac{\pi}{2}\frac{z}{z_0}$为归一化空间坐标；$L_D$ 为色散作用距离；$z_0=\frac{\pi}{2}\frac{T_0^2}{|\beta_2|}$为孤子周期；$\tau=\frac{T}{T_0}=\frac{1}{T_0}\left(t-\frac{z}{v_g}\right)$为归一化时间；$T_0$ 为脉冲包络 $1/e$ 强度的半宽度；$u(\xi,\tau)$ 为归一化电场包络。

式（6.36）中第二项为色散项，第三项为非线性项。该方程存在无穷多解。其中最简单的稳定解为一阶孤子解，其表达式为：

$$u(\xi,\tau)=\mathrm{sech}(\tau)\exp(j\xi/2) \tag{6.37}$$

若将指数因子 $\exp(j\xi/2)$ 归并到载波部分，则包络成为：

$$\mathrm{sech}(\tau)=\mathrm{sech}[(t-z/v_g)/T_0] \tag{6.38}$$

这是双曲正割形脉冲，也是光孤子脉冲的标准形状。其脉宽为 T_0，并以群速度 v_g 沿 z 方向运动，在运动中保持脉冲形状不变，形成光孤子。

假定光纤的输入脉冲为：

$$V(z=0,t)=A\mathrm{sech}(t/T_0) \tag{6.39}$$

系数 A 为脉冲的振幅，对应光功率。当 $A=1$ 时相当于光功率为：

$$P_1=\frac{\lambda_0 A_{eff}}{4n_2 z_0}\propto\frac{D}{T_0^2} \tag{6.40}$$

用上述输入脉冲作为初条件可数值求解方程，得到以下结论。

（1）当输入一光强很低时（$A\ll 1$），脉冲在时域展宽。这是由于光强低，非线性效应低，不能抵消色散的影响，因而色散起主要作用，使脉冲展宽。

（2）$A=1$（为基本孤子，又称为一阶孤子）。此时非线性效应和色散效应正好抵消，在无耗情况下，脉冲在传输过程中波形不变，即形成光孤子。

（3）$A>1$ 时会出现复杂情况。这时非线性效应大于色散效应，因而开始时脉冲变窄，窄到一定程度就开始分裂，在到达 z_0 距离时复原，因而称 z_0 为孤子周期。

高阶孤子对应的 A 不一定是正整数，以下讨论包含了 A 不是正整数的情况。

从式（6.40）可以看出，A_{eff} 越大所需功率越大。因为非线性是与功率密度有关的，功率密度越大，非线性效应越大。D 越大需要的 P_1 越大，因为色散越严重，需要更大的非线性效应来补偿；T_0 越小（脉宽越窄），所需 P_1 越大，这是因为窄脉冲的频谱成分比较丰富，色散也变得严重，需要更大的非线性补偿。

6.5.2 光孤子通信几个问题的讨论

1. 光纤损耗的补偿

严格说，为了在光纤中形成光孤子，在光纤沿线传输的光功率必须始终保持为 P_1。但由于光纤中存在损耗，因此必须使用光放大器件补偿光纤的损耗，使光纤中一阶孤子存在的条件成立。理想情况下，应采用分布式光放大器使光纤中单位长度的增益等于损耗，使传输功率等于 P_1。早期在光孤子系统中采用的光纤喇曼放大器（FRA）就是一种分布式放大器。实际上 FRA，虽然是分布式放大器，但是不可能分布式进行泵浦，即不可能在光纤沿线分布式均匀补充能量。因此使用 FRA，由于集中提供泵浦功率，光纤沿线的增益是不均匀的，也不可能沿光纤路完全抵消损耗。

由于 FRA 的泵浦效率比较低，要求泵浦效率比较大，早期还没有半导体激光器能够实现有效的泵浦，因此多采用色心激光器或固体激光器作为泵浦源。它们体积大、成本高、不易实用化。在 EDFA 光放大器出现后，人们想到用 EDFA 补偿传输能量的损耗。EDFA 可以做成分布式放大器，但整个传输光纤都需要掺铒，成本较高，而且同样不能进行分布式泵浦，仍然实现不了沿光纤增益均匀。因此实现的光孤子系统还是集总式 EDFA 补充能量，并提出动态孤子的概念。

动态孤子是一种近似的光孤子传输。其中光孤子脉冲被周期地放大，初始 7 输入光脉冲功率对应 $A>1$（例如 $A=1.4$，称为预加重），则初始非线性效应大于色散效应，脉冲被压缩。但由于光纤的损耗光功率下降，A 也减小，当 A 减小到小于 1 时色散效应大于非线性效应，脉冲又增宽。当脉冲宽度恢复到初始大小时在线路上加一 EDFA，使振幅回到 $A=1.4$。这样振幅周期地变化，脉宽也周期地变化，但在传输过程中脉宽变化不大，都接近于归一值 1。若初始时 $A=1$，则由于光纤的损耗，功率下降。如果在传输一段距离后加一集总式 EDFA，则传输过程中，$A\leqslant 1$ 脉宽始终增加，不能维持光孤子传输。

由于已经研制成功用于 FRA 泵浦的半导体激光器，实用化的分布式 FRA 的研究又提到议事日程上，并成为当前的研究热点。光孤子能量补充方案的最终确定将取决于两种方案（集总放大或分布放大）的竞争结果。

2. 色散系数 D 的影响

早期研究的光孤子系统都是单信道的，没有四波混频引起的信道串扰，因此常常采用色散位移光纤（DSF）使 D 尽可能小。因为减小 D 增加了 z_0，可增大光放大器间隔；同时降低了 P_1，可用较小的光功率实现光孤子传输，使光源和光放大器容易实现，有利于降低成本。另外，减小 D 也降低了相邻脉冲间的相互作用，有利于提高系统传输比特率。

但是为了提高传输容量，WDM 技术得到了广泛的应用，WDM 光孤子系统也得到了发展。而当 D 接近于零时，由于满足相位匹配条件，四波混频的影响大大增加，造成信道间串扰的增加。为了避免这一问题的产生，与线性系统一样光孤子传输系统也可以采用色散管理系统。根据理论分析，该系统可用色散 D 正负相间排列，相互补偿色散，而 D 的绝对值都比较小又不等于零的方式，所需功率比较小，达到了和 DSF 同样的效果。

3. Gordon－Haus 效应及其限制的突破

由于系统中采用了 EDFA，其 ASE 噪声作为加性噪声影响信号的接收。另一方面由于 ASE 噪声的随机性造成脉冲到达时间的抖动，使误比特率增加。这就是 Gordon－Haus 效应。

理论分析证明脉冲到达时间的起伏为高斯分布。其方差为：

$$\sigma^2=4138n_{sp}F(G)\frac{\alpha_{loss}}{A_{eff}}\frac{D}{\tau}Z^3 \tag{6.41}$$

式中：Z 为传输距离，10^3km；α_{loss} 为损耗系数，km^{-1}；D 为色散系数，ps/km/nm；τ 为脉冲宽度，ps；A_{eff} 为光纤的有效截面积，为 $\mu\mathrm{m}^2$；G 和 n_{sp} 分别为放大器的增益和过量自发辐射因子；$F(G)=(G-1)^2/G(\ln G)^2$。

从式（6.41）可知，$\sigma\infty Z^{3/2}$ 即传输距离越长，抖动越大。由此可知，Gordon－Haus 效应限制了传输距离，即光孤子不能无限制地传输。理论分析表明，由此限制决定的极限传输距离为 10^4km。为了突破这一限制，人们提出了频域滤波和时域滤波两种技术，但是仍有许多问题需要研究。

【阅读资料17】　下一代光纤网络发展动向

1. 我国光纤网络的发展

1979年底我国的光通信实验系统在北京、上海、武汉等地先后试用，经过近30年的长足发展，我国现已形成光缆总长度超过100万km，并在光通信的高新技术研究领域也取得了很大的进展。当时我国的试用系统采用了850nm波长的多模光纤，其传输速率低且性能不够完善。20世纪进入80年代我国采用1300nm（后改为1310nm）波长窗口的单模光纤通信系统。在80年代中后期，我国光通信技术步入发展以光纤、数字通信技术为主的通信系统。进入90年代我国光纤通信网络技术得以迅速发展。先进的SDH系统新技术在我国光网络建设中起到了主要作用，我国成为世界上采用SDH系统新技术最早和最多的国家之一，使我国的光纤通信系统达到世界光纤通信技术的前沿水平。

我国现已建成横穿东西、贯穿南北的“八纵八横”的光纤干线骨干通信网，为我国宽带通信信息网的进一步发展奠定了坚实的基础。先进的1550nm掺饵光纤放大器（EDFA）和高密集波分复用（DWDM）等高新技术已开始应用于我国的核心网络中。我国的光纤网络及相关技术已进入世界先进水平的行列。进入21世纪我国光纤网络的发展方向是使我国光纤网架进一步合理完善，是我国光纤网络发展新的课题。21世纪世界将进入信息化和知识经济的时代，我国光纤通信网络的发展面临着机遇和挑战并存，深信在我国已建成的光纤网络基础上，我国的光纤网络建设将向着智能、多色宽带的方向发展，我国的光纤网络将为我国的经济建设发挥重大的作用。

2. 光纤网络的主流技术

2.1　光纤新技术

光纤制作技术现已基本成熟，并已大量生产。当今普遍采用的是零色散波长$\lambda_0=1.3\mu m$的单模光纤。而零色散波长$\lambda_0=1.55\mu m$的单模光纤已研制成功，并已进入实用阶段。它在$1.55\mu m$波长的衰减很小，约0.22dB/km，所以更适合于长距离大容量传输，是长距离骨干网的优选传输介质。而人们对超长波光纤的研究，其传输距离理论上可达到数千公里，可以达到无中继传输距离，但其仍处于一种理论探讨阶段。

2.2　光纤放大器

1550nm掺饵（Er）光纤放大器（EDFA）。掺饵光纤放大器为数字、模拟以及相干光通信的中继器，可传输不同的码率，并可以同时传输若干波长的光信号。在光纤网络升级中，由模拟信号转换为数字信号、由低码率改为高码率，系统采用光波复用技术扩容时，都不必改变掺饵放大器的线路和设备。掺饵放大器可作为光接收机的前置放大器、光发射机的后置放大器及光源器件的补偿放大器。

2.3　宽带接入

针对不同环境下的商业用户和居民用户有多种宽带接入的解决方案。接入系统主要完成3大功能：高速传输、复用/路由和网络延伸。目前，接入系统的主流技术有：

ADSL技术，能在双绞铜线上经济地传输每秒几兆比特的信息。它即支持传统的话音业务，又支持面向数据的因特网接入。局端ADSL接入复用设备将数据流量复用后，选路到分组网络，将话音流量传送给PSTN、ISDN或其他分组网络。

Cable modem能在光纤同轴混合网中提供高速数据通信。它将同轴电缆传输带宽划分为上行通道和下行通道，因而能提供VOC在线娱乐、因特网接入等业务，同时也能提供PSTN业务。

固定无线接入系统在智能天线和接收机等方面采用了许多高新技术，是接入技术中的一种创新方式，也是目前接入技术中最不确定的一种方式，仍需在今后的实践中进一步的探索。而光接入系统能提供足够的带宽，支持目前可预见的各种业务。但目前尚有技术和经济等问题需进一步的在产品开发及技术上创新，以使其成为21世纪网络接入系统的主流技术。

2.4 硅技术

光网络技术的创新需要从石英光纤维到复合半导体设备等一整套元件。其中包括激光器、传感器、调制解调器等。为满足这些广泛的功能要求，针对低成本电子设备发展起来的硅技术正在挺进光电子学领域。目前，对光学的硅化处理正沿着两条分别被称为硅光实验室（SIOB）及微电机械系统（MEMS）的道路不断创新。

SIOB技术是在一个硅晶片上，无源器件与激光器和传感器可以集成在活字支撑架上，上面连接着各种各样的元件。对于小型模块，采用SIOB技术制造的光学集成电路有足够的密度。SIOB技术已被应用于集成激光器、光电传感器、无源波分割器、WDM滤波器、无光光纤吸球状透镜附加体、旋转镜、光学转向元件，以及电积金属等。

MEMS是一种微小的坚固机械部件，其尺寸通常为微米级。MEMS具有惊人的丰富功能，并可与复杂芯片实现集成。目前MEMS技术仍处于研究阶段，科学家试图利用硅芯片本身制造出用于光学通信的带有可移动部件的元件。该项技术有着广阔的发展前景，此技术应用将使光网络产生质的飞跃。

现已形成“硅光电技术”这一交叉科学，为硅光电技术的发展奠定了理论基础，现已发展成为推动光网络快速发展动力。

硅技术自20世纪80年代中期以来，硅基片及其处理技术已趋于成熟。因硅具有人们渴望得到的许多物理特性，如其折射率稳定，并易于控制。在一个硅晶片上，无源器件与激光器和传感器可以集成在活字支撑架上，采用SioB技术制造的光学集成电路已具有足够的密度，对于单一晶片进行处理即可生产出大量芯片，多种功能已经集成在芯片上。SioB技术已被广泛应用于集成激光器、光电传感器、无光光纤导分割器、WDM滤波器、无光光纤以及球状透镜附加体、旋转镜、光学转向元件以及电积金属等。

从20世纪90年代中期开始，集成光电技术就开始应用于通信网络。如Dragone路由器，一种在DWDM系统中合并和路由波长信道的光集成电路，现已从8信道发展为72信道，微电机系统制造可以通过外延生长，其图案形成和蚀刻处理等，集成电路制造技术在基片上完成。深信在21世纪微电机系统这一硅光电领域的新技术，在不久的将来应用于下一代光网络。

3. 21世纪网络发展展望

在信息时代的今天，网络产业不仅在迅速增长，而且还在飞快变化。随着全球性的步入信息化时代，网络技术面临着机遇和挑战。在世界网络业都要竭力构建融合的、可靠的高速语音和数据网。作为这样一个巨变产业的必然结果，对于未来网络产品和服务的需求将持续高涨。无论是光、分组、带宽、软件、半导体、无线还是网络咨询，在生成的业务平台上完成特定智能的网络服务器。而网络服务器是建立于多方面技术进步的基础之上，其中包括业务生成软件、程控交换、客户机、服务器以及新的数据库目录系统等。

未来网络要求具备结构设置上高度的灵活性和软件可编程能力。目前发展迅速的智能网是针对现有电话网开发的业务生成平台，未来网络将采用一个与之相似的功能更强的业务平台。这个平台将以用户与服务供应商之间的服务水平协议为基准，通过策略管理器来执行这些协议，策略管理器指示网络设备及其支持系统怎样处理。路由和交换数据包，是提供可靠的、可扩展的、安全的和可管理的数据网络的关键所在。

未来网络将是有4“S”技术为基石组成的。即系统（Systems）、软件（Software）、硅片（Silicon）和服务（Services）。对此，系统方面，未来网络的核心将是光子、光网络的传输因子将直接是波长而不是分组，载有信息的光子将直接进入城域网、企业网、路由器和服务器、甚至用户家庭。软件方面，网络软件是未来网络的黏合剂，由于客户要求大量可编程的平台来开发各种新业务、新应用，所以软件就会成为一个网络的新增亮点。硅片方面，网络的价值将持续地想芯片转移，对于单芯片系统突破的要求将持续增长，将形成从芯片开始能提供解决方案的设备供应商。服务器方面，在竞争者的环境下，专业化的服务器将是拓展网络市场空间的关键。

目前，用于未来光纤网所有组成部分的廉价器件正在开发和研制之中。对于那些对价格特殊敏感的应用，人们同时还在考虑引进新的体系结构。有些人认为完全透明的端对端光纤网络是不可能的，而另一些人则认为至少从经济效益角度看是如此。同时也有些人正在推测波长到桌面的可能性。由于存在着需求，或者说如果存在需求，光纤网将会越来越靠近用户家庭和桌面。研究人员预期在21世纪光子与网络技术将更加紧密地结合在一起，其对现有通信网络的影响将会超出目前所有人的想象。

人类跨入信息化社会已成为客观发展的必然，知识经济的进一步发展将促进通信信息业成为世界经济中最重要和全球最大的产业。由于光纤通信DWDM掺饵光纤放大器不断取得新的成果，使得单色传输网在本世纪向多色宽带网过渡已成为必然。全球信息基础设施（GII）新概念的形成，已被称之为新一代的因特网，其目标是实现任何人在任何时间\任何地点，可以经济、方便、安全地享用各种信息服务。GⅡ的实现形式是综合高速信息网，即为宽带的IP网。目前发达国家对光电集成技术的研究投入大量的人力、物力和财力，在某些领域已形成产业化推动国民经济的高速发展。随着光电集成技术研究取得新的创新，必将形成一条朝阳产业链。虽然光子、电子集成线路（Photo Electronic Integraed Circuit，PEIC），所需的工艺复杂，至今尚未商用，但可以深信在大力开展多学科交叉集成技术研究的今天，由电子器件、光电子器件和光波导光子器件的综合集成技术，在21世纪必将成熟。可以预料光电集成工艺一旦成熟，就会使光纤通信技术产生质的飞跃和突破，那时光纤通信网络将向着多色、宽带、智能的方向发展。

网络线缆市场在面临激烈竞争的同时，也将迎来新的机遇。其中最值得关注的是光纤接入网、综合有线电视网和智能化布线。目前光纤在馈线、本地网中的应用已占应用量的半数以上。而接入网中大部分主干电缆、配线电缆仍是模拟的。要将这些落后的设备改造成光纤接入系统，则需要光纤接入系统几万个，光纤几千万千米，这对国内光纤光缆厂商是一个高速发展机遇。若综合有线电视网与通信、计算机等网络实现融合互通，将为网络线缆市场的拓展提供了更大的空间。

光纤通信市场的发展也面临着严峻的挑战。入世后加快光纤通信技术的研发、转化和应用，研究拥有自主知识产权的产品，是促进光纤通信产业发展的关键环节，也是在国际市场增强竞争力的手段。我国智能化布线每年正以10%～20%的速度增长。尽管目前市场规模还不大，但随着智能小区的兴起，智能化布线市场必定有更广阔的前景。在这一领域世界著名厂商正云集中国，抢占市场而国内厂商仍处于起步阶段。

我国目前处于第二步战略目标，向第三步战略目标迈进的关键时期。我国经济的高速发展必将带来新的光纤通信市场需求。随着各国的光纤通信市场在整个通信领域中所占比例越来越大，尤其是新技术相继注入市场，使干线网、农话网、市话网、局域网和接入网光纤化比重越来越大。给光纤通信技术的发展提供了广阔的发展空间。

当前，国家把加快信息通信发展放到了一个十分重要的位置。而信息技术是当今世界应用范围最广、产生效益最高、前景最为广阔的科学技术，成为21世纪的世界第一大朝阳产业。因而作为信息技术的支柱技术之一的光纤通信技术，将以较大的力度拉动光纤通信技术的发展。

【阅读资料18】 城域网的发展与技术选择

1. 城域网面临的问题及下一代城域网的基本要求

城域网面临的首要问题是带宽"瓶颈"。在其用户侧，由于低成本千兆比以太网的出现和发展，局域网的速率上了一个大台阶；在其长途网侧，由于WDM技术的发展，传输容量扩展了几个数量级。因而使得中间的城域网/接入网成为全网的带宽"瓶颈"。

城域网面临的另一个问题是其仍然存在多个重叠的网络。首先，目前多数电信运营公司通过SDH和电路交换机提供语声和专线业务，通过SDH和分离的帧中继、ATM和IP网提供各种数据业务，造成分离的网络和网络技术需要分离的网管系统和人员、不同的网络配置和计费系统甚至不同的终端。而出于惯性思维、组织架构的限制，以及每次升级的初始成本考虑，这种分离的网络发展模式仍在继续。但从整体和长远看，随着网络规模越来越大，无论初始成本还是运行成本都将快速增加，业务提供也将更加费时耗力。其次，通过不同的接入技术和线路获取不同的业务，用户不仅麻烦，而且使用费高。第三，企业用户正从简单的原始带宽连接要求转向更加个性化的业务剪裁要求以适应特定的应用，使得网络需要支持复杂的2层和3层功能，因而单一业务模式将会减少收入且无法锁定用户。最后，目前城域网底层多数采用传统SDH作传送平台，在传送突发数据业务时，利用为电话业务设计的固定带宽的SDH进行数据传送不仅效率低下，而且改变带宽往往意味着改变物理接口甚至改变了业务类型。使企事业用户改变业务时常常不得不重新设计和重新建设网络。

目前，城域网不仅成为电信网的容量"瓶颈"，而且也成为电信网进一步全面发展的"瓶颈"。

要解决城域网面临的问题，下一代城域网必须能有效地处理混合的第1层、第2层和第3层业务。在混合业务中，每种业务的比例是不确定的，而且随时间而异。因此基础传送网不仅要能在目前有效地支撑第1层业务并具有足够的容量扩展性以满足业务增长的需要，还要能提供第2层和第3层业务，并确保向支撑第3层业务的网络平滑过渡。

2. 城域网解决方案之一 SDH多业务平台

SDH多业务平台（MSTP）能够在SDH设施上支持数据业务的传送，终结多种数据协议，实施数据透传或2层交换和本地汇聚。其中点到点透传方式直接将数据封装到虚容器中传送，简单、成本低、具有较好的用户带宽保证和安全隔离功能，适合有较高QoS要求的数据租线业务。但带宽利用率较低，网络硬件资源消耗较大，不支持端口汇聚等应用，缺乏灵活性，而且需要手工配置每一个物理通道，耗时费力。而2层交换和汇聚方式用户以多点到单点汇聚方式进入网络。用户数据根据媒体访问控制（MAC）地址完成用户侧不同以太网端口与网络侧不同虚容器间的包交换，具有带宽共享、端口汇聚能力。通过虚拟局域网（VLAN）方式可以实现用户隔离和速率限制。利用 SDH 环或快速生成树保护（RSTP）实现 2 层保护和环上的带宽共享，节省网络资源和端口。但由于 2 层交换有竞争带宽的特性，难以确保用户实际带宽，安全性稍差。带有 2 层交换和汇聚功能的 SDH 多业务平台可以明显减少节点的业务端口、降低网络成本、减轻 3 层交换机/路由器负担、组网灵活、适合于汇聚层和接入层应用，适合安全性要求较低的网络浏览和视频点播（VoD）类业务。当然还可以进一步利用集成的路由器功能将数据业务在 3 层上处理，以享受更丰富灵活的数据联网功能。

MSTP 的出现不仅减少了大量独立的业务节点和传送节点设备，简化了节点结构，降低了设备成本，减少了机架数、机房占地、功耗和架间互连，简化了电路指配，加快了业务提供速度，改进了网络扩展性，节省了运营维护和培训成本，还可以支持各种数据业务。特别是集成了以太网、帧中继、ATM 乃至 IP 选路功能后，可以通过统计复用和超额订购业务来提高 TDM 通路的带宽利用率和减少局端设备的端口数使现有 SDH 基础设施最佳化。另外，MSTP 可以为任何端口提供 1 层、2 层乃至 3 层业务的任意结合而不管物理接口类型是什么。随着网络中数据业务份量的加大，MSTP 正从简单的支持数据业务的透传方式向更加灵活有效支持数据业务的新一代系统演进和发展。最新的发展是支持通用组帧程序（GFP）、链路容量调节方案（LCAS）、弹性分组环（RPR）和自动交换光网络（ASON）标准。特别是实现了在协议层面上的多厂家设备互连互通后，可以避免支路口互连带来的网管复杂性和成本开销，有利于 MSTP 的广泛应用。

若下一代的 MSTP 能将 GFP、LCAS 和 RPR 几种标准功能集成在一起，再配合核心智能光网络的自动选路和指配功能，则不仅能大大增强自身灵活有效支持数据业务的能力，而且可以将核心智能光网络的智能扩展到网络边缘，增强整个网络的智能范围。总的来看，SDH 多业务平台最适合作为网络边缘的融合节点来支持混合型业务量特别是以 TDM 业务量为主的混合型业务量。不仅适合缺乏网络基础设施的新运营者应用于局间乃至大企事业用户驻地，对于已敷设了大量 SDH 网的运营公司，SDH 多业务平台也可以更灵活有效地支持分组数据业务，增强业务拓展能力，降低成本，有助于实现从电路交换网向分组网的过渡。

这种方案的缺点在于网络基于同步工作，抖动要求严，设备成本较高；难以灵活地生成业务；用固定时隙来支持数据业务的带宽效率较低，目前数据业务功能也还不够灵活丰富；同时管理多个面向连接和无连接网比较困难，管理成本偏高。从长远看，当数据业务成为网络的绝对主导业务类型后，这种解决方案不是一种最有效的方法，将会被更有效的方案所替代。

3. 城域网解决方案之二以太网多业务平台

以太网技术源自局域网，十分简单，应用多年，为用户熟悉，业务指配时间可以减少到几小时或几天；以太网是标准技术，互换互操作性好，具有广泛的软硬件支持，成本低；以太网是与媒体无关的承载技术，可以透明地与铜线对、电缆及各种光纤等不同传输媒体接口，避免了重新布线的成本。从结构上看，以太网是一种端到端的解决方案，在网络各个部分统一处理 2 层交换、流量工程和业务配置，省去了其他方案所必不可少的网络边界处的格式变换，减少了网络的复杂性；以太网的扩展性很好，容量分为 10MB/s、100MB/s、1000MB/s 3 级，在网络边缘，通过改变流量策略参数即可迅速地按需要以

64KB/s至1MB/s的带宽颗粒逐步提供所需的带宽，直至1GB/s。目前10GB/s以太网系统也已经问世。从管理上看，由于同样的系统可以应用在网络的各个层面上，网络管理可以大大简化。此外，由于很多用户已经熟悉了以太网，新业务可以拓展得更快。因此，将以太网扩展至城域网可以使业务提供商迅速经济地提供用户所需的高速数据传送和应用业务。

总的看，以太网多业务平台最适合IP业务量占据绝对主导的网络应用场合，也可以在IP业务量足够大的中、小城市作为独立的IP城域网应用，还可以在IP业务量很大的大、中城市作为IP城域网的汇聚和接入层应用。以太网多业务平台的核心为高端路由器。随着网络中IP业务量的日益增加，以太网多业务平台在城域网中的应用将会越来越多。

然而也不是没有问题。首先，历史上以太网用于局域网时QoS不是个问题，但当试图扩展应用到公用电信网时则需要提供随用户而异的QoS和服务等级合同（SLA）机制。目前以太网还没有机制能保证端到端的抖动和延时性能，无法提供实时业务所需要的全网范围的标准QoS指配能力，无法提供多用户共享节点和网络所必须的计费统计能力。其次，以太网原来是为局域网企事业用户内部应用设计的，缺乏安全保证机制。当扩展到城域网（MAN）和广域网（WAN）以后，在大量的终端用户由同一个基础设施提供服务时，需要开发新的安全机制。第三，以太网原来主要用于小型局域网络环境，操作、管理、维护和配置（OAM&P）能力很弱。而在公用电信网中，必须有效地运行和维护大规模的地理分散的网络，需要有很强的OAM&P能力、网络级的管理能力及商务赢利模式。第四，以太网交换机的光口是以点到点方式直接相连的，省掉了传输设备，不具备内置的故障定位和性能监视能力，使以太网中发生的故障难以诊断和修复，花费很大，特别是对复杂的大网很难诊断和修复。以太网没有内置保护功能，主要靠路由器来实施保护，需要至少大约1s的时间才能使数据流重新定向，使以太网无法传送电信级的语音数据流。第五，以太网中光纤线路成本随网络规模的扩大和节点数的增加而迅速增长，其网络成本对于复杂的大型电信级网络是否合算是个未知数。最后，尽管以太网作为局域网应用是一项久经考验的技术，但是否能提供大型电信级公用网所必须的硬件和软件可靠性需要实践和时间的验证。只有妥善地解决了上述问题，以太网才能作为真正的多业务平台应用于大型公用电信网环境，提供电信级的业务。

4. 城域网解决方案之三弹性分组环多业务平台

为了将以太网扩展到电信级的核心网，需要解决以太网固有的一系列问题，RPR就是解决方案之一。这是一种基于以太网或SDH的分组交换机制，属于中间层增强技术，采用一种新的MAC层和共享接入方式，将IP包通过新的MAC层送入1层数据帧内或裸光纤上，无须进行包的拆分重组，提高了交换处理能力，改进了性能和灵活性。RPR既可以工作在1层的SDH和千兆以太网上，也可以直接工作在裸光纤上作为路由器的线路接口板。早期的独立RPR设备架构在以太网上，目前的趋势是架构在SDH上，成为新一代MSTP的内嵌功能，从而可以充分利用两者的优势。

RPR简化了数据包处理过程，不必像以太网那样让业务流在网络中的每一个节点进行IP包的拆分重组，实施排队、整形和处理，而可以将非落地IP包直接前转，明显提高了交换处理能力，较适合分组业务；RPR又能确保电路交换业务和专线业务的服务质量(能做到50ms的保护倒换时间)；RPR具有自动拓扑发现能力，可以自动识别任何2层拓扑变化，增强了自愈能力，支持即插即用，避免了人工配置带来的耗时费力易出错的毛病；RPR可以有效支持两纤双向环拓扑结构，可以在环的两个方向上动态地统计复用各种业务，同时还能按每个用户每种业务为基础保留带宽和服务质量，从而最大限度地利用光纤的带宽，简化网络配置和运行，加快业务部署；RPR还具有较好的带宽公平机制和拥塞控制机制。

弹性分组环的最大特点是采用了一个嵌入控制层，从而可以提供很多新的功能。从成本上看，RPR成本介于SDH和千兆以太网技术之间，数据接口越多，其成本越接近千兆以太网，反之则趋近SDH。总的看，该技术最适合数据业务量占主导，而TDM业务量也需要可靠有效支持的应用场合。

鉴于RPR具有很好的汇聚特性和优化的数据接入能力，因此最适合于城域网的接入层应用，特别是以太网业务带宽需求占绝对优势的场合。

然而，RPR需要新增一个MAC层，系统成本将增加。由于RPR没有跨环标准，单个环的RPR信息无法跨环传递，独立组大网的能力较弱，无法实现相切环、相交环、环带链等复杂的网路拓扑，不能提供端到端业务。但利用与MPLS相结合的方法可以使跨环业务流配置成同一个MPLS标记交换通道，从而实现多个RPR环业务的互通。RPR使用共享接入方法，扩展性受限。

5. 城域网解决方案之四WDM多业务平台

随着技术的进展和业务的发展，WDM技术正从长途传输领域向城域网领域扩展。当然，这种扩展不是直接的，需要对城域网的特定环境进行改造。其主要特点和要求可以归纳如下。首先，采用WDM后，容量有了大幅度的增加，可以扩大数十至数百倍，而且可以提供某种形式的WDM环保护。其次，应用WDM后容许网络运营者提供透明的以波长为基础的业务。用户可以灵活地传送任何协议和格式的信号而不受限于SDH格式。特别是对于应用在城域网边缘的系统，直接与用户接口需要能灵活快速地支持各种速率和信号格式的业务，因而要求其光接口可以自动接收和适应从10MB/s到2.5GB/s范围的所有信号，包括SDH、ATM、IP、千兆比以太网和光纤通路等。而对于应用在城域网核心的系统，将来可能还会要求支持10GB/s乃至40GB/s的SDH信号和以太网信号。最后，城域WDM系统还应具备波长可扩展性，新的波长应能随时加上而不会影响原有工作波长。这样，系统可以通过简单地增加波长的方式迅速提供新的业务，极大地增强了网络扩展性和市场竞争能力。

然而，目前WDM多业务平台的成本仍然较高，特别是传输距离较长时需要光纤放大器，因此需要开发低成本光纤放大器。由于当前在网络边缘需要整个波长带宽的用户和应用毕竟很少，因此WDM多业务平台主要适用于核心层，特别适用于扩容需求较大、距离较长的应用场合。为此进一步开发允许不同业务量和不同协议共享同一波长的子速率复用技术，改进容量利用效率是WDM向网络边缘扩展的必要手段。

为了降低城域WDM多业务平台的成本，出现了粗波分复用（CWDM）的概念。系统的典型波长组合有3种，即4、8和16个，分别覆盖1510～1570nm、1470～1610nm、1310～1610nm范围。波长通路间隔达20nm之宽，滤波器通带宽度约13nm，允许波长漂移±6.5nm，大大降低了对激光器的要求。传统DWDM系统用激光器的波长精度要求至少有0.1nm，而CWDM系统用激光器的波长精度要求可以放松到2～3nm，甚至可以在制造DVD光驱用激光器的生产线上制造出来，因此成本可大大降低。此外，由于CWDM系统对激光器的波长精度要求很低，无须制冷器和波长锁定器，不仅功耗低、尺寸小，而且其封装可以用简单的同轴结构，比传统碟型封装成本低（激光器模块的总成本可以减少2/3）。从滤波器角度看，典型的100GHz间隔的介质薄膜滤波器需要150层镀膜，而20nm间隔的CWDM滤波器只需要50层镀膜即可，其成品率和成本都可以获得有效改进，预计成本至少可以降低1/2。

简言之，CWDM系统无论是对激光器输出功率要求，还是对温度的敏感度要求，对色散容忍度的要求以及对封装的要求都远低于DWDM激光器，再加上滤波器要求的降低，成本有望大幅度下降。特别由于8波长CWDM系统的光谱安排避开了1385nm附近的吸收峰，可以适用于任意一类光纤，将会首先获得应用。

从业务应用上看，CWDM收发器已经应用于吉比特接口转换器和小型可插拔器件，可以直接插入到吉比特以太网交换机和光纤通路交换机中，并允许用户选择波长。其体积、功耗和成本均远小于对应的DWDM器件。目前100GHz间隔的吉比特接口转换器已经问世，50GHz间隔的吉比特接口转换器也将很快问世。这样，用户可以首先应用CM-DM系统应付业务需求，在业务量发展需要更多波长时，直接用DWDM代替CMDM收发器，其他部分不动，即可平滑升级到数百个波长通路系统。

总的看，对于光纤资源短缺的城域网或者大型城域网的核心层乃至未来的汇聚和接入层面，城域WDM多业务平台都将是一种有长期技术寿命的通用解决方案。CWDM多业务平台则最适合城域汇聚和接入网部分。

6. 小结

面对复杂动态的城域网应用环境，上述4种方案都将在特定应用场合或时间获得应用，共同构成完整的城域网解决方案。对于多数运营公司而言，近期选择SDH多业务平台是稳妥的可持续发展的策略，既兼顾了现有的大量SDH基础设施，又考虑了适度支持数据业务的需要；弹性分组环多业务平台在网络边缘有应用上的优势；以太网多业务平台在未来IP业务绝对主导的形势下将可能成为主要解决方案；当业务量到达相当规模后，WDM多业务平台将在核心和汇聚层扮演主要角色。

可以相信，随着网络中IP业务的继续快速增长，中国宽带业务的迅速崛起和第3代移动通信业务的商用在即，构筑一个动态、灵活、高带宽的城域网将成为网络发展的必然要求，也将是一次重要的市场机遇。

习　　题

1. 比较自发辐射和受激辐射的不同点及相同点。

2. 试说明激光的特点及产生激光的几个必要条件。

3. 一半导体激光器，谐振腔长$L=300\mu$m；工作物质损耗$\alpha=1\text{mm}^{-1}$；折射率为$n=3.5$；谐振腔镜面反射率分别为$R_1=99\%$；$R_2=30\%$。求激光器阈值增益及1.55μm波段处模式间隔。

4. 一DFB激光器，其工作波长为1.55μm；折射率为$n=3.5$。若希望在工作波长处的模式间隔为100nm，则DFB的光栅间距为多少？并由此说明DFB的优点。

5. 一半导体激光器，阈值电流$I_{th}=20$mA，$\tau_e=2$ns，$\tau_p=1$ps；注入幅度为$I=60$mA的阶跃电流脉冲。求：(1) 瞬态过程中张弛振荡的频率和衰减时间。(2) 电光延迟时间。

6. 试绘出LD及LED的$P-I$曲线并说明二者在发光机理及光谱上有何不同。

7. 试绘出一个光发射机的功能框图并简要说明各部分作用。

8. 简述半导体的光电效应。

9. 一光电二极管材料的禁带宽度为1eV，则此光电二极管是否能响应波长为1.55μm的入射光信号？

10. 一光电二极管在1.55ῶm波段处的响应度为0.5A/W，若1.55μm入射光的平均光功率为0dBm，试计算光电二极管的输出光电流。

11. 试比较*PIN*光电二极管和*APD*的优缺点。

12. 一理想光接收机（没有噪声），若入射光码流中“1”，“0”码平均分布，“0”码时光功率为零，在某一判决电平*D*下，“1”码判为“0”码的概率为2×10^{-8}，求接收机的误码率。若想进一步降低误码率，判决电平*D*该如何变化。

13. 试说明光通信系统对线路码型的要求。

14. 试说明评价系统误码率性能的3个指标的具体含义。

15. 试说明评价系统抖动性能的参数有哪些？

16. 试绘出*SDH*中同步传输模块*STM*－1的帧结构并简要说明各部分的意义。

17. 试说明容器*C*及虚容器*VC*的概念及种类。

18. *SDH*中有哪几种关键设备，说明它们的功能。

第7章　光调节与复用技术

在光纤通信中，将电信号转化为光信号，并对光信号进行调节，这在光纤通信中是十分重要的。为了在同一条光纤中，能够同时传输多路信号，并且不相互干扰，这就需要起研究光调节与复用技术。光无源器件起着从信息源到目的地之间光路连通的任务，是光纤通信系统中重要的组成部分。它包括利用以一定编码格式组成的信号脉冲序列对光源进行调制的调制器、光复用解复用器、光连接器、光衰减器、光耦合器、光隔离器、光环行器、光滤波器和光开关等。限于章节内容安排的有限性，本章主要就光纤通信系统中最重要且使用最多的光调制器和光复用解复用器的工作原理和构成等基本内容进行分析，并简要介绍工作机理和结构。

7.1　光调制器

通过一定的手段使光的强度或相位随外部信号而变化的技术称为光调制。它是将由电信号承载的信息变换成由光信号承载信息的过程，这一过程称为光调节。

7.1.1　基本概念

1. 调制方式

根据实现方式的不同，光调制被分为直接调制和间接调制、内调制和外调制等类型。将激光器或二极管的驱动电流用叠加在偏置电流上的电信号进行调制，由此实现激光器或二极管输出的光强度进行的调制方式称为直接调制，如图 7.1（a）所示。使激光器或发光二极管在一定的驱动电流下输出固定强度的光，再通过光调制器使输出光的信息随电信号而变化，将这种调整方式称为间接调制方式，如图 7.1（b）所示。由于直接调制方式是在激光器内部实现的，在输出光信号中已经包含有原始电信号的信息，因此将这种调制方式也称为内调制方式。与此对应，间接调制方式也被称为外调制方式。直接调制方式最为简单，但是随着驱动电流的变化，在光信号上延和下延时间，半导体的折射率变化较大，因此产生波长变动（啁啾作用）。另一方面，随着光源驱动电流的变化，PN结上的温度会发生变化，这样也会导致工作波长的变动。这种变化通过光纤的色散在接收端会引起光波的畸变。而在间接调制方式中，半导体激光器连续振荡，其功率和波长保持不变。通过光调制器以电信号改变输出光的信息达到调制的目的，就可以克服直接调制的缺点。因此，光外调制在高速光传输系统和远距离光放大传输系统中已成为不可缺少的技术。

在外调制方式中，光调制器一般从外部通过电信号使半导体、电介质的折射率或者吸收系数发生变化而产生调制的光信号。常用的光调制器有采用铌酸锂（$LiNbO_3$）电介质的电光效应制成的光调制器和采用半导体材料的电场吸收效应制成的光调制器。

2. 电光效应

材料的折射率随外加电场的变化称为电光效应。折射率变化与电场强度成正比的现象

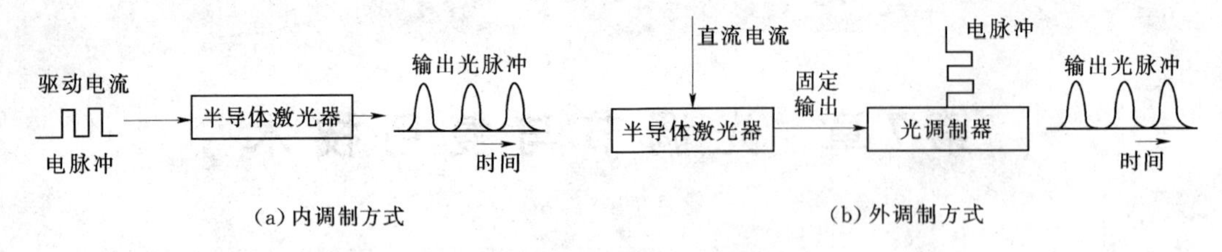

图7.1　内调制方式和外调制方式

称为Pockel's效应；与电场强度的二次方成正比的现象称为Kerr效应。电介质光调制器主要用Pockel's效应进行光调制。常用的电光晶体有电光系数较大而且在空气中稳定的$LiNbO_3$。

利用泡克耳斯效应的光调制器的工作示意图如图7.2所示。在电光晶体设置电极，若外加电场则在厚度为d的晶体内部产生电场$E(=V/d)$。若具有特定偏振方向（x或y偏振方向）的光入射到该晶体，则在外加电场的作用下，特定偏振方向的折射率Δn可表示为：

$$\Delta n=\frac{n^3\gamma E}{2} \tag{7.1}$$

式中：γ为电光系数。这时，若光波在长度L的晶体中传播，则输出光的相位偏移可表示为：

$$\Delta\varphi=\frac{2\pi\Delta nL}{\lambda} \tag{7.2}$$

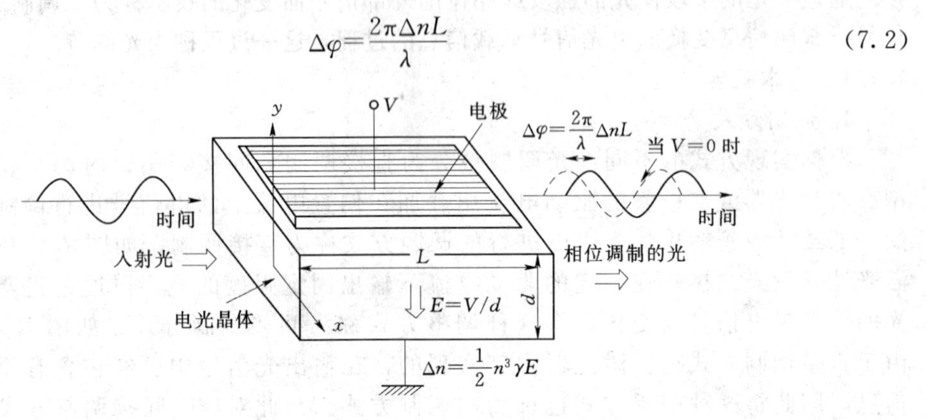

图7.2　电光效应的原理示意图

图7.2表示了对晶体直接外加电场的块状（bulk）型光调制器。但是，为了使电场更有效地作用于光波，需要构成在三维光波中束缚入射光的波导型光调制器。

利用电光效应的相位调制器的典型结构如图7.3所示。其中，图7.3（a）为设置共平面的平行电极的例子，在平行电极之间设置的光波导部分的电场方向平行于衬底表面。该例为采用y切$LiNbO_3$衬底的情况，因此对TE模的输入可以获得大的折射率变化Δn_z。图7.3（b）为采用z切$LiNbO_3$，光波导设置在共平面型电极中的一个电极下面，光波导部分的电场方向垂直于衬底表面，因此对TM模可以获得大的折射率变化。图7.3（c）的结构为GaAs或InP之类的半导体相位调制器的示例。若P型和N型半导体之间插入光波导并外加反向电压，则电场集中在耗尽化的光波导而且发生折射率变化。若如图7.3（c）所示那样，光在（100）衬底上沿垂直于〈110〉方向行进，则TE模获得$-\Delta n$的折射率变化；若光平行于〈110〉方向行进，则获得$+\Delta n$的折射率变化。

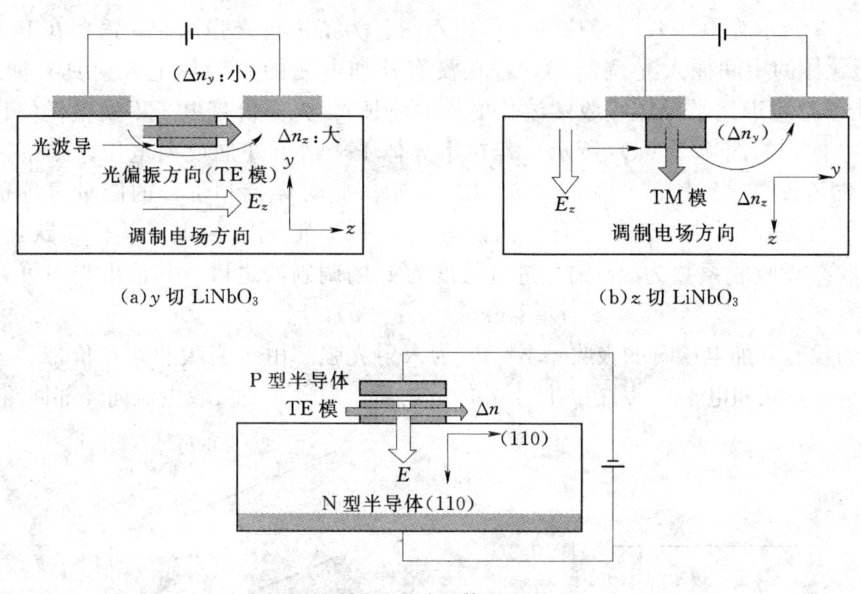

(a) y 切 $LiNbO_3$　　(b) z 切 $LiNbO_3$

(c)(100)衬底上的半导体(InP,GaAs)

图 7.3　典型的电光器件结构

有关光通信系统等诸多的应用，通常需要光的强度调制。将相位调制变换为强度调制的马赫—曾德尔（Mach-Zehnder）干涉仪，如图 7.4 所示。若将光波入射马赫—曾德尔干涉仪，则入射光分为两路光波导，在传播两路光波导之后进行合波。当其中一支波导上没有外电压时，合成的两路光波相位相同，故入射光直接被合成输出。但是，若在一支波导上外加产生相位移动量为 π 的电压，则因两束的相位反向使得光互相抵消并不能输出。从而，电压的数字信号借助于相位调制变换为强度调制的数字光信号。

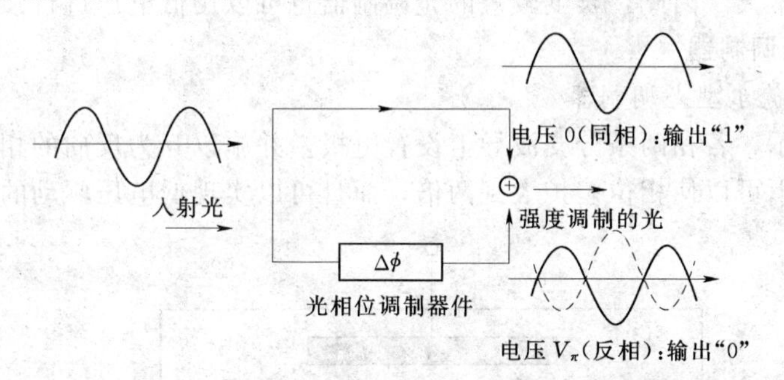

图 7.4　利用马赫—曾德尔干涉仪调制相位变换为调制强度过程示意图

3. 电场吸收效应

电光光调制器是通过电场改变折射率，进行相位调制和强度调制的器件。另外，若采用半导体材料则可通过控制其吸收来达到强度调制。

一般的半导体具有对于与相当于禁带宽能量（E_g）的波长（吸收端波长），波长短的光波吸收系数大，而对于长波长的光波吸收系数急剧减少的性质。Ftanz-Keldysh 指出，若在半导体外加电压则该吸收端波长与电场的二次方成正比地向长波长方向移动。这就是众所周知的 Ftanz-Keldysh 效应。它与多量子阱结构中的量子斯塔克效应统称为电场吸收效应。利用该效应的光调制器称为电场吸收型光调制器（electro-absorption modulator）或者 EA 调制器。

如图 7.5 所示为电场吸收效应的工作原理图。为了进行光强调制，需要在 P 型半导体和 N 型半导体的中间插入光调制层。若在没有外加电场的半导体上入射具有能量 $h\upsilon$ 比 E_g 小的光（对应于比半导体吸收端波长更长的波长），光与价带电子不发生任何作用而直接透过半导体，如图 7.5（a）所示。若在半导体 PN 结上外加反向电压，则禁带发生倾斜，电子波函数浸透到禁带，如图 7.5（b）所示。此时导带和价带的能量差等价地小于禁带宽度能量 E_g，因此尽管光子具有的能量小于 E_g，但仍可使电子从价带跃迁到导带，光子被吸收。设吸收系数为 α，则光进过长度为 L 的调制器之后，其输出光强可表示为：

$$I=I_0\exp[-(\alpha_0+\alpha)L] \tag{7.3}$$

其中：α_0 为没有外加电压时的吸收系数；I_0 为入射光强。由于光吸收，在价带和导带中生成的载流子（空穴和电子），因在晶体上外加电场而作为瞬时的吸收电流向外部回路流出。

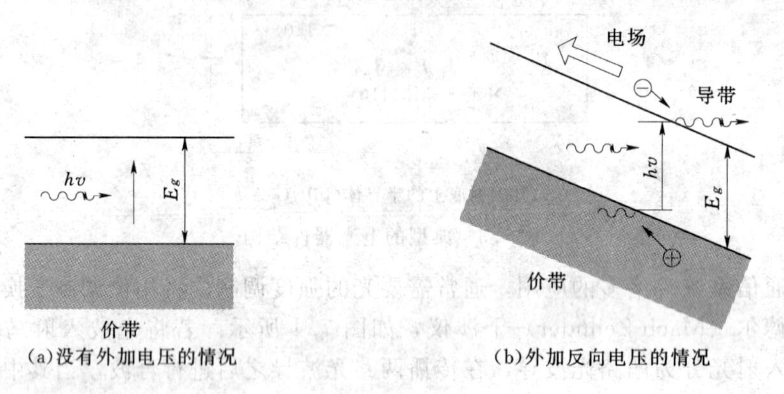

图 7.5　电场吸收效应

通过其他现象，用外部电信号也可以改变光学参数，但是通过电场吸收效应产生的吸收系数变化率非常大。因此，长度较短的光调制器也可以用低电压进行强度调制。

7.1.2　电介质光调制器

1. 马赫—曾德尔型光调制器

如图 7.6 所示，若在两条分支波导上设置电极，并施以互为反向的相位变化的推挽工作则在相同电压下可以使相位差扩大到两倍，而且可以实现低电压驱动的光调制器。

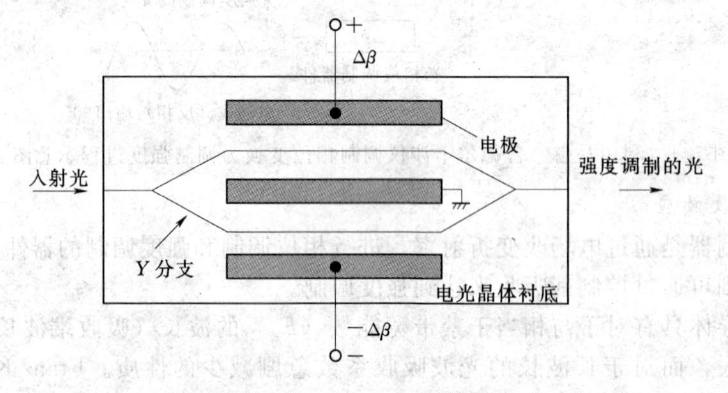

图 7.6　马赫—曾德尔型光调制器的推挽工作

2. 定向耦合器型光调制器

当两支波导平行且距离很小的时候，两支波导的传导模会发生耦合。当波导长度等于耦合长度时，从这一侧入射的光完全从另一侧输出。由外加电压控制两波导的耦合程度并由此实现光调制器的器件就是定向耦合器型光调制器。

若在 $LiNbO_3$ 电介质晶体中扩散 Ti，制作如图 7.7 所示结构的定向耦合器。设两支波导传播常数相等（$\beta_1=\beta_2$）；波导长度 L 为完全耦合长度（即 $L=l_c=\pi/x$，x 为耦合系数）；K 为两支波带的间距；则从波导 1 入射的光完全移到波导 2。在这里，如果在两支波导上外加电压，使相位失配。即 $2\Delta=\beta_2-\beta_1$，并满足 $\Delta/x=\sqrt{3}$，那么波导 2 的输出消失，入射光从波导 1 输出。1 或 2 端口的输出光随着外加电压而变化，从而实现光强调制。

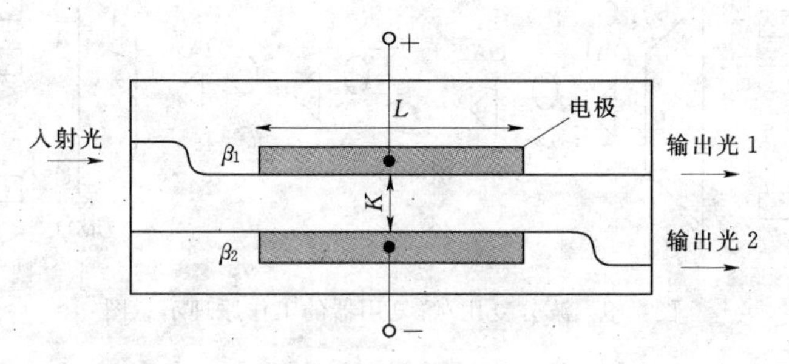

图 7.7　定向耦合器型光调制器件

7.1.3　EA 调制器

EA 调制器的典型结构如图 7.8 所示。光调制层采用了 InGaAsP（吸收端波长 $\lambda_g=1475nm$）；禁带宽能量和波长 1.55μm 的光能之差 ΔE_g 约为 40meV。波导层的典型的厚度、宽度和器件长度分别约为 0.3μm、2μm 和 200μm，入射光被封在 InGaAsP 导波层传播。因光吸收而产生的空穴若在 InP 包层和 InGaAsP 波导层的价带能在不连续点处被捕获，则调制速度随着入射光的增加而受到限制。为抑制这种现象，在 InP 包层和 InGaAsP 波导层之间插入具有这两者中间的禁带宽能量的 InGaAsP 缓冲层，因光吸收产生的载流子便于流到外部回路。另外，为了谋求器件的平面化和提高可靠性，采用了掺 Fe 的半绝缘 InP 的隐埋结构。通过调整结构参数和外加电压可得到 20dB 以下的消光比和 20GHz 以上带宽的 EA 调制器。采用多量子阱结构则可实现 40GHz 以上带宽的 EA 调制器。

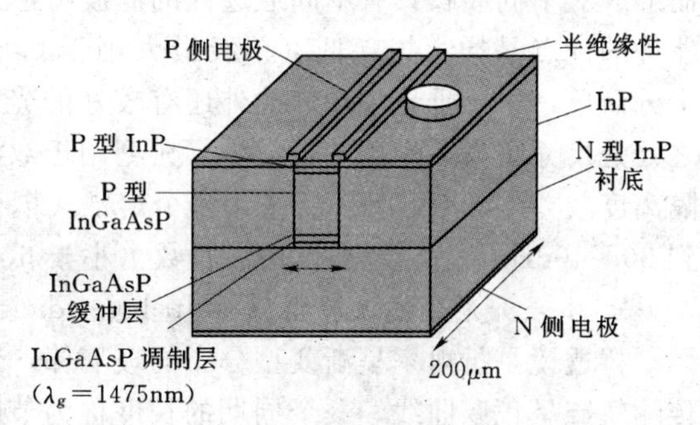

图 7.8　InGaAsP EA 调制器件的结构图

7.2　光复用解复用器

光复用解复用器（multiplexer/demultiplexer，MUX/DMUX）是将多路光信号复合为一路或将复合为一路的光信号分解为多路光信号的器件。与电的通信系统相类似，根据复合或分解方式的不同，可将其分为波分复用和时分复用两种主要类型。由于人们习惯在波长域将光纤的损耗谱进行划分，而且由于技术的原因，也是其结构决定的，光源不可能像电的振荡器一样产生单一频率的信号，总是存在一定的频率成分，具有一定的谱线宽度，因此通常以光的波分复用著称。

7.2.1 波分复用/解复用器

根据工作机理的结构特点，光波分复用/解复用器可分为光耦合器型、薄膜滤波器型、体光栅型、光纤光栅型、M-Z干涉仪型和阵列波导光栅型等6种类型。如图7.9所示为光纤通信系统中波分复用/解复用器的工作原理示意图。根据光路可逆性原理，解复用器其实就是复用器的反向使用过程。

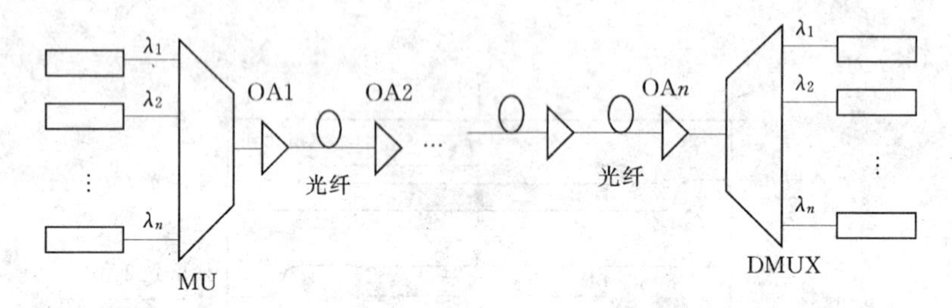

图7.9 波分复用/解复用器的工作原理示意图

1. 熔锥型复用器

利用熔锥型耦合器的波长依赖性可以制作WDM器件，其耦合长度Lc随波长而异。对于一特定的耦合器，不同波长的理想功率比（即抽头比或相对输出功率）呈正弦形，从而形成对不同波长具有不同通透性的滤波特性，据此可以构成WDM器件。熔锥型WDM器件的优点是插入损耗低（单级最大小于0.5dB，典型为0.2dB），无须波长选择器件，十分简单，适于批量生产，此外还有较好的光通路带宽/通路间隔比和温度稳定性。不足之处是尺寸很大，复用波长数少（典型用于双波长WDM），光滤波特性对温度十分敏感，隔离度较差（20dB左右）。采用多个熔锥式耦合器级连应用的方法可以改进隔离度（提高到30～40dB），适当增加复用波长数（小于6个）。

2. 多层介质膜滤波器型（multi-layer dielectric tin film filter，MDTFF）波分复用器

棒透镜是折射率呈渐变型分布的玻璃棒，其直径约1～5mm。光波在这种玻璃棒中的传输轨迹呈正弦曲线，一个周期的长度称为节距。1/4节距的棒透镜既可作为准直光束元件，又可作为聚焦光束元件。两个这样的透镜可构成一个平行光路。在平行光路的两个1/4节距的棒透镜之间，插入分光介质膜，就可以使一部分光信号能量透射，一部分光信号能量反射，从而达到分光耦合的目的。当膜层的光学厚度$n1d1$为1/2波长时，膜层对这种波长的光犹如不存在一样。利用这种特性，在基底G上镀多层介质膜：$G(HL)^p(LH)^p$在这里，H、L为光学厚度，分别是1/4波长的高、低折射率膜层；A为空气；p＝1、2、3、…。工作原理如图7.10所示。

由图7.10可见，中间层LL为1/2波长的光学厚度，对波长为λ_0的光不起作用，可以略去不计。剩下的中间层为HH，同样可以略去不计。依此类推，可以看出整个膜系对波长0光有同基底一样的透射率，而对于波长偏离0的光，因为中间层不满足半波长的条件，因而透射率迅速下降，于是就构成了波长λ_0的滤波器。

典型的多层介质膜滤波器如图7.11所示。λ_1和λ_2两种波长的光在镀多层介质膜的棒透镜中遇到中间λ_2滤波器时，λ_1的光反射，通过λ_1滤波器进入输出光纤；λ_1的光透射，通过λ_2滤波器进入输出光纤。如果从两根输出光纤分别输入λ_1和λ_2的光，则两种波长的

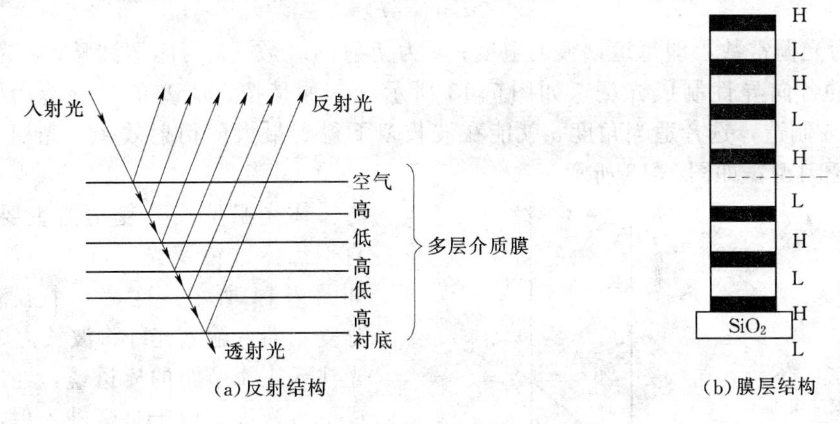

图 7.10 多层介质膜滤波器型波分复用器/解复用器工作

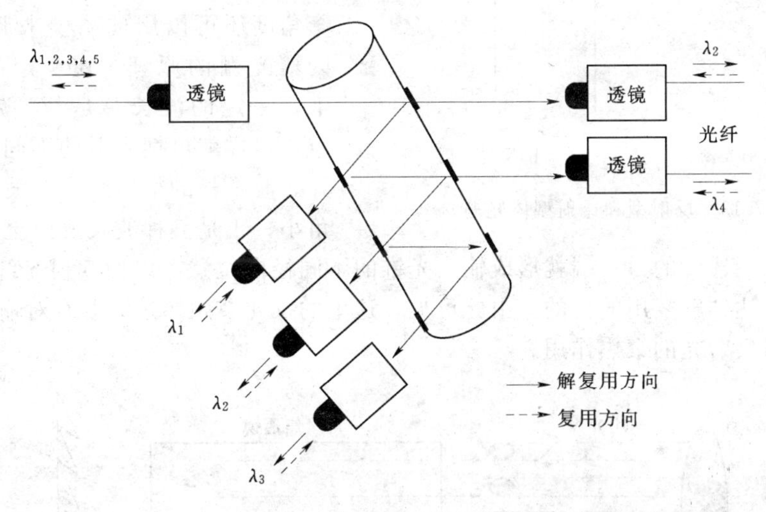

图 7.11 MDTFF 复用/解复用器结构示意图

光可以复合从一根光纤输出。利用楔状玻璃镀 λ_1、λ_2、λ_3、λ_4 滤波器，当 λ_1 至 λ_5 的光从同一根光纤输入时，首先 λ_2 通过滤波器输出，其余被反射，继而 λ_2 通过滤波器输出，依此类推，达到解复用的目的，这种结构中棒透镜主要起构成平行光路的作用。如改变传输方向，则起波长分割复用的作用。

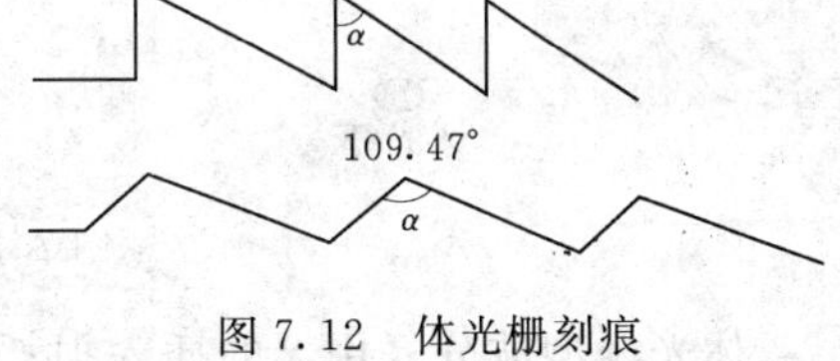

图 7.12 体光栅刻痕

多层介质膜滤波器型波分复用器一般用于多膜光纤通信系统。其插入损耗为 1～2dB，波长隔离度可达 50～60dB。这种波分复用器系分立元件组合型，装配调试较为困难。但波长间隔可按需要制造相应的多层介质膜滤波器，进行任意组合。

3. 体光栅型波分复用器

体光栅型波分复用器的核心部件是闪耀光栅，又称定向光栅，其刻痕轮廓如图 7.12 所示。在这种光栅所生的衍射图样中，各级主极的位置不受刻痕形状的影响，而是由光栅方程来确定。

$$2d\sin\alpha = k\lambda \tag{7.4}$$

其中：d 为光栅常数，即每道刻痕的宽度；k 为衍射的级数；λ 为闪耀波长；α 为闪耀角。利用硅片的各向异性制成光栅，如图 7.13 所示。一种是按 70.53°的 α 制造；另一种是 107.47°的 α 制造，选择适当角度 α 就能在波长 λ 下得到最大的衍射效率。光栅有两种即反射型和透射型，如图 7.13 所示。

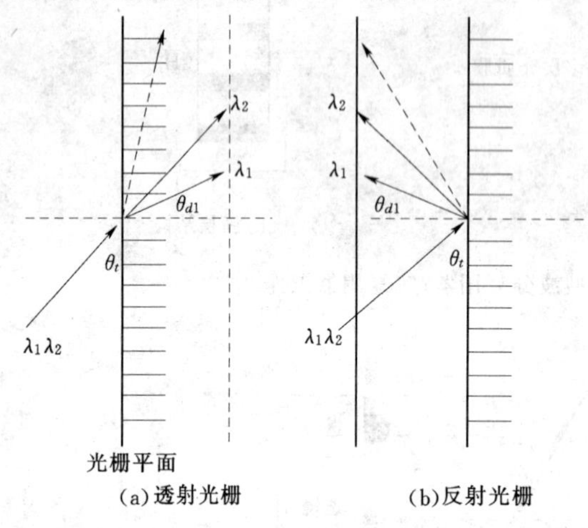

图 7.13　反射型和透射型体光栅

体光栅型波分复用器主要由光栅、自聚焦棒透镜及光纤阵列 3 部分组成，如图 7.14 所示。这是一个五波长的波分复用器，输入光纤将波长为 $\lambda_1 \sim \lambda_5$ 的光注入 1/4 节距的棒透镜，经准直后形成平行光束，由于是旁轴入射，所以平行光束以某个角度入射至闪耀光栅（这个角度还可以用玻璃楔来调整）。根据闪耀光栅的原理，在一定的光栅常数下，一定的波长总是与一定的 α 相对应，这样就可把入射的不同波长的光分开。波长长的衍射角大，波长短的衍射角小，于是五种波长反射至棒透镜的角度就不同。在棒透镜的另一端就形成输出光锥的不同径向位置，以便 5 根光纤分别接收 5 种波长的光，达到解复用的目的。由此可见，这里的 1/4 节距棒透镜既有对输入光的准直作用，又有对反射光的聚焦作用。

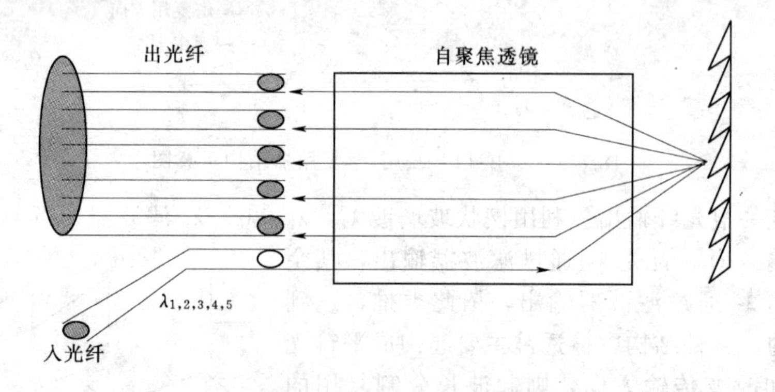

图 7.14　体光栅型波分复用器

体光栅型波分复用器的插入损耗一般为 3dB，波长隔离度可大于 30dB。它的最大特点是波长间隔可以很小。单膜光栅型波分复用器的插入损耗较大，尤其作为波长分割的复用器，其插入损耗约为 6dB。

4. 光纤光栅

利用 Bragg 光纤光栅的反射特性，将光纤光栅与光环行器或光耦合器配合使用，可以制成 WDM 器件。这种器件可以完成一路或多路光信号的同时上或下话路，因此也被称为光分插复用器（optical add/drop multiplexer，OADM）。

如图 7.15 所示为基于这种结构的 OADM 原理示意图。其中图 7.15（a）和图 7.15

(b) 分别为利用光环行器对波长 λ_1 的上下话路结构；图 7.15 (c) 和图 7.15 (d) 分别为利用光耦合器对波长 λ_1 的上下话路结构。只是在图 7.15 (c) 和图 7.15 (d) 中，中心工作波长为 λ_1 的 Bragg 光纤光栅需要写在光耦合器的一个臂上，这在制作过程中存在较大的技术困难。

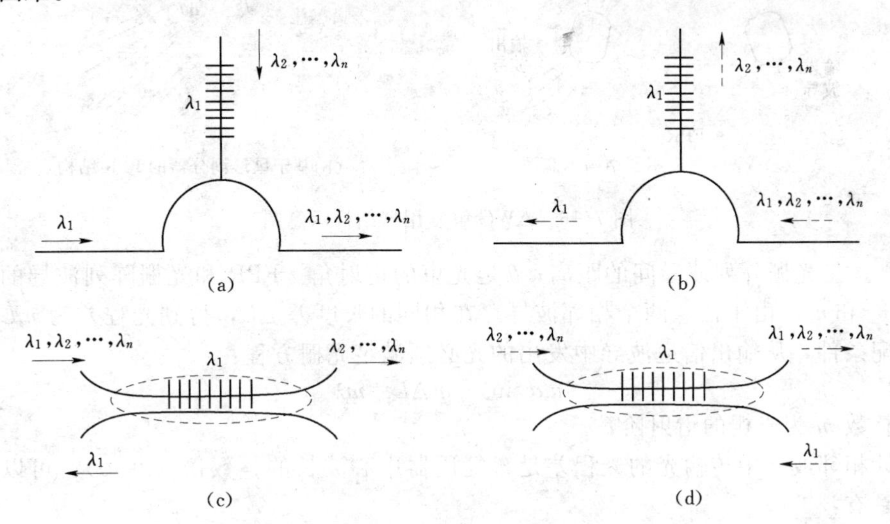

图 7.15 基于 Bragg 光纤光栅的 OADM 结构示意图

5. M-Z 干涉仪

在 M-Z 干涉仪中，如果两个输入臂上各有一路信号输入，则调整其两个干涉臂的长度，就可以实现两个输出臂上各有一路光信号通过，或两路光信号集中在一个输出臂上，另一个输出臂无信号输出。利用这一原理可以制成基于 M-Z 干涉仪的 WDM。只是在这种结构中，其工作状态受两个干涉臂长度变化的影响十分严重，微小的变化就可能导致其工作状态的不稳定，甚至达到完全相反的状态。因此，对于两个干涉臂的长度的调整及其状态长时间的保持具有很大的困难。

6. 阵列波导光栅 AWG

(1) 基本概念。

1) AWG 的结构。阵列波导光栅 (array waveguide grating, AWG) 的概念是由荷兰的研究者 M. K. Smith 于 1988 年首次提出。在一块半导体材料衬底上，按照一定的规则制作出多个波导以组成波导阵列。如图 7.16 (a) 所示为 AWG 解复用器的结构示意图。它由输入、输出波导，光栅阵列波导和基于星型耦合器的自由谱线区 (free propagation region, FPR) 组成。

2) AWG 的工作原理。如图 7.16 (a) 所示，含有多个波长的入射光进入 AWG 的输入波导中，通过输入 FPR 耦合进光栅阵列波导。由于光栅阵列波导的任意两个相邻波导存在长度差，因而在相邻两个波导中传播的某一波长的两束光波产生相位差。由于此相位差的存在，通过输出 FPR 可使该波长的光波耦合进一个波导信道中。光栅阵列波导对不同波长的光波引入的相位差不同，因而进入输出波导的不同通道，实现了解复用。阵列波导引入相位差的作用如同光栅一样，故将这种器件称为阵列波导光栅。

如图 7.16 (b) 所示描述了基于星型耦合器的 FPR 结构。此耦合器是焦距为 f 的透镜，从输入波导的中心波导出射的光束传播到光栅阵列波导处的等相位面是以 $f/2$ 为半

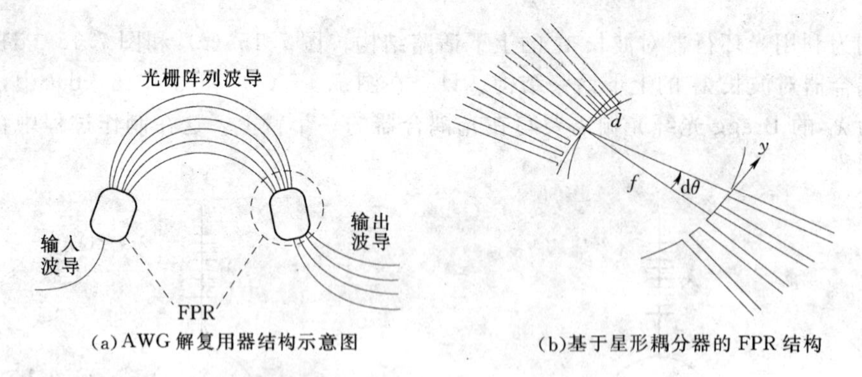

(a) AWG 解复用器结构示意图　　(b) 基于星形耦分器的 FPR 结构

图 7.16　AWG 解复用器结构示意图

径的圆。d 是光栅阵列波导间的距离；θ 是光束的衍射角。FPR 和光栅阵列波导的折射率分别为 n_s 和 n_c。由于任意两个相邻波导存在相同的长度差 ΔL，得到光程差为 n_cL。根据相位匹配条件，从输出信道波导中发出的光必须满足光栅方程：

$$n_s d\sin\theta + n_c \Delta L = m\lambda \tag{7.5}$$

式中：整数 m 为光栅的衍射阶数。

设计相邻波导中传输光的光程差是解复用器中心波长的整数倍（$\theta=0$），可以实现聚焦，于是有：

$$\Delta L = m\frac{\lambda_c}{n_c} \tag{7.6}$$

式中：λ_c 为真空中的中心波长，定义为从中心输入波导到中心输出波导这一路径的通过波长。

当光波频率不同时，聚焦点会沿着成像平面（以 $f/2$ 为半径的圆）移动，即衍射角会发生变化，在 $\theta=0$ 的近似条件下，θ 随频率的变化量定义为角色散。即：

$$\frac{d\theta}{dv} = -\frac{m\lambda^2}{n_s cd}\frac{n_g}{n_c} \tag{7.7}$$

式中：n_g 定义为阵列波导的群折射率。
即：

$$n_g = n_c - \lambda\frac{\mathrm{d}n_c}{\mathrm{d}\lambda} \tag{7.8}$$

用角色散表示信道间隔 Δv，即：

$$\Delta v = \frac{\Delta y}{f}\left(\frac{\mathrm{d}\theta}{\mathrm{d}v}\right)^{-1} = \frac{\Delta y}{f}\frac{n_s cd}{m\lambda^2}\frac{n_c}{n_g} \tag{7.9}$$

波长表示形式为：

$$\Delta\lambda = \frac{\Delta y}{f}\frac{n_s d}{m}\frac{n_c}{n_g} = \frac{\Delta y}{f}\frac{\lambda_0 d n_s}{\Delta L n_g} \tag{7.10}$$

式（7.6）和式（7.7）在设计的中心波长 λ_c 周围，定义了复用器工作的通过频率或波长。通过使 ΔL 很大，这类器件可以复用和解复用波长间隔很小的光信号。

3）自由谱范围 FSR。由式（7.6）可以看到，通过器件的每一个通路的同向阵列是周期性的，因此相邻波导间的 θ 角变化 2π 时，该场将再一次成像在同一点。在频域中两个相邻场最大值间的周期称为自由谱范围（free spectral range，FSR），表示如下：

$$\Delta v_{FSR} = \frac{C}{n_g(\Delta L + d\sin\theta_i + d\sin\theta_0)} \tag{7.11}$$

式中：θ_i 和 θ_0 分别是输入波导和输出波导中的衍射角，在中心端口的任一侧。对第 j 个输入端口和第 k 个输出端口分别有 $\theta_i = j\Delta y/f$ 和 $\theta_0 = k\Delta y/f$，这表示 FSR 与所使用的输入和输出端口及光信号有关。当端口相对时，有 $\theta_i=\theta_0=0$，于是有：

$$\Delta v_{FSR} = \frac{c}{n_g \Delta L} \tag{7.12}$$

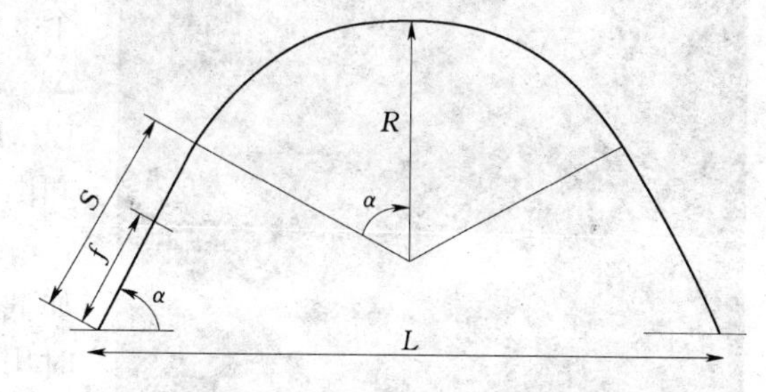

图 7.17　阵列波导的几何机构

4）阵列波导的几何结构。阵列波导的设计方法有很多种，如图 7.17 所示为一种结构紧凑、较实用的设计。它由两段可调长度的直波导平滑地连接在一段曲率可调的弯曲波导的两端而构成。由图 7.17 容易计算第 i 段阵列波导的曲率半径 R_i 为：

$$\alpha_i = \alpha_1 + (i-1)\Delta\alpha, \quad i=1、2、\cdots、n \tag{7.13}$$

$$S_i = 1/2\left[l_i - \frac{\alpha_i L}{\sin\alpha_i}\right] \Big/ \left[1 - \frac{\alpha_i \cos\alpha_i}{\sin\alpha_i}\right] \tag{7.14}$$

$$R_i = \frac{(1/2)L - S_i\cos\alpha_i}{\sin\alpha_i} \tag{7.15}$$

式中：l_i 表示第 i 段波导的路径长度，满足如下条件：

$$l_i = l_1 + m(i-1)\lambda_c \tag{7.16}$$

（2）BPM 仿真分析。

基本思想。利用光束传输法（beam propagation methods，BPM）仿真分析 AWG 分为 3 部分：输入星型耦合器、弱耦合的光栅阵列波导和输出星型耦合器。首先用 BPM 仿真输入 FPR（仅在 AWG 的中心波长处且适用于 FPR 对波长很敏感的情况）。每个阵列波导的功率和相位在波导完全耦合的位置上确定，因此在计算每个阵列波导的相位变化量（$\beta_g l_i$）时包括了波导的光路长度。最后利用 BPM 作为波长的函数仿真输出 FPR。其中初始条件是每个阵列波导的本征模式以及功率和相位。

其在仿真过程中，相位可按下式计算：

$$\phi = \beta_c (\mathrm{d}L)_i + \beta_d (\mathrm{d}L)_0 \tag{7.17}$$

式中：$(\mathrm{d}L)_i = L_w - (f+L_s)$ 表示斜入射光路相对于直入射光路的光程差；$(\mathrm{d}L)_0 = L_w - (f+L_s)$ 表示斜出射光路相对于直出射光路的光程差。如图 7.18 所示。

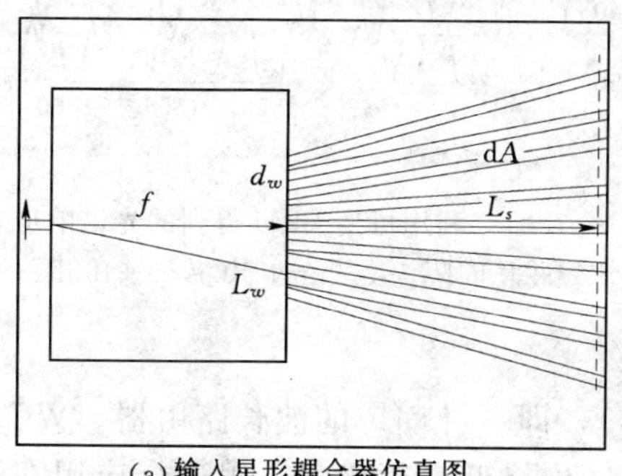

(a) 输入星形耦合器仿真图

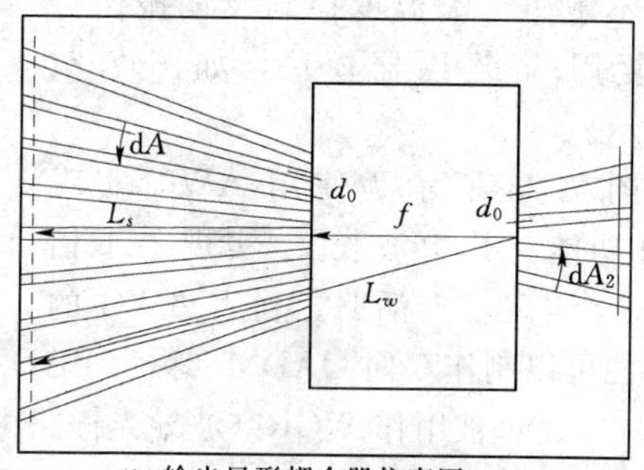

(b) 输出星形耦合器仿真图

图 7.18　BPM 仿真

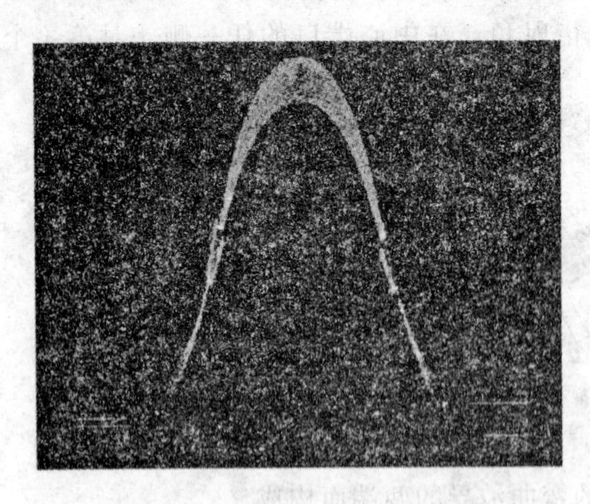

图 7.19　8 通道的 AWG

(3) 仿真实例。如图 7.19 所示。设计一个 8 通道的 AWG，$\lambda_c=1.55\mu m$；$\Delta\lambda=3.2nm$；$\Delta\lambda_{FSR}=25nm$。单波长仿真结果和利用可变 BPM 得到的光谱响应仿真结果分别如图 7.20 和图 7.21 所示。

(4) AWG 的应用。AWG 具有很多优点。如低消耗、低串扰、高可靠性、可逆性（可同时用作复用/解复用器）、结构简单、体积小、设计周期短、可升级以及低价格等。AWG 也可以与半导体激光器、调制器等半导体器件集成，在光通信领域有许多重要的应用。

AWG 最主要的应用是用作波分复用/解复

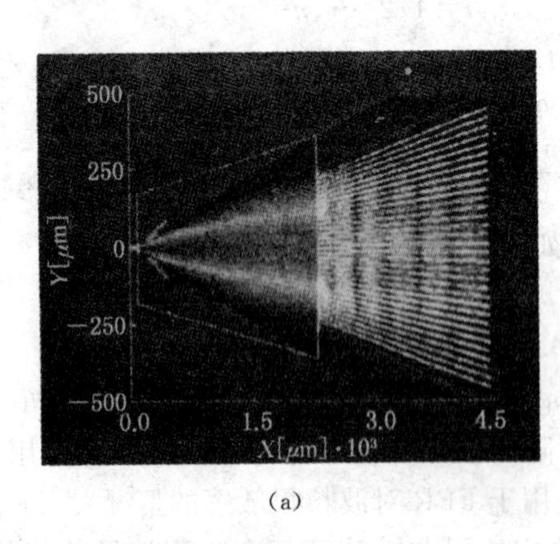

(a)

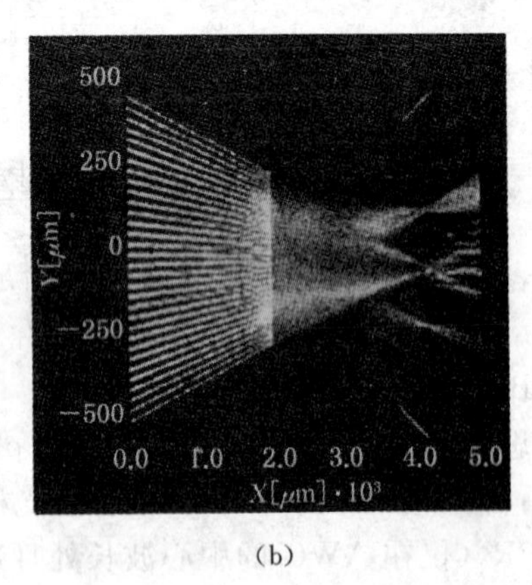

(b)

图 7.20　单波长的输入、输出 FPR 的光强分布仿真结果，插入损耗为 1.3dB

用器，如图 7.22（a）所示为 NTT 电子公司生产的应用在 DWDM 系统中的 2.5GHz 通道间隔 64 通道的 AWG 复用/解复用器模块。此外，还设计出了极低插入损耗（<3dB）、具有温度控制功能、对温度不敏感无需温度控制及偏振保持 AWG 复用/解复用器模块，如图 7.22（b）所示。

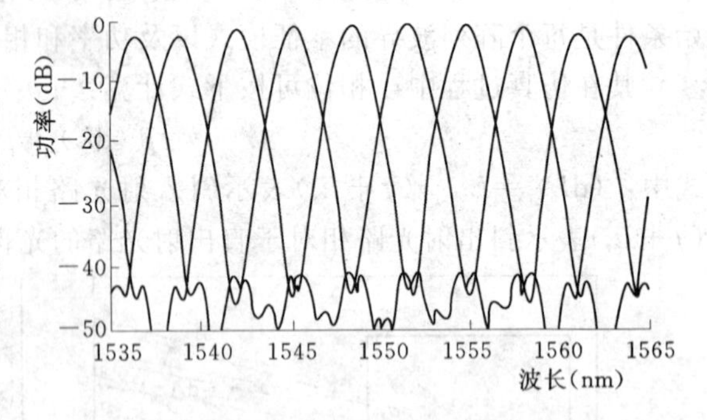

图 7.21　利用可变 BPM 得到的光谱响应，波长间隔为 0.2nm，串扰<−40dB

如图 7.23 所示为使用 AWG 实现 OADM 功能。其中波长 λ_2 实现了下话路，而 λ_2' 实现了上话路。利用 AWG 的可逆特性可以制作双向 OADM（称为 BADM）。

AWG 还可被用作 WGR（波导光栅路由器），即一种固定的波长路由器。WGR 因其可提供高的波长选择性、低插入损耗、体积小、价格低廉等优势，很适合应用在下一代 DWDM 通信网络中。如图 7.24 所示为基于 AWG 的网络结构图。图中被解压的数据包连续地进行交换。根据目的光网络单元 ONU，数据包通过可调激光器被调制到某个 R 波长

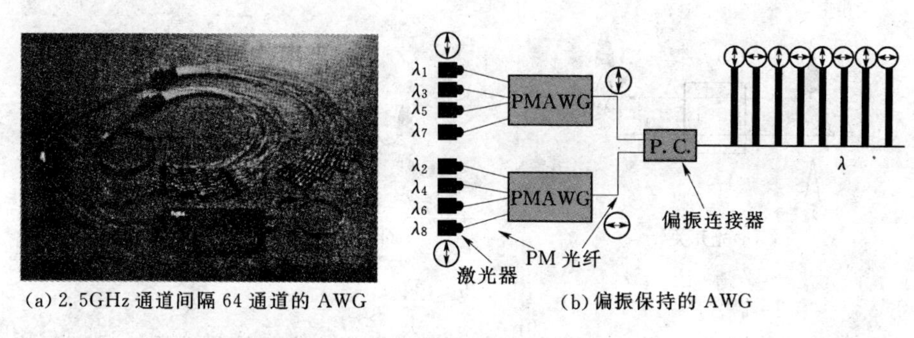

(a) 2.5GHz 通道间隔 64 通道的 AWG (b) 偏振保持的 AWG

图 7.22 AWG 复用/解复用器模块

上。将 AWG 与滤波器和 SOA 阵列连续可将任一波长传送到 AWG 的任一输出端口，实现了波长路由。

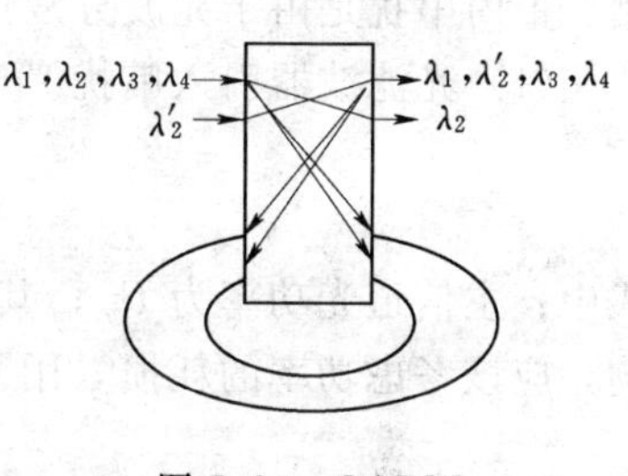

图 7.23 OADM

7.2.2 复用器/解复用器的串扰

信道间串扰是光波分复用系统中最重要的指标之一。当串扰发生时一个信道中的能量传递到另一个通道中，如图 7.25 所示，造成系统性能劣化。这种转移主要是由于光纤的非线性造成的。此外，各种光波分复用器件（如光滤波器、光解复用器和光开关）的不完善性也会引入串扰。

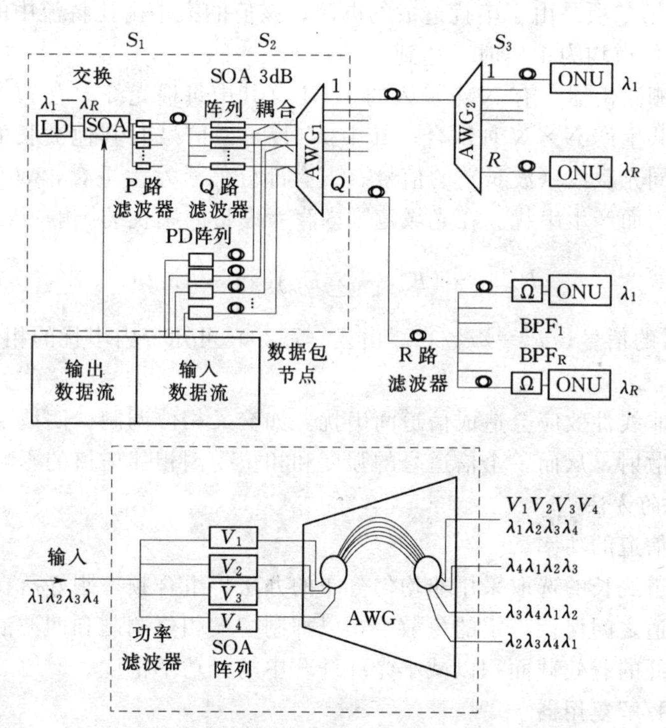

图 7.24 基于 AWG 的网络结构图

1. 线性串扰

按照产生的原因，线性串扰可分为两类：带内串扰和带外串扰。带外串扰是由于光滤

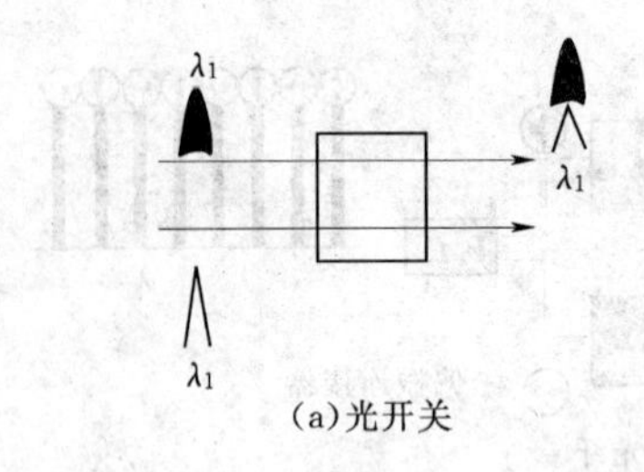

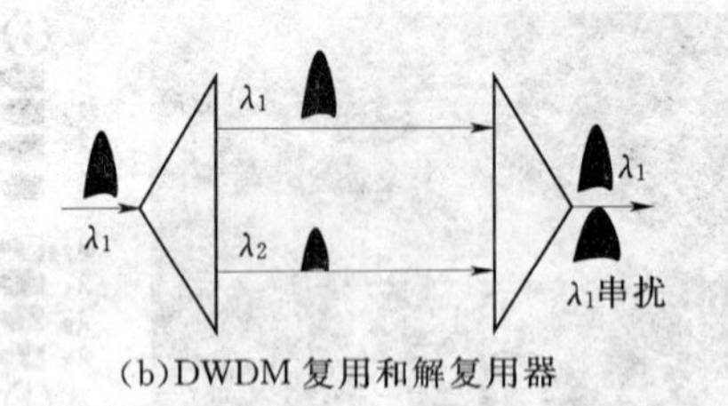

图 7.25　串扰

波器和光解复用器不理想产生的，它会造成一部分相邻信道的能量泄露，进而干扰光的检测。带内串扰是由于光波分复用的信号通过多节点实现路由选择时引入的。

(1) 光滤波器引入串扰。N 个信道通过光滤波器后，到达光检测器端光功率可写为：

$$P = P_m + \sum_{n \neq m}^{N} T_{mn} P_n \tag{7.18}$$

式中：主信道光功率为 P_m；其他信道对主信倒的串扰为 $T_{mn}P_n$。估计串扰对于系统的影响，应该考虑功率的耗损（用来减小串扰造成的耗损）此时光电流可表示为：

$$I = R_m P_m + \sum_{n \neq m}^{N} T_{mn} P_n R_n = I_{ch} + I_x \tag{7.19}$$

式中：$R_m = \eta_m q / h f_m$ 为信道 m 的光检测器的相应度；q 为电子电荷；h 为普朗克常量，η_{mn} 是量子效率。第二项是由于串扰造成的电源，该值的大小由比特流中的数据决定。当 n（n 不等于 m）个信道均为 1 码时，达到最大。

(2) 波导光栅路由器。有 N 个输入的 WGR（其中每根光纤中有 N 个波长），输入信号后进行组合，共生产 $N \times N$ 种组合，其中 $N(N-1)$信号时其他波长的信号。$(N-1)$ 个信号是具有相同光载波（波长）的信号。当有部分信号发生重叠，WGR 滤波器无法将它们完全滤出，因而产生串扰。在光域范围内直考虑带内串扰的影响可以得：

$$E_{m(t)} = \left(E_m + \sum_{n \neq m}^{N} E_n\right) \exp(-i\omega_m t) \tag{7.20}$$

式中：E_m 为所需的信号；$\omega_m = 2\pi c / \lambda_m$。由式（7.20）可知带内串扰的相干性很明显。

2. 非线性串扰

光纤中许多非线性效应会造成信道间串扰。如交叉相位调制、四波混频、受激布里渊散射和受激啦曼散射，从而一个信道号的强度和相位受倒相邻信道的影响。

3. 抑制窜扰的方法

(1) 减小各信道的功率。

(2) 各个信道波长的选取采用非均匀分布的办法将组合频率刚好落在波长间隔内。

(3) 在各通道之间保持一定的色散值，以抑制交叉相位调制和四波混频效应的产生。

(4) 增加光纤的有效截面积以减小光纤纤蕊中的光功率密度。

7.2.3　时分复用/解复用器

所谓光时分复用（OTDM），低速电信号调制用一个光载频上，并通过时间分隔将他们间插到同一个物理信道～光纤中形成高速光比特流的技术。这种方法使用宽带光电器件代替了高速电子器件，因而避免了因电子器件造成的瓶颈，是一种构成比特率传输很有效的技术。

1. OTDM 复用方式

时分复用必须采取同步技术来使远距离的接受端能够识别和恢复这种帧结构。发送端在每帧开始时发送一个特殊的码组，而接收端检测这个特征码组来进行帧定位，特征码组按一定的周期重复出现。每一帧又包含若干个时间区域，即使隙（time slot，TS）。再组帧过程中每个时隙严格地分配给一个信道。

光时分复用（OTDM）可分为比特间插 OTDM 和分组间插 OTDM，其原理框图如图 7.26 所示。

（1）比特间插 OTDM。比特间插 OTDM 帧中每个时隙对应一个待复用支路信息（一个比特），同时有一个帧脉冲信息，形成高速的 OTDM 信号。

（2）分组（包）间插 OTDM。分组间插 OTDM 帧中每个时隙对应一个待复用支路的分组信息（若干个比特区）以帧脉冲作为不同分组的界限。

2. 全光时分复用器

（1）光纤延迟线。通过在各个低速光通路上分别采用光纤延迟线，使各个通道的光脉冲到达复用器输出端的时间存在一定的差值，从而将低速光通的信号脉冲进行间插形成高速的光脉冲序列，实现 OTDM。如果需要将 N 个单信道速率 B 的重复周期。

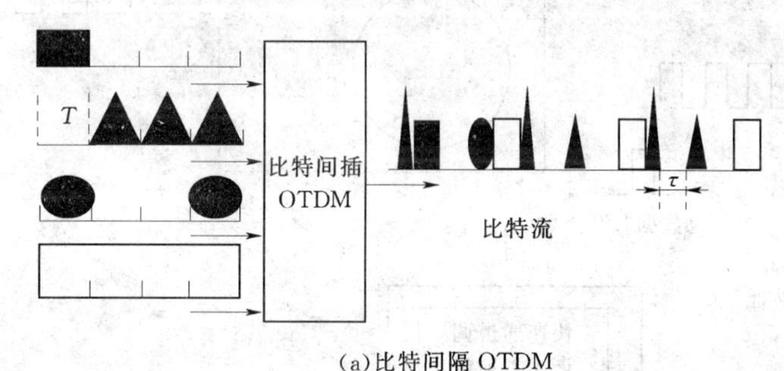

(a)比特间隔 OTDM

分组间插
OTDM
τ
分组复用流

(b)分组间隔 OTDM

图 7.26　比特间插和分组间插 OTDM

脉冲序列进行 OTDM 复用，则周期脉冲序列的宽度 t 应该满足 $t<(NB)^{-1}$，由此来确保所有脉冲能够适合所分配的时隙。

（2）快速通道调谐光发射机与非线性光环路径。快速通道调谐发射机由通道调谐延时电路和 DFB 增益开关激光器等组成，如图 7.27 所示。一个点的正弦信号经过切换时间小于 5ns 的电通道调谐延时电路后加到梳妆发生器上，梳妆发生器产生的电脉冲驱动 DFB 增益开关激光器产生可调谐的光脉冲。高速数据个正弦信号送入道调谐延迟电路经同步延迟后与梳妆发生器产生的脉冲信号在 1×2 的 RF 耦合器中进行叠加，然后送入 DFB 增益开关激光器产生经过数据调制的通道调谐的光脉冲。

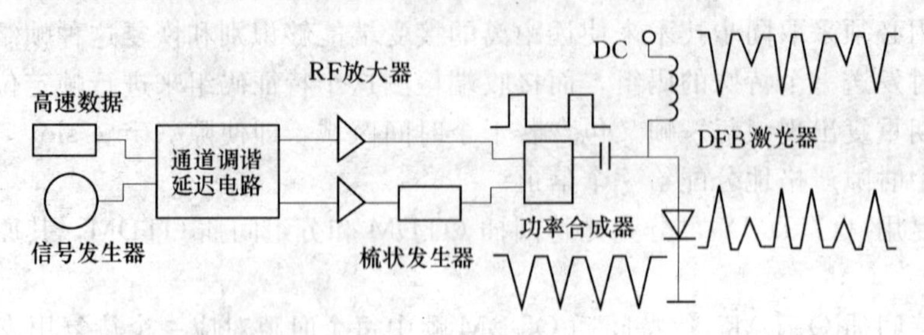

图 7.27　快速通道调谐光发射机

利用快速通道调谐光发射机和非线性光环路镜（nonlinear loop mirror，NOLM）光开关可实现高速的 OTDM 的复用器，其原理框图如图 7.28 所示。

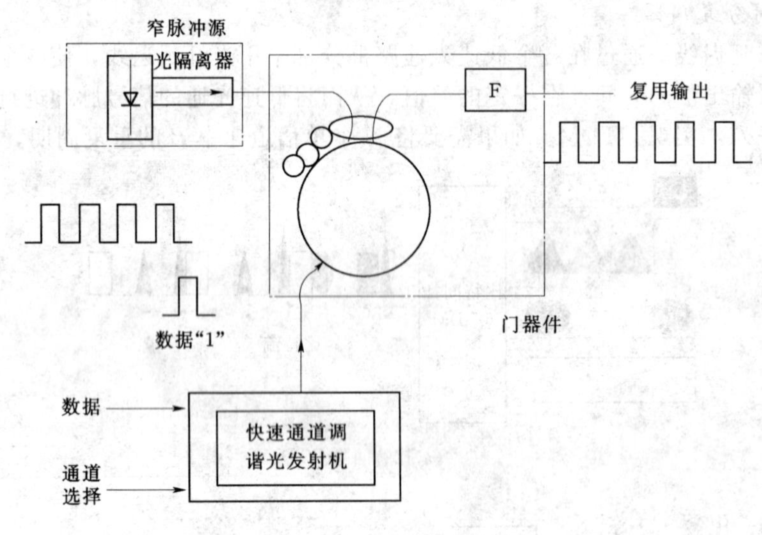

图 7.28　OTDM 复用器

高速的复用光脉冲由超短光脉冲源产生的，待发送的电路首先经通道调谐，然后经快速通道调谐发送转变成光脉冲。光脉冲流注入 NOLM 作为控制信号，从而实现复用功能。

3. 全光时分解复用

与将低速光信号复用成高速光信号的光时分复用技术相对应，将超高速光信号解复用成低速率光信号的光时分解复用技术同样是实现高速 OTDM 传输的关键技术。OTDM 要求全光解复用器具有快速稳定的无误码工作、控制功率低、偏振无关和定时抖动值小等特点，能满足这种要求的全光解复用器有串联的马赫—曾德尔干涉、非线性光学环路镜（NOLM）和四波混频（FWM）开关等。

（1）串联的马赫—曾德尔干涉仪型的解复用器。利用电光效应的方法是将 3 个马赫—曾德尔干涉仪型的 $LiNbO_3$ 调制器串联，形成 8 信道的 OTDM 解复用器，如图 7.29 所示。在调制器上加以 V_0、$2V_0$、$4V_0$ 电压（电压 V_0 是 MZI 干涉仪上其中一个臂产生 180° 相移所需的电压），采用相同时钟进行驱动，通过改变时钟信号的相位可实现对不同信道信号的提取，就可以构成串联的马赫—曾德尔干涉仪型的全光 OTDM 解复用器。这种方法的优点在于可以利用现有的已经发展得很成熟的而且已经实现商业化的器件；缺点是需要大量昂贵的器件，有些还需要高电压来驱动。另外由于电光效应的特点使调制器的速率受限。尽管如此，由于 $LiNbO_3$ 调谐器能够工作的速率高达 20Gbit/s，因此这种方式还是很有吸引力的。

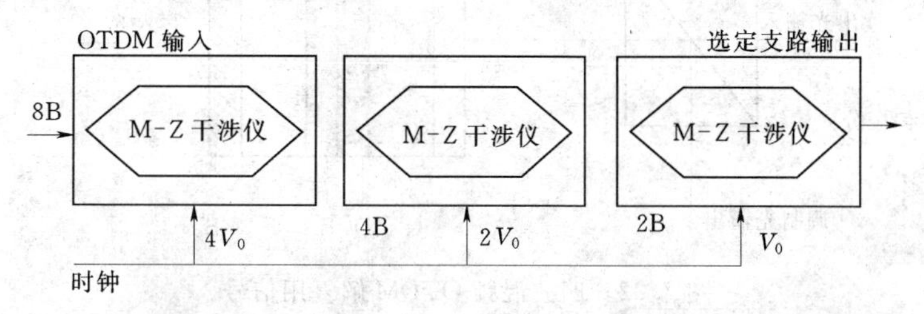

图 7.29 串联的马赫—曾德尔干涉仪型的解复用器

(2) 非线性光学环路镜 NOLM。NOLM 是将光纤环的末端分别理解再 3dB 光纤耦合器的一个输入一个输出端构成其结构如图 7.30 所示。

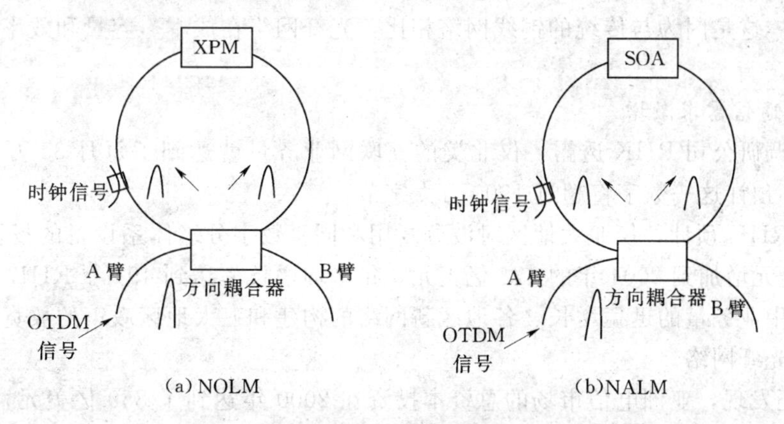

图 7.30 非线性光学环路镜构成示意图

NOLM 的工作原理是基于交叉相位调制，复用信号通过具有 3dB 耗损的耦合器后被均匀分成两份沿相反方向传播，对于特定信道时钟信号通过 XPM 时产生相对于该信道的相移，由此得到了单个信道的信号。再光纤环中加入一个半导体光放大器构成如图 7.30 (b) 所示的非线性放大环境（non-linear amplified loop mirro，NALM)，利用NALM可实现 OTDM 全光解复用。

(3) 四波混频开关。四波混频开关是以种利用光纤环或半导体光放大器等非线性介质中的克尔相移和四波混频效应的全光解复用器，如图 7.31 所示。OTDM 信号与时钟信号（与信号波长不同）同时耦合进非线性介质中，时钟信号在四波混频处理中起着激励源的作用，在第三个波长上新的脉冲序列准确地复制了所需要解复用的信号。光滤波器被用来

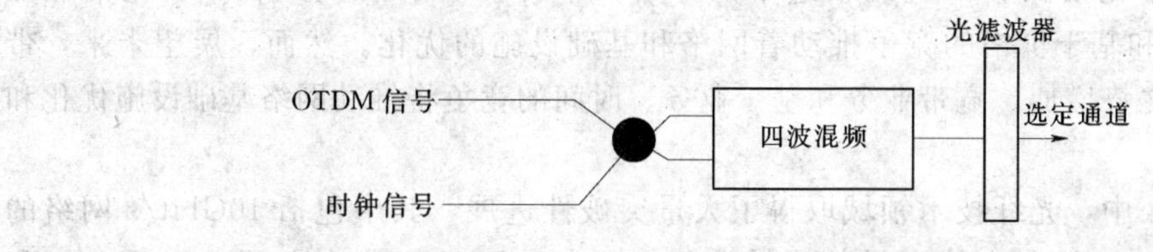

图 7.31 四波混频 OTDM 解复用器

将解复用的信号和时钟信号以及OTDM信号分离开来，由此实现OTDM解复用，如图7.32所示。

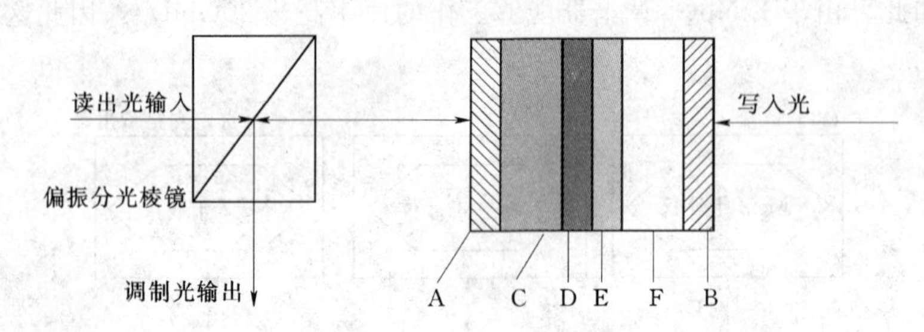

图7.32　四波混频OTDM解复用信号

【阅读资料19】　光纤通信新技术

20世纪90年代，当通过电信网络传输的数据业务量超过了这些网络中的语音业务量时（在很大程度上归功于互联网使用的迅速普及），人们对光纤网络的需求增长之迅猛更是令人惊讶。这是因为与传统的铜线网络相比，光纤网络在成本、容量和效率方面都具有明显的优势。

1. 宽带通信需求激增

据市场调研公司RHK透露，仅北美的互联网业务量就达到了每月35万太字节。而到2003年，预计这一数字将超过1500万太字节。

此外，RHK预计，仅亚太地区对波分复用和同步数字分级体系设备的投资将从2000年的35亿美元增加到2004年的172亿美元，年平均增长率达到49%。RHK表示，骨干网和城域网中业务量的迅猛增长、各地区新网络的构建和亚太地区政策的放宽都促使服务供应商部署光纤网络。

RHK还发现，亚洲电信市场的总资本投资在2000年达到了850亿美元，与1999年相比增长了20%多。另外中国电信最近发布的一份报告透露，中国电信正计划在现有的“八横八纵”干线光缆的基础上再建多个大干线，以连接全国重要城市的光节点。到“十五计划”结束时，长途传输网络的光缆长度将超过30万km。其中省际干线的长度将超过10万km，从而形成一个高容量的物理基础传输网络。随着我国加入WTO（预计在2001年）的临近，内地所有主要运营商及新兴运营商都在计划增加骨干网容量，以便以极具竞争力的价格向最终用户提供所需的带宽。

有多种因素将影响带宽消耗量（将来4年内将增长100%～200%）。这些因素包括连接速度、用户采用率、地理连接模式、平均使用间隔、应用有效性和复杂性、微处理速度和带宽的吸引力。

直到最近，带宽增长率一直比较适中，年增长率为30%。在此过程中，宽带业务（56k拨号线路）和基于价格的竞争推动着网络和基础设施的优化。然而，展望未来，带宽将以前所未有之势增加，宽带业务和基于业务、时间的竞争将推动网络基础设施优化和运营的可扩展性。

仅在过去5年中，光纤技术领域取得了大量突破性进展，其中包括10Gbit/s网络的构建和单根光纤上每秒太比特容量的成功演示。不久前，业内成功演示了40Gbit/s和80Gbit/s网络。这些演示进一步突出了对速度更高、容量更大的网络的需求和期望。

2. 五年来技术大突破

要全面发挥互联网的潜力，必须不断提高网络可靠性、速度和灵活性。这就要求构想一种非常可靠、可以灵活地支持新应用和业务而且成本低廉的网络。有一套真正的端到端解决方案，对于构建更可靠、速度更高而且更灵活的互联网也至关重要。

此外，还需要智能网络。它必须提供动态的带宽管理、集成的分组和光纤联网以及通过一体化解决方案实现的协调一致的故障排除功能。将来的网络还必须提供可扩展、可实现业务的多太比特连接管理解决方案，它应该可以集合和整理（groom）波长和子波长（sub wavelength）业务并提供灵活的恢复机制来满足业务需要。

超高容量和超远距离（4000km）解决方案对于演进长途网络也很关键，而先进的DWDM系统则是城域解决方案的一个重要组成部分。可靠性不再是一个业务差分因素，它已成为一项必备要求，而光纤层保护和恢复则是它的一部分。光纤和分组层上采用的经过实践验证的功能恢复方法可以更可靠、智能地根据根本原因处理网络性能下降情况。

要在一个业务要求瞬息万变的环境中提供灵活性，模块化光纤系统是一项必备条件。从收集层到高速核心网之间，我们需要提供多样化的上高速路（OnRamp）手段，使得我们能处理不同的协议和不同的传输速率。这是收集层波分复用设备非常重要的要求。

时分复用（TDM）和密集波分复用（DWDM）技术的发展帮助我们顺利演进了网络以处理业务容量问题。这两种技术可以提高光纤吞吐量模块性，而DWDM还可以提供一种解决容量问题的方法，因为它使服务供应商可以在一根光纤上合并和发送多个光信号。这样，服务供应商便可以灵活地增加专为增加光纤容量而设计的下一代TDM技术，以便通过将时间划分为更短的时间段和增加每秒传输的比特数量来处理比特率。

然而，寻求实现2.5Gbit/s和10Gbit/s以上线路速率的服务供应商还必须满足这一要求。服务供应商们正在寻求可以支持更高光纤核心传输速率的解决方案，以便实现高性能骨干太比特容量并有效管理带宽增长，同时降低在光纤上将每比特业务传输1英里所需的成本。

下一代技术的发展可以提高光纤层的容量和效率，而且还可以在一根传输线路速率为40Gbit/s的光纤上支持高达64Tbit/s的容量。这种结构可以扩展到80Gbit/s甚至更高。与DWDM网络设备协同使用时，全新的40G解决方案实现的太比特容量可以实现一种非常优化的解决方案来缓解网络核心的业务拥塞和瓶颈。

40Gbit/s平台可以提高网络的经济高效性，扩大光纤覆盖范围，同时降低对传统网络单元的需求。它在每英里上传输1比特业务的成本最低而且设计小巧，可以减少在中心局中所需的空间。一个完整的40Gbit/s平台将可以集成一个智能ASON（自动交换式光纤网络），以提供在传输层管理容量的功能，同时实现将带宽设置和多种端到端业务迅速重新路由至网络任何地方的灵活性。这有助于确保需求可以得到经济高效的满足。

光纤组件的其他进步和一体化网状体系结构的建立将为服务供应商带来更高效的解决方案。网状网的灵活性可以提高网络效率，同时降低总投资成本。网状体系结构允许进行多种灵活的网络配置，每一种配置都可以支持基于智能光纤交换机的电路设置和所请求保护级别上对不同多级别业务的路由。

多重路由功能允许经济高效的业务设置，而且可以通过缩短恢复时间提高网络的整体可靠性。灵活的带宽管理还使服务供应商可以在必要时租用不同波长。另外，可调谐的发射机将为光纤核心带来更大的灵活性，并通过在所有波长上使用相同激光器来降低库存成本。

我们无法预言今后五年内将取得什么样的进展，但有一点可以肯定，那就是对速度、效率和容量的需求将继续增长，正如互联网的使用一样。

【阅读资料20】　空间光调制器

空间光调制器是一类能将信息加载于一维或两维的光学数据场上，以便有效的利用光的固有速度、并行性和互连能力的器件。这类器件可在随时间变化的电驱动信号或其他信号的控制下，改变空间上光分布的振幅或强度、相位、偏振态以及波长，或者把非相干光转化成相干光。由于它的这种性质，可作为实时光学信息处理、光计算和光学神经网络等系统中构造单元或关键的器件。

空间光调制器一般按照读出光的读出方式不同，可以分为反射式和透射式；而按照输入控制信号的方式不同又可分为光寻址（OA-SLM）和电寻址（EA-SLM）。

Meadowlark Optics 公司的空间相位调制器采用其专利技术可以独立控制液晶列阵，辅之以 D3128 或 D3256 多通道液晶数字接口控制器可以编程控制这些高分辨率的空间光调制器。

Meadowlark 提供线性和六边形单元两种几何结构为基础的各类空间相位调制器。如图 7.33 和图 7.34 所示。不同的像元数量（128 和 256 两种列阵）、不同像元大小和不同工作波长范围。

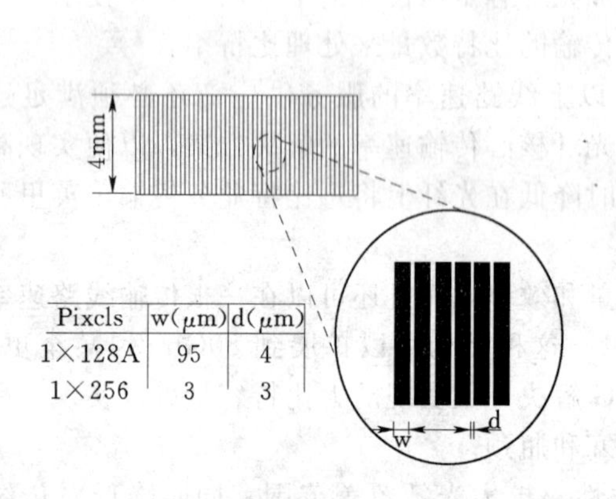

图 7.33　线性列阵空间光调制器

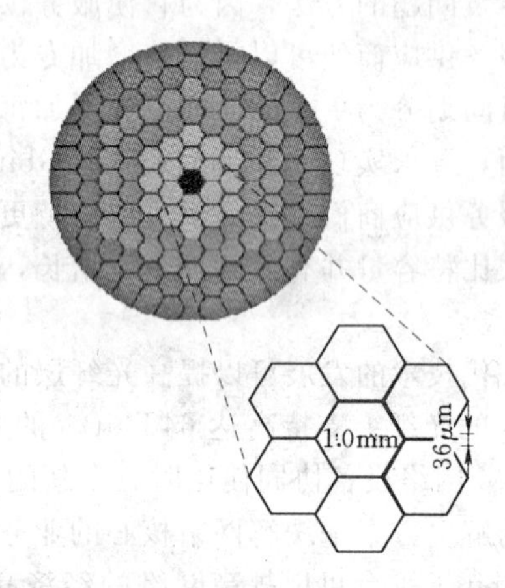

图 7.34　六边形列阵空间光调制器

Meadowlark 提供空间相位调制和空间强度调制两种调制方式。

空间相位调制。空间相位调制在对光束进行精确相位调制的过程中，不会对入射光空间强度分布产生任何影响，每个相邻像素单位之间相位差从 0～2pi 可以连续可调，如图 7.35 所示。

空间强度调制。由两个互补的空间光调制器组成的空间光强度调制器可以消除器件对入射光光相位的影响。

液晶光阀利用光—光直接转换，效率高、能耗低、速度快和质量好。可广泛应用到光计算、模式识别、信息处理和显示等领域，具有广阔的应用前景。

空间光调制器是实时光学信息处理，自适应光学和光计算等现代光学领域的关键器件。在很大程度上，空间光调制器的性能决定了这些领域的实用价值和发展前景。

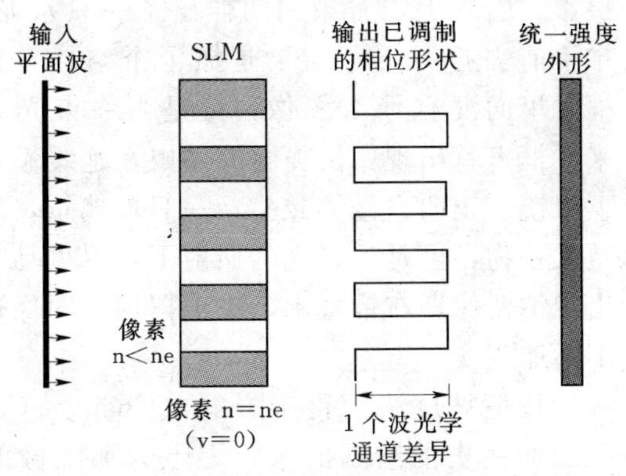

图 7.35 空间相位调制

图 7.36 空间光调制器控制器实物图

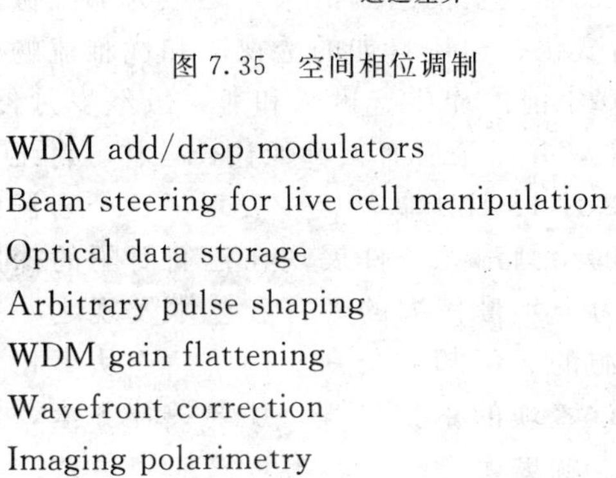

WDM add/drop modulators	WDM（波分复用）增加/减少 调制器
Beam steering for live cell manipulation	针对活性电池操控的光束控制
Optical data storage	光学数据存储
Arbitrary pulse shaping	任意脉冲成形
WDM gain flattening	WDM（波分复用）增益平坦
Wavefront correction	波阵面纠正
Imaging polarimetry	偏振成像
Multi－channel PMD correction	多通道 PMD 纠正
Optical transform masks	光学转换面
Microscopy	显微镜

【阅读资料 21】 漫说全息摄影

内容摘要 全息摄影亦称“全息照相”，一种利用波的干涉记录被摄物体反射（或透射）光波中信息（振幅、相位）的照相技术。全息摄影是通过一束参考光和被摄物体上反射的光叠加在感光片上产生干涉条纹而成。全息摄影不仅记录被摄物体反射光波的振幅（强度），而且还记录反射光波的相对相位。

全息摄影简介 为了满足产生光的干涉条件，通常要用相干性好的激光作光源，而且光和照射物体的光是从同一束激光分离出来的。感光片显影后成为全息图。全息图并不直接显示物体的图像。用一束激光或单色光在接近参考光的方向入射，可以在适当的角度上观察到原物的像。这是因为激光束在全息图的干涉条纹上衍射而重现原物的光波。再现的像具有三维立体感。

在摄制全息图时感光片上，每一点都接收到整个物体反射的光。因此，全息图的一小部分就可再现整个物体。用感光乳胶厚度等于几个光波波长的感光片，可在乳胶内形成干涉层，制成的全息图可用白光再现。如果用红、绿和蓝三种颜色的激光分别对同一物体用厚乳胶感光片上摄制全息照片，经适当的显影处理后，可得到能在白光（太阳光或灯光）下观察的有立体感和丰富色彩的彩色 3D 全息图。

使用领域 全息摄影在信号记录、形变计量、计算机存储、生物学和医学研究、军事技术等领域得到广泛的应用，如图 7.37 所示。

20 世纪 80 年代初，法国全息摄影展在世界各地展览，人们欣赏到了神奇莫测的全息

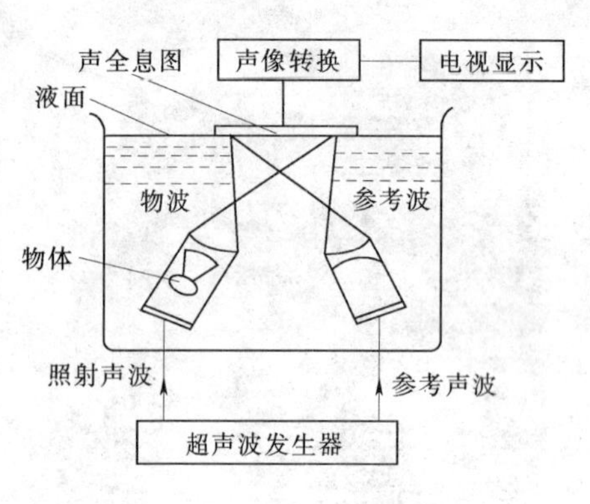

图7.37 全息摄影（一）

摄影。墙头上，看来明明伸出了一只水龙头，举手前去拧一下，结果是抓了个空；一只镜框，里面没有什么图像，可是当一束光射过来，框里就出现一位美丽的姑娘，她缓慢地摘下眼镜，正向人微笑致意；一只玻璃罩，里面空无一物，可是，在光的照射下，罩里马上现出维纳斯像。在镜框上、玻璃罩内、图像还在不断地变换。

凡是见过法国肖维岩洞（Chauvet Cave）中的那些史前绘画的人，无不为那细微的明暗变化、运用自如的透视法和优雅流畅的线条所折服。这些原始人用赭石绘制于32000年前的犀牛、狮子和熊，虽经岁月侵蚀，却依然能够给人带来极大的视觉撼动。但是，并不是所有人都像让—马林·肖维和他的两位朋友那么运气。当他们在1994年12月18日于偶然之中发现了这个岩洞的时候，所有的岩洞都为他们敞开大门，所有的绘画都无条件展现在他们简陋的探照灯下。然而，当这一发现被公之于众，并作为当年最伟大的考古和艺术发现之一被法国政府斥巨资加以研究保护之后，肖维岩洞的大门却对公众关闭了。连从事相关研究的专家，在入洞考察之前，都不但要经过繁琐的审批过程，还要披挂齐全，做足保护功夫，并且保证不能接触洞壁。普通人就更无缘一睹真容，只能望着杂志上平板的图片凭空摹想了，如图7.38所示。

图7.38 全息摄影（二）

不过，居住在古老的葡萄酒之乡波尔多城郊小镇上的伊夫·根特及其兄弟菲力普·根特却可能用他们的全息照片将这一切变为历史。

一个世纪以前，当电报的发明人塞缪尔·摩尔斯第一次见到使用银版照相术拍摄下来的照片时，曾惊讶地认为，如此逼真的图像决不应当被称作大自然的复制品，它们就是自然本身的一部分。在如今见多识广的人们眼中，摩尔斯的反应未免有些大惊小怪。在这个数码相机能充分展现其魅力的时代中，没人会像当初圣彼得堡中初见照片的人们那样，害怕照片中的人会对自己眨眼睛，看出自己的想法。但是，当南巴黎大学的化学物理学家和胶片感光专家杰奎琳·贝洛妮（Jacqueline Belloni）在一次学术会议上将伊夫·根特制作的一幅蝴蝶的全息照片展示给大家时，一位恰巧同时也是蝴蝶标本收集爱好者的物理学家却非常费解地问她，到底为什么要在作学术报告时候展示这种鳞翅类昆虫的标本盒子。那位物理学家无论如何都不肯相信这只不过是一幅全息照片，如图7.39所示。

其实，那位物理学家的惊疑也在情理之中，尽管全息摄影术对大多数人而言早就不是一个新鲜概念。早在激光出现以前，1948年伽伯为了提高电子显微镜的分辨本领而提出了全息的概念，并开始全息照相的研究工作。1960年以后出现了激光，为全息照相提供了一个高亮度高度相干的光源，从此以后全息照相技术进入一个崭新的阶段。相继出现了多种全息的方法，不断开辟全息应用的新领域。伽伯也因全息照相的研究获得1971年的诺贝尔物理学奖金。

无论是全息摄影，还是最早的银版照相术，它们的奥秘都在对光的记录。所有的光都拥有3种属性，它们分别是光的明暗强弱、光的颜色以及光的方向。早期的银版照相和黑白照片只能记录下光的明暗变化，而彩色照片在此之外，还能通过记录光的波长变化，反应出它的颜色。全息摄影是唯一能同时捕捉到光的3种属性的一种摄影术。通过激光技术，它能记录下光射到物体上再折射出来的方向，逼真地再现物体在三维空间中的真实景象。

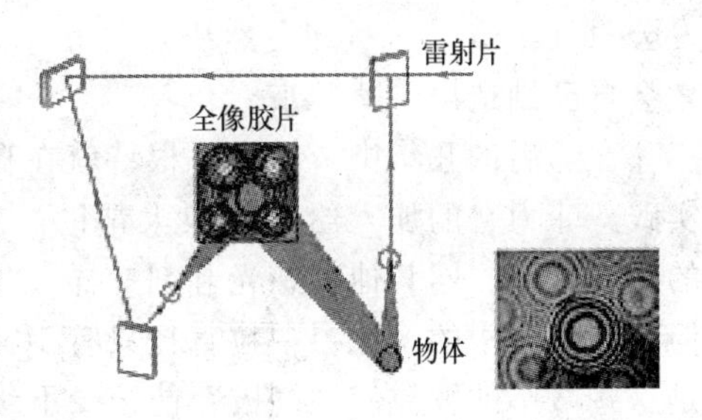

图7.39　全息摄影（三）

根特兄弟　然而，一直到根特兄弟的作品问世之前，所谓的真实再现一直都不过是理论上的。或许是因为好的全息图像罕见而且难于生成；或许因为全息摄影的科学原理过于深奥，在全息摄影发明了半个世纪之后，它却仍然是一项充满了神秘色彩的技术，如图7.40和图7.41所示。

图7.40　全息摄影（四）

图7.41　全息摄影（五）

在一些媒体对伊夫·根特及其兄弟成就的报道中，有人将他们描述为“唯一真正实现了全息摄影的再现自然功能的人”；还有人说，他们的作品就像摩尔斯所说那样，是“大自然的一部分”。这些评论可能有些言过其辞，因为实际上，全世界也有许多其他人在从事着全息摄影的研究，国际全息图像制造者联合会（International Hologram Manufacturers Association）就是一个聚集了全球全息摄影专家和爱好者的组织。但伊夫·根特毫无疑问是这些专家中的翘楚。在2001年冬季，这个联合会将“本年度最佳全息摄影作品”和“最新全息摄影技术”这两项最有分量的大奖颁发给了伊夫，就是最好的说明。一次在奥地利召开的全息摄影学术会议上，当根特兄弟发言并展示自己的作品时，“140多位经验丰富的全息摄影高手都充满钦佩之情地深吸了一口气”。菲力普在回忆当时的场景时不无得意。他说，“当人们涌上来观看我们制作的全息图片的时候，整个屋子都为之一空。”当时在场的所有专家都被那些几可乱真的图片迷住了。他们忍不住伸手去触摸作品中身着老挝传统舞蹈服装的小木偶衣服上的精美花纹，还有人想要拭去挂在正在吃小甜饼的小姑娘嘴边的饼干碎屑。当然，他们摸到的，同那位物理学家一样，只不过是一层薄薄的玻璃而已。

现在，伊夫的工作得到了业界承认和赞许。可是，当他在1992年因为所在的实验室倒闭而被解雇，回到家乡小镇上以一个自由职业者的身份开始自己的全息摄影技术研究时，情况却完全不同。他花了两年左右时间研究出所有必需设备，包括一台最重要的便携全息肖像照相机。但当这一切就绪之时，唯一一家生产他所需要的胶片的制造商——爱克发公司（Agfa）——却突然决定停止生产此种胶片。在发明了“牛”之后，伊夫还必须教会自己制造出“草”来。

在随后的几年中，伊夫·根特就在自己简陋的实验室中自学相关的化学原理，并反复实践。菲力普的加入给了他很大帮助。后来，他们终于发明出名为“终极”（Ultimate）的感光乳剂。同其他的感光乳剂一样，“终极”的主要成分也是感光性极好的溴化银颗粒。但“终极”中的溴化银颗粒直径只有10nm，是普通胶片上感光颗粒的1/10到1/100。正是这些微小的颗粒使“终极”能记录下细至纤毫的每一个细节，并在同一个感光层上同时记录下红、绿、蓝三色。如图7.42和图7.43所示。

图7.42　全息摄影（六）

图7.43　全息摄影（七）

伊夫找到了被他称为“30年来所有人都在寻找的感光乳剂”，但他却还有很长的路要走。他做出了复制肖维岩洞壁画的整个方案，却因为找不到政府的权威人士而求告无门。他还建议为巴黎的迪斯尼乐园建立一个来访名人的全息摄影肖像馆，谈判却一拖再拖。所有见过他作品的人，都承认那是完美的全息图像，但法国的投资者过于谨慎，他们不仅要下金蛋的鹅，还要一群这样的鹅能够工业化、大规模下出金蛋，才肯从自己的口袋里掏钱。为了寻求投资人，根特兄弟及其父亲甚至想过要移民到魁北克。

转机出现在一位美国合伙人的加入之后。他所拥有的机器能将“终极”母版上的全息图像复制到杜邦公司制造的某种聚合体材料上。尽管这些图像还达不到“终极”胶片上的图像水准，但却远比从前的聚合体材料上的全息图像好多了。伴随着这种杜邦材料上的全息图像的大规模生产，使用“终极”胶片的工业化生产也是指日可待。此外，国际全息图像制造者联合会的首肯也为根特兄弟的工作增添了分量。虽然伊夫所应用的技术目前还没有一项是受专利保护，但在不久的将来，它们有望作为专门技术（Know-How）为他带来巨大的财富。

全息摄影原理　全息摄影是指一种记录被摄物体反射波的振幅和位相等全部信息的新型摄影技术。普通摄影是记录物体面上的光强分布，它不能记录物体反射光的位相信息，因而失去了立体感。

照明光源。全息摄影采用激光作为照明光源，并将光源发出的光分为两束。一束直接射向感光片，另一束经被摄物的反射后再射向感光片。两束光在感光片上叠加产生干涉，感光底片上各点的感光程度不仅随强度也随两束光的位相关系而不同。所以全息摄影不仅记录了物体上的反光强度，也记录了位相信息。人眼直接去看这种感光的底片，只能看到像指纹一样的干涉条纹。但如果用激光去照射它，人眼透过底片就能看到原来被拍摄物体完全相同的三维立体像。一张全息摄影图片即使只剩下一小部分，依然可以重现全部景物。

全息摄影可应用于工业上进行无损探伤、超声全息、全息显微镜、全息摄影存储器、全息电影和电视等许多方面。产生全息图的原理可以追溯到300年前，也有人用较差的相干光源做过试验，但直到1960年发明了激光器——这是最好的相干光源——全息摄影才得到较快的发展。

激光全息摄影是一门崭新的技术，它被人们誉为20世纪的一个奇迹。它的原理于1947年由匈牙利籍的英国物理学家丹尼斯·加博尔发现，它和普通的摄影原理完全不同。直到10多年后，美国物理学家雷夫和于帕特倪克斯发明了激光后，全息摄影才得到实际应用。可以说，全息摄影是信息储存和激光技术结合的产物，如图7.44所示。

图7.44 全息摄影（八）

激光全息摄影包括两步，记录和再现。

(1) 全息记录过程。把激光束分成两束，一束激光直接投射在感光底片上，称为参考光束；另一束激光投射在物体上，经物体反射或者透射，就携带有物体的有关信息，称为物光束。物光束经过处理也投射在感光底片的同一区域上。在感光底片上，物光束与参考光束发生相干叠加，形成干涉条纹，这就完成了一张全息图。

(2) 全息再现的方法。用一束激光照射全息图，这束激光的频率和传输方向应该与参考光束完全一样，于是就可以再现物体的立体图像。人从不同角度看，可看到物体不同的侧面，就好像看到真实的物体一样，只是摸不到真实的物体。

全息成像是尖端科技。全息照相和常规照相不同，在底片上记录的不是三维物体的平面图像，而是光场本身。常规照相只记录了反映被拍物体表面光强的变化，即只记录光的振幅。全息照相则记录光波的全部信息，除振幅外还记录了光波的图像。即把三维物体光波场的全部信息都贮存在记录介质中。

全息原理是“一个系统原则上可以由它的边界上的一些自由度完全描述”，是基于黑洞的量子性质提出的一个新的基本原理。其实这个基本原理是联系量子元和量子位结合的量子论的。其数学证明是，时空有多少维，就有多少量子元；有多少量子元，就有多少量子位。它们一起组成类似矩阵的时空有限集，即它们的排列组合集。全息不全，是说选排列数，选空集与选全排列，有对偶性。即一定维数时空的全息性完全等价于少一个量子位的排列数全息性；这类似“量子避错编码原理”，从根本上解决了量子计算中的编码错误造成的系统计算误差问题。而时空的量子计算，类似生物DNA的双螺旋结构的双共轭编码。它是把实与虚、正与负双共轭编码组织在一起的量子计算机。这可叫做“生物时空学”。这其中的“熵”，也类似“宏观的熵”，不但指混乱程度，也指一个范围。时间指不指一个范围，从“源于生活”来说，应该指。因此，所有的位置和时间都是范围。位置“熵”为面积“熵”；时间“熵”为热力学箭头“熵”。其次，类似N数量子元和N数量子位的二元排列，与N数行和N数列的行列式或矩阵类似的二元排列。其中有一个不相同，是行列式或矩阵比N数量子元和N数量子位的二元排列少了一个量子位，这是否类似全息原理，N数量子元和N数量子位的二元排列是一个可积系统，它的任何动力学都可以用低一个量子位类似N数行和N数列的行列式或矩阵的场论来描述呢？数学上也许是可以证明或探究的。

(3) 反德西特空间，即为点、线、面内空间，是可积的。因为点、线、面内空间与点、线、面外空间交接处趋于“超零”或“零点能”零，到这里是一个可积系统，它的任何动力学都可以有一个低一维的场论来实现。也就是说，由于反德西特空间的对称性，点、线、面内空间场论中的对称性，要大于原来点、线、面外空间的洛仑兹对称性，这个比较大一些的对称群叫做共形对称群。当然这能通过改变反德西特空间内部的几何来消除这个对称性，从而使得等价的场论没有共形对称性。这可叫新共形共形。如果把马德西纳空间看作“点外空间”，一般“点外空间”或“点内空间”也可看作类似球体空间。反德西特空间，即“点内空间”是场论中的一种特殊的极限。“点内空间”的经典引力与量子涨落效应，其弦论的计算很复杂，计算只能在一个极限下作出。例如上面类似反德西特空间的宇宙质量轨道圆的暴涨速率，是光速的 8.88 倍，就是在一个极限下作出的。在这类极限下，“点内空间”过渡到一个新的时空，或叫做 pp 波背景，可精确地计算宇宙弦的多个态的谱，反映到对耦的场论中，可获得物质族质量谱计算中一些算子的反常标度指数。

技巧是，弦并不是由有限个球量子微单元组成的。要得到通常意义下的弦，必须取环量子弦论极限。在这个极限下，长度不趋于零，每条由线旋耦合成环量子的弦可分到微单元 10^{-33}cm，而使微单元的数目不是趋于无限大，从而使得弦本身对应的物理量如能量动量是有限的。在场论的算子构造中，如果要得到 pp 波背景下的弦态，恰好需要取这个极限。这样，微单元模型是一个普适的构造，也清楚了。在 pp 波这个特殊的背景之下，对应的场论描述也是一个可积系统。

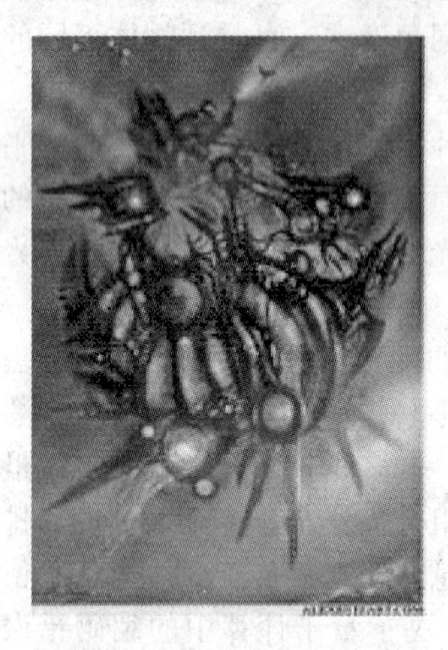

图 7.45　全息摄影（九）

全息摄影和普通摄影的区别。在普通摄影中，照相机拍摄的景物，只记录了景物的反射光的强弱，也就是反射光的振幅信息，而不能记录景物的立体信息。而全息摄影技术，能够记录景物反射光的振幅和相位。在全息影像拍摄时，记录下光波本身以及二束光相对的位相，位相是由实物与参考光线之间位置差异造成的。

从全息照片上的干涉条纹上我们看不到物体的成像，必须使用具有凝聚力的激光来准确瞄准目标照射全息片，从而再现出物光的全部信息。一个叫班顿的人后来又发现了更为简便使用白光还原影像的方法，从而使这项技术逐渐走向实用阶段。

全息照相的拍摄要求。

为了拍出一张满意的全息照片，拍摄系统必须具备以下要求。

(1) 光源必须是相干光源。通过前面分析知道，全息照相是根据光的干涉原理，所以要求光源必须具有很好的相干性。激光的出现，为全息照相提供了一个理想的光源。这是因为激光具有很好的空间相干性和时间相干性。实验中采用 He-Ne 激光器，用其拍摄较小的漫散物体，可获得良好的全息图。

(2) 全息照相系统要具有稳定性。由于全息底片上记录的是干涉条纹，而且是又细又密的干涉条纹，所以在照相过程中极小的干扰都会引起干涉条纹的模糊，甚至使干涉条纹无法记录。比如，拍摄过程中若底片位移一个微米，则条纹就分辨不清。为此，要求全息实验台是防震的。全息台上的所有光学器件都用磁性材料牢固地吸在工作台面钢板上。另外，气流通过光路、声波干扰以及温度变化都会引起周围空气密度的变化。因此，在曝光时应该禁止大声喧哗，不能随意走动，保证整个实验室绝对安静。我们的经验是，各组都调好光路后，同学们离开实验台，稳定1min后，再在同一时间内暴光，得到较好的效果。

(3) 物光与参考光应满足。物光和参考光的光程差应尽量小，两束光的光程相等最好，最多不能超过2cm，调光路时用细绳量好。两束光之间的夹角要在30°～60°之间，最好在45°左右。因为夹角小，干涉条纹就稀，这样对系统的稳定性和感光材料分辨率的要求较低。两束光的光强比要适当，一般要求在1∶1～1∶10之间都可以，光强比用硅光电池测出。

(4) 使用高分辨率的全息底片。因为全息照相底片上记录的是又细又密的干涉条纹，所以需要高分辨率的感光材料。普通照相用的感光底片由于银化物的颗粒较粗，每毫米只能记录50～100个条纹，天津感光胶片厂生产的Ⅰ型全息干板，其分辨率可达每毫米3000条，能满足全息照相的要求。

(5) 全息照片的冲洗过程。冲洗过程也是很关键的。我们按照配方要求配药，配出显影液、停影液、定影液和漂白液。上述几种药方都要求用蒸馏水配制。但实验证明，用纯净的自来水配制，也获得成功。冲洗过程要在暗室进行，药液千万不能见光，保持在室温20℃左右进行冲洗。配制一次药液保管得当可使用一个月左右。

全息照相系统有许多特点和优势，其显著的特点和优势有如下几点。

(1) 再造出来的立体影像有利于保存珍贵的艺术品资料进行收藏。

(2) 拍摄时每一点都记录在全息片的任何一点上，一旦照片损坏也关系不大。

(3) 全息照片的景物立体感强、形象逼真、借助激光器可以在各种展览会上进行展示，会得到非常好的效果。

全息照相系统应用。在生活中，当然也常常能看到全息摄影技术的运用。比如，在一些信用卡和纸币上，就有运用了俄国物理学家尤里·丹尼苏克（Yuri Denisyuk）在20世纪60年代发明的全彩全息图像技术制作出的聚酯软胶片上的“彩虹”全息图像。但这些全息图像更多只是作为一种复杂的印刷技术来实现防伪目的，它们的感光度低，色彩也不够逼真，远不能达到乱真的境界。研究人员还试着使用重铬酸盐胶作为感光乳剂，用来制作全息识别设备。在一些战斗机上配备有此种设备，它们可以使驾驶员将注意力集中在敌人身上。

把一些珍贵的文物用这项技术拍摄下来，展出时可以真实地立体再现文物，供参观者欣赏，而原物妥善保存，防失窃。大型全息图既可展示轿车、卫星以及各种三维广告，亦可采用脉冲全息术再现人物肖像、结婚纪念照。小型全息图可以戴在颈项上形成美丽装饰，它可再现人们喜爱的动物、多彩的花朵与蝴蝶。迅猛发展的模压彩虹全息图，既可成为生动的卡通片、贺卡、立体邮票，也可以作为防伪标识出现在商标、证件卡、银行信用卡、甚至钞票上。装饰在书籍中的全息立体照片，以及礼品包装上闪耀的全息彩虹，使人们体会到21世纪印刷技术与包装技术的新飞跃。

模压全息标识由于它的三维层次感，并随观察角度而变化的彩虹效应，以及千变万化的防伪标记，再加上与其他高科技防伪手段的紧密结合，把新世纪的防伪技术推向了新的辉煌顶点。

综上所述，全息照相是一种不用普通光学成像系统的录像方法，是20世纪60年代发展起来的一种立体摄影和波阵面再现的新技术。由于全息照相能够把物体表面发出的全部信息（即光波的振幅和相位）记录下来，并能完全再现被摄物体光波的全部信息，因此，全息技术在生产实践和科学研究领域中有着广泛的应用。例如，全息电影和全息电视、全息储存、全息显示及全息防伪商标等。

除光学全息外，还发展了红外、微波和超声全息技术，这些全息技术在军事侦察和监视上有重要意义。我们知道，一般的雷达只能探测到目标方位、距离等，而全息照相则能给出目标的立体形象，这对于及时识别飞机、舰艇等有很大作用。因此，备受人们的重视。但是由于可见光在大气或水中传播时衰减很快，在不良的气候下甚至于无法进行工作。为克服这个困难发展出红外、微波及超声全息技术，即用相干的红外光、微波及超声波拍摄全息照片，然后用可见光再现物象，这种全息技术与普通全息技术的原理相同。技术的关键是寻找灵敏记录的介质及合适的再现方法。

超声全息照相能再现潜伏于水下物体的三维图样，因此可用来进行水下侦察和监视。由于对可见光不透明的物体，往往对超声波透明，因此超声全息可用于水下的军事行动，也可用于医疗透视以及工业无损检测等。

除用光波产生全息图外，已发展到可用计算机产生全息图。全息图用途很广，可作成各种薄膜型光学元件。如各种透镜、光栅、滤波器等。可在空间重叠，十分紧凑、轻巧，适合于宇宙飞行使用。使用全息图贮存资料，具有容量大、易提取、抗污损等优点。

全息照相的方法从光学领域推广到其他领域。如微波全息、声全息等得到很大发展，成功地应用在工业医疗等方面。地震波、电子波、X射线等方面的全息也正在深入研究中。全息图有极其广泛的应用。如用于研究火箭飞行的冲击波、飞机机翼蜂窝结构的无损检验等。现在不仅有激光全息，而且研究成功白光全息、彩虹全息，以及全景彩虹全息，使人们能看到景物的各个侧面。全息三维立体显示正在向全息彩色立体电视和电影的方向发展。

全息照相技术。随着人们对数码相机逐渐认可和接受，数码相机的市场也在一天一天的扩大。为了切分这块大蛋糕，各数码相机厂商也在不断开发新技术或将已经存在的技术迅速应用到数码相机领域，以保持和提升在数码相机领域里的地位。索尼公司在DSC-F707的对焦模式使用了全息摄影激光自动对焦辅助，也可以说，全息技术已经应用到了摄影领域，那么到底什么是全息技术呢？全息摄影和传统的摄影又有什么区别呢？

全息图（Hologram）是盖伯（Gabor）在1948年为改善电子显微镜像质所提出的，其意义在于完整的记录。盖伯的实验解决了全息术发明中的基本问题，即波前的记录和再现。但由于当时缺乏明亮的相干光源（激光器），全息图的成像质量很差。1962年随着激光器的问世，利思（Leith）和乌帕特尼克斯（Upatnieks）在盖伯全息术的基础上引入载频的概念发明了离轴全息术，有效地克服了当时全息图成像质量差的主要问题——孪生像。三维物体显示成为当时全息术研究的热点，但这种成像科学远远超过了当时经济的发展，制作和观察这种全息图的代价是很昂贵的，全息术基本成了以高昂的经费来维持不切实际的幻想的代名词。1969年本顿（Benton）发明了彩虹全息术，掀起以白光显示为特征的全息三维显示新高潮。彩虹全息图是一种能实现白光显示的平面全息图，与丹尼苏克（Denisyuk）的反射全息图相比，除了能在普通白炽灯下观察到明亮的立体像外，还具有全息图处理工艺简单、易于复制等优点。

全息技术应用到照相领域要远远优越于普通的照相。普通照相是根据透镜成像原理，把立体景物“投影”到平面感光底板上，形成光强分布，记录下来的照片没有立体感。因为从各个视角看照片得到的像完全相同。全息照相再现的是一个精确复制的物光波，当我们“看”这个物光波时，可以从各个视角观察到再现立体像的不同侧面，犹如看到逼真物体一样，具有景深和视差。如果拍摄并排的两辆“奔驰”汽车模型，那么当改变观察方向时，后一辆车被遮盖部分就会露出来。难怪人们在展览会会为一张“奔驰”汽车拍摄的全息图而兴奋不已。“看见汽车的再现像，好像一拉车门就可以就坐上‘奔驰’，太精彩了!”一张全息图相当于从多角度拍摄、聚焦成的许多普通照片，在这个意义一张全息的信息量相当100张或1000张普通照片。用高倍显微镜观看全息图表面，看到的是复杂的条纹，丝毫看不到物体的形象。这些条纹是利用激光照明的物体所发出的物光波与标准光波（参考光波）干涉，在平面感光底板上被记录形成的，即用编码方法把物光波“冻结”起来。一旦遇到类似于参考光波的照明光波照射，就会衍射出成像光波，它好像原物光波重新释放出来一样。所以全息照相的原理可用八个字来表述，“干涉记录，衍射再现”。

了解了这项技术，我们就可以把全息照相技术用于广泛的领域。把一些珍贵的文物用这项技术拍摄下来，展出时可以真实地立体再现文物，供参观者欣赏，而原物妥善保存，防失窃。大型全息图既可展示轿车、卫星以及各种三维广告，亦可采用脉冲全息术再现人物肖像、结婚纪念照。小型全息图可以戴在颈项上形成美丽装饰，它可再现人们喜爱的动物、多彩的花朵与蝴蝶。

迅猛发展的模压彩虹全息图，既可成为生动的卡通片、贺卡、立体邮票，也可以作为防伪标识出现在商标、证件卡、银行信用卡，甚至钞票上。装饰在书籍中的全息立体照片，以及礼品包装上闪耀的全息彩虹，使人们体会到21世纪印刷技术与包装技术的新飞跃。模压全息标识，由于它的三维层次感，并随观察角度而变化的彩虹效应，以及千变万化的防伪标记，再加上与其他高科技防伪手段的紧密结合，把新世纪的防伪技术推向了新的辉煌顶点。

习　题

1. 简述对激光器直接调制的区别及其对光纤通信系统的影响。

2. 分析AWG工作机理，并说明两种反射谱结构（平顶和尖顶）的AWG再光纤通信系统中使用的优缺点。

3. 现要求采用光纤延时OTDM方式将4个2.5Gbit/s原始光脉冲信号复用为10Gbit/s的光脉冲信号。设原始光信号的脉冲宽度为2ps，计算这种OTDM复用器在光纤长度上所要求的精度。

4. 简述基于NOLM的OTDM解复用器工作机理。

第 8 章　光纤通信系统设计与施工

光纤通信系统是以光为载波，利用纯度极高的玻璃拉制成极细的光导纤维作为传输媒介，通过光电变换，用光来传输信息的通信系统。随着国际互联网业务和通信业的飞速发展，信息化给世界生产力和人类社会的发展带来了极大的推动。光纤通信作为信息化的主要技术支柱之一，必将成为 21 世纪最重要的战略性产业。光纤通信技术和计算机技术是信息化的两大核心支柱。计算机负责把信息数字化，输入网络中去；光纤则是担负着信息传输的重任。当代社会和经济发展中，信息容量日益剧增，为提高信息的传输速度和容量，光纤通信被广泛的应用于信息化的发展，成为继微电子技术之后信息领域中的重要技术。

从对光纤理论的分析可知，作为表征光纤传输特性的 3 个参数，光纤的损耗、色散和非线性在光纤的传输系统分析和设计中占有非常重要的地位。随着低噪声、宽带光纤放大器技术的成熟和广泛应用，光纤损耗的问题已经得到了妥善的解决。与此同时，在超高速、超长距离光纤传输系统中，光纤色散和非线性的问题就上升达到首要地位，已成为需要人们首要解决的问题。同时，为了对信号正确判定和接收，光脉冲的宽度、光器件对光脉冲的响应速度等也成为光纤通信系统分析和设计中必须考虑的问题。本章以光纤通信系统的设计为主线，考虑系统的可靠性、性能价格比及扩容升级要求，从功率预算、色散预算和上升时间预算 3 个方面分析系统中工作波长、光纤、光纤送机、光接收机、各种光无源器件的参数选取方面的要求。并通过实例来讨论实际设计过程，掌握了设计过程，就能更好的实施光纤系统的施工。

在设计过程开始，一是从系统需要达到的总体要求出发确定系统应满足的性能指标，进一步确定系统设计要达到的技术指标。在数字光纤通信系统中，主要的系统性能指标是系统的误码率 BER，主要的技术指标是比特率 B 和传输距离 L。二是根据设计指标要求，确定系统的工作波长，选取光纤类型和收发端机及光器件的参数，计算最佳中继距离。三是根据光纤通信系统的性能与设计方面的要求，分析光纤通信系统的结构和特点，及测试方法，分析单通道、多通道数字光纤通信系统的结构与设计问题。

8.1　数字光纤通信系统性能及测试

数字光纤通信系统的性能对整个通信网的通信质量起着至关重要的作用。影响光纤通信系统传输性能的主要传输损伤包括误码、抖动和漂移。本节就以目前常用的 SDH 传输系统和多通道的 WDM 系统为例，介绍数字光纤通信系统的主要性能指标及测试方法。

8.1.1　数字光纤通信系统的主要性能指标

1. 误码性能

所谓误码，是指经光接收机的接收与判决再生之后，码流中的某些比特发生了差错。传统上常用平均误码率 BER 来衡量系统的误码性能，即在某一规定的观测时间内（如 24h）发生差错的比特数和传输比特总数之比，如 1×10^{-10}。但平均误码率是一个长期效应，它只给出一个平均累积结果。而实际上误码的出现往往呈突发性质，且具有极大的随机性。因此除了平均误码率之外还应该有一些短期度量误码的参数，即误码秒与严重误码秒。

误码秒ES含义是，当某1s时间内出现1个或1个以上的误码时，就叫做一个误码秒。严重误码秒SES的含义是，当某1s时间内出现64个或64个以上的误码时，就叫做一个严重误码秒。也可以这样理解，出现误码率大于10^{-3}s（因SES是针对64KB/s速率而言），无论是ES还是SES，皆针对系统的可用时间。ITU-*T*规定，不可用时间是在出现10个连续SES事件的开始时刻算起；而连续出现10个非SES事件时算作不可用时间的结束。此刻算作可用时间的开始（包括这10s时间）。

无论是BER还是ES与SES，都是针对假设参考数字段（HRDS）而言。即两个相邻数字配线架之间的全部装置构成一个数字段，而具有一定长度和指标规范的数字段叫做假设参考数字段。中国规定有3种HRDS，即长度分别为50km、280km和420km。在总测量时间不少于一个月的情况下，PDH系统各HRDS的误码指标如表8.1所示。

对SDH系统，误码性能是以块为单位进行度量的，由此产生出一组以“块”为基础的一组参数。即误块秒比（ESR）、严重误块秒比（SESR）和背景误块秒比（BBER），这些参数的含义如下。

表8.1 PDH中各HRDS的误码性能指标

数字段长度（km）	ES（%）	SES（%）
50	<0.16	<0.002
280	<0.036	<0.00045
420	<0.054	<0.00067

当块中的比特发生传输差错时称此块为误块。而当某1s中发现1个或多个误码块时称刻秒为误块秒。因此误块秒比（ESR）定义为在规定测量时间段内出现的误块秒总数与总的可用时间的比值。

某1s内包含有不少于30%的误块或者至少出现一个严重扰动期时认为刻秒为严重误块秒（SES）。这里严重扰动期指在测量时，在最小等效于4个连续块时间或者1ms（取二者中较长时间段）时间段内所有连续块的误码率≥10^{-2}或者出现信号丢失。严重误块秒比（SESR）定义为在测量时间段内出现的严重误块秒总数与总的可用时间之比。严重误块秒一般是由于脉冲干扰产生的突发误块，所以SESR往往反映出设备抗干扰的能力。

扣除不可用时间和SES期间出现的误块称之为背景误块（BBE）。背景误块比（BBER）就是BBE数与在一段测量时间内扣除不可用时间和SES期间内所有块数后的总块数之比。若这段测量时间较长，那么BBER往往反映的是设备内部产生的误码情况，与设备采用器件的性能稳定性有关。

如表8.2所示列出了HRDS为420km、280km和50km时SDH系统应满足的误码性能指标。

表8.2 SDH中各HRDS误码性能指标

性能	420km			280km			50km		
	STM-1	STM-4	STM-16	STM-1	STM-4	STM-16	STM-1	STM-4	STM-16
ESR	3.696×10^{-3}	待定	待定	2.464×10^{-3}	待定	待定	4.4×10^{-4}	待定	待定
SESR	4.62×10^{-5}	4.62×10^{-5}	4.62×10^{-5}	3.08×10^{-5}	3.08×10^{-5}	3.08×10^{-5}	5.5×10^{-6}	5.5×10^{-6}	5.5×10^{-6}
BBER	2.31×10^{-6}	2.31×10^{-6}	2.31×10^{-6}	3.08×10^{-6}	1.54×10^{-6}	1.54×10^{-6}	5.5×10^{-7}	2.7×10^{-7}	2.7×10^{-7}

2. 定时性能。抖动与漂移

抖动是指数字脉冲信号的特定时刻（如最佳判决时刻）相对于其理想时间位置的短期的、非积累性的偏离。所以抖动又叫做抖动时间。通常认为，当前后变化的频率大于10Hz 时，这种现象就是一种抖动，如图 8.1 所示。

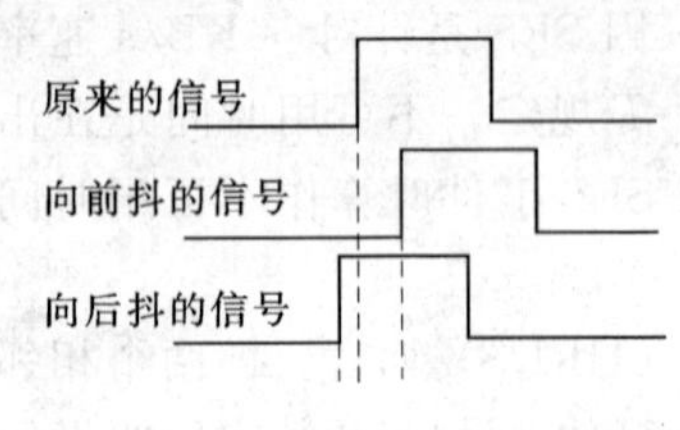

图 8.1　数字信号的抖动

抖动会对传输质量甚至整个系统的性能产生恶劣影响。如会使信号发生失真，使系统的误码率上升以及会产生或丢失比特导致帧失步等。产生抖动的机理是比较复杂的。如系统中的各种噪声（热噪声、散粒噪声及倍增噪声等）、码间干扰现象、时钟的不稳定、SDH 中的映射以及指针调整等。

在 SDH 系统中除了具有其他传输网的共同抖动源——各种噪声源、定时滤波器失谐、再生器固有缺陷（码间干扰、限幅器门限漂移）等，还有两个 SDH 系统特有的抖动源。

（1）脉冲塞入抖动。在将支路信号装入 VC 时，加入了固定塞入比特和控制塞入比特，分接时需要移去这些比特，这将导致时钟缺失，经滤波后产生残余抖动。

（2）指针调整抖动。在指针进行正/负调整和去调整时产生。对于脉冲塞入抖动，与 PDH 系统的正码脉冲调整产生的情况类似。可采用措施使它降低到可接受的程度，而指针调整（经字节为单位，隔三帧调整一次）产生的抖动由于频率低、幅度大，很难用一般方法加以滤除。抖动的单位为 UI，即偏差和码元周期之比。如偏差为 0.5ns；码元周期为 7.18ns，则抖动为 0.5/7.18=0.07UI。

抖动的种类较多，但归纳起来可大致分为如下几种。

1）最大允许输入抖动，又称输入抖动，是指允许输入信号的最大抖动范围。

2）抖动容限，是指加在输入信号上能使设备产生 1dB 光功率代价的抖动值。

3）输出抖动，是指在无输入抖动的条件下设备的输出抖动值。

4）抖动传递特性（仅用于中继器），是指在不同的测试频率下，输入信号的抖动值与输出信号抖动值之比的分布特性。

漂移是指数字脉冲的特定时刻相对于其理想时间位置的长时间偏移。这里所说的长时间是指变化频率低于 10Hz 的变化。与抖动相比，无论从产生机理、本身的特性以及对系统的影响，漂移与抖动皆不相同。引起 SDH 系统漂移的普遍原因是环境温度的变化，它将使光缆传输特性变化，导致信号漂移，另外时钟系统受温度变化的影响也会出现漂移。SDH 系统的网络单元中指针调整和网同步的结合也会产生很低频率的抖动和漂移。不过总体说来，SDH 系统的漂移主要来自各级时钟和传输系统，特别是传输系统。

如表 8.3 与图 8.2 所示列出了 PDH 设备输入抖动与漂移容限的规范以供参考，其他的抖动和漂移容限值请参考 ITU-*T* 和国家相关标准。

表 8.3　PDH 设备输入抖动与漂移容限

速率 (Mbit/s)	UI(P-P)			频率/Hz				
	A_0	A_1	A_2	f_0	f_1	f_2	f_3	f_4
2.048	36.9	1.5	0.2	15×10^{-6}	20	2400	18×10^3	100×10^3
8.448	152	1.5	0.2	12×10^{-6}	20	400	3×10^3	400×10^3

续表

速率 (Mbit/s)	UI(P-P)			频率/Hz				
	A_0	A_1	A_2	f_0	f_1	f_2	f_3	f_4
34.368	618	1.5	0.15	*	100	10^3	10×10^3	800×10^3
139.264	2506	1.5	0.075	*	200	500	10×10^3	3500×10^3

注 *表示未定。

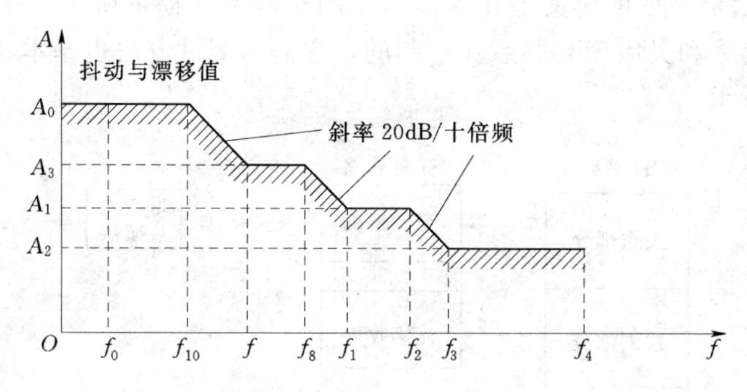

图 8.2 PDH 设备输入抖动与漂移容限

8.1.2 系统传输性能指标的测试

在前面，已经介绍了数字光纤通信设备中 SDH 光口的指标测试。如光源器件的谱宽、光发送机的消光比、平均发送功率、光接收机动态范围等。这里主要介绍光纤通信系统（主要是 SDH 系统和 WDM 系统）中与传输有关的性能指标的测试。

1. 数字光纤通信系统测试仪表——误码分析仪、SDH 分析仪

在系统性能的测试中除了要用光功率计、可变光衰减器等常用仪表外，专用仪表还有误码分析仪、SDH 分析仪等。

误码分析仪由 3 大部分组成。发码发生器、误码检测器和指示器，其框图如图 8.3 所示。发码发生器可以产生测试所需要的各种速率和各种码型。根据国际规定，误码率等性能的测试应采用 $2^{23}-1$ 伪随机序列来进行测试。

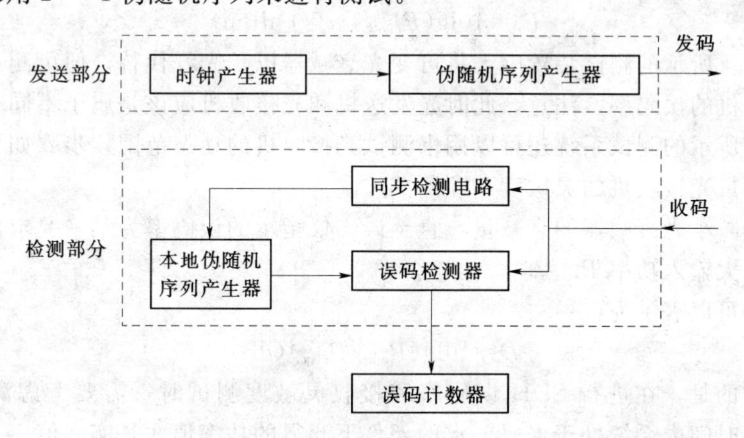

图 8.3 误码分析仪框图

输出码型经过被测信道或被测设备后，再由检测部分接收。检测部分包括本地码产生器、同步检测电路及误码检测器。检测部分可产生一个与发送部分输出的码型完全相同且

又严格同步的码，以此作标准，在比特比较器中与输入的图案进行逐比特比较。如果被测设备产生了任何一个错误比特，都会被检出一个误码，同时被误码计数器记录并显示。

相对于误码分析仪，SDH 分析仪不仅能测试 PDH/SDH 设备的全部误码性能和抖动性能，而且能分析和检测 SDH 设备的帧结构和映射复用结构，实现 PSH 到 SDH 信号的映射与去映射。

2. SDH 误码率和接收灵敏度测试

SDH 光接收机灵敏度的定义是在保证一定的误码率前提下所需要接收的最低平均光功率。因此，误码率和灵敏度是联系在一起的，它们的测试方法也基本相同。灵敏度的测试原理如图 8.4 所示。

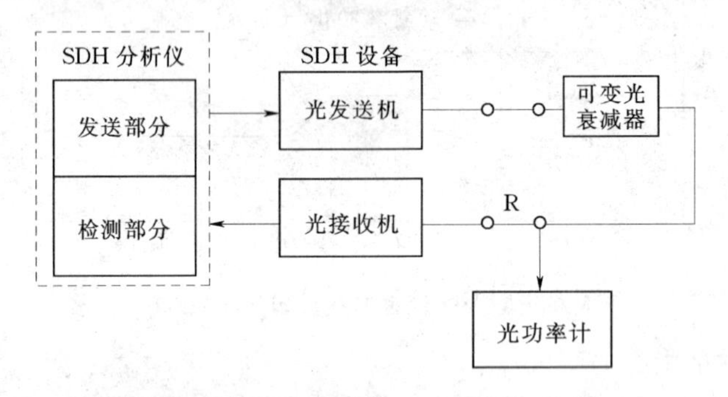

图 8.4　SDH 光接收机灵敏度测试框图

测试步骤如下：

（1）按照图 8.4 接好仪表和光纤。

（2）调节可变光衰减器，逐步增大衰减值，使 SDH 分析仪测到的误码尽量接近但不能大于规定的 BER（如 10^{-10}）。

（3）断开 R 点，接上光功率计，得到光功率。即为要求误码率下的接收灵敏度（如 BER＝10^{-10}时的灵敏度值）。

灵敏度的表示方法一般采用 dBm 表示。即：

$$P_r = 10\lg(P_{min}/1mW)(\mathrm{dBm}) \tag{8.1}$$

在如图 8.4 所示的测试装置中，将可变光衰减器以长光纤代替，便可测量出传输一定距离后光接收机的误码率。注意，此时光发送机和光接收机应该是属于不同 SDH 设备。

如图 8.4 所示的测试系统还可以用来测试光接收机的动态范围，步骤如下：

（1）先测量光接收机的灵敏度，即测 P_{min}。

（2）逐渐减小光衰减器的衰减量，直至误码仪指示的误码率为某一要求值，此时接收的光功率为最大输入功率 P_{max}。

动态范围可以表示为：

$$D = 10\lg(P_{min}/P_{max})(\mathrm{dB}) \tag{8.2}$$

需要注意的是，在进行 SDH 误码率和接收灵敏度测试时，需要考虑测量时间的长短，只有在长时间内系统处于误码要求的条件下测得的功率值才是实际值。

3. SDH 抖动性能的测试

SDH 抖动性能的测试原理如图 8.5 所示。

测试步骤如下：

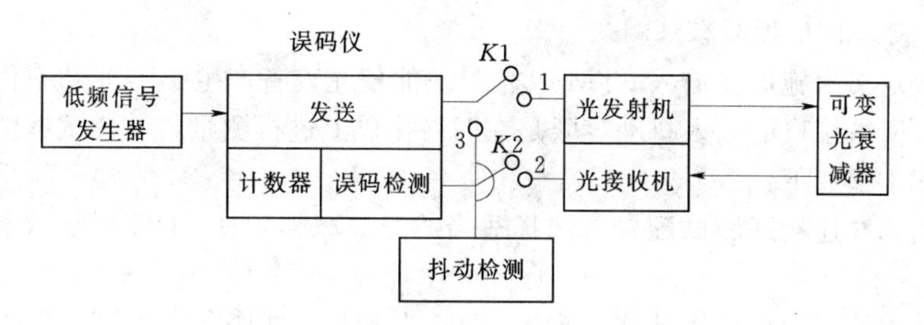

图 8.5 SDH 抖动测试框图

(1) 如图 8.5 所示接好测试系统，但先不将低频信号发生器连接到发送器上，开关 K_1 置 1；K_2 置 2；由误码仪发送 $2^{23}-1$ 或 $2^{15}-1$ 伪随机码。监视光端机的误码率，调制可变光衰减器的衰减量，使光接收机接收的光功率恰好在无误码的基础上增加 1dB。

(2) 将低频信号发生器发出的测试低频信号加于误码仪的发送端，调制伪随机码，造成光端机输入信号的抖动，逐渐加大低频信号幅度，直至发生误码为止。

(3) 将开关 K_1 置 3，测出此时的抖动值，即为此频率下的输入抖动容限。

(4) 改变低频测试信号的频率，重复上述过程，逐频点测量，最后画出输入抖动与频率的对应关系。

目前，很多数字传输分析仪和 SDH 分析仪将 ITU－T 建议的输入抖动容限的有关曲线输入机内 CPU，只要启动自动测量功能，便能方便地测出系统的输入抖动容限。

用如图 8.5 所示测试系统也可以测试光端机的输入抖动和抖动转移特性。将图中低频信号发生器的输出幅度设为零，使光端机输入端无抖动输入，断开 K_2，将 2 端和 3 端相连，抖动检测仪选择适当的滤波器带宽，此时抖动检测仪读出的数值即为输出抖动。

当要测量抖动转移特性时，可在某频率下将输入抖动调整在适当的数值，接收端测出抖动数值，输出抖动与输入抖动之比，即为抖动转移特性。

4. WDM 误码率的测试

对 WDM 系统光复用段的误码性能，要求应在 24h 测试中无误码。测试步骤如下：

(1) 按如图 8.6 所示连接好测试配置。首先从 SDH 分析仪发送的光信号经过衰减器后接入发送端 OTU 单元，使发送端波长转换板接收的功率适中，对端站接收端 OTU 单板加衰减做一个环回，接入反向同一路发送端 OTU，在本端站接收端 OTU 进行接收，接收下来的信号接入 SDH 分析仪。

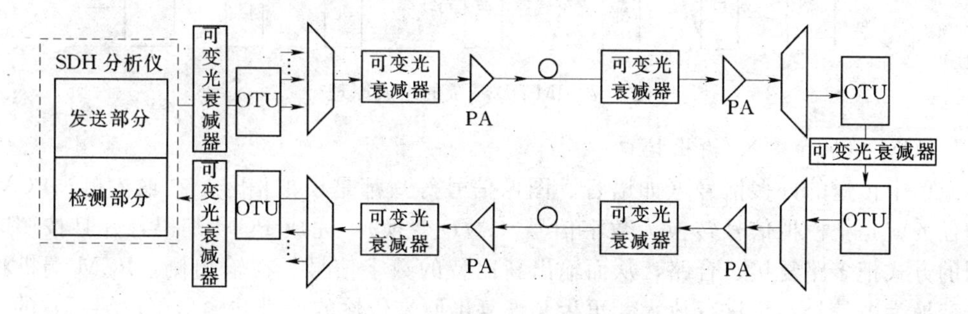

图 8.6 WDM 误码率测试框图

(2) 启动 SDH 测试仪，设置测试时间为 24h。根据接入信号的速率，设置 SDH 测试仪的数据结构，进行 24h 误码测试。

5. WDM 网络接口抖动容限测试

抖动容限定义为施加在输入 STM-N 信号上能使光设备产生 1dB 光功率代价的正弦抖动峰—峰值。网络接口的输入抖动容限是在网络接口上进行测量，其测试框图与图 8.6 基本类似。测试步骤如下：

（1）按图 8.6 连接好测试配置，选择适当的光衰减器，使 SDH 测试仪和 OTU 接收光功率适当。

（2）根据波长转换板接入速率，设置 SDH 为 OTU 的对应速率，并选择抖动容限测试项。

（3）设置相应的测试频率点和最大抖动值，设置为相应速率的模板。

（4）启动测试，观察测试结构是否满足模板的要求。

8.2　单通道数字光纤通信系统结构与设计

在数字光纤通信系统中，强度调制一直接检测 IM－DD 系统是最常用、最主要的方式。本节以 IM－DD 系统为例介绍单通道数字光纤通信系统的结构和设计问题。在论述数字光纤通信系统设计时，先给出总体设计中应该综合考虑的因素，然后给出单通道系统中继距离设计，并举例说明。

8.2.1　系统结构

IM-DD 系统就是发送端信号调制光载波的强度，接收端用检测器直接检测光信号的一种光纤通信系统。第 6 章所介绍的实用化的 PDH、SDH 系统大都采用光强直接调制方式，这是因为半导体光源的直接强度调制原本是光纤通信特有的优点，它实施非常简单，调制的效率高，只需要 1～2V 的低电平（毫瓦级功率）调制信号便可以实现接近 100％的调制深度。

如图 8.7 所示是一个 IM-DD 系统的基本结构。它包括 PCM 端机、输入/输出接口、光发送/接收端机、光纤线路及光中继器等。

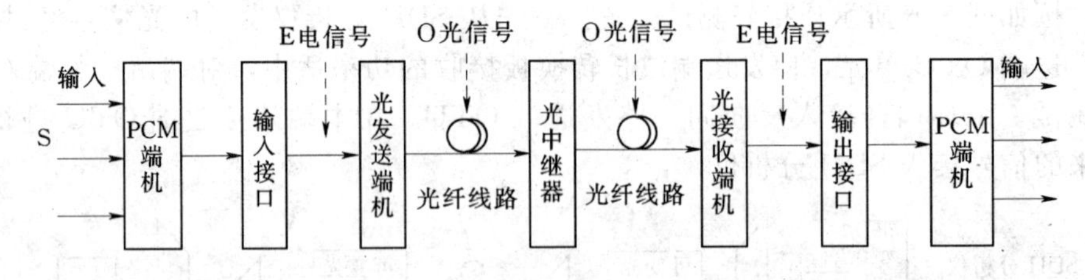

图 8.7　IM-DD 系统的组成原理

1. PCM 端机和输入/输出接口

通信中传送的许多信号（如语音、图像信号等）都是模拟信号。在输入侧，PCM 端机的任务就是把模拟信号转换为数字信号（A/D 变换），完成 PCM 编码，并且按照时分复用的方式把多路复接、合路，从而输出高比特的数字信号。在输出侧，PCM 端机将光信号变换为电信号，再进行放大、再生，恢复出原来传输的信号并输出用户端。它的任务是将高速数字信号时分复用，然后再还原成模拟信号。光发送/接收端机与 PCM 端机之间通过输入/输出接口实现码型、电平和阻抗的匹配。

PCM 编码包括抽样、量化和编码 3 个步骤，如图 8.8 所示。抽样过程就是以一定的

抽样频率 f 或时间间隔 T 对模拟信号进行取样，把源信号的瞬时值变成一系列等距离的不连续脉冲。根据奈奎斯特（Nyquist）抽样定理，只要抽样频率 f 大于传输信号的最高频率 f_s 的两倍，即 $f>2f_s$，在接收端就完全感觉不到信号的失真。

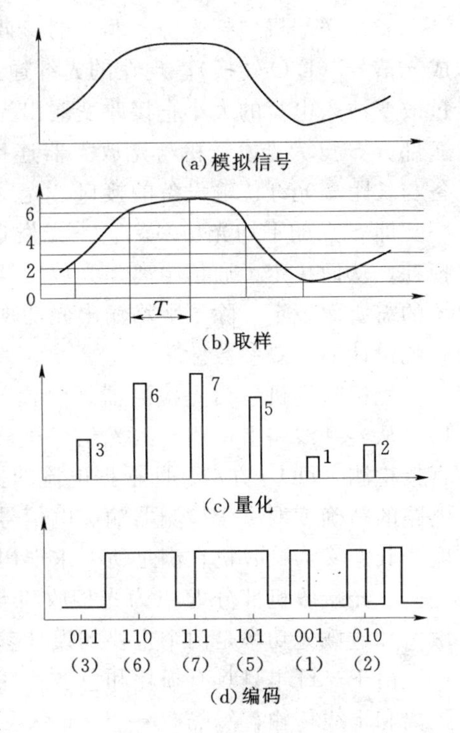

图 8.8 PCM 编码过程

量化过程就是用一种标准幅度量出抽样脉冲的幅度值，并用四舍五入的方法把它分配到有限个不同的幅度电平上。如图 8.8 中把幅度值分为 8 种，所以每个范围的幅度值对应一个量化值。显然这样的量化会带来失真，称为量化失真，量化等级妥得越细，失真越小。

编码过程就是用一组组合方式不同的二进制脉冲代替量化信号。如果把信号电平分为 m 个等级，就可以用 $N=\log_2 m$ 个二进制脉冲来表示一个取样值。这样原来的连续模拟信号就变成了离散的数字信号 0 和 1。在图 8.8 中，$m=8$，则可以用 3 个二进制数表示一个取样值。比如 0 对应 000；1 对应 001；2 对应 010；3 对应 011；4 对应 100；5 对应 101；6 对应 110；7 对应 111。这种信号经过信道传输，在接收端经过解码、滤波后就可以恢复出来的信号。

例如，电话、语音信号的最高速率为 4kHz；取抽样频率为 $f=8$kHz；即如图 8.9 所示的抽样周期 $T=125\mu$s。如果每个量化信号用 8 个比特二进制代码替代，1 个 PCM 语音信号的速率为 8×8＝64KB/s。在实际的 PDH 数字通信系统中，1 个基群包括速率为 2.048MB/s(32×64KB/s)；4 个二次群又时分复用为一个三次群（34.368MB/s），依此类推。

经过脉冲编码的单极性的二进制码还不适合在线路上传输，因为其中的连“0”和连“1”太多。因此在 PCM 输出之前，还要将它们变成适合线路传输的码型。根据 ITU-T 建议，一、二、三次群采用 HDB_3 码；而四次群采用 CMI 码。

从 PCM 端机输入/输出的 HDB_3 或 CMI 码仍然不适合光发射/接收端机的要求，所以要通过接口电路把它们变成适合光端机要求的单极性码。接口电路还要保证电、光端机之间的信号幅度、阻抗匹配。单极性由于具有随信息随机起伏的直流和低频分量在接收端对判决不利，所以还要进行线路编码以适应光纤线路传输的要求。常用的光纤线路码型有扰码二进制、分组码（mBnB)、插入型码（mBlH/1C）等。经过编码的脉冲按系统设计要求整形、变换以后，以非归零码（NRZ）或归零码（RZ）去调制光源。

2. 系统基本组成部分

如图 8.7 所示中的光发送端机、光纤线路、光中继器和光接收端机是系统的基本组成，它对应于图 8.7 的光发送、光传输和光接收部分。关于光发送机、光接收机和光放大器的工作原理和技术指标已分别在前面的章节中介绍过，这里仅从各部分在 IM-DD 系统中的应用情况进行总结。

光发送端机包括光源、驱动器、调制器和功率放大器等。这里电信号通过调制器转换成光信号（E-O 转换）。现在的光纤通信系统一般采用直接强度调制（IM）的方式，即通过改变注入电流的大小直接改变输出光功率的大小的方式来调制光源。参照图 8.7，光发送部分 S 点为光发送机与光放大器连接处的参考点，MPI 为主通道接口，定义为终端设备与长距离光纤传输设备的接口。光发送功率是指从光发送端机耦合到光纤线路上的光功率，即 S 点的平均光功率。它是光发送机的一个重要参数，大小决定了容许的光纤线路损耗，从而决定了通信距离。光放大器在发送机后作为功率放大器（BA），可根据实际系统的需要而设定。除了平均输出光功率、消光比、光谱特性以及光信噪比（OSNR）都是系统设计的主要参数。

光接收端机包括光检测器、前置放大、整形放大、定时恢复和判决再生器等。在这里，从光纤线路上检测到的光信号被转换成叫信号（O-E）。一般对应于强度调制，采用直接检测（DD）方案。即根据电流的振幅大小来判决收到的信号是“1”还是“0”。判决电路的精确度取决于检测器输出电信号的信噪比。接收机的一个重要参数是接收机的灵敏度。其定义为接收机在满足所要求误码率的情况下所要求的最小接收光功率。和发送部分一样，光接收机部分 R 点为光接收机与前置放大器连接处的参考点。在系统中，接收灵敏度和过载光功率是两个主要的设计参数。

由于光纤本身具有损耗和色散特性，它会使信号的幅度衰减，波形失真。因此对于长距离和干线传输，每隔 50～70km 就需要在中间增加光中继器。光中继器有全光（OOO）方式的，如图 8.9 所示中采用 EDFA 的线路放大器；也有采用光电光（OEO）方式的，在图 8.9 中的光中继器即为 OEO 方式。它实际上由一个接收器（Rx）和一个发送器（Tx）组成，Rx 将需要进行中继的光信号接收下来，转换成电信号，然后对此电信号进行放大、整形、再生，最后把再生的电信号调制到光源上，转换成光信号，由 Tx 发送到光纤线路上。

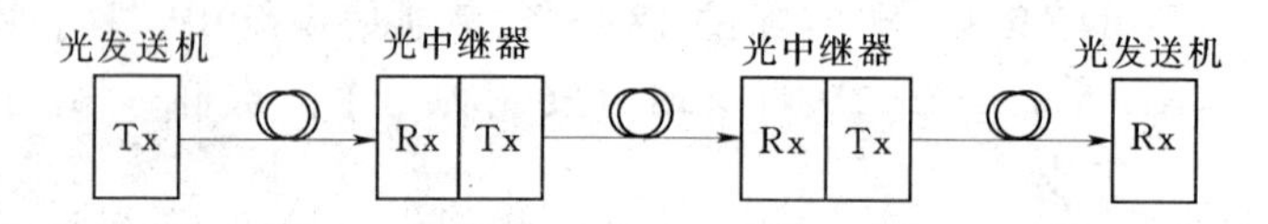

图 8.9　采用 OEO 方式的光中继器

8.2.2　光纤通信系统设计的总体考虑

任何复杂的光纤通信系统，它的基本单元都是点对点传输链路。点对点系统主要由 3 部分构成，即光发送端机、光纤线路和光接收端机。每部分又由许多光及电的元件组成，且各种元件之间的组合又非常多。考虑在实际应用中对系统的要求又极为广泛，因此笼统地讨论光纤系统的设计是非常困难的，这里只对一些原则性的设计问题加以介绍。

在设计一个光纤通信系统时，必须满足以下的基本要求：

（1）达到预期的传输距离。

（2）满足光纤传输容量。

（3）满足系统的传输性能要求。

（4）系统的安全性、可靠性。

（5）价格、经济因素。

在掌握系统基本要求的同时，还应该考虑到系统的结构、规模、容量能否满足未来若干年发展的趋势，即可持续性问题。上述这些要求能否全部满足或首先应保证哪些指标，还取决于实际情况。在设计中具体考虑的因素主要包括以下几个方面。

1. 系统的制式、速率

在系统中选择 PDH 还是 SDH 制式的设备，目前已不存在争议。从使用情况来看，SDH 设备已在通信网中占据了绝大部分的市场。如接入网采用的低速率 STM－1 设备、长途干线网和大中型城域网采用的 10～40G 的超高速 SDH 设备等。这主要是由 SDH 设备的兼容性、安全性和良好的性能所决定。同时考虑到系统传输容量需求的飞速增长，如使传输容量达到太比特率的速率等级，选择 WDM＋SDH 组合方式也是目前光纤通信系统必然的选择。

2. 光纤选型

光纤的种类繁多，其中多模光纤主要用于短距离传输，而长距离、长波长传输一般使用单模光纤。目前，应用于通信领域的光纤类型有 G. 652 光纤、G. 653 光纤、G. 654 光纤和 G. 655 光纤。G. 652 光纤是目前大量敷设，在 1. 3μm 波段性能最佳。但这种光纤工作在 1. 55μm 波段时，色散较为严重，限制了高速率系统的传输距离。G. 653 光纤在 1. 55μm 波段性能最佳，是 TDM 方式的最佳选择。但因出现四波混频效应（FWM），限制了它在波分复用方面的应用。G. 655 光纤同时克服了 G. 652 光纤在 1550nm 处色散受限和 G. 653 光纤在 1550nm 处出现四波混频效应的问题，故最适合于 WDM 系统。

3. 光源的选择

在光源的选择时主要考虑信号的色散、码速、传输距离和成本等参数。由于 LD 具有发光谱线狭窄，与光纤的耦合效率高等显著优点，所以它被广泛应用在大容量、长距离的数字光纤通信之中。尽管 LD 也有一些不足，如线性度与温度特性欠佳。但数字光纤通信对光源器件的线性度并没有很严格的要求；而温度性质、线性度欠佳可以通过一些有效的措施来补偿，因此 LD 成为数字光纤通信最重要的光源器件。LED 的谱线较宽，所以它难以用于大容量的光纤通信。但因为其使用简单、价格低廉、工作寿命长等优点，所以它广泛地应用在较小容量、较短距离的光纤通信之中。而且由于其线性度甚佳，所以也常常用于对线性变化要求较高的模拟光纤通信之中。

4. 光检测器的选择

给定的 PIN 和 APD 接收机接收灵敏度与码速有关。究竟选用 PIN 还是 APD，可根据系统的码速及传输距离来决定。此外，还得考虑它们的可靠性、稳定性、使用方便及价格上的差别。PIN 光电二极管的优点是，噪声小、温度特性稳定、价格便宜。但接收灵敏度不高。因此，PIN 光电二极管只能用于较短距离的光纤通信。但若要检测极其弱小的信号时，还需要灵敏度较高的 APD。

5. 工作波长的选择

工作波长可通过通信距离和容量来确定。短距离、小容量的系统一般选择 850nm 及 1300nm 波长，反之选择 1300nm 和 1500nm 的长波长。同时由前面的分析可见，工作波长的选择与光纤和光源的选择是息息相关的。

WDM 系统中，在选择了工作波长后，还要考虑波长分配和通道间隔。一般的 WDM 系统，ITU-T G. 692 给出了以 193. 1THz 为标准频率、间隔为 100GHz 的 41 个标准波长（192. 1～196. 1THz），可供选择。但在实际系统中，考虑到系统扩容的需求，同时采用了级联的 EDFA 引起的增益不平坦，可选用的增益区很小。目前实用化 WDM 系统通常选择 1548～1560nm 波长区的 16 个波长。

6. 中继段距离确定

中继段距离确定是保证系统工作在良好状态下所必需的，尤其是对长途光纤系统，中继段距离设计是否合理，对系统的性能和经济效益影响很大。

8.2.3　单通道系统中继距离设计

光纤通信的最大中继距离可能会受光纤损耗的限制，此所谓损耗受限系统；也可能会受到传输色散的限制，此所谓色散受限系统。在 PDH 通信中，由于其码速率不高（一般最高为 140MB/s)，所以传输色散引起的影响并不大，故大多数为损耗受限系统。而在 SDH 通信中，伴随技术的不断发展和人们对通信越来越高的需求，光纤通信的容量越来越大，码速率也越来越高，已从 155MB/s 发展到 10GB/s，而且正向 40GB/s 的方向发展，所以光纤色散的影响越来越大。因此系统可能是损耗受限系统；也可能是色散受限系统。在进行计算中继距离时，两种情况都要计算，取其中较小者为最大中继距离。

中继距离的设计有 3 种方法，最坏情况法（参数完全已知)、统计法（所有参数都是统计定义）和半统计法（只有某些参数是统计定义)。这里采用最坏情况法。用这种方法得到的结果，设计的可靠性为 100%，但要牺牲可能达到的最大长度。

1. 损耗受限系统

所谓损耗受限系统是指光纤通信的中继距离受诸如传输损耗参数的限制，如光发送机的平均发光功率、光缆的损耗系数和光接收机灵敏度等。

系统传输距离主要受损耗的限制，即决定于下列因素。

(1) 发送端耦合入光纤的平均功率 P_t (dBm)。

(2) 光接收机的接收灵敏度 P_r (dBm)。

(3) 光纤线路的总损耗 A_T (dB)。

因为发送平均功率与接收灵敏度之差就是光通道允许的最大损耗，故系统的功率预算可用如下公式计算。即：

$$P_t-P_r=A_T+M+P_p \tag{8.3}$$

式中：A_T 为光纤线路上所有损耗之和可表示为：

$$A_T=2A_c+L(a+a_s) \tag{8.4}$$

这里，A_c 为活动连接器的损耗，因在光发送机与光接收机上各有一个活接头，一般取值 $A_c=0.5$dB。a_s 为平均每公里熔接损耗，一般可取 $a_s=0.025$dB/km。a 为光纤的损耗系数，它的取值由所供应的光缆参数给定，单位为 dB/km。其典型值为在 1310nm 波长，0.3～0.4dB/km；在 1550nm 波长，0.15～0.25dB/km。

M 为系统富余度。主要包括设备富余度 M_E，考虑光终端设备在长期使用过程中会出现性能老化；光缆富余度 M_C，考虑光缆在长期使用中性能会发生老化。尤其是随环境温度的变化（主要是低温)，其损耗系数会增加。设计中一般取 $M=6$dB。

P_p 为光通道功率代价。包括由于反射和由码间干扰、模分配噪声、激光器的啁啾声引起的总色散代价。ITU-T 规定一般取 $P_p=1$dB 以下。

综合以上分析，在已知发送机、接收机参数以及光纤线路损耗各参数后，根据上式就可以用来计算系统损耗受限中继距离 L_1 为：

$$L_1=\frac{P_t-P_r-P_p-2A_c-M}{a+a_s} \tag{8.5}$$

例：某 140MB/s 光纤通信系统和参数为：

光发送机最大发光功率 $P_{max}=-2\text{dBm}$

光接收机灵敏度 $P_r=-43\text{dBm}$

光纤损耗系数 $a=0.4\text{dB/km}$

求其最大中继距离。

除上述参数外，其他参数可有如下取值：系统富余度 $M=6\text{dB}$；活接头损耗 $A_c=0.5\text{dB}$；因码率较低，可以不考虑光通道功率代价，故 $P_p=0$；每公里接续损耗 $a_s=0.025\text{dB/km}$。

如果采用 NRZ 码调制，则光发送机平均发送光功率应该是最大发光功率的 1/2，即 $P_t=-2-3=-5\text{dBm}$。

把上述数据代入式（8.4），得到系统最大中继距离为：

$$L_1=\frac{-5-(-43)-2\times0.5-6}{0.4+0.025}=72.9(\text{km})$$

2. 色散受限系统

所谓色散受限系统，是指由于系统中光纤的色散、光源的谱宽等因素的影响，限制了光纤通信的中继距离。在光纤通信系统中存在着两大类色散，即模式色散与模内色散。

模式色散又称为模间色散，是由多模光纤引起的。因为光波在多模光纤中传输时，由于光纤的几何尺寸等因素的影响存在着许多种传播模式，每种传播模式皆具有不同的传播速度与相位，这样在接收端会造成严重的脉冲展宽，降低了光接收机的灵敏度。

模式色散的数值较大，会严重地影响光纤通信的中继距离。对于单模光纤通信系统而言，由于在单模光纤中实现了单模传输，所以不存在模式色散的问题。故单模光纤的色散主要表现在材料色散与波导色散的影响，通常用色散系数 $D(\lambda)$ 来综合描述单模光纤的色散。

对于色散受限系统的中继距离计算可分两种情况予以考虑。

（1）光源器件为多纵模激光器（MLM）或发光二极管时，其中继距离为：

$$L_d=\frac{10^6\varepsilon}{\sigma D(\lambda)B} \tag{8.6}$$

式中：ε 为光脉冲的相对展宽值。当光源为多纵模激光器时，$\varepsilon=0.115$；当光源为发光二极管时，$\varepsilon=0.306$；σ 为光源的均方根谱宽，nm；$D(\lambda)$ 为所用光纤的色散系数，ps/km·nm；B 为系统的码率，b/s。

（2）当光源器件为单纵模激光器（SLM）时，假设光脉冲为高斯性，同时假设允许的脉冲展宽不超过发送脉宽的 10%，则可以得到适用于工程挖计算的公式。即：

$$L_c=\frac{71400}{\alpha D(\lambda)\lambda^2 B^2} \tag{8.7}$$

式中：α 为啁啾声系数。对分布反馈型（DFB）单纵模激光器而言，$\alpha=4\sim6\text{ps/nm}$；对量子阱激光器而言，$\alpha=2\sim4\text{ps/nm}$；$D(\lambda)$、$B$ 定义与式（8.5）相同。

举例，有一个 622MB/s 的单模光纤通信系统，系统工作波长为 1310nm；其光发送机平均发光功率 $P_t\geqslant1\text{dBm}$；光源采用多纵模激光器，其谱宽 $\sigma=1.2\text{nm}$。光纤采用色散系数 $D(\lambda)\leqslant3.0\text{ps/km}\cdot\text{nm}$；损耗系数 $\alpha\leqslant0.3\text{dB/km}$ 的单模光纤。光接收机采用 InGaAsAPD 光二极管，其灵敏度为 $P_r\leqslant-30\text{dBm}$。试求其最大中继距离。

先按损耗受限求其中继距离。由式（8.4）可求其中继距离为：

$$L_1=\frac{P_t-P_r-P_p-2A_c-M}{a+a_s}=\frac{1-(-30)-1-2\times0.5-6}{0.3+0.05/2}=76(\text{km})$$

再按色散受限求其中继距离。因为光源为多纵模激光器，所以取 $\varepsilon=0.115$。于是由式(8.5)得

$$L_d=\frac{10^6\varepsilon}{\sigma D(\lambda)B}=\frac{10^6\times0.115}{1.2\times3.0\times622.08}=51(\text{km})$$

比较 L_1 和 L_d 可知，该系统的损耗受限中继距离大于色散受限中继距离。按照最坏情况法，系统的最大中继距离为 51km，此系统为色散受限系统。

8.3　多通道数字光纤通信系统设计

多通道数字光纤通信系统，即 WDM 系统的基本结构与工作原理在第 7 章已经阐述。本节主要考虑采用 EDFA 的 WDM 系统的应用情况，以及多通道数字光纤通信系统设计中出现的新问题。

8.3.1　系统设计中应注意的问题

1. 色散与信道串扰

随着光纤通信系统中传输速率的不断提高和由于光放大器极大地延长了无电中继的光传输距离，因而整个传输链路的总色散及其相应色散代价将可能变得很大而必须认真对待，色散限制已经成为目前许多系统再生中继距离的决定因素。在单模光纤中，色散以材料色散和波导色散为主，它使信号中不同频率分量经光纤传输后到达光接收机的时延不同。光纤色散在时域上造成光脉冲的展宽，引起光脉冲相互间的串扰，使得沿途恶化，最终导致系统误码性能下降。

在 WDM 系统设计中，信道串扰是一个最主要的问题。当串扰导致功率从一个信道转移到另一个信道时也将导致系统性能下降。产生串扰的原因主要有两类。一类是线性串扰。线性串扰通常发生在解复用过程中，它与信道间隔、解复用方式以及器件的性能有关。在 WDM 系统中，串扰量的大小取决于选择信道的光滤波器的特性。另一类是非线性串扰。当光纤处于非线性工作状态时，光纤中的几种非线性效应均可能在信道间构成串扰，信道串扰量的计算可参考 7.3 节。

2. 功率

光信号的长距离传输要求信号功率足以抵消光纤的损耗。G.652 光纤在 1550nm 窗口的损耗系数一般为 0.25dB/km 左右，考虑到光接头和光纤冗余度等因素，综合的光纤损耗系数一般小于 0.275dB/km。

具体计算时，一般只对传输网络中相邻的两个设备作功率预算，而不是对整个网络进行统一的功率预算。将传输网络中相邻的两个设备间的距离（损耗）称作中继距离（损耗）。

如图 8.10 所示。A 站点发送参考点为 S，B 站点接收参考点为 R，S 点与 R 点间传输距离为 L，则：

$$中继距离=(P_{out}-P_{in})/\alpha$$

式中：P_{out} 为 S 点单信道的输出功率，dBm，S 点的光功率与 A 站点的配置相关；P_{in} 为 R 点的单信道最小允许输入功率，dBm；α 为光缆每公里损耗，dB/km，它包含接头、富余

度等各种因素的影响，取 $\alpha=0.275$dB/km。

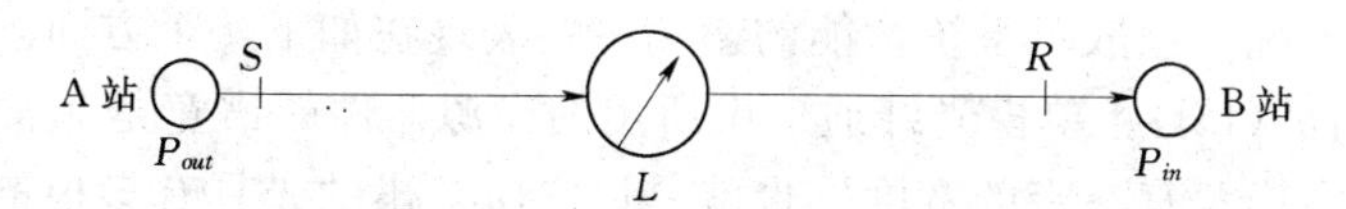

图 8.10 中继损耗计算原理

3. 光信噪比

（1）噪声产生原理。光放大器围绕着信号波长产生光，即所谓放大的自发辐射（ASE）。在具有若干级联 EDFA 的传输系统中，光放大器的 ASE 噪声将同信号光一样重复一个衰减和放大周期。因为进来的 ASE 噪声在每个放大器中均经过放大，并且叠加在那个光放大器所产生的 ASE 上，所以总 ASE 噪声功率就随光放大器数目的增多而大致按比例增大，而信号功率则随之减小。噪声功率可能超过信号功率。光信噪比（OSNR）定义为：

$$\text{OSNR}=\text{每信道的信号光功率}/\text{每信道的噪声光功率}$$

（2）传输限制。ASE 噪声积累对系统的 OSNR 有影响，因为接收信号 OSNR 劣化主要是与 ASE 有关的差拍噪声有关。这种差拍噪声随光放大器的数目的增加而线性增加。因此，误码率随光放大器数目的增加而劣化。此外，噪声是随放大器的增益幅度以指数形式积累的。

作为光放大器增益的一个结果，积累了许多个光放大器之后的 ASE 噪声频谱会有一个自发射效应导致的波长尖峰。特别要指出的是，如果考虑采用全光环网结构，那么若级联数目无限的光放大器，则 ASE 噪声就会无限积累起来。虽然有滤波器的系统中 ASE 积累会因有滤波器而明显减小，但带内 ASE 仍会随光放大器的增多而增大。因此，OSNR 会随光放大器的增多而劣化。

目前通常认为系统寿命开始时，应保证 OSNR＞20dB。

4. 非线性效应

由前面分析可知，非线性效应一旦产生，就无法消除或补偿。因此，必须尽量防止非线性效应的产生。使用模场直径（或有效面积）大的光纤，可以降低通过光纤的功率密度，可以抑制非线性效应的产生。此外，多种非线性效应与光纤的色散系数相关，如四波混频，如果光纤的色散系数太小，很容易满足四波混频产生的相位匹配条件，使系统性能大大降低，甚至不能正常工作。对于 DWDM 系统，使用色散系数太小的光纤是不利的。因此，通过对色散与非线性效应的统一管理，可以抑制一些非线性效应的产生。

8.3.2 WDM＋EDFA 系统中继距离设计

上一节介绍的单通道光纤通信系统设计的总体考虑以及中继距离的设计同样适用于 WDM 系统。但由于 WDM 系统的传输速率较高，EDFA 和波分复用器的引入，带来的串扰、ASE 噪声积累和非线性效应的影响不可忽视。同时由于 WDM 系统中途没有 O/E/O 转换，因此必须按总长进行色散预算。因为只有完成色散预算后，才能明确是否需要采用色散补偿技术，不同的色散补偿技术将使光功率的计算方式不同。故 WDM 系统设计的顺序是先做色散预算，确定是否需要色散补偿，并求出色散受限系统最大中继距离；再做功率预算，得到损耗受限系统最大中继距离；最后根据实际目标确定是否需要光放大器进行增益。

1. 色散预算

对光纤通信系统，色散对系统性能的影响主要表现在如下 4 个方面。

(1) 码间干扰（ISI）。单模光纤通信中所用的光源器件的谱宽是非常狭窄的，往往只有几个纳米，但它毕竟有一定的宽度。也就是说它所发出的光具有多根谱线。每根谱线皆各自受光纤的色散作用，会在接收端造成脉冲展宽现象，从而产生码间干扰。码间干扰的功率代价的核算公式为：

$$P_{ISI}=5\lg(1+2\pi\varepsilon^2) \tag{8.8}$$

式中：ε 为光脉冲的现对展宽因子，可表示为：

$$\varepsilon=BDL\sigma\times10^{-6} \tag{8.9}$$

式中：B 为信号的比特率，MB/s，满足 $B=(T_0\sqrt{2\pi})^{-1}$；T_0 为信号半宽时间；D 为光纤色散系数，ps/km・nm；L 为光纤长度，km；σ 为光源谱宽的均方根值，nm。

以上均为与色散有关的参数。观察式（8.8）可以发现，它与式（8.5）表示的意义是相同的。

(2) 模分配噪声（MPN）。多模激光器的发光功率是恒定的，即各谱线的功率之和是一个常数。但在高码速率脉冲的激励下，各谱线的功率会出现起伏现象（此时仍保持功率之和恒定)，这种功率随机变化与光纤的色散相互作用，就会产生一种特殊的噪声，即所谓的模分配噪声，也会导致脉冲展宽。

模分配噪声功率代价的核算公式为：

$$P_{MPN}=-10\lg\{1-0.5[KQ(1-e^{-\pi^2\varepsilon^2})^2]\} \tag{8.10}$$

式中：系数 K 与激光器的类型有关。MLM 激光器的 K 值范围为 0.3～0.6，典型值为 0.5；而 DFB 激光器的 K 值小于 0.015，质量好的 SLM 激光器的 K 值几乎为零，因此使用单纵模激光器的系统通常不作 MPN 核算；为接收灵敏度高斯近似计算的积分参数，两者关系为：

$$BER=\frac{1}{Q\sqrt{2\pi}}\left(1-\frac{0.7}{Q^2}\right)\exp\left(-\frac{Q^2}{2}\right) \tag{8.11}$$

具体推导过程参见第 3 章相关内容。当 $BER=1\times10^{-10}$ 时，$Q=6.35$；当 $BER=1\times10^{-9}$，$Q=6$。

(3) 啁啾声。此类影响仅对光源器件为单纵模激光器时才出现。当高速率脉冲激励单纵模激光器时，会使其谐振腔的光通路长度发生变化，致使其输出波长发生偏移，即所谓啁啾声。啁啾声也会导致脉冲展宽。频率啁啾产生功率代价的核算公式为：

$$P_c=-10\,\frac{\chi+2}{\chi+1}\lg[1-2.5t_cDL\Delta\lambda B^2] \tag{8.12}$$

式中：χ 为检测器 APD 的过剩噪声指数；t_c 为激光器张弛振荡周期的 1/2，ps；$\Delta\lambda$ 为频率啁啾偏移量，nm。

其他参数同式（8.8）。

(4) 偏振模色散（PMD)。理论上说，传输光信号的单模光纤应该是均匀圆柱形光波导载体，从光纤横截面上看到的应是一组同心圆。然而，实际光纤生产过程受生产环境、工艺、精度、控制流程等因素的制约，生产出来的光纤具有椭圆性征，在传输速度上形成快轴与慢轴。结果光信号中两个相互正交的主偏振模到达光纤对端时，两正交偏振模产生不同群时延，从而形成偏振模色散。在数字光纤通信系统中 PMD 引起脉冲展宽，对高速系统容易产生误码，限制了光纤波长带宽使用和光信号的传输距离。

PMD的功率核算目前还没有简单的核算公式可供使用，主要通过分析PMD系数和由差分群时延（*DGD*）的关系来进行判断。PMD系数是由*DGD*引起得到光脉冲展宽，二者的关系可表示为 $DGD=PMD_c \times L^{1/2}$。把*DGD*值换算成UI单位：$DGD(\text{UI})=DGD \times \text{D}$，D仍为光纤色散系数。最后通过查 $P_{PMD}-DGD(\text{UI})$ 曲线，可得偏振模色散功率代价。

一般认为，对于低色散系统，可以容忍的最大色散代价为1dB；对于高色散系统，允许2dB的色散功率代价。

2. 实例分析

设计一个点对点的WDM＋EDFA系统，光纤传输速率达到20GB/s，传输距离100km。系统基本结构如图8.11所示。

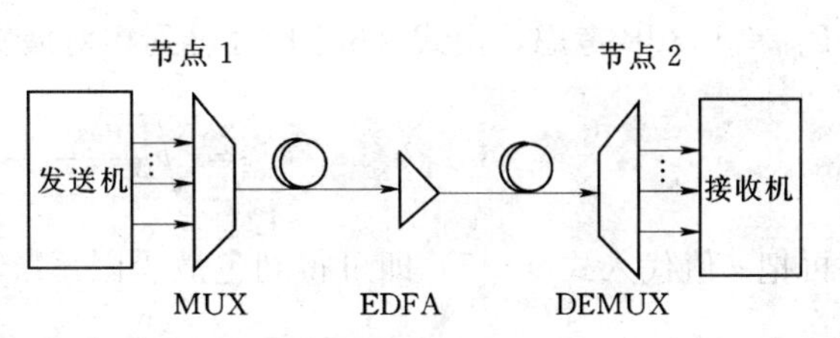

图8.11　点对点的WDM＋EDFA系统

（1）复用路数和工作波长的选择。考虑到现有的波分复用都是1550nm的工作波长，因此系统的工作波长选择在中心波长为1550nm的C波段。波长安排建议如表8.4所示。系统中共使用了其中8个通道，通道间隔为0.8nm。由于光纤总的传输速率为20GB/s，故设计后的单波长传输速率为2.5GB/s，可选取STM-16设备作为系统的发送和接收端机。

表8.4　设计系统波长的安排

通道	频　率（THz）	波　长（nm）	通道	频　率（THz）	波　长（nm）
1	192.9	1554.134	5	193.3	1550.918
2	193.0	1553.329	6	193.4	1550.116
3	193.1	1552.524	7	193.5	1549.315
4	193.2	1551.721	8	193.6	1548.515

（2）光纤的选择。原则上G.652、G.653、G.655都可以用于WDM系统。G.652光纤是最早使用的单模光纤，目前95%路由铺设此类光纤。其优点是价格最低，产品稳定性好，但在1550nm波段其色散系数过大，限制了在高速长距离传输中应用。在本系统中由于设计的单通道信号速率不高（不大于2.5GB/s），仍选择G.652光纤。具体参数如下：衰减＝0.193dB/km；色散＝16.72ps/km·nm；零色散斜率＝0.0858ps/km·nm²。

（3）主要器件的选择。WDM系统基本的器件包括光源、接收机、波分复用器、EDFA等。前面提到系统需求的传输容量为20GB/s，共8个通道，故每个通道对应的发送和接收部分选用2.5GB/s设备。设定其输出功率为－0.26dBm；接收灵敏度为－32.5dBm；波分复用器件选用与工作波长对应的器件。主要参数为：信道间隔为100GHz；插入损耗≤8.0dB；信道的串扰量≤30dB。EDFA的选取与否需要在色散和功率预算完成后确定。

（4）色散预算。WDM由于采用了外调制技术，频率啁啾效应的影响一般都不再讨论，光通道的色散距离积累功率代价只需核算偏振模色散（PMD）和码间干扰的功率代价（ISI）。

对单模光纤偏振模色散系数的规范值为 $PMD_c=0.5\text{ps/km}^{1/2}$，由 $DGD=PMD_c\times L^{1/2}$ 可得到差分群时延 DGD 值为 $DGD=0.5\times 100^{1/2}=5\text{ps}$。

换算成 UI 单位，$DGD(\text{UI})=5\times 10^{-12}\times 2.5\times 10^{9}=0.0125\text{UI}$，最后通过查 $P_{PMD}-DGD$（UI）曲线，可得偏振模色散功率代价小于 0.1dB，因此在设计中可忽略不计。

对码间干扰的功率代价的核算，参见式（8.7）。在系统设计时一般希望留有余地，按 $P_{ISI}=1.8\text{dB}$ 考虑，由式（8.7）可得到相对展宽因子 ε 为：

$$\varepsilon=\sqrt{\frac{10^{P_{ISI}/5}-1}{2\pi}}=0.453 \tag{8.13}$$

再把 ε 值代入式（8.5）即可得到色散受限系统下最大中继距离为：

$$L_d=\frac{\varepsilon\times 10^6}{BD\sigma}=\frac{0.453\times 10^6}{2500\times 16.72\times 0.086}=126.17(\text{km}) \tag{8.14}$$

式（8.13）即为色散受限系统最大中继距离计算公式。式中 σ 为光源谱宽的均方根值，它与信号的 3dB 带宽关系为 $\Delta\lambda_{3\text{dB}}=2.335\sigma$。对于 100GHz 信道间隔，取 $\Delta\lambda_{3\text{dB}}=0.2\text{nm}$；$\sigma=0.086\text{nm}$；$D$ 为光纤色散系数，取 $D=16.7\text{ps/km}\cdot\text{nm}$。

（5）功率预算。由上面 WDM 系统元器件选择中已知，光发送端输出功率 $P_t=-0.26\text{dBm}$；光接收端的接收灵敏度 $P_r=-32.5\text{dBm}$。代入式（8.4）得到损耗受限最大中继距离为：

$$L_1=\frac{P_t-P_r-P_p-2A_c-M}{a+a_s}=\frac{-0.26+32.5-1-2\times 0.5-6}{0.25}=96.96(\text{km}) \tag{8.15}$$

式中，a、a_s 可根据实际线路的测试经验，一般取 $a+a_s=0.23\sim 0.26\text{dB/km}$，本设计按典型值 0.25dB/km 选取。

（6）放大器增益。由色散和功率预算知，本系统为损耗受限系统。在无放大器增益时，系统最大中继距离为 96.96km，小于设计值 100km，故需要在系统中进行放大增益。增益值计算公式为：

$$P_r=P_t+G-A_t \tag{8.16}$$

式中：A_t 为线路总损耗，可由式（8.5）和式（8.4）得到 $A_t=P_p+A_s+A_f+2A_c+M=33\text{dB}$，故系统所需放大器的增益值 $G=0.76\text{dB}$。

上述的设计只是作为一个简单的范例，使读者了解点对点的 WDM 系统设计时需要考虑的关键因素和主要的步骤。在实践中，WDM 系统的设计是一个庞大而复杂的工程项目，许多实际细节在实例中并没有涉及，需要了解的读者可以参照相关光纤通信工程设计方面的资料。

【阅读资料 22】　光纤通信施工方案

（××学院光纤网工程施工方案）

1. 客户需求分析

履约楼为学院 2010 年新落成的办公楼，行政级别高，办公环境对信息化提出很高的要求。目前楼内的综合布线系统已经完成，但到学院信息中心的主干数据传输线路尚未落实，因此无法完成履约楼 LAN 与学院信息中心及军地两网的互连。

随着学院的信息化建设的完善，观侦处目前也有上网需求，但也没有与信息中心的数据线路可用。

鉴于以上需求，学院准备增设两条光纤链路。

2. 设备选型

（1）履约楼至信息中心。履约楼的信息点目前约 300 个，局域网规模相对比较大，考虑到用户数量及对信息流量与带宽的需求，决定至信息中心主交换机房的链路采用 8 芯室外单模光缆为传输介质。在用户量少时可以使用 100M 单模光模块为接口适配器，在用户量增多，对网络速率要求提高时，可以很方便地升级到 1000M 的带宽来完成与信息中心的连接。采用 8 芯光缆，其中 2 芯用于移动网，2 芯用于电信网，实现主干线路移动与电信两网物理的分割，其他 4 芯作为备用，以便网络安全与将来的扩容。

（2）观侦处至信息中心。观侦处的信息点少，用户数量与数据流量相对小，在主干链路的建设中选用 8 芯室外多模光缆。利用信息中心现有的 100M 光接口，以 100Mbps 的速率接入信息中心的主交换机。

光纤技术参数。室外金属型光纤。

特征。—96 芯 LOOSE TUBE 束管型设计，被覆以 HDPE，MDPE，可抗布线时磨损，无布线时折断之忧有绝缘补强抗张体（Dielelctric Strength Members）及纤维束管（Core Tube），加强支撑光缆与承受张力；防水不织布（Water blocking tape）及防水充胶（Filling compound）具防水性，适应严寒、酷热及潮湿等恶劣环境。

符合标准。ANSI-FDDI、EIA；IA526－7；TIA526－14A；IA/TIA－568A；IA－568－B.1；TIA－568B.3；SO/IEC 14763－3；NSI/TIA/EIA－569A；SO/IEC－11801；NSI/TIA/EIA－607；ENELEC EN50173；N55022/ClassB；SB67；燃测试（Flame Retardant）符合 IEC332－1；火测试（Fire Retardant）符合 IEC332－3C。

应用。域网络（LAN）；0Base-T，100Base-T，1000Base-T，ATM；rop ceiling；nter-building；ackbone premise pathways。

3. 光缆铺设

缆线铺设于现有的热力地井，没有地井处挖地槽，埋设 PVC 管道进室内机房。

4. 光缆接续

光链路在信息中心、履约楼及观侦处的光接点处均采用熔接的方式来做光纤的接续。目前采用熔接的方式为最好的光缆接续方法，可以最大限度地减小接头处的光损耗，以保整个光链路的最佳性能。使用高速全自动光纤融接机进行相关连接。

特点：

（1）体积小。170mm×180mm×220mm（包括电池）。

（2）重量轻。3kg（包括电池）小巧轻便的设计使架空作业和紧拉融接比过去更容易更方便。

（3）电池作业。融接使用时间更长每次充电后可融接并加热 30 次以上。小型高容量的镍氢电池充电迅速（少于 2h），装卸方便。内置的两级电源保护方式保证电池作业时间更长。

（4）防风保护。可在 15m/s 的强风环境下操作巨大的防风盖保证在户外的强风环境也能融接。

（5）电源。可更换不同电源供电，以配合特定融接环境。

（6）环境补偿。使用放电试验功能，放电强度和位置可自动调整，以适应特定的环境条件、电极劣化和不同厂家的光纤，而取得最佳融接效果。

（7）画面清晰的 4 英寸大屏幕多位置显示器显示器置于前端，可调整观察角度防止阳光反射。

（8）低维护无反光镜观测系统，与上一代融接机相比，提高了融接可靠性，减少了反光镜的清洁和替换。使用双 CCD 摄像头和 LED 系统，真正双向成像。

（9）融接数据存储。存储多达 100 次融接融接损耗数据可存入内存，以便日后使用选购的打印机（PR－01）打印或通过 RS232C 接口下载到 PC。

（10）友好的用户界面经常使用的键盘设置合理、操作方便。

5. 质量控制

（1）严格按照《北京市电信局光纤接入网技术规范》体系运行。

（2）严格按照《建筑与建筑群综合布线工程设计规范》（GB 50311）。

（3）严格按照《建筑与建筑群综合布线工程验收规范》（GB 50312）。

（4）按照 ISO 9002 程序文件，严格执行各项工程检查程序。

（5）施工质量控制。在施工组织中落实各项技术组织措施，严格按照各种操作规 范进行施工。

（6）根据工程质量、工期及人员配备情况，本工程采取项目经理负责制的方式管理。施工中要严格按厂家技术规范和督导指挥进行。

（7）在场内施工前，跟有关各方取得联系，作好协调工作，并严格遵守各项施工规定。

6. 施工流程

（1）施工准备计划。施工准备计划通常包括技术、物资、劳动组织、现场、场外等几方面工作。

（2）施工进度及人员安排。

1）人员安排：

工程总负责：1 人。项目经理：2 人。现场安全员：1 人。工程督察：1 人。施工人员：10 人（具体分组待定）。

2）工程进度安排：

计划工期为 15 天，具体施工时间按工程施工进度安排。

3）其他说明：

a. 为保证按时完工，要按时进场，并严格按照施工进度表组织施工。

b. 为保证施工质量，要严格按照各种操作规范进行施工。每完成一项工作，待项目经理及工程督察验收后方能通过。如不符合质量要求，需要返工时，不得影响下一步施工。

c. 施工时注意安全以免发生事故，不要和其他工种发生纠纷，在确保安全的前提下保质量按时完工。

7. 材料清单及报价。

【阅读资料 23】 简单介绍局域网中光纤通信的应用

光纤通信技术，英文名为 optical fiber communications。这种技术目前已经从光通信中脱颖而出，称为现代通信的重要支柱之一，有着举足轻重的作用。光纤通信是一门新兴技术，在近几年来发展速度很快，应用也比较广，是未来信息设备中传输各种信息的主要工具。在科学技术日益发达的今天，数据传输显得极其重要，寻求速率更快、信息传输量更大的信息传输媒介称为当今材料科学的一个重要课题。本文简单介绍了局域网中光纤通信的应用，希望能给各位读者朋友的学习带来帮助。

目前随着计算机网络传输速率的不断发展，LAN 的速度已经从 10Mbps 转向 100Mbps，并且很快将发展到 1000Mbps。现在计算机网络传输数据的布线系统中，连接楼层的干线主要使用多模石英光纤。但是在水平方向上，还没有出现一种能够提供足够带宽，具有安装方便、成本低廉、抗干扰能力强等优点的材料。

而新的以塑料光纤为传输媒介的全光纤网络则具备上述的全部优点。塑料光纤的直径一般在 0.3～3mm，大的直径宜于连接，光的耦合效率也较高。同时还兼有柔软、抗弯曲、耐震动、抗辐射、价格便宜、施工方便的优点可代替传统的石英光纤及铜缆，非常适合应用于连接点较多的局域网络。

局域网中光纤通信的应用有哪些呢？采用塑料光纤构造大规模局域网络，需要两方面的产品，即无源的布线连接产品及有源的塑料光纤网络设备。

1. POF 光纤布线系统解决方案

采用 POF 光纤的综合布线系统可作为智能大厦、计算机网络传输的解决方案。布线自产生后就得到了普遍的应用。该系统把一栋建筑内的布线，或一个计算机网络的连线，根据其各部分在建筑中位置及功能的不同，划分如下几个子模块系统。

(1) 工作区子系统。工作区是工作人员与通信设备之间进行对话的场所。它包括各种把客户终端、PC 或工作站连接到通信插座上的硬件。

(2) 垂直主干子系统。主干布线是系统中连接各个楼层的干线系统。它由铜缆（大对数铜）、多芯光缆或两者组合所构成。

(3) 设备间子系统。设备间一般安放语音和数据设备（PBX、各种网络服务器等），并且是网络主要节点的主交叉连接处，主交叉连接处为通信设备与水平交叉连接处之间或在大建筑物或园区环境中的中间交叉连接处提供交叉连接。

(4) 水平布线子系统。水平布线是系统中把通信间连接到工作区的部分，采用的产品主要包括铜缆（4 对双绞线）或光纤线缆（室内多模或单模）。

(5) 通信间子系统。通信间安放通信设备（主要包括局域网集线器或交换机）以及水平交叉连接（线缆端接和交叉拦截布线硬件），水平交叉连接为主干布线或通信设备与水平布线之间提供连接。

POF 光纤的综合布线解决方案中，垂直干线一般采用传统的石英光纤如多模光缆。POF 塑料光纤主要应用在连接点众多的水平系统中，用于解决水平方向上从网络交换机到各个工作区电脑的大数据量传输的需求。

水平方向的数据连接，即光纤通信到桌面的连接，由于连接数目多，采用传统的石英光纤无论在成本、工程，还是管理维护方面均较难实现普遍应用。而 POF 塑料光纤的直径大，为 1mm，很易于实现光纤的端接、耦合以及布放施工，对线缆最小弯曲半径、安装环境要求也低。

所以在高档的全光布线系统、千兆网络系统中以及防干扰、防信号泄漏的布线系统工程中，可以比其他类型的传输线路更具优势。

2. 塑料光纤局域网

局域网中光纤通信的应用有哪些呢？在现代的智能大厦内部及各种办公环境内，计算机网络广泛使用，尤其是以太网技术为核心的局域网技术，占据了大部分市场。各种网络中，节点、端口的数量越来越多，传输速度也越来越快。全光纤端口设备也开始由主干连接逐渐向桌面发展。

在全光的网络中，网络的主干部分一般采用石英光纤网络设备，以保证传输距离。而在工作组与工作组之间、工作组与用户之间，采用塑料光纤设备，实现整个局域网内全部采用光来传递信息。

（1）POF－RJ45 光纤收发器。POF－RJ45 光纤收发器是以太网光纤接口至 RJ45 的转换器。它提供一个 POF 的光纤端口以及一个 RJ45 连接口的双绞线端口。它将以太网网络的电信号转换为可在 POF 塑料光纤上传输的光信号，反之亦然。POF－RJ45 光纤收发器可作为一个独立设备为无 POF 光纤接口的以太网络设备提供接口转换。

（2）塑料光纤部门交换机。此交换机为部门级的交换设备。可以提供多个以太网络光纤端口。可在工作组之间或工作组内部提供高带宽、高性能的光纤连接，让用户能更快速存取整个网络资源。解决计算机与工作组交换机之间网络带宽的瓶颈。

（3）塑料光纤网卡。具有以太网塑料光纤接口的计算机 PCI 网卡，符合 IEEE 标准，即插即用，支持全双工模式。

塑料光纤材料及塑料光纤网络设备的研制与开发，将会为更高速率的网络连接提供更佳的解决方案。目前世界上多家公司、标准化协会纷纷加入这个行列，并投入了大量人力、物力。POF 塑料光纤作为铜缆以及石英光纤的替代产品，其应用也得到各种技术标准的支持。如以太网、1394、ATM 等均已制定相关的 POF 技术标准。

以上为大家介绍了局域网中光纤通信的应用，相信大家对这方面的知识都有了一些了解吧。综合近几年内 POF 塑料光纤技术独有的技术特点，我们可以预见在局域网络、综合布线、多媒体应用中这种光纤通信技术将会有更加广阔的发展前景。如果您还想了解更多关于光纤通信的应用知识，欢迎点击访问赛微电子网的通信网络频道：

习　题

1. 试画出 IM－DD 光纤通信系统结构框图。

2. 对 64KB/s 业务，试写出 BER 与 SES、ES 的换算关系。

3. 数字光纤通信系统的主要性能指标有哪些？

4. 一个光纤通信系统，它的码速率为 622MB/s；光纤损耗为 0.1dB/km。有 5 个接头，平均每个接头损耗为 0.2dB；光源的入纤功率为－3dBm；接收机灵敏度为－56dBm（$BER=10^{-10}$），试估算最大中继距离。

5. 一光纤通信系统，其参数见表 8.5 所示。

表 8.5

系统	光发射机	光接收机	单模光纤
误码率 10^{-10} 系统富余度 6dB	λ=1550nm P_t=5mW σ=2nm	APD 二极管 灵敏度为 1000 个光子/bit	损耗 0.2dB/km 色散 15ps/(nm · km)

求：

（1）数据速率为 10Mb/s 和 100Mb/s 时，损耗受限最大中继距离。

（2）数据速率为 10Mb/s 和 100Mb/s 时，色散受限最大中继距离。

（3）对这个系统，用图表示最大中继距离与速率的关系。

第9章 光 纤 测 量

光纤测量是指对光纤性能、参数等方面的测量。光纤参数、参数的测量是检验光纤及系统性能是否符合需要的过程，它对高性能光纤通信系统的建立起着非常重要的作用。通常的光纤测量包括对光纤的光学特性、模式特性和传输特性等几方面的内容。光纤的光学特性包括光纤的折射率分布、数值孔径等。模式特性指单模光纤的模场直径，传输特性主要是光纤的损耗、色散和有关非线性指标。制造商会在售出的光纤上标注出它的光学特性和传输特性参数。在敷设和操作过程中，成品光纤的光学特性参数、折射率分布、几何尺寸、数值孔径、模场直径都不会改变，因此，对光纤参数的测量就主要集中在光纤的传输特性参数上，其中尤以损耗和色散最为重要。

除了损耗与色散以外，光纤通信系统还需要测量误码率性能，并由此对系统的整体性能进行评估。与误码率对应的参数是信号眼图，借助它可以估计系统误码指标水平及系统整体的性能。

主要讨论衰减和色散的测量，同时兼顾 OTDR 及光谱仪的介绍。偏重各种测试方法的原理和比较，对具体的设备操作不做详细叙述。

9.1 衰 减 测 量

光纤衰减是对光信号在光纤中传输时能量损失的一种度量。光信号的能量损失原因有本征的和非本征的两种。实际中一般测量的是传输总损耗，它可以提供设计和维护光纤系统所需要的数据。

CCITT（国际电报电话委员会）提出了 3 种光纤损耗测量基本方法的建议。根据测量衰减原理的不同可以分为：截断法、插入损耗法和背向散射法。无论使用哪种测量方法，在接入测量之前都应该对传输的光进行一些处理，以此来保障测量的结果是在稳定的功率分布条件下得到的。

从光注入光纤直到达到稳态模功率分布的距离称为耦合长度。通常，如果光纤质量较好而且处于平直状态，耦合长度会需要若干千米。为了缩短光纤的耦合长度，在光纤测量中常用强烈的几何扰动来促使光纤中模式耦合尽快达到稳态分布。使用的装置包括扰模、滤模和包层模剥除 3 种功能。

扰模器是一种根据耦合的原理，采用强烈几何扰动的方法，加速多模光纤中各模式达到稳态分布的器件。如图 9.1 所示表示出了常用的两种扰模器结构。弯曲法是利用圆柱使光纤产生周期性弯曲，圆柱的直径和间距可以根据需要选择。短光纤的组合也是一种实现办法，组合在一起的三段光纤中，第一和第三段是阶跃型多模光纤，第二段为梯度多模光纤。单模光纤只传导基模，没有稳态模功率分布问题，在注入系统中不需要扰模。

对于一根光纤，不同波长的信号会体会到不同程度的衰减。如果测量中全貌物是波长

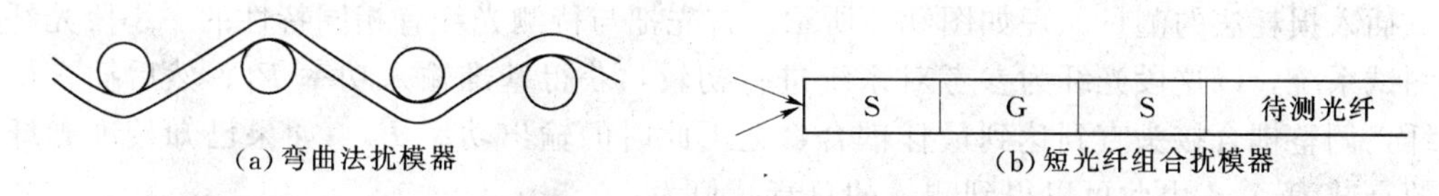

图 9.1 常用的两种扰模器结构

为λ的信号，光纤注入端和输出端分别是P_1和P_2，那么λ对应的衰减（dB）定义为：

$$A(\lambda)=10\lg\frac{P_1}{P_2} \tag{9.1}$$

对于一段长为Lkm的均匀光纤，可定义单位长度的衰减系数（dB/km）为：

$$\alpha(\lambda)=\frac{A(\lambda)}{L}=\frac{10}{L}\lg\frac{P_1}{P_2} \tag{9.2}$$

对均匀光纤，衰减系数与长度无关但受波长的影响。利用这个原理，还可以测量光纤或者器件的衰减谱。

9.1.1 截断技术

截断法是CCITT建议的衰减测量基准测试法，它是严格按照衰减定义建立起来的，如图9.2所示。具体的实现方法是：在稳态注入条件下，首先测量整段光纤的输出功率P_2；然后保持注入条件不变，在离注入端2m处剪断光纤，测量此处的输出功率P_1。由于测量是在稳态条件下进行的，故可以把P_1当作被测光纤的输入功率。按照式（9.1）和式（9.2），就可以求出衰减和衰减系数。

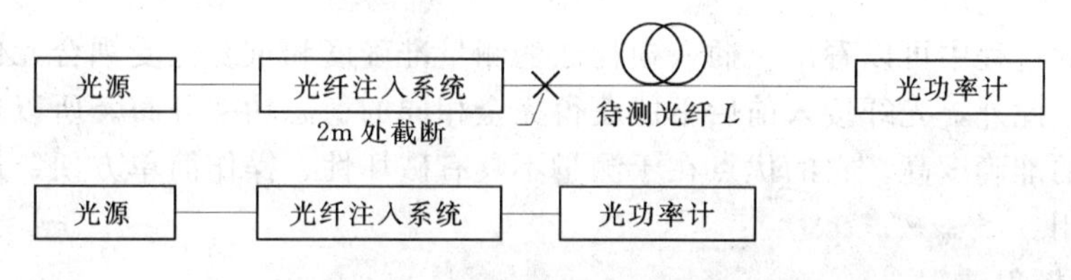

图 9.2 光纤衰减的截断法测量示意图

采用宽谱的稳定可调光源，截断法还可以用来测量光纤或者器件的衰减谱。具体方法是：在稳态输入条件下，改变输入光波长，在光纤远端处连续测量不同波长的输出功率P_2；然后在离注入端2m处剪断光纤，保持注入条件不变，在该处测量所有对应波长的输出功率P_1，计算各个波长下的衰减，就可以得到衰减谱曲线。

截断法测试成立的基础是截断处测量的输出光功率P_1可以近似认为是整段光纤的输出光功率P_2对应的输入功率。所以要求在整个测试过程中，光源必须保证输出功率和工作波长的稳定。为了降低测量过程引入的额外损耗，断面必须经过严格处理。截断法是误差最小的一种衰减测量办法，精度可以达到0.1dB。但是这种方法存在一个严重的缺点——破坏性。在工程现场的测量中，这种方法就显得不那么合适。因此，CCITT还建议了另外两种更加简易和没有破坏性的替代测试方法。

9.1.2 插入损耗方法

CCITT建议了插入损耗法作为损耗测量的替代测试方法之一。在现场测量时，待测光纤是已敷设的成缆光纤，它们多敷设在管道中，且连接有其他器件，很难或不允许剪断。这时候通常使用插入损耗法来进行测量。插入损耗法能以dB为单位给出光缆的总损耗，它的精确度和重复性与截断法相比较低，但已经可以满足多模光纤损耗的测量需要。

插入损耗法的测量原理如图 9.3 所示。首先把与待测光纤有相同特性的一小段光纤接入测试系统，以这段光纤为参考对系统进行初较，获得基准输入功率 P_1。然后插入待测光纤，调整耦合接头直到达到最佳耦合，记下此时的输出功率 P_2。如果已知校准光纤引入的衰减为 A_1，由此可以得到测量的总衰减值为：

$$A'=P_1-P_2+A_1(\mathrm{dB}) \tag{9.3}$$

这个总衰减中除光纤衰减外，还包括有连接器引入的额外损耗。如果已知一个连接器的损耗 A_i，那么应该用 $A=A'-A_i$ 作为衰减值代入式（9.2）来求解衰减系数。在一般的现场测量条件下，A'与仅由光纤带来的衰减差别不大，在精度要求不太高的情况下，也可以直接以这个数据作为 A 代入式（9.2）求出衰减系数。

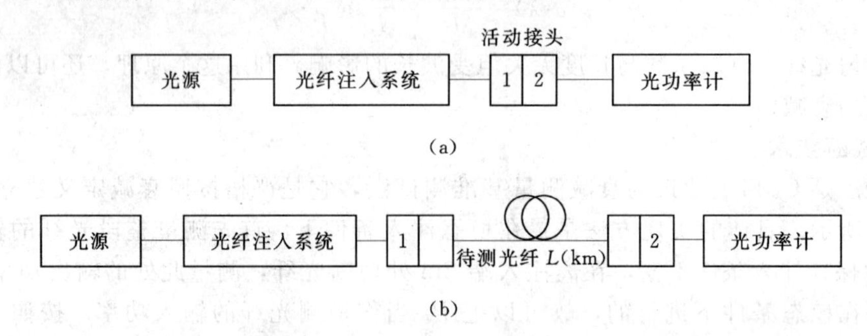

图 9.3　插入损耗法的测量原理

从上面的过程中可以看出，插入损耗法的测量准确度和重复性受耦合元件准确性和重复性的影响。此外，光纤接入前后不能获得完全相同的稳态功率分布。所以这种测量方法没有截断法的准确度高。它的优点在于测量不具有破坏性、操作简单方便、适合于工程和维护现场使用。

9.1.3　背向散射法

CCITT 还建议了光纤测量的另外一种替代测试法——背向散射法，这种测量方法利用了光纤中光脉冲的瑞利散射。它将调制的大功率窄脉冲光注入光纤，然后在同一端检测沿光纤背向返回的散射光功率，从而就可以用来检测光纤上存在的故障点。

背向散射法与光纤衰减测量的其他两种方法相比，有很多突出的优点。首先，这种测量是非破坏性的，适于工程现场的操作；另外，这种方法只要在光纤的一端进行，便于现场测量长距离的光缆；更重要的是，这种方法可以直接得出光纤损耗沿长度的分布。在实际应用中，背向散射法借助于专门的仪器来进行，这就是光时域反射计（optical time domain reflectometer，OTDR）。OTDR 是一种非常有用的光纤测量仪器，在第 9.3 节中，我们会就这个仪器的使用做更详细的讨论。

背向散射法也存在一些缺点。首先，由于必须使用窄脉冲光源，所以这种方法不能用来测量光纤损耗谱；其次，这种测试方法不能控制背向散射光的模式分布，会造成两个方向上测量得到的衰减系数不同，因此要取两个测量值的平均作为最后结果；另外，这种测试方法对光纤的非均匀性很敏感，测量精度比较低。

以上介绍的 3 种衰减测量方法各有优劣之处，使用时应该根据测量环境、测量精度等方面的要求选择最适合的方法。

9.2 色 散 测 量

光纤色散使传输的光脉冲随传输距离的增加而展宽。光纤的色散主要分为三种：由于脉冲的不同频率分量具有不同的群速度而造成的色度色散、由于不同模式具有不同的群速度而造成的模间色散和由于光纤的双折射造成的偏振模色散。光纤色散的存在会限制光纤的传输容量和最大中继距离，色散测量是光纤测量中的重要部分。

色散的表示方法有4种。

(1) 用单位长度上的群时延差，即用单位长度上模式最先到达和最后到达终点的时间差表示。

(2) 用输出与输入脉冲宽度均方根之比表示。

(3) 用光纤的冲激响应的3dB带宽，或者称为基带响应的3dB带宽表示。这也是光纤的传输带宽。它和群时延差 $\Delta\tau$ 之间的关系是 $B\approx\frac{440}{\Delta\tau}$。

(4) 用单位长度单位波长间隔内的平均群时延差表示，即 $D=\frac{d\tau(\lambda)}{d\lambda}$。其中 D 被称为色散系数，单位是ps/(km·nm)。这种表示方法采用得最多。

严格地说，第4种表达方式的定义式用到了一个假设条件，色散长度与光纤长度成正比。目前来看，这个关系还是合理的。只要知道光纤的长度和色散系数，就可以算出整个长度光纤的色散值。

对于不同类型的色散，要用到不同的测量方法，测量仪器也要具备不同的功能。

9.2.1 模间色散

模间色散也称为频率色散或模畸变，它只存在于多模光纤中，是多模光纤色散的主要组成部分。如果把光纤看成通信系统的一个组成部分，就可以用冲激响应 $h(t)$ 或者功率传输函数 $H(t)$ 表示它的传输特性。如果以 $P_i(t)$ 和 $P_o(t)$ 分别表示光纤的输入和输出功率；$P_i(\omega)$ 和 $P_o(\omega)$ 表示对应的傅里叶变换。那么，有如下关系：

$$P_o(t) = h(t)P_i(t) = \int_{-T/2}^{T/2} P_i(t-\tau)h(\tau)\mathrm{d}\tau \tag{9.4}$$

$$P_o(\omega)=H(\omega)P_i(\omega) \tag{9.5}$$

$$H(\omega) = \frac{1}{2\pi}\int_{-\infty}^{\infty} h(t)e^{-j\omega t}\,\mathrm{d}t \tag{9.6}$$

光纤传输特性中包含有3dB带宽的信息，所以通过在时域测量冲激响应或者在频域测量传输函数，就可以测量出光纤的模间色散。它们分别对应了模间色散测量的时域法和频域法。

在测量信号注入前，还应该考虑到测量的稳定性和可重复性要求，要保证稳态注入。除此以外，最好采用满注入方法，就是激励所有的传导模式。满注入条件是，具有均匀空间分布的入射光束近场光斑直径大于被测光纤的纤芯直径，远场辐射角的数值孔径大于被测光纤的数值孔径。

9.2.2 时域模间色散测量

时域法又称脉冲展宽法，是CCITT建议的模间色散测量法。它的思路是在光纤的一端注入一定能量的窄光脉冲，然后在另一端检测展宽的输出脉冲。这是在时域测量脉冲展宽最简单的方法。这种测量方法要用到取样示波器。

如图 9.4 所示是时域法测量模间色散的示意图。为了准确测量，采用高速的脉冲源调制激光器，对低色散光纤一般要求脉冲宽度小于 100ps。相应地，也要采用高速的探测器来接收信号。最后检测到的信号被送到取样示波器进行测量，就可以得到输出脉冲的形状。这个测量结束之后，还要用相同的方法测量输入脉冲的形状，区别是用一小段参考光纤代替待测光纤。参考光纤可以是从待测光纤上截下的一段，也可以是与待测光纤有相同特性的一段光纤。光纤注入系统用来保证稳态注入，触发线路中的可变时延用于补偿待测光纤和较短的参考光纤之间的时延差。

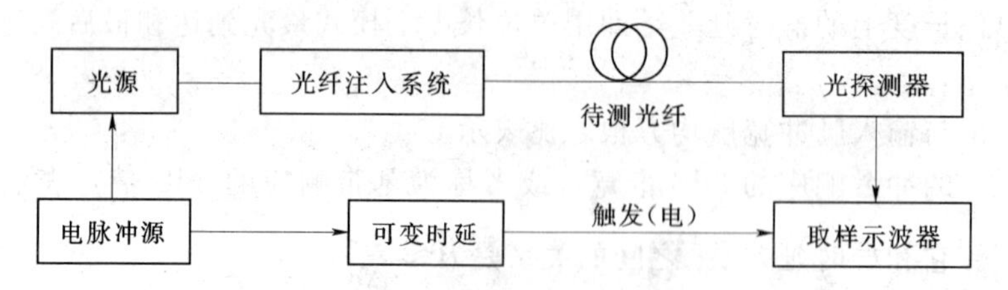

图 9.4　模间色散的时域测量系统示意图

光纤的输出响应可以用高斯函数近似描述为：

$$P_o(t)=\frac{1}{\sigma\sqrt{2\pi}}\exp\left(-\frac{t^2}{2\sigma^2}\right) \tag{9.7}$$

其中的 σ 决定脉冲的宽度，它和 3dB 带宽存在如下的关系：

$$B_{3dB}\approx\frac{0.187}{\sigma} \tag{9.8}$$

其中 σ 的单位取 nm，带宽的单位就是 GHz。这个表达式的 3dB 带宽是对光功率而言的，如果折算成电带宽需要除以$\sqrt{2}$，于是有：

$$B_{3dB-electrical}=\frac{1}{\sqrt{2}}B_{3dB}\approx\frac{0.133}{\delta} \tag{9.9}$$

9.2.3　频域模间色散测量

频域法也是 CCITT 建议的色散测量方法，如图 9.5 所示。它利用的测量信号是正弦调制固定电平的窄带连续波光信号。通过连续改变调制信号的频率并测定光纤输入和输出的正弦波幅度，就可以得到光纤的基带频率响应。在这个测量中，要用到频谱分析仪或适矢量电压表。

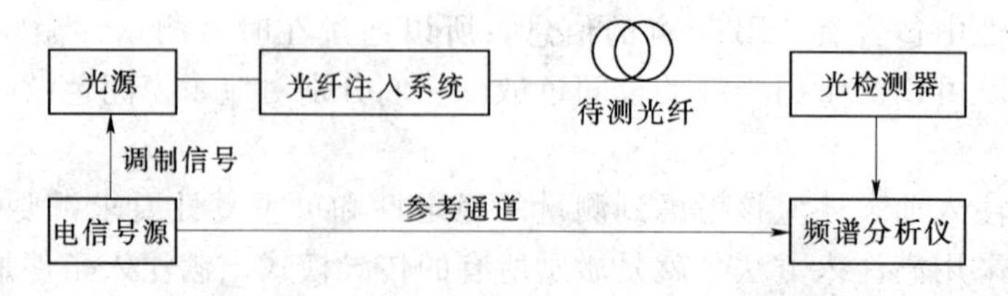

图 9.5　模间色散的频域测量系统示意图

在这个测量中，需要一个扫频 RF 信号源或微波信号源对光波进行正弦调制。首先要测量出光纤的输出功率 $P_o(\omega)$，它是调制频率的函数；然后用一小段参考光纤代替待测光纤重复一遍测量过程，可以得到输入功率 $P_i(\omega)$。根据式（9.6）就可以得出光纤的基带

频响 $H(\omega)$，其中很直观地包含了 3dB 带宽的信息。

9.2.4 色度色散

色度色散也称为模内色散、群速度色散（GVD），包括材料色散和波导色散两部分，是单模光纤的主要色散机制。一般所说的色散指的就是色度色散。

测量单模光纤的色散常用的方法是群时延相移法。它是通过测量不同波长下同一正弦调制信号的相移得出群时延与波长的关系，进而算出色散系数的一种方法。这种方法的本质是通过比较基带调制信号在不同波长下的相位来确定光纤的色散特征。这价目测量要用到矢量电压表。

如图 9.6 所示。用频率稳定度高的振荡器产生的正弦波信号（频率 f 约为 70MHz，现在有的色散分析仪的调制频率是可以调节的，最高可以到 2.5GHz）调制波长可变的光源，光信号经待测光纤传输后由光检测器转变成为电信号，矢量电压表可以测量出接收信号相对于调制信号源的调制相位。

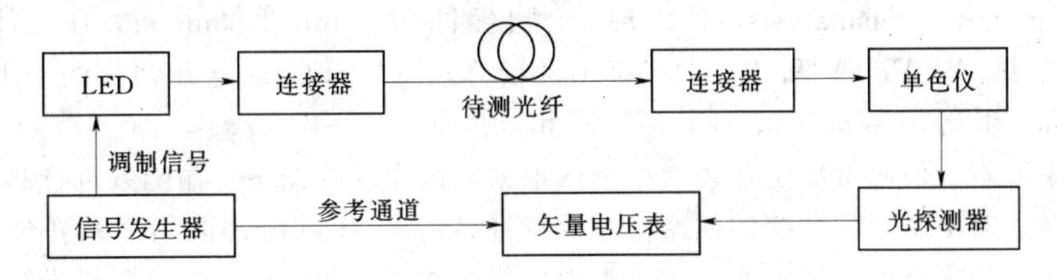

图 9.6 色度色散的群时延相移法测量系统示意图

假设光源的调制频率是 f(MHz)（f 应小于光纤的基带带宽），经长度为 L（km）的光纤后，波长为 λ（nm）的光相对于波长为 λ_0 的光传播时延差为 Δt(ps)，那么从光纤出射端接收到的两种光的调制波形相位差 $\Delta\phi$ 满足：

$$\Delta\phi(\lambda)=2\pi f\Delta t\times10^{6} \tag{9.10}$$

由此可以得到用相位差表示的每千米平均时延差 τ 为：

$$\tau=\frac{\Delta\varphi(\lambda)}{2\pi fL}\Delta t\times10^{-6} \tag{9.11}$$

按照定义可以求出 λ 处的色散系数 $D(\lambda)$[ps/(km·nm)]为：

$$D(\lambda)=\frac{\mathrm{d}\tau}{\mathrm{d}\lambda}=\frac{\Delta\phi\times10^{-6}}{2\pi f(\lambda-\lambda_0)L} \tag{9.12}$$

在测量中，先测出一组不同波长下的 $\Delta\phi$，计算出 τ（λ_i），这是一组离散值。然后根据不同种类光纤的群时延公式进行曲线拟合，然后才能得到被测光纤的波长色散系数。现在有专门的色散测量仪器，可以直接把拟合的图形和数据给出。如图 9.7 所示为 EG&G 公司的 CD400 色散分析仪测得的 G.652 光纤的色散曲线，带十号的直线是测得的时延，另一条直线为光纤色散值。

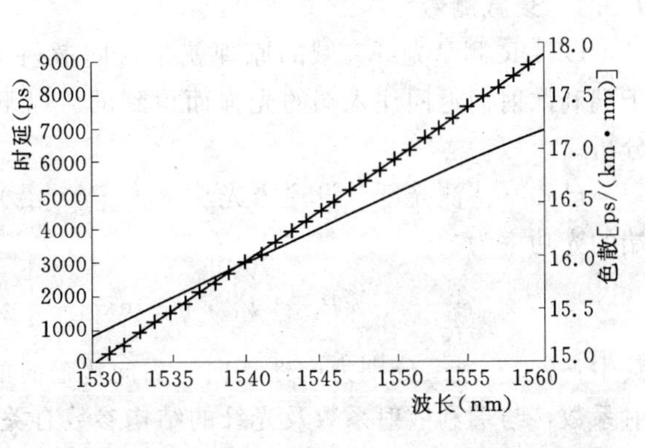

图 9.7 G.652 光纤色散测试结果

9.2.5　偏振模色散

与光纤双折射有关的偏振模色散（PMD）是脉冲展宽的另一个因素。一个特定波长的信号会被分配到两个正交的偏振模上，因为任何光纤的截面都不是理想的圆，材料也不可能具有理想的对称性，而且沿长度方向上结构并不理想地均匀，所以就产生了沿长度方向变化的双折射，使两个正交分量体会到的折射率不同。这使得两个分量的群速度产生微小差别，导致场的偏振取向随距离的变化发生旋转。在特定波长上两个偏振模式的传播时间差造成的脉冲展宽就是偏振模色散。

普通单模光纤的偏振模色散和色度色散相比很小。例如，G.652标准的普通单模光纤的PMD值在0.1ps/($km^{1/2}$)左右。在速度不大于2.5Gbit/s、距离不大于1000km时，除零点色散外，PMD的影响一般可以忽略不计。但是在高速长距离传输中，PMD就会成为单模光纤传输速率的最终限制，对它的测量也就显得特别重要。

目前国际电工委员会所认可的PMD测试方法共有4种。包括Jones矩阵本征值测量法（Jones matrix eigenanalysis，JME）、干涉仪测量法（interferometer，IF）、波长扫描傅里叶变换法（WSFFT）和波长扫描极值数计算法（WSEC）。这几种方法中JME的测试精度最高，其次是WSFFT、IF，WSEC精度最低。

琼斯矩阵本征值测量法是在频域范围内根据测试光纤的偏振传输函数进行测量的。对于任何线性、时不变光学系统的偏振模色散特性，Jones矩阵法都能用一系列分立波长的测量给予精确和完整的描述。实验时首先用可调谐激光器和偏振分析仪测量光纤在某一波长范围内相等波长间隔的Jones矩阵，然后通过计算相邻波长的Jones矩阵解出本征值和本征矢量，这样就能导出某一特定波长间隔内的差分群时延（differential group delay，DGD）和偏振主态（princiapl state of polarization，PSP）。这一过程继续下去，直到计算出整个波长范围内的DGD，其平均值即为PMD值。

9.3　OTDR 的 应 用

OTDR的发展基础是光纤中后向散射的理论，现在它已经成为对光链路特性进行单端测量的基本仪器之一。除了对光线衰减、连接器和接头损耗、链路器件反射电平和色度色散的单项测量外，OTDR最大的特点在于能够给出光纤特性沿长度的分布，从而能够迅速准确地确定光纤中断裂点的位置。这一特性给光纤线路维护带来了很大便利。

9.3.1　衰减测量

OTDR测量光纤衰减的原理就是背向散射法的原理，它对衰减的测量是通过分析由于瑞利散射而返回注入端的光强而得到的。以下我们从理论上对OTDR的测量原理作以分析。

已知某待测光纤，设注入光功率为P_0，沿光纤传输到z处的后向散射光再传回到始端的光功率为：

$$P_z = P_0 \cdot \eta(z)\exp\left[-\int_0^z \gamma_{f(z)}\,\mathrm{d}z - \int_0^z \gamma_{b(z)}\,\mathrm{d}z\right] \tag{9.13}$$

其中：$\gamma_{f(z)}$、$\gamma_{b(z)}$分别为z处正向、后向传输时的衰减系数；$\eta(z)$为光纤在z处的后向散射系数，与瑞利散射系数及光纤的结构参数有关。取两点z_1、z_2，测得两处散射回来的光功率，即可求得两点间前后向传输的平均衰减系数为：

$$\alpha=\frac{5}{z_2-z_1}\left[\lg\frac{P(z_1)}{P(z_2)}-\lg\frac{\eta(z_1)}{\eta(z_2)}\right] \tag{9.14}$$

光纤结构参数沿轴向均匀［即 $\eta(z)=\eta(z_2)$］时，z_1 和 z_2 点间的衰减系数可表述为：

$$\alpha=\frac{5}{z_2-z_1}\lg\frac{P(z_1)}{P(z_2)} \tag{9.15}$$

OTDR 实际接收的被测值是回波的脉冲功率和时间间隔。z_1 和 z_2 点间的距离 L 可以由两个回波的脉冲间隔简单导出：

$$L=\frac{(c/n)t}{2} \tag{9.16}$$

引入系数 2 是因为接受到的信号都是发射出去之后经过么射又回到始端的，在经历的时间里，走过的路程是从始端到反射点再从反射点到始端的总长。取始端为 z_1；光纤上一点为 z；从该点反射回始端的脉冲功率为 P（z）；经过的时间是 t。已知注入功率 $P(O)$ 和光纤折射率 n，那么从光纤始端到该点的平均衰减系数的表达式就是：

$$\alpha=\frac{10n}{ct}\lg\frac{P(O)}{P(z)} \tag{9.17}$$

每个 z 点和一个时间间隔 t 相对应，由此得到的平均衰减系数实际上是一个关于被测点与始端距离的函数。在实际测量中，整段光纤中的衰减系数可能不一致。

实际使用的 OTDR 显示屏上看到的图像大致类似如图 9.8 所示。横轴表示仪器与光纤中测量点之间的距离，纵轴表示回传信号的功率，单位是 dB。在这幅图上可以直接看出信号的衰减量，所以它也可以看成是衰减—距离曲线。

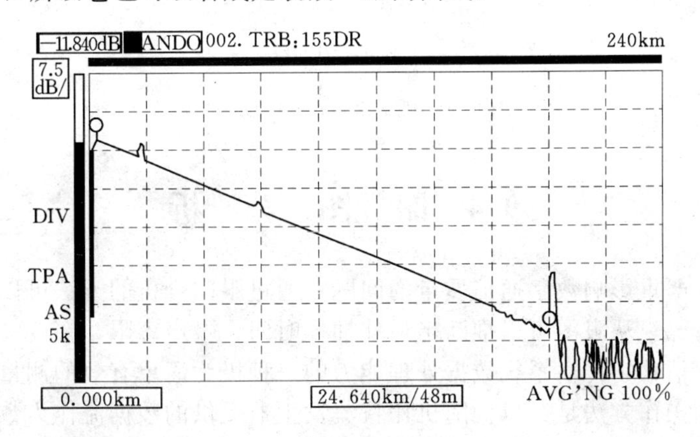

图 9.8 OTDR 的屏幕显示

9.3.2 光纤故障位置判定

OTDR 一个非常重要的应用于光纤的维护。把光纤链路中熔接、连接器和弯曲等造成的缺陷称为事件，事件的光传输特性可以被 OTDR 测量。如图 9.9 所示给出了几种常见事件的图像。把通过 OTDR 得到的图像跟事件图像作比较，就可以很容易地看出该段光纤的状态。由于 OTDR 的显示以距离为横坐标，所以有故障存在时，还可以直接得出故障的位置。

针对图 9.8，结合给出的事件图像作对比，可以看出被测光纤的状态比较好，中间没有裂纹和断点，但是存在两个活动接头。如图 9.8 所示中起始处和结尾处的正向尖峰都是由非涅耳反射的作用造成的。

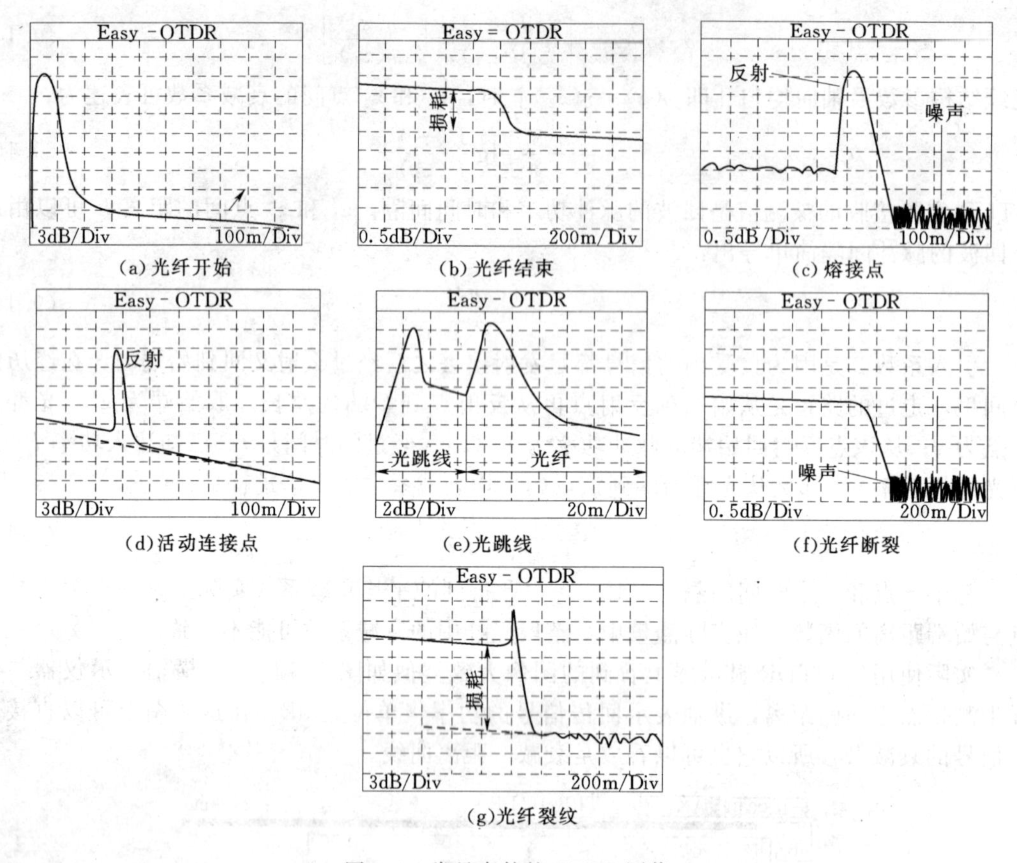

(a) 光纤开始　(b) 光纤结束　(c) 熔接点

(d) 活动连接点　(e) 光跳线　(f) 光纤断裂

(g) 光纤裂纹

图 9.9　常见事件的 OTDR 图像

9.4 眼 图 分 析

码间串扰是严重影响数字通信质量的问题，通过眼图分析的方法可以直观地观察出系统的码间串扰情况。从眼图可以推断出最佳抽样时间、噪声容限、幅度失真等大量的系统性能信息，是评估数字传输系统数据处理能力的一种极为简单有效的测量方法。

眼图测量的操作方法是：以伪随机比特流发生器提供的数据流作为数据输出和触发信号，输出的数据用来调制光信号作为光纤通信系统的信号源，在待测的光纤链路中传播后，把光接收机恢复出的电信号接入示波器的垂直输入端；作为触发信号的一路直接触发示波器的水平扫描，得到的显示结果就是眼图。眼图有几个重要的特征可以说明传输后信号质量的好坏。包括：眼睛的张开度（高度和宽度）、20%～80%上升时间和下降时间、逻辑 1 和逻辑 0 处的脉冲突起、逻辑 0 处的脉冲凹陷以及眼图的抖动。如图 9.10（a）所示为 10Gbit/s 光纤通信系统未经过长距离传输的眼图。可以看到图中眼睛的形状很好，边缘整齐图形对称。如图 9.10（b）所示为相同的系统传输 80km 后的眼图。眼睛的形状变差，眼张开度变小，抖动加大。

结合如图 9.11 所示的简化眼图，对从眼图中能够得到的信息给出如下解释。

（1）能进行信号抽样的时间间隔。眼睛张开的宽度显示了接收信号的抽样间隔，在此间隔内抽样能消除码间串扰的影响，不发生误码。

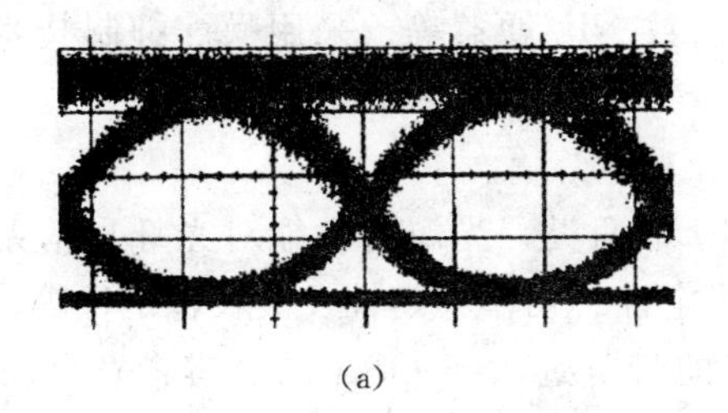
(a)

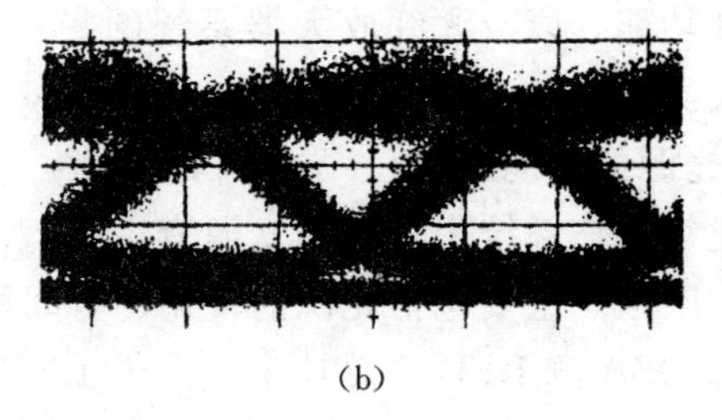
(b)

图 9.10 10Gbit/s 光纤通信系统测量眼图

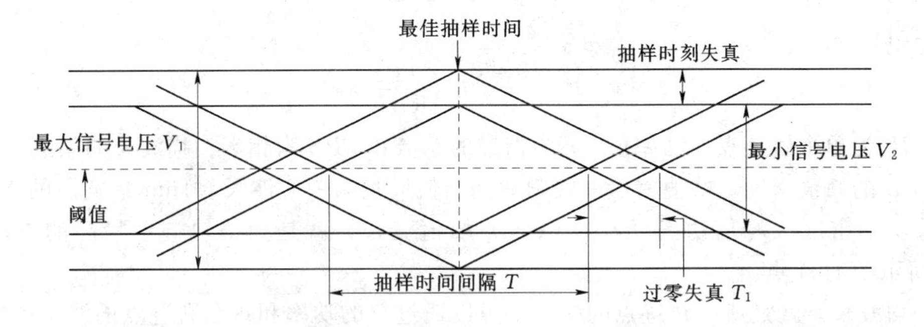

图 9.11 显示关键参数的简化眼图

(2) 最大失真。眼睛张开的顶端与信号电平的最大值之间的垂直距离表示了最大失真。眼睛越小，失真的程度就越大，鉴别 0、1 信号的难度就越大。

(3) 最佳抽样时间。接收波形的最佳抽样时间在眼睛张开的最大处，这里的信号幅度失真最小。

(4) 噪声容限。噪声容限定义为最小信号电压 V_2 和最大信号电压 V_1 的比值，表示系统抵抗噪声的能力。比值越接近于 1，表示系统抗噪声干扰的能力越强。

(5) 定时误差敏感度。闭眼的速率，也就是眼图斜边的斜率，随抽样时间的变化而变化，它决定了系统对定时误差的敏感程度。

(6) 定时抖动。光纤中的定时抖动是由接收机的噪声和光纤中的脉冲失真引起的，可表示为过零失真 T_1 与抽样时间间隔 T 的比值。如果输出端信噪比很大，则定时抖动主要受码间串扰的影响。

(7) 上升时间。通常把信号上升沿到达信号最终幅度的 10%和 90%时间的时间间隔定义为上升时间。但是在噪声和抖动的影响下，这些点难以测量，一般用更清晰的 20%和 80%幅度时间间隔测量后，再以 1.25 倍的关系转换成需要的上升时间。

9.5 光谱分析仪的应用

光谱分析仪是测量波长函数光功率的仪器，是实验室应用较多的仪表。它出现比较早，采用的技术比较多，有单光栅型、双光栅型等。在光纤通信中使用的光谱分析仪（Optical Spectrum Analyzers，OSA）大多是一种衍生光栅型光谱分析仪。高精度光谱分析仪具有高的分辨率和大的动态范围，分辨率最高可达 0.01nm，波长线形度可达 ±0.01nm，波长范围也可达到期 600～1700nm。对 DWDM 系统和成分的评估是十分有效的。除了用于测试 LD 及 LED 光谱外，光谱分析仪具有测试无源器件诸如光隔离器的传输特性功能，以及光纤放大器系统的噪声系数 NF/增益等。采用噪声抑制技术使得光谱分析仪测量灵敏度达到－90dBm。

9.5.1 光源的性能评价

在光纤通信系统中采用的光源有 LED 和 LD 两类，光源的性能对光纤通信系统是一个关键的因素。主要包括光源的带宽、时间稳定性、功率稳定性、波长稳定性等。

利用 OSA 测 LED 的总功率。由于 LED 的带宽远大于 OSA 的分辨带宽（resolution band width，RBW）；OSA 扫描轨迹点值表示谱密度（nW/nm），也不是绝对功率值；在整个宽波长范围内，OSA 的狭缝与波长的比会引起 RBW 的变化，因此总的 LED 功率 P_0 可以求出：

$$P_0 = \sum_{i=1}^{n} P_i \left(\frac{TPS}{RBW}\right) \tag{9.18}$$

式中：P_i 为单个轨迹点的功率值；n 为扫描的总数；TPS 为相邻扫描波长的间隔。

LED 的峰值密度。峰值密度一般归一到峰值波长为中心波长，1nm 带宽内的光功率，即峰值功率密度＝峰值功率/RBW（λ_{peak}）峰值波长，就是扫描轨迹中最高的点，如图 9.13 所示中的 A 点。

平均波长。就是所有轨迹点的中心，可以通过总的功率和每个轨迹点的波长计算出平均波长。即：

$$\bar{\lambda} = \sum_{i=1}^{n} i \frac{P_i}{P_0}\left(\frac{TPS}{RBW}\right)\lambda_i \tag{9.19}$$

中心波长由 3dB 带宽测量的两个波长（与图 9.12 中的 B 和 C 对应）的平均值决定，通常情况下中心波长与平均波长是一致的，如图 9.12 所示。

半最大值全宽（full width half max，FWHM）是用来描述 LED 的半功率谱的宽度。一般情况下，FWHM 值与 3dB 带宽是一致的。

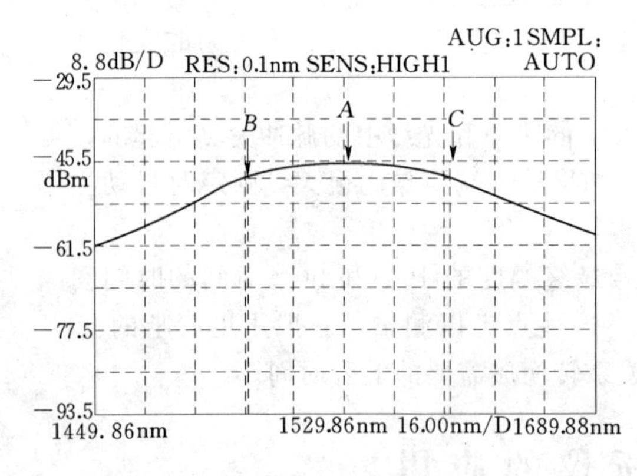

图 9.12 利用 OSA 测试 LED

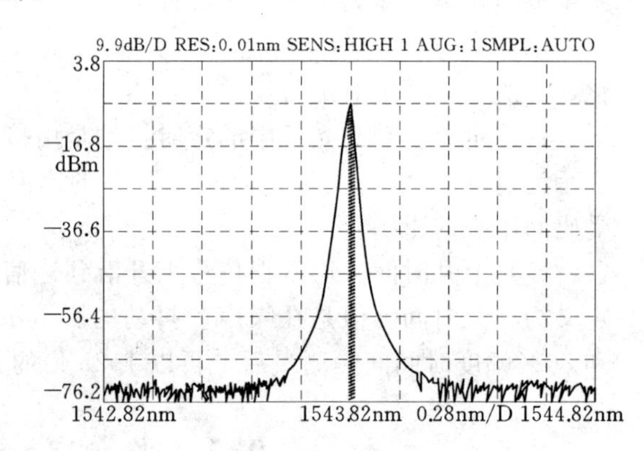

图 9.13 利用 OSA 测试 LD

LD 是单色光源，理论上输出的光为单一波长，实际激发的光具有一个窄带波长范围。对于 FP 腔激光器，总功率、平均波长、中心波长、半最大值全宽与 LED 的测试方法及其计算公式一样。模间隔指的是单个分离谱平均波长间隔。对于 DFB 激光器，峰值幅度是激光器主模的功率水平，峰值波长就是主模的波长，如图 9.13 所示。边模抑制比（side mode suppression ration，SMSR），就是主模与最大边瓣的幅度差。模偏置就是在当前的轨迹范围内，测量主模与最大边瓣波长差。禁带是上边瓣与下边瓣与主模之间的波长间隔。带宽，一般指的是 3dB 带宽，取决于峰值功率的两侧下降 3dB 处的波长差。LED 的 3dB 带宽定义及其测试与 LD 一样。

9.5.2 EDFA 增益及噪声图测试

在光放器应用于光纤通信链路时，增益与噪声系数是放大器的两个最重要的参数。放大器的增益可以使用光功率计或光谱分析仪测量；噪声系数既可以使用电域频谱分析仪也可以使用光谱分析仪测量。每种方法都有各自的优势/局限性和测量的难度级别。这里我们仅讨论使 OSA 测量 EDFA 的增益和噪声系数。因为这些工作参数与输入功率电平和波长有关，所以必须测量放大器的增益与噪声系数对这两个因素的响应。

增益测量。如图 9.15 所示给出了测量光放大器增益的基本装置以及 OSA 的输出结果。这个装置中包括可调谐激光器（而且其输出功率电平也是可调的）以及一个 OSA。首先在不接入 EDFA 的情况下北朝鲜光源连接到 OSA 上，以测量未经过放大的光源输出功率电平，这样就能得到如图 9.15 所示的频谱与波长关系图中下面的那条曲线；然后，再接入 EDFA 即可以得到放大后的输出功率电平，也就是如图 9.16 所示中上面的那条曲线，两条曲线的幅度差就是放大器的增益 G。

当然使 EDFA 放大几个光源输出的不同波长光信号时，这种测量方法也可以扩展到 WDM 系统。

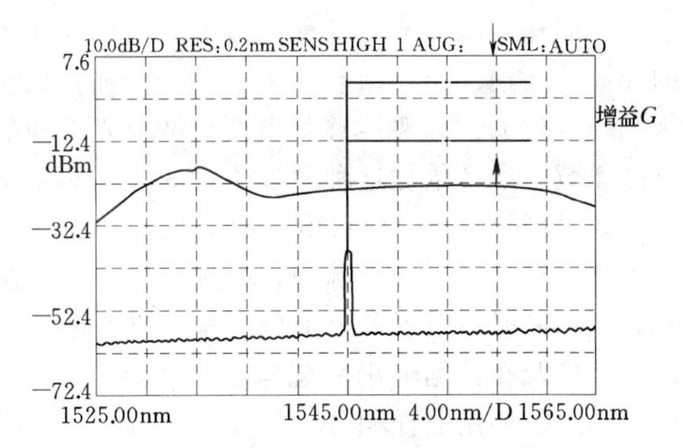

图 9.14 利用 OSA 测量 EDFA 的增益

噪声系数测量。在满足下列条件的情况下，噪声系数定义为放大器的输入信噪比与输出信噪比的比值。这些条件是，光检测过程仅受限于散弹噪声、输入信号仅受取于散弹噪声以及光带宽接近于零。

测量光放大器的噪声有 3 种基本方法。分别是，①光源扣除法。②偏振消除法。③时域消光法或脉冲法。光源发出的信号光进入 EDFA 被放大的同时，叠加于信号上的自发辐射（source spontaneous emission，SSE，来自光源和前级 EDFA）会随信号一起被放大，称为 ASE 噪声，作为 EDFA 输出功率的一部分被输出。在光源扣除法中，激光器的 SSE 频谱密度是在参考测试阶段（即链路中没有光放大器）测量的，并保存在 OSA 的参考文件中，然后接入光放大器并测量 EDFA 的总噪声谱密度，其中包括 SSE。最后将信号功率注入 EDFA 并测量放大器的输出总功率，其中包括 ASE 和放大的 SSE。在有了这些值之后，就可以根据下面的等式计算增益 G 和量子极限噪声系数 NF。

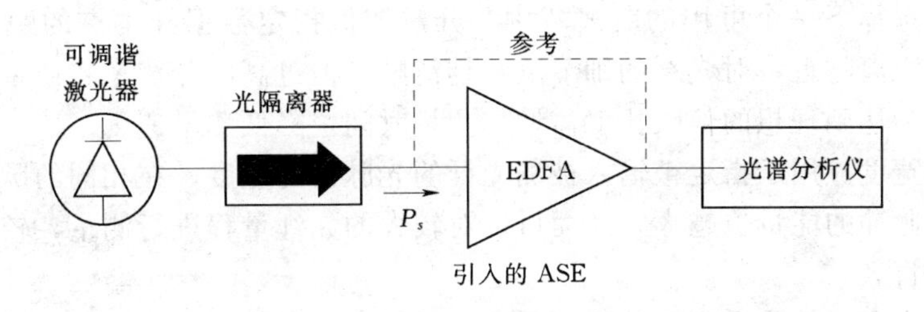

图 9.15 利用 OSA 测量 EDFA 的增益设备连接示意图

$$G=\frac{P_{out}-P_{ASE}}{P_{sig}}；NF=\frac{P_{ASE}}{Gh\upsilon B_0}+\frac{1}{G}-\frac{P_{SSE}}{h\upsilon B_0} \tag{9.20}$$

式中：υ 为测量点上的光频率；B_0 为接收机光滤波器的带宽。

式（9.20）的最后一项表示要扣除放大的 SSE。

【阅读资料 24】　光纤通信技术 OTDR

光纤通信技术是近 20 年来迅猛发展的新技术。由于光纤通信传输信息量大、速率快，而且信息数字化，传送的是数字信号，因而使宽频带图像信号、微机联网等信息传输成为可能。

对光纤损耗的测量是非常重要的，它直接关系到光纤通信的质量，并能及时发现可能的故障点。

光纤损耗的测量主要有截断法、插入法和后向反射法。在光纤施工和维护当中经常使用的是后向反射法，它具有非破坏性和可单端测量的特点。它的测量原理是，如果在光纤的输入端射入一个强的光窄脉冲，这个光窄脉冲在光纤内传输时，由于光纤内部的不均匀性将产生瑞利散射（遇到光纤的接头、断点也要产生散射）。这种散射光有一部分沿光纤返回，向输入端传输，这种连续不断向输入端传输的散射光称为后向反射光。靠近输入端的光波传输损耗小，散射回来的信号就强；离输入端远的地方光波的传输损耗大，散射回来的信号就弱。只要能够测出两点散射光返回的光功率以及两点间的距离，就可算出平均衰减系数。通常依据这种原理进行的损耗测量是由光时域反射计来完成的。

光时域反射计（OTDR）原理是，由主时钟产生标准时钟信号，脉冲发生器根据这个时钟产生符合要求的窄脉冲，并用它来调制光源。光方向耦合器将光源发出的光耦合到被测光纤，同时将散射和反射信号耦合进光电检测器，再经放大信号处理后送入示波器显示输出波形及在数据输出系统输出有关数据。由于后向反射光非常微弱，淹没在一片噪声中，因此，要用取样积分器，在一定时间间隔内对微弱的散射光波取样并求和。在这个过程中，由于噪声是随机的，在求和时被抵消掉了，从而将散射信号取出。

1. 对仪器进行正确的参数设置

（1）平均次数。OTDR 测试曲线是将每次输出脉冲后的反射信号采样，并把多次采样做平均处理以消除一些随机事件。平均化时间越长，噪声电平越接近最小值，动态范围就越大。平均化时间越长，测试精度越高，但达到一定程度时精度不再提高。为了提高测试速度，在一些不需要精确数据的定性测量中，可以适当减少平均次数，缩短整体测试时间。

（2）量程和分辨率。量程值决定被测光纤的距离范围，量程设置应至少是被测光纤的两倍，以为分析软件提供一个曲线端点之后足够清洁的噪声区。为精确分析，可将光纤的长度加倍，在选择下一个可用的距离范围。分辨率值指定数据样本点的距离，分辨率越高，取样点的距离越近，对光纤的细节反映越清晰。但过高的分辨率将使单位时间内的平均次数降低，为达到理想的信噪比就需增加测量时间，降低测量速度。

（3）脉冲宽度。用于指定被输入被测光纤的光脉冲的宽度。在相同的脉冲幅度下，脉冲宽度越大，脉冲的能量也越大，从而可以对较大的光纤量程进行测量，较大的脉冲宽度将加大测量的盲区。

（4）折射率。该数值被用于计算距离测量，折射率值影响所有距离测量，不同厂家、不同类型的光纤其光纤折射率是不同的，测量前要正确设置。

2. 利用OTDR进行精确测量时的注意事项

要确保被测光纤到连接适配器的连接完好。被测系统中的连接器应在连接到通用连接器和适配器之前进行清洁，避免手与连接器的接触。

光纤，特别是单模光纤，容易受到由微弯或其他应力造成的损耗的影响。为确保正确、可重复的测量，连接到OTDR的光纤导线必须置于将机械张力降到最小的位置。

用OTDR测量光纤损耗，两端测出的衰减值是有差别的，这是因为无法控制背向散射的模场分布，从而会导致测出的光纤衰减与散射损耗值不会真正相等，通常要取两端测出的平均值。

用OTDR测量光纤时，在起始端有一个盲区（端面反射区），多模光纤的盲区较小，单模光纤的盲区较大，相当于长100m左右的光纤。因此测量单模光纤时，要先连接长度在100m以上的参考光纤。

光纤活动连接器、机械接头和光纤中的断裂都会引起损耗和反射，光纤末端的破裂端面由于末端端面的不规则性会产生各种菲涅尔反射峰或者不产生菲涅尔反射。如果光标设置不够准确，会产生一定误差，应用OTDR的放大功能就可将光标准确置定在相应的拐点上。

在测量接续点时，要在接续后和盘纤后进行两次测量。第一次可以及时发现接续质量的好坏，第二次可以发现盘纤引起的损耗。

用OTDR测量光纤损耗的缺点是两端测出的衰减值有差别。这是因为无法控制后向散射的模场分布，从而会导致测出的光纤衰减与散射损耗值不会真正相等，通常要取两端测出的平均值。

总之，只要在工作中认真总结经验，了解OTDR的特点及其局限性，就能使它在光纤维护中发挥更大的作用。

【阅读资料25】 EPON中的接入控制技术

接入网是整个电信网最具有技术挑战性的区域之一。为了满足用户对带宽日益增长的要求，实现接入网的高速化、宽带化和智能化，各种接入技术层出不穷，然而被认为最有前途的是光接入技术。无源光网络（PON）由于其易维护、高带宽、低成本等优点成为光接入中的佼佼者，被认为是通过单一平台综合接入语音、数据、视频等多种业务的理想物理平台。以前人们认为将ATM（异步转移模式）技术和PON技术相结合的APON技术是实现综合接入的理想模式。然而，由于数据业务的爆炸式增长，ATM技术暴露出效率不高、协议复杂等弱点，而Ip技术则日渐兴起。由于以太网在传输IP业务时具有效率高、协议简单等优点，所以越来越多的人认为将千兆以太网技术和PON技术相结合的EPON（Ethernet Passive Optical Network）技术是取代APON，实现高速、宽带、综合接入的理想途径。由于PON从本质上是共享媒质的网络，所以必须有接入控制机制使各个终端有序接入系统。本文将对EPON中的接入控制机制进行讨论和分析。

1. EPON的技术基础

在讨论EPON的接入控制机制之前，有必要对EPON的基本工作原理做简单介绍。EPON是由IEEE赞助的EFM（Ethernetin FirstMile，以太网在最初一公里）工作小组最早提出的。他在很大程度上继续了ITU-T和FSAN（全业务接入组）对APON的建议，采用符合IEEE802.3协议的以太帧承载业务信息。EPON是由OLT（光线路终端）、ONU（光网络单元）以及ODN（光分配网络）等单元构成的点到多点系统。其系统拓扑多为星型或树型分支结构。下行方向（由 OLT 到 ONU）采用广播方式，每一个 ONU 将接收到所有下行信息，根据其 MAC 地址提取有用信号；上行方向（由 ONU 到 OLT）采用时分方式共享系统，通过接入控制机制将各个 ONU 有序接入。EPON 的上、下行信息速率均为 1GB/s（由于其物理层编码方式为 8B/10B 码，所以其线路码速率为 1.25GB/s），由一根光纤采用波分复用实现全双工通信。其结构示意图如图 9.16 所示。

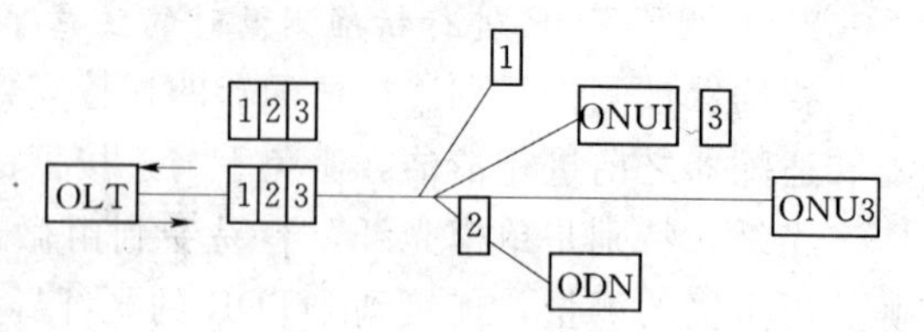

图 9.16　EPON 结构示意图

2. EPON 中的同步技术

在讨论 EPON 的接入控制技术之前还有必要讨论一下他的同步技术。因为 EPON 中的各 ONU 接入系统是采用时分方式，所以 OLT 和 ONU 在开始通信之前必须达到同步，才会保证信息正确传输。要使整个系统达到同步，必须有一个共同的参考时钟。在 EPON 中以 OLT 时钟为参考时钟，各个 ONU 时钟和 OLT 时钟同步。OLT 周期性的广播发送同步信息（sync）给各个 ONU，使其调整自己的时钟。EPON 同步的要求是在某一 ONU 的时刻 T（ONU 时钟）发送的信息比特，OLT 必须在时刻 T（OLT 时钟）接收他。在 EPON 中由于各个 ONU 到 OLT 的距离不同，所以传输时延各不相同，所以要达到系统同步，ONU 的时钟必须比 OLT 的时钟提前 UD（上行传输时延）。也就是假如 OLT 在时刻 0 发送 1b，ONU 必须在他的时刻 RTT（往返传输时延）接收。RTT＝DD（下行传输时延）＋UD，必须知道并传递给 ONU。获得 RTT 的过程即为测距（ranging），测距的过程在后面会进行具体讨论。EPON 的同步示意图如图 9.17 所示。

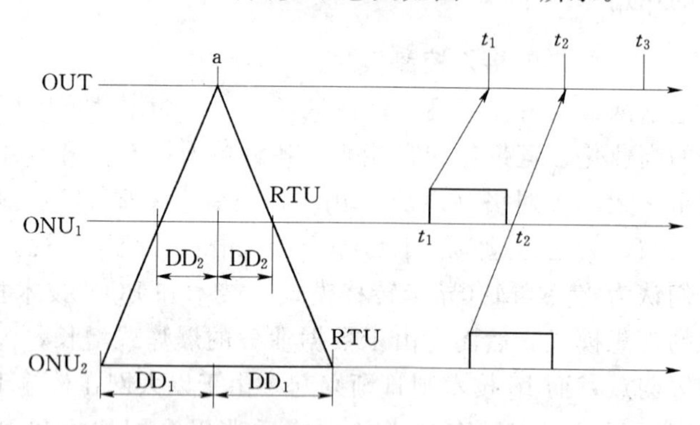

图 9.17　EPON 系统同步示意图

在图 9.17 中，当 EPON 系统达到同步时，ONUi 和 ONUj 发送的信息才不会发生碰撞（图中 t_1-t_2 为 ONUi 发送时间；t_2-t_3 为 ONUj 发送时间）。

3. EPON 中的接入控制技术讨论

在 EFM 工作小组提出的 EPON 系统中，要求对千兆以太网的 MAC（媒质接入控制）子层不做或做尽量少的改动，对 EPON 的接入实现通过扩充 MAC 控制子层和/或物理层功能来实现，这样有利于 EPON 系统和千兆以太网的兼容性，便于现有的以太网设备用于 EPON 中，缩短 EPON 推向市场的时间。本文只讨论通过 MAC 控制层的扩充来实现的接入控制机制。在 EPON 中的接入控制大体有 2 种，基于静态分配时隙的接入控制和基于动态分配时隙的接入控制方式。

（1）基于静态分配时隙的接入控制方式。在这种方式下，OLT 不管 ONU 的请求信息，将系统时隙分配给各个 ONU，这种接入方式从复用的角度看属于 TDM（时分复用）。分配给 ONU 的时隙可以是定长的。也可以是变长的。在 EPON 中由于以太协议分组是变长的。所以分配时隙也应该是变长的。OLT 分配给某一 ONU 的发送带宽是：

在千兆以太网的 MAC 控制帧有一个用于流量控制的 pause（暂停）帧，该帧可被 EPON 用来进行接入控制。通过 pause 帧 OLT 周期性的轮询各个 ONU，实现各 ONU 有序接入。这种接入方式的优点是协议简单，便于将以太网设备直接引用到 EPON 中。然而该方式具有很多缺点。

1）对一个 ONU 的授权间隔时延太大，对一个具有 32 个 ONU、最大距离在 20km 的 EPON 系统该时延可达 7.2ms。

2）缺少统计复用增益，系统接入损耗大，带宽利用率低。

3）这种接入方式对各个等级业务同样对待，无法满足某些业务的 QoS（服务质量）保证。所以，在 EPON 中不建议采用这种接入方式。

（2）基于动态带宽分配的接入机制。在这种接入方式中，OLT 根据 ONU 的请求情况动态的将系统带宽分配给各个 ONU。这种分配由 MAC 控制层的 2 个治理信息来完成。授权（grant）信息，OLT 发送授权信息来分配一个时隙给某个 ONU，该信息不需要 ONU 发回确认；请求（request）信息，ONN 通过该信息来报告其状态的改变，请求信息不需要 OLT 来进行确认。通过动态带宽分配可以以较小的代价共享系统带宽，实现宽带综合业务的接入。在 EPON 中动态带宽分配的目标是将系统带宽公平、高效的分配给各个 ONU 和各种业务。在 EPON 动态带宽分配中，有关文献提出了两种方式；一种是 OLT 将授权给各个 ONU；另一种是单个 ONU 可以支持多个用户和业务，OLT 授权给予每一个用户或业务。在此，对这两种授权方式加以介绍，对他们的优缺点进行对比，提出我们自己的观点。

1）授权给各个 ONU 的接入控制方式。在这种机制中，OLT 根据各个 ONU 的请求情况来分配带宽。带宽分配算法由高层来完成，各个厂商可以有自己独特的算法，没必要标准化。而在 MAC 控制子层以下则应该具有标准，这也是 EFM 正致力的一项工作。需要标准化的 MAC 控制帧信息应该有：ONU 的初始化注册信息（答应新的 ONU 接入系统，将其 MAC 地址、设备容量等参数通知 OLT）；OLT 的测距授权信息和 ONU 的测距响应信息（完成 OLT－ONU 间周期性的定时调整，测量 RTT）；ONU 的带宽请求信息（通过该信息携带上行 ONU 基于其负载的改变而请求带宽授权的改变）；OLT 的带宽授权信息（该信息携带给各个 ONU 的带宽分配信息，同时还要决定发送机会是给数据还是给控制信息）。一个 ONU 接入 EPON 系统必须经过初始化和带宽动态分配 2 步。初始化过程分为注册和测距 2 步。注册是指在一个 ONU 新接入系统或关闭后重新开启时将给 ONU 的一些参数（如 MAC 地址等）通知给 OLT 的过程。注册过程首先由 OLT 广播发送注册授权信息，所有未注册 ONU 都可响应该授权，假如发送冲突则采用退避算法（如二进制指数退避算法）等待一段时间重新响应；测距是 EPON 同步的重要一步，其主要目的是计算各 ONU 的补偿时间。其过程为：OLT 向 ONU 发送测距授权（由于 OLT-ONU 间的 RTT 未知，所以测距授权间的保护时间应该足够长）；ONU 响应测距授权发送测距响应帧给 OLT；OLT 收到 ONU 的测距响应帧后，根据授权给 ONU 的时隙开始时间和实际ONU到达的时隙开始时间之间的差值，计算出OLT到该ONU的RTT，并将该值通知ONU。同时OLT不断的监视RTT值的变化，当其漂移超过一定程度时，重新发送RTT值给ONU。

动态带宽分配过程是：ONU根据自己的上行缓存器情况组织自己的上行请求帧，并发送给OLT；OLT在收到ONU的请求帧后，交给高层根据带宽分配算法决定是否响应请求，假如响应，则根据系统带宽利用情况给ONU分配时隙。基于请求/授权的动态带宽分配过程。OLT发送的授权帧是这种接入方式的要害，授权帧结构如图9.18所示。在图9.19中给一个ONU的授权域包括16b的ONU地址（不使用ONU的MAC地址是因为其太长），2b的授权类型（是控制授权还是数据授权），14b的保护时间说明和32b的授权信息（包括16b的开始时间，16b的停止时间）。由于在IEEE802.3建议中MAC控制帧净负荷长度为44B，所以在OLT的一个授权帧中可以携带多个ONU的授权信息。有些文献提出为了使一个OLT授权帧多携带ONU的授权信息，建议将其授权域扩展到128B，但我们认为这样做不利于EPON系统和以太网的协议兼容。另外，在EPON中激活ONU数目较少时，会造成浪费。当EPON中激活ONU数目较多时，为减少轮询时间可用多个授权帧来进行授权；为减少ONU的请求时间，可将ONU的请求分类，通过同一请求帧传输多类请求信息。这种分类包括，一个ONU可以有多个缓存器以及在一个缓存中将请求分为带宽请求（当系统中请求ONU数较多时）和总的缓存帧数请求（当系统中请求ONU数较少时），其示意图如图9.19所示。

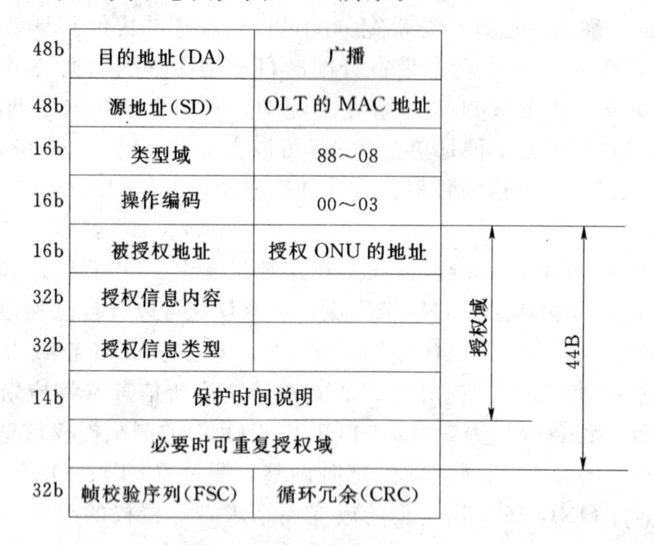

图9.18 对OUN授权信息帧结构

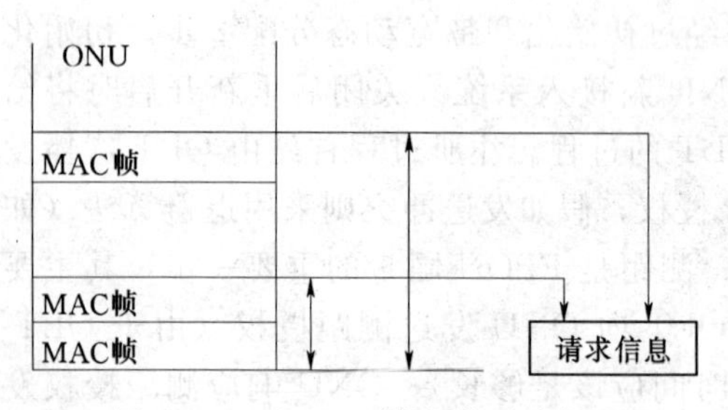

图9.19 对ONU请求类型示意图

OLT将授权信息给各个ONU的动态接入方式的优点是具有统计复用增益，接入损耗小，能够保证各种业务的QoS需要。缺点是需要复杂的带宽分配算法，在和现有的以太网兼容上还需设备改进。另外，当一个ONU接有多个用户或业务时，这种分配方式无法满足带宽分配对各个用户或业务的公平性，所以有了下一种动态接入方式。

2）授权给每一个逻辑端口的接入控制方式。

在这种方式中，提出了逻辑端口（logicalport）的概念。逻辑端口独立于 ONU 的物理端口，一个 ONU 可以有一个或多个逻辑端口。OLT 为各个逻辑端口直接发送授权，由高层协议确定。

习　　题

1. 截断法测量光纤损耗时如何考虑接头的影响。

2. OTDR 测试光纤的损耗时为什么需要使用参考光纤？在测试不同长度等级的光纤损耗时应如何选择光脉冲的宽度？

3. 在光纤及光器件的测试过程中如何处理光纤末端的菲涅耳反射？

4. 为什么说偏振模色散是随机分布的？在实际测试时应如何考虑这种特性？

5. 光谱分析仪可以做到实时测量吗？可以准确测试到千赫兹（kHz）量级的光源谱线宽度吗？

6. 从测得的眼图张开度能反映出信号的哪些信息？

参 考 文 献

[1] 钱显毅，张立臣．光纤通信 [M]. 南京：东南大学出版社，2008.
[2] 高建平．光纤通信 [M]. 西安：西北工业大学出版社，2005.
[3] 顾畹仪．光纤通信 [M]. 北京：人民邮电出版社，2006.
[4] 王江平．光纤通信 [M]. 北京：电子工业出版社，2006.
[5] 孙雨南．光纤技术理论基础与应用 [M]. 北京：北京理工大学出版社，2006.
[6] 延风平．光纤通信系统 [M]. 北京：科学技术出版社，2006.
[7] 陈根祥．光波技术基础 [M]. 北京：中国铁道出版社，2000.
[8] 陈家璧．激光原理与应用 [M]. 北京：电子工业出版社，2004.
[9] 邓忠礼．光同步传送网和波分复用系统 [M]. 北京：清华大学出版社，2003.
[10] 方志豪．光纤通信 [M]. 武汉：武汉大学出版社，2004.
[11] 龚倩．智能光交换网络 [M]. 北京：北京邮电大学出版社，2003.
[12] 龚倩等．高速超长距离光传输技术 [M]. 北京：人民邮电出版社，2005.
[13] 黄章勇．光纤通信用光电子器件和组件 [M]. 北京：北京邮电大学出版社，2001.
[14] 菊池和郎．光信息网络 [M]. 北京：科学出版社，2005.
[15] 卡佐夫斯基．光纤通信系统 [M]. 北京：人民邮电出版社，2005.
[16] 林达权．数字光通信设备 [M]. 西安：西安电子科技大学出版社，1999.
[17] 刘增基．光纤通信 [M]. 西安：西安电子科技大学出版社，2001.
[18] 马声权．高速光纤通信 [M]. 北京：北京邮电大学出版社，2002.
[19] 彭承柱．光通信误码指标工程计算和测量 [M]. 北京：人民邮电出版社，2005.
[20] 孙强．光纤通信系统及其应用 [M]. 北京：清华大学出版社，2003.
[21] 王辉．光纤通信 [M]. 北京：电子工业出版社，2003.
[22] 吴德明．光纤通信原理和技术 [M]. 北京：科学出版社，2004.
[23] 吴健学．自动交换光网络 [M]. 北京：北京邮电大学出版社，2003.
[24] 徐荣．城域光网络 [M]. 北京：人民邮电出版社，2003.
[25] 杨祥林．光纤通信系统 [M]. 北京：国防工业出版社，2000.
[26] 余宽新．激光原理与激光技术 [M]. 北京：北京工业大学出版社，1998.
[27] 韩一石．现代光纤通信技术 [M]. 北京：科学技术出版社，2005.